高职高专机械设计与制造专业规划教材

SolidWorks 2010 中文版 三维设计案例教程

陈乃峰　主　编

张　彤　夏　天　张世文　副主编

清华大学出版社

北　京

内 容 简 介

SolidWorks 是一款基于 Windows 平台开发的三维 CAD 系统，目前在用户数量、客户满意度和操作效率等方面均是主流市场上名列前茅的三维设计软件。在三维模型向二维工程图的转换方面，SolidWorks 具有十分突出的优势，是替换二维设计工具的首选三维设计工具。

本书以 2010 中文版作为写作蓝本，向下兼容其他各版本，其目的是使更广泛的读者都能从中学到自己需要的知识。

本书重点介绍 SolidWorks 软件的 CAD 造型的基本知识，希望通过本书的学习，读者能够掌握使用 SolidWorks 软件进行产品建模与设计的基本技能。全书共分为 7 章，依次介绍 SolidWorks 的操作基础、草图绘制、实体建模功能、曲面曲线造型、仿真装配、工程制图等内容。

本书既可作为高职高专院校机械设计与制造专业、计算机辅助设计与制造专业、机电一体化专业、模具设计专业、数控技术专业的教材，也可作为广大工程技术人员的自学和培训用书。

图书在版编目(CIP)数据

SolidWorks 2010 中文版三维设计案例教程/陈乃峰主编. —北京：清华大学出版社，2014（2022.1 重印）
(高职高专机械设计与制造专业规划教材)
ISBN 978-7-302-30307-7

Ⅰ. ①S… Ⅱ. ①陈… Ⅲ. ①计算机辅助设计—应用软件—高等职业教育—教材 Ⅳ. ①TP391.72

中国版本图书馆 CIP 数据核字(2012)第 238349 号

责任编辑：李玉萍　桑任松
装帧设计：杨玉兰
责任校对：周剑云
责任印制：朱雨萌

出版发行：清华大学出版社
网　　址：http://www.tup.com.cn, http://www.wqbook.com
地　　址：北京清华大学学研大厦 A 座　　邮　　编：100084
社 总 机：010-62770175　　邮　　购：010-62786544
投稿与读者服务：010-62776969, c-service@tup.tsinghua.edu.cn
质量反馈：010-62772015, zhiliang@tup.tsinghua.edu.cn
课件下载：http://www.tup.com.cn, 010-62791865
印 装 者：三河市龙大印装有限公司
经　　销：全国新华书店
开　　本：185mm×260mm　　**印　张：**20　　**字　数：**483 千字
版　　次：2014 年 3 月第 1 版　　**印　次：**2022 年 1 月第 6 次印刷
定　　价：58.00 元

产品编号：042910-03

前　言

《SolidWorks 2010 中文版三维设计案例教程》是根据数控技术专业、计算机辅助设计与制造专业人才培养目标而编写的教材。

在本书的编写过程中，我们始终坚持以就业为导向，将软件的操作方法与专业设计、制造能力有机地融合到每一个项目实训中，充分体现了“教—学—做”一体化的项目式教学特色，让学生边学习理论知识，边实训操作，加强感性认识，达到事半功倍的效果。

本书按“章”编写，由 62 个“项目”(包括 54 个范例及 6 套职业技能习题)组成。按照学生的学习规律，从易到难，在“项目”的引领下介绍完成该任务所需理论知识和实操技能，通过本书的学习，读者可以掌握使用 SolidWorks 软件进行产品建模与设计的基本技能。

本书可作为职业技术类院校设计软件课、数控加工实习课的实训教材，也可作为 CAD/CAM 爱好者及竞赛、考证培训班的练习用书。读者对象为高职、中职、技校的数控技术、模具、计算机辅助设计与制造、机电一体化等专业的学生，以及 CAD/CAM 社会化培训的学员。

本书也可以作为读者进行实际演练的习题集，书中所有习题都是作者在长期教学实践的积累中精心挑选的。本书具有以下特色。

(1) 本书在编写过程中注重将软件操作与范例实训紧密结合，突出实践环节的基本操作能力。

(2) 注重就业需求，以培养职业岗位群的综合能力为目标，充实训练模块的内容，强化应用，有针对性地培养学生较强的职业技能。

(3) 本书习题取自全国数控工艺员技能考试用题、全国数控技能大赛的比赛用题、国家 CAD 技能培训试题及国家三维 CAD 比赛试题，所选试题具有鲜明的职业技术特点。

(4) 书中所用习题均提供二维图形，可以提高读者的机械识图技能。

(5) 典型范例教学，全书涵盖机械、模具等行业经典零部件的产品设计过程，具有行业代表性。

本书由四平职业大学陈乃峰任主编，四平职业大学张彤、夏天、张世文任副主编。具体编写分工如下：陈乃峰编写第 1～5 章；张彤编写第 6 章；夏天编写第 7 章；张世文编写全书的习题部分。陈乃峰对全书的编写思路及内容的安排进行了总体策划，指导全书的编写，并负责统稿和定稿。

由于编者水平有限，书中错误和不妥之处在所难免，恳请读者批评指正，以尽早修订完善。

编　者

前 言

目　　录

第 1 章　初识 SolidWorks

本章要点

- 程序的启动、退出
- 操作界面
- 文件操作
- 界面的个性化设置
- 鼠标与键盘的应用
- 常用工具栏
- 对象选择方式
- 对象的隐藏与可视
- 操纵视图
- 参考几何体

SolidWorks 是一款基于 Windows 平台开发的三维(3D)CAD 系统，目前在用户数量、客户满意度和操作效率等方面均是主流市场上排在世界前列的三维设计软件。在三维模型向二维工程图的转换方面，SolidWorks 具有十分突出的优势，是替换二维(2D)设计工具的首选三维设计工具。

通过本章的学习，读者应熟悉 SolidWorks 的界面，以及常用工具条的使用。

项目 1.1　SolidWorks 2010 应用基础

1.1.1　程序的启动

SolidWorks 2010 程序启动方法如表 1-1 所示。

表 1-1　程序启动的方法

<table>
<tr><td rowspan="2">启动 SolidWorks 的三种方式</td><td>方法一：通过“开始”菜单里的应用程序</td><td>方法二：通过桌面快捷方式图标</td><td>方法三：直接打开 SolidWorks 的 sldprt 格式文件</td></tr>
<tr><td>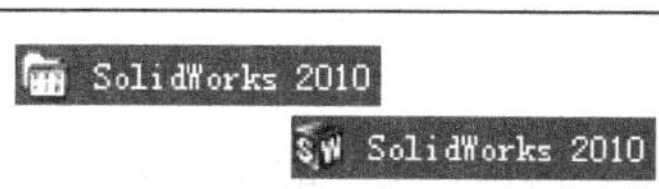</td><td></td><td></td></tr>
</table>

1.1.2　程序的退出

退出 SolidWorks 2010 的方法如表 1-2 所示。

表 1-2　程序退出的方法

退出 SolidWorks 的两种方式	方法一：选择“文件”菜单里的“退出”命令	方法二：单击操作界面右上角的☒按钮
	文件(F) ⟹ 退出(X)	关闭

1.1.3　操作界面

SolidWorks 2010 操作界面如图 1-1 所示。下面介绍的(1)～(12)项与图中斜体数字 1～12 对应。

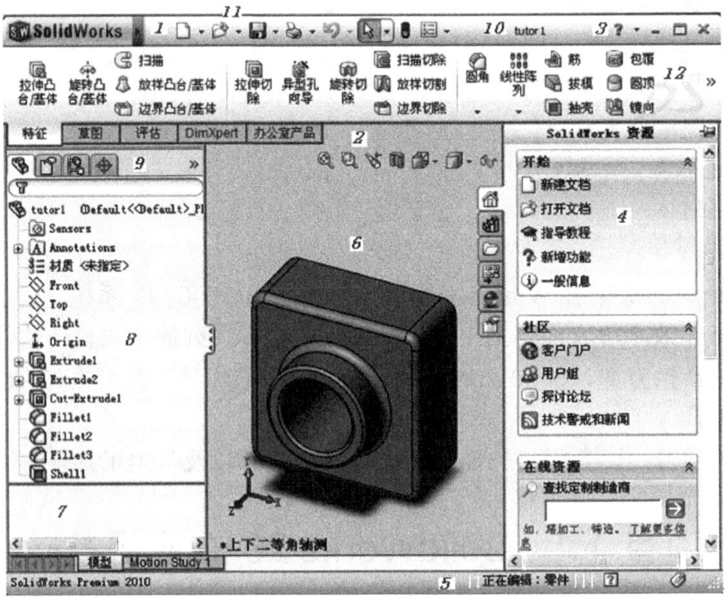

图 1-1　SolidWorks 2010 操作界面

(1) 菜单栏。SolidWorks 2010 隐藏了主菜单，当鼠标指针划过 SolidWorks 区域，软件自动弹出文件(F)　编辑(E)　视图(V)　插入(I)　工具(T)　窗口(W)　帮助(H) 菜单栏。

(2) 前导视图工具栏。它包括　　　　　　　　　　，为方便用户操作视图工具，此工具栏被放置在绘图窗口顶部居中位置，包括放大、缩小、视图方位等命令。

(3) 帮助及其弹出式工具栏。SolidWorks 2010 的弹出式工具栏可弹出一组工具，便于用户选择使用。

(4) 任务面板。任务面板是一个管理 SolidWorks 文件的工作窗口，通过它可以查找和使用 SolidWorks 文件。该面板包括 6 个部分：SolidWorks 资源、设计库、文件探索器、查看调色板、外观/布景及自定义属性。

(5) 状态栏。状态栏显示当前的操作状态，并提示操作步骤。

(6) 绘图区。界面中央最大的区域是绘图区，所有的模型都在此区域内。

(7) 设计树的暂存区。可以使用退回控制棒暂时将模型退回到早期的状态。

(8) 特征管理设计树。所谓“特征管理”是指将某一实体模型的制作步骤记录下来，从而可以方便地查看模型或装配体的构造情况，或者查看工程图中的不同图纸和视图。

(9) 管理器切换窗口。用户通过这里可以切换特征设计树、属性管理器、配置管理器及其他插件。

(10) 标题栏。标题栏用于显示文件的名称。

(11) 常用工具栏。其包括，工具栏上的按钮代表了下拉菜单中常用的命令，以帮助提高工作效率。

(12) 命令管理器。命令管理器集中了软件建模的常用指令，并把相似的指令进行了分类，并利用弹出式下拉工具栏将工具进行归类，用户也可以自定义命令管理器控制区域显示的工具栏类型。

1.1.4　文件操作

1. 新建一个文件

新建一个文件，执行“文件”菜单中的“新建”命令，或单击(新建)按钮即可，如图 1-2 所示。

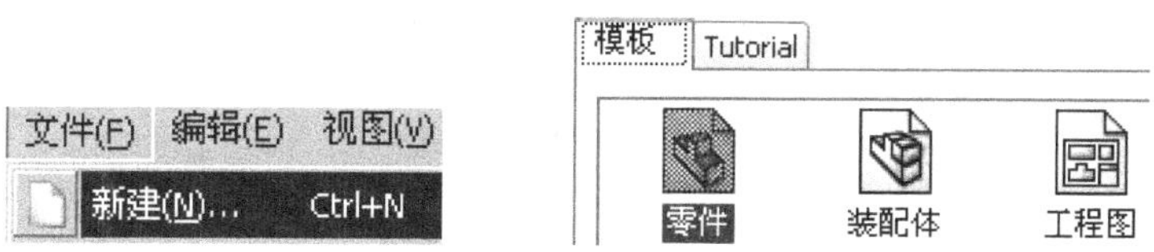

图 1-2　新建文件

2. 打开一个文件

打开一个文件，执行“文件”菜单中的“打开”命令，或单击(打开)按钮即可，如图 1-3 所示。

图 1-3　打开文件

在“文件类型”下拉列表框中可以选择要打开的文件类型。当选择右侧的☑ 缩略图选项时，可以在窗口中查看文件形状，如图 1-4 所示。

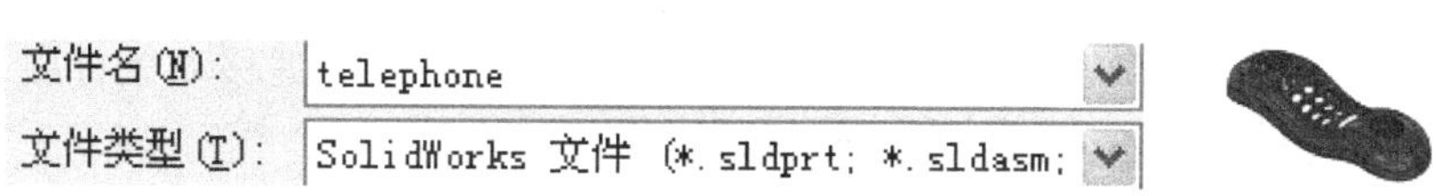

图 1-4　查看文件类型

3. 保存文件

选择“文件”→“保存”命令，或单击标准工具栏中的(保存)按钮，出现“另存为”对话框，这时，用户就可以选择自己保存文件的类型以便进行保存。如果想把文件换成其他类型，只需选择“文件”→“另存为”命令，在出现的“另存为”对话框中选择新的文件类型即可。

1.1.5 界面的个性化设置

用户可以根据自己的需要自定义工作界面。通过“自定义”对话框，用户可以对SolidWorks 命令、菜单、工具栏、快捷键进行相关的自定义。

1. 工具栏移动

拖动工具栏的起点或边沿，远离窗口边框以在图形区域中浮动工具栏。浮动工具栏显示标题栏。靠近窗口边框以将工具栏定位在边框。若想将工具栏移回到其先前位置，双击起点或标题栏即可，如图 1-5 所示。

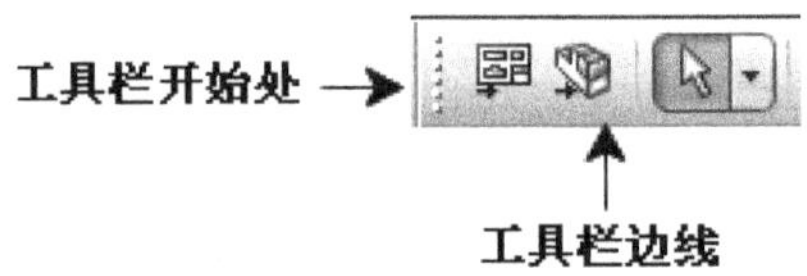

图 1-5 工具栏的移动

2. 自定义工具栏

(1) 将鼠标指向任一工具栏并右击，在弹出的快捷菜单中选择“自定义”命令。

(2) 添加命令按钮。选择一范畴，然后单击按钮来查看其说明，也可以拖动按钮到任何工具栏。

1.1.6 鼠标与键盘的应用

1. 鼠标按键功能

左键：可以选择功能选项或者操作对象。

右键：显示快捷菜单。

中键：只能在图形区使用，一般用于旋转、平移和缩放。在零件图和装配体的环境下，按住鼠标中键不放，移动鼠标就可以实现旋转；在零件图和装配体的环境下，先按住Ctrl 键，然后按住鼠标中键不放，移动鼠标就可以实现平移；在工程图的环境下，按住鼠标中键，就可以实现平移；先按住 Shift 键，然后按住鼠标中键移动鼠标就可以实现缩放，如果是带滚轮的鼠标，直接转动滚轮就可以实现缩放。

2. 键盘快捷键功能

SolidWorks 中的快捷键分为加速键和快捷键。

1)　加速键

大部分菜单项和对话框中都有加速键，由带下划线的字母表示。这些键无法自定义。

如想为菜单或在对话框中显示带下划线的字母，可按 Alt 键。

若想访问菜单，可按 Alt 再加上有下划线的字母。例如，按 Alt+F 组合键即可显示文件菜单。

若想执行命令，在显示菜单后，继续按住 Alt 键，再按带下划线的字母，如按 Alt+F 组合键，然后按 C 键关闭活动文档。

加速键可多次使用。继续按住该键可循环通过所有可能情形。

2)　快捷键

键盘快捷键为组合键，如在菜单右边所示，这些键可自定义。

用户可以从“自定义”对话框的键盘标签中打印或复制快捷键列表。一些常用的快捷键，如表 1-3 所示。

表 1-3　常用的快捷键

操　作	快 捷 键
放大	Shift+Z
缩小	Z
整屏显示全图	F
视图定向菜单	空格键
重复上一命令	Enter
重建模型	Ctrl+B
绘屏幕	Ctrl+R
撤销	Ctrl+Z

1.1.7　常用工具栏

1. 标准工具栏

标准工具栏如图 1-6 所示，其使用方法与 Windows 中的工具栏是一样的，此处略过。

图 1-6　标准工具栏

从零件/装配体制作工程图：生成当前零件或装配体的新工程图。

从零件/装配体制作装配体：生成当前零件或装配体的新装配体。

重建模型：重建零件、装配体或工程图。

打开系统选项对话框：更改 SolidWorks 选项的设定。

打开颜色的属性：将颜色应用到模型中的实体上。

打开材质编辑器：将材料及其物理属性应用到零件上。

打开纹理的属性：将纹理应用到模型中的实体上。

切换选择过滤器工具栏：切换到过滤器工具栏的显示。

选择按钮：用来选择草图实体、边线、顶点和零部件等。

2. 视图工具栏

视图工具栏如图 1-7 所示。

图 1-7　视图工具栏

确定视图的方向：显示一对话框来选择标准或用户定义的视图。

整屏显示全图：缩放模型以符合窗口的大小。

局部放大图形：将选定的部分放大到屏幕区域。

放大或缩小：按住鼠标左键上下移动光标来放大或缩小视图。

旋转视图：按住鼠标左键，拖动鼠标来旋转视图。

平移视图：按住鼠标左键，拖动图形的位置。

线架图：显示模型的所有边线。

带边线上色：以其边线显示模型的上色视图。

剖面视图：使用一个或多个横断面基准面生成零件或装配体的剖切。

斑马条纹：显示斑马条纹，可以看到以标准显示很难看到的面中更改。

观阅基准面：控制基准面显示的状态(注：此处“观阅”相当于“查看”)。

观阅基准轴：控制基准轴显示的状态。

观阅原点：控制原点显示的状态。

观阅坐标系：控制坐标系显示的状态。

观阅草图：控制草图显示的状态。

观阅草图几何关系：控制草图几何关系显示的状态。

3. 草图绘制工具栏

草图绘制工具栏见图 1-8，该工具栏包含了与草图绘制有关的大部分功能，里面的工具按钮很多，在这里只介绍一部分比较常用的功能。

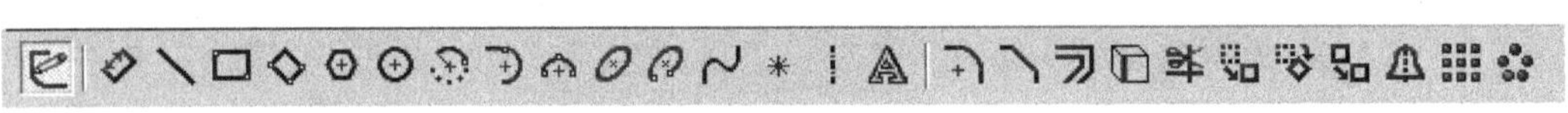

图 1-8　草图绘制工具栏

草图绘制：绘制新草图，或者编辑现有草图。

智能尺寸：为一个或多个实体生成尺寸。

直线：绘制直线。

矩形：绘制一个矩形。

多边形：绘制多边形，在绘制多边形后可以更改边侧数。

圆：绘制圆，选择圆心然后拖动鼠标来设定其半径。

圆心/起点/终点画弧：绘制中心点圆弧，设定中心点，拖动鼠标来设置圆弧的起点，然后设定其弧度和方向。

椭圆：绘制一完整椭圆，选择椭圆中心然后拖动鼠标来设定长轴和短轴。

样条曲线：绘制样条曲线，单击该图标按钮添加形成曲线的样条曲线点。

点：绘制点。

中心线：绘制中心线，使用中心线生成对称草图实体、旋转特征或作为改造几何线。

文字：绘制文字，可在面、边线及草图实体上绘制文字。

绘制圆角：在两条相邻线顶点处添加切圆，从而生成圆弧。

绘制倒角：在两个草图实体的交叉点添加一倒角。

等距实体：通过一指定距离等距面、边线、曲线或草图实体来添加草图实体。

转换实体引用：将模型上所选的边线或草图实体转换为草图实体。

裁剪实体：裁剪或延伸一草图实体以使之与另一实体重合或删除一草图实体。

移动实体：移动草图实体和注解。

旋转实体：旋转草图实体和注解。

复制实体：复制草图实体和注解。

镜像实体：沿中心线镜像所选的实体。

线性草图阵列：添加草图实体的线性阵列。

圆周草图阵列：添加草图实体的圆周阵列。

4. 尺寸/几何关系工具栏

尺寸/几何关系工具栏见图 1-9，该工具栏用于标注各种控制尺寸以及在各个对象之间添加相对约束关系，这里简要说明各按钮的作用。

图 1-9　尺寸/几何关系工具栏

智能尺寸：为一个或多个实体生成尺寸。

水平尺寸：在所选实体之间生成水平尺寸。

垂直尺寸：在所选实体之间生成垂直尺寸。

尺寸链：从工程图或草图的横、纵轴生成一组尺寸。

水平尺寸链：从第一个所选实体水平测量而在工程图或草图中生成水平尺寸链。

垂直尺寸链：从第一个所选实体水平测量而在工程图或草图中生成垂直尺寸链。

自动标注尺寸：在草图和模型的边线之间生成适合定义草图的自动尺寸。

添加几何关系：控制带约束(如同轴心或竖直)的实体的大小或位置。

自动几何关系：打开或关闭自动添加几何关系。

显示/删除几何关系：显示和删除几何关系。

搜寻相等关系：在草图上搜寻具有等长或等半径的实体。在等长或等半径的草图实体之间设定相等的几何关系。

5. 参考几何体工具栏

参考几何体工具栏用于提供生成与使用参考几何体的工具，如图 1-10 所示。

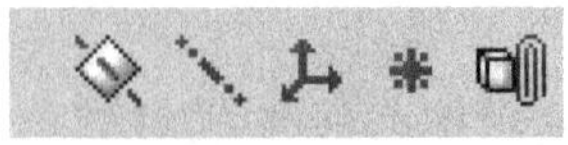

图 1-10　参考几何体工具栏

- 基准面：添加一参考基准面。
- 基准轴：添加一参考轴。
- 坐标系：为零件或装配体定义一坐标系。
- 点：添加一参考点。
- 配合参考：为使用 SmartMate 的自动配合功能指定作为参考的实体。

6. 特征工具栏

特征工具栏提供生成模型特征的工具，其中命令功能很多，如图 1-11 所示。特征包括多实体零件功能。可在同一零件文件中包括单独的拉伸、旋转、放样或扫描特征。

图 1-11　特征工具栏

- 拉伸凸台/基体：以一个或两个方向拉伸一草图或绘制的草图轮廓来生成实体。
- 旋转凸台/基体：绕轴心旋转一草图或所选草图轮廓来生成一实体特征。
- 扫描：沿开环或闭合路径通过扫描闭合轮廓来生成实体特征。
- 放样凸台/基体：在两个或多个轮廓之间添加材质来生成实体特征。
- 拉伸切除：以一个或两个方向拉伸所绘制的轮廓来切除一实体模型。
- 旋转切除：通过绕轴心旋转绘制的轮廓来切除实体模型。
- 扫描切除：沿开环或闭合路径通过扫描闭合轮廓来切除实体模型。
- 放样切除：在两个或多个轮廓之间通过移除材质来切除实体模型。
- 圆角：沿实体或曲面特征中的一条或多条边线来生成圆形内部面或外部面。
- 倒角：沿边线、一对切边或顶点生成一倾斜的边线。
- 筋：给实体添加薄壁支撑。
- 抽壳：从实体移除材料来生成一个薄壁特征。
- 简单直孔：在平面上生成圆柱孔。
- 异型孔向导：用预先定义的剖面插入孔。
- 孔系列：在装配体系列零件中插入孔。
- 特型：通过扩展、约束及紧缩曲面将变形曲面添加到平面或非平面上。
- 弯曲：弯曲实体和曲面实体。
- 线性阵列：以一个或两个线性方向阵列特征、面及实体。
- 圆周阵列：绕轴心阵列特征、面及实体。
- 镜像：绕面或基准面镜像特征、面及实体(注：在系统界面中可能会出现“镜向”

一词，含义相同)。

移动/复制实体：移动、复制并旋转实体和曲面实体。

7. 工程图工具栏

工程图工具栏用于提供对齐尺寸及生成工程视图的工具，如图 1-12 所示。

一般来说，工程图包含几个由模型建立的视图；也可以由现有的视图建立视图。例如，剖面视图是由现有的工程视图所生成的，这一过程是由工程图工具栏来实现。

图 1-12　工程图工具栏

模型视图：根据现有零件或装配体添加正交或命名视图。

投影视图：从一个已经存在的视图展开新视图而添加一投影视图。

辅助视图：从一线性实体(边线、草图实体等)通过展开一新视图而添加一视图。

剖面视图：以剖面线切割父视图来添加一剖面视图。

旋转剖视图：使用在一角度连接的两条直线来添加对齐的剖面视图。

局部视图：添加一局部视图来显示一视图的某部分，通常放大比例。

相对视图：添加一个由两个正交面或基准面及其各自方向所定义的相对视图。

标准三视图：添加 3 个标准、正交视图。视图的方向可以为第一角或第三角。

断开的剖视图：将一断开的剖视图添加到一显露模型内部细节的视图上。

水平折断线：给所选视图添加水平折断线。

竖直折断线：给所选视图添加竖直折断线。

剪裁视图：剪裁现有视图以便只显示视图的一部分。

交替位置视图：添加一显示模型配置置于模型另一配置之上的视图。

空白视图：添加一常用来包含草图实体的空白视图。

预定义视图：添加模型的预定义正交、投影或命名视图。

更新视图：更新所选视图到当前参考模型的状态。

8. 装配体工具栏

装配体工具栏用于控制零部件的管理、移动及其配合，插入智能扣件，如图 1-13 所示。

图 1-13　装配体工具栏

插入零部件：添加一现有零件或子装配体到装配体。

新零件：生成一个新零件并插入到装配体中。

新装配体：生成新装配体并插入到当前的装配体中。

大型装配体：为此文件切换大型装配体模式。

隐藏/显示零部件：隐藏或显示零部件。

更改透明度：在 0%～75%之间切换零部件的透明度。

改变压缩状态：压缩或还原零部件。压缩的零部件不在内存中装入或不可见。

编辑零部件：编辑零部件或子装配体和主装配体之间的状态。

无外部参考：外部参考在生成或编辑关联特征时不会生成。

智能扣件：使用 SolidWorks Toolbox 标准件库将扣件添加到装配体中。

制作智能零部件：随相关联的零部件/特征定义智能零部件。

配合：定位两个零部件，使之相互配合。

移动零部件：在由其配合所定义的自由度内移动零部件。

旋转零部件：在由其配合所定义的自由度内旋转零部件。

替换零部件：以零件或子装配体替换零部件。

替换配合实体：替换所选零部件或整个配合组的配合实体。

爆炸视图：将零部件分离成爆炸视图。

爆炸直线草图：添加或编辑显示爆炸的零部件之间几何关系的 3D 草图。

干涉检查：检查零部件之间的任何干涉。

装配体透明度：设定除在关联装配体中正被编辑的零部件以外的零部件透明度。

模拟工具栏：显示或隐藏模拟工具栏。

9. 退回控制棒

在造型时，有时需要在中间增加新的特征或者需要编辑某一特征，这时就可以利用退回控制棒。将退回控制棒移动到要增加特征或者编辑的特征下面，将模型暂时恢复到其以前的一个状态，并压缩控制棒下面的那些特征，压缩后的特征在特征设计树中变成灰色，而新增加的特征在特征设计树位于被压缩特征的上面。

操作方法：将光标放到特征设计树下方的一条黄线上，鼠标指针由变成形状后，单击鼠标左键，黄线就变成蓝色了，然后向上移动光标，拖动蓝线到要增加或者编辑的部位的下方，即可在图形区显示去掉后面的特征的图形，此时设计树控制棒下面的特征即可变成灰色，如图 1-14(a)所示。做完后，可以继续向下拖动鼠标，最后就可以显示所有的特征了。还可以在要增加或者编辑的位置下面的特征上右击，从弹出的快捷菜单选择“退回”命令，即可退回到这个特征之前的造型。同样如果编辑结束后，也可右击退回控制棒下面的特征，出现如图 1-14(b)所示的快捷菜单。

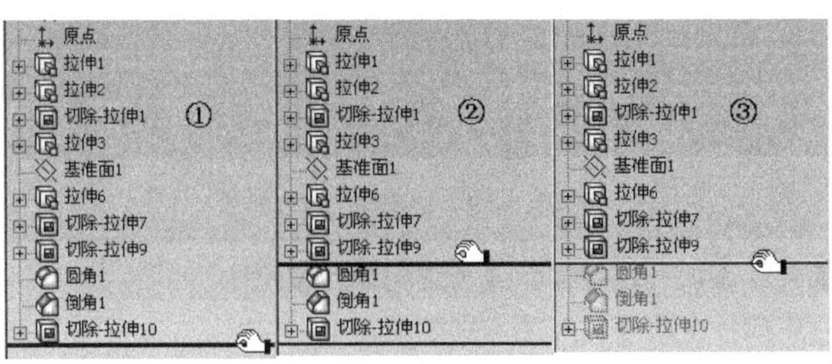

(a) 退回控制棒

图 1-14 退回控制棒的操作方法

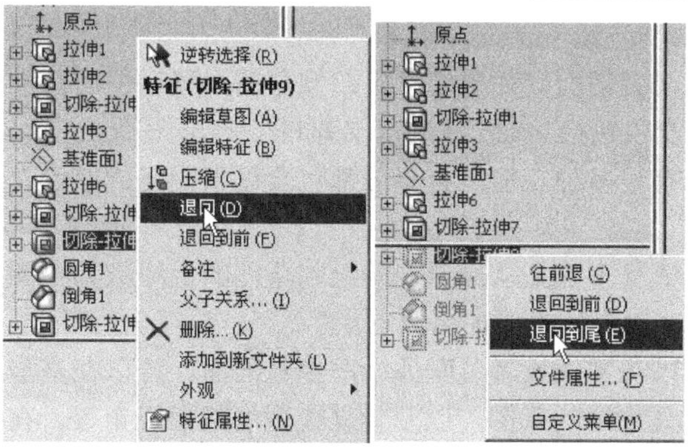

(b) 退回控制棒快捷菜单

图 1-14　退回控制棒的操作方法(续)

1.1.8　资料引入

1. 基本概念及术语

1)　基本概念

SolidWorks 能快速、精确地设计模型，利用 SolidWorks 进行设计要了解以下概念。

(1)　SolidWorks 模型由零件、装配体和工程图组成。

(2)　可以随意添加特征，更改特征，以进一步完善设计。

(3)　在设计中可以随时生成工程图或装配体。

2)　术语

(1)　原点。原点是以两个灰色箭头显示，代表模型的(0, 0, 0)坐标。当草图被激活时，草图原点显示为红色，代表草图的(0, 0, 0)坐标。

(2)　基准面。基准面是平坦、无边际的，在屏幕上以可视的边线来表示，在建立凸台与切除特征时，基准面通常用来作为主要的作图平面。

(3)　轴。轴是用于创建几何模型、特征或复制阵列的直线。

(4)　面。面是帮助定义模型形状或曲面形状的边界。

(5)　边线。边线是两个面或者曲面沿着一段距离相交的位置。

(6)　顶点。顶点是两条或者多条直线或者边线的相交点。

3)　文件窗口和草图

(1)　文件窗口。在 SolidWorks 中，每一个零件、装配体和工程图都是一个文件，而且每一个文件都显示在单独的窗口中。

用户可以同时打开多个零件、装配体和工程图的文件窗口。同样，也可以在同一文件中，同时打开多个不同的视图。

如要整理窗口，可以通过拖动窗口中的标题栏来移动窗口，或者移动窗口边框或角部来改变窗口大小。另外，用户也可以选择 “窗口”→“层叠”→“纵向平铺”或“横向平铺”命令进行操作。

(2)　草图。建立模型的第一步就是绘制草图，然后从草图产生特征。可以将一个或者多个特征结合起来产生零件，然后，将适当的零件配合起来以产生装配体，再由零件或者装配体来产生工程图。

草图是二维轮廓或者剖面。如果要产生二维草图，可以使用基准面或者平面。除了二维草图之外，还可以产生包括 X 轴、Y 轴和 Z 轴的三维草图。

产生草图的方法有很多种。但所有草图都包含以下图元：原点、基准面、尺寸、限制条件。

① 原点。很多情况下都是从原点开始绘制草图的，原点为草图提供了固定的锚点。在其他情况下，可能会以其他方式使用原点。

② 基准面。可以在零件或者装配体中产生基准面。可以在基准面上使用直线或者矩形之类的草图绘制工具来绘制草图，以及建立模型的剖面视角等。在一些模型中，选择用来绘制草图的基准面仅影响使用标准等轴测视图时模型的显示情况，对设计意图并不产生影响。

前向基准面是新零件中的第一个草图的预设基准面。另外两个标准基准面使用上视和右视方向。另外，用户还可以根据需要来增加和定位基准面。

③ 尺寸。用户可以指定图元之间的尺寸以及几何限制条件。尺寸定义了长度、半径等。变更尺寸时，零件的大小和形状也会随之改变。标注零件尺寸的方法将决定能否保持设计意图。

保持设计意图的方法之一是，在变更其他尺寸时保持一个尺寸不变。在这种状况下，产生了驱动尺寸和从动尺寸。

a 驱动尺寸：可以使用“标注尺寸”工具来建立驱动尺寸。当变更驱动尺寸的值时，模型的大小会随之改变。

b 从动尺寸：某些与模型相关的尺寸为从动尺寸。从动尺寸由 SolidWorks 软件自动产生，且仅用于提供信息。可以删除从动尺寸，但却无法对其进行修改。当修改驱动尺寸时，从动尺寸会相应地变更。

④ 限制条件。限制条件在草图图元之间建立几何关系。例如，可以在肋和顶部的圆弧之间建立相切的几何关系，这样在支架高度改变的时候，肋和圆弧的相切位置也会随之改变。限制条件储存于草图中，可以套用限制条件。

2. SolidWorks 的建模技术

1) 建模技术概述

SolidWorks 软件有零件、装配体、工程图 3 个主要模块，与其他三维 CAD 一样，都是利用三维的设计方法，本质就是建立三维模型。新产品在研制开发的过程中，需要经历 3 个阶段，即方案设计阶段、详细设计阶段、工程设计阶段。

根据产品研制开发的 3 个阶段，SolidWorks 软件提供了两种建模技术，一种是基于设计过程的建模技术，就是自顶向下建模；另一种是自底向上建模，一般三维 CAD 开始于详细设计阶段的，其建模技术就是自底向上建模。

2) 自顶向下建模

自顶向下建模是符合一般设计思路的建模技术，在网络技术日益发展的今天，使用这种方式建模逐渐趋于成熟。它是一种在装配环境下进行零件设计的，可以利用“转换实体引用”工具按钮，将已经生成的零件的边、环、面、外部草图曲线、外部草图轮廓、一组边线或者一组外部草图曲线等投影到草图基准面中，在草图上生成一个或者多个实体，这样可以避免单独进行零件设计可能造成的尺寸等各方面的冲突。

基于设计过程的建模技术，是一种比较彻底的自顶向下的建模方法，首先在装配环境下绘制一个描述各个零件轮廓和位置关系的装配草图，然后在这个装配环境下进入零件编辑状态，绘制草图轮廓，草图轮廓要同装配草图尺寸一致，利用“转换实体引用”工具按钮操作，这样零件草图同装配草图形成父子关系，改变装配草图，就会改变零件的尺寸，在装配环境下，其过程如下：

装配草图→零件草图→零件→装配体

另一种比较实用的自顶向下的建模方式，在实际应用中也比较常见。首先选择一些在装配体中关联关系少的零件，建立零件草图，生成零件模型，然后在装配环境下，插入这些零件，并设置它们之间的装配关系，参照这些已有的零件尺寸，生成新的零件模型，完成装配体。这样也可以避免零件间的冲突。在装配环境下，其过程如下：

零件草图→零件(部分)→装配(部分)→生成新零件草图→生成新零件→装配(完整)

3) 自底向上建模

自顶向下建模虽然符合一般设计思路，但是在目前环境下，实现这种建模方式还不是很理想。方案设计阶段主要是由工程技术人员根据经验来进行设计的，而目前的三维 CAD 软件一般都是在详细设计阶段介入的，SolidWorks 经常以零件为基础进行建模，这就是自底向上建模技术，也就是建立零件再装配。SolidWorks 的参数化功能，可以根据情况随时改变零件的尺寸，而且其零件、装配体和工程图之间是相互关联的，可以在其中任何一个模块中进行尺寸的修改，所有模块的尺寸都随之改变，这样可以大大减少设计人员的工作量。在建立零件模型后，可以在装配环境下直接装配，生成装配体；然后单击“干涉检查”按钮，进行检查，若有干涉，可以直接在装配环境下编辑零件，以完成设计。

自底向上建模技术的过程如下：

零件草图→零件→装配体

3. 当今 CAD 领域的主流技术及标准

1) 基础造型技术(参数化设计、变量化设计及特征造型技术)

在 CAD 技术发展的初期，CAD 仅限于计算机辅助绘图，随着计算机软、硬件技术的飞速发展，CAD 技术才从二维平面绘图发展到三维产品建模，随之也就产生了三维线框造型、曲面造型及实体造型技术。而如今参数化及变量化设计思想和特征造型则代表了当今 CAD 技术的发展方向。

参数化设计一般是指设计对象的结构形状比较定型，可以用一组参数来约定尺寸关系，参数的求解较简单，参数与设计对象的控制尺寸有显式对应关系，设计结果的修改受尺寸驱动。生产中最常用的系列化标准件就是属于这一类型。变量化设计(VariationalDesign)是指设计对象的修改需要更大的自由度，通过求解一组约束方程来确定产品的尺寸和形状。约束方程可以是几何关系，也可以是工程计算条件，设计结果的修改受到约束方程驱动。变量化设计允许尺寸欠约束的存在，这样设计者便可以采用先形状后尺寸的设计方式，将满足设计要求的几何形状放在第一位而暂不用考虑尺寸细节，设计过程相对宽松。变量化设计可以用于公差分析、运动机构协调、设计优化、初步方案设计选型等，尤其在做概念设计时更显得得心应手。

特征造型是 CAD 建模方法的一个新的里程碑，它是在 CAD/CAM 技术的发展和应用达到一定的水平，要求进一步提高生产组织的集成化和自动化程度的历史进程中孕育成长起来的。过去的 CAD 技术从二维绘图起步，经历了三维线框、曲面和实体造型发展阶段，都是着眼于完善产品的几何描述能力，亦即只描述了产品的几何信息；而特征造型则是着眼于更好地表达产品完整的功能和生产管理信息，为建立产品的集成信息模型服务。

2) CAD 的数据交换格式及标准化(DXF 格式、IGES 格式及 STEP 标准)

随着 CAD 技术的不断发展和日益成熟以及各行业 CAD 应用的不断深入，CAD 标准化工作越来越显示出了它的重要性。CAD 标准化工作作为高新技术标准化的一部分，在 CAD 技术工作中占有很重要的位置。

目前，在微机和工作站上用于数据交换的图形文件标准主要有 AutoCAD 系统的 DXF(Data Exchange File)文件、美国标准 IGES(Initial Graphics Exchange Specification，初始图形交换规范)及国际标准 STEP(Standard for the Exchange of Product model data)。

项目 1.2　SolidWorks 2010 基本操作

1.2.1　对象选择方式

1. 实体各部分名称介绍

了解实体各部分名称是对象选择的基础，实体各部分名称如图 1-15 所示。

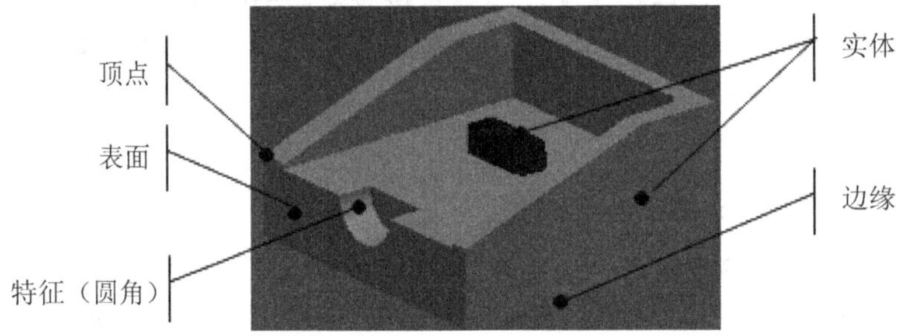

图 1-15　实体各部分名称

2. 选择物体

选择物体时，在特征树上将显示当前拾取的特征。

注意：实体和特征是有区别的，特征是指实体上的某一部分，如倒角、异型孔等。

3. 高亮显示

图形区域中的项目在选取时高亮显示，或者将指针移到上面时动态高亮显示。可在工具、选项、系统选项、颜色中，为所选项目、动态高亮显示及其他界面选项设定颜色。

(1) 所选项目。选定项如何高亮显示取决于颜色设定、选取的显示样式及 RealView 是否已激活，如图 1-16 所示。

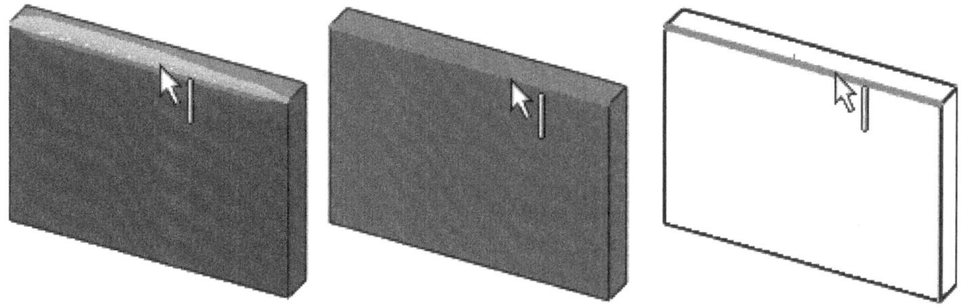

所选边线以发光线条高亮显示　所选边线以粗实线高亮显示　所选边线以粗实线高亮显示

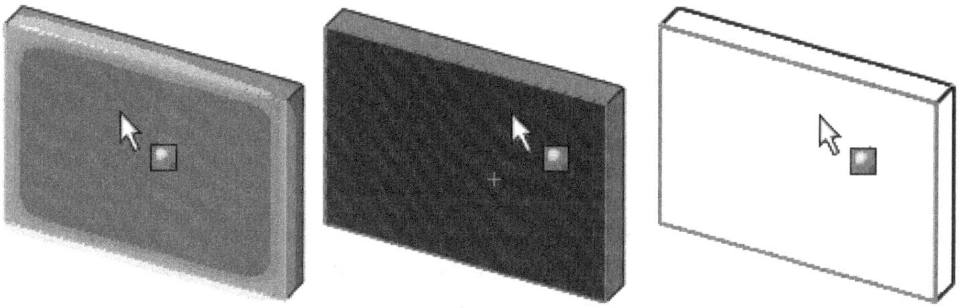

所选的面以发光单色高亮显示　所选的面作为单色高亮显示　所选面的边线以细实线高亮显示

(a) RealView，上色　(b) RealView 关闭，上色　(c) RealView 关闭，消除隐藏线

图 1-16　RealView 开关状态及其显示

(2) 动态高亮显示。将指针动态移动到某个边线或面上时，边线以粗实线高亮显示；面的边线以细实线高亮显示。RealView 不影响动态上色，如图 1-17 所示。

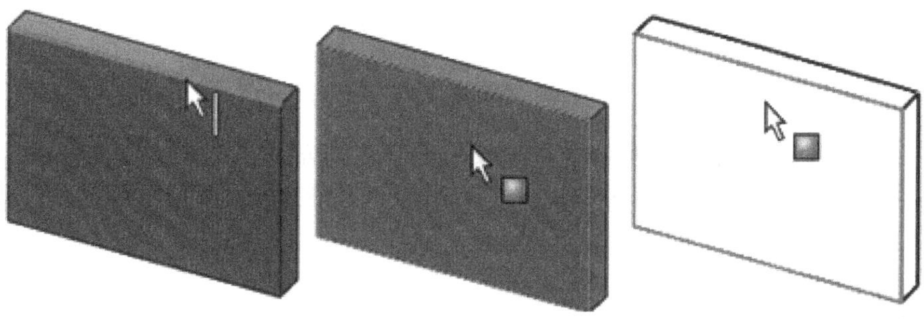

(a) 边线作为粗实线高亮显示 (b) 面的边线以细实线高亮显示 (c) 面的边线以单色线高亮显示

图 1-17　RealView 不影响动态上色

(3) 高亮显示提示。如端点、中点及顶点之类的几何关系在指针接近时高亮显示，然后在指针指向将其选择时而更改颜色，如图 1-18 所示。

(a) 中点高亮显示，指针显示其当前位置有一可能重合的几何关系　(b) 中点更改了颜色，指针表示已识别出中点

图 1-18　高亮显示提示

4. 对象的选择方式

1)　单选对象

光标选择球位于某实体对象之上，该对象将高亮显示，此时单击鼠标左键拾取对象即可。这是一种最简单和直接的选择物体的方式。

2)　框选对象

通过拖动选框来选择零件、装配体和工程图中的所有实体类型。可以通过拖动多个选框时按住 Ctrl 键来选择多组实体。当从左到右选择时，框中的所有项都被选择，如图 1-19 所示。当从右到左选择时，交叉框边界的项目被选择。

默认的所选几何体类型如下所述。

(1)　零件文件——边线。

(2)　装配体文件——零部件。

(3)　工程图文件——草图实体、尺寸和注解。

图 1-19　方框选择(从左至右)

若想选择与默认值不同的实体类型，使用选择过滤器；当选择工程图中的边线和面时，隐藏的边线和面不被选择；若想选择多个实体，应在第一个选择后再次进行选择时按住 Ctrl 键。

3)　交叉选择

当进行从左至右方框选择时，仅选中完全在方框内的项目；当进行从右至左交叉选择时，跨过方框边界的及方框内的项目均被选中。

当进行方框选择时，方框以实线显示；当进行交叉选择时，方框以虚线显示，如图 1-20 所示。

使用交叉选择的选择实体如下所述。

(1)　在草图中——草图绘制实体和尺寸。

(2)　在工程图中——草图绘制实体、尺寸和注解。

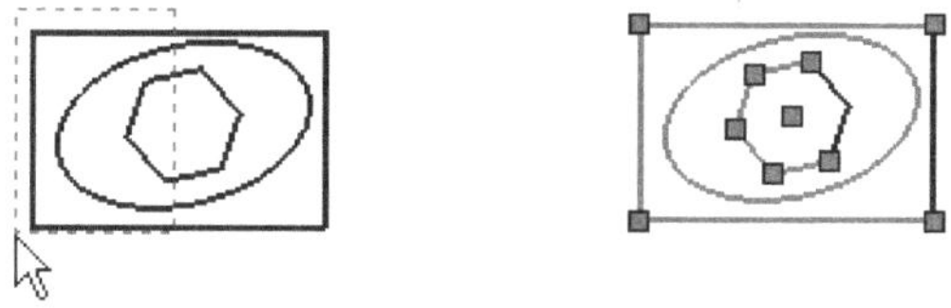

图 1-20　交叉选择(从右至左)

使用 Shift 键和 Ctrl 键，方法与 Microsoft Windows 资源管理器相同。

使用 Shift 键会选定框内的所有内容，而不管这些内容当前是否选定；使用 Ctrl 键会逆转方框内的当前选择。在这两种情况下，框外任何先前的选择仍保持不变。

4) 反转选择(逆选择)

选择项目(通常是少量项目)时，如果逆转选择，则将选择文件中的所有其他类似项目，而取消选择初始选择的项目，如图 1-21 所示。

操作步骤如下。

(1) 选择要排除的项目。

(2) 单击“逆转选择”按钮，或单击“工具”，再单击“逆转选择”。

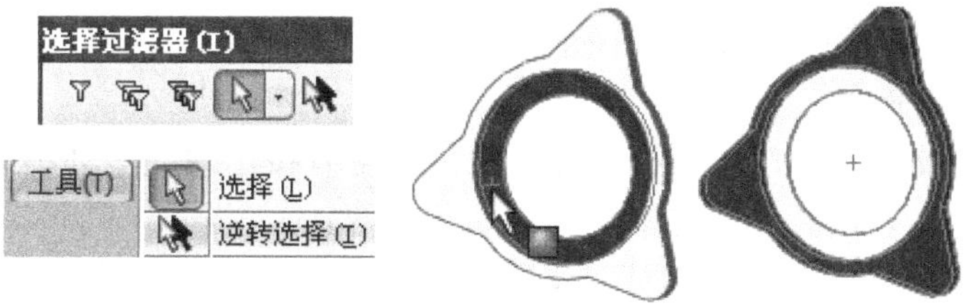

图 1-21　反转选择

5. 选择环

可在零件上选择一相连边线环组，隐藏的边线在所有视图模式中都被选择。

欲选择一环组方法如下。

在零件上用右键单击一边线，然后在弹出的快捷菜单中选择“选择链”命令。一环组在一个面上被选择。一控标显示环的方向；若想将环选择更改为其他相连面的边线，单击“控标”按钮即可，如图 1-22 所示。

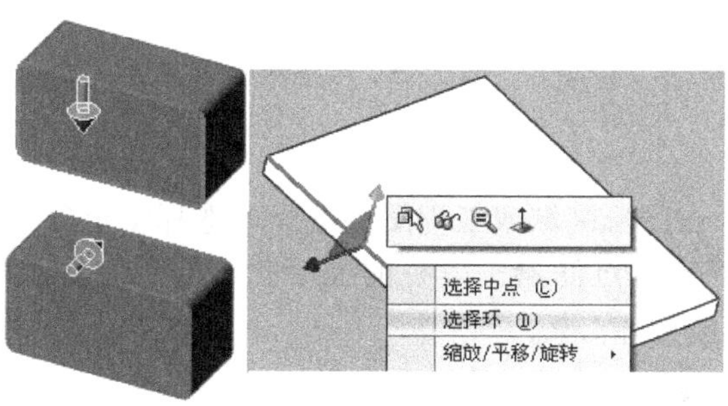

图 1-22　选择环组

当选择一个面时，面上的所有环会被选择。也可选择环组之一。

欲在面上选择一环组，操作方法如下。

(1) 选择一个面。

(2) 按住 Ctrl 键，然后选择环组的一边线，完整环组被选择，如图 1-23 所示。

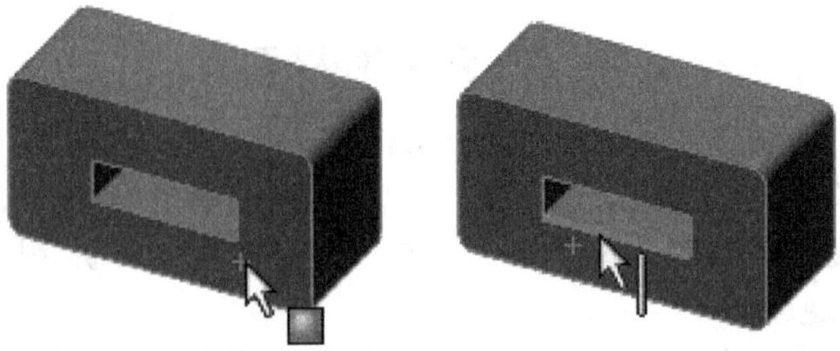

图 1-23 选择面上的环组

6. 选择其他

选择被其他项目隐藏的实体。

欲选择隐藏的项目，可按以下步骤操作。

(1) 在零件或装配体文档中，在图形区域用右键单击模型，然后在弹出的快捷菜单中选取“选择其他”命令。

(2) 指针变成形状，一方框出现，在指针下有按出现顺序列举的项目(面、边线、子装配体等)清单。一图标显示实体类型(面、边线等)。

(3) 将指针停留在清单中的项目上，使其在图形区域中高亮显示。

若想滚动以查看整个列表，按 Tab 键或滚动鼠标滚轮。

(4) 在清单或图形区域单击左键以选择一项目，如图 1-24 所示。

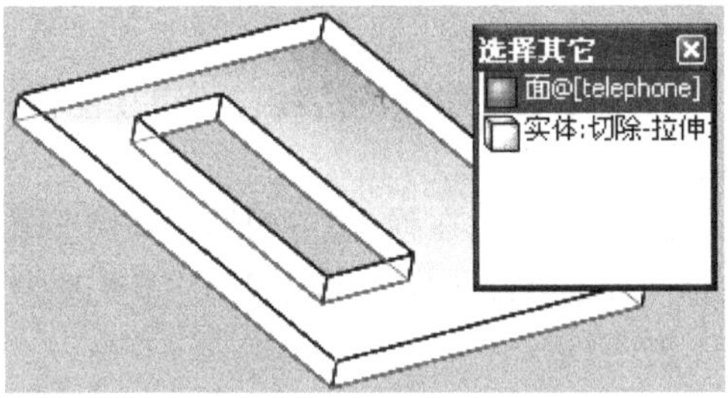

图 1-24 选择其他

7. 选择过滤器

选择过滤器有助于在图形区域或工程图图纸区域选择特定项。例如，选择面的过滤器而只选取面。若要切换选择过滤器工具栏的显示状态，单击切换选择过滤器工具栏中的(标准工具栏)按钮，或按 F5 键。

(1) 单击过滤器工具栏上的以下按钮，可以指定选择过滤器的行为方式。

切换选择过滤器，也可以按 F6 键。

清除所有过滤器。

选择所有过滤器。

逆选，与所选项相同的所有其他项目(如面、边线、顶点)都被选择，而原有选择被消除。

(2) 选择过滤器工具栏上的其余按钮都是过滤器。选择与想在图形区域中选取项相匹配的过滤器。

(3) 键盘快捷键可供某些过滤器所使用：边线(E)、面(X)、顶点(V)。

注意：当选择过滤器处于活动时，指针变成形状，然后，在指针靠近过滤的项目时，该项目的指针显示；如面。

8. 特征设计树选择

欲从 FeatureManager 设计树中选取项目，操作步骤如下。

(1) 通过在模型中选择其名称来选择特征、草图、基准面及基准轴。

(2) 在选择的同时按住 Shift 键，可以选取多个连续项目。

(3) 在选择的同时按住 Ctrl 键，可以选取非连续多个项目。

(4) 通过在面板空白区域按住并拖动指针而进行框选对象或交叉选择对象。

右击(除了材质或光源、相机与布景外)并在弹出的快捷菜单中选择“转到”命令，可以搜索 FeatureManager 设计树中的文字。

9. 相切选择

可选择一组相切曲线、边线或面，然后可以将诸如圆角或倒角之类的特征应用于所选项目。隐藏的边线在所有视图模式中都被选择。

欲选择一组相切曲线、边线或面，右击相切组中的曲线、边线或面，然后在弹出的快捷菜单中选择“选择相切”命令，如图 1-25 所示。

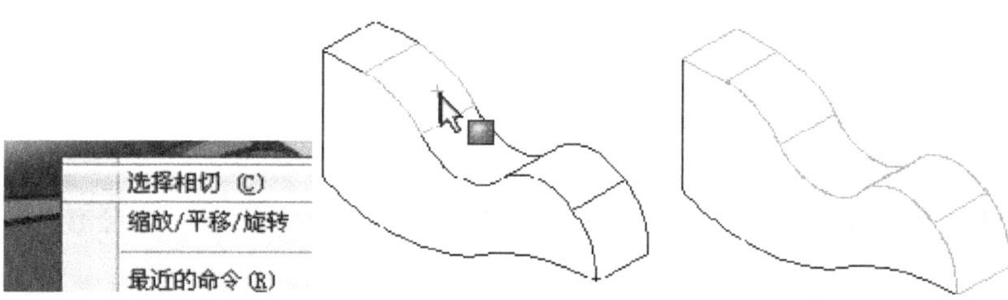

图 1-25　选择“选择相切”命令

1.2.2　对象的隐藏与可视

1. 隐藏/显示项目

(1) 为了使图形区域突出显示模型的主要方面，可以暂时隐藏不需要的参考项目，如基准面、基准轴等，从而使图形区域只显示所需要的内容，使图形界面更加清晰、直观。如图 1-26 所示，可以通过前导视图工具栏的“隐藏/显示项目”下拉菜单隐藏或者显示相应的项目。

(2) 利用右键快捷菜单隐藏特征或实体：在需要隐藏的特征或实体上右击，在弹出的菜单中选择隐藏工具，如图 1-27 所示。

(3) 利用特征设计树显示/隐藏特征或实体：在特征设计树里选取需要隐藏的特征或实体并右击，在弹出的快捷菜单中选择命令以显示/隐藏工具，如图 1-28 所示。

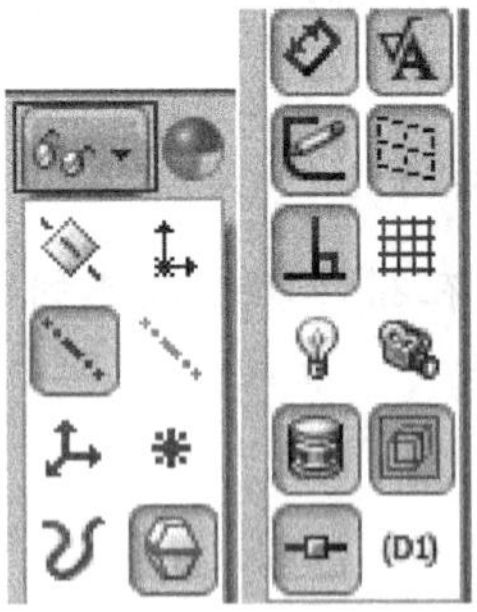

图 1-26　前导视图工具栏

图 1-27　选择隐藏工具

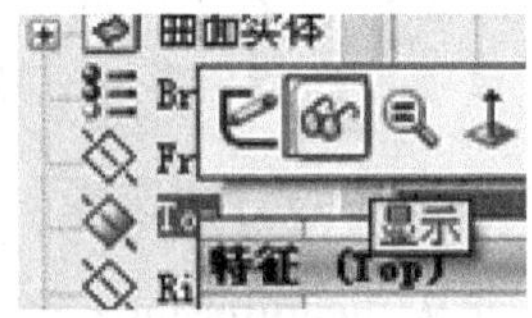

图 1-28　选择显示/隐藏工具

2. 对象的可视化

(1) 线架图。通过单击视图工具栏里的(线架图)图标，将实体显示成线架模型，如图 1-29 所示。

(2) 隐藏线可见。通过单击视图工具栏里的(隐藏线可见)图标，将实体显示成隐藏线可见模型，如图 1-30 所示。

(3) 消除隐藏线。通过单击视图工具栏里的(消除隐藏线)图标，将实体显示成隐藏线不可见模型，即在显示模型时，将当前视图所无法看见的边线移除，如图 1-31 所示。

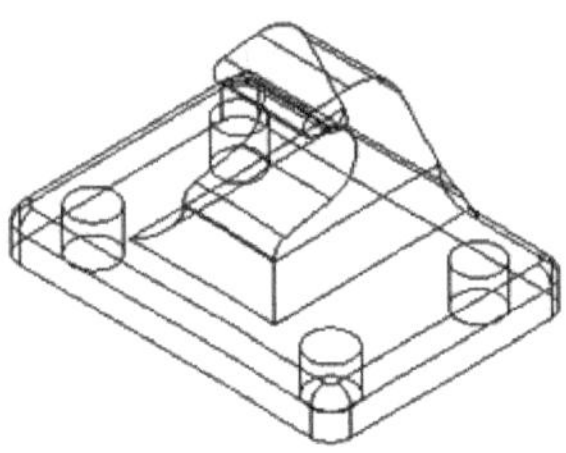

图 1-29　线架模型

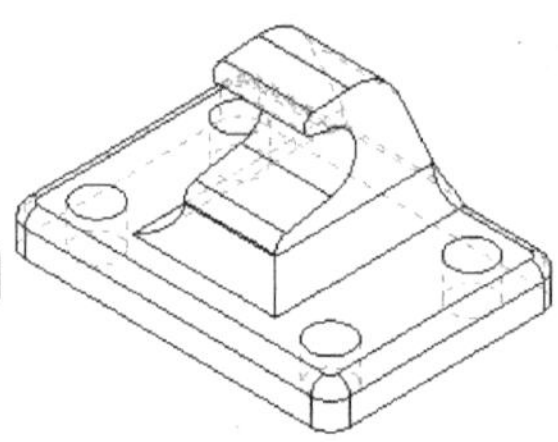

图 1-30　隐藏线可见模型

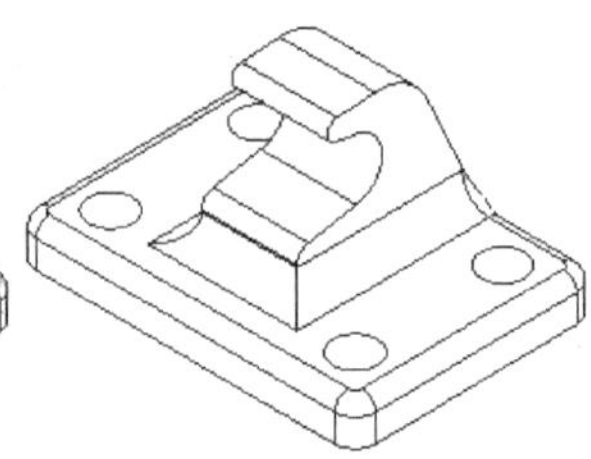

图 1-31　消除隐藏线模型

(4) 上色视图。通过单击视图工具栏里的(上色)图标，模型将显示上色视图，如图 1-32 所示。当选择处于上色模式的模型中的一个面时，整个面会高亮显示。

(5) 带边线上色。通过单击视图工具栏里的(带边线上色)图标，模型将显示带边线上色视图，如图 1-33 所示。

(6) 剖面。在零件或装配体文档的剖面视图中，模型看起来似乎被所指定的基准面和面切除，从而显示模型的内部结构。

(7) 曲率。显示带有曲面的零件或装配体时，可以根据曲面的曲率半径让曲面呈现不同的颜色。曲率定义为半径的倒数(1/半径)，使用当前模型的单位。默认情况下，所显示的最大曲率值为 1.000，最小曲率值为 0.0010。

图 1-32　上色模型

图 1-33　带边线上色模型

随着曲率半径的减小，曲率值增加，相应的颜色从黑色(0.0010)依次变为蓝色、绿色和红色(1.0000)。

随着曲率半径的增加，曲率值减小。平面的曲率值为零，因为平面的半径为无限。

(8) 阴影。在模型下面显示阴影。当显示阴影时，光源从当前视图中模型的最上面零件出现。当旋转模型时，阴影随模型旋转，如图 1-34 所示。

图 1-34　带阴影效果

1.2.3　操纵视图

1. 视图定向

可旋转并缩放模型或工程图为预定视图。从“标准视图” (对于模型有正视于、前视、后视、等轴测等，对于工程图有全图纸)中选择或将自己命名的视图增加到清单中。“标准视图”对话框如图 1-35 所示；“方向”对话框如图 1-36 所示；“命名视图”对话框如图 1-37 所示。

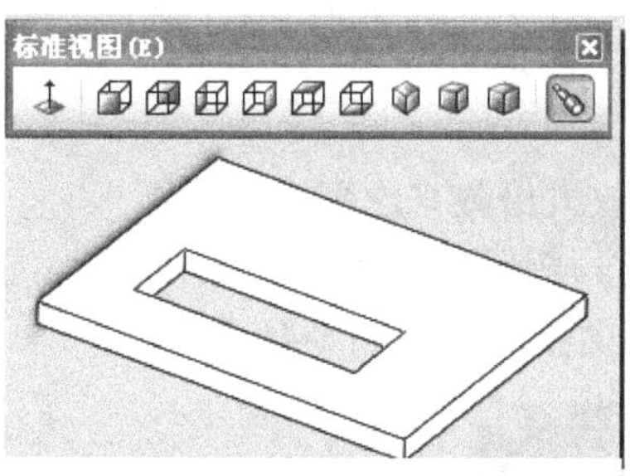

图 1-35　“标准视图”对话框

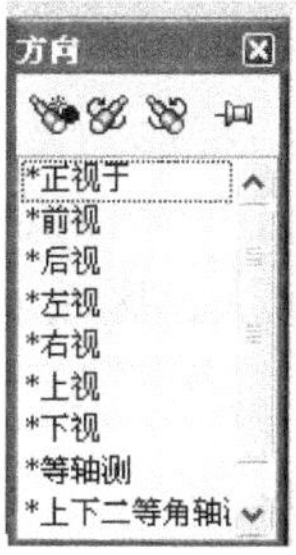

图 1-36　“方向”对话框

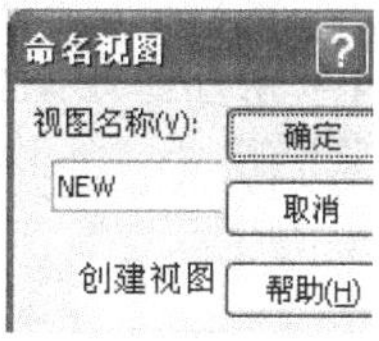

图 1-37　“命名视图”对话框

2. 将模型定向到 X、Y、Z 坐标

可使用“正视于”命令将模型正视于最接近的整体 X、Y、Z 坐标而进行定向，如

图 1-38 所示。

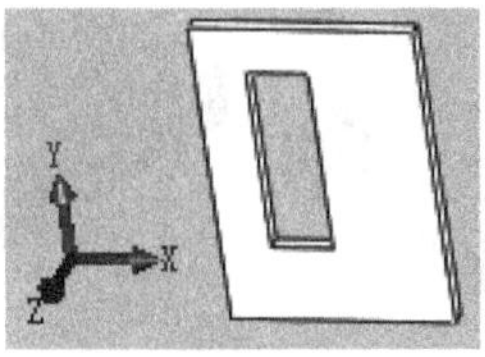

图 1-38 “正视于”定向

要将模型正视于最接近的整体 X、Y、Z 坐标而进行定向，操作步骤如下。

(1) 不选取任何内容而从打开的模型或 3D 草图中按空格键。

(2) 从“方向”对话框中双击“正视于”图标，即可。

注意：当将此方法应用到 2D 草图时，模型正视于草图而对齐。

3. 上一视图

当一次或多次切换模型视图之后，可以将模型或工程图恢复到先前的视图。可以撤销最近 10 次的视图更改。通过单击“上一视图”图标，完成操作。

4. 重画视图

此功能是刷新屏幕但不重建零件。通过单击“重画视图”图标，完成操作。也可以单击“视图”、“重画”，或按 Ctrl+R 组合键。

5. 透视图

显示模型的透视图。透视图是眼睛正常看到的视图，平行线在远处的消失点交汇，可以在一个模型透视图的工程图中生成“命名视图”。

6. 使用放大镜

使用放大镜检查模型，并在不改变总视图的情况下进行选择。这些操作简化了生成配合等操作的实体选择。使用放大镜帮助选择装配体中的实体。

(1) 将指针停留在区域来进行检查并按 G 键，放大镜即会打开，如图 1-39 所示。

要自定义启动放大镜的快捷键，可选择“工具”→“ 自定义”命令，在键盘标签上搜索放大镜并输入快捷键。

(2) 将指针移到模型周围，放大镜即会以保持相同的放大倍数来观察模型。

(3) 滚动鼠标滚轮进行放大。 放大镜区域放大的同时，模型保持不动。

(4) 按 Alt 键并滚动鼠标滚轮，显示平行于屏幕的剖面视图，如图 1-40 所示。

图 1-39 打开放大镜

图 1-40 观察截面

(5) 按 Ctrl + 选择实体。如果选择一个实体但不按 Ctrl 键，放大镜即会关闭。

7. 动态放大或缩小

放大或缩小操作步骤，如表 1-4 所示。

表 1-4　放大或缩小操作步骤

装 置	步 骤
鼠标(左键)	单击"动态放大/缩小"图标，向上拖动是放大，向下拖动是缩小
鼠标(中键)	按住 Shift 键，然后以鼠标中键拖动
鼠标滚轮	通过鼠标滚轮的滚动可以放大或缩小。若想缩放到屏幕中心，则需单击"视图"→"修改"→"沿屏幕中心缩放"
键盘	按 Z 键可缩小或按 Shift+Z 键放大

提示：如想为动态放大或缩小更改鼠标滚轮的方向，可以通过选取"视图" →"旋转/缩放"选项中的"反转鼠标滚轮"更改缩放方向。

8. 局部放大

通过拖动边界框而对选择的区域进行放大。

9. 整屏显示全图

调整放大/缩小的范围可看到整个模型、装配体或工程图纸。

10. 放大选取范围

放大所选择的模型、装配体或工程图中的一部分。

11. 平移视图

在文件窗口中平移零件、装配体或工程图。

12. 旋转视图

在零件和装配体文档中旋转模型视图。

1.2.4 参考几何体

1. 参考几何体概述

参考几何体定义曲面或实体的形状或组成。参考几何体包括基准面、基准轴、坐标系和点。可以使用参考几何体生成数种类型特征。

基准面用于放样和扫描，分割线用于某些模型的拔模，基准轴用于模型的圆周阵列。

2. 基准面

可以在零件或装配体文档中生成基准面。可以使用基准面来绘制草图，生成模型的剖面视图，以用于拔模特征中的中性面等。

3. 定义基准面

定义基准面的对话框如图 1-41 所示。

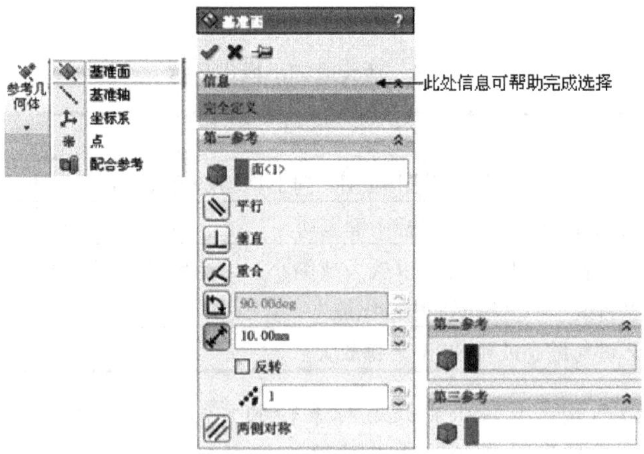

图 1-41　定义基准面的对话框

(1) 第一参考。选择第一参考来定义基准面，说明如下。

① 重合：生成一个穿过选定参考的基准面。

② 平行：生成一个与选定基准面平行的基准面。

③ 垂直：生成一个与选定基准面垂直的基准面。

④ 投影：将单个对象(如点、顶点、原点或坐标系)投影到空间曲面上。

⑤ 相切：生成一个与圆柱面、圆锥面、非圆柱面及空间面相切的基准面。

⑥ 两面夹角：生成一个基准面，它通过一条边线、轴线或草图线，并与一个圆柱面或基准面成一定角度。

⑦ 偏移距离：生成一个与某基准面或面平行，并偏移指定距离的基准面。

⑧ 两侧对称：在平面、参考基准面及 3D 草图基准面之间生成一个两侧对称的基准面。

(2) 第二参考和第三参考。两个部分中包含与第一参考中相同的选项，具体情况取决于对象的选择和模型几何体，通常根据需要设置这两个参考来生成所需的基准面。具体操作如图 1-42 至图 1-48 所示。

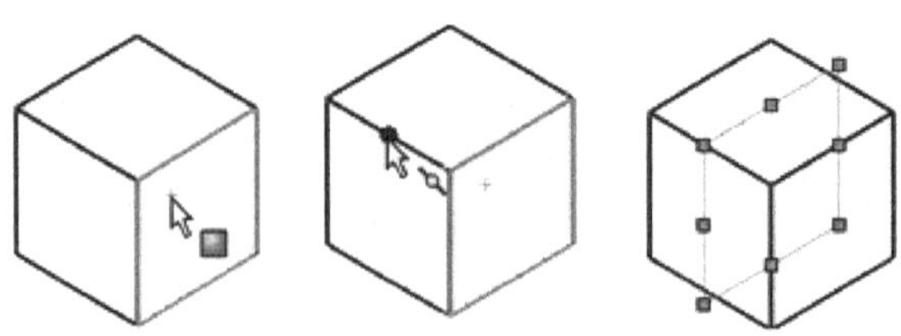

图 1-42　平行

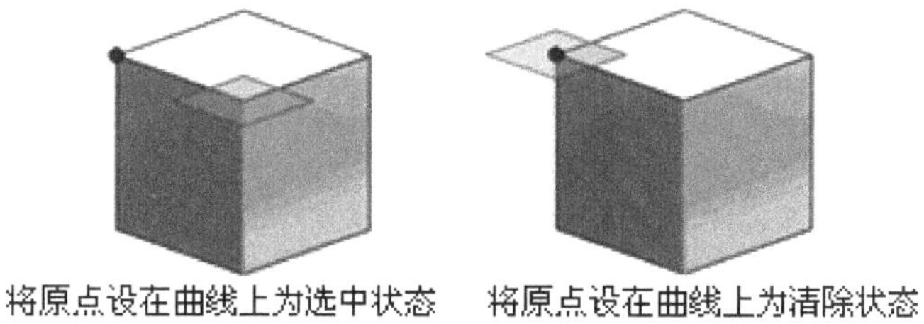

图 1-43　垂直

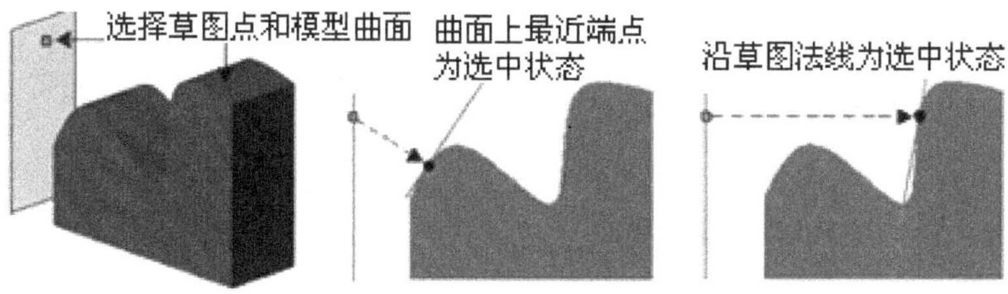

图 1-44　投影

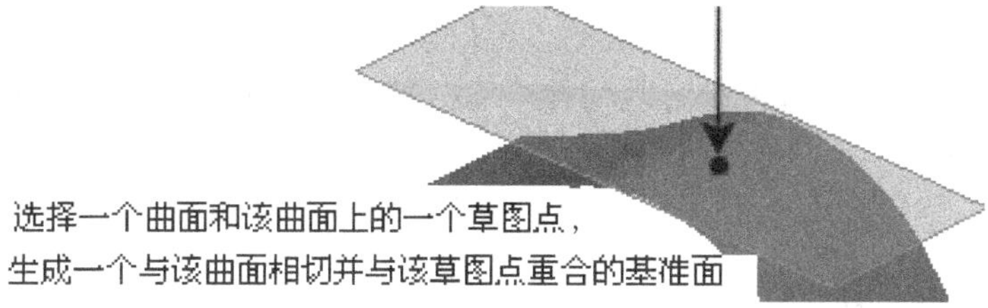

图 1-45　相切

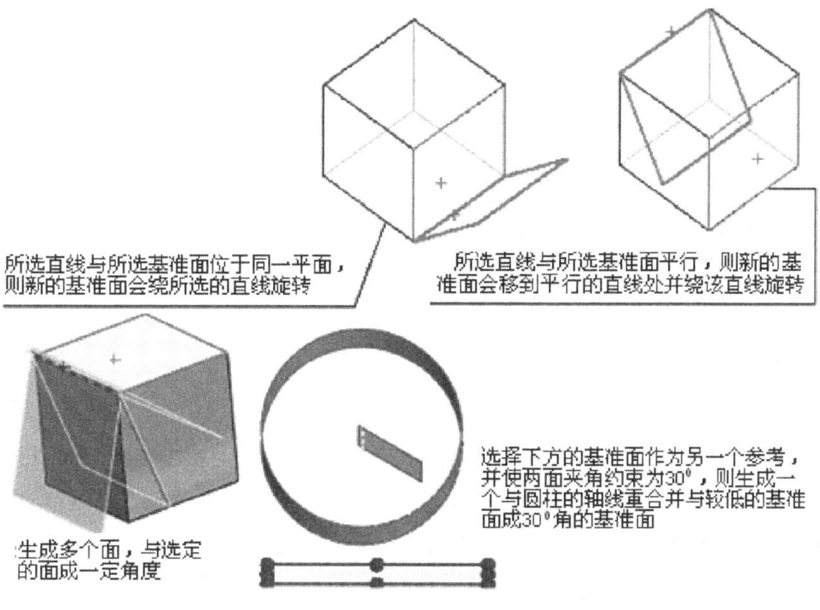

图 1-46　两面夹角

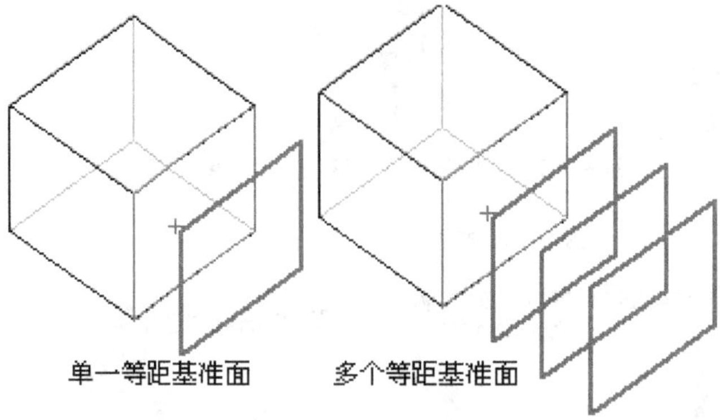

图 1-47　偏移距离

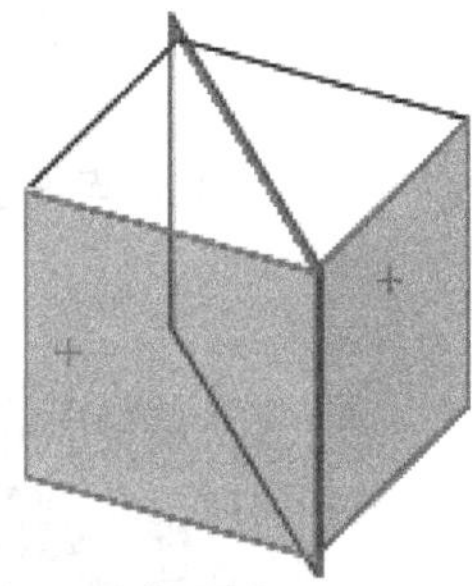

图 1-48　两侧对称

4. 基准轴

基准轴一般用于生成草图几何体或圆周阵列，每一个圆柱和圆锥面都有一条轴线。临时轴是由模型中的圆锥和圆柱隐含生成的，可以设置默认为隐藏或显示所有临时轴。

要生成基准轴，可单击“参考几何体”工具栏上的“基准轴”图标，或选择“插入”→“参考几何体”→“基准轴”命令来完成基准轴的定义。

5. 坐标系

可以定义零件或装配体的坐标系，它与测量和质量属性工具一同使用，也可用于将 SolidWorks 文件输出至 IGES、STL、ACIS、STEP、Parasolid、VRML 和 VDA。

要生成坐标系，可单击“参考几何体”工具栏上的“坐标系”图标，或选择“插入”→“参考几何体”→“坐标系”命令来完成坐标系的定义。

如果用所需的实体来定义坐标系时，可在提供所需实体的零件或装配体的某个地方定义坐标系。可以移动新原点至所需的位置，此时新位置必须包含至少一个点或顶点。

6. 构造几何线

可以将绘制的实体转换为在生成模型几何体时所用的构造几何线。

将一个或多个草图实体转换为构造几何线的操作过程如下。

(1) 在打开的草图中选择要转换的草图实体。

(2) 单击草图工具栏上的“构造几何线”图标。

7. 参考点

可生成数种类型的参考点来用作构造对象。还可以在指定距离分割的曲线上生成多个参考点。单击视图、点来切换参考点的显示。

当选择项目时，SolidWorks 软件尝试选择适当的点构造方法。例如，当选择一个面，SolidWorks 将在 PropertyManager 中选择面中心构造方法。可以选择不同类型的点构造方法。

要生成参考点，可单击“参考几何体”工具栏上的“点”图标，或选择“插入”→“参考几何体”→“点”命令来完成参考点的定义。

本 章 小 结

本章主要介绍 SolidWorks 2010 的基本操作，只有熟练掌握这些基础知识，才能正确、快速地应用 SolidWorks 进行工作。

学习完本章后，读者应该重点掌握以下知识内容：文件操作；界面的个性化设置；鼠标的应用；键盘的应用；了解常用工具栏；掌握对象选择方式；学会对象的隐藏与可视及视图的操作；掌握参考几何体的构建方法。

第2章　二 维 草 图

本章要点

- 草图工具对话框
- 草图功能选项
- 草图实体绘制
- 草图约束
- 草图操作
- 编辑草图

SolidWorks 软件的特征创建相当多的一部分是以草图为基础的，因此草图是造型的关键，是 SolidWorks 中比较重要的工具之一。草图对象由草图的点、直线、圆弧等元素构成，运用 SolidWorks 中的草图绘制工具，可以非常方便地完成复杂图形的绘制操作，还可以进行参数化的编辑。

本章将综合应用草图绘制实体、草图工具、尺寸标注、几何关系等命令完成二维图形的绘图，掌握草图设计的一般步骤和应用技巧。

项目 2.1　基 本 草 图

【学习目标】

本项目要完成的图形如图 2-1 所示。通过本项目的学习，使读者能熟练掌握创建草图、创建草图对象、对草图对象添加尺寸约束和几何约束等相关的草图操作。

通过学习了解草图的构建方法，掌握二维草图的构图技巧。

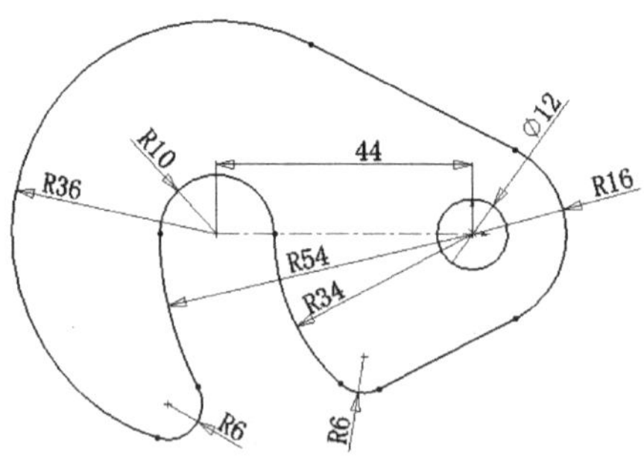

图 2-1　基本草图示例

【学习要点】

圆、直线、圆弧、倒圆角、约束关系的正确使用。

【绘图思路】

从图形的右侧开始绘图，先大致绘出图草图形状，然后做一些必要的修剪，再添加约束关系，最后标注尺寸，完成草图。

【操作步骤】

(1) 单击“新建”图标(注：这种图标有时也称为“按钮”)，新建一个“零件”文件，并单击“保存”图标进行保存，如图 2-2 所示。

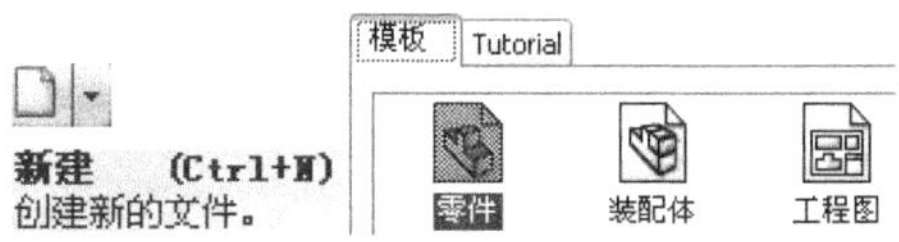

图 2-2　新建“零件”文件

(2) 单击状态树中的“前视”，再单击草图绘制图标，此时打开草绘工具栏，然后单击草图绘制图标，打开草绘窗口。此时单击圆图标，在状态树中显示出“圆”命令选项对话框，如图 2-3 所示。用默认值“中央创建”选项，绘出ϕ12mm 的圆。

在绘制 ϕ12mm 的圆时，单击“原点”位置，如图 2-4 所示，以确定圆心。按住左键不放，拉动鼠标，此时显示出动态的画圆过程，如图 2-5 所示。

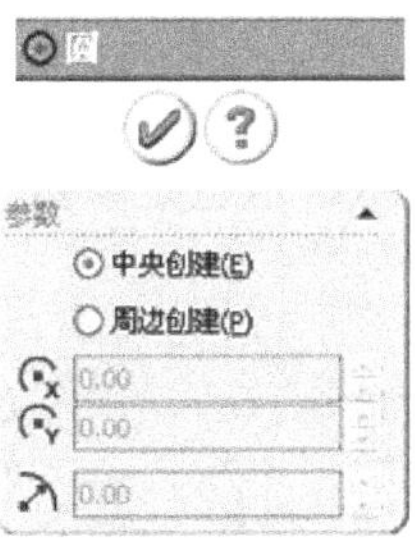

图 2-3　“圆”对话框

图 2-4　单击“原点”位置

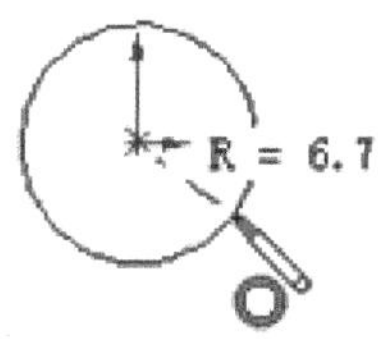

图 2-5　画圆过程

提示：在草绘图形时，最好能借助“原点”图标以增加有效约束条件。

注意：观察“R”值的变化，选取一个适当的尺寸值后，单击鼠标左键结束绘圆的过程。

(3) 用相同的方法绘出其他的圆及直线，如图 2-6 所示。

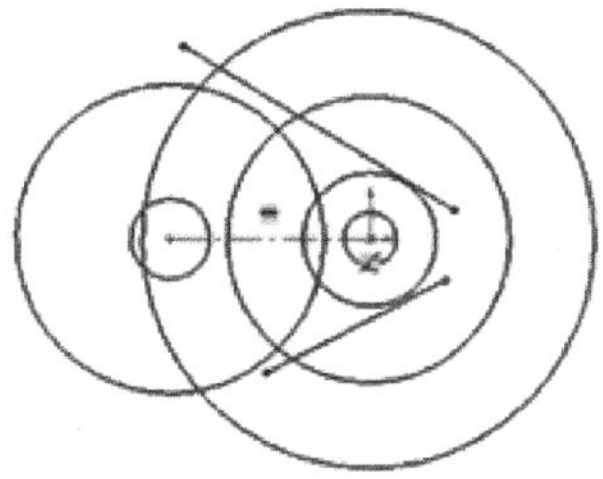

图 2-6　绘出其他圆及直线

提示：绘图时，可滚动鼠标中键，适当缩放图形，如欲做平移画图的动作，则同时按住 Ctrl 键和鼠标中键不放，再拖动鼠标来完成。

(4) 单击草图工具栏中的剪裁实体图标，此时在状态树中显示出“剪裁”命令选项对话框，如图 2-7 所示，单击“剪裁到最近端”选项。然后在刚绘制的图形上单击不要的部分，结果如图 2-8 所示。

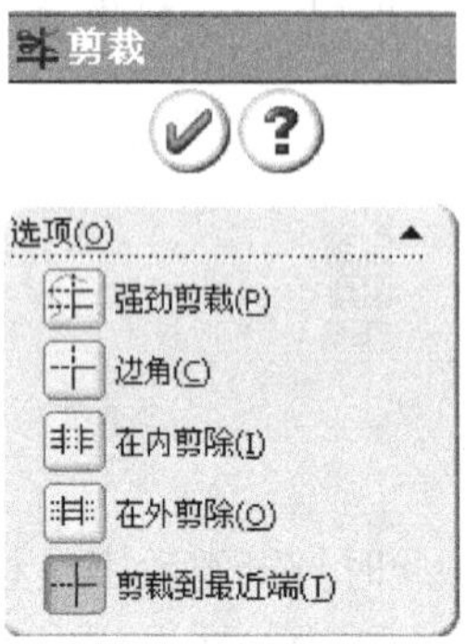

图 2-7 “剪裁”对话框

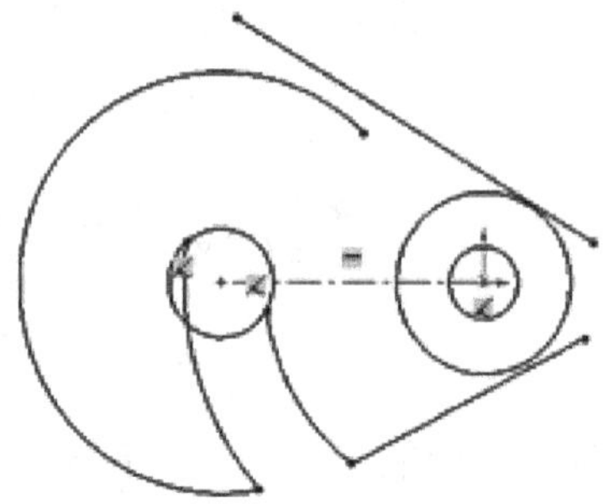

图 2-8 剪裁掉不要的部分

提示：可用鼠标单击直线或圆弧等，按住不动，然后拖动鼠标，此时可移动其位置；如单击其上的端点，此时可拖曳这一点到某一合适位置。

(5) 添加尺寸关系。单击草图工具栏上的智能尺寸图标，然后为图形标注尺寸。通过修改弹出的尺寸对话框，可以使图形形状发生改变，如图 2-9 所示。这也是参数化软件的主要功能之一。同理，标注出其他尺寸，如图 2-10 所示。

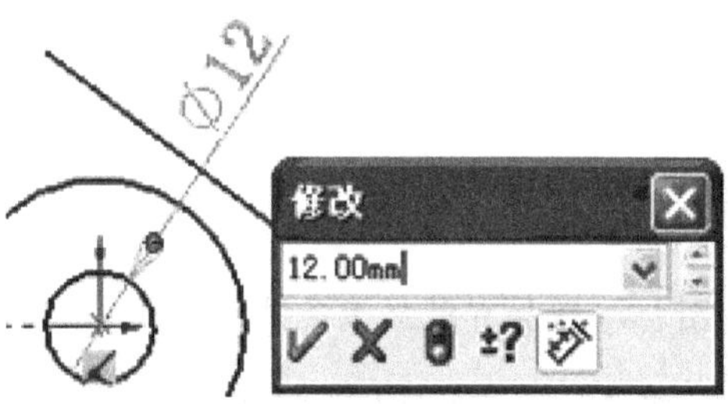

图 2-9 修改图形尺寸

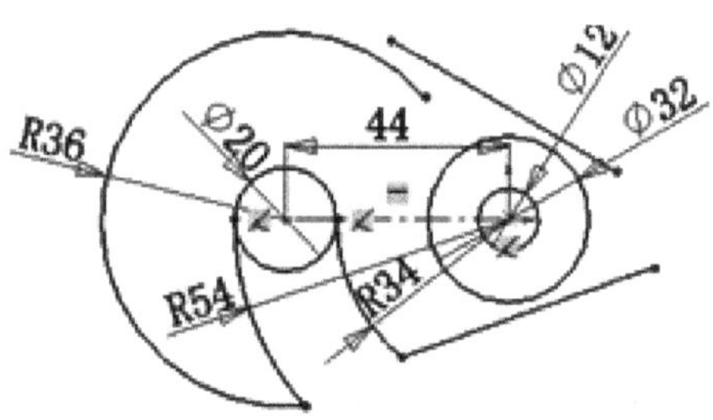

图 2-10 标注尺寸

提示：也可以在完成下一步添加约束关系后再添加尺寸约束关系。

(6) 添加约束关系。按住 Ctrl 键不放，然后用左键单击上面的直线和圆弧线，注意点选的位置，如图 2-11 所示的位置处。此时在状态树位置显示出“属性”对话框，然后选择“相切”选项。

同理，在 1、2 两处添加相切关系，并再一次修剪图形，结果如图 2-12 所示。

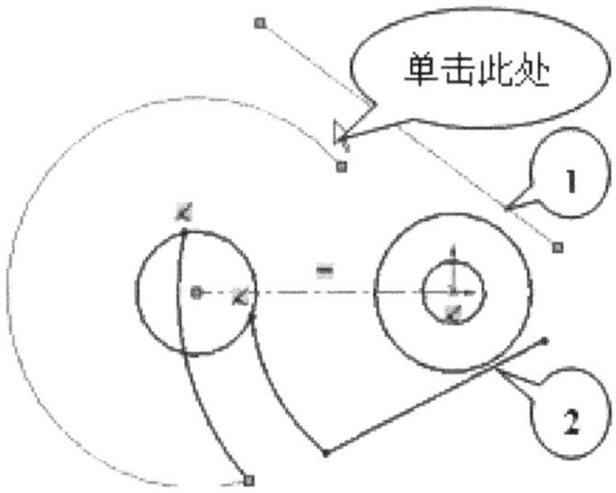

图 2-11　单击所需位置

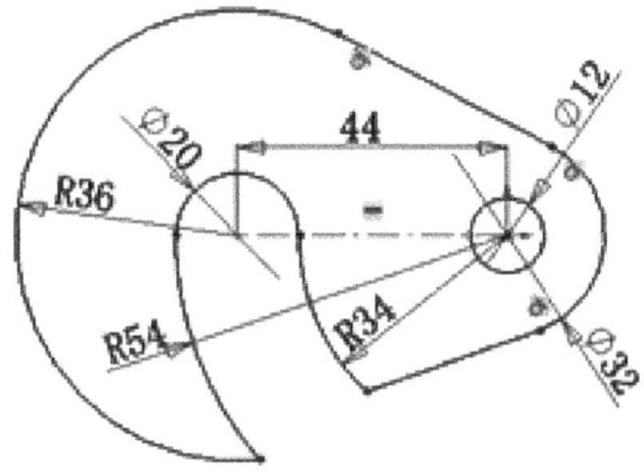

图 2-12　修剪图形

(7)　倒两处 *R*6mm 的圆角。

单击图标，打开“绘制圆角”对话框，如图 2-13 所示。修改半径参数为“6”，然后单击要倒圆角的两个边，结果如图 2-14 所示。

(8)　最后重新标注不准确的尺寸，并隐藏“草图几何关系”，结果如图 2-15 所示。

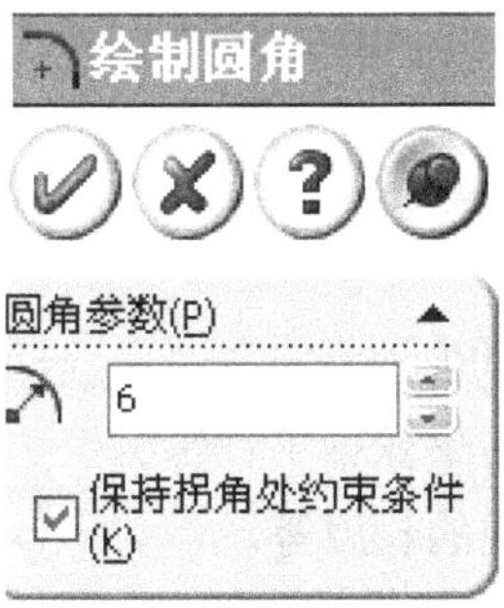

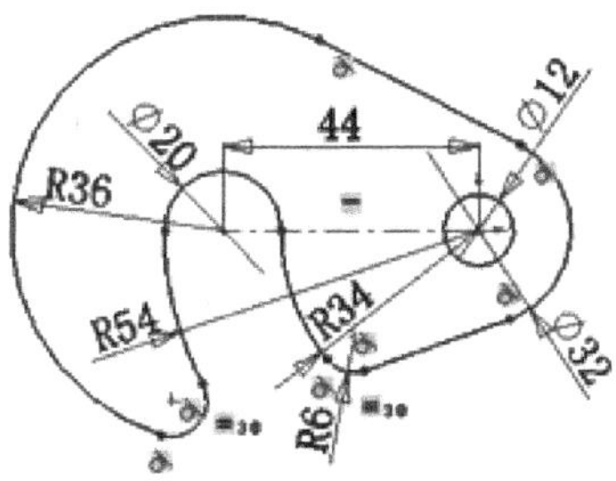

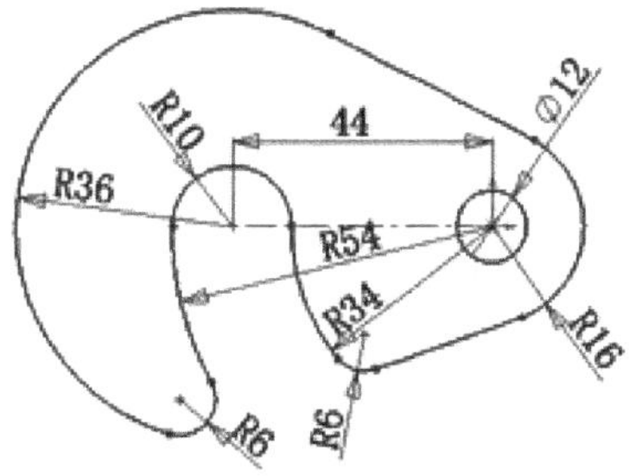

图 2-13　“绘制圆角”对话框　　图 2-14　倒圆角结果　　图 2-15　最终结果

特别说明：本范例只是一般的草图绘制过程，读者在实际绘图过程中要逐渐形成自己的绘图习惯。

草图最好能做到完全约束，也就是图面所有的线全部变黑；如果出现过约束，也就是有红色的线条出现，此时要删去一些约束条件，请读者慢慢领会。

【资料引入】

1. 草图

草图(Sketch)是与实体模型相关联的二维图形，一般作为三维实体模型的基础。该功能可以在三维空间中的任何一个平面内建立草图平面，并在该平面内绘制草图。

草图中提出了“约束”的概念，可以通过几何约束与尺寸约束控制草图中的图形，可以实现与特征建模模块同样的尺寸驱动，并可以方便地实现参数化建模。

应用草图工具，用户可以绘制近似的曲线轮廓，在添加精确的约束定义后，就可以完整表达设计的意图。

建立的草图还可用实体造型工具进行拉伸、旋转等操作，生成与草图相关联的实体模型。修改草图时，关联的实体模型也会自动更新。

草图是三维造型的基础，绘制草图是创建零件的第一步。草图多是二维的，也有三维草图。在创建二维草图时，必须先确定草图所依附的平面，即草图坐标系确定的坐标面，这样的平面可以是一种“可变的、可关联的、用户自定义的坐标平面”。

SolidWorks 中的草图是指与实体模型相关联的二维图形。它可以通过对近似的曲线轮廓进行尺寸和几何约束来准确地表达设计师们的设计意图，再辅以拉伸、旋转和扫描等实体建模方法来创建模型。

利用草图功能创建的模型有以下两个突出优点：易于编辑和修改；易于实现参数化和系列化设计。

一般来说，草图较多地应用在以下场合。

(1) 模型需要参数化驱动时。

(2) 要建立的特征不是标准的成型特征时。

(3) 作为自由形状特征的控制线。

(4) 作为拉伸、旋转和扫描等的基础特征。

(5) 需要一系列成型特征才可以建立且难以编辑时。

2. 草图约束

约束的概念就是指一个图形在某一点位置上被固定，使其不能运动。约束可分为几何约束和尺寸约束。

(1) 几何约束也可称为位置约束，有了位置上的约束，就可以使草图上的图形与坐标轴或图形之间有相对的位置关系，如同心圆、两直线平行、直线与坐标轴平行等。

(2) 尺寸约束就是设置图形的大小、长短，如圆的直径、直线的长度等。

在使用草图约束时，草图上会自动显示自由度和约束的符号，就像线段等的端点处出现一些互相垂直的黄色箭头，它就表示了哪些自由度没有被限制，而没有出现黄色箭头，就表示此对象已被约束，当草图对象全部被约束后，自由度的符号会完全消失。

在绘图中，有 3 种常见的约束状态：过约束状态、欠约束状态、充分约束状态。

表 2-1 对几种常用约束分别进行讲述。

表 2-1 几种常用约束

添加几何关系	选　择	结　果
水平	一条或多条直线，或两个或多个点	直线会变成水平，而点会水平对齐
竖直	一条或多条直线，或两个或多个点	直线会变成竖直，而点会竖直对齐
共线	两条或多条直线	直线位于同一条无限长的直线上
垂直	两条直线	两条直线相互垂直
平行	两条或多条直线	直线会保持平行
相等	两条或多条直线，或两个或多个圆弧	直线长度或圆弧半径保持相等

续表

添加几何关系	选 择	结 果
对称	一条中心线和两个点、直线、圆弧或椭圆	项目会保持与中心线等距离，并位于与中心线垂直的一条直线上
相切	一个圆弧、椭圆或样条曲线，与一直线或圆弧	两个项目保持相切
同心	两个或多个圆弧，或一个点和一个圆弧	圆或圆弧共用相同的圆心
全等	两个或多个圆弧	项目会共用相同的圆心和半径
重合	点和一条直线、圆弧或椭圆	点位于直线、圆弧或椭圆上
中点	一个点和一条直线	点保持位于线段的中点
交叉点	两条直线和一个点	点保持位于两条直线的交叉点处
穿透	一个草图点和一个基准轴、边线、直线或样条曲线	草图点与基准轴、边线或直线在草图基准面上穿透的位置重合
固定	任何项目	固定项目的大小和位置。圆弧或椭圆线段的端点可以自由地沿不可见的圆或椭圆移动。并且，圆弧或椭圆的端点可以随意沿着下面的圆或圆弧移动

自动添加草图几何关系：可选择当生成草图实体时是否自动生成几何关系。根据草图实体和指针的位置，同时可显示一个以上草图几何关系。

欲选择或消除自动添加几何关系，操作如下。

- 依次单击“工具”→“草图设定”→“自动添加几何关系”。
- 或单击“选项”图标、几何关系/捕捉，然后选择“自动添加几何关系”。

当绘制草图时，指针更改形状以显示可生成哪些几何关系，见表 2-2。当自动添加几何关系被选中时，将添加几何关系。

表 2-2 草图的几何关系

水平		竖直	
重合	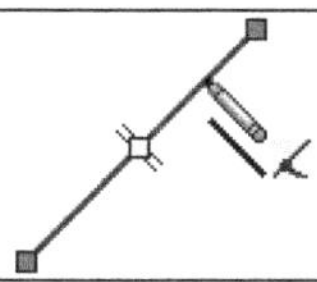	中点	
垂直	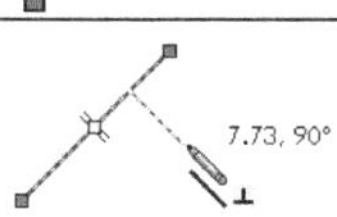	正切	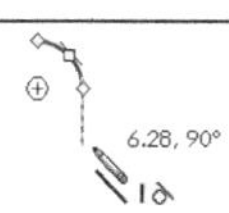

3. 草图的几何状态

草图的几何状态：草图可能处于以下 5 种状态中的任何一种。草图的状态显示于 SolidWorks 窗口底端的状态栏上。

- 完全定义。草图拥有完整的定义，一般进行加工制造的零件其草图应为完全定义。完全定义的几何图形为黑色(默认)。
- 过定义。草图拥有重复的尺寸或限制关系冲突，未修复前应避免使用，无关的尺寸及限制条件应予以删除。过定义的几何图形为红色(默认)。
- 欠定义。草图中的一些尺寸和/或几何关系未定义， 此时拖动端点、直线或曲线，草图实体可以改变形状。欠定义的几何图形为蓝色(默认)。
- 没有找到解。草图无解，此时将高亮显示导致草图无解的几何体、几何关系和尺寸，几何图形以粉红色显示。
- 发现无效的解。草图虽有解但会导致无效的几何体，如零长度线段、零半径圆弧或自相交叉的样条曲线。几何图形以黄色显示。

草图的其他状态还有“悬空”和“从动”。

- 悬空：在显示/删除几何关系 PropertyManager 中几何关系下的图形区域及 FeatureManager 设计树中以褐色显示(如图 2-16 所示)表示不能解出的草图几何体。例如，删除用来定义另一草图实体的实体。
- 从动：在图形区域中以灰色出现，表示冗余且不能修改的尺寸。

1) 完全定义

- 在显示/删除几何关系 PropertyManager 中，几何关系下的图形区域中以黑色出现。
- 表示所有所需尺寸及与草图实体的几何关系都存在，无可引起草图过定义的冗余或无必要的要素。

2) 过定义

- 在显示/删除几何关系 PropertyManager 中，几何关系下的图形区域中以黄色出现，如图 2-17 所示。

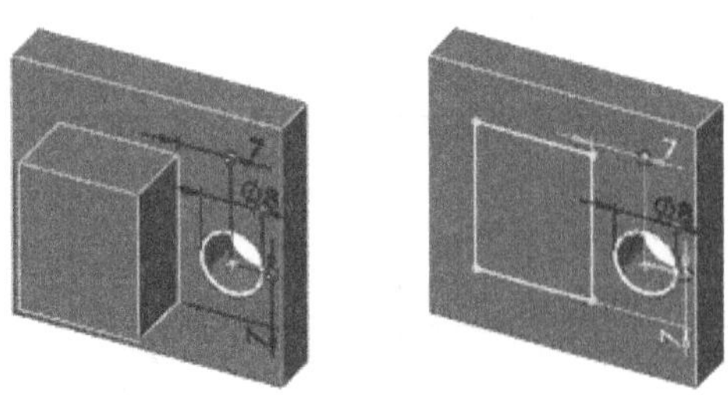

(a) 原有草图　　(b) 带悬空尺寸的草图

图 2-16　草图的悬空

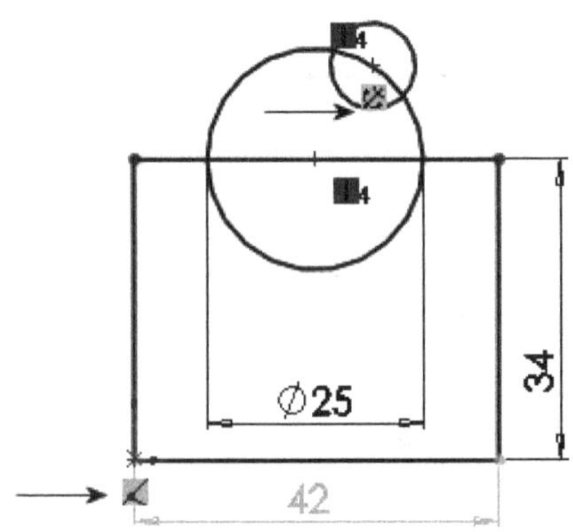

图 2-17　尺寸的颜色变化

- 表示冗余尺寸或没必要的几何关系。

3) 欠定义

- 在图形区域中以蓝色出现，如图 2-17 所示。
- 表示需要尺寸或与另一草图实体存在几何关系的草图实体。

4) 没有找到解

- 在图形区域中以红色出现。
- 表示几何体无法决定一个或多个草图实体的位置。

5) 发现无效的解

- 在图形区域中以黄色出现。
- 表示无效的草图实体，生成草图而在其当前状态中无解。
- 要求删除某些几何关系或尺寸，或将草图实体返回到其先前状态。
- 由于样条曲线不能自我相交，修改相切径向方向，将生成无效的草图实体。

4. 解出过定义草图

如果选取发生草图错误时始终打开该对话框，SketchXpert PropertyManager 一旦在过定义 2D 或 3D 草图时即会出现。对于现有的过定义草图，可以单击状态栏中的“过定义”图标⚠。使用 SketchXpert 可进行如下操作。

- 诊断。循环显示可能的解决办法。
- 手工修复。显示所有冲突并让您选择解决方案。

SketchXpert 显示如下。

- 求解导致几何体移动时现有几何体的图像。
- 要删除的尺寸和几何关系(使用内划线)。

单击视图、草图几何关系显示标有颜色的草图几何关系为■(红色项目)无法解出或■(黄色项目)冲突，如图 2-18 所示。

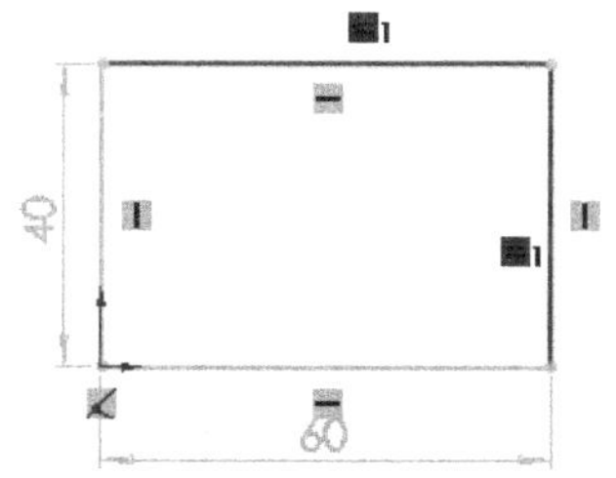

图 2-18　显示标有颜色的草图的几何关系

要诊断过定义草图，操作过程如下。

(1) 在 PropertyManager 中的信息下，单击“诊断”以生成可能的解。

(2) 在“结果”栏中，单击<<或>>按钮以循环显示解。利用每个解：

- 图形区域将更新以显示应用的解。
- 将要删除的几何关系或尺寸出现在“更多信息”选项下。
- 要求删除某些几何关系或尺寸，或将草图实体返回到其先前状态。

(3) 单击“接受”按钮应用该解，然后单击✔(确定)按钮关闭 PropertyManager，如

图 2-19 所示。

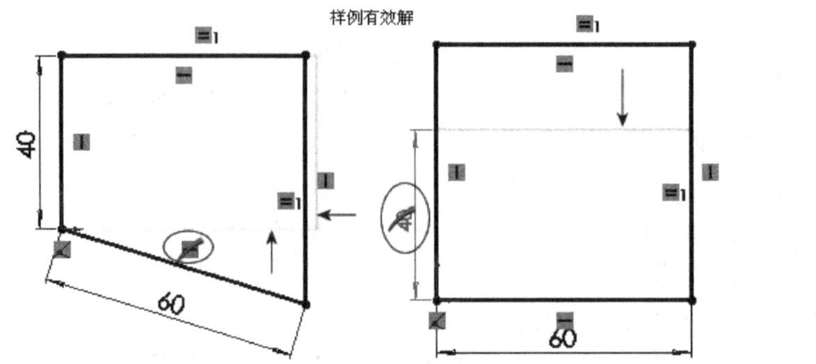

删除水平几何关系并移动现有几何体　　删除竖直尺寸(40)并移动现有几何体

图 2-19　删除约束关系

5. 草图倒圆角

绘制圆角工具在两个草图实体的交叉处剪裁掉角部，从而生成一个切线弧。此工具在 2D 和 3D 草图中均可使用。特征工具栏上的圆角工具将实体圆角化，如零件中的边线。

在草图中生成圆角，操作如下。

(1) 在打开的草图中，单击草图绘制工具栏上的“绘制圆角”图标，或依次单击“工具”→“草图绘制工具”→“圆角”。

(2) 在绘制圆角 PropertyManager 中设定属性。

(3) 选择要圆角化的草图实体。

可选择非交叉实体。实体在虚拟交叉点处被拉伸，边角被圆角处理，如图 2-20 所示。

要选择草图实体，可选取两个草图实体或选择边角。

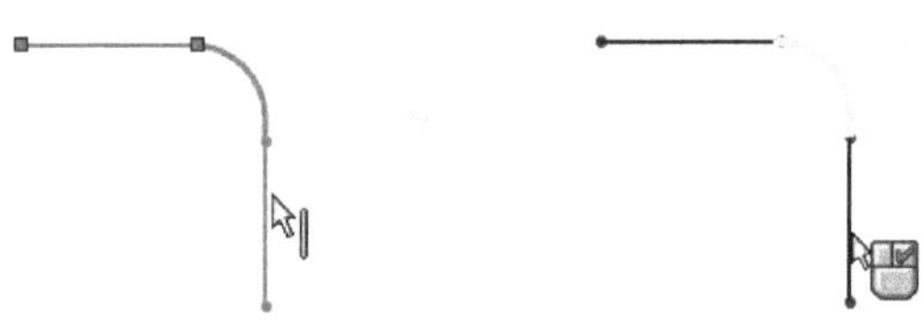

图 2-20　边角做圆角处理

当选取草图实体然后悬空在另一草图实体上时，有一预览出现，如图 2-21 所示。当选取第二个草图实体时，预览更改颜色。

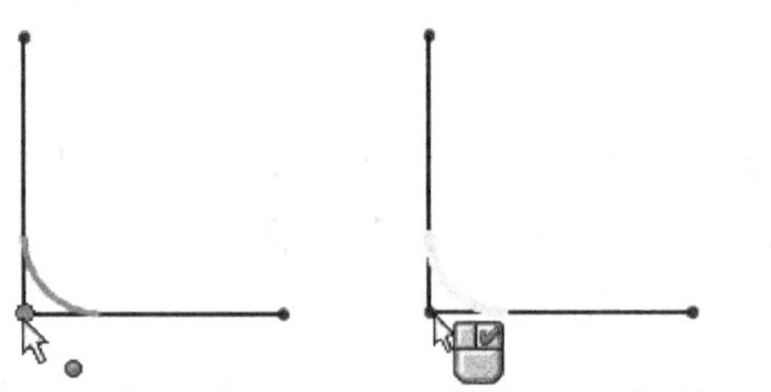

当悬空在边角上时，有预览出现　　当选取边角时，预览更改颜色

图 2-21　预览更改颜色

(4) 如有必要，拖动预览以调整圆角大小。

项目 2.2　等 距 实 体

【学习目标】

本项目要完成的图形如图 2-22 所示。通过本项目的学习，使读者能熟练掌握创建草图、创建草图对象、对草图对象添加尺寸约束和几何约束等相关的草图操作。

重点介绍草图指令的应用。

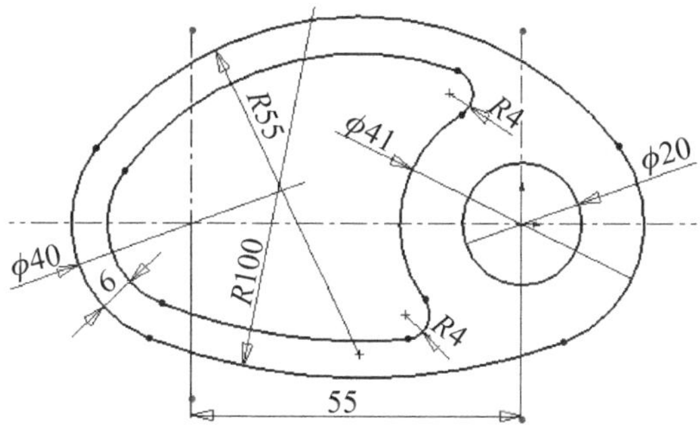

图 2-22　等距实体示例

【学习要点】

圆、直线、圆弧、倒圆角、约束关系、偏置曲线的正确使用。

【绘图思路】

从图形的右侧开始绘图，先大致绘出草图形状，然后做约束及一些必要的修剪，再偏置曲线、倒圆角、修剪多余的线素，最后标注尺寸，完成草图绘制。

【操作步骤】

(1) 单击“新建”按钮，新建一个“零件”文件，并单击“保存”按钮进行保存，如图 2-23 所示。

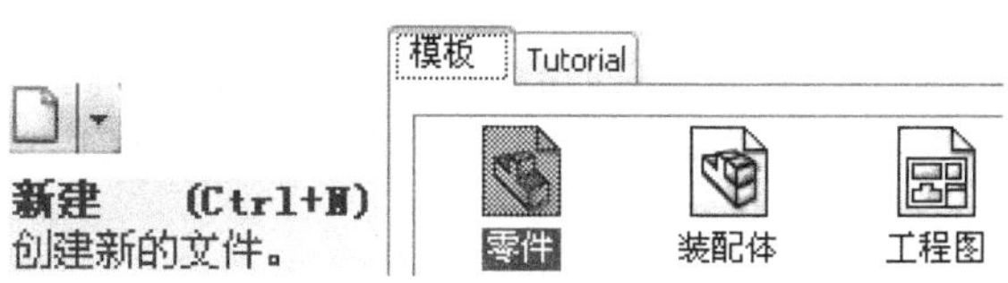

图 2-23　新建“零件”文件

(2) 用鼠标左键单击状态树中的“前视”，打开草绘工具栏，然后用左键单击“草图绘制”图标，打开草绘窗口。绘出圆及圆弧图形，并标注尺寸，如图 2-24 所示。

(3) 添加约束关系，剪裁掉多余的线条，结果如图 2-25 所示。

(4) 在草图工具栏里单击“等距实体”图标，打开“等距实体”对话框，修改参数为“6”，并取消“选择链”选项，然后用左键单击要等距的线条，结果如图 2-26 所示。

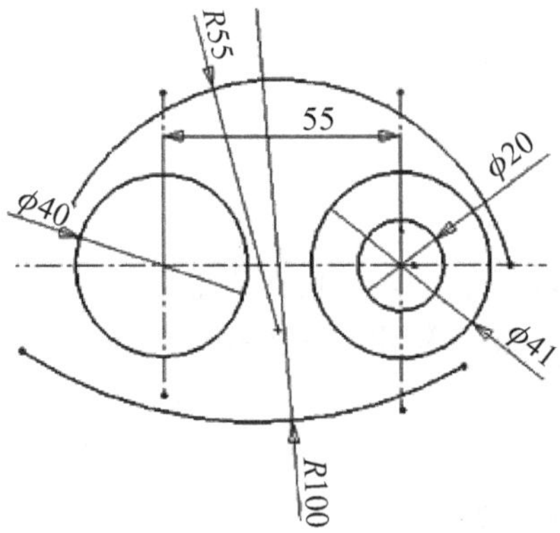

图 2-24　绘出圆及圆弧并标注尺寸

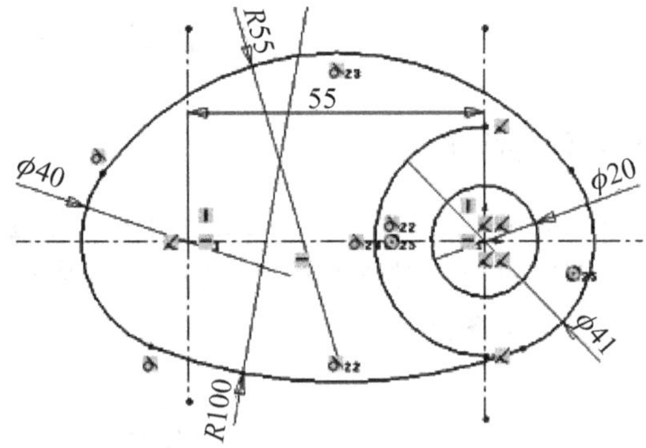

图 2-25　绘制结果

(5) 倒两处 R4mm 圆角。单击 绘制圆角 图标，打开“绘制圆角”对话框，在如图 2-13 所示的界面中修改半径参数为“4”，然后单击要倒圆角的两个边，结果如图 2-27 所示。

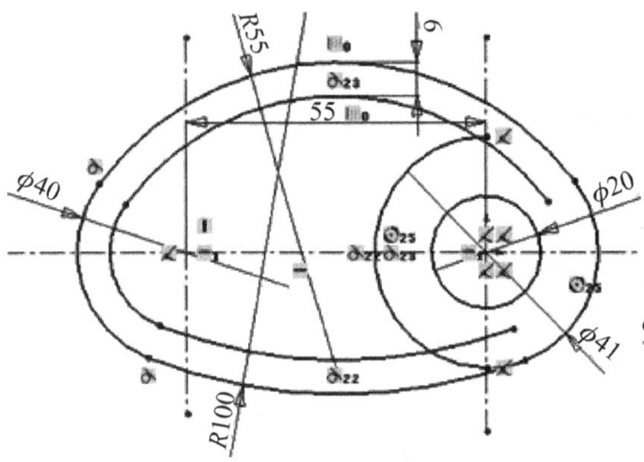

图 2-26　选取等距线条

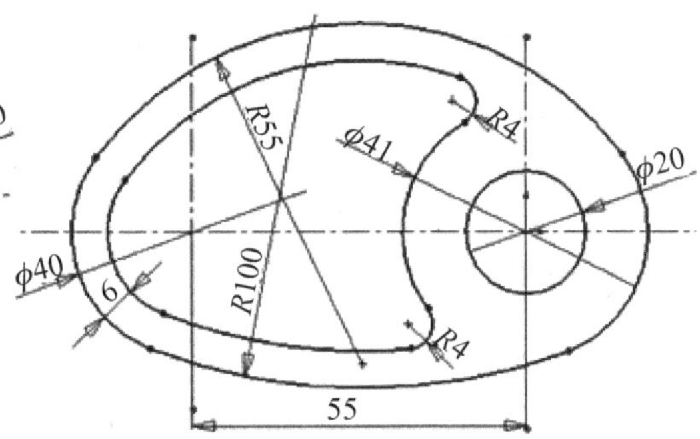

图 2-27　绘制结果

【资料引入】

1. 草图与草图曲线

草图是由指定平面内的一组平面曲线所组成的一个特征，同一类型文件中可以包含多个草图，一个草图可包含多组草图曲线。草图曲线也称为草图对象，是属于草图中的曲线。实际上也只有草图曲线才能用于建立实体模型。

2. 活动草图与非活动草图

尽管一个模型文件中可以存在多个草图，但在同一时刻只允许一个草图是“活动”的，其余草图都是非活动的草图，只有活动草图才能进行曲线建立、曲线修改、曲线约束等编辑工作。

3. 建立草图的注意事项

能够利用实体表面或基准平面作为草图平面，则要尽量利用，因为这样建立的草图与指定的草图平面之间存在相关性。

4. 活动对象与参考对象

草图对象有两种类型，一种是活动对象，另一种是参考对象，如图 2-28 所示。活动对象是指实际的草图曲线或尺寸约束，影响整个草图的形状；参考对象是指辅助的草图曲线或尺寸约束，以暗颜色和双点划线型显示。选择草图建立实体特征时，参考曲线不用于建立实体特征。可以通过“作为构造线”对对象进行转换。也可以在弹出的菜单里选择“构造几何线”命令完成转换。

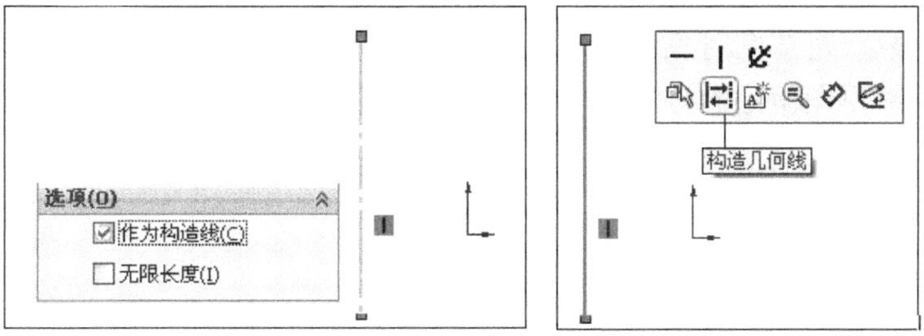

图 2-28　活动对象与参考对象

5. 等距实体

按特定的距离等距一个或多个草图实体、所选模型边线或模型面。例如，可等距诸如样条曲线或圆弧、模型边线组、环等之类的草图实体。

可等距有限直线、圆弧和样条曲线。但不能等距套合样条曲线先前等距的样条曲线或会产生自我相交几何体的实体。

生成草图等距实体的步骤如下。

(1) 在打开的草图中，选择一个或多个草图实体、一个模型面或一条模型边线。

(2) 单击“等距实体”图标(草图工具栏)，或依次单击“工具”→“草图绘制工具”→“等距实体”。

(3) 在 PropertyManager 中设定以下参数：

- 等距距离。设定数值以特定距离来等距草图实体。若想查看一动态预览，按住鼠标左键并在图形区域中拖动指针。当释放鼠标键时，等距实体完成。
- 添加尺寸。在草图中包括等距距离。这不会影响到包括在原有草图实体中的任何尺寸。
- 反向。更改单向等距的方向。
- 选择链。生成所有连续草图实体的等距。
- 双向。双向生成等距实体。
- 制作基体结构。将原有草图实体转换到构造性直线。
- 顶端加盖。通过选择双向并添加一顶盖来延伸原有非相交草图实体。可生成圆弧或直线为延伸顶盖类型。

(4) 单击✔按钮，或在图形区域中单击鼠标左键，完成“等距实体”。

将在新草图实体和选定的实体之间生成等距实体■几何关系。如果原来的实体更改，则新实体将更新以保持等距。

欲改变草图等距的大小：双击等距的尺寸，然后更改数值。在双向等距中，单个更改两个等距的尺寸。

项目 2.3 草 图 镜 像

【学习目标】

本项目要完成的草图如图 2-29 所示。通过本项目的学习，使读者能熟练掌握创建草图、创建草图对象、对草图对象添加尺寸约束和几何约束等相关的草图操作。

通过学习了解草图镜像的方法，掌握二维草图的构图技巧。

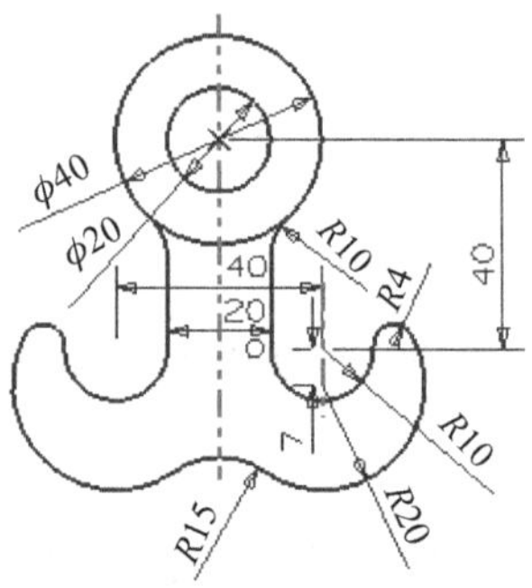

图 2-29 草图镜像示例

【学习要点】

圆、直线、圆弧、倒圆角、约束关系、镜像曲线的正确使用。

【绘图思路】

先绘出图形的上部，然后绘出图形的右半部分，再通过镜像的方法完成左侧图形的绘制。

【操作步骤】

(1) 单击“新建”按钮，新建一个“零件”文件，并单击“保存”按钮进行保存，如图 2-30 所示。

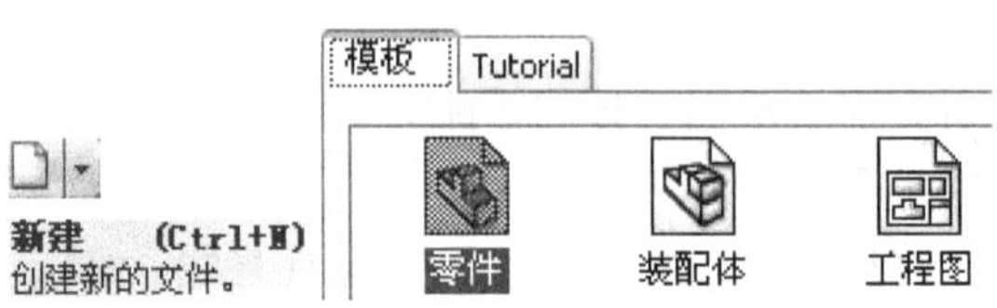

图 2-30 新建“零件”文件

(2) 用鼠标左键单击状态树中的“前视”，再用左键单击 草图绘制 图标，此时打开草绘工具栏，然后用左键单击 草图绘制 图标，打开草绘窗口。

绘出本例图形的上部及右侧图形，并标注尺寸，如图 2-31 所示。

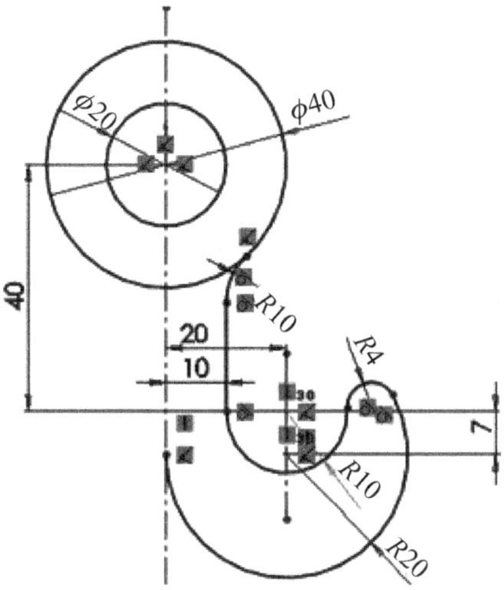

图 2-31　绘出上部及右侧并标注尺寸

(3) 镜像实体如图 2-32 所示。

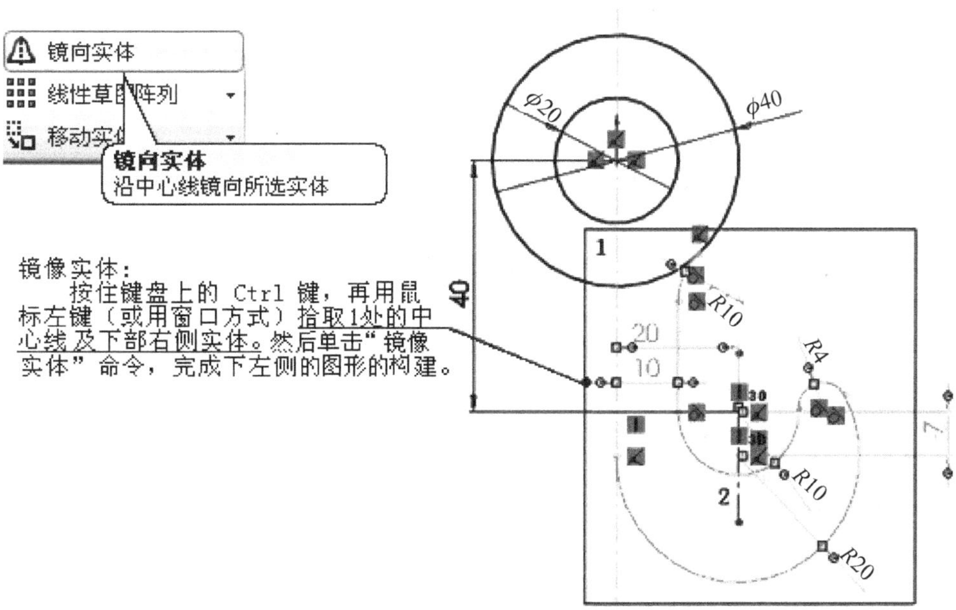

图 2-32　镜像实体

注意：不要拾取 2 处的中心线。

(4) 在上步确定后得到镜像实体，最后应用“圆角”命令完成最终造型 (隐藏草图几何关系)，如图 2-33 所示。

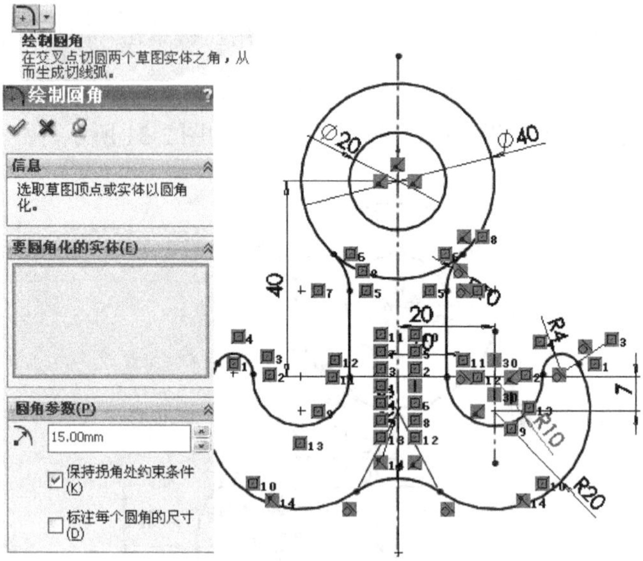

图 2-33　应用“圆角”命令的最终造型

【资料引入】

1. 镜像实体

镜像实体一般功能如下。

(1) 适用于 2D 草图或在 3D 草图基准面上所生成的 2D 草图。

(2) 镜像以只包括新的实体，或包括原有及镜像的实体。

(3) 镜像某些或所有草图实体。

(4) 绕任何类型直线来镜像，不仅仅是构造性直线。

(5) 沿工程图、零件或装配体中的边线镜像。

当生成镜像实体时，SolidWorks 软件会在每一对相应的草图点(镜像直线的端点、圆弧的圆心等)之间应用一对称关系。如果更改被镜像的实体，则其镜像图像也会随之更改。

镜像草图实体的步骤如下。

(1) 在打开的草图中单击“镜像实体”图标(草图工具栏)，或依次单击“工具”→“草图绘制实体”→“镜像”。

(2) 在 PropertyManager 中：

① 为“要镜像的实体”选择草图实体。

② 消除复制来添加所选实体的镜像复件并移除原有草图实体；或选择复制以包括镜像复件和原始草图实体。

③ 为“镜像点”选择边线或直线。

(3) 单击“确定”按钮✔。

2. 动态镜像草图实体

选择“镜像实体”来镜像预先存在的 2D 草图实体或基准面上的 3D 草图实体，然后选择镜像所绕实体。如果要先选择镜像所绕实体，然后绘制要镜像的实体，可选择“动态镜像实体”。可以绕以下任一实体镜像草图。

- 中心线。
- 直线。
- 线性模型边线。
- 线性工程图边线。

欲绕线性工程图边线镜像，则要镜像的草图实体必须位于工程图的边界中。

选择要镜像的草图实体时，镜像实体将提供以下选项(参见图 2-34)。

- 选择要镜像的某些或所有实体。
- 包括原始实体和镜像实体，或仅包括镜像实体。

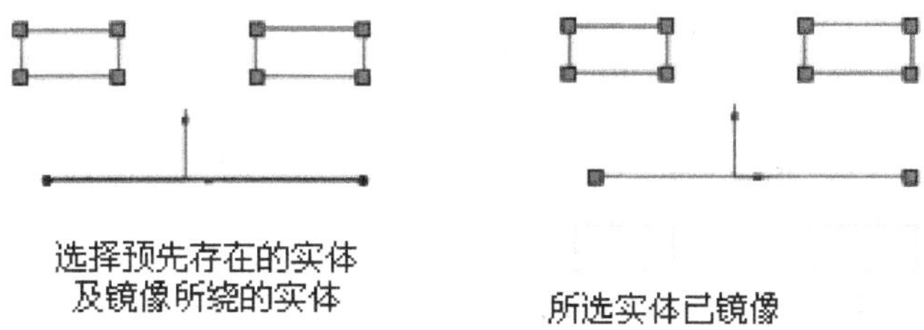

图 2-34　选择镜像实体选项

项目 2.4　草 图 阵 列

【学习目标】

本项目要完成的图形如图 2-35 所示。通过本项目的学习，使读者能熟练掌握创建草图、创建草图对象、对草图对象添加尺寸约束和几何约束等相关的草图操作。

通过学习草图变换的构建方法，掌握二维草图的构图技巧。

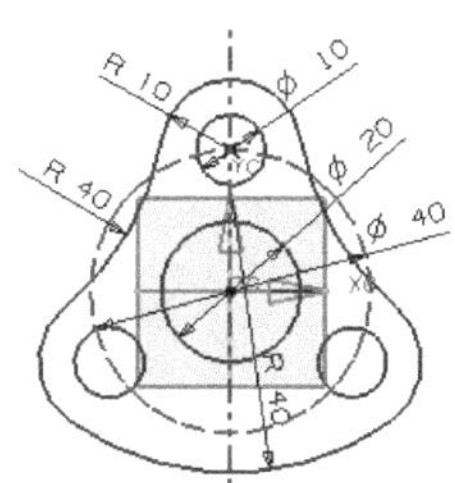

图 2-35　草图阵列示例

【学习要点】

圆、直线、圆弧、倒圆角、约束关系、变换的正确使用。

【绘图思路】

从图形的中心及上部开始绘图，先大致绘出草图形状，然后做 120° 变换，再绘出圆弧添加约束关系，最后标注尺寸，完成草图。

【操作步骤】

(1) 单击“新建”按钮，新建一个“零件”文件，并单击“保存”按钮进行保存，如图 2-36 所示。

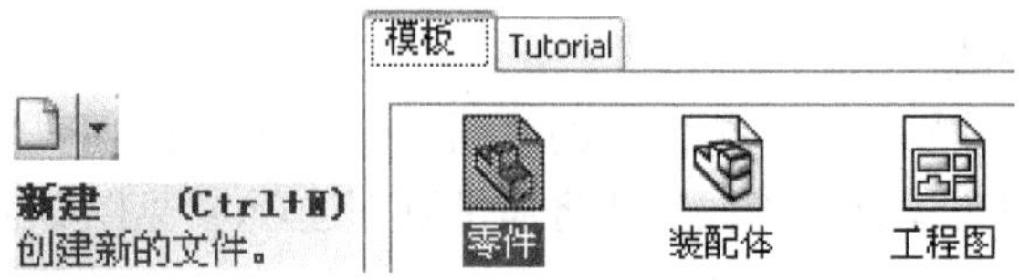

图 2-36 新建“零件”文件

(2) 用鼠标左键单击状态树中的“前视”，再用左键单击草图绘制图标，此时打开草绘工具栏，然后用左键单击草图绘制图标，打开草图绘制窗口。

绘出如图 2-37 所示图形，并标注尺寸。

(3) 圆周阵列实体如图 2-38 所示。

(4) 为了下一步操作更方便，此步先将这个圆加上固定约束，如图 2-39 所示。

(5) 应用“圆弧”命令绘出 3 段 R40mm 的圆弧，并添加相对应圆的相切关系，再应用“剪裁实体”命令做适当修剪，删除上一步的固定约束，如图 2-40 所示。

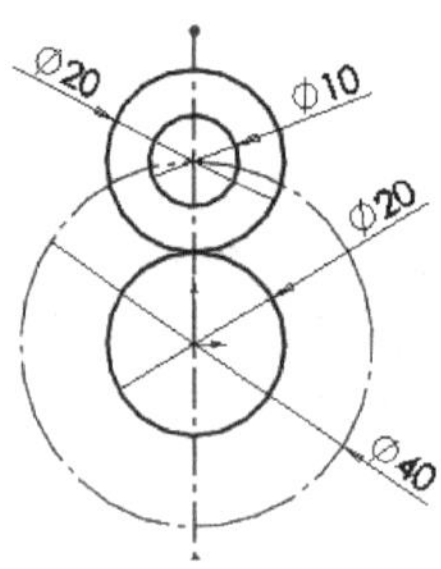

图 2-37 标注尺寸

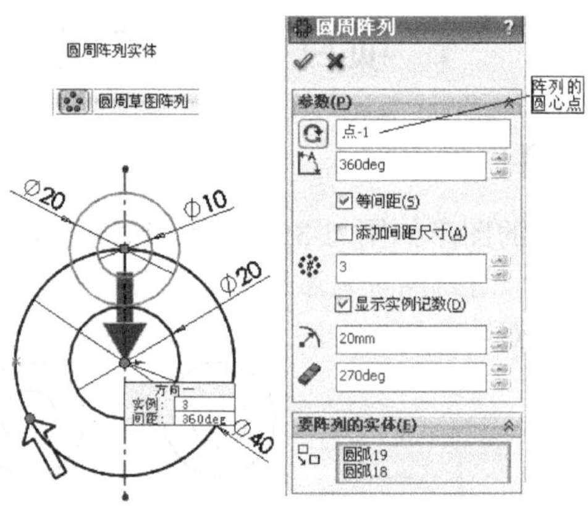

图 2-38 圆周阵列实体

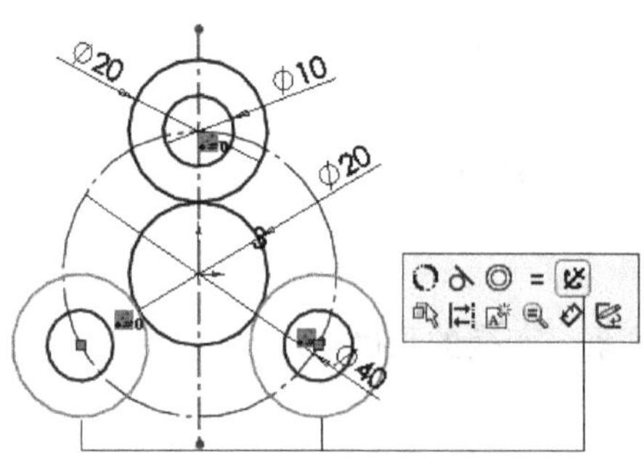

图 2-39 为圆加上固定约束

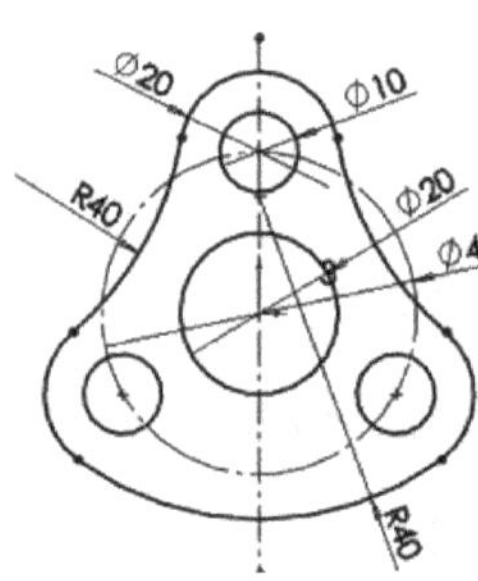

图 2-40 修剪后的结果

如果此时图形没有完全约束(实线变成黑色)，可适当添加有关约束。例如，点在线上、点在圆弧或圆上等。

【资料引入】

1. 圆周阵列

圆周阵列是借助旋转中心、角度和数量等参数，将草图实体在基准面或模型上生成圆周草图阵列。

要阵列实体，首先在图形区域中为要阵列的实体使用，选择草图实体，并合理设置如下参数。

- 反向。
- 为阵列选取一中心：
  - 使用草图原点(默认)，见图 2-41 所示。
  - 中心 X。沿 *X* 轴设定阵列中心，如图 2-42 所示。
  - 中心 Y。沿 *Y* 轴设定阵列中心，如图 2-42 所示。
- 间距。设定阵列中包括的总度数数量。
- 等间距。设定阵列实体彼此间距相等。
- 添加间距尺寸。显示阵列实体之间的尺寸。
- 数量。设定阵列实体的数量。
- 显示实体记数。显示阵列中的实体数。
- 半径。设定阵列的半径。
- 圆角度。设定从所选实体的中心到阵列的中心点或顶点多测量的夹角。

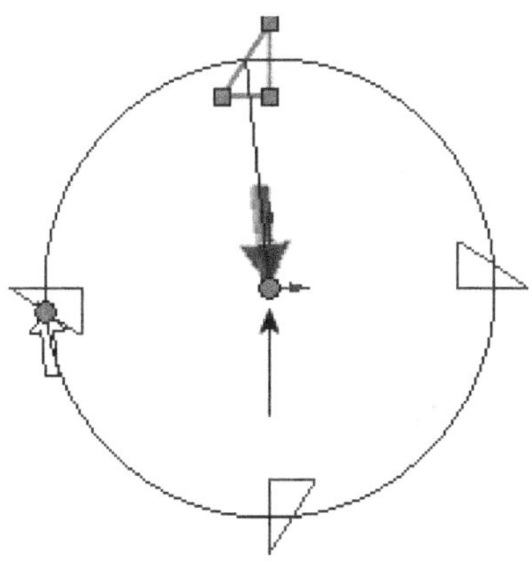

图 2-41　阵列中心位于草图原点

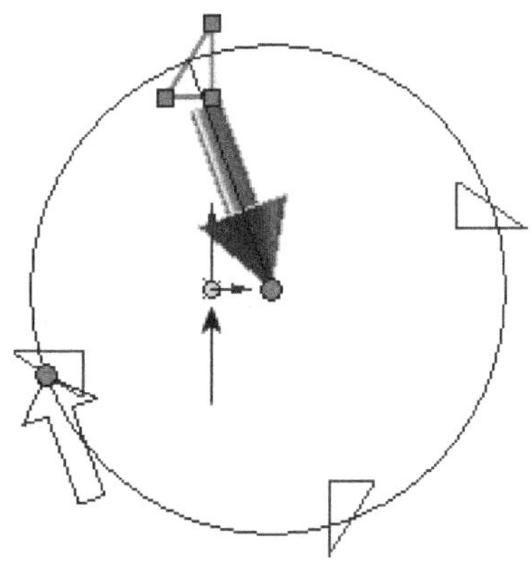

图 2-42　阵列中心沿 *X* 轴和 *Y* 轴设定

如果要跳过实体，操作如下。

单击要跳过的实体并使用光标，在图形区域中选择不想包括在阵列中的实体。

2. 线性草图阵列

使用基准面上或模型上的草图实体生成线性草图阵列。一般准则如下。

- 预选要阵列的草图实体，可以通过为数字设置一个值来选择沿任一轴进行阵列。

- 选取 X 轴、线性实体或模型边线来定义方向 1(见图 2-43)。
- 为方向 2 进行重复(Y 轴)，此在选取方向 1 时会被激活。

如果要阵列草图实体，操作如下。

在图形区域中为要阵列的实体使用，选择草图实体，并合理设置如下参数。

- 反向。
- 间距。设定阵列实体间的距离。
- 添加间距尺寸。显示阵列实体之间的尺寸。
- 数量。设定阵列实体的数量。
- 显示实体记数。显示阵列中的实体数。
- 角度。水平设定角度方向(X 轴)。
- 在为“数目” 设定值时激活方向 2。
- 在轴之间添加角度尺寸。为阵列之间的角度显示尺寸。

沿 Y 轴的角度值取决于阵列沿 Y 轴的方向及沿 X 轴的角度设置的值(见图 2-44)。

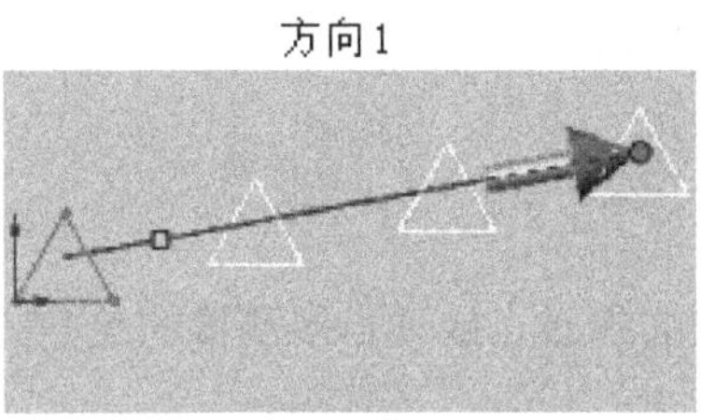

图 2-43　X 轴的线性阵列设定到 10°

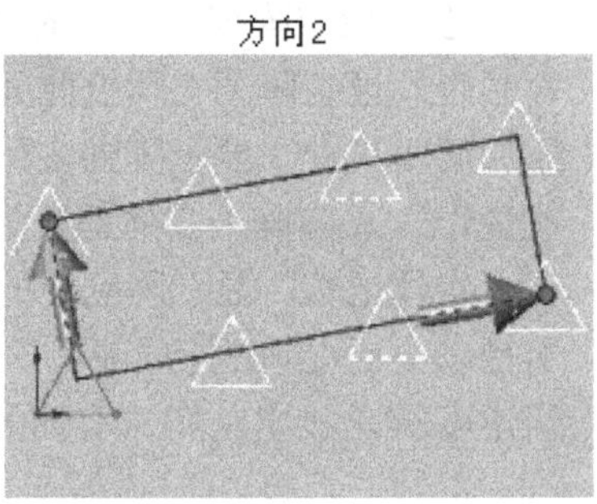

图 2-44　线性阵列沿 X 轴和 Y 轴

(显示阵列实体之间的尺寸，100° 偏离 Y 轴)

如果要跳过草图阵列实体，操作如下。

单击要跳过的实例并使用光标，在图形区域中选择不想包括在阵列中的实体。

项目 2.5　草 图 倒 角

【学习目标】

本项目要完成的草图如图 2-45 所示。通过本项目的学习，使读者能熟练掌握创建草图、创建草图对象、对草图对象添加尺寸约束和几何约束、相交线倒角等相关的草图操作。

通过学习草图倒角的构建方法，掌握二维草图的构图技巧。

【学习要点】

直线、圆弧、约束关系、不对称倒角的正确使用。

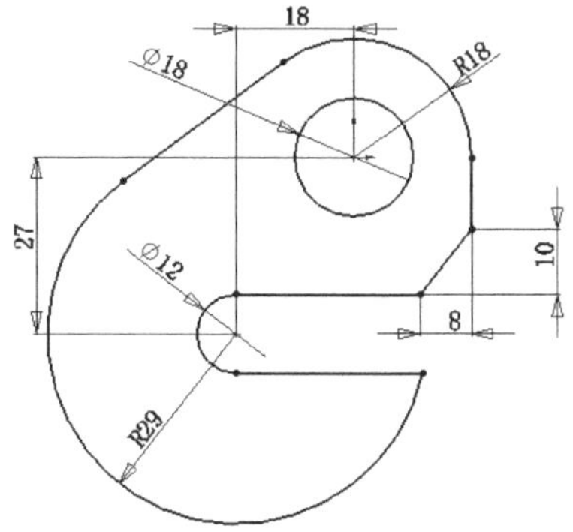

图 2-45　草图倒角示例

【绘图思路】

从图形的右上部开始绘图，先大致绘出草图形状，然后添加约束关系、标注尺寸，最后作出不对称倒角，完成草图构建。

【操作步骤】

(1) 单击“新建”按钮，新建一个“零件”文件，并单击“保存”按钮进行保存，如图 2-46 所示。

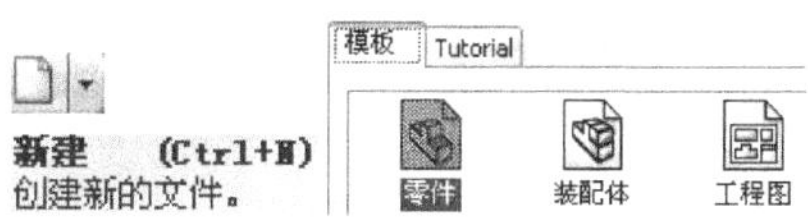

图 2-46　新建“零件”文件

(2) 用鼠标左键单击状态树中的“前视”，再用左键单击 草图绘制 图标，此时打开草绘工具栏，然后用左键单击 草图绘制 图标，打开草绘窗口。绘出如图 2-47 所示的图形。

提示： 在草绘图形时可观察屏幕下面的状态栏，以方便查看正在绘制时图形状态。

(3) 添加斜线与两大圆相切的约束关系，并标注尺寸。结果如图 2-48 所示。

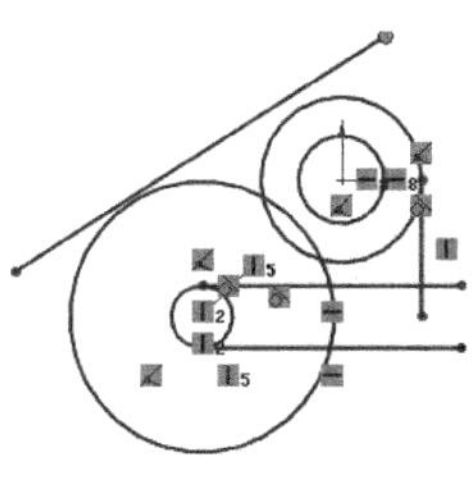

图 2-47　绘制草图

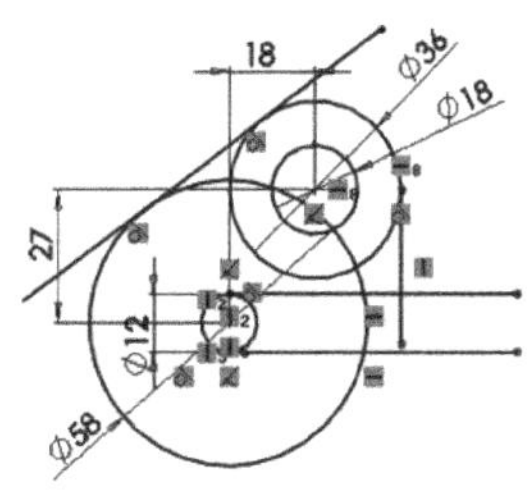

图 2-48　绘制草图结果

(4) 修剪草图，结果如图 2-49 所示。

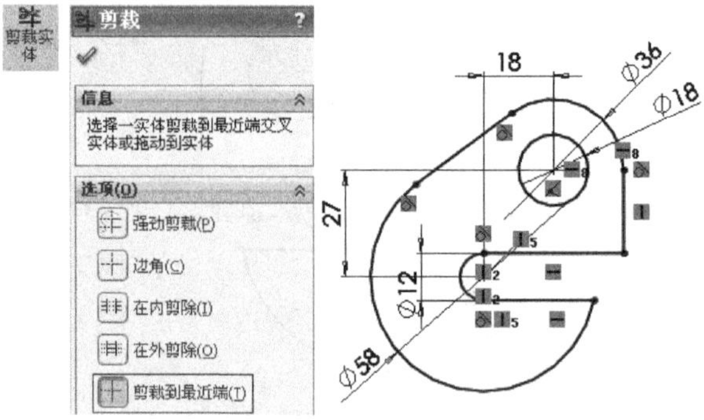

图 2-49　修剪草图

(5) 不对称倒角，如图 2-50 所示。

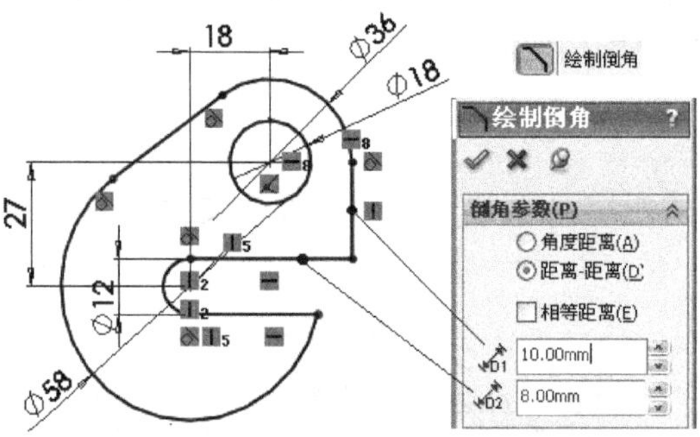

图 2-50　不对称倒角

(6) 单击 “确定”按钮后，完成本例绘图，最终结果如图 2-51 所示。此时状态栏内显示草图已完全定义。

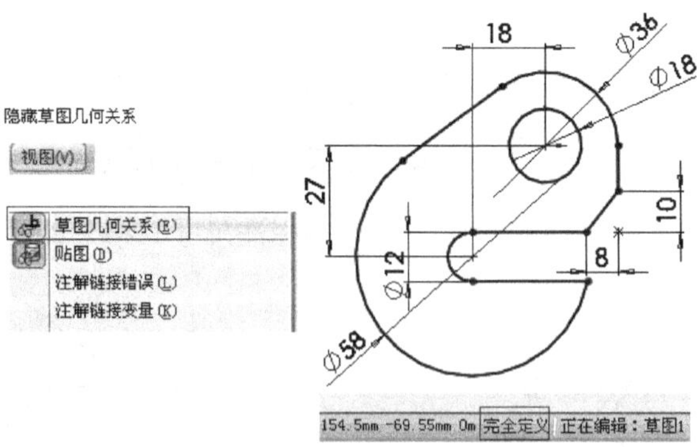

图 2-51　绘图最终结果

【资料引入】

“绘制倒角”工具在 2D 和 3D 草图中将倒角应用到相邻的草图实体中。此工具在 2D 和 3D 草图中均可使用。特征工具栏上的倒角工具将实体倒角化，如零件中的边线。

绘制倒角的步骤如下。

(1) 在打开的草图中单击草图绘制工具栏上的“绘制倒角”图标，或依次单击“工具”→“草图绘制工具”→“倒角工具”。

(2) 在 PropertyManager 中根据需要设定倒角参数。

(3) 在图形区域中选择要进行倒角化的草图实体。若想选择草图实体，可以按住 Ctrl 键并选取两个草图实体；选择一顶点，倒角将立即应用。

(4) 单击“确定”按钮，接受倒角，或单击撤销来移除倒角。可以按相反顺序撤销一系列倒角。

倒角参数如下(见图 2-52)。

- 角度-距离
  - “距离 1”应用到第一个所选的草图实体。
  - “方向 1 角度”应用到从第一个草图实体开始的第二个草图实体。
- 距离-距离

  相等距离被选取。“距离 1”应用到两个草图实体。

  相等距离被消除选取。“距离 1”应用到第一个所选的草图实体。“距离 2”应用到第二个所选的草图实体。

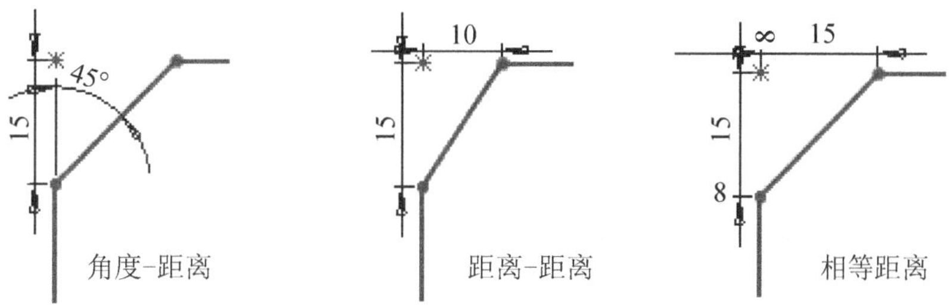

图 2-52　不同倒角参数的不同结果

项目 2.6　技 能 实 战

本项目作为本章技能实战要绘制如下所示的图形。

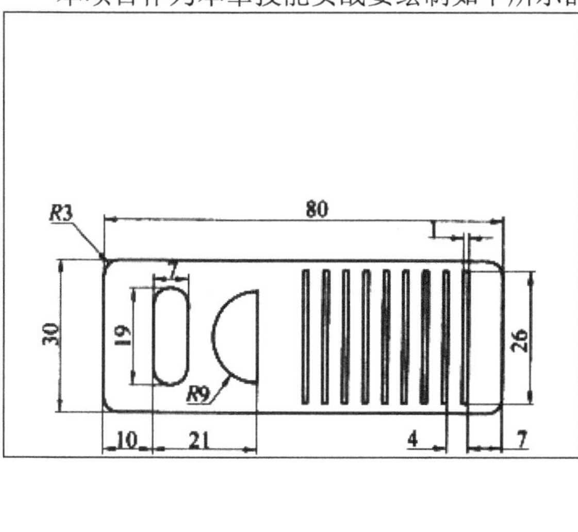

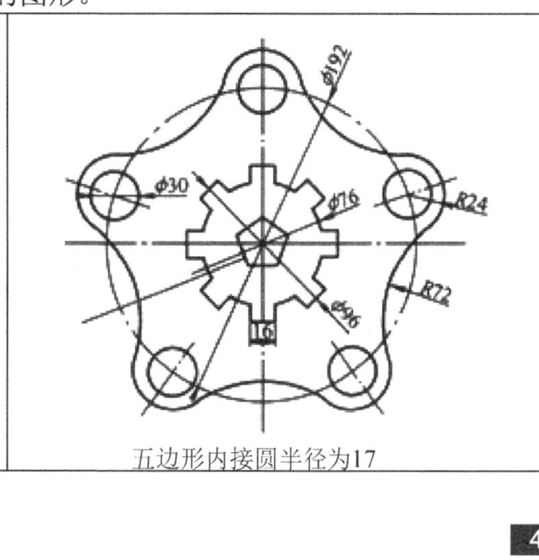

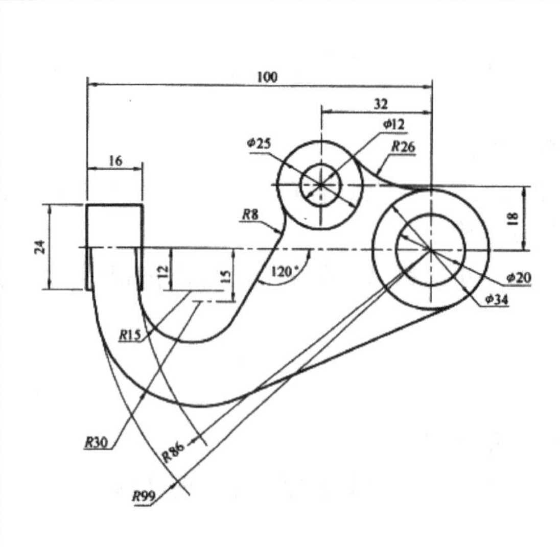
100
32
16
φ25
φ12
R26
R8
18
24
12
15
120°
φ20
φ34
R15
R30
R86
R99

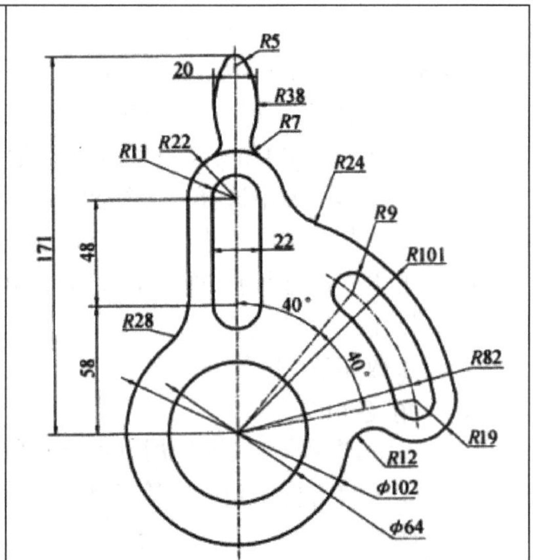
R5
20
R38
R7
R11
R22
R24
171
48
22
R9
R101
40°
R28
40°
R82
58
R19
R12
φ102
φ64

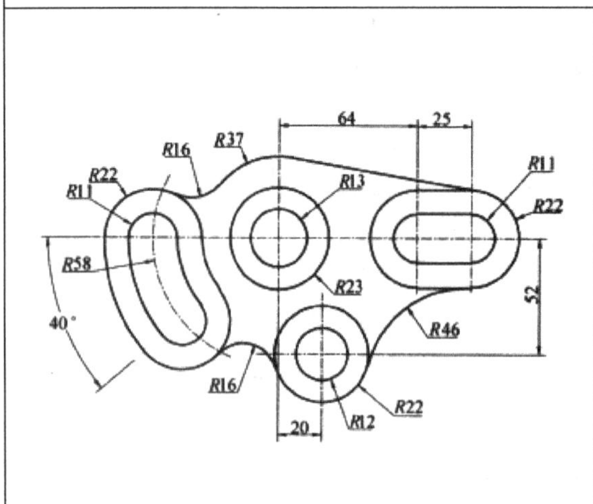
64
25
R37
R16
R22
R11
R13
R11
R22
R58
R23
52
40°
R46
R16
R22
R12
20

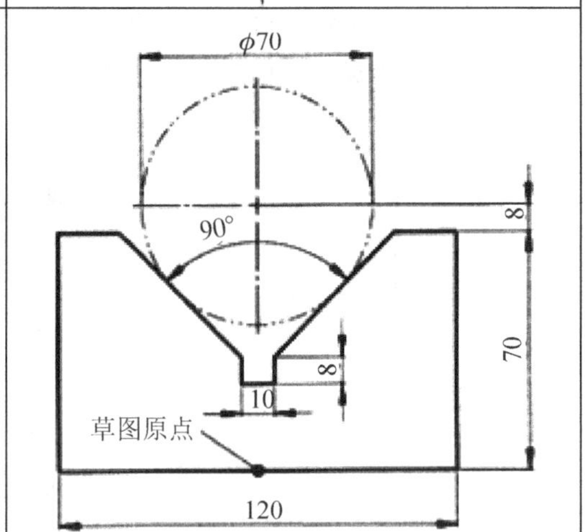
φ70
8
90°
70
8
10
草图原点
120

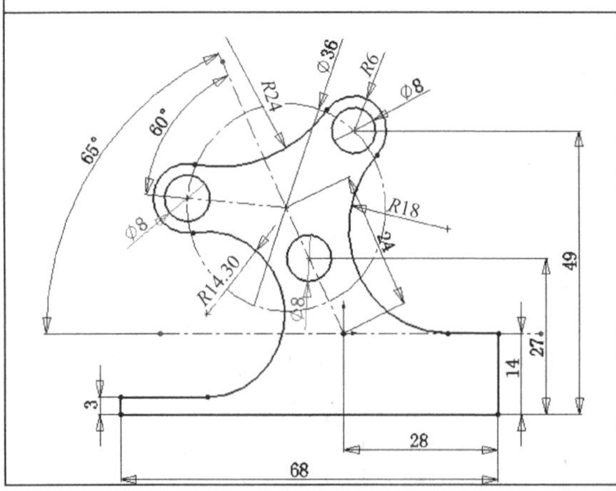
φ36
R6
φ8
R24
60°
65°
φ8
R18
24
R14.30
φ8
49
27
14
3
28
68

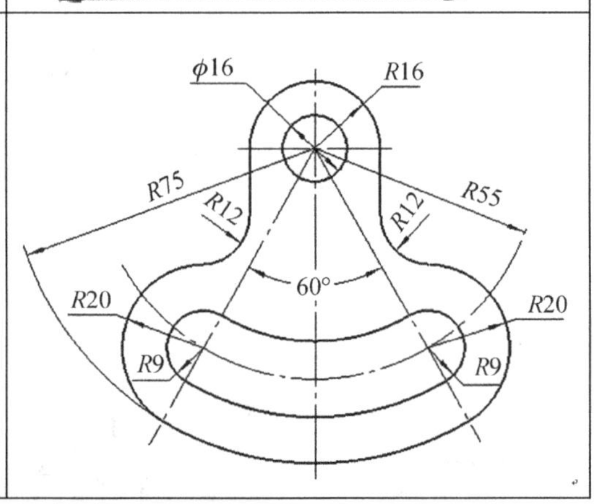
φ16
R16
R75
R12
R12
R55
60°
R20
R20
R9
R9

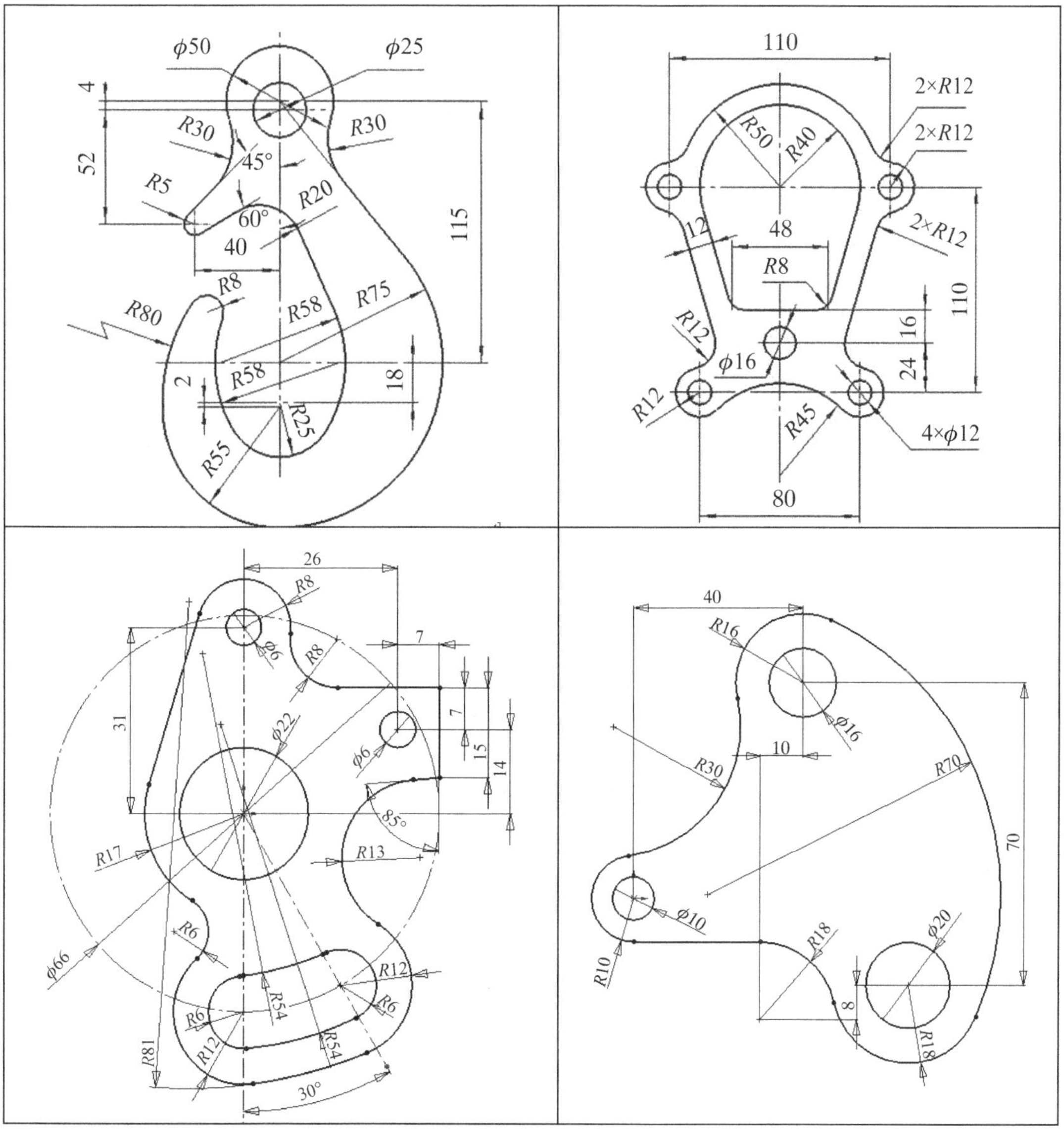

本 章 小 结

本章主要介绍了 SolidWorks 草图功能的相关操作以及曲线的创建和对曲线进行编辑命令的使用方法，这部分内容是 SolidWorks 的基本知识，读者需要掌握这些基本的操作方法，并在实际应用中加以灵活运用，以便达到设计目的，而且只有掌握了这些内容才能为进一步使用 SolidWorks 打下良好的基础。

通过对本章的学习，读者应该重点掌握应用草图绘制实体、草图工具、尺寸标注、几何关系等命令完成二维图形的绘图，掌握草图设计的一般步骤和应用技巧。

第 3 章　基本特征建模

本章要点

- 直线、圆、圆弧、中心线
- 修剪、草图约束、尺寸标注
- 拉伸基体、拉伸切除、旋转
- 基准平面、基准轴线、螺旋线
- 倒斜角、倒圆角、扫描
- 阵列、筋、参考几何体

SolidWorks 里的草图绘制是三维零件建模的基础，从现在开始在学习草图绘制的基础上进一步学习更多的草图知识，掌握其创建的方法和应用技巧。

本章重点讲述 SolidWorks 在零件造型中常用的造型特征指令，介绍各特征建立的基本方法，主要目的在于使读者尽快建立三维造型的观念。

通过本章的学习，读者将能够较好地完成机械产品设计中常见的零件设计。

项目 3.1　拉伸凸台造型

【学习目标】

本项目要完成的图形如图 3-1 所示。通过本项目的学习，使读者能熟练掌握拉伸凸台、基体等基本构图命令的使用，掌握三维建模的基本构图技巧。

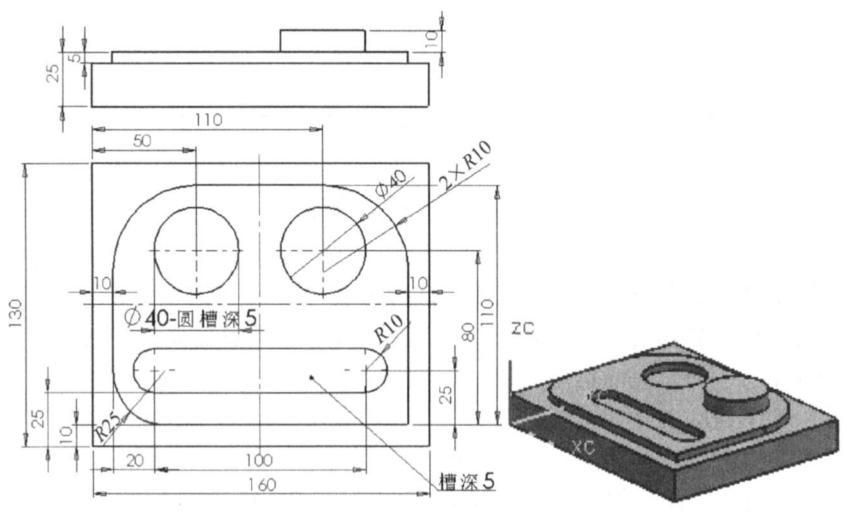

图 3-1　拉伸凸台造型示例

【学习要点】

拉伸凸台、基体。

【绘图思路】

首先拉伸出带圆角的底部，然后拉伸出带圆腔和圆槽的中部，最后拉伸做出凸起的圆柱体，完成造型。

【操作步骤】

(1) 单击“新建”按钮，新建一个“零件”文件，并单击“保存”按钮进行保存，如图 3-2 所示。

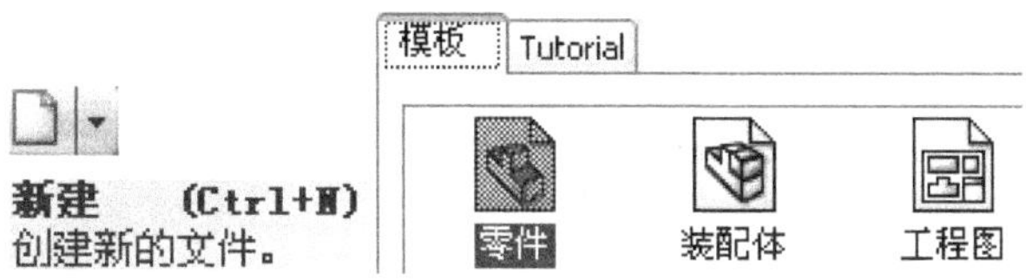

图 3-2　新建“零件”文件

(2) 以“前视”为基准面创建“草图 1”，在“草图 1”上作出一个 160mm×130mm 的矩形，如图 3-3 所示。然后单击特征图标，打开造型工具栏，再单击拉伸凸台图标，打开“凸台-拉伸”对话框，如图 3-4 所示，修改拉伸距离为“20”，确定完成基体。

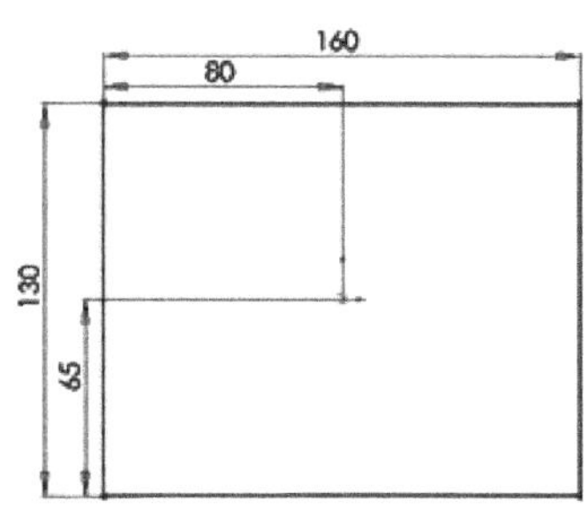

图 3-3　作一矩形

图 3-4　“凸台-拉伸”对话框

(3) 用鼠标左键单击拉伸体上表面，然后再单击草图绘制图标，创建一个新的草图，即“草图 2”，接着在“草图 2”作出图形，如图 3-5 所示。最后将其拉伸至高度为 5mm，完成造型，如图 3-6 所示。

(4) 用鼠标键单击在步骤(3)中生成的实体的上表面，然后再单击草图绘制图标，创建一个新的草图，即“草图 3”，接着在“草图 3”上作出直径为 40mm 的圆，如图 3-7 所示。最后用拉伸凸台命令将其拉伸至高度为 10mm，完成造型，如图 3-8 所示。

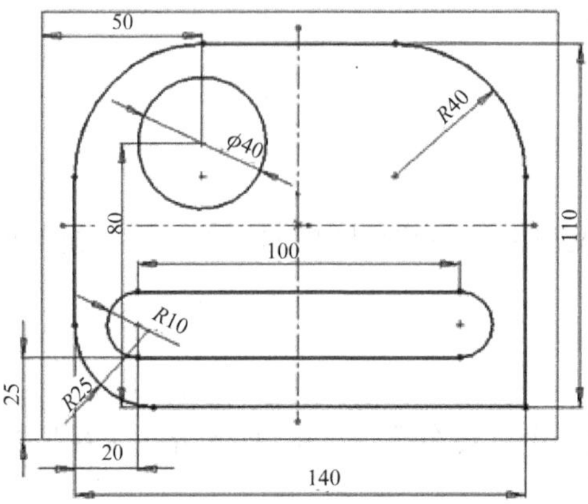

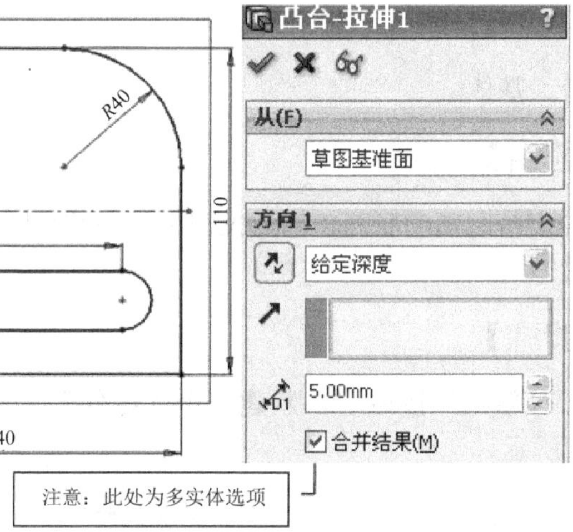

图 3-5　创建草图 2　　　　图 3-6　完成造型设置

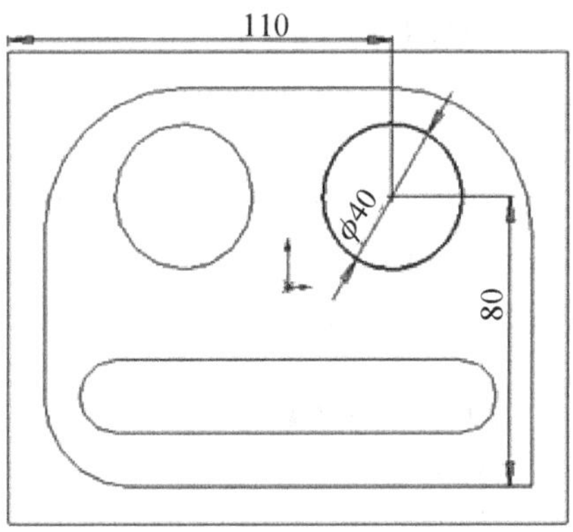

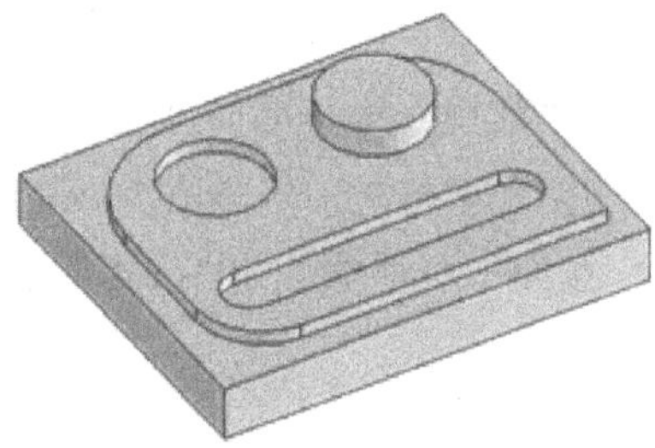

图 3-7　作直径为 10mm 的圆　　　　图 3-8　完成的造型

【资料引入】

1. 拉伸特征

1)　拉伸类型

拉伸类型有以下几种。

- 实体或薄壁
- 凸台/基体
- 剪切
- 曲面

2)　拉伸步骤

欲生成拉伸特征，操作如下。

(1)　生成草图。

(2)　单击下列拉伸工具之一。

- 单击特征工具栏上的“拉伸凸台/基体”图标，或依次单击“插入”→“凸台/

基体”→“拉伸”。

- 单击特征工具栏上的“拉伸切除”图标，或依次单击“插入”→“切除”→“拉伸”。
- 单击曲面工具栏上的“拉伸曲面”图标，或依次单击“插入”→“曲面”→“拉伸”。

(3) 设定 PropertyManager 选项。

(4) 单击(确定)按钮。

3) “凸台-拉伸”对话框

(1) 拉伸起始条件：设定拉伸特征的开始条件(见图 3-9)。

① 草图基准面。从草图所在的基准面开始拉伸。

② 曲面/面/基准面。从这些实体之一开始拉伸。为“曲面/面/基准面”选择有效的实体。实体可以是平面或非平面。平面实体不必与草图基准面平行。草图必须完全包含在非平面曲面或面的边界内。草图在开始曲面或面处依从非平面实体的形状。

- 顶点。从为“顶点”选择的顶点开始拉伸。
- 等距。从与当前草图基准面等距的基准面上开始拉伸。在输入等距值中设定等距距离。

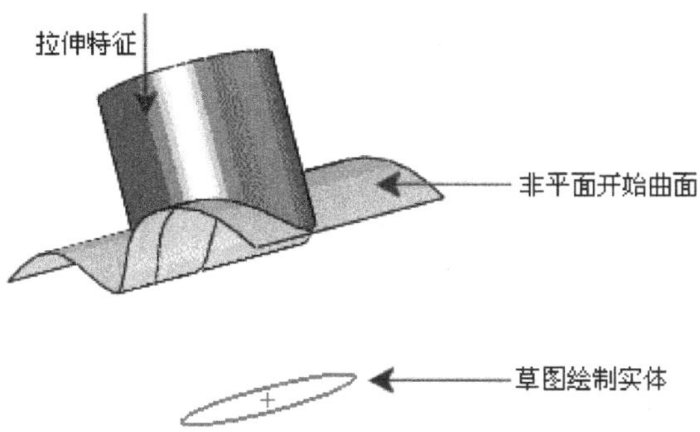

图 3-9　设定拉伸的开始条件

(2) 方向 1：设定拉伸的方向。

① 终止条件。决定特征拉伸的方式。设定终止条件类型。如有必要，单击“反向”按钮以与预览中所示相反的方向拉伸特征。

② 给定深度。设定“深度”。

③ 完全贯穿。从草图的基准面拉伸特征直到贯穿所有现有的几何体。

④ 成形到顶点。在图形区域中为“顶点”选择一个顶点。

⑤ 成形到面。在图形区域中为“面/基准面”选择一个要延伸到的面或基准面。双击一曲面将终止条件更改为成形到面，以所选曲面为终止曲面。如果拉伸的草图超出所选面或曲面实体之外，成形到面可以执行一个分析面的自动延伸，以终止拉伸。

⑥ 到离指定面指定的距离。在图形区域中选择一个面或基准面作为|“面/基准面”|，然后输入“等距距离”。选择转化曲面以使拉伸结束在参考曲面转化处，而非实际的等距。必要时，选择反向等距以便以反方向等距移动。

⑦ 成形到实体。在图形区域选择要拉伸的实体作为“实体/曲面实体”。在装配

件中拉伸时可以使用成形到实体，以延伸草图到所选的实体。在模具零件中，如果要拉伸至的实体有不平的曲面，成形到实体也是很有用的。

⑧ 两侧对称。设定深度 。

⑨ 拉伸方向 。在图形区域中选择方向向量以垂直于草图轮廓的方向拉伸草图。

⑩ 反侧切除(仅限于拉伸的切除)移除轮廓外的所有材质(见图 3-10)。默认情况下，材料从轮廓内部移除，如图 3-11 所示。

图 3-10 反侧切除

图 3-11 默认切除

⑪ 正交切除(仅对于钣金切除拉伸)。确定切除对于折叠的钣金零件垂直于钣金厚度而生成。

⑫ 合并结果(仅限于凸台/基体拉伸)。如有可能，将所产生的实体合并到现有实体。如果不选择，特征将生成一不同实体。

⑬ 与厚度相等(仅限于钣金零件)。自动将拉伸凸台的深度链接到基体特征的厚度。

⑭ 拔模开/关 。新增拔模到拉伸特征。设定拔模角度。如有必要，可选择向外拔模，如图 3-12 所示。

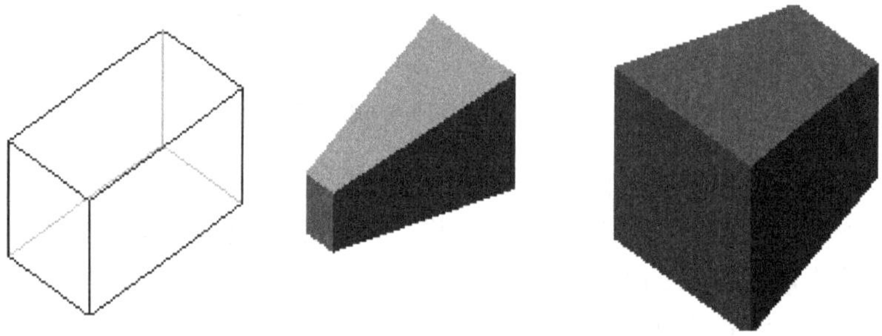

(a) 无拔模　(b) 10° 向内拔模角度　(c) 10° 向外拔模角度

图 3-12 拔模设置

(3) 方向 2：设定这些选项以同时从草图基准面往两个方向拉伸。这些选项和方向 1 相同，不再赘述。

4) 薄壁特征

使用薄壁特征选项以控制拉伸厚度(不是“深度”)。薄壁特征基体可用作钣金零件的基础。

(1) 类型。设定薄壁特征拉伸的类型。

- 单向。设定从草图以一个方向(向外)拉伸的“厚度”。
- 两侧对称。设定以两个相等方向从草图拉伸的“厚度”。
- 双向。设定不同的拉伸厚度：方向 1 厚度和方向 2 厚度。

(2) 自动加圆角(仅限于打开的草图)。在每一个具有直线相交夹角的边线上生成圆角。

圆角半径(当自动加圆角选中时可用)。设定圆角的内半径。

(3) 顶端加盖。为薄壁特征拉伸的顶端加盖，生成一个中空的零件。同时，必须指定加盖厚度。该选项只可用于模型中第一个拉伸实体。

加盖厚度。选择薄壁特征从拉伸端到草图基准面的加盖厚度。

5) 所选轮廓

允许使用部分草图来生成拉伸特征。在图形区域中选择草图轮廓和模型边线。

6) 特征范围

通过选择选项下的几何体阵列，并使用特征范围来选择哪些实体应包括特征以将特征应用到一个或多个多实体零件。在添加这些特征前，必须生成要添加多实体零件的模型。

7) 终止条件

终止条件如表 3-1 所示。

表 3-1　终止条件

等轴测视图	上　视	说　明
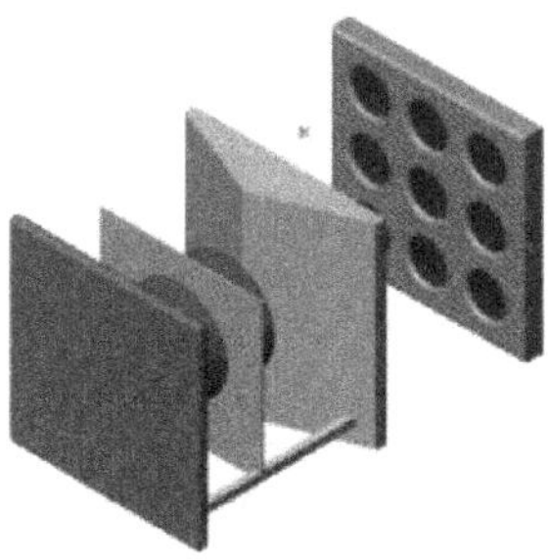	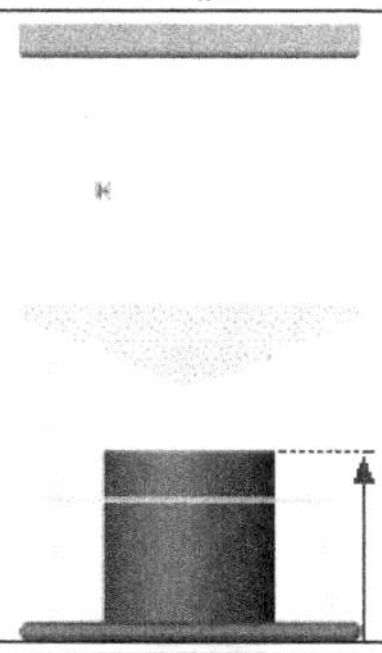	给定深度 从草图的基准面以指定的距离延伸特征
	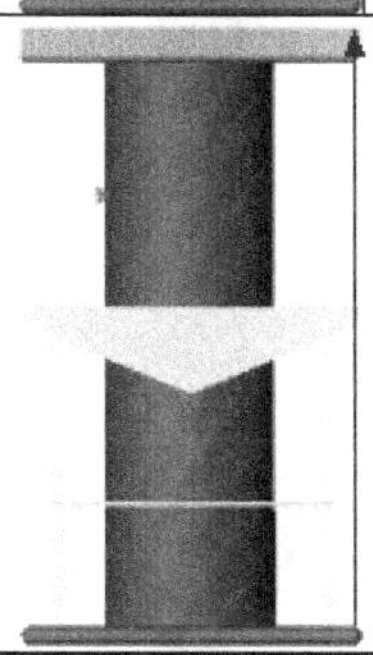	完全贯穿 从草图的基准面拉伸特征直到贯穿所有现有的几何体

续表

等轴测视图	上　视	说　明
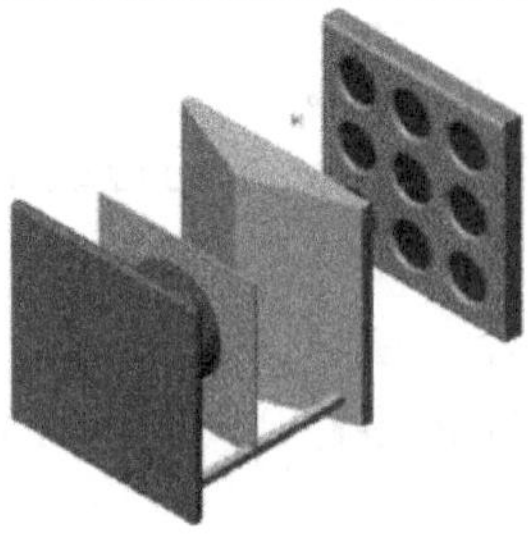	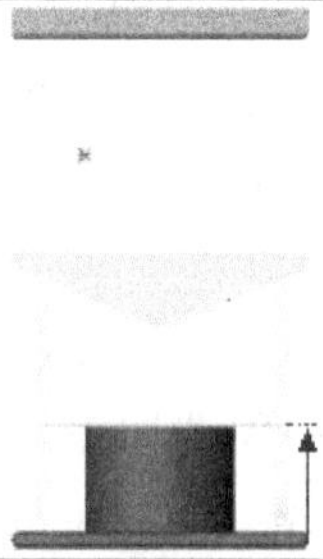	成形到下一面 从草图的基准面拉伸特征到下一面(隔断整个轮廓)以生成特征 (下一面必须在同一零件上)
	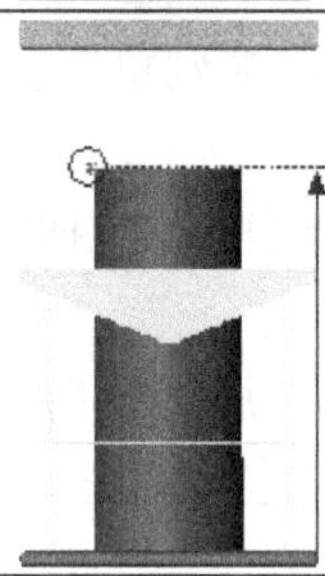	成形到一顶点 从草图基准面拉伸特征到一个平面，这个平面平行于草图基准面且穿越指定的顶点。草图顶点现在是成形到顶点拉伸的有效选择
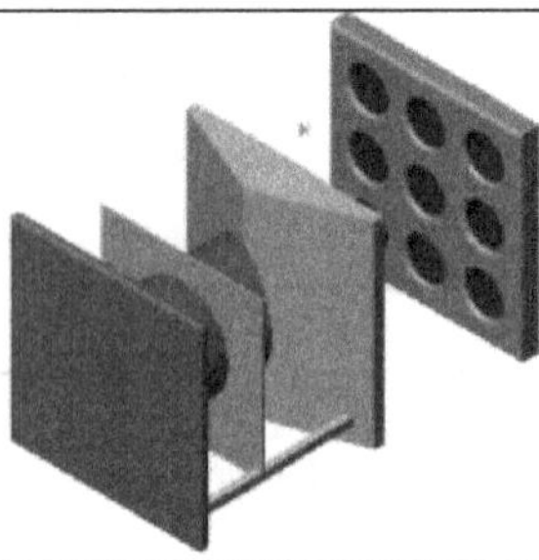	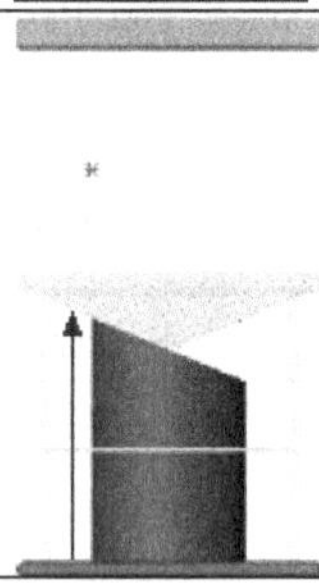	成形到一面 从草图的基准面拉伸特征到所选的曲面以生成特征
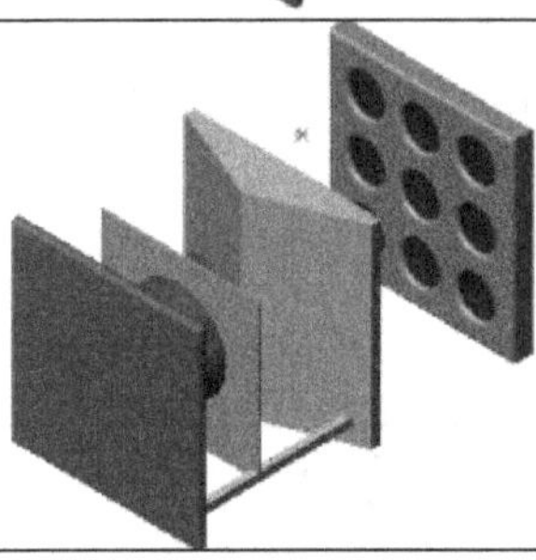	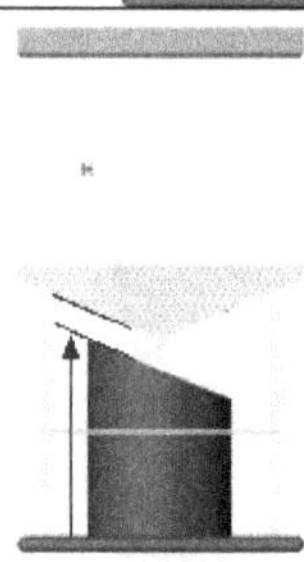	到离指定面指定的距离 从草图的基准面拉伸特征到某面或曲面的特定距离平移处以生成特征
	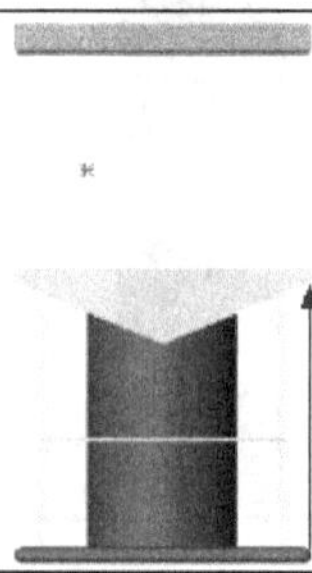	成形到实体 从草图的基准面延伸特征至指定的实体。可与装配体、模具零件或多实体零件使用成形到实体

续表

等轴测视图	上　视	说　明
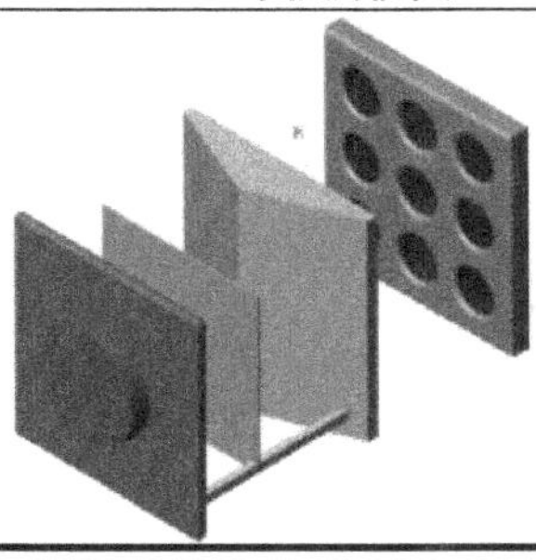		两侧对称 从草图基准面向两个方向对称拉伸特征

项目 3.2　平移、旋转造型

【学习目标】

本项目要完成的图形如图 3-13 所示。通过本项目的学习，使读者能熟练掌握草图平移、草图旋转、拉伸凸台/基体等基本构图方法的使用，掌握三维建模的基本构图技巧。

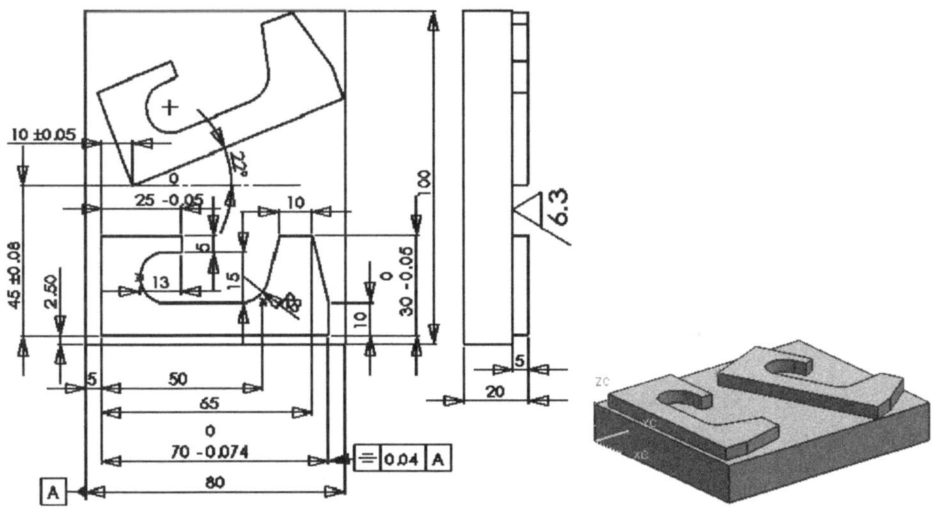

图 3-13　平移、旋转造型示例

【学习要点】

草图平移、草图旋转、拉伸凸台/基体。

【绘图思路】

本例是一个简单的拉伸体。首先以“前视”为基准面创建“草图 1”，在“草图 1”上做出一个 80mm×100mm 的矩形并拉伸至高度“15”；然后以此拉伸体上表面为基准面，再创建一个新的草图即“草图 2”，接着做出两个多边形的图形，最后将其拉伸至高度为 5mm，完成造型。

【操作步骤】

(1) 单击“新建”按钮，新建一个“零件”文件，并单击“保存”按钮进行保存，如图 3-14 所示。

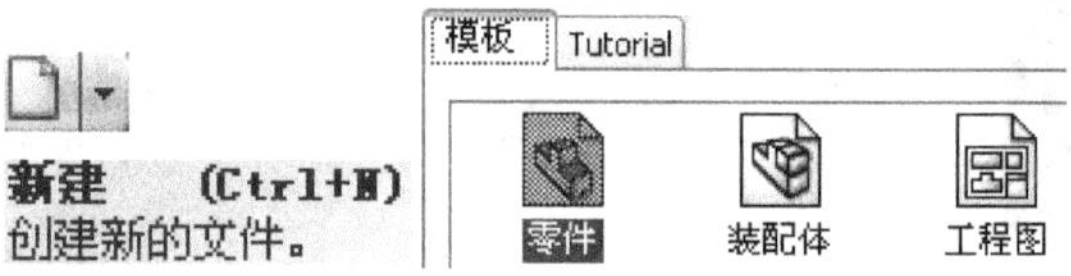

图 3-14　新建“零件”文件

(2) 以“前视”为基准面创建“草图 1”，在“草图 1”上做出一个 80mm×100mm 的矩形，如图 3-15 所示。然后单击 特征 命令图标，打开造型工具栏，再单击 拉伸凸... 图标，打开“拉伸”对话框，如图 3-16 所示，修改拉伸距离为“15”，单击图标退出，完成第一部分造型。

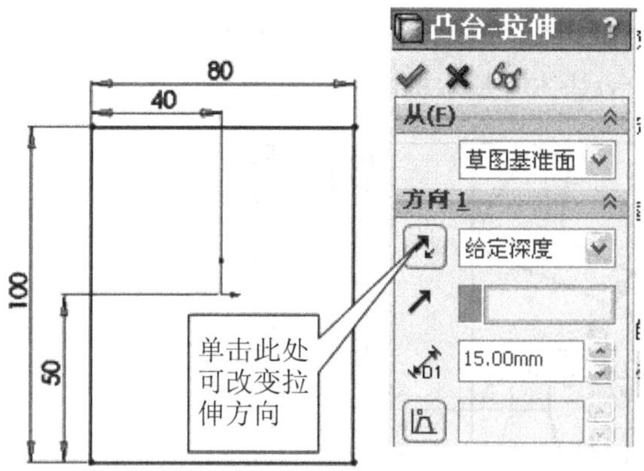

图 3-15　作一个矩形　　图 3-16　“凸台-拉伸”对话框

提示： 在绘制草图时，最好使草图完全定义，这可以保证在此后的参数修改时，更好地体现设计意图，而不会产生曲解。

最好在制作基体时选取“前视”基准面，因其方向是沿着 Z 轴的，这在以后导入到 CAM 软件中自动编程时可省去变换坐标系的麻烦。

拉伸时注意拉伸的方向问题，因为造型的部分目的是加工，而加工就要考虑加工方向，因此，一般拉伸时都选择 Z 轴正向的方向去完成，可通过图 3-16 所示对话框中的“方向”选项来完成操作。

(3) 用鼠标单击拉伸体上表面，然后再单击 草图绘制 图标，创建一个新的草图，即“草图 2”，接着作出一个凸台图形，再应用“复制实体”、“旋转实体”命令完成草图 2，如图 3-17 所示。

(4) 最后将其拉伸至高度为 5，完成最终造型，如图 3-18 所示。

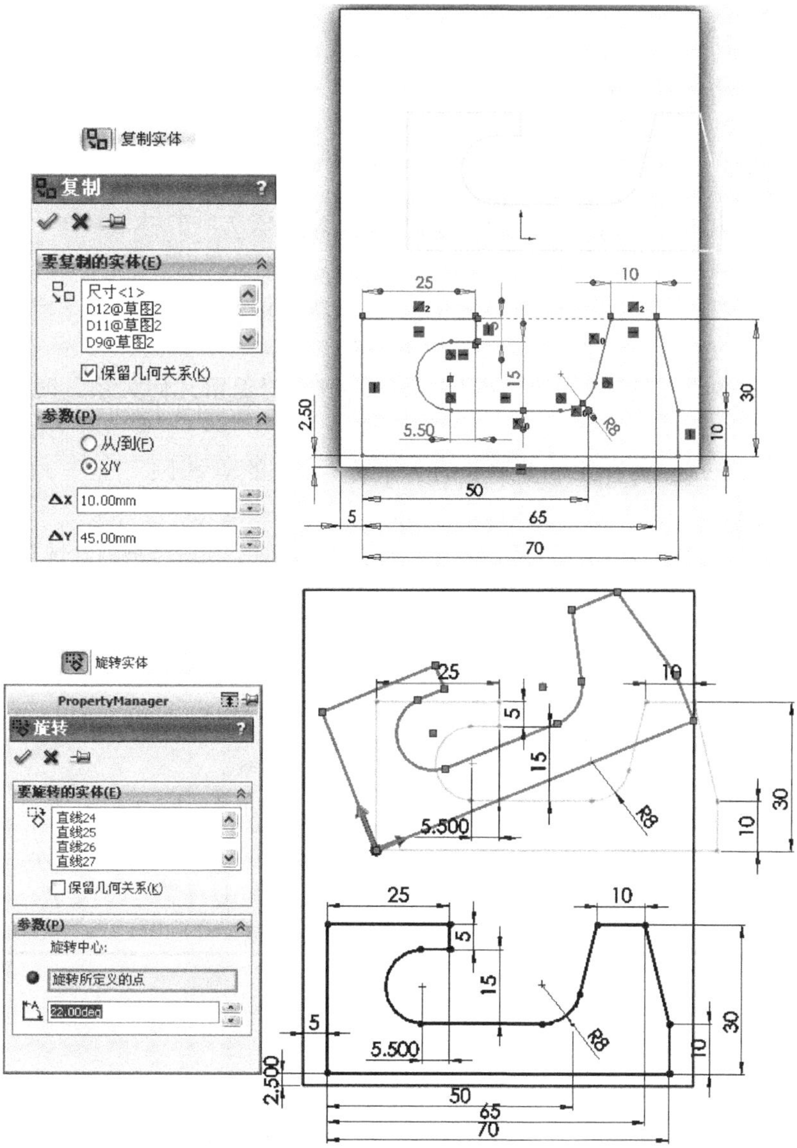

图 3-17　复制并旋转实体

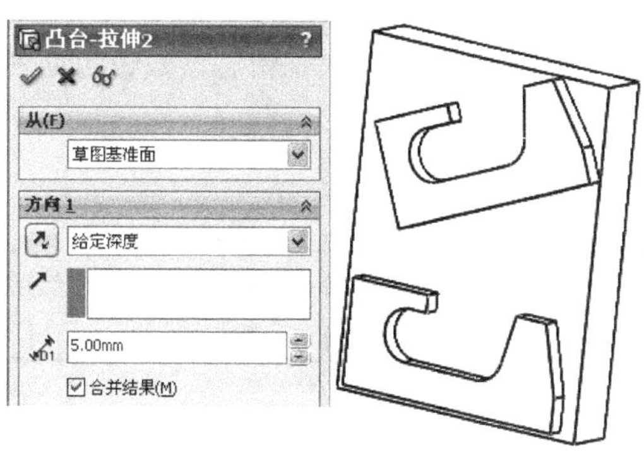

图 3-18　最终造型

【资料引入】

1. 移动或复制草图实体

欲移动或复制实体，操作方式如下。

(1) 在草图模式中：

① 单击“移动实体”图标(草图工具栏)，或者依次单击“工具”→“草图工具”→“移动”。

② 单击“复制实体”图标(草图工具栏)，或者依次单击“工具”→“草图绘制工具”→“复制”。

尺寸随实体移动或复制到新的位置。只在选取了“保留几何关系”时才移动或复制几何关系。

(2) 在 PropertyManager 中的要移动的实体或要复制的实体下：

① 为“草图项目或注解”选择草图实体。

② 选择“保留几何关系”以保留草图实体之间的几何关系。当被清除选择时，只有在所选项目和那些未被选择的项目之间的几何关系才被断开；所选实体之间的几何关系被保留。

(3) 参数说明见表 3-2。

表 3-2 参数说明

伸展类型	修改参数的说明
2D 草图 基准面上的 3D 草图	进行以下操作之一： 选择“从/到”，单击起点来设定“基点”，然后拖动将草图实体定位 选择 X/Y，然后为 DeltaX 和 DeltaY 设定数值以将草图实体定位 单击“重复”按相同距离再次修改草图实体的位置

(4) 单击✔按钮。

2. 旋转草图实体

欲旋转草图实体，可做以下操作：在草图模式中，单击草图工具栏“旋转实体 ”图标，或者依次单击“工具”→“草图工具”→“旋转”。然后在 PropertyManager 下选择要旋转的实体，并给出旋转基点和旋转角度等数值完成操作。

在旋转草图实体时，如果选择“保留几何关系”则保留草图实体之间的几何关系；当清除选择时，则所选实体之间的几何关系不被保留。参数说明见表 3-3。

表 3-3 参数说明

伸展类型	修改参数的说明
2D 草图 基准面上的 3D 草图	单击基点(已定义的旋转点)来设定基点，然后单击图形区域来设定“旋转中心为”，角度设定一数值

3. 按比例缩放草图实体

欲按比例缩放草图实体，操作如下。

(1) 在编辑草图模式中，单击“按比例缩放实体”图标(草图工具栏)，或依次单击“工具”→“草图绘制工具”→“缩放比例”。

(2) 在 PropertyManager 中的要缩放比例的实体，如图 3-19 所示。

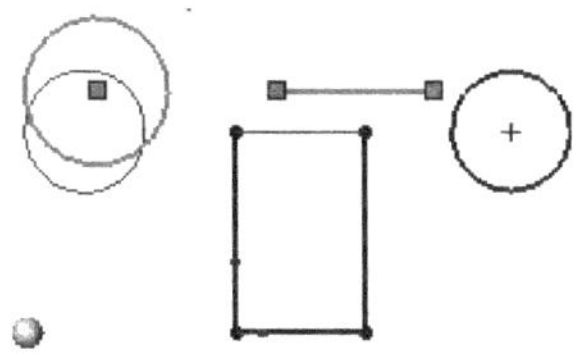

图 3-19 缩放实体

(3) 设置参数。

① 单击基点(已定义的比例缩放点)来设定“基点”，然后单击图形区域来设定比例缩放点。

② 设定“比例因子”的值。例如，指定 2 进行加倍，指定 0.5 为半倍等。

(4) 要保留原有草图实体并生成已缩放比例的实体的副本，操作如下。

① 选择复制。

② 为“复件数”指定一数值。

(5) 单击按钮。

4. 伸展草图实体

在编辑草图模式中，单击“伸展实体”图标(草图工具栏)，或依次单击工具、草图绘制工具、伸展实体。

在 PropertyManager 中的要伸展的实体下，为草图项目或注解选择草图实体。参数说明见表 3-4，选取“从/到”或 “X/Y”。

表 3-4 修改参数说明

参 数	修改参数的说明
从/到	①单击基点，然后单击草图设定基准点 ②拖动以伸展草图实体 ③当放开鼠标时，实体伸展到该点并且 PropertyManager 将关闭
X/Y	①为 DeltaX 和 DeltaY 设定值以伸展草图实体 ②单击重复以相同距离伸展实体，单击按钮

项目 3.3 筋 板 造 型

【学习目标】

本项目要完成的图形如图 3-20 所示。通过本项目的学习，使读者能熟练掌握绘制草图、拉伸、筋、镜像等基本构图方法的使用，掌握三维建模的基本构图技巧。

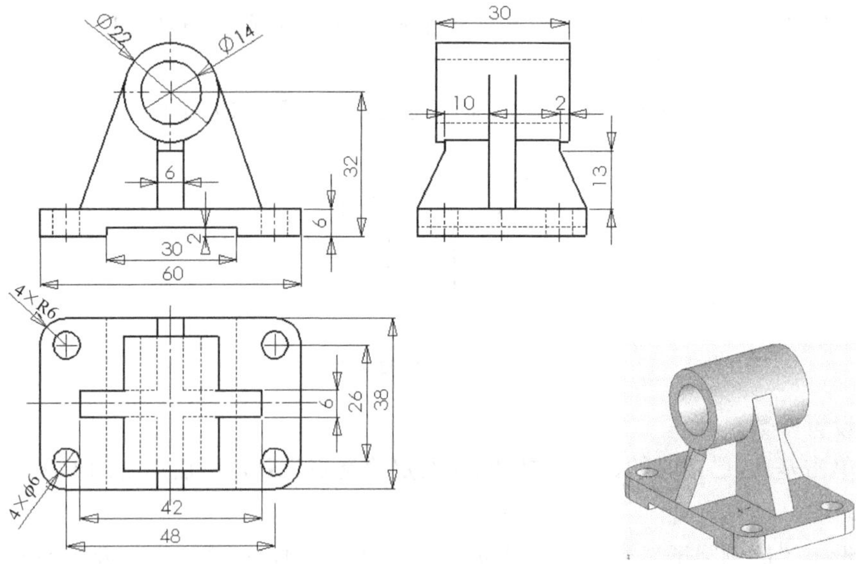

图 3-20　筋板造型示例

【学习要点】

绘制草图、拉伸、筋、镜像。

【绘图思路】

本例是一个筋板类的零件造型。首先以“前视基准面”为基准面创建带孔的基座，然后在其底部用拉伸除料作出矩形槽，接着以“上视基准面”为基准面作出三角形中截面，并拉伸出实体。同理，创建出上部的圆柱形体，并作出中间孔，最后以“右视基准面”为基准面，作出一侧的筋，再用镜像命令作出另一侧的筋，完成造型。

【操作步骤】

(1) 单击“新建”按钮，新建一个“零件”文件，并单击“保存”按钮进行保存，如图 3-21 所示。

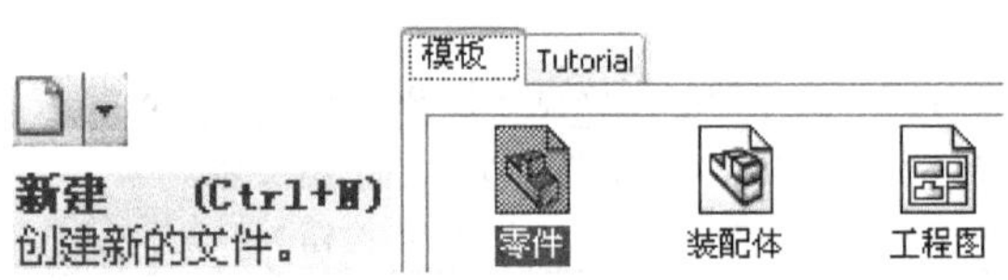

图 3-21　新建“零件”文件

(2) 以“前视基准面”为基准面创建“草图 1”，绘制出如图 3-22 所示的图形。然后拉伸增料，距离为“6”，完成基座造型。再以此特征的前侧面为基准作草图，用“拉伸除料”方式作出底槽，如图 3-23 所示。

(3) 以“上视基准面”为基准面创建“草图 2”，绘制出如图 3-24 所示的草图。最后用“双侧拉伸”选项，将其拉伸至厚度为“6”，如图 3-25 所示。

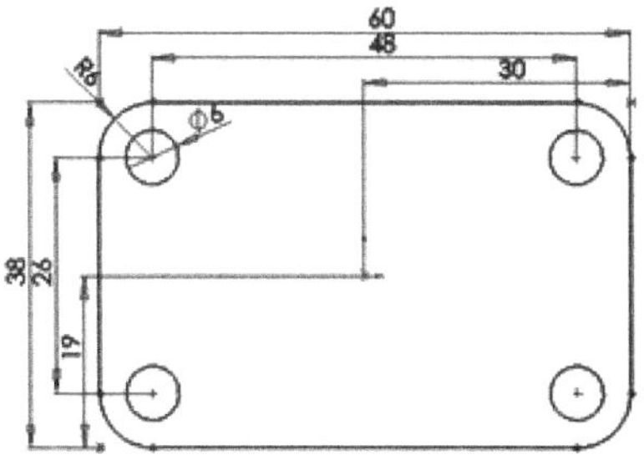

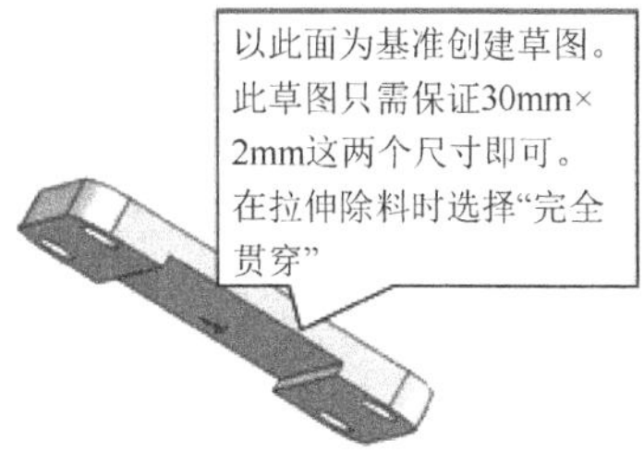

图 3-22 绘制出“草图 1” 图 3-23 用拉伸除料方式作出底槽

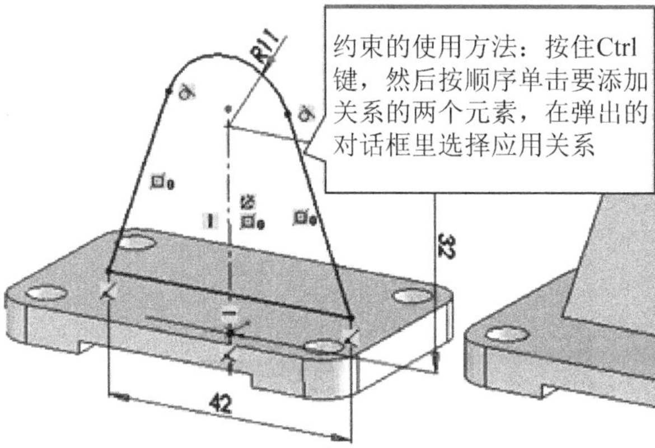

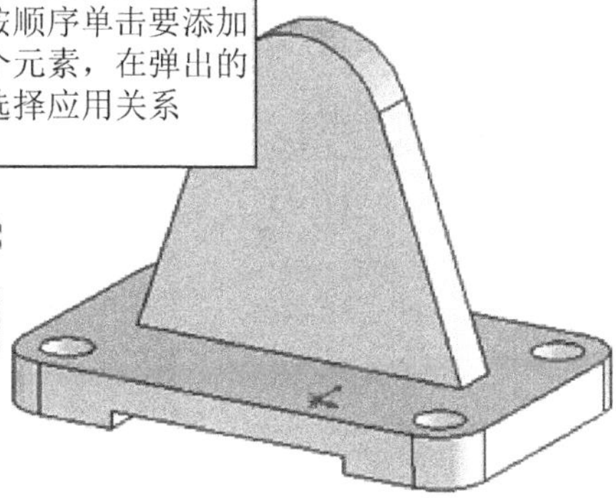

图 3-24 绘制草图 图 3-25 利用拉伸绘制实体

(4) 以“上视基准面”为基准面创建“草图 3”，绘制出如图 3-26 所示的草图。然后用“双侧拉伸”选项，将其拉伸至厚度为“30”，最后打孔，如图 3-27 所示。

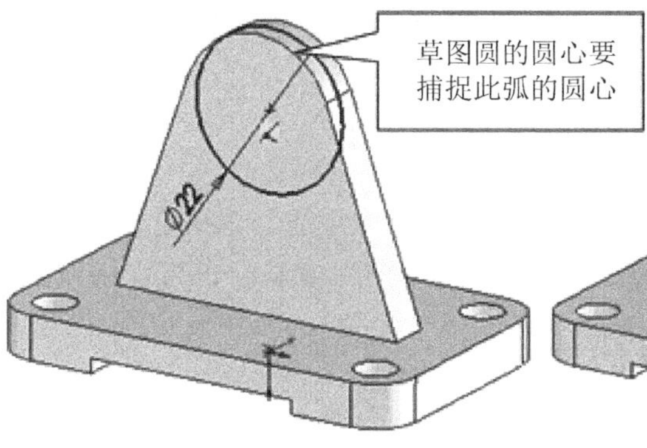

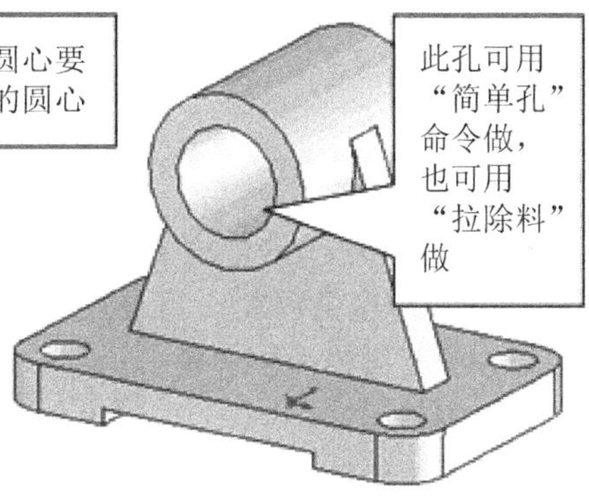

图 3-26 绘制“草图 3” 图 3-27 将实体打孔

(5) 以“右视基准面”为基准面创建“草图 4”，绘制出如图 3-28 所示的草图。然后单击特征工具栏里的 筋 图标，打开“筋”对话框，从中更改参数，如图 3-29 所示。

(6) 镜像另一侧的筋。 先选取“上视基准”面，然后单击特征工具栏里的 镜向 图标，打开“镜向”对话框，按图 3-30 所示选取基准面和特征。然后单击“确定”按钮退出，完成造型，如图 3-31 所示。

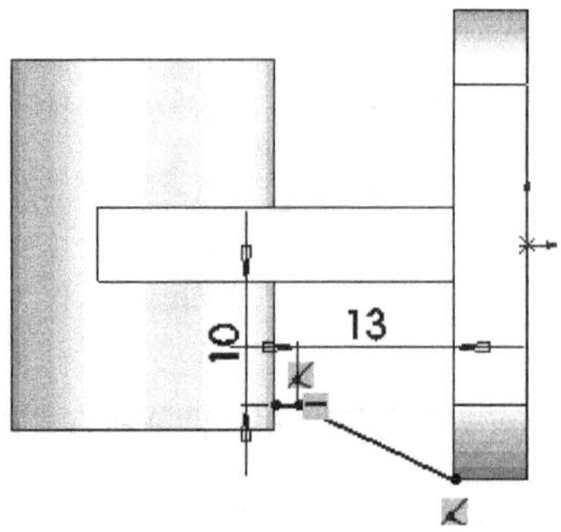

图 3-28　绘制草图

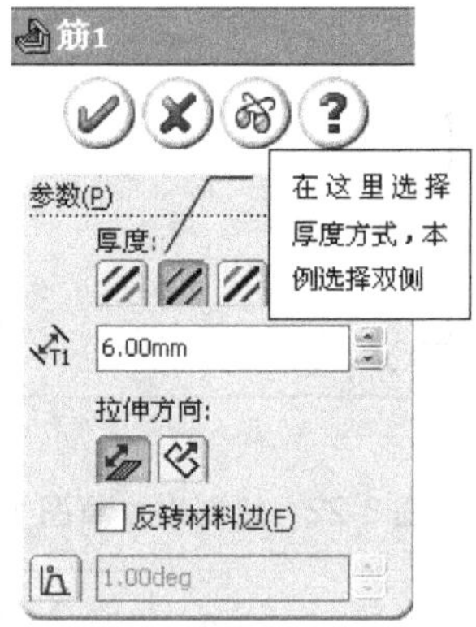

图 3-29　设置“筋 1”对话框

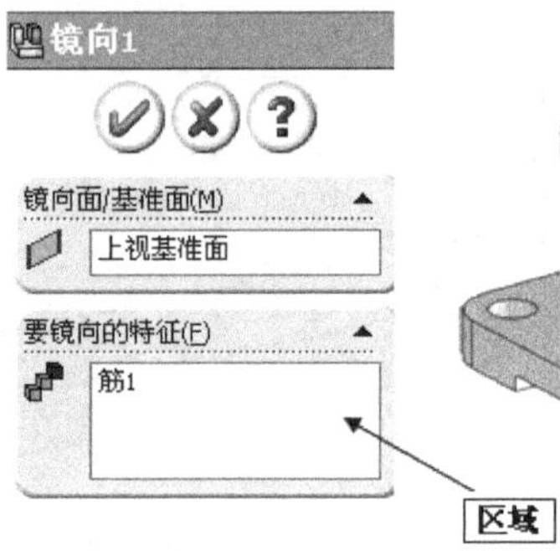

图 3-30　选取基准特征

图 3-31　完成后的造型

提示：在选择“要镜像的特征”时，应先在图 3-30 所示的区域中用鼠标左键单击一下，然后再选择要镜像的造型特征，也可以在状态树里选取要镜像的特征。

【资料引入】

1. 筋特征

筋是从开环或闭环绘制的轮廓所生成的特殊类型拉伸特征。它在轮廓与现有零件之间添加指定其方向和厚度的材料。可使用单一或多个草图生成筋；也可以用拔模生成筋特征，或者选择一个要拔模的参考轮廓。

欲生成筋，操作如下。

(1) 在基准面上绘制使用为筋特征的轮廓，基准面可以为：与零件交叉；与现有基准面平行或成一定角度(见图 3-32)。

(2) 单击特征工具栏上的“筋”图标，或依次单击“插入”→“特征”→“筋”。

(3) 单击“确定”按钮。

2. 镜像特征

(1) 沿面或基准面镜像，生成一个特征(或多个特征)的复制。可选择特征或构成特征的面。

(2) 要镜像的实体。在单一模型或多实体零件中选择一实体来生成一镜像实体。

(3) 多实体零件。通过选择几何体阵列并使用特征范围来选择哪些实体应包括特征，将特征应用到一个或多个多实体零件中，如图 3-33 所示。

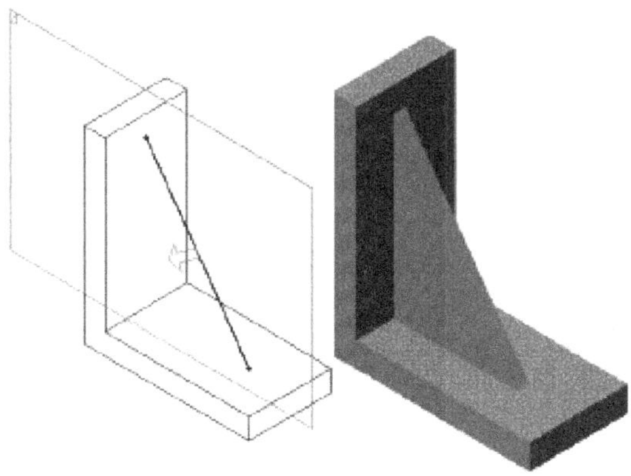

图 3-32　与基准面成一定角度

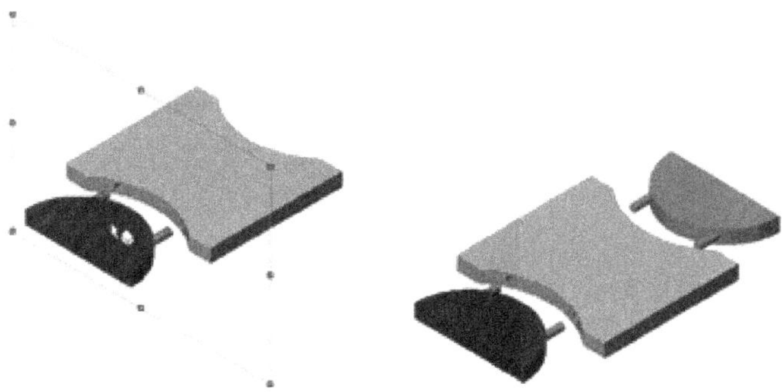

(a) 选择要镜像的实体　　(b) 镜像了的实体

图 3-33　带镜像的多实体零件范例

注意：在添加这些特征前，必须生成要添加多实体零件的模型。

欲镜像一个特征，操作如下。

(1) 单击特征工具栏上的“镜像”图标，或依次单击插入、阵列/镜像、镜像。

(2) 在镜像面/基准面下，在图形区域选择一个面或基准面。可选择特征，构成特征的面或带多实体零件的实体。

- 欲使用特征：在“要镜像的特征”下，单击模型中一个或多个特征或使用 FeatureManager 设计树中弹出的部分。
- 若想镜像整个模型：在“要镜像的实体”下在图形区域中选择一模型。镜像的模型附加到所选择的面上。
- 欲使用面：在“要镜像的面”下，在图形区域中单击构成想要镜像的特征的面。“要镜像的面”对于在输入过程中如果包括特征的面但不包括特征本身的输入零件很有用。
- 欲镜像多实体零件上的阵列：

① 在“要镜像的特征”下从 FeatureManager 设计树选择阵列。

② 在选项下，选择几何体阵列。

③ 根据想应用阵列的实体，在特征范围内选择一选项。

- 欲使用实体：在“要镜像的实体”下，在图形区域选择想要镜像的实体。

(3) 如果选择要镜像的实体，以下选项出现。

- 合并实体。当在实体零件上选择一个面并消除合并实体复选框时，可生成附加到原有实体但为单独实体的镜像实体。如果选择合并实体，原有零件和镜像的零件成为单一实体。
- 缝合曲面。如果选择通过将镜像面附加到原有面但在曲面之间无交叉或缝隙来镜像曲面，可选择缝合曲面将两个曲面缝合在一起。

(4) 如果仅想镜像特征的几何体(面和边线)，而并非想求解整个特征，请选择几何体阵列。

(5) 若想镜像已镜像实体的视像属性(Solidworks 的颜色、纹理和装饰螺纹数据等)，选取延伸视像属性。

(6) 单击“确定”按钮。

项目 3.4 圆 周 阵 列

【学习目标】

本项目要完成的图形如图 3-34 所示。通过本项目的学习，使读者能熟练掌握筋、圆周阵列等基本构图方法的使用，掌握三维建模的基本构图技巧。

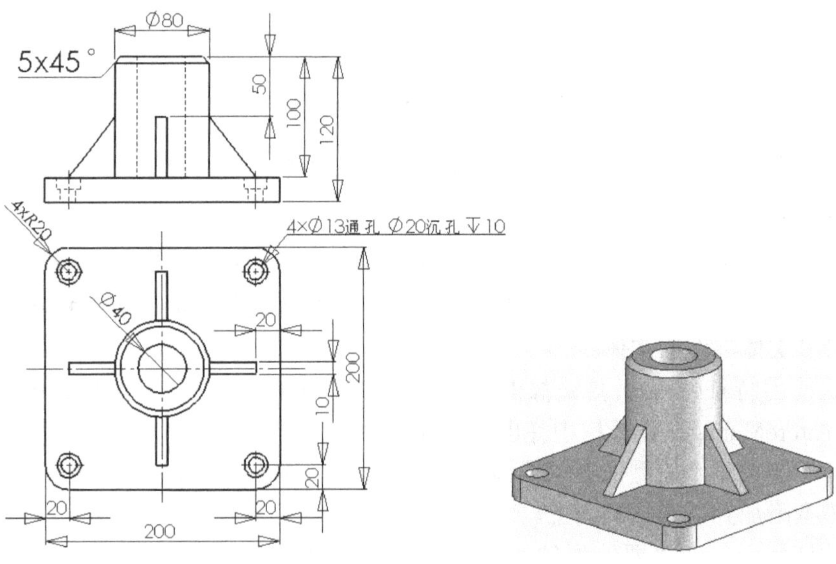

图 3-34 圆周阵列示例

【学习要点】

筋、圆周阵列。

【绘图思路】

本例是一个筋板类的零件造型。首先以“前视”基准面为基准面创建带孔的基座，然后在其上作出圆柱及其上的孔，再在“上视”基准面上作出筋的草图，完成一条筋的造型，最后应用圆周阵列构建其他 3 条筋，完成最终造型。

【操作步骤】

(1) 单击“新建”按钮，新建一个“零件”文件，并单击“保存”按钮进行保存，如图 3-35 所示。

图 3-35　新建“零件”文件

(2) 以“前视”基准面为基准面创建“草图 1”，绘制出如图 3-36 所示的图形。然后左键选择“拉伸增料”命令，修正拉伸高度为“20”，在“所选轮廓”框内单击，然后在草图内选择最外侧轮廓，如图 3-37 和图 3-38 所示。确定后，完成基座造型。

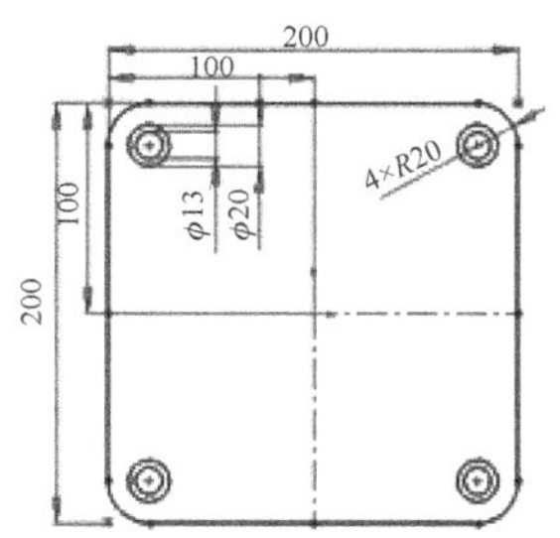

图 3-36　绘制“草图 1”

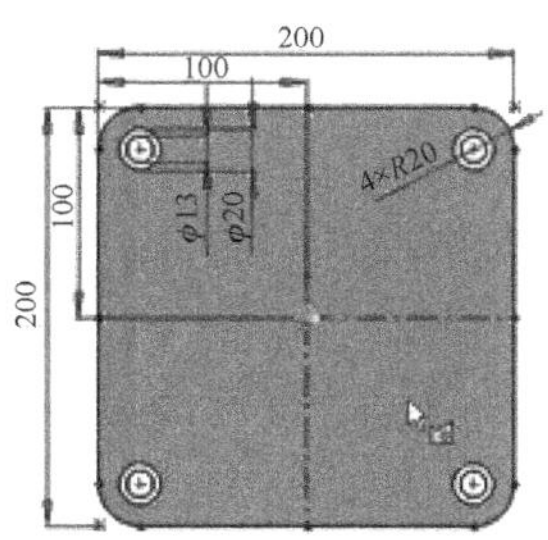

图 3-37　选择外轮廓

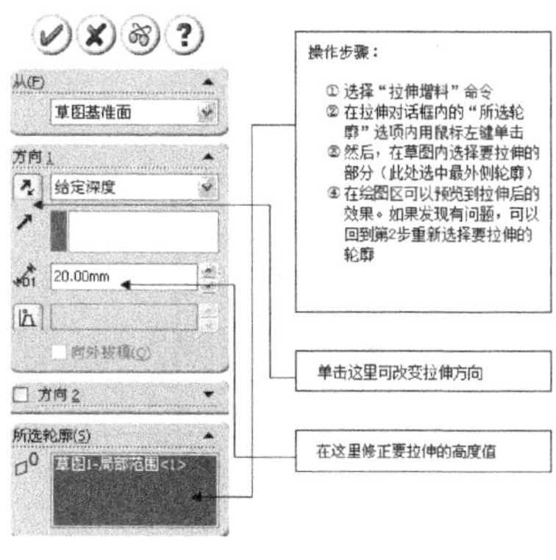

图 3-38　绘制草图设置

提示：在这一步拉伸增料中，应用“所选轮廓”选项。应用该选项可完成对某一轮廓应用拉伸命令。这样当在一个草图(见图 3-36)里有多个封闭图形时，根据需要选择不同轮廓分别拉伸。

(3) 应用“拉伸切除”命令，分别作出直径为 20mm 的沉孔和直径为 13mm 的通孔。具体做法如下。

① 单击箭头所指位置可在绘图区显示状态树，如图 3-39 所示。

② 单击“草图 1”可在绘图区显示，如图 3-40 所示。

③ 在“草图 1”中选择孔的轮廓，如图 3-41 所示。

注意：在图 3-41 箭头所指处单击，可选择直径为 20mm 的圆，如在孔中心处单击可选择直径为 13mm 的圆，然后分别切除出这两个孔。

图 3-39 “切除-拉伸 2”对话框

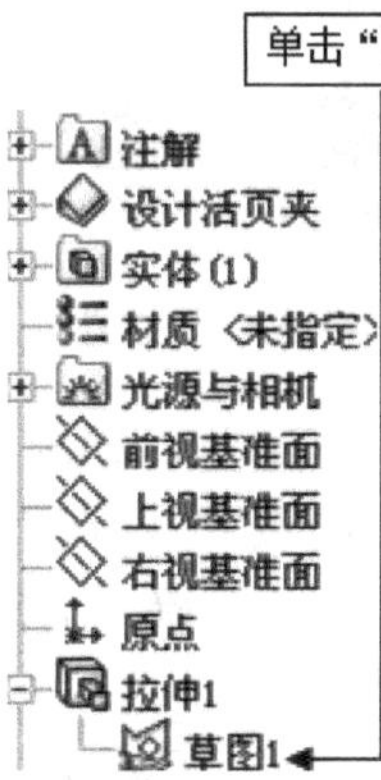

图 3-40 状态树

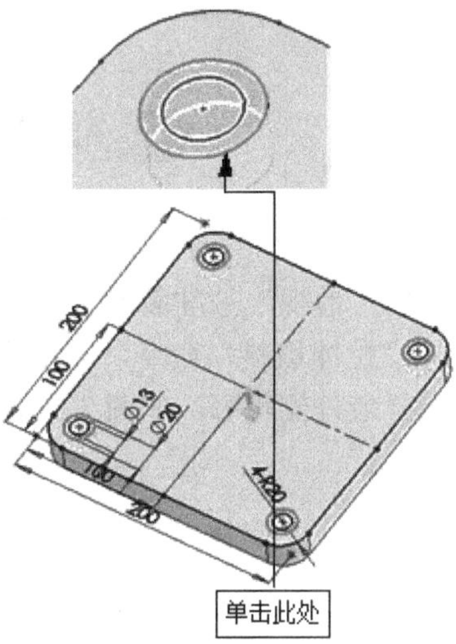

图 3-41 选择孔的轮廓

注：此步的孔也可通过特征里面的“向导孔”命令来完成，会更方便，在这略过。

(4) 在基体上表面作出带孔的圆柱，如图 3-42 所示。

(5) 在“上视基准面”内作出筋的草图，如图 3-43 所示。再应用“筋”命令做出筋的特征，如图 3-44 所示。

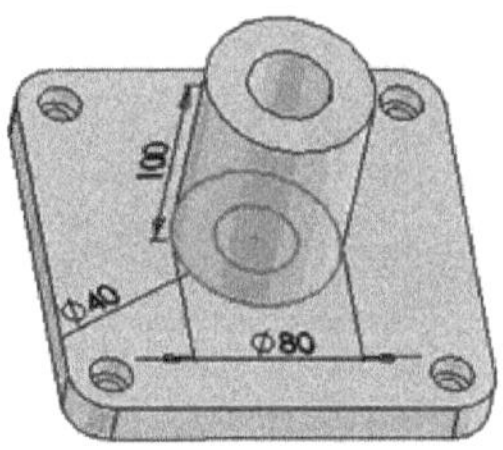

图 3-42 作出带孔的圆柱

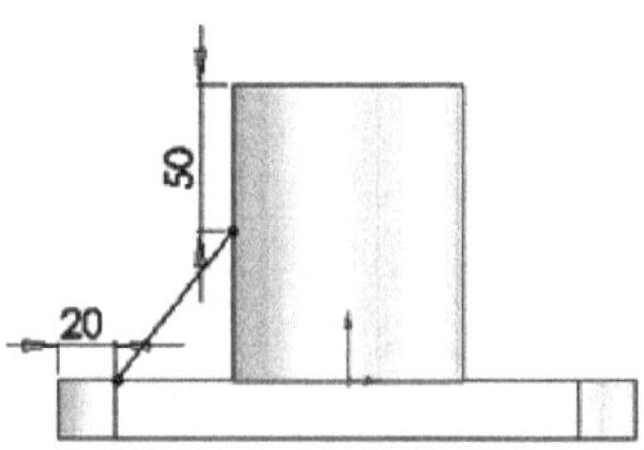

图 3-43 作出筋的草图

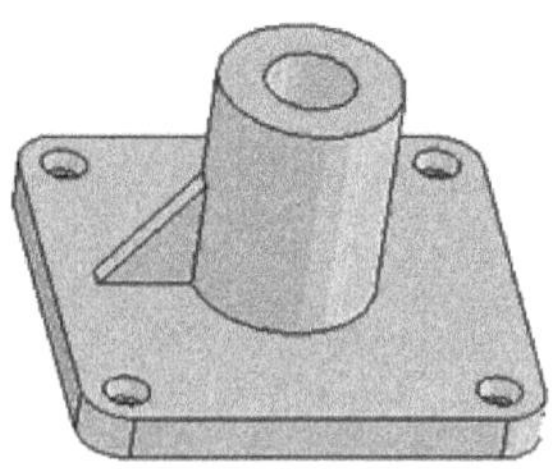

图 3-44 应用“筋”命令作出筋的特征

(6) 用 圆周阵列(C)... 制作其他的筋特征。首先需要制作基准轴，单击“基准轴”图标，出现基准轴对话框，再单击圆柱表面，确定后完成，如图 3-45 所示。接着选择 圆周阵列(C)... 命令，弹出对话框，并完成各项参数选择，结果如图 3-46 所示。

(7) 应用“倒角”命令完成造型，如图 3-47 所示。

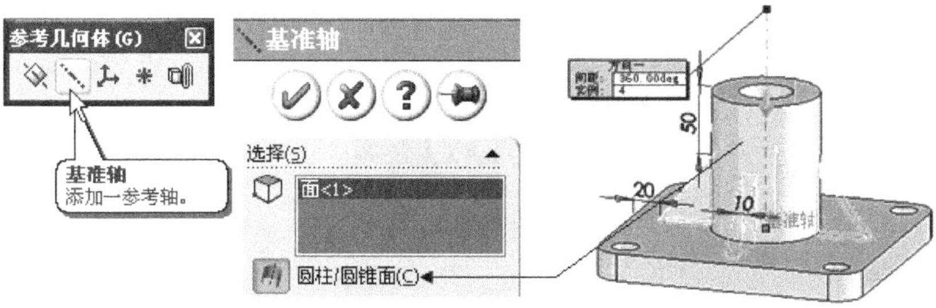

图 3-45　制作基准轴

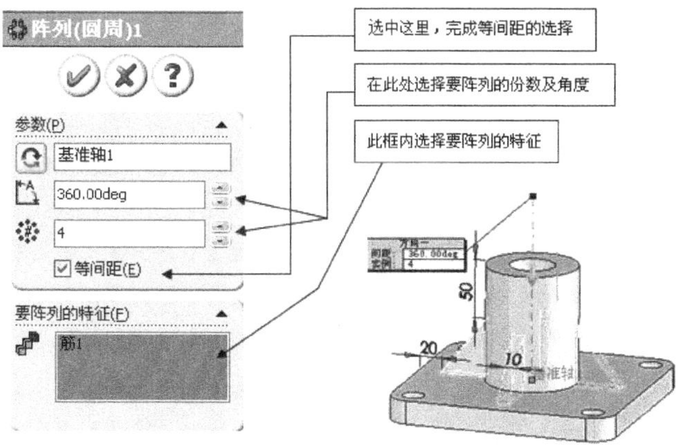

图 3-46　圆周阵列特征

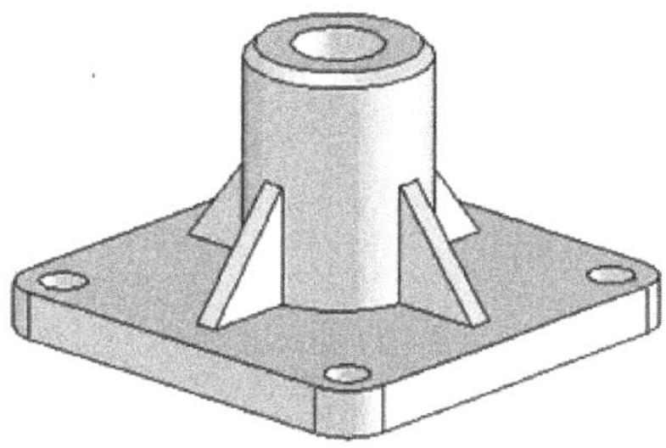

图 3-47　最终造型

【资料引入】

1. 圆周阵列

圆周阵列的设置如图 3-48 所示，具体各项含义如下。

1) 参数

① 阵列轴。在图形区域中选取一实体。阵列绕此轴生成。

如有必要，单击“反向”按钮来改变圆周阵列的方向。

- 基准轴
- 圆形边线或草图直线
- 线性边线或草图直线
- 圆柱面或曲面
- 旋转面或曲面

② 角度尺寸

角度指定每个实例之间的角度。

实例数。设定源特征的实例数。

“等间距”。设定角度为 360°/实例数。

2) 要阵列的特征

使用所选择的特征作为源特征来生成阵列。

3) 要阵列的面

使用构成特征的面生成阵列。

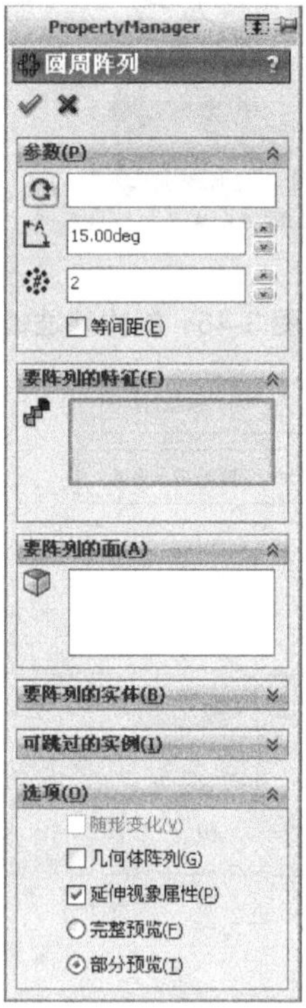

图 3-48 圆周阵列设置

注意：当使用要阵列的面时，阵列必须保持在同一面或边界内。它不能跨越边界。例如，横切整个面或不同的层(如凸起的边线)将会生成一条边界和单独的面，阻止阵列延伸。

4) 要阵列的实体

使用在多实体零件中选择的实体生成阵列。

5) 可跳过的实例

在生成阵列时跳过在图形区域中选择的阵列实例。当将鼠标移动到每个阵列实例上时，光标变为形状单击以选择阵列实例。阵列实例的坐标出现。若想恢复阵列实例，再次单击实例，包括以下内容。

- 特征范围。将特征应用到一个或多个多实体零件，方法是选择选项下的几何体阵列，然后使用特征范围来选择哪些实体应包括该特征。在添加这些特征前，必须生成要添加多实体零件的模型。
- 所有实体。每次特征重新生成时，都要应用到所有的实体。如果将被特征所交叉的新实体添加到模型上，则这些新的实体也被重新生成以将该特征包括在内。

- 所选实体。应用特征到选择的实体。如果将被特征所交叉的新实体添加到模型上，需要使用编辑定义特征来编辑阵列特征，选择这些实体，并将它们添加到所选实体清单中。如果不将新实体添加到所选实体清单中，则它们将保持完整无损。
- 自动选择(当按一下选择实体时可用)。当首先以多实体零件生成模型时，特征将自动处理所有相关的交叉零件。“自动选择”比“所有实体”快，因为它只处理初始清单中的实体，并不会重新生成整个模型。如果按一下所选实体且清除自动选择，则必须从图形区域中选择要包括的实体。
- 影响的实体(在消除选取“自动选择”时可用)。在图形区域中选择受影响的实体。

6)　选项

选项包含的各项说明如下。

- 随形变化。根据几何类型改变实例的大小，它需要线性尺寸来驱动选取的形状并作为复制的方向。
- 几何体阵列。只使用对特征的几何体(面和边线)来生成阵列，而不阵列和求解特征的每个实例。几何体阵列可加速阵列的生成和重建。对于与模型上其他面共用一个面的特征，不能使用几何体阵列选项。
- 延伸视象属性。将 SolidWorks 的颜色、纹理和装饰螺纹数据延伸给所有阵列实例。
- 完整预览。预览全部特征。
- 部分预览。只预览正在改变的这一部分特征。

项目 3.5　叶 轮 造 型

【学习目标】

本项目要完成的图形如图 3-49 所示。通过本项目的学习，使读者能熟练掌握草图点、圆、圆弧、圆周阵列、拉伸凸台、拉伸切除等基本构图方法的使用，掌握三维建模的基本构图技巧。

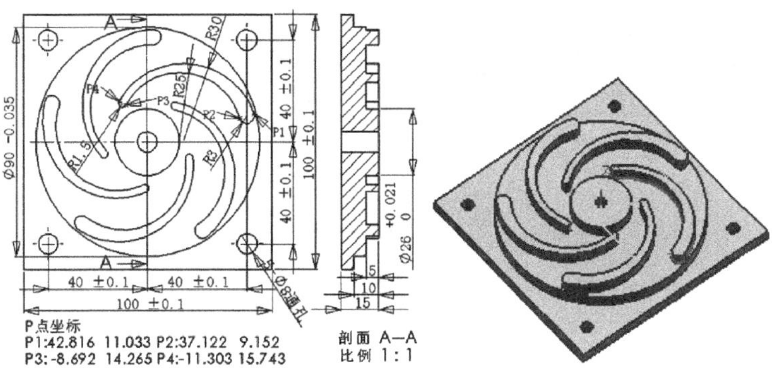

图 3-49　叶轮造型示例

【学习要点】

点、圆、圆弧、圆周阵列、拉伸凸台、拉伸切除。

【绘图思路】

首先完成 100mm×100mm 的矩形及周边 4 个直径为 8mm 的圆，并拉伸出实体，然后在其上完成直径为 90mm 的圆柱体，在圆柱体上面再作出叶轮和中间的圆柱体，最后作出中心通孔，完成本例造型。

【操作步骤】

(1) 单击“新建”按钮，新建一个“零件”文件，并单击“保存”按钮进行保存，如图 3-50 所示。

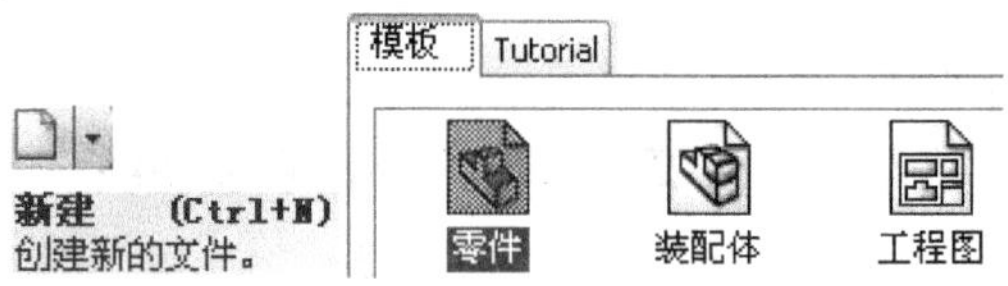

图 3-50 新建“零件”文件

(2) 以“前视”为基准面创建“草图 1”，应用在“草图 1”上作出一个 100mm×100mm 的矩形，再单击工具栏上图标，在 4 个顶角处生成 4 个ϕ8mm 的圆，然后单击拉伸凸台/基体图标，打开“拉伸”对话框，输入拉伸距离为“5”，单击确定按钮退出，完成基体矩形造型。

(3) 单击矩形体上表面，然后单击工具栏上图标，生成ϕ90mm 的圆，顺序单击拉伸凸台/基体图标，打开“拉伸”对话框，输入拉伸距离为“5”，单击确定按钮退出，完成圆柱体造型。

(4) 单击ϕ90mm 圆柱体上表面，作出ϕ26mm 的圆及一个叶轮草图，然后通过圆周阵列绘出如图 3-51 所示图形。然后顺序单击(拉伸)图标，打开“拉伸”对话框，输入拉伸距离为“5”，单击(确定)按钮，完成后的叶轮造型如图 3-52 所示。

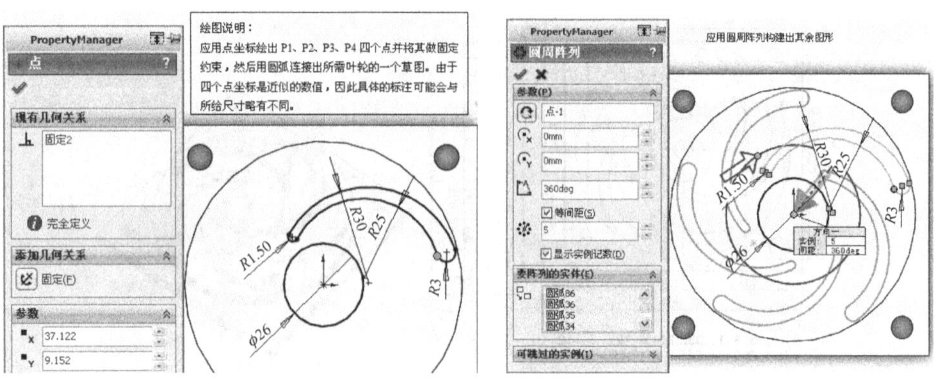

图 3-51 利用圆周阵列绘图

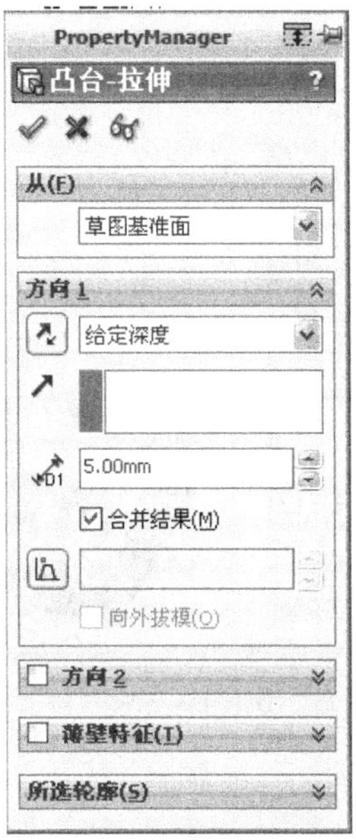

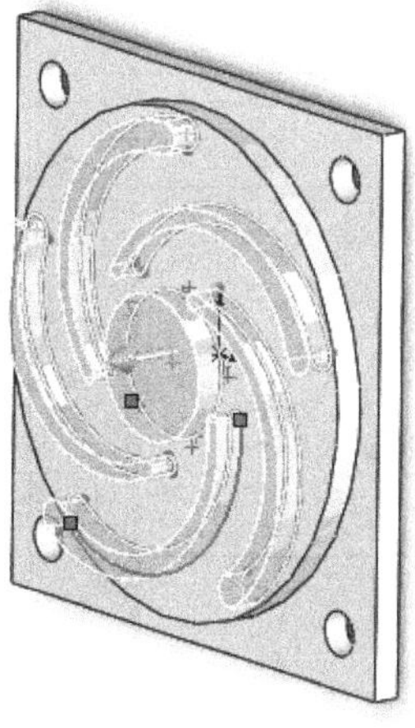

图 3-52　完成后的叶轮造型

(5) 单击ϕ26mm 圆柱体的上表面，构建一草图，然后在其中心作出ϕ8mm 的圆，再单击拉伸切除图标，打开“拉伸切除”对话框，修改参数为完全贯穿，单击确定按钮退出，完成最终造型。

另外，本例也可以在完成一个叶轮造型后，应用圆周阵列作出其他的叶轮。具体过程参照项目 3.4。

【资料引入】

点(Points)：将点插入到草图和工程图中。

欲生成草图点，操作如下。

(1) 单击“点”图标按钮(草图工具栏)，或依次单击“工具”→“草图绘制实体”→“点”。光标形状变为形状。

(2) 在图形区域中单击以放置点。“点”工具栏保持激活，这样可继续插入点。

项目 3.6　拉伸凸台(1)

【学习目标】

本项目要完成的图形如图 3-53 所示。通过本项目的学习，使读者能熟练掌握拉伸体(等距)、倒圆角等基本构图方法的使用，掌握三维建模的基本构图技巧。

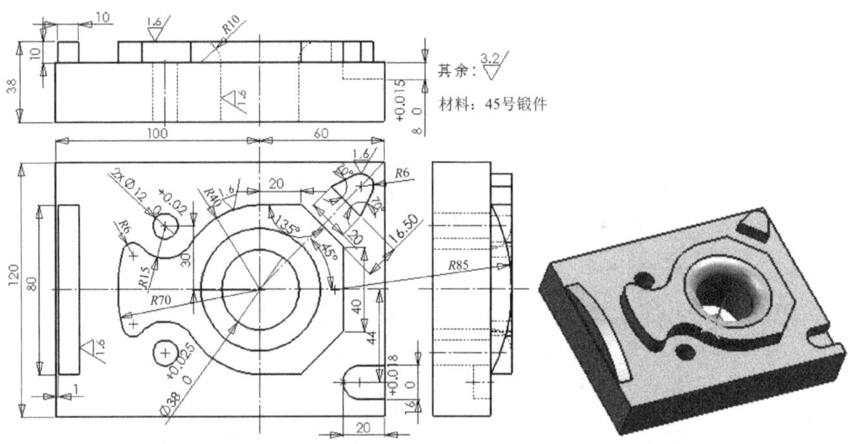

图 3-53　拉伸凸台示例(1)

【学习要点】

拉伸体(等距)、倒圆角。

【绘图思路】

首先完成 160mm×120mm 的矩形基体，然后在其上完成中间柄形体和右上角凸起部分的造型，接着再作出凹槽部分，再在侧面作出拱形体，最后做出 3 个通孔，并对中间孔倒圆角，完成本例造型。

【操作步骤】

(1) 单击“新建”按钮，新建一个“零件”文件，并单击“保存”按钮进行保存，如图 3-54 所示。

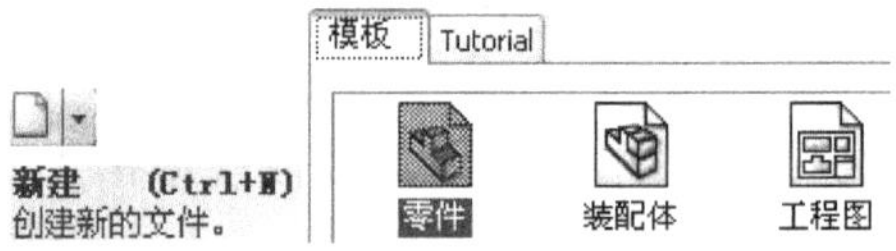

图 3-54　新建“零件”文件

(2) 以“前视”为基准面创建“草图 1”，在“草图 1”上作出一个 160mm×120mm 的矩形(注意坐标原点的选择)，如图 3-55 所示。然后单击 (拉伸)图标，打开“拉伸”对话框，修改拉伸距离为“28”，单击 (确定)按钮确定，完成矩形基体造型。

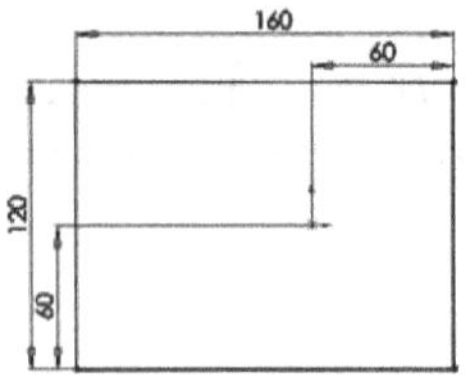

图 3-55　作一个矩形

(3) 单击矩形体上表面生成的草图，绘出如图 3-56 所示图形，再单击 (拉伸)图标，打开“拉伸”对话框，修改拉伸距离为“10”，单击 (确定)按钮退出，完成造型。

(4) 单击在上一步中生成的特征的上表面，然后顺序单击 图标，生成 3 个圆，如图 3-57 所示。完成尺寸及位置要求后，再顺序单击拉伸切除 图标，打开“拉伸切除”对话框，修改参数为 完全贯穿，单击 按钮退出。

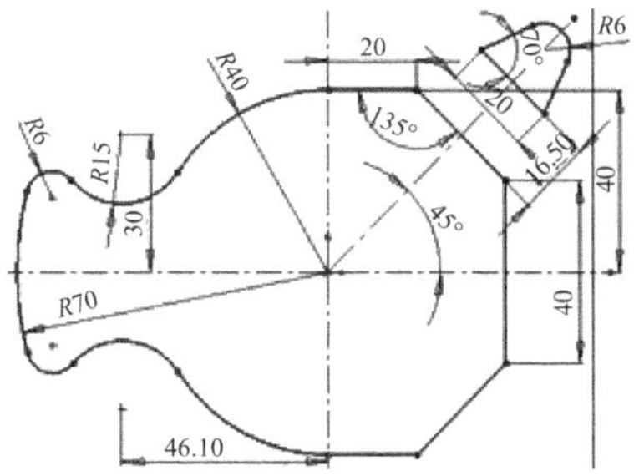

图 3-56　在矩形体表面绘制草图

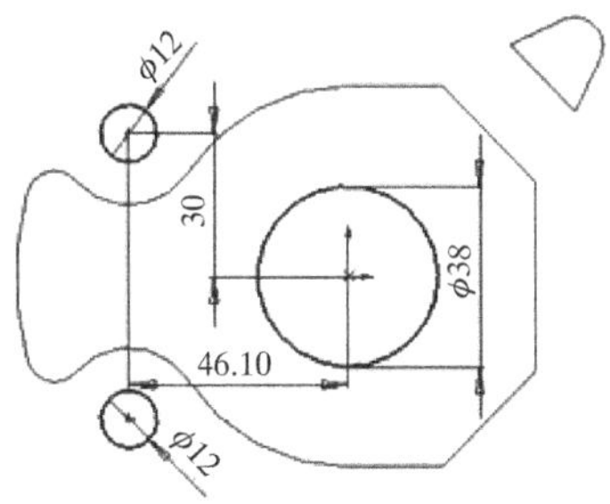

图 3-57　生成 3 个圆

(5) 单击圆角图标，选取中间孔的上边线，然后在圆角参数里将半径修改成 10mm，如图 3-58 所示。再单击 按钮确定，并退出完成倒圆角。

(6) 单击在步骤(2)中生成的矩形体上表面生成草图，并作出右下角的草图，然后拉伸除料，深度为 8，完成造型。结果如图 3-59 所示。

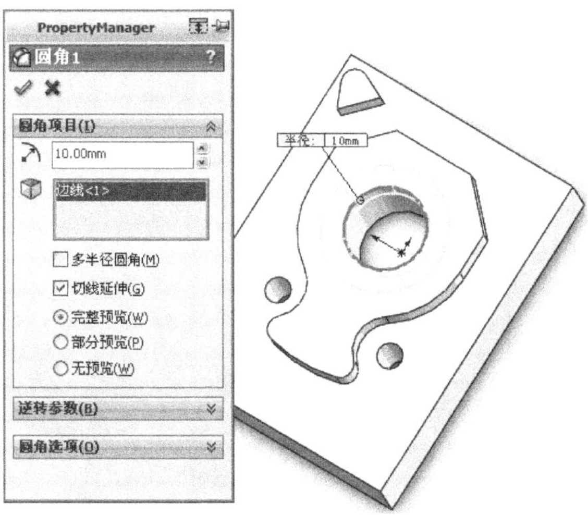

图 3-58　修改圆角半径为 10mm

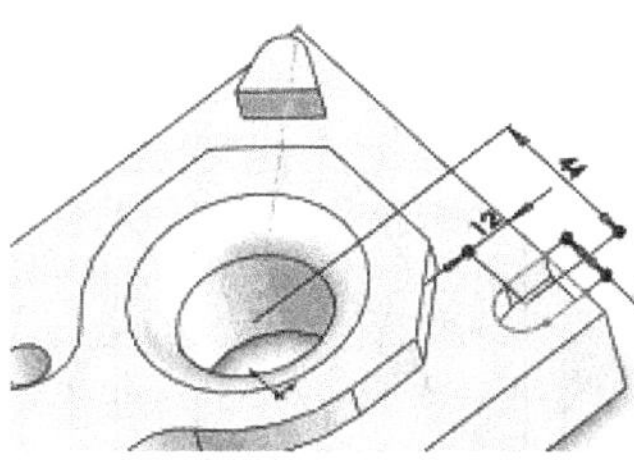

图 3-59　完成造型后的结果

(7) 单击在步骤(2)中生成的矩形体左侧面并生成草图。在其上绘出如图 3-60 所示的图形。在“拉伸增料”对话框里填写如图 3-61 所示参数。最后单击“确定”按钮，完成造型。

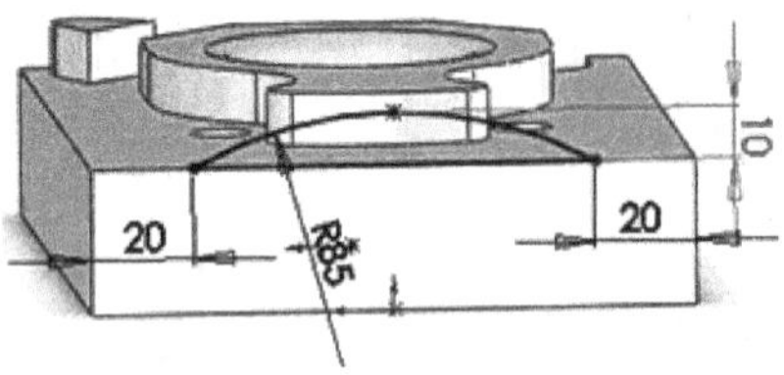

图 3-60　在侧面绘制草图

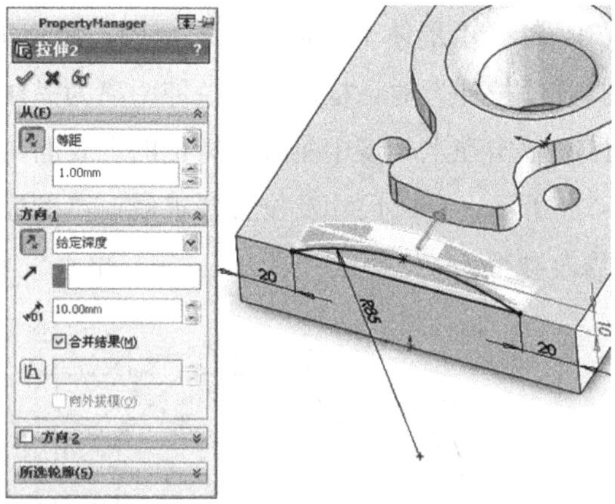

图 3-61　设置参数并完成造型

项目 3.7　拉伸凸台(2)

【学习目标】

本项目要完成的图形如图 3-62 所示。通过本项目的学习，使读者能熟练掌握拉伸 、异型向导孔等基本构图方法的使用，掌握三维建模的基本构图技巧。

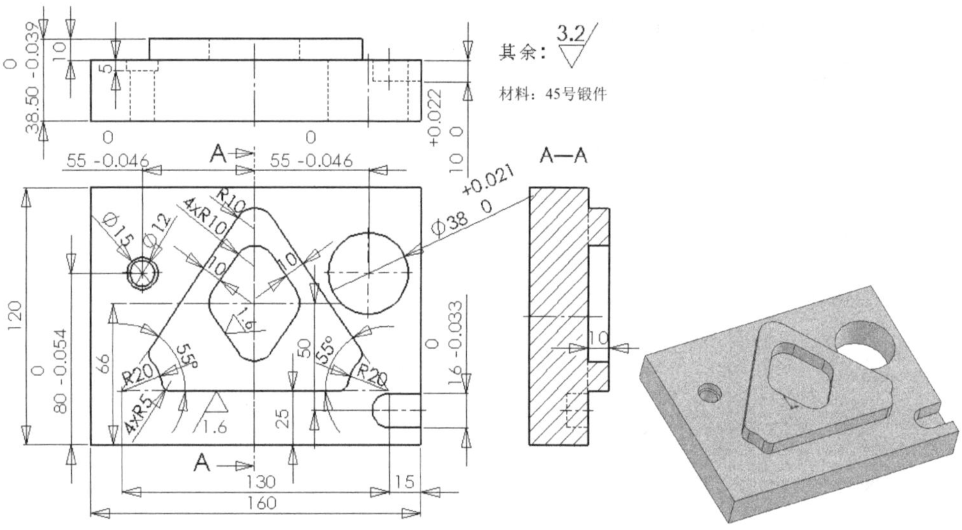

图 6-2　拉伸凸台示例(2)

【学习要点】

拉伸、异型向导孔。

【绘图思路】

首先在“前视基准面”上作草图，完成 160mm×120mm 的矩形基体。然后在其上完成

“三角形”这一部分的造型，接着在矩形体上表面作右下角的凹槽部分，最后在矩形上表面打沉头孔，完成本例造型。

【操作步骤】

(1) 单击“新建”按钮，新建一个“零件”文件，并单击“保存”按钮进行保存，如图 3-63 所示。

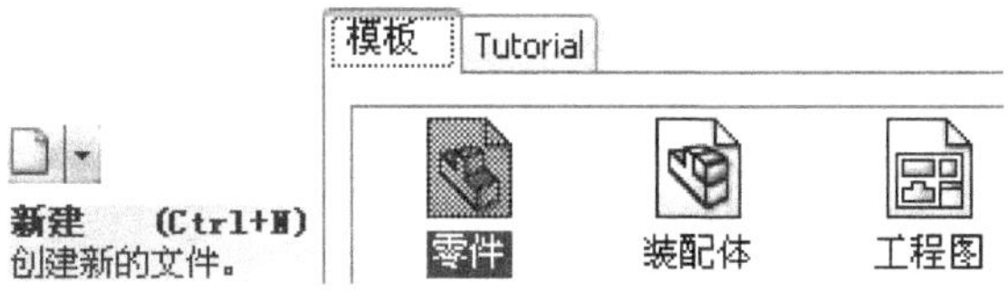

图 3-63　新建“零件”文件

(2) 以“前视”为基准面创建“草图 1”，在“草图 1”上作出一个 160mm×120mm 的矩形，如图 3-64 所示，然后顺序单击 (拉伸)图标，打开“拉伸”对话框，修改拉伸距离为“28.5mm”，单击 (确定)按钮退出，完成矩形基体造型。

(3) 单击矩形体上表面，然后顺序单击 草图绘制 图标，创建“草图 2”并在其上绘出如图 3-65 所示草图，再顺序单击 (拉伸)图标，打开“拉伸”对话框，修改拉伸距离为“10”，单击 (确定)按钮退出，完成造型。

(4) 单击在步骤(2)中生成的矩形体上表面，单击 异型孔向导 图标，弹出“孔规格”对话框，如图 3-66 所示。在“类型”里选第一项“柱孔”，按给定的图形修改数据，如图 3-67 所示，接下去单击“位置”选项，并标注出孔的精确位置，最后单击 (确定)按钮退出，完成造型，如图 3-68 所示。

单击在步骤(2)中生成的矩形体上表面，生成草图，并作出右下角的图形，然后拉伸除料，深度为“10”，完成造型。结果如图 3-69 所示。

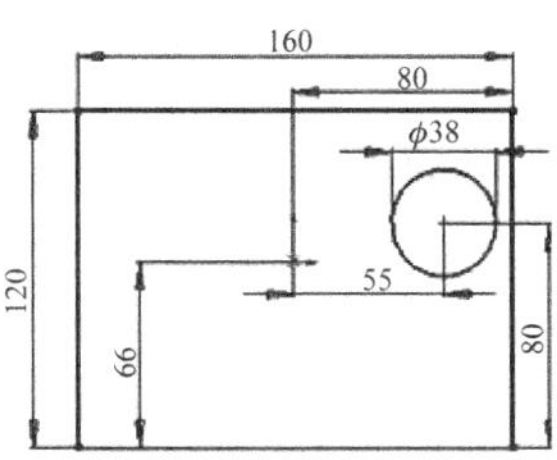

图 3-64　绘制草图

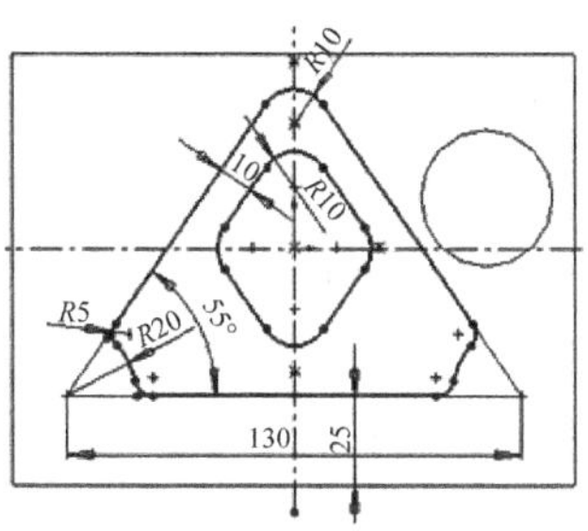

图 3-65　绘制“草图 2”

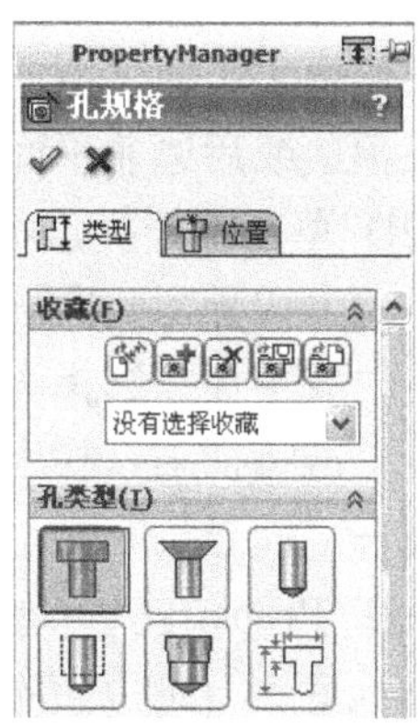

图 3-66　孔规格对话框

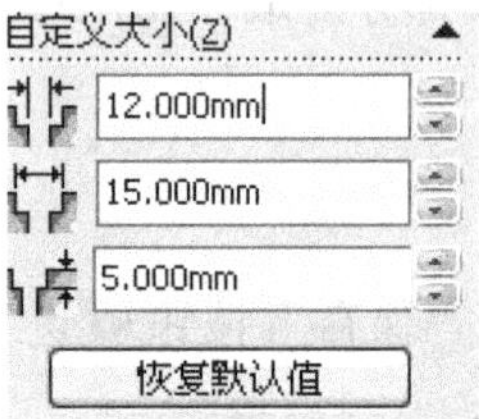

图 3-67　按给定图形修改数据

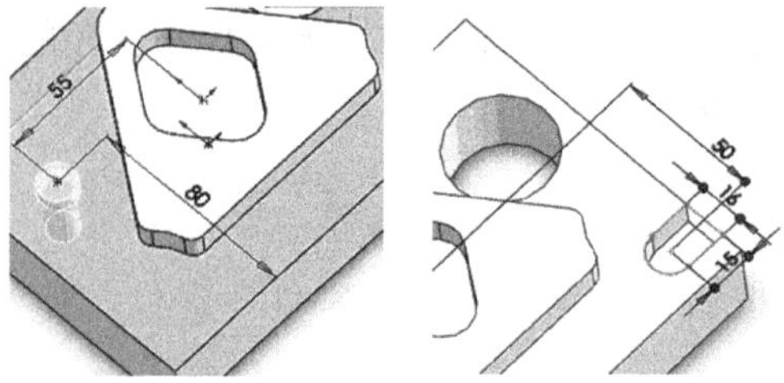

图 3-68　完成的造型

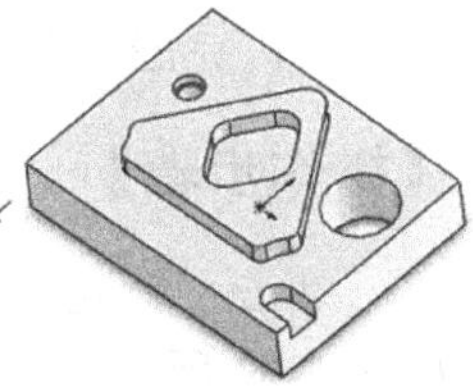

图 3-69　最后造型结果

【资料引入】

1. 异型孔向导概述

异型孔向导用户界面包括以下功能。

1)　动态更新

所选择的孔类型决定功能、可用选项及图形预览。选择孔类型之后，可以决定适当的扣件。扣件会动态地更新相应参数。使用 PropertyManager 来设定孔类型参数并找出孔。除了基于终止条件和深度的动态图形预览外，PropertyManager 中的图形显示适用于所选择的孔类型的具体细节。

2)　功能

可生成异型孔向导孔的这些类型：

(柱形沉头孔)、(锥形沉头孔)、(孔)、(直螺纹孔)、(锥形螺纹孔)、(旧制孔)。

当使用异型孔向导生成一孔时，孔的类型和大小出现在 FeatureManager 设计树中。可使用异形孔向导生成基准面上的孔，以及在平面和非平面上生成孔。平面上的孔可让生成一个与特征成一角度的孔。

3)　面选择

可在单击特征工具栏上的异型孔向导之前(预选)或之后(后选)选取面。

如果预选了平面，所产生的草图为 2D 草图。

如果后选了平面，所产生的草图为 2D 草图，除非先单击 3D 草图。

如果预选或后选非平面，所产生的草图是 3D 草图。

与 2D 草图不一样，不能将 3D 草图约束到直线。然而，可将 3D 草图约束到面。

4)　欲生成异型孔向导孔，操作如下。

(1)　生成零件并选择一个曲面。

(2)　单击特征工具栏上的“异型孔向导”按钮，或依次单击“插入”→“特征”→“钻孔”→“向导”。

(3)　在 PropertyManager 中设定选项。

(4)　单击(确定)按钮。

项目 3.8　旋 转 切 除

【学习目标】

本项目要完成的图形如图 3-70 所示。通过本项目的学习，使读者能熟练掌握草图绘制、拉伸基体、旋转切除等基本构图方法的使用，掌握三维建模的基本构图技巧。

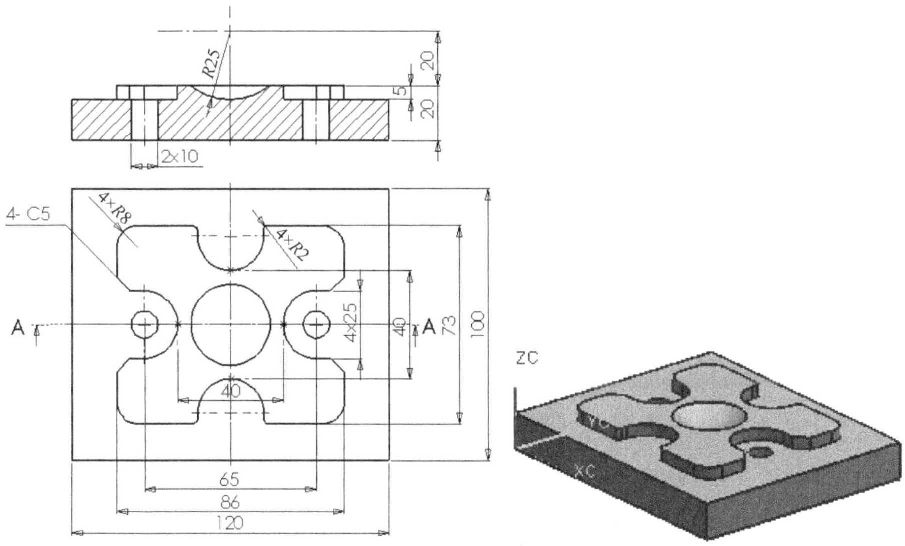

图 3-70　旋转切除示例

【学习要点】

草图绘制、拉伸基体、旋转切除。

【绘图思路】

首先以“前视” 基准面作草图，完成 120mm×100mm 的矩形基体。然后在其上完成 86mm×100mm 这一凸起部分的造型，接着在“上视” 基准面上作草图并用“旋转除料”方式作出凹槽部分，完成本例造型。

【操作步骤】

(1) 单击“新建”按钮，新建一个“零件”文件，并单击“保存”按钮进行保存，如图 3-71 所示。

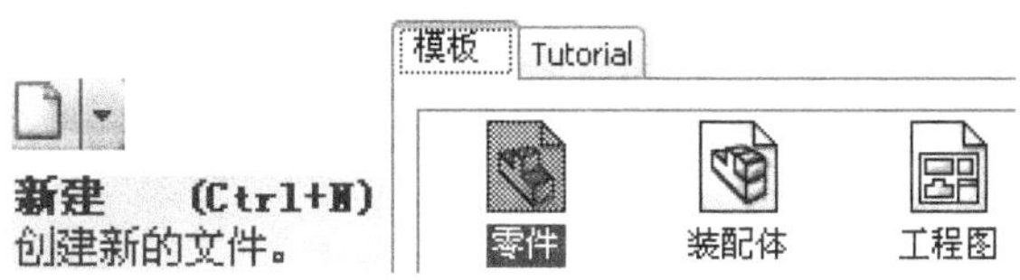

图 3-71　新建“零件”文件

(2) 以“前视”为基准面创建“草图 1”，在“草图 1”上作出一个 120mm×100mm 的矩形，如图 3-72 所示。然后顺序单击 (拉抻)图标，打开“拉伸”对话框，修改拉伸距离为“15”，单击 按钮退出，完成矩形基体的造型。

(3) 单击矩形体上表面，然后顺序单击草图绘制图标、草图绘制图标，创建“草图 2”并在其上绘出如图 3-73 所示草图，再顺序单击 (拉伸)图标，打开“拉伸”对话框，修改拉伸距离为“5”，单击 按钮退出，完成造型。

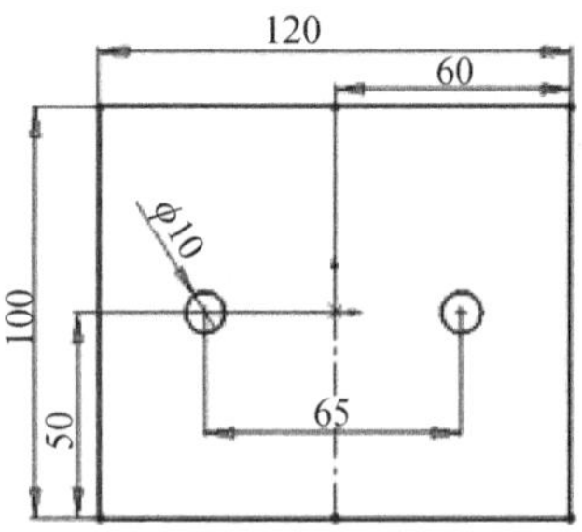

图 3-72　作一个矩形

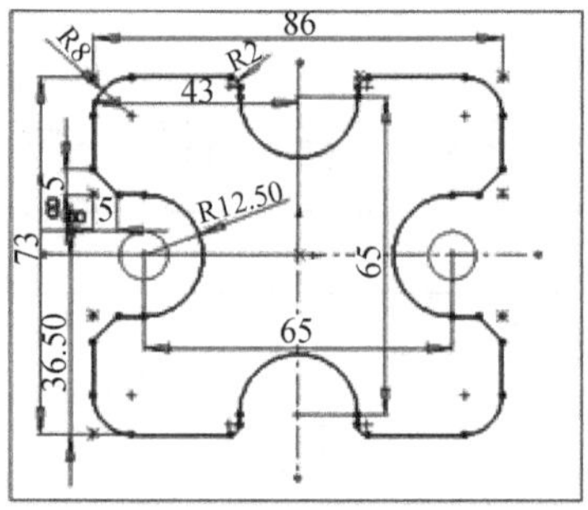

图 3-73　绘制“草图 2”

(4) 以“上视”为基准面创建“草图 3”，在其上作出如图 3-74 所示草图。然后单击旋转切除图标，打开“切除-旋转”对话框，如图 3-75 所示，拾取“旋转轴”并将旋转角度改为 360 ，单击 (确定)按钮退出，完成造型，结果如图 3-76 所示。

提示：

① 可用“中心线”命令作一个旋转轴，也可以选择草图边线。

② 如果草图不是闭合的，系统会给出“是否自动闭合草图”选项，如选否，可造成特征无法进行下去。

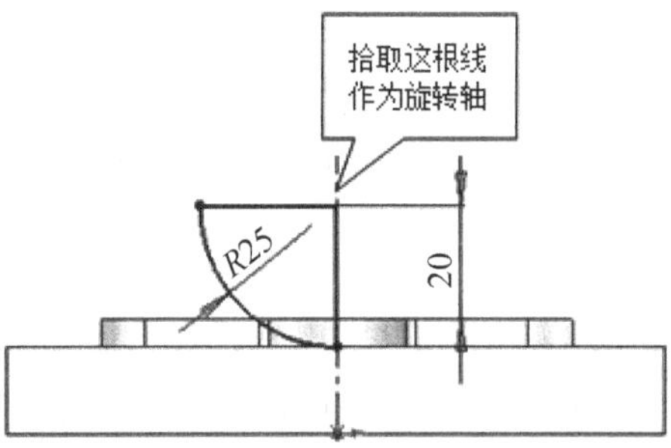

图 3-74　作草图

图 3-75　“切除-旋转”对话框

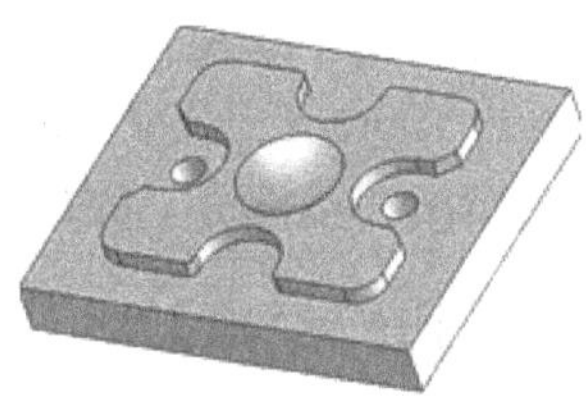

图 3-76　完成后的结果

【资料引入】

1. 旋转特征

旋转特征(Revovle Feature)：旋转通过绕中心线旋转一个或多个轮廓来添加或移除材料。可以生成凸台/基体、旋转切除或旋转曲面。旋转特征可以是实体、薄壁特征或曲面。

欲使用以下准则生成旋转特征。

- 实体旋转特征的草图可以包含过个相交轮廓。可使用所选轮廓形状光标选择一个或多个交叉或非交叉草图来生成旋转体。
- 薄壁或曲面旋转特征的草图可包含多个开环的或闭环的相交轮廓。
- 轮廓草图必须是 2D 草图；不为轮廓支持 3D 草图。旋转轴可以是 3D 草图。
- 轮廓不能与中心线交叉。如果草图包含一条以上的中心线，请选择想要用作旋转轴的中心线。仅对于旋转曲面和旋转薄壁特征而言，草图不能位于中心线上。
- 当在中心线内为旋转特征标注尺寸时，将生成旋转特征的半径尺寸。当穿越中心线标注尺寸时，生成旋转特征的直径尺寸。

注意：必须重建模型才可显示半径或直径尺寸符号。

欲生成一个旋转特征，操作如下。

(1) 生成一草图，包含一个或多个轮廓和一中心线、直线或边线以用为特征旋转所绕的轴，如图 3-77 所示。

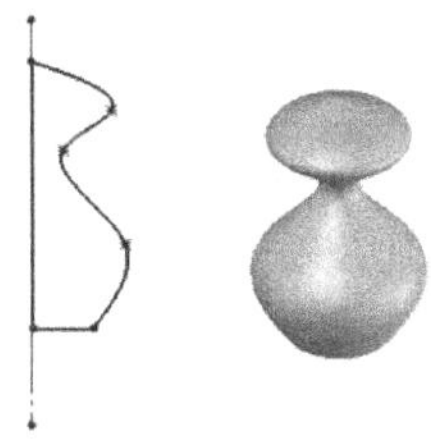

图 3-77　旋转特征

(2) 单击以下旋转工具之一。

- 单击特征工具栏上的“旋转凸台/基体”图标，或依次单击“插入”→“凸台/基体”→“旋转。
- 单击特征工具栏上的“旋转切除”图标，或依次单击“插入”→“切除”→“旋转”。
- 单击曲面工具栏上的“旋转曲面”图标，或依次单击“插入”→“曲面”→“旋转”。

(3) 在 PropertyManager 中设定选项。

(4) 单击“确定”按钮✔。

旋转参数，说明如下。

- 旋转轴。选择一特征选择所绕的轴。根据所生成的旋转特征的类型，此可能为中心线、直线或一边线。
- 旋转类型。从草图基准面定义旋转方向。如有必要，单击“反向”图标来反转旋转方向。选择以下选项之一：
    - ◆ 单向。从草图以单一方向生成旋转。
    - ◆ 两侧对称。从草图基准面以顺时针和逆时针方向生成旋转，此位于“旋转角度”的中央。

◆ 双向。从草图基准面以顺时针和逆时针方向生成旋转。设定“方向 1 角度”和“方向 2 角度”。两个角度的总和不能超过 360°。

- 角度。定义旋转所包罗的角度。默认的角度为 360°。角度以顺时针从所选草图测量。

薄壁特征，选择薄壁特征并设定下面这些选项：

- 类型。定义厚度的方向。选择以下选项之一：
  ◆ 单向。从草图以单一方向添加薄壁体积。如有必要，单击“反向”图标来反转薄壁体积添加的方向。
  ◆ 两侧对称。通过使用草图为中心，在草图两侧均等应用薄壁体积来添加薄壁体积。
  ◆ 双向。在草图两侧添加薄壁体积。“方向 1 厚度”从草图向外添加薄壁体积。“方向 2 厚度”从草图向内添加薄壁体积。
- 方向 1 厚度。为单向和两侧对称薄壁特征旋转设定薄壁体积厚度。

所选轮廓，当使用多轮廓生成旋转时使用此选项。

所选轮廓。在图形区域中选择轮廓来生成旋转，操作如下，如图 3-78 所示。

(1) 经指针指在图形区域中位置上。位置改变颜色。

(2) 单击图形区域中的位置来生成旋转的预览。草图的区域出现在“所选轮廓”框中。可选择任何区域组合来生成单一或多实体零件。

(3) 单击“确定”按钮，旋转过程如图 3-78 所示。

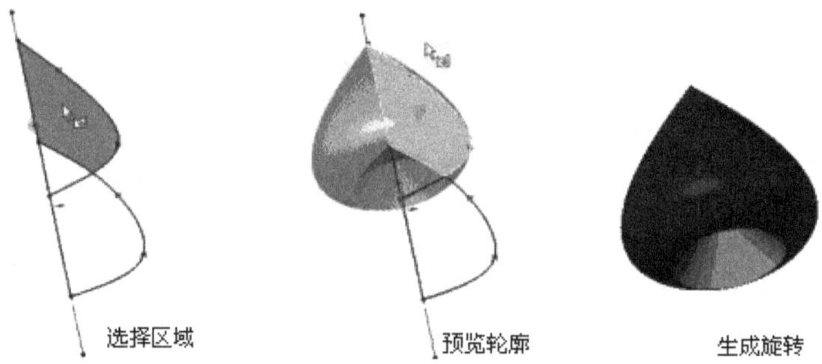

图 3-78 旋转的过程

特征范围：将特征应用到一个或多个实体零件。使用特征范围来选取哪些实体应包括特征。切除拉伸特征范围。

- 所有实体。每次特征重新生成时，都要应用到所有的实体。如果将被特征所交叉的新实体添加到模型上，则这些新的实体也被重新生成以将该特征包括在内。
- 所选实体。应用特征到选择的实体。如果添加的新实体与模型中的特征交叉，则需要使用编辑特征来编辑拉伸特征、选择那些实体，并将它们添加到所选实体的清单中。如果不将新实体添加到所选实体清单中，则它们将保持完整无损。
- 自动选择。(当单击“选择实体”时可用)。当首先以多实体零件生成模型时，特征将自动处理所有相关的交叉零件。“自动选择”比“所有实体”快，因为它只处理初始清单中的实体，并不会重新生成整个模型。如果单击“所选实体”且清除“自动选择”，则必须从图形区域中选择要包括的实体。

- 受影响的实体▢(当清除自动选择时可用)在图形区域中选择受影响的实体。

项目 3.9　旋转、扫描(1)

【学习目标】

本项目要完成的图形如图 3-79 所示。通过本项目的学习，使读者能熟练掌握沟槽、倒角、螺纹、基准平面等基本构图方法的使用，掌握三维建模的基本构图技巧。

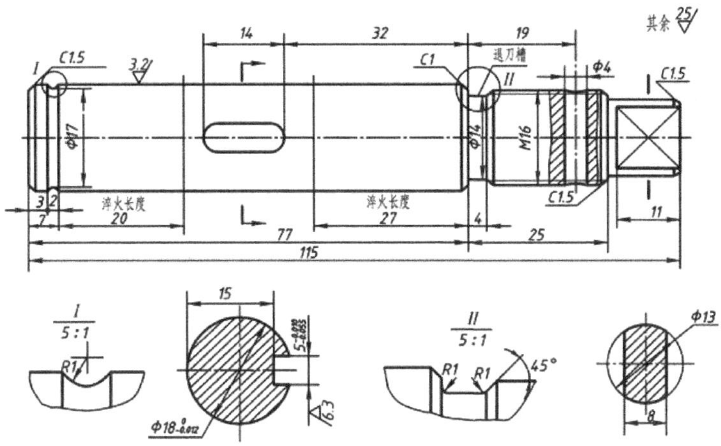

图 3-79　旋转、扫描示例(1)

【学习要点】

沟槽、倒角、螺纹、基准平面。

【绘图思路】

利用圆柱体构建 ϕ18mm×77mm 的基体，再用圆台特征构建 ϕ16mm×25mm 和 ϕ13mm×13mm 特征。然后通过键槽命令构建矩形槽，再通过沟槽命令构建两个环形槽，通过孔命令完成孔的构建，利用倒角、倒圆角命令完成倒角和倒圆角，再用拉伸切除命令完成轴的上顶部的建模，最后用螺纹命令完成螺纹构造。

【操作步骤】

(1) 单击“新建”按钮▢，新建一个“零件”文件，并单击“保存”按钮▣进行保存，如图 3-80 所示。

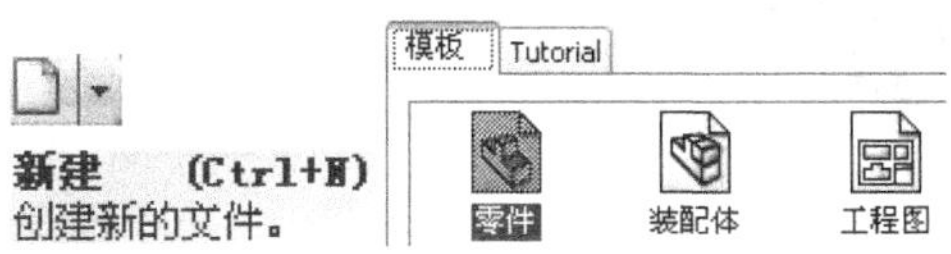

图 3-80　新建“零件”文件

(2) 以“前视”为基准面创建“草图 1”，在“草图 1”上作出零件轴的上半部分的图形，如图 3-81 所示。然后顺序单击旋转凸台/基体图标，打开“旋转”对话框，拾取中心线作为回转轴，单击(确定)按钮退出，完成旋转基体造型，如图 3-82 所示。

(3) 对退刀槽部位倒 $R1$ 的圆角两处，如图 3-83 所示。

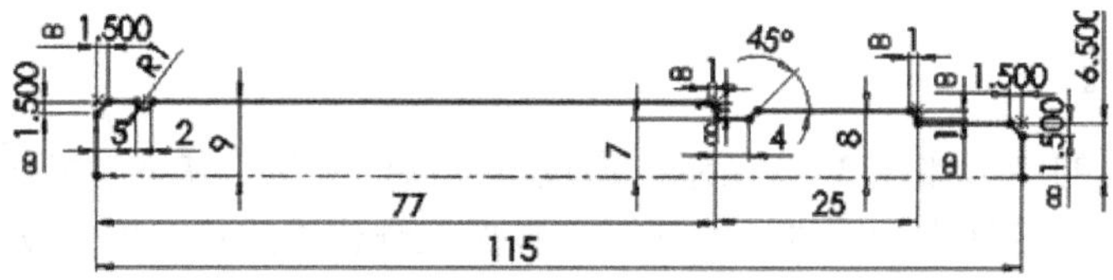

图 3-81　绘制“草图 1”

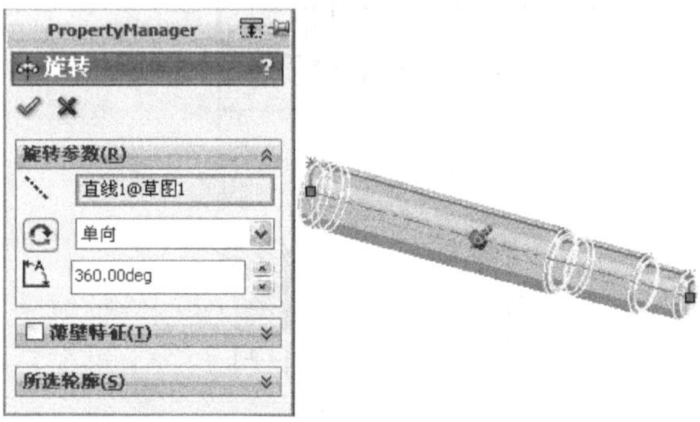

图 3-82　完成旋转造型

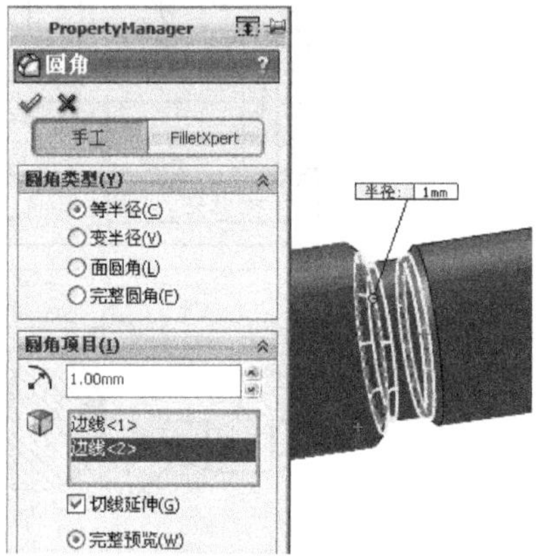

图 3-83　对退刀槽倒 $R1$ 的圆角两处

(4) 制作键槽。首先，应用“参考几何体/基准面”制作与圆柱相切的基准平面，如图 3-84 所示。再应用“直槽口”命令在此基准平面上作出键槽，并正确定位，如图 3-85 所示。

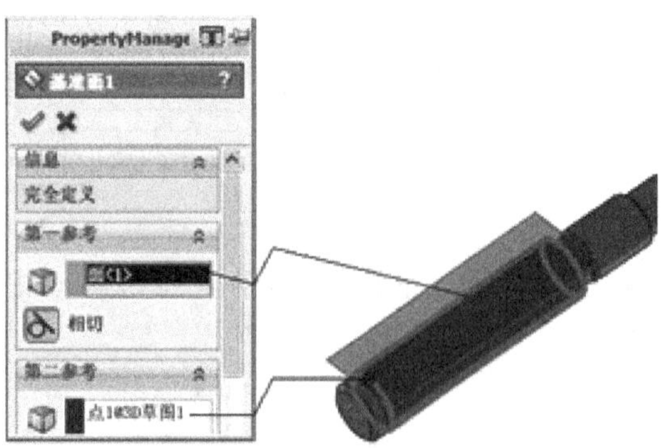

图 3-84　作与圆柱相切的基准面

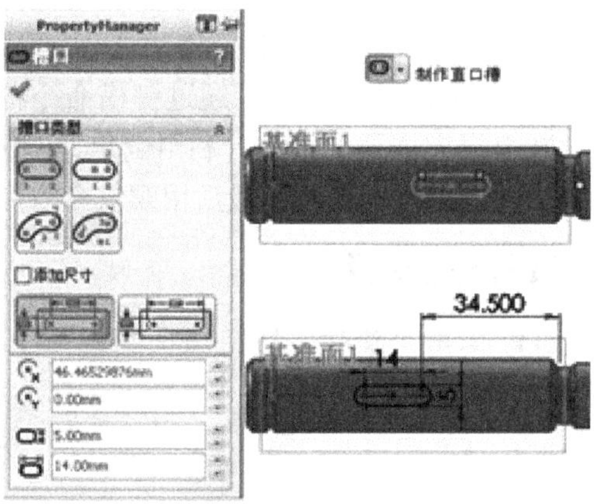

图 3-85　作键槽

(5) 应用“拉伸切除”完成键槽造型，如图 3-86 所示。

(6) 切端面。在轴中端面上作草图并应用拉伸切除作出造型，如图 3-87 所示。

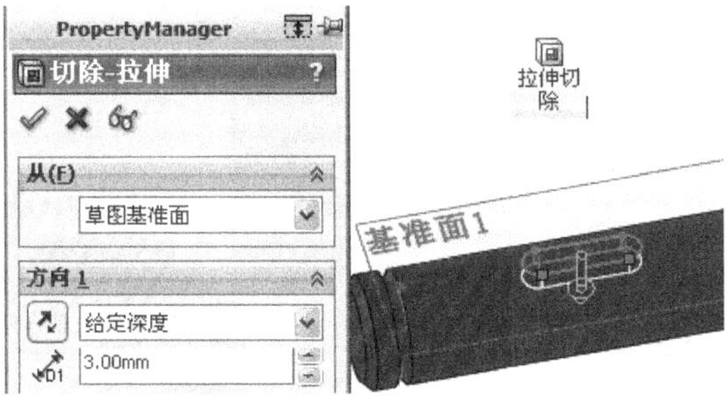

图 3-86　完成键槽造型

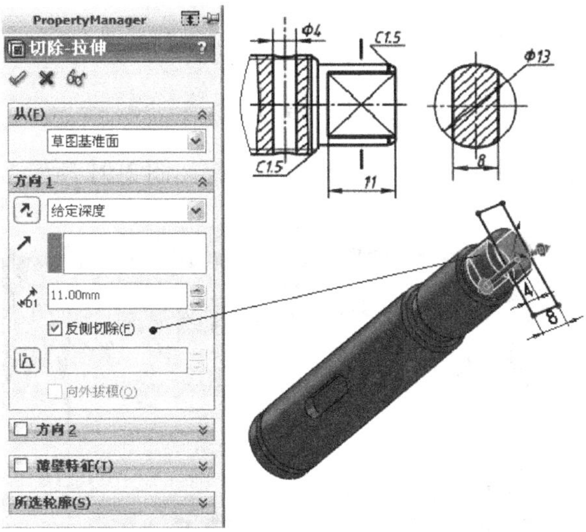

图 3-87　应用拉伸切除切端面

(7) 制作ϕ4mm 圆孔。先应用圆柱面和基准面 1(在制作键槽时建立的基准面)，构建基准面对面，如图 3-88 所示，然后在其上做出 ϕ4mm 的圆，应用“拉伸切除”完成孔的造型，如图 3-89 所示。

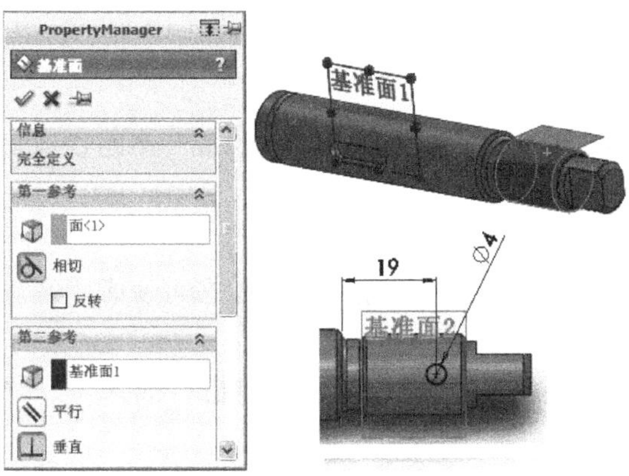

图 3-88　构建基准面 2

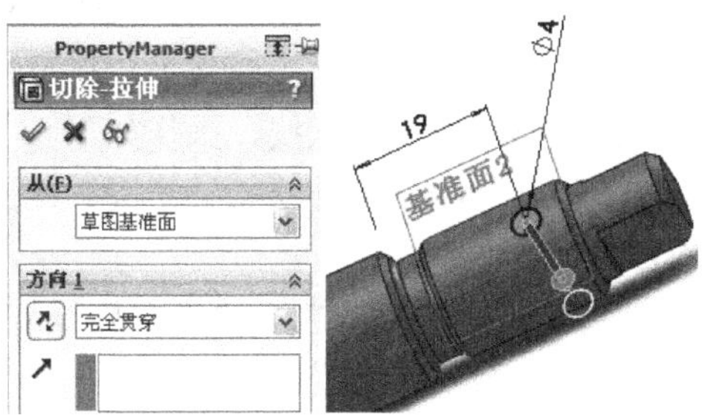

图 3-89　完成孔的造型

(8) 首先在端平面构建草图，并进行转换实体引用生成草图圆，利用螺旋线/涡状线命令生成所需螺旋线，如图 3-90 所示。

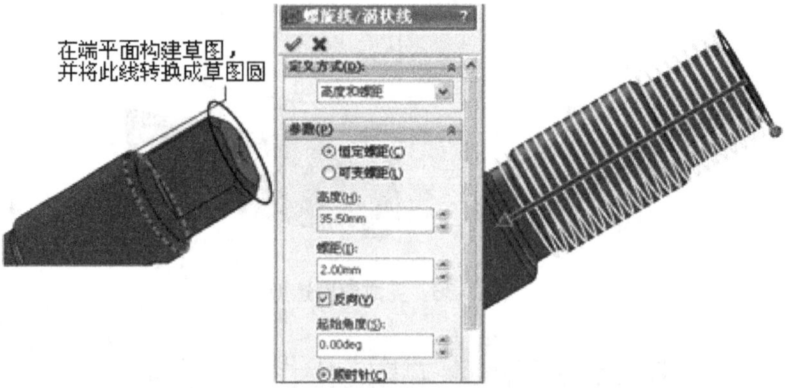

图 3-90　制作螺旋线

(9) 应用创建基准面、扫描切除等命令构建螺纹如图 3-91 所示。

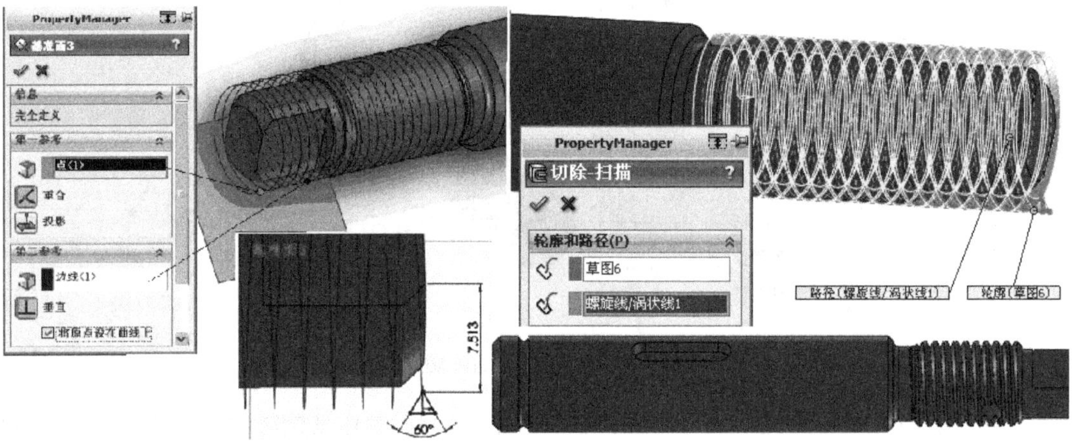

图 3-91　构建螺纹造型

【资料引入】

1. 螺旋线和涡状线

可在零件中生成螺旋线和涡状线(Helix and Spiral)。此曲线可以被当成一个路径或引导曲线使用在扫描的特征上，或作为放样特征的引导曲线。

欲生成螺旋线或涡状线，操作如下。

(1) 打开一个草图并绘制一个圆。此圆的直径控制螺旋线的直径(除在可变螺距螺旋线中外)。

(2) 单击曲线工具栏上的“螺旋线和涡状线”图标，或依次单击“插入”→“曲线”→“螺旋线/涡状线”。

(3) 在螺旋线/涡状线 PropertyManager 中设定数值。

(4) 单击“确定”按钮✔，各种螺旋线和涡状线如图 3-92 所示。

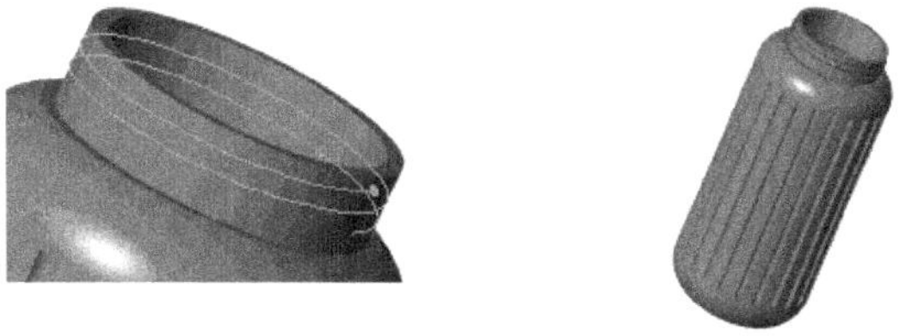

(a) 螺旋线和扫描轮廓位于瓶颈上[凸台扫描特征(以蓝色显示)在瓶颈上生成螺纹线]

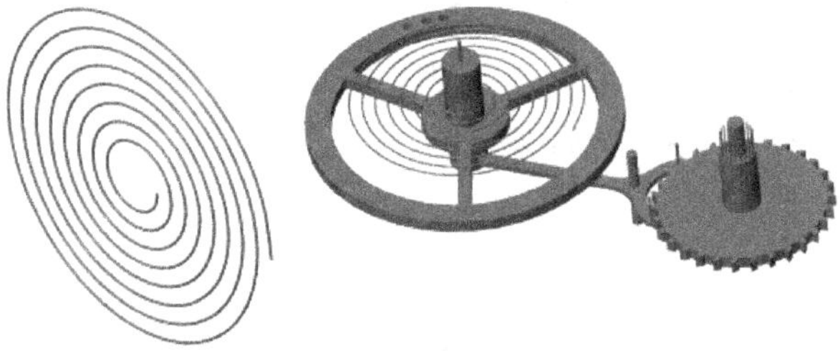

(b) 涡状线弹簧(钟内部机械装置中的涡状线弹簧)

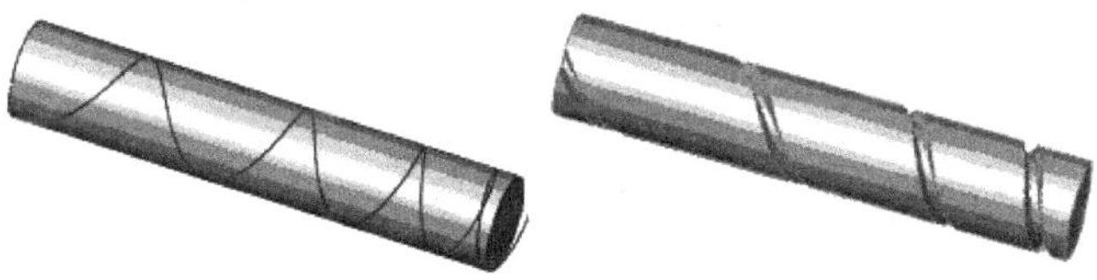

(c) 可变螺距螺旋线(切除-扫描特征生成涡轮)

图 3-92　各种螺旋线和涡状线

2. 扫描

扫描通过沿着一条路径移动轮廓(截面)来生成基体、凸台或曲面，也可以生成用于切除实体的特征。遵循以下规则：

- 对于基体或凸台扫描特征轮廓必须是闭环的；对于曲面扫描特征轮廓可以是闭环的也可以是开环的。
- 路径可以为开环或闭环。
- 路径可以是一张草图、一条曲线或一组模型边线中包含的一组草图曲线。
- 路径必须与轮廓的平面交叉。
- 不论是截面、路径或所形成的实体，都不能出现自相交叉的情况。
- 引导线必须与轮廓或轮廓草图中的点重合。

欲生成扫描，操作如下。

(1) 在一基准面或面上绘制一个闭环的非相交轮廓。

如果使用引导线：

- 如果想在路径与轮廓上的草图点之间添加穿透几何关系，先生成路径。
- 如果想在引导线与轮廓上的草图点之间添加穿透几何创新，先生成引导线。

(2) 生成轮廓将遵循的路径。使用草图、现有的模型边线或曲线。

(3) 单击以下之一：

- 单击特征工具栏上的"扫描凸台/基体"图标，或依次单击"插入"→"凸台"/"基体"→"扫描"。
- 单击特征工具栏上的"扫描切除"图标，或依次单击"插入"→"切除"→"扫描"。
- 单击曲面工具栏上的"扫描曲面"图标，或依次单击"插入"→"曲面"→"扫描"。

(4) 在 PropertyManager 中：

- 为轮廓在图形区域中选择一草图，如图 3-93 所示。
- 为路径在图形区域中选择一草图，如图 3-93 所示。

(5) 设定其他 PropertyManager 选项。

(6) 单击"确定"按钮✔。

图 3-93　轮廓和路径的不同表现

提示：更多内容请参见软件自带的帮助文件。

项目 3.10　旋转、扫描(2)

【学习目标】

本项目要完成的图形如图 3-94 所示。通过本项目的学习，使读者能熟练掌握草图绘制、拉伸基体、拉伸切除、倒角等基本构图指令的使用，掌握三维建模的基本构图技巧。

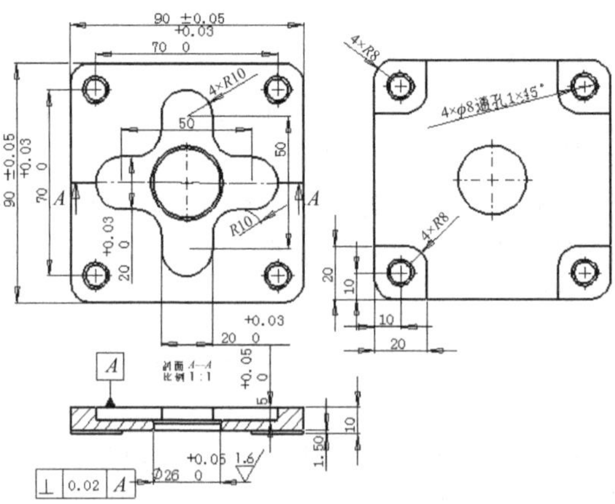

图 3-94　旋转、扫描示例(2)

【学习要点】

草图绘制、拉伸基体、拉伸切除、倒角。

【绘图思路】

首先完成 90mm×90mm 的基体，其次在其上部完成十字形槽的造型，接着在其下部完成 4 个柱角的造型，然后在基体的上表面再建立草图，绘出边角上的 4 个直径为 8mm 的圆，再用 “拉伸除料”完成孔的造型，最后为各锐边倒角，完成本例的全部造型。

【操作步骤】

(1) 单击“新建”按钮，新建一个“零件”文件，并单击“保存”按钮进行保存，如图 3-95 所示。

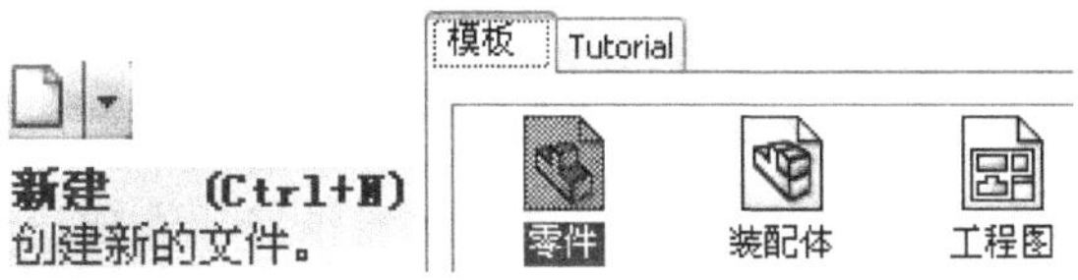

图 3-95　新建“零件”文件

(2) 以“前视”为基准面创建“草图 1”，在“草图 1”上作出一个 90mm×90mm 的矩形，并倒圆角，如图 3-96 所示。然后单击特征图标，打开造型工具栏，再单击拉伸凸...图标，打开“拉伸”对话框，如图 3-97 所示，修改拉伸距离为“8.5”，单击(确定)按钮退出，完成基体造型。

提示： *在制作有圆角或例角的造型时，一般在最后对实体进行倒圆角或直角，目的是便于在设计过程中更改实体特征，这和零件的加工顺序一致。当然也可以在草图中进行倒圆角或直角的操作。本例采用后者。*

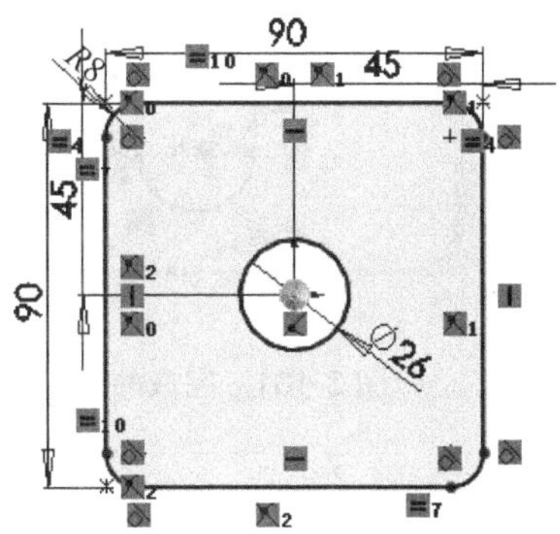

图 3-96　倒矩形圆角

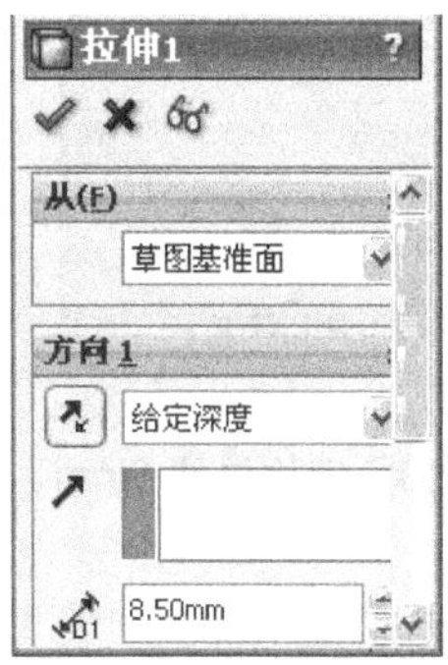

图 3-97　“拉伸”对话框

(3) 选取刚生成的基体下表面，按顺序单击草图绘制、草图绘制图标，创建一个新的草图，即“草图 2”，然后单击转换实体引用(E)，这样就可以将基体下表面生成草图线了，接着再作出其他线条，标注出尺寸，剪去多余部分，完成 4 个柱角形图形。最后将其拉伸至高度为 1.5mm。注意拉伸方向，完成造型，如图 3-98、图 3-99 所示。

图 3-98　设置拉伸方向

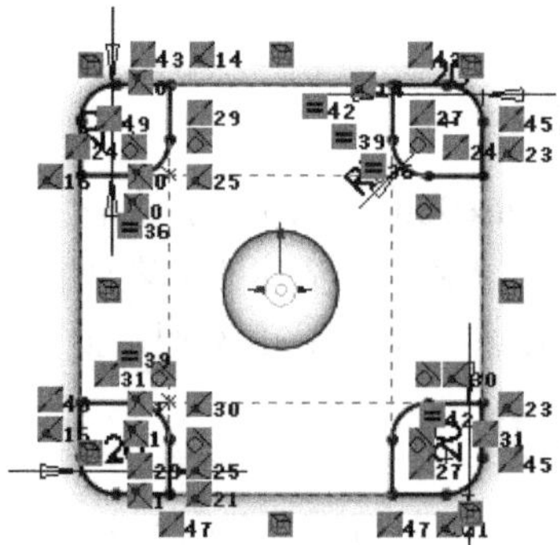

图 3-99　完成柱角形造型

提示：绘制草图时，如可能的话尽量用 转换实体引用(E) 命令。这样当引用的基体发生变化，此时被引用的草图就会随着改变，这样就能很好地表现设计意图，而不会因前一步的变化而引起整个构图的歧义。

(4) 选取基体的上表面，并按顺序单击 草图绘制 、草图绘制 图标，创建一个新的草图，即“草图 3”，然后在“草图 3”里绘出十字形草图。再按顺序单击 特征 、拉伸切除 图标，将其拉伸切除至深度 5mm，完成造型。如图 3-100、图 3-101 所示。

图 3-100　切除拉伸 5mm

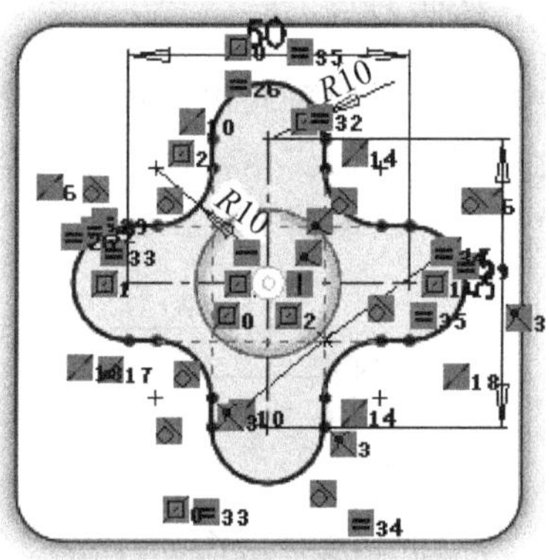

图 3-101　完成的造型

(5) 再次选取基体的上表面，并按顺序单击 草图绘制 、草图绘制 图标，创建“草图 4”，然后在“草图 4”里绘出边角上 4 个直径为 8mm 的圆，再按顺序单击 特征 、拉伸切除 图标，在“方向 1”选项里选择 完全贯穿，单击按钮完成本步造型，如图 3-102 所示。

按顺序单击 特征 、倒角 图标，弹出如图 3-102 所示的对话框，填写参数，用鼠标左键在倒角参数框内单击一下，然后在绘图区按顺序单击圆孔的边线，完成后单击(确定)

按钮完成本例全部造型，如图 3-103 所示。

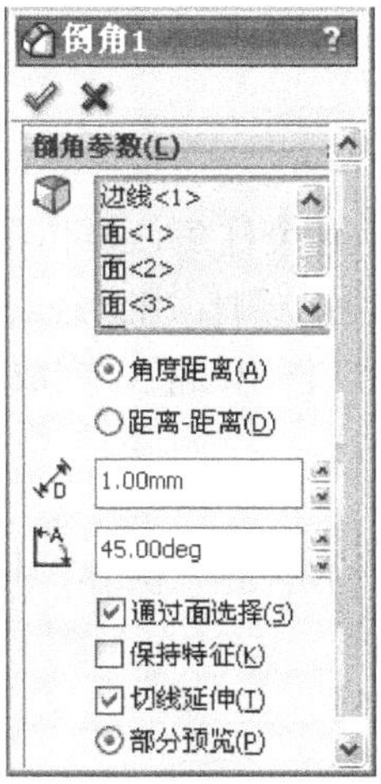

图 3-102　倒角参数设置

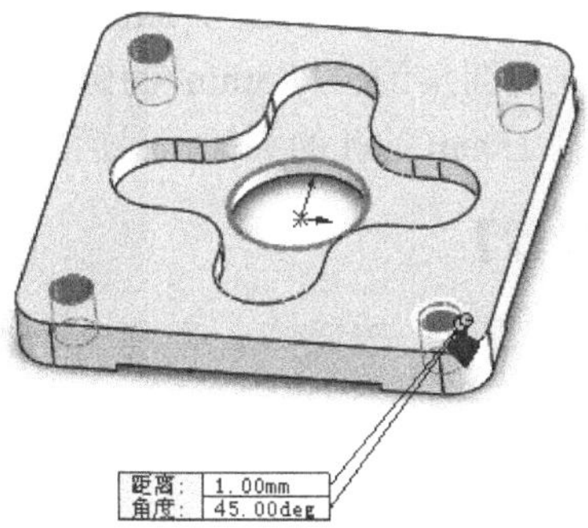

图 3-103　完成的最后造型

项目 3.11　旋转凹腔(1)

【学习目标】

本项目要完成的图形如图 3-104 所示。通过本项目的学习，使读者能熟练掌握草图绘制、拉伸基体、拉伸切除、旋转切除、圆角等基本构图指令的使用，掌握三维建模的基本构图技巧。

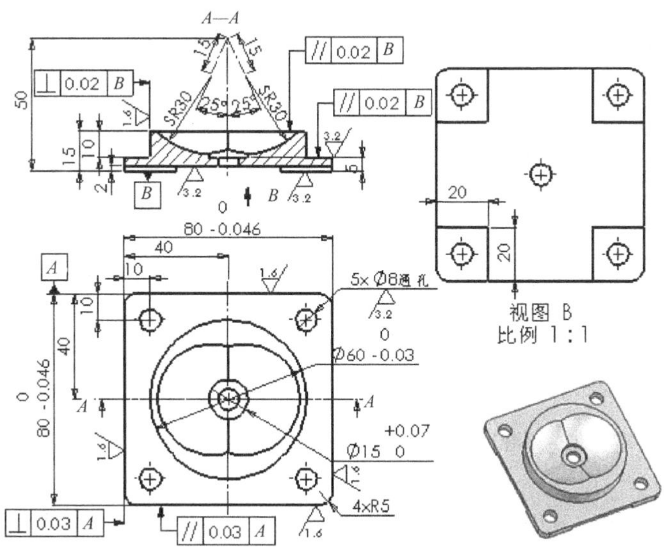

图 3-104　旋转凹腔示例(1)

【学习要点】

草图绘制、拉伸基体、拉伸切除、旋转切除、圆角。

【绘图思路】

先作出 80mm×80mm 厚度为 3mm 的基体，然后作出 4 个柱角，再作出 5 个直径为 8mm 的通孔并对四角倒出 *R*5mm 的圆角。接着在基体的另一侧作出直径 60mm 高度为 10mm 并带直径 15mm 的孔的圆柱，最后用两次“旋转-切除”作出凹腔，完成本例造型。

【操作步骤】

(1) 单击“新建”按钮，新建一个“零件”文件，并单击“保存”按钮进行保存，如图 3-105 所示。

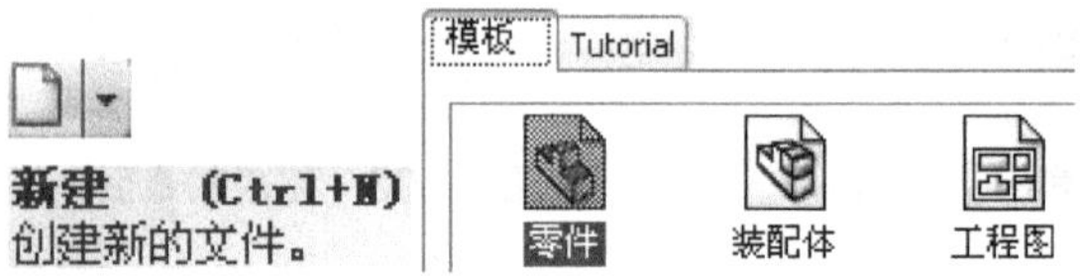

图 3-105 新建“零件”文件

(2) 在“前视” 基准面上创建“草图 1”，绘制 80mm×80 mm 的矩形图形，然后将其拉伸至高度为 3mm，完成基体造型。以基体下表面为基准面创建“草图 2”，并绘出如图 3-106 所示图形。然后将其拉伸至高度为 2mm，完成 4 个柱角造型，如图 3-107 所示。

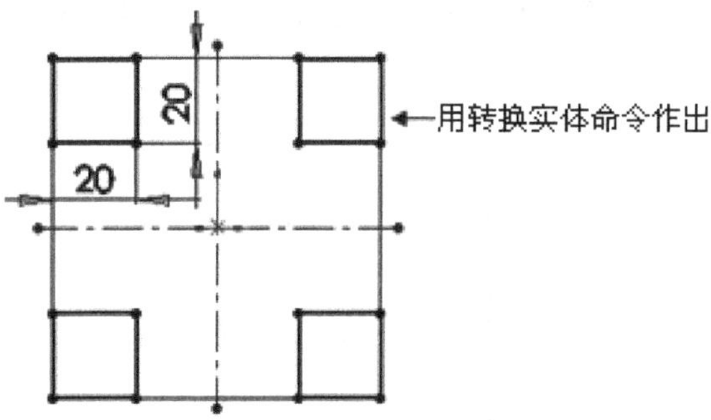

图 3-106 绘制矩形

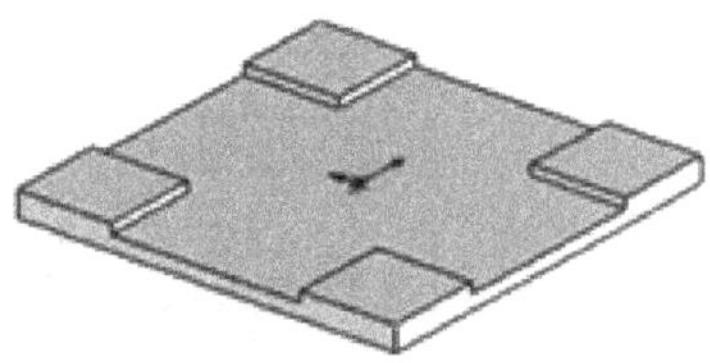

图 3-107 完成 4 柱角造型

提示：用“转换实体引用”命令将基体的 4 边作成草图线，然后绘出其他的线并剪裁出 4 个正方形图形。这样，当基体改变时，柱角造型也会随其变化，可保证其尺寸不变。

(3) 用“特征”工具栏里的“圆角”命令作出四角 *R*5mm 的圆角。具体操作过程如图 3-108 所示。

(4) 作出 5 个通孔，如图 3-109 所示。再在基体上表面作出草图如图 3-110 所示，并拉伸出高度为 10mm 的圆柱体，如图 3-111 所示。

(5) 在“上视” 基准面上创建草图，如图 3-112 所示。然后用“旋转-切除”做出一侧的内腔，参数如图 3-113 所示，造型如图 3-114 所示。

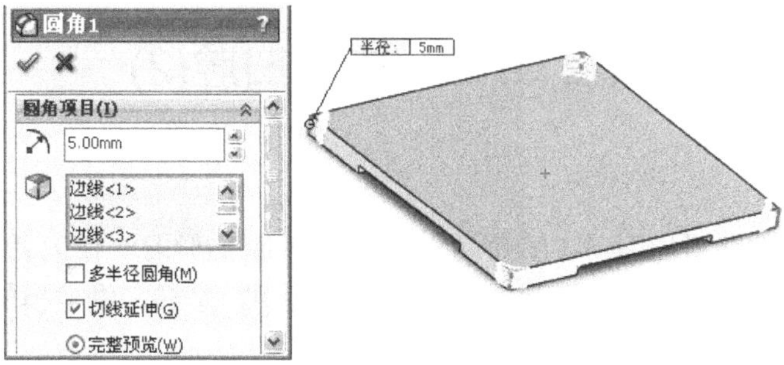

图 3-108　作四角 R5mm 的圆角

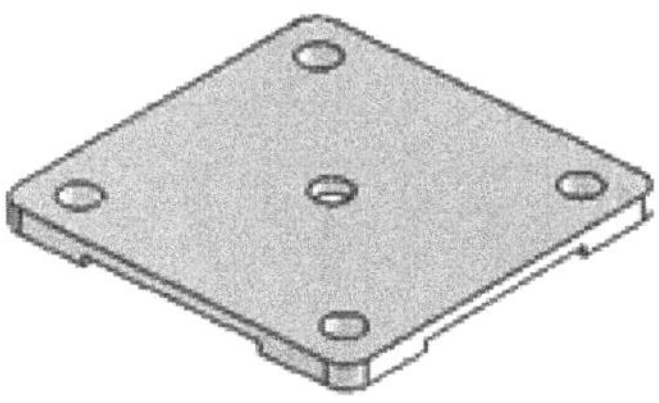

图 3-109　作出 5 个通孔

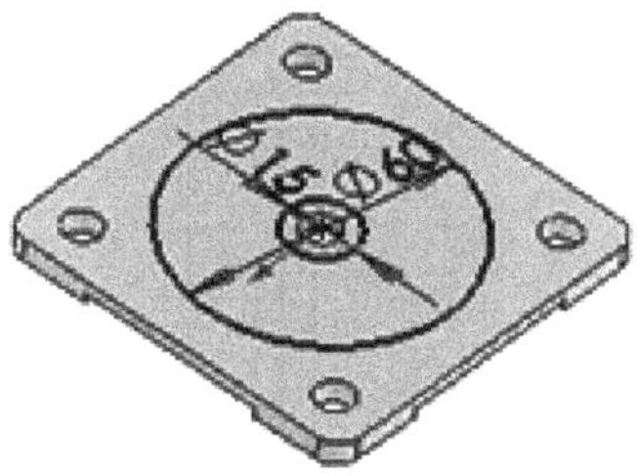

图 3-110　在基体上表面作草图

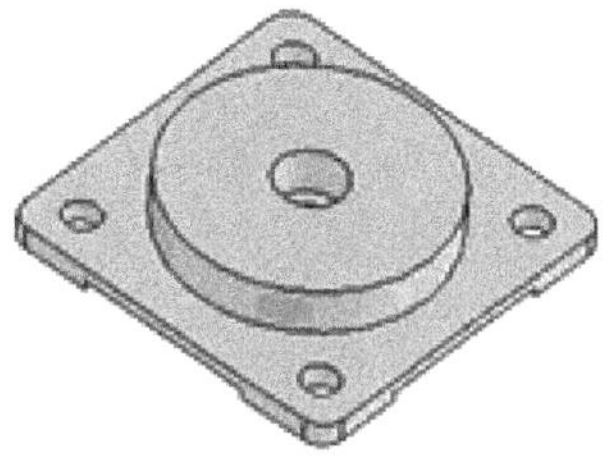

图 3-111　拉伸圆柱体

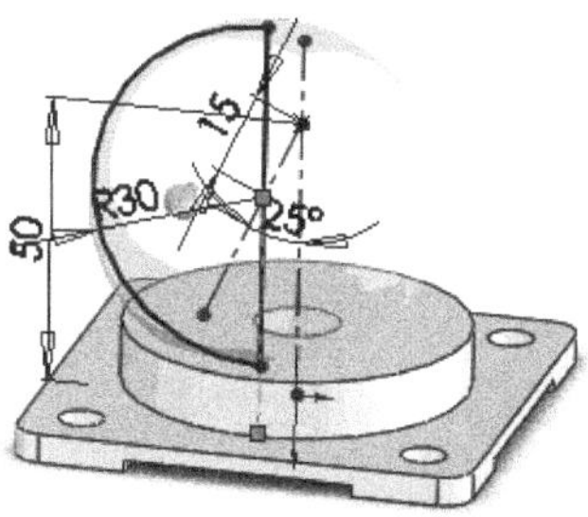

图 3-112　创建草图

图 3-113　设置造型参数

(6)　与步骤(5)同理，在“上视”基准面内再作出另一侧草图，用旋转切除作出内腔，最后完成如图 3-115 所示的造型(这一步也可以用镜像特征来完成)。

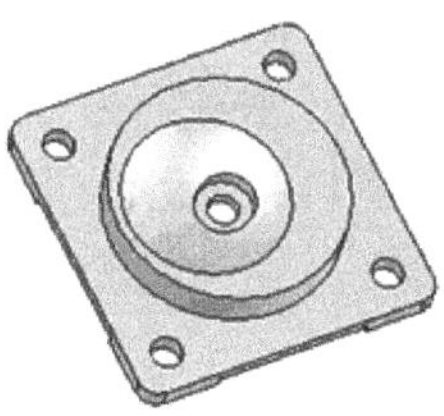

图 3-114　内腔造型

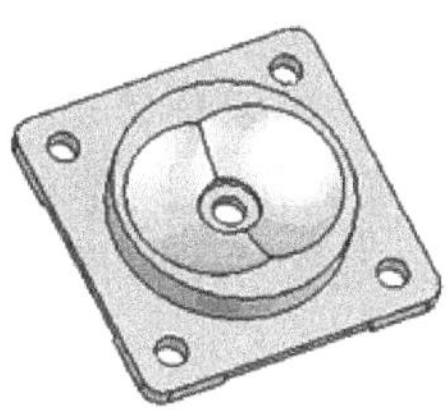

图 3-115　完成的造型

注意：在步骤 5 中所作的草图要封闭，且只要满足能够切除圆柱即可，可不必拘泥于草图的外形。

项目 3.12　旋转凹腔(2)

【学习目标】

本项目要完成的图形如图 3-116 所示。通过本项目的学习，使读者能熟练掌握草图绘制、拉伸基体、旋转基体、圆角等基本构图命令的使用，掌握三维建模的基本构图技巧。

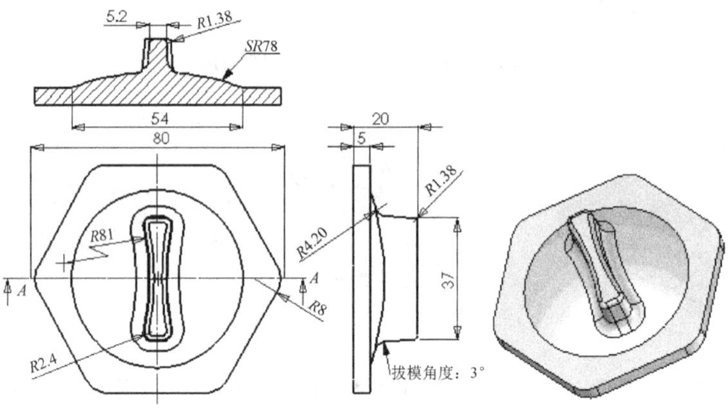

图 3-116　旋转凹腔示例(2)

【学习要点】

草图绘制、拉伸基体、旋转基体、圆角。

【绘图思路】

先用“拉伸增料”作出六边形基体，然后用“旋转增料”作出圆凸台，再作圆台上的凸台，最后倒圆角，完成本例造型。

【操作步骤】

(1) 单击“新建”按钮，新建一个“零件”文件，并单击“保存”按钮进行保存。

(2) 在“前视” 基准面上创建“草图 1”，绘制如图 3-117 所示的六边形图形，然后将其拉伸至高度为 5mm，完成基体造型。在“上视” 基准面内作如图 3-118 所示草图。然后用“旋转-增料”方式作出圆形凸台，如图 3-119 所示。作出距“前视” 基准面 20mm 的“基准面 1”，如图 3-120 所示。

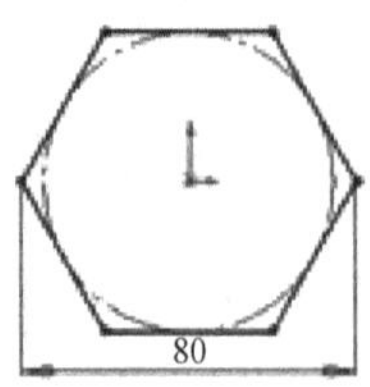

图 3-117　绘制六边形

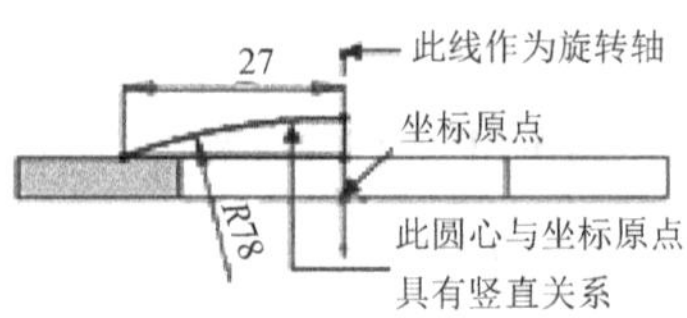

图 3-118　作草图

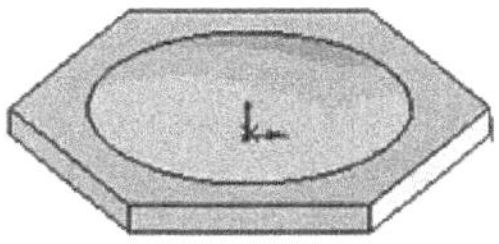

图 3-119　作圆形凸台

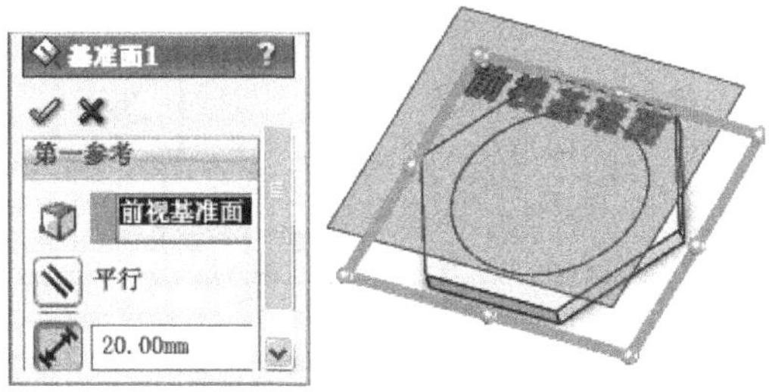

图 3-120　基准面 1

(3) 在基准面 1 上作出草图，如图 3-121 所示。然后应用“拉伸-增料”命令造型，参数设置如图 3-122 所示。

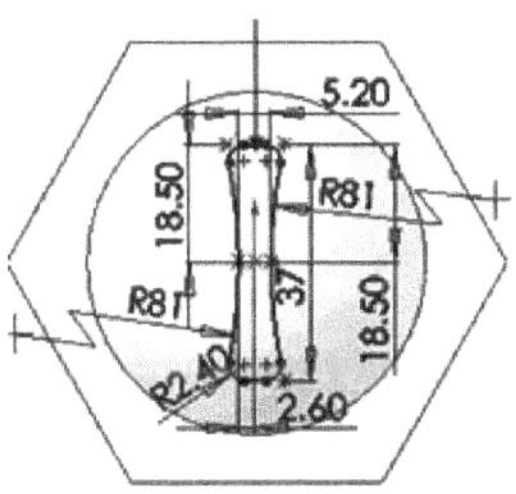

图 3-121　在基准面 1 上作草图

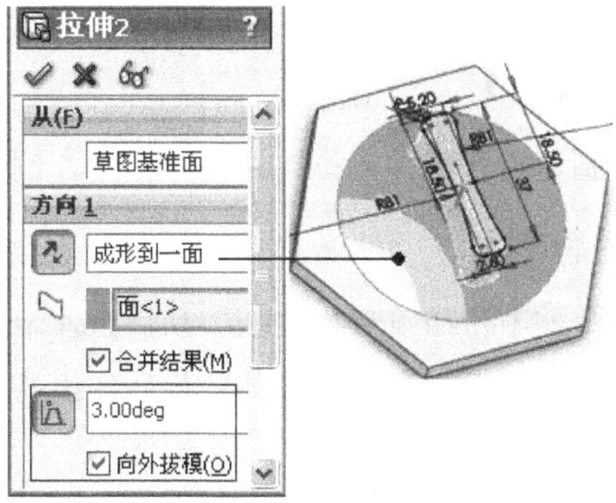

图 3-122　“拉伸”参数设置

(4) 对边或面倒圆角，“圆角”对话框中的设置如图 3-123 所示，最后结果如图 3-124 所示。

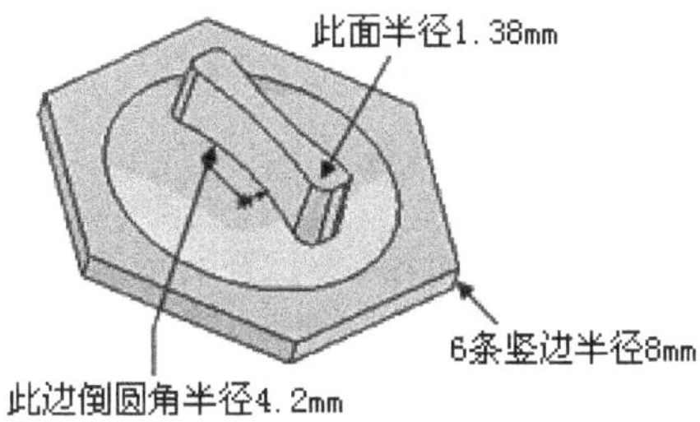

图 3-123　对边或面倒圆角

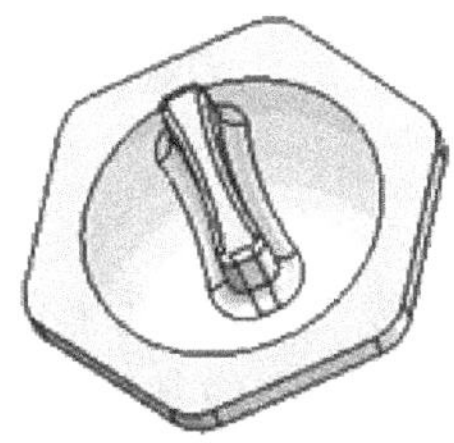

图 3-124　最后造型结果

项目 3.13　支 架 造 型

【学习目标】

本项目要完成的图形如图 3-125 所示。通过本项目的学习，使读者能熟练掌握草图绘制、拉伸基体、拉伸切除、圆角、倒角等基本构图命令的使用，掌握三维建模的基本构图技巧。

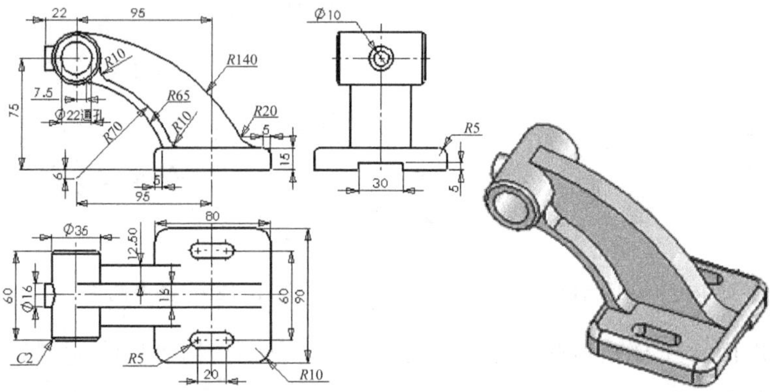

图 3-125　支架造型示例

【学习要点】

草图绘制、拉伸基体、拉伸切除、圆角、倒角。

【绘图思路】

先在前视面上拉伸出方形基体，然后再在上视面上拉伸出 *R*140mm 的弯形体，接着在其两侧作出筋，再作出上面的柱体，最后作出柱体上的凸起和孔。

【操作步骤】

(1) 单击“新建”按钮，新建一个“零件”文件，并单击“保存”按钮进行保存，如图 3-126 所示。

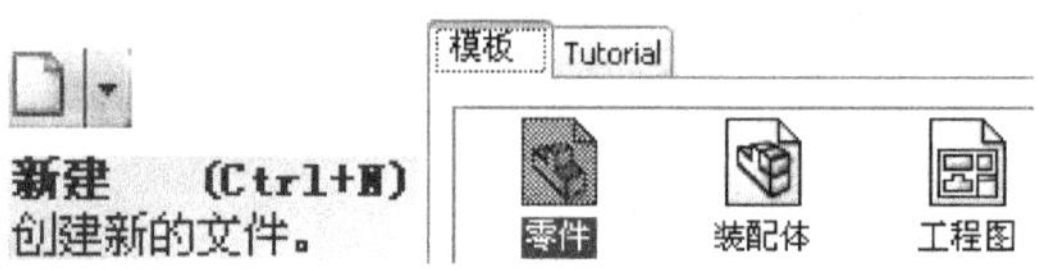

图 3-126　新建“零件”文件

(2) 在“前视” 基准面上创建“草图 1”，绘制如图 3-127 所示的图形，然后将其拉伸至高度为 15mm，完成基体造型。在“上视”基准面上创建“草图 2”，绘制如图 3-128 所示的图形，然后采用“两侧对称”将其拉伸至高度为 16mm，完成基体造型，如图 3-129 所示。

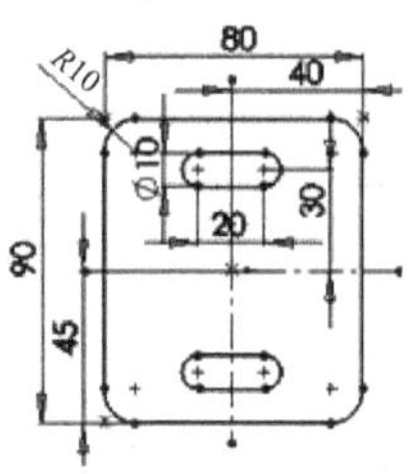

图 3-127　创建“草图 1”

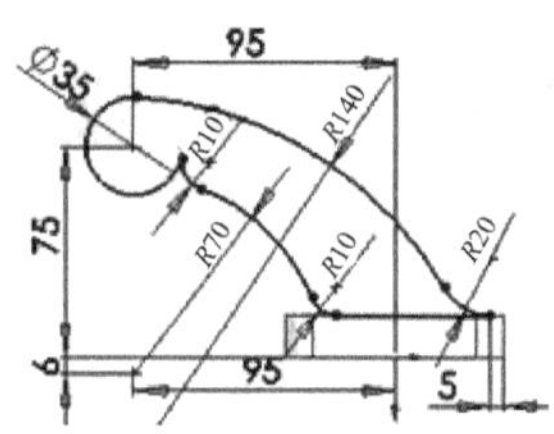

图 3-128　创建“草图 2”

图 3-129　完成基体造型

(3) 在“上视” 基准面上创建“草图 3”，绘制如图 3-130 所示的图形，然后采用“两侧对称”将其拉伸至高度为 41mm，完成基体造型，如图 3-131 所示。在“上视” 基准面上创建“草图 4”，绘制如图 3-132 所示的图形，然后采用“两侧对称”将其拉伸至高度为 60mm，完成基体造型。在上一步作好的柱体上表面作草图圆，直径为 22mm，然后用“拉伸-除料”里的“完全贯穿”作出ϕ22mm 通孔，如图 3-133 所示。

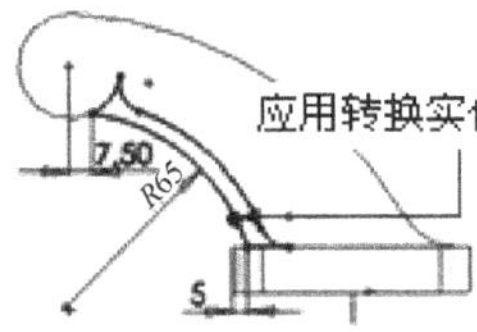

图 3-130　创建“草图 3”

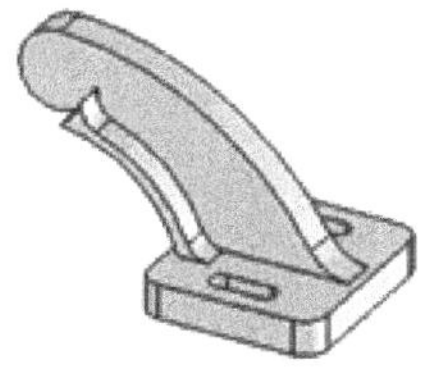

图 3-131　完成基体造型

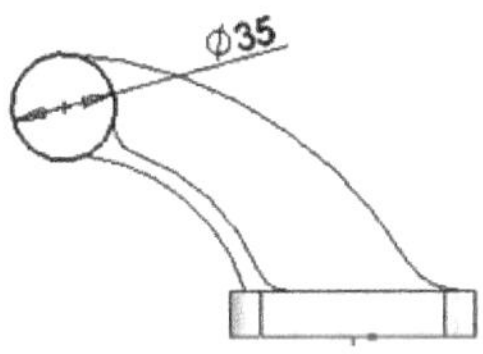

图 3-132　创建“草图 4”

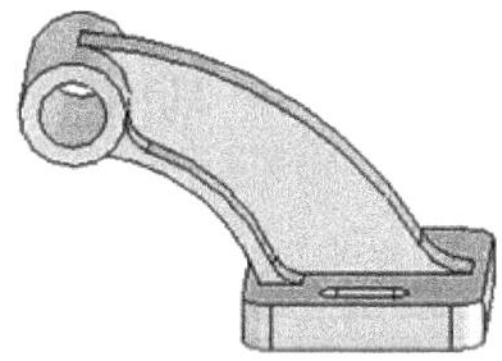

图 3-133　作通孔

(4) 作基座上的矩形槽，如图 3-134 所示。创建“基准面 1”，使其与“右视” 基准面相距 117mm，如图 3-135 所示。在其上创建草图圆，然后用拉伸增料作出凸台，如图 3-136 所示。

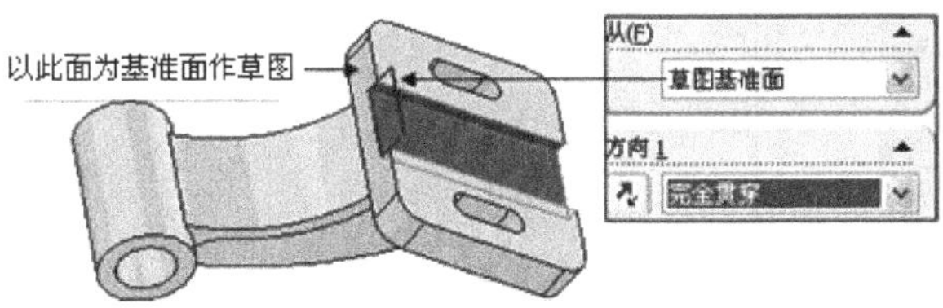

图 3-134　作矩形槽

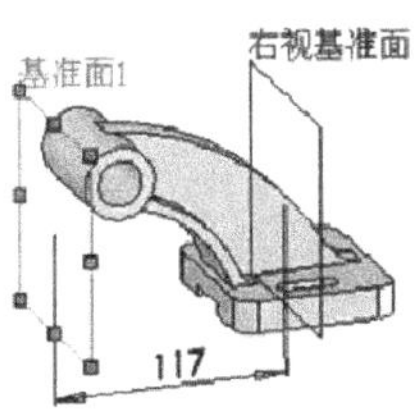

图 3-135　创建基准面 1

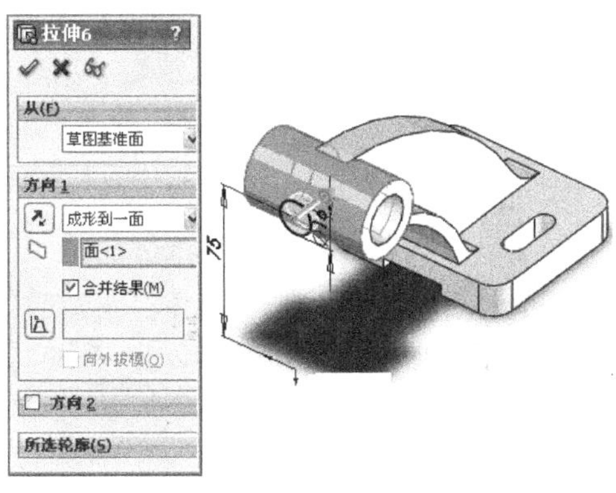

图 3-136　作出凸台

(5) 在凸台上绘出草图圆，然后拉伸出深度为 20mm 的孔，如图 3-137 所示。锐边圆角、倒角，最后造型，如图 3-138 所示。

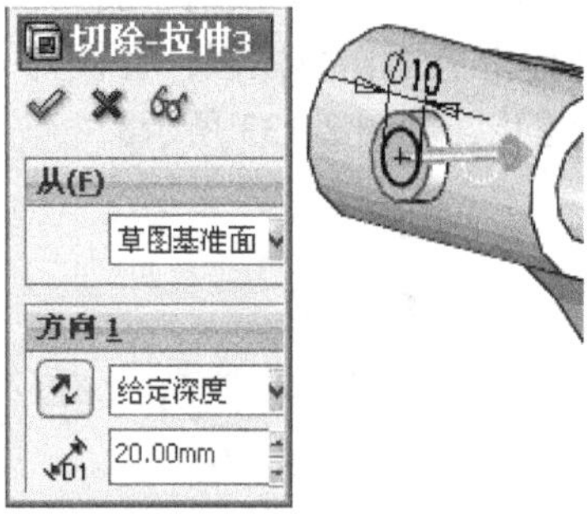

图 3-137　拉伸深度为 20mm 的孔

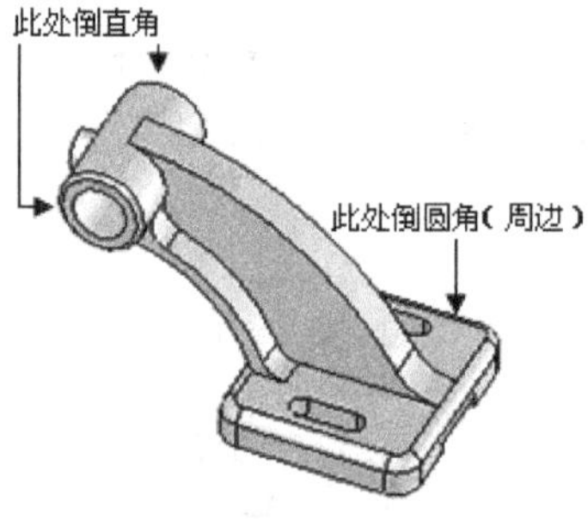

图 3-138　最后的造型

项目 3.14　技 能 实 战

本项目作为本章技能实战要求完成如下所示的各个图形。

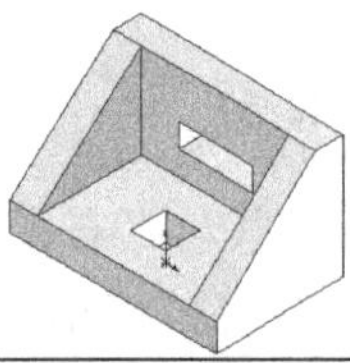

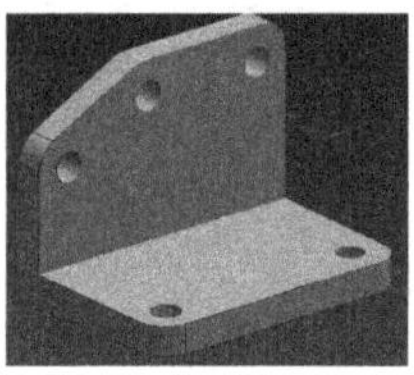
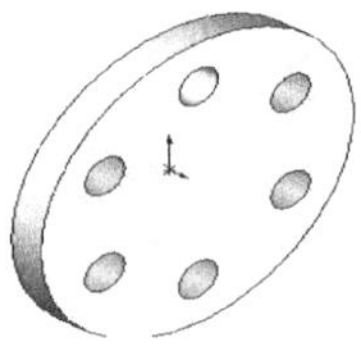
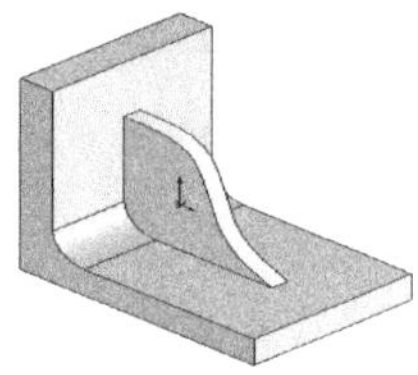

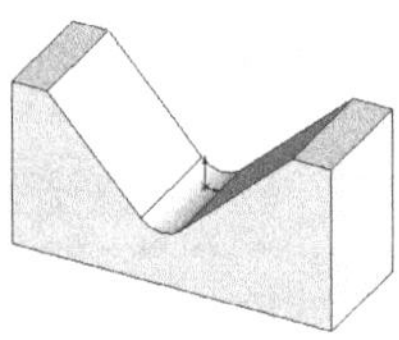
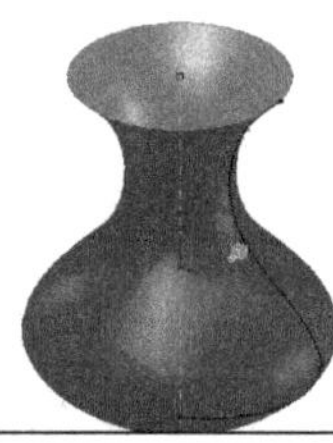

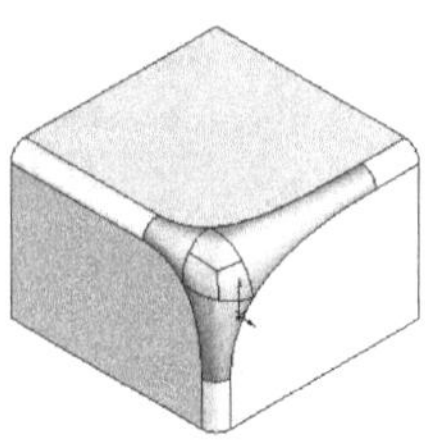
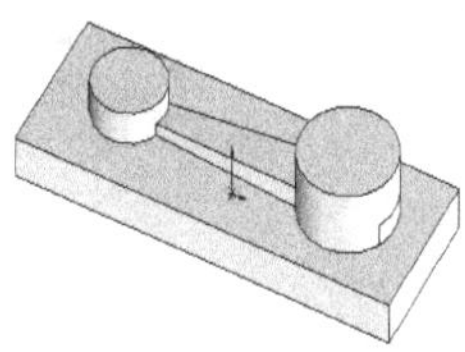

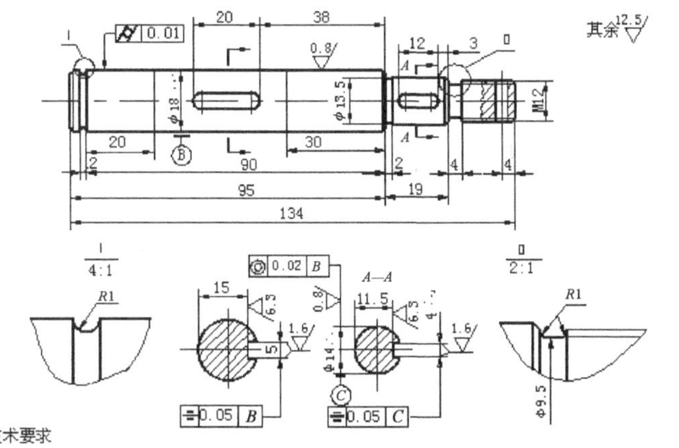

技术要求

1. 调质220～250HB，B表面在规定长度范围内表面渗碳淬硬至55~62HRC，淬硬层0.7~1.5；
2. 倒角均为C1。
3. 去锐边毛刺。
4. 线性尺寸未注公差为GB/T1804-m。

主　动　轴		比例	1:1	01
		件数	1	
班级	(学号)	材料	45	成绩
制图	(日期)	(校名)		
审核	(日期)			

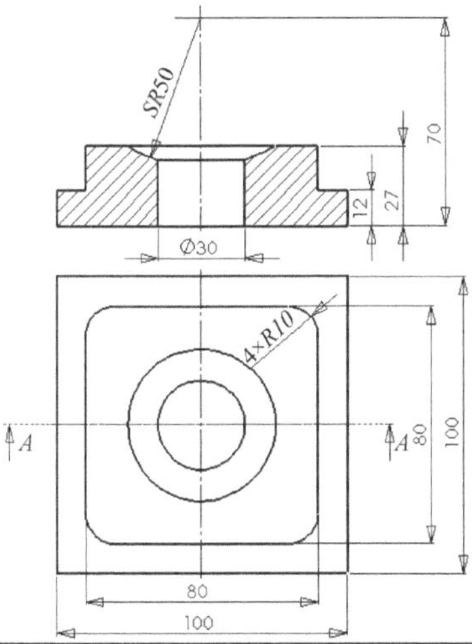

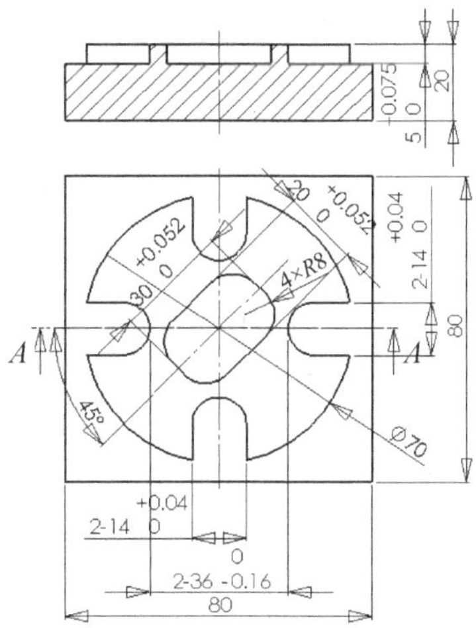

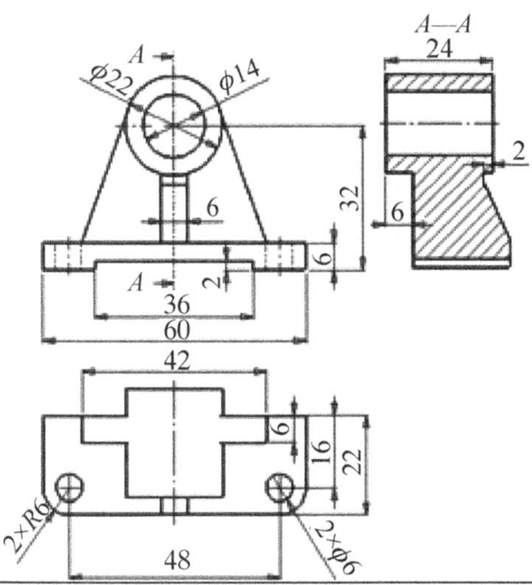

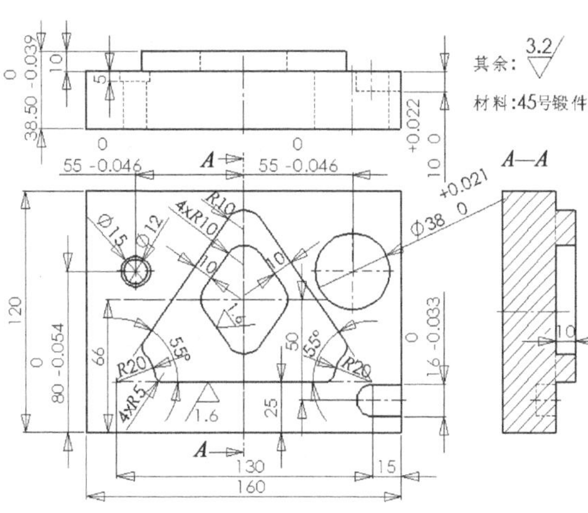

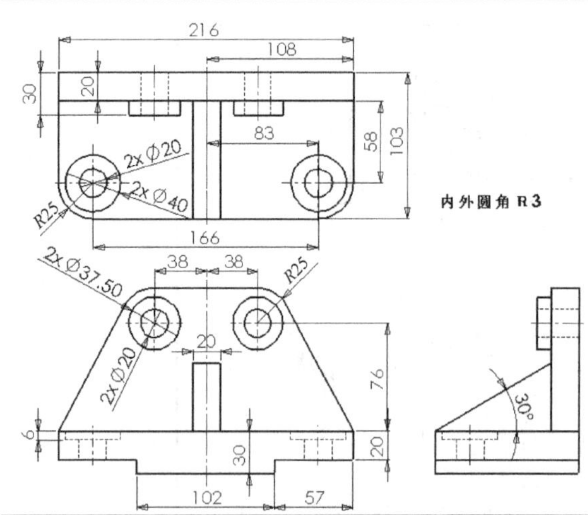
内外圆角 R3

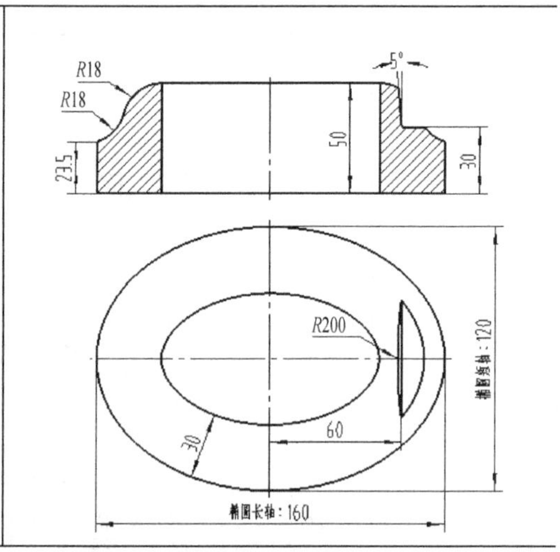
椭圆长轴：160

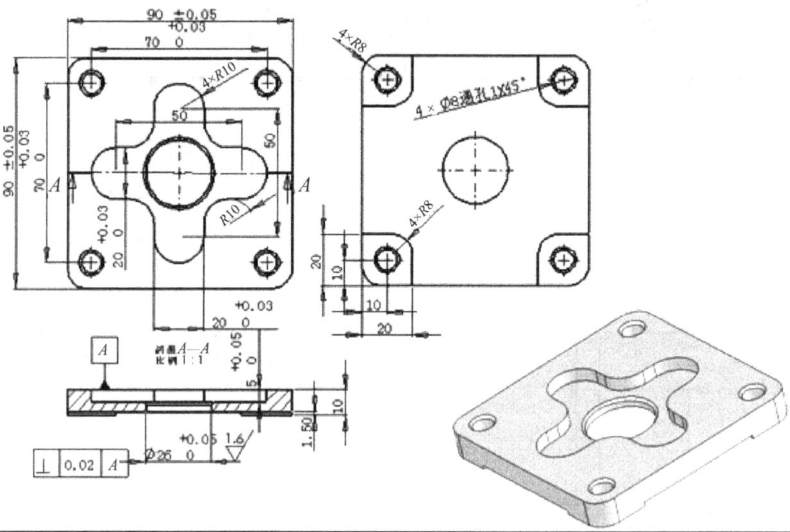

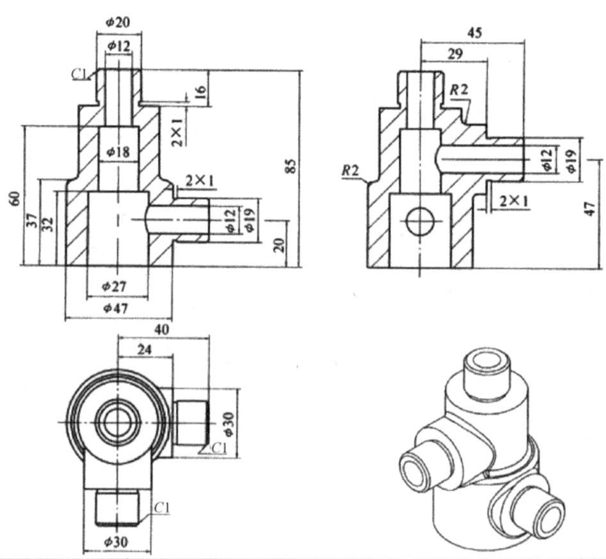

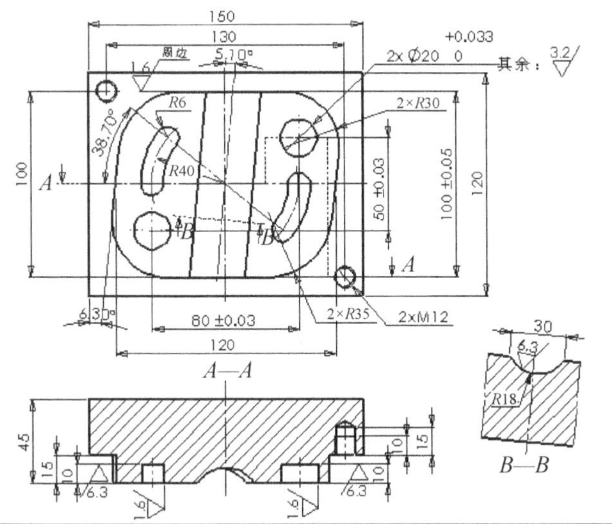
150
130
5.10°
+0.033
2×Ø20 0
其余：3.2/
1.6
R6
2×R30
38.70°
R40
100
A
50 ±0.03
100 ±0.05
120
B
6.30°
80 ±0.03
2×R35
2×M12
120
A—A
45
15
10
6.3
1.6
30
6.3
R18
B—B

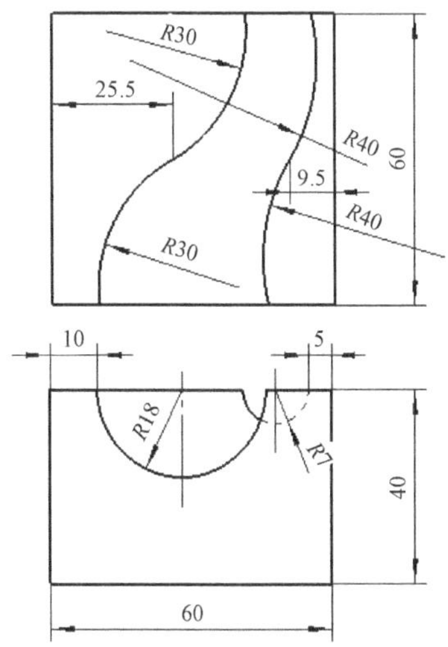
R30
25.5
R40
60
9.5
R40
R30
10
5
R18
R7
40
60

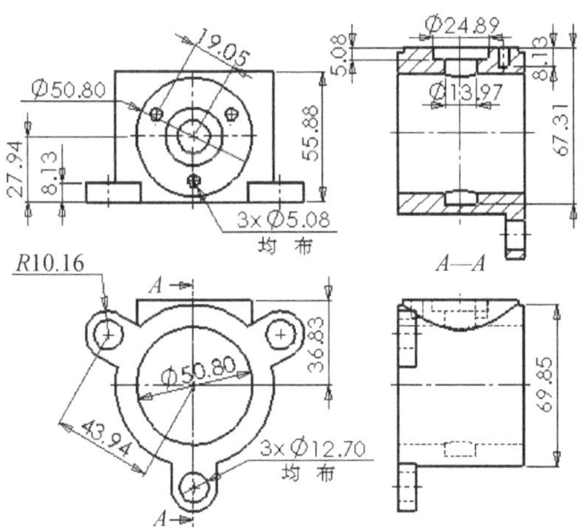
19.05
Ø50.80
27.94
8.13
55.88
3×Ø5.08
均 布
Ø24.89
5.08
8.13
Ø13.97
67.31
R10.16
A
36.83
Ø50.80
43.94
3×Ø12.70
均 布
A—A
69.85

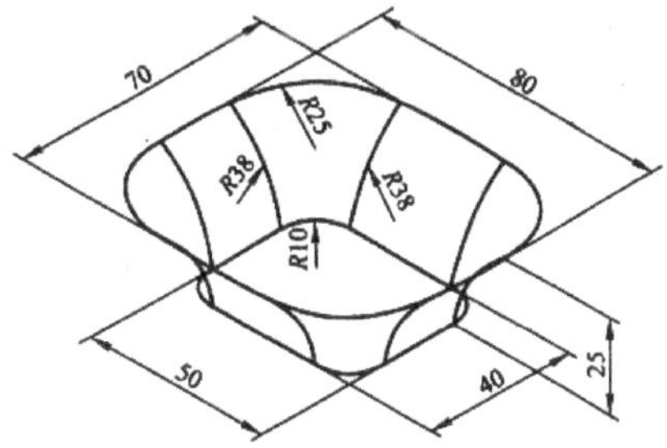
70
80
R25
R38
R38
R10
50
40
25

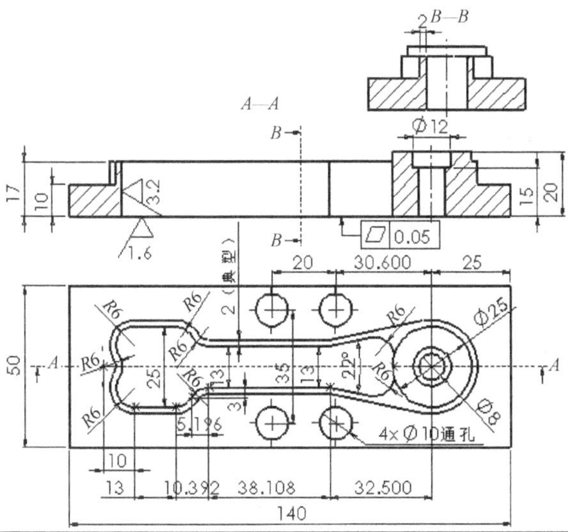
B—B
2
A—A
B
Ø12
17
10
3.2
15
20
1.6
0.05
2（典型）
20
30.600
25
R6
Ø25
50
A
25
13
35
13
22°
3
5.196
Ø8
4×Ø10通孔
10
13
10.392
38.108
32.500
140

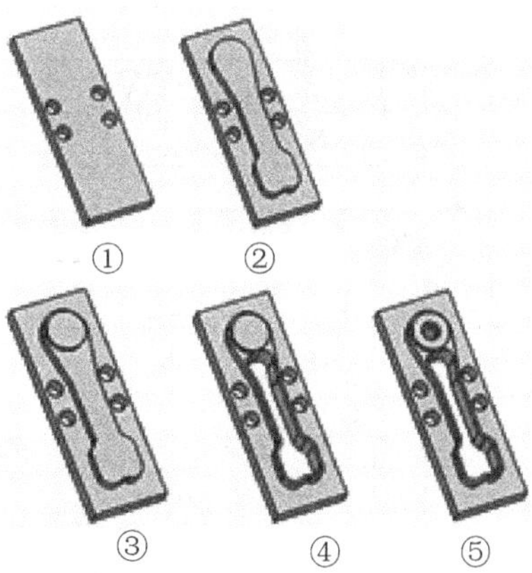
①
②
③
④
⑤

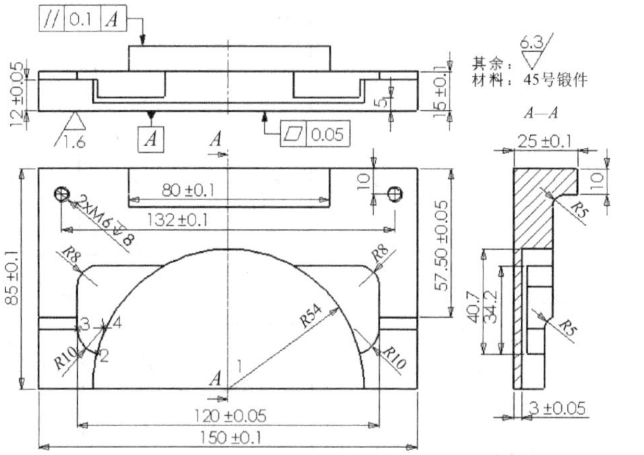

坐标位置
1：X0，Y0　　2：X-52.347，Y13.259
3：X-60.0 Y22.917　4：X-50，Y22.98

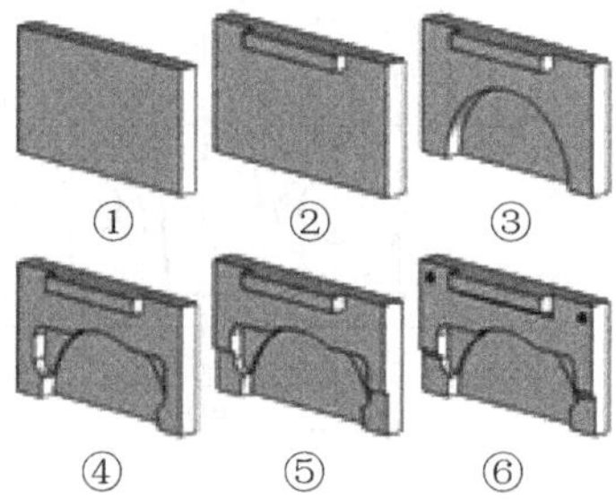

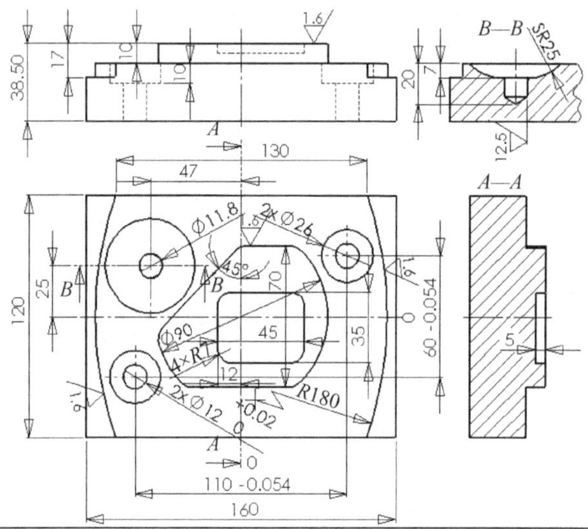

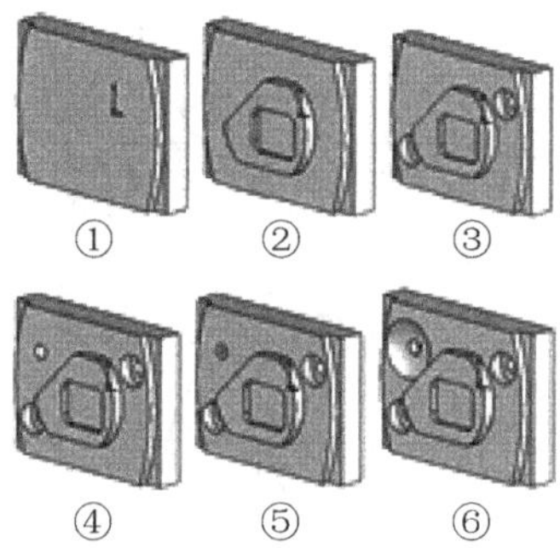

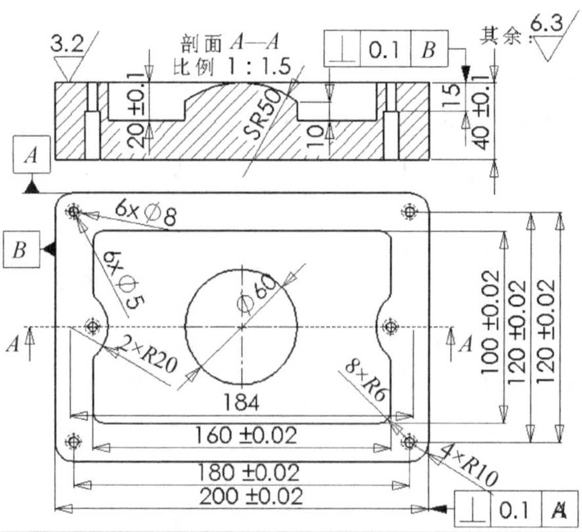

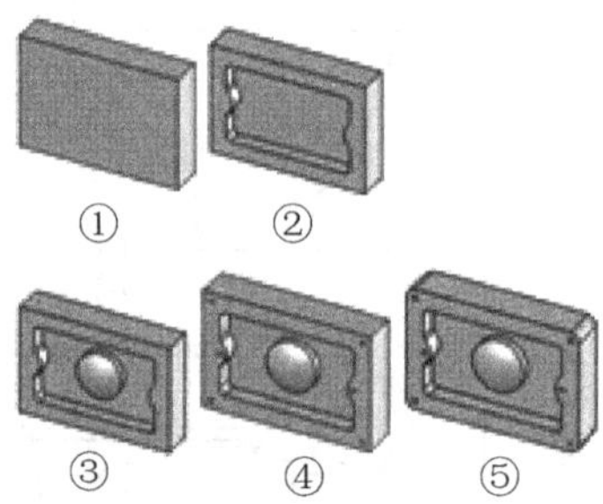

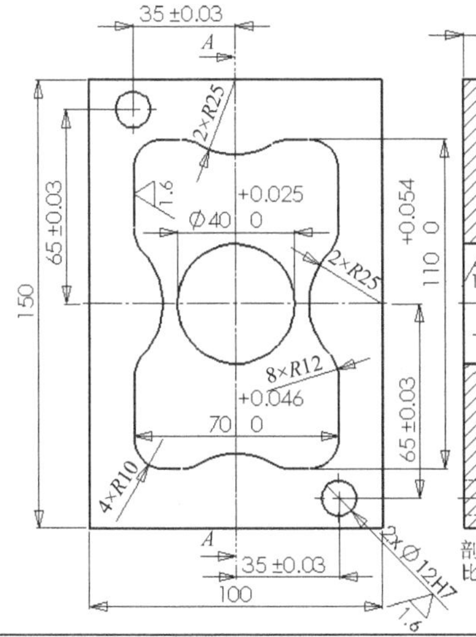
35 ±0.03
25
其余：3.2
材料：45号锻件
2×R25
+0.025
Φ40 0
+0.054
110 0
65 ±0.03
150
1.6
10
8×R12
+0.046
70 0
4×R10
2×Φ12H7
剖面A—A
比例 1:1
100

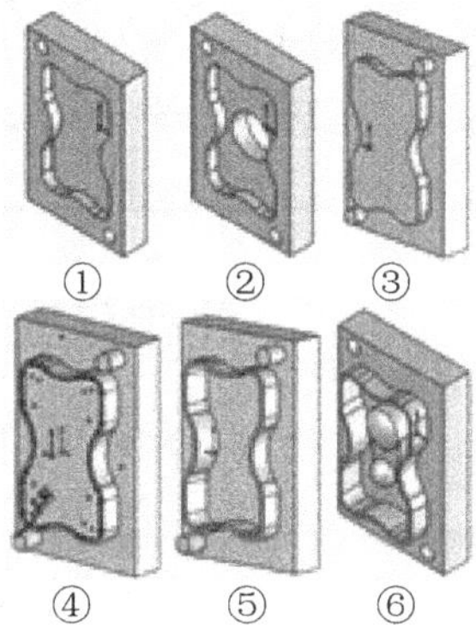
①
②
③
④
⑤
⑥

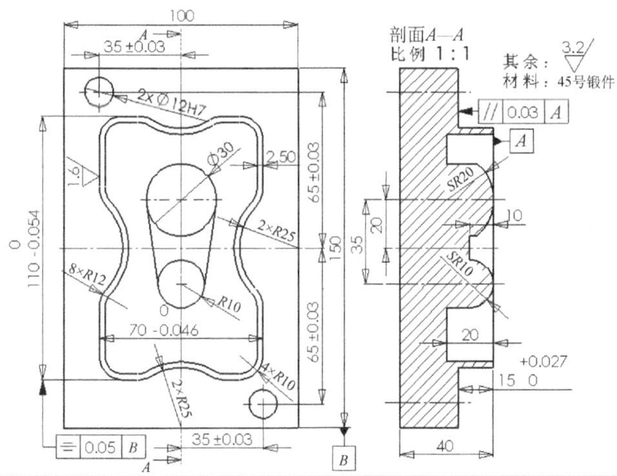
100
35 ±0.03
剖面A—A
比例 1:1
其余：3.2
材料：45号锻件
2xΦ12H7
0.03 A
Φ30
2.50
SR20
65 ±0.03
150
2×R25
110 -0.054
8×R12
R10
SR10
70 -0.046
4×R10
2×R25
20
35
+0.027
15 0
0.05 B
35 ±0.03
40

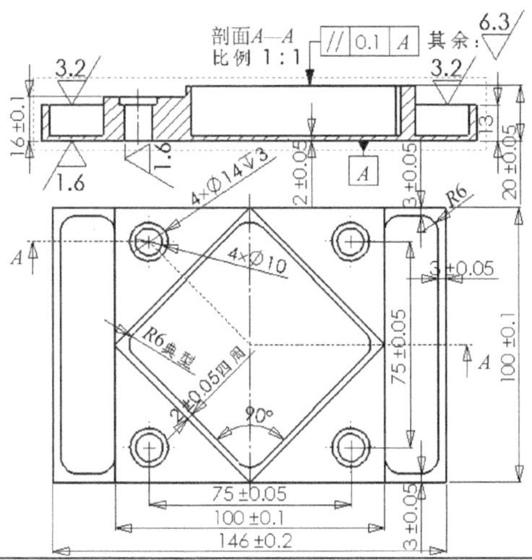
剖面A—A
比例 1:1
0.1 A
其余：6.3
3.2
16 ±0.1
1.6
2 ±0.05
3 ±0.05
20 ±0.05
4×Φ14↧3
R6
4×Φ10
3 ±0.05
R6典型
2±0.05四周
75 ±0.05
100 ±0.1
90°
75 ±0.05
100 ±0.1
146 ±0.2

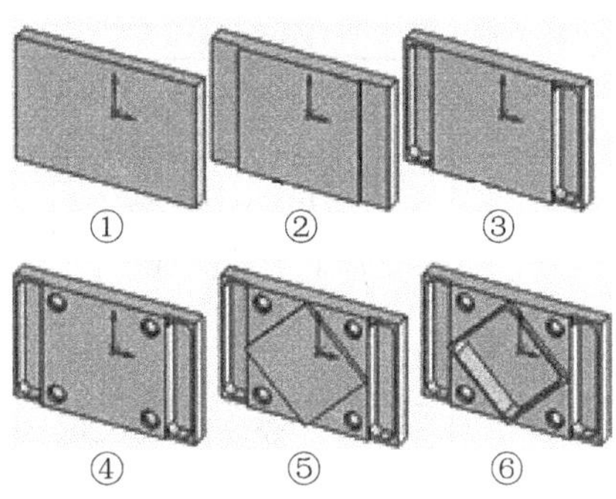
①
②
③
④
⑤
⑥

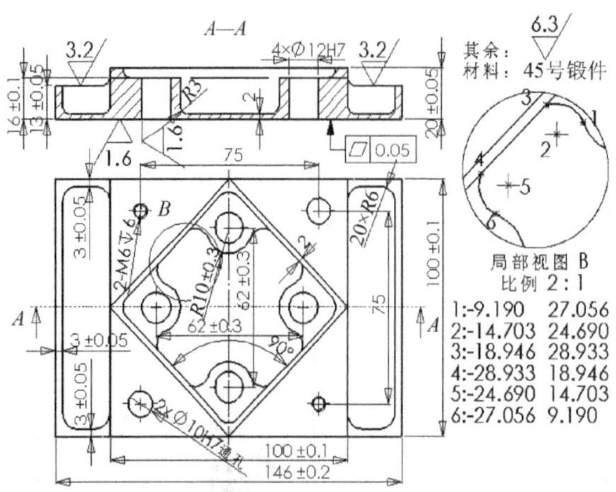
A—A
4×Ø12H7
3.2
其余：6.3
材料：45号锻件
16 ±0.1
13 ±0.05
20 ±0.05
R3
1.6
0.05
75
100 ±0.1
2-M6 ⊽6
B
3 ±0.05
R10 ±0.3
62 ±0.3
20×R6
90°
2×Ø10H7通孔
100 ±0.1
146 ±0.2
局部视图 B
比例 2：1
1:-9.190 27.056
2:-14.703 24.690
3:-18.946 28.933
4:-28.933 18.946
5:-24.690 14.703
6:-27.056 9.190

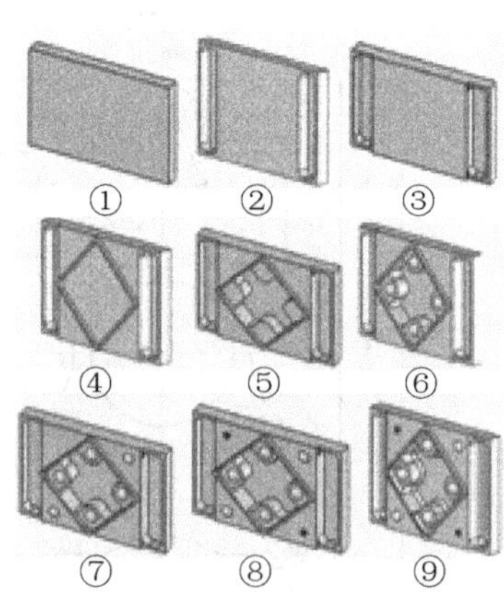
①
②
③
④
⑤
⑥
⑦
⑧
⑨

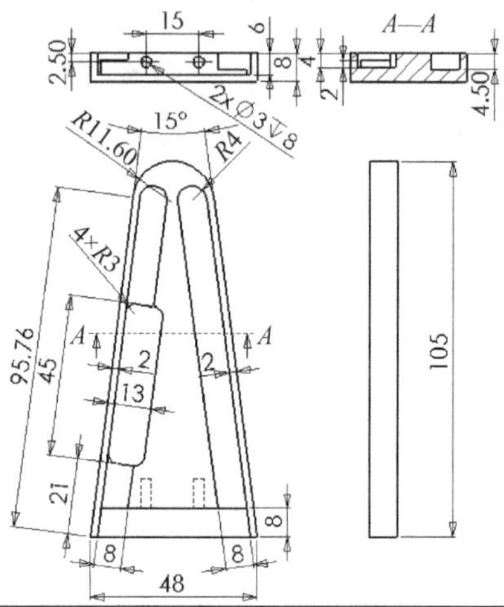
15
A—A
2.50
2×Ø3⊽8
4.50
R11.60
15°
R4
4×R3
95.76
45
13
21
8
48
105

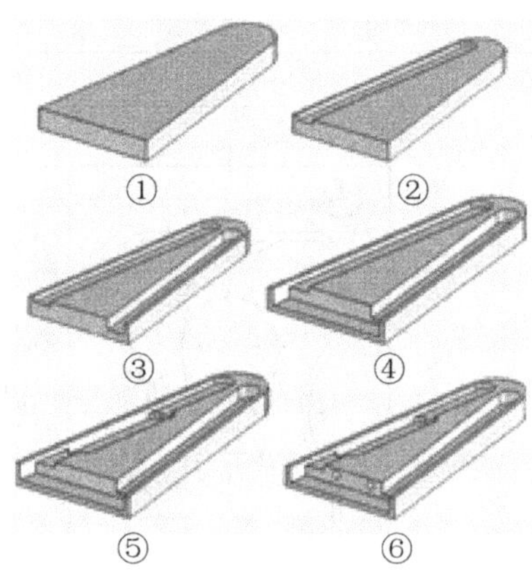
①
②
③
④
⑤
⑥

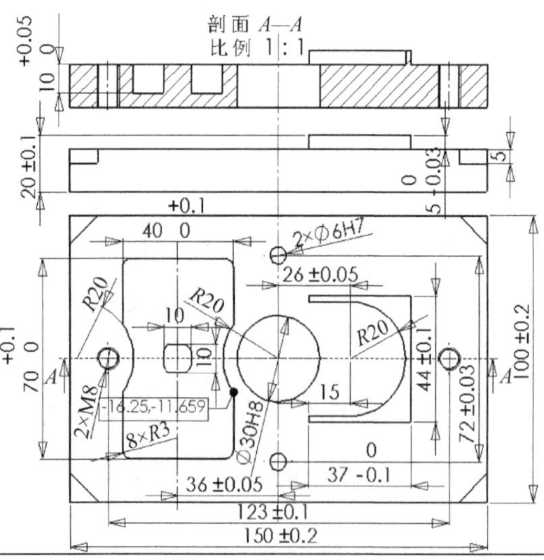
剖面 A—A
比例 1：1
20 ±0.1
2×Ø6H7
26 ±0.05
R20
2×M8
-16.25,-11.659
8×R3
Ø30H8
15
44 ±0.1
72 ±0.03
100 ±0.2
36 ±0.05
123 ±0.1
150 ±0.2

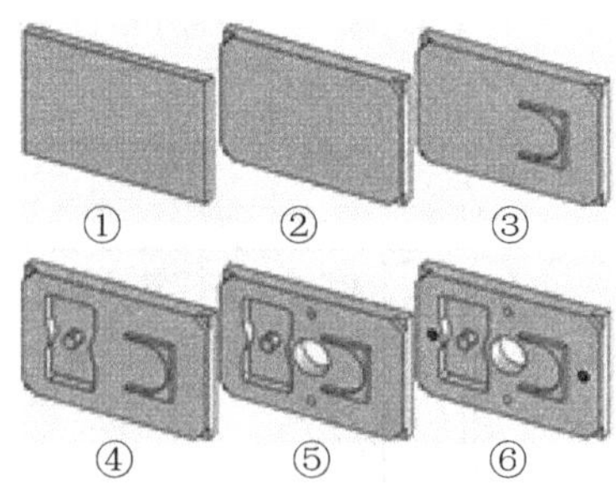
①
②
③
④
⑤
⑥

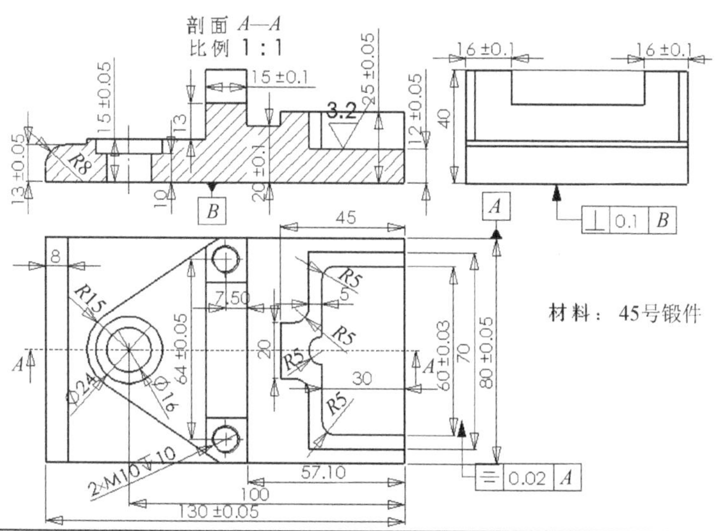

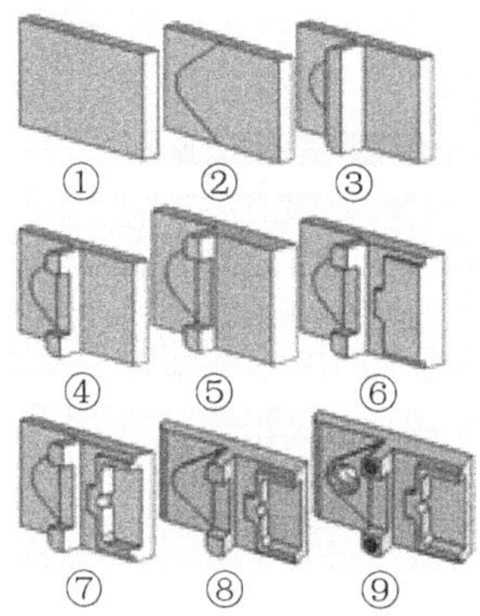

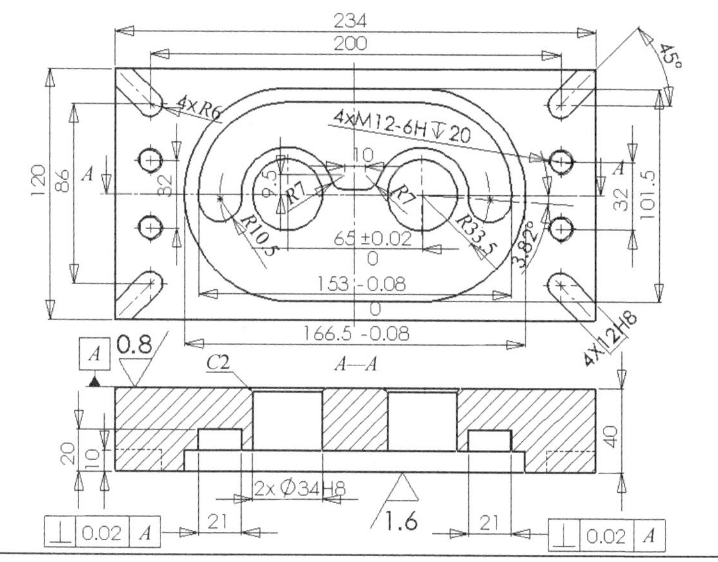

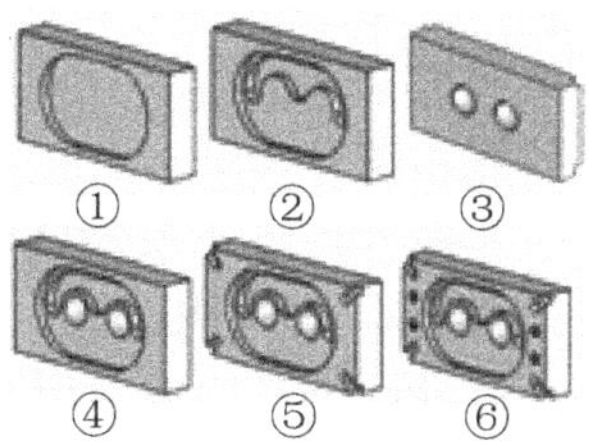

本 章 小 结

通过本章的学习，应掌握以下内容。

(1) 零件和特征的关系及特征管理。

(2) 拉伸、旋转、扫描特征的应用。

(3) 孔向导、圆角、倒角、阵列、筋等。

(4) 理解和应用零件的修改方法。

学会综合应用这些基本指令完成产品的三维建模，熟练掌握建模的过程与软件的应用技巧。

第 4 章　曲线-曲面建模

本章要点

- 螺旋线、组合曲线、投影曲线、分割线
- 拉伸曲面、直纹曲面、放样曲面
- 扫描曲面、边界曲面、填充曲面
- 平面区域、等距曲面、缝合曲面
- 延伸曲面、裁剪曲面、替换面

现代产品中的曲面设计一般是仿形设计，比如在产品外形复杂且特别注重美学设计效果的领域(如汽车外形)，设计师广泛采用真实比例的木制或泥塑做出真实的三维模型，来评估设计的美学效果，然后由建模师根据产品的造型效果，进行曲面的数据采样、曲线拟合、曲面构造，最终生成计算机三维实体模型，并对其进行编辑和修改。

创建曲面特征的方法和创建实体特征的方法基本相同，如拉伸、旋转、扫描、放样。但是由于曲面的特殊性，它也有一些特殊的创建方法，如剪裁、解除剪裁、延伸及缝合等。曲面特征在大多数情况下是一种过渡特征。因为对于封闭的曲面实体，也可以将其加厚或是缝合变成实体特征，因此，很多工业设计应用中都是首先利用曲面建模，最后再将其转换为实体特征。

本章的内容主要是通过范例介绍螺旋线、组合曲线、投影曲线、分割线、拉伸曲面、直纹曲面、放样曲面、扫描曲面、边界曲面、填充曲面、平面区域、等距曲面、缝合曲面、延伸曲面、裁剪曲面和替换面等命令，并培养曲面建模的设计思维。

项目 4.1　花 形 曲 面

【学习目标】

本项目要完成的图形如图 4-1 所示。通过本项目的学习，使读者能够熟练掌握草图点、圆、圆弧、基准平面、放样曲面等命令的使用方法，掌握三维建模技巧。

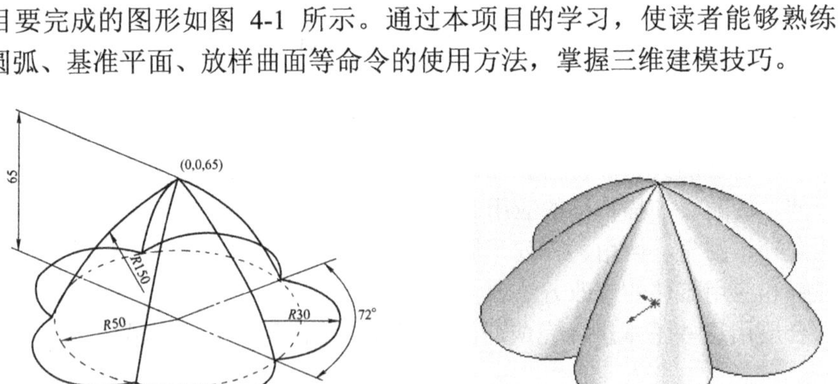

图 4-1　花形曲面示例

【学习要点】

草图点、圆、圆弧、基准平面、放样曲面。

【绘图思路】

本例应用曲面放样进行零件造型。首先在“前视”基准面创建“草图 1”，绘出具有 5 个 *R*30mm 的图形；接着创建一个距“前视”基准面 65mm 的新基准面并创建“草图 2”，绘制一个“点”；然后再创建垂直前视基准面并过“草图 1”顶点的 5 个基准面，并在其上分别作出 *R*150mm 的草图圆弧。最后以“草图 1”和“草图 2”作为放样截面，以 5 个“*R*150mm”的草图圆弧作为放样的引导线，进行曲面放样，完成造型。

【操作步骤】

(1) 单击“新建”按钮，新建一个“零件”文件，并单击“保存”按钮进行保存，如图 4-2 所示。

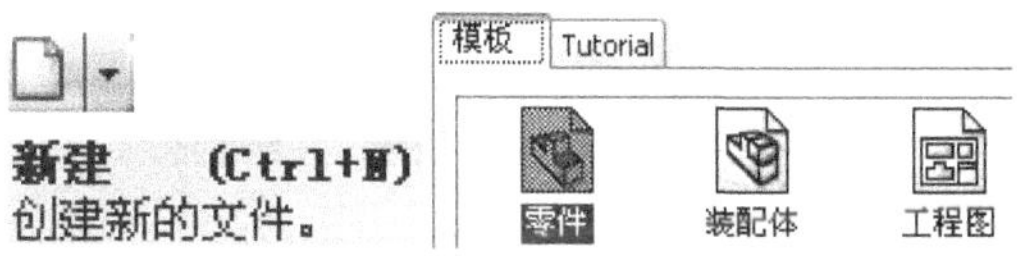

图 4-2　新建“零件”文件

(2) 在“前视”基准面上创建“草图 1”，绘制出如图 4-3 所示的图形。

注意：草图 1 中心应落在坐标原点上，这样有利于后续图形的制作。

(3) 创建一个距离“前视”基准面 65mm 的新基准面——“基准面 1”，并创建“草图 2”，然后在其上绘制一个“点”。

注意：此点应落在坐标原点上，如图 4-4 所示。

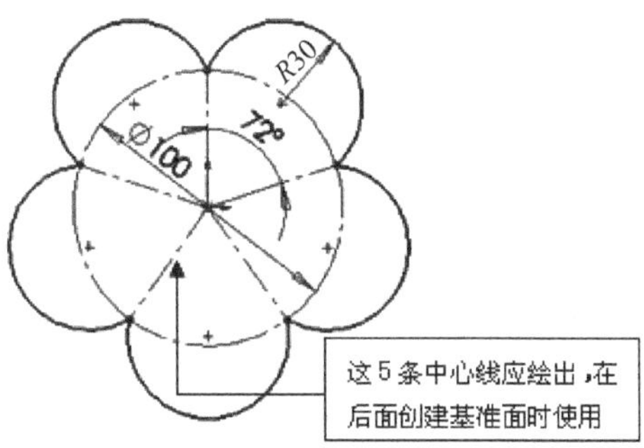

图 4-3　绘制的图形(1)

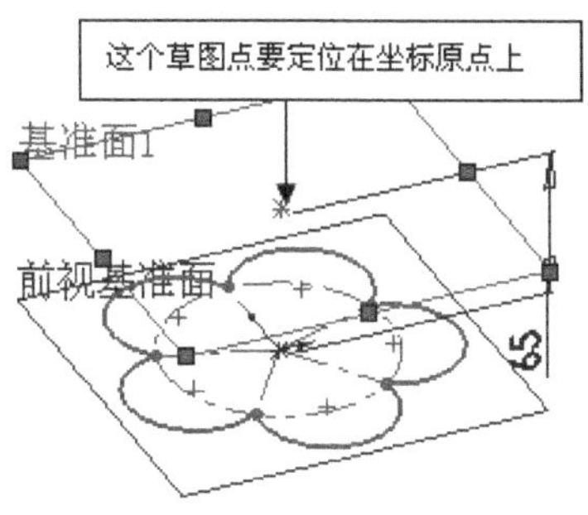

图 4-4　绘制的图形(2)

(4) 创建一新的基准面——“基准面 2”。过程如图 4-5 所示。
(5) 在“基准面 2”上作草图，绘出 *R*150mm 的圆弧线，如图 4-6 所示。
(6) 创建其他基准面和草图，过程同步骤(4)和(5)。最后如图 4-7 所示。

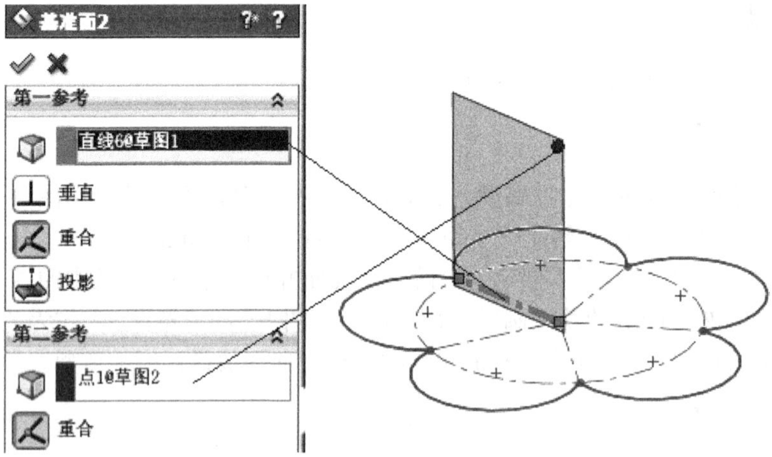

图 4-5　创建“基准面 2”的过程

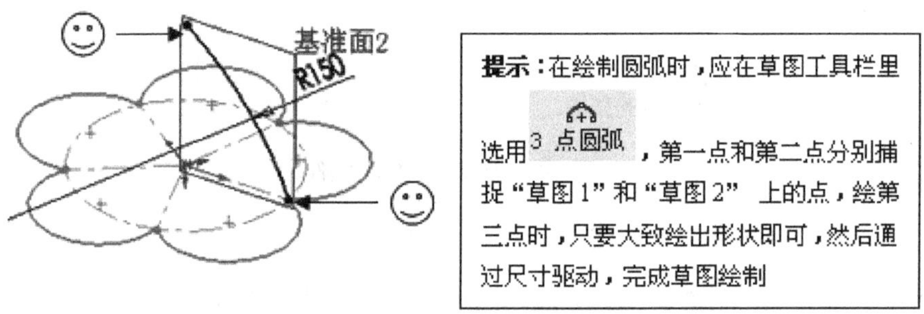

图 4-6　绘制 R150mm 圆弧线

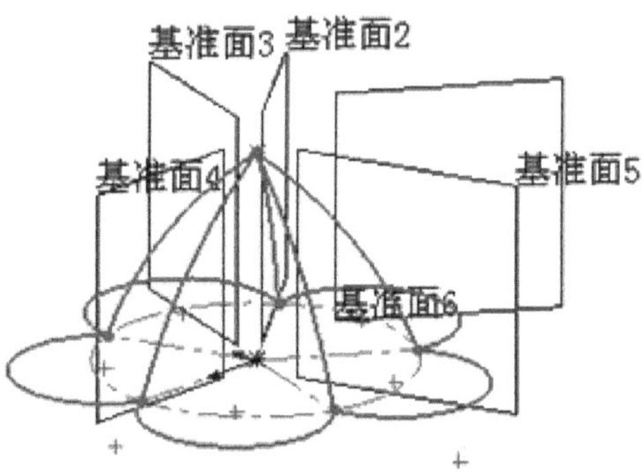

图 4-7　创建其他基准面和草图

提示：要创建不同的草图作引导线和截面线。引导线的端点要与作截面的草图之间有“穿透”关系(穿透(P))或是“重合”关系(重合(D))。

(7) 单击选曲面工具栏中的“放样曲面” 图标 放样曲面(L)...，打开“曲面-放样”对话框，单击“确定”按钮后完成造型，如图 4-8 所示。

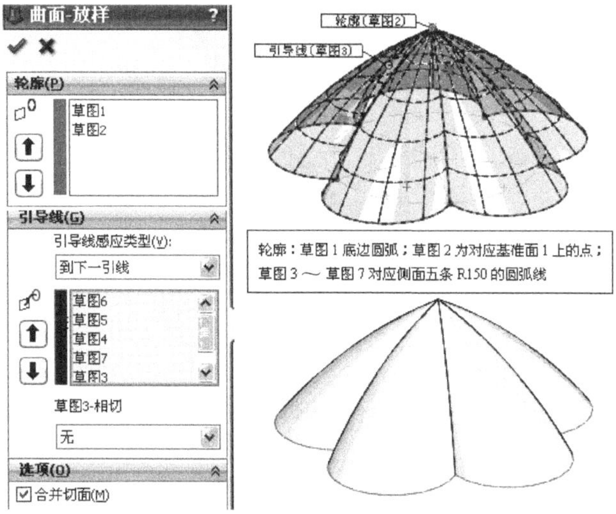

图 4-8　完成后的造型

注意：如果在此步中应用特征工具栏中的“放样凸台/基体”完成特征放样，将得到实体，如图 4-9 所示。

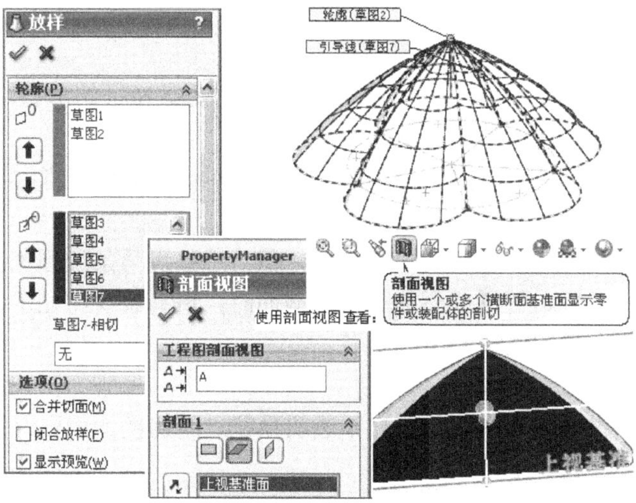

图 4-9　放样后得到的实体

【资料引入】

1. 特征放样

放样通过在轮廓之间进行过渡生成特征。放样可以是基体、凸台、切除或曲面。可以使用两个或多个轮廓生成放样。仅第一个或最后一个轮廓可以是点，也可以这两个轮廓均为点。单一 3D 草图中可以包含所有草图实体(包括引导线和轮廓)。

注意：对于实体放样，第一个和最后一个轮廓必须是模型面或由分割线、平面轮廓或曲面生成的面(见图 4-10)。

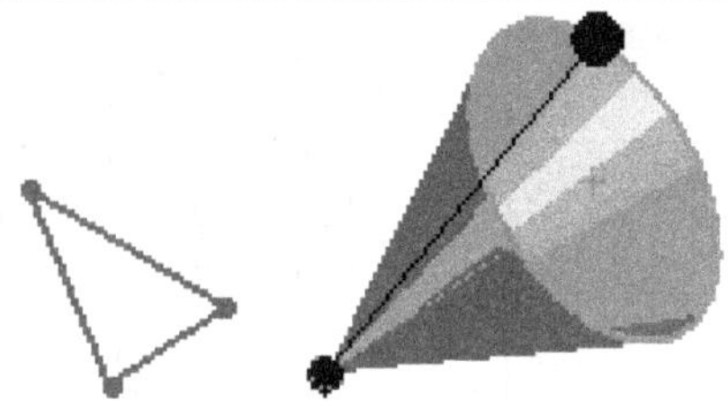

图 4-10　放样曲线

欲生成放样，操作如下。

(1) 执行以下操作之一。

① 单击特征工具栏中的“放样凸台/基体”图标，或依次单击“插入”→“凸台/基体”→“放样”。

② 单击特征工具栏中的“放样切除”图标，或依次单击“插入”→“切除”→“放样”。

③ 单击曲面工具栏中的“放样曲面”图标，或依次单击“插入”→“曲面”→“放样”。

(2) 在 PropertyManager 中设定选项。

(3) 以下列方法操纵放样。

① 同步放样轮廓。

② 拖动 3D 草图几何体可以在生成或编辑放样时更改特征的形状。

③ 添加、定位并编辑新的放样截面。

④ 即使点是包含其他草图实体草图的一部分，对该点创建放样。

⑤ 在生成放样时使用斑马条纹来观阅放样。

- 将指针放在放样上，打开快捷键菜单，然后选择斑马条纹预览。
- 当生成另一扫描、放样或添加一放样截面时，斑马条纹将显示。
- 使用快捷键菜单取消斑马条纹预览。

⑥ 使用网格预览来观阅放样。

⑦ 右击，然后在放样的透明预览和不透明预览之间切换。

(4) 单击“确定”按钮。

2. 曲面放样

该命令可以从多个草图建立并定义曲面特征。

欲生成放样曲面，操作如下。

(1) 为放样的每个轮廓截面创建基准面，基准面不一定要平行(见图 4-11)。

(2) 在基准面上绘制截面轮廓。可在单一 3D 草图内生成所有剖面和引导线草图。

(3) 如有必要，可生成引导线(见图 4-12)。

(4) 单击曲面工具栏中的“放样曲面”图标，或依次单击插入、曲面、放样。

(5) 设定 PropertyManager 选项(见图 4-13 和图 4-14)。

(6) 单击“确定”按钮。

图 4-11　轮廓

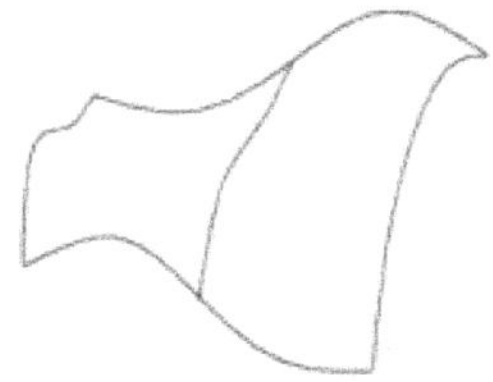

图 4-12　带引导线的轮廓

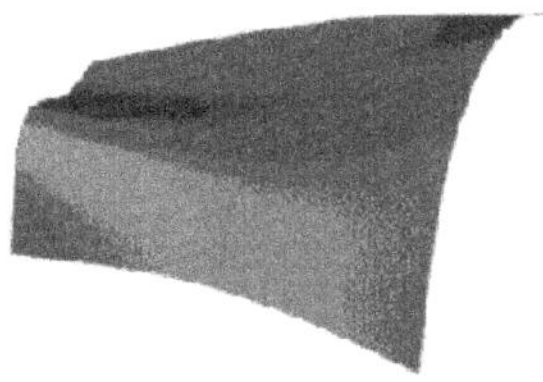

图 4-13　简单的放样

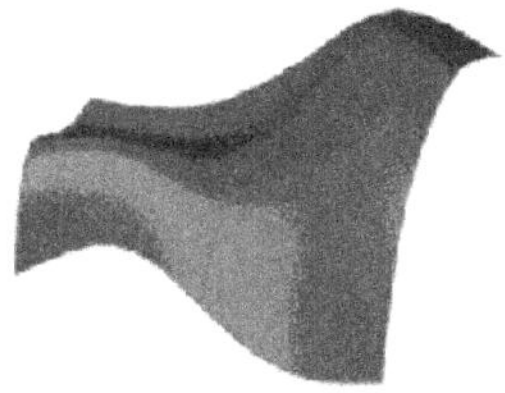

图 4-14　使用引导线放样

3. 穿透点与重合的关系

“重合”与“穿透”完全是两个概念。

“重合”一般是指两个点或一点一线之间的相合关系，一般是指同一草图中两个元素的一种关系，即便经常用到将一个活动草图中的元素与一个已有草图中的元素或轮廓边线相“重合”，但实际上指的是活动草图中的元素与已有草图中的元素(或轮廓边线)在活动草图中的投影相“重合”，这里在活动草图中有一条假想的投影线，所以从本质上来说还是同一草图中两个元素之间的关系。因此在扫描过程中不可能因存在“重合”关系而产生轮廓的位置或形状的变化。

“穿透”是指一个草图上的一个点与草图外的一条线(如扫描中的路径、引导线或放样中的中心线、引导线)之间的相合关系。在扫描(或放样)过程中该点随着这些控制线移动，通过该点与扫描(或放样)轮廓之间的尺寸约束或其他几何关系约束牵动扫描(或放样)轮廓产生位置或形状改变。

项目 4.2　浴 盆 曲 面

【学习目标】

本项目要完成的图形如图 4-15 所示。通过本项目的学习，应能熟练掌握草图绘制工具，通过放样曲面、实体镜像等命令的使用方法，掌握三维建模技巧。

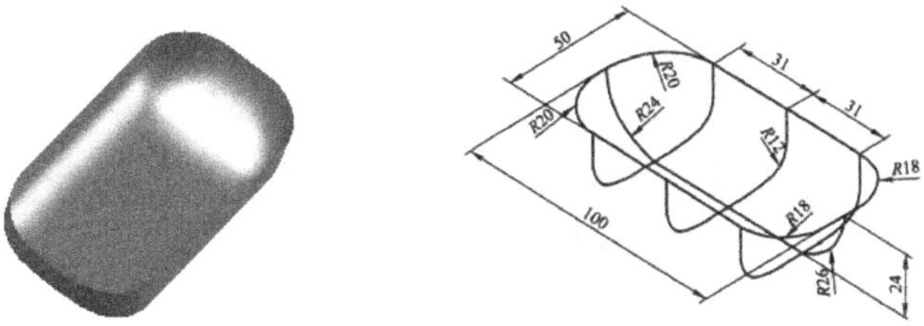

图 4-15　浴盆曲面示例

【学习要点】

草图绘制工具、通过放样曲面、实体镜像。

【绘图思路】

利用“曲面-放样”作出半个曲面造型，再用镜像功能作出另一半部。

【操作步骤】

(1) 单击“新建”按钮，新建一个“零件”文件，并单击“保存”按钮进行保存，如图 4-16 所示。

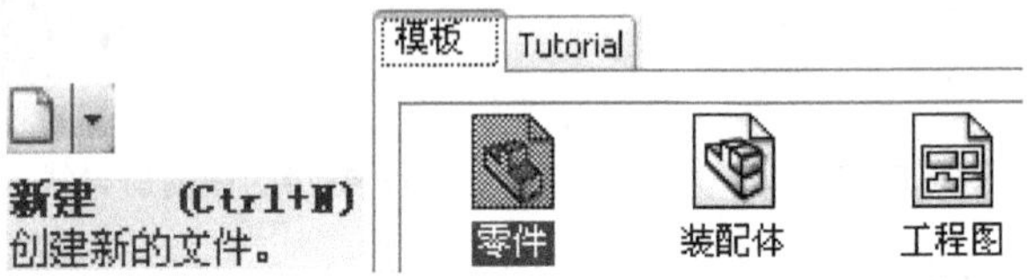

图 4-16 新建“零件”文件

(2) 在“前视”基准面上创建“草图 1”，绘制如图 4-17 所示的图形。在“上视”基准面上创建“草图 2”，绘制如图 4-18 所示的图形。

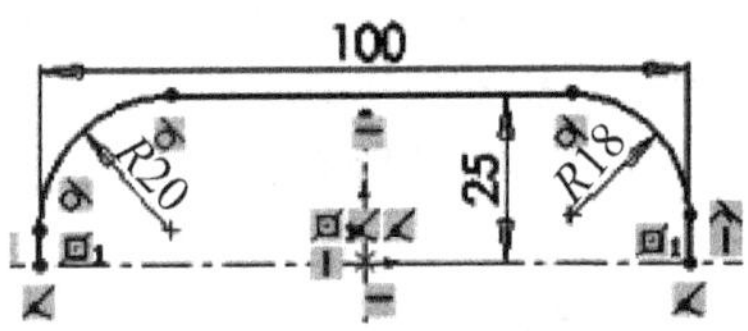

图 4-17 创建“草图 1”

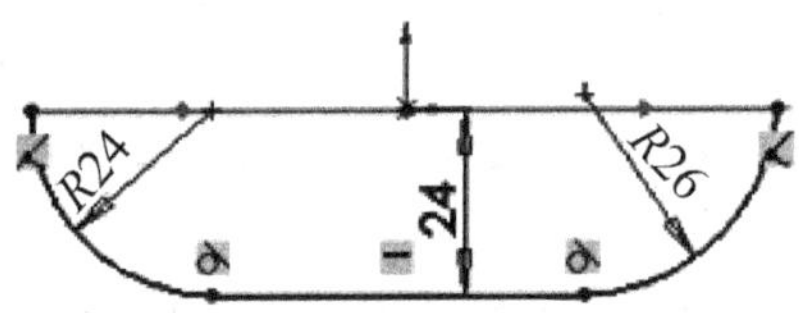

图 4-18 创建“草图 2”

(3) 在“右视”基准面上创建“草图 3”，绘制出如图 4-19 所示的图形。

(4) 在“右视”基准面两侧创建“基准面 1”和”“基准面 2”，其间距均为 31mm，如图 4-20 所示。

分别在“基准面 1”和“基准面 2”上作“草图 4”和“草图 5”，如图 4-21、图 4-22 所示。

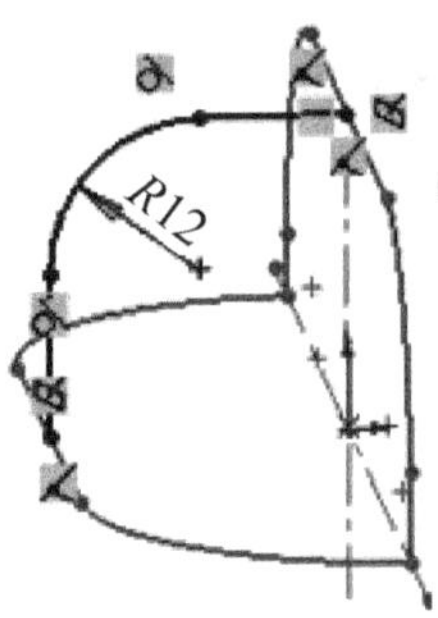

图 4-19 创建“草图 3”

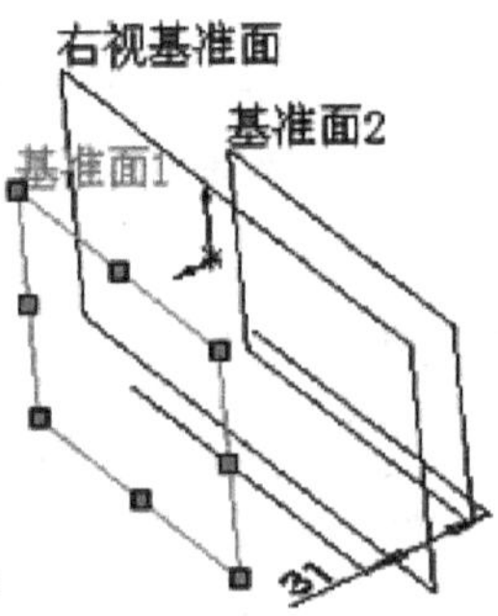

图 4-20 创建基准面

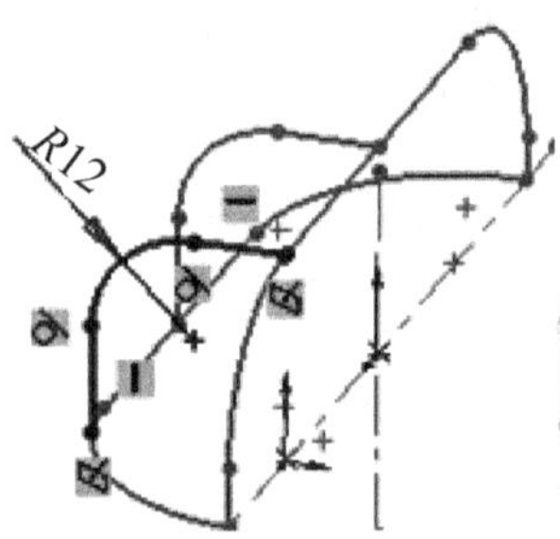

图 4-21 作“草图 4”

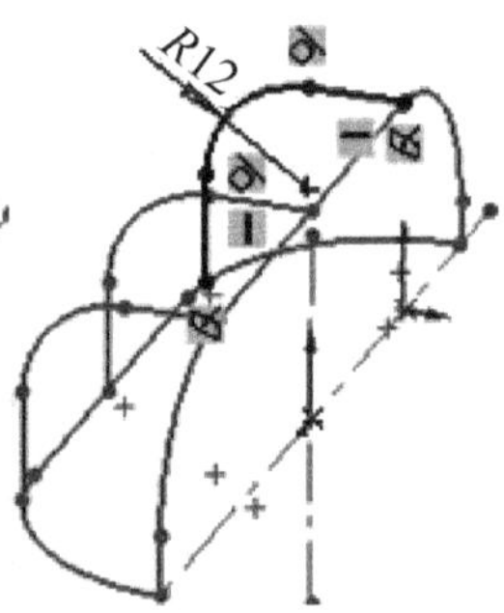

图 4-22 作“草图 5”

注意：“草图 2”的两个端点要和“草图 1”的两个端点重合；而在作“草图 3”、“草图 4”、“草图 5”时，要注意它们的端点应分别和“草图 1”、“草图 2”具有“穿透”关系。

(5) 以“草图 1”和“草图 2”为引导线，以“草图 3”、“草图 4”和“草图 5”作为截面线进行曲面放样，结果如图 4-23 所示。

(6) 使用特征工具栏中的“镜像”命令，作出另一侧的曲面。最终造型如图 4-24 所示。

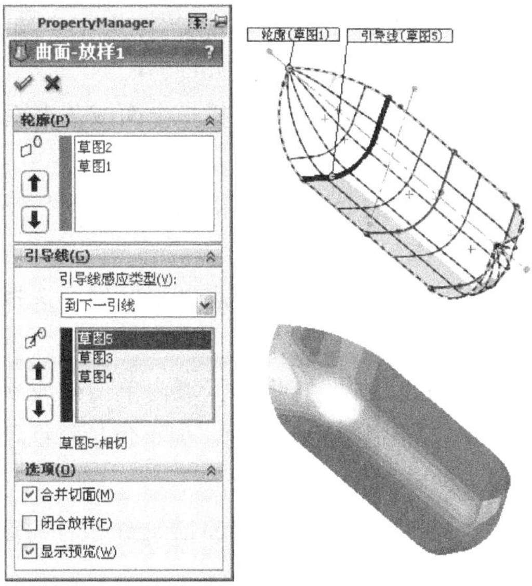

图 4-23　曲面放样结果

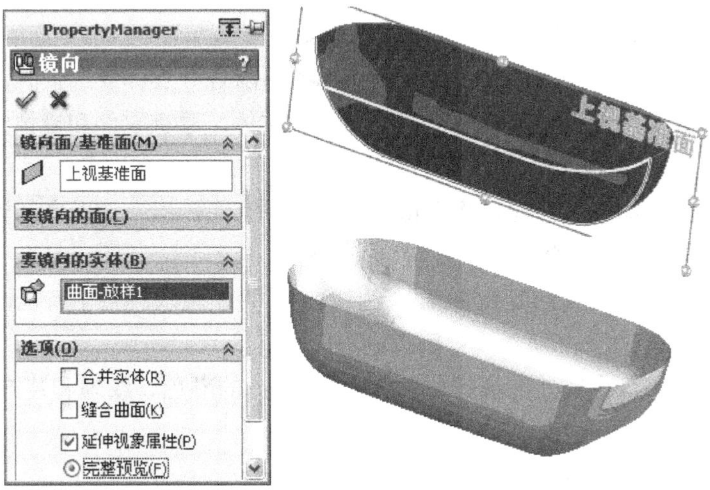

图 4-24　作出另一侧曲面的造型

【资料引入】

镜像特征(Mirror Feature)：

沿面或基准面镜像，生成一个特征(或多个特征)的复制。可选择特征或可选择构成特征的面。要镜像的实体。在单一模型或多实体零件中选择一实体来生成一镜像实体。

多实体零件。通过选择几何体阵列并使用特征范围来选择哪些实体应包括特征，将特征应用到一个或多个多实体零件。

欲镜像一个特征，操作如下。

(1) 单击特征工具栏中的“镜像”图标，或依次单击“插入”→“阵列/镜像”→“镜像。

(2) 在镜像面/基准面下，在图形区域选择一个面或基准面。可选择特征，构成特征面或带多实体零件的实体。

① 欲使用特征：在要镜像的特征下，单击模型中一个或多个特征或使用FeatureManager 设计树中弹出的部分。

② 欲镜像整个模型：在要镜像的实体下在图形区域内选择一个模型，镜像的模型附加到所选择的面上。

③ 欲使用面：在要镜像的面下，在图形区域内单击构成欲镜像的特征的面。要镜像的面对于在输入过程中，如果包括特征的面，但不包括特征本身的输入零件很有用。

④ 欲镜像多实体零件上的阵列。

- 在“要镜像的特征”图标下从 FeatureManager 设计树选择阵列。
- 在选项下，选择几何体阵列。
- 根据想应用阵列的实体，在特征范围下选择一个选项。

⑤ 欲使用实体：在要“镜像的实体”下，在图形区域选择欲镜像的实体。

(3) 如果选择要镜像的实体，以下选项出现。

① 合并实体。当在实体零件上选择一个面并消除合并实体复选框时，可生成附加到原有实体但为单独实体的镜像实体。如果选择合并实体，原有零件和镜像的零件成为单一实体。

② 缝合曲面。如果选择通过将镜像面附加到原有面，但在曲面之间无交叉或缝隙来镜像曲面，可选择缝合曲面将两个曲面缝合在一起。

(4) 如果仅想镜像特征的几何体(面和边线)，而并非想求解整个特征，请选择几何体阵列。

(5) 若想镜像已镜像实体的视像属性(SolidWorks 的颜色、纹理和装饰螺纹数据延)，选取延伸视像属性。

(6) 单击“确定”按钮。

项目 4.3　填 充 曲 面

【学习目标】

本项目要完成的图形如图 4-25 所示。通过本项目的学习，应能熟练掌握构建基准平面、草图圆弧、曲面填充等命令的操作过程，掌握三维建模的基本构图技巧。

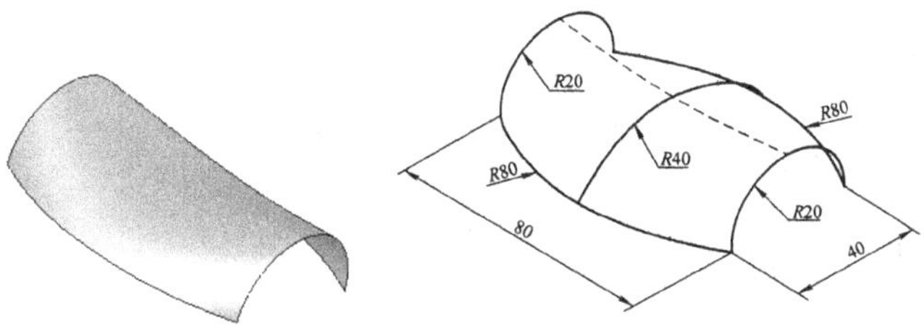

图 4-25　填充曲面示例

【学习要点】

构建基准平面、草图圆弧、曲面填充。

【绘图思路】

本例应用曲面填充进行零件造型。首先在“前视”基准面上创建“草图 1”，绘出一侧 R80mm 的图形；接着在“前视”基准面上创建“草图 2”，绘出另一侧 R80mm 的图形；然后在“上视”基准面上作出 R40mm 的草图圆弧。创建与“上视”基准面距离 40mm 的两个基准面，在其上绘制 R20mm 的草图圆弧，最后应用“曲面填充”完成造型。

【操作步骤】

(1) 单击“新建”按钮，新建一个“零件”文件，并单击“保存”按钮进行保存。

(2) 在“前视”基准面上创建“草图 1”，绘制出如图 4-26 所示的图形。

在“前视”基准面上创建“草图 2”，绘制出如图 4-27 所示的图形。

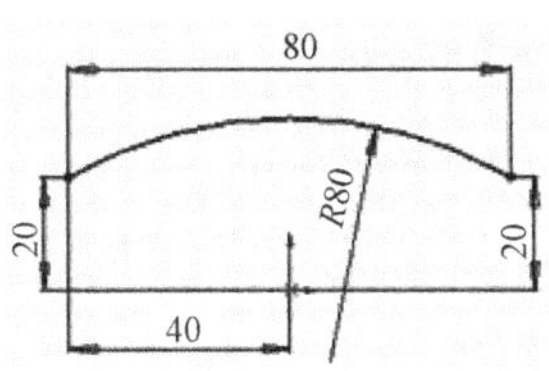

图 4-26　创建“草图”1

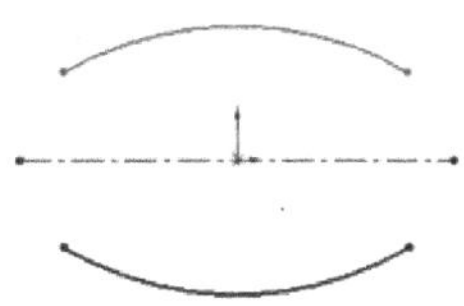

图 4-27　创建“草图 2”

过程：可先用 转换实体引用(E) 将“草图 1”中的线投影到“草图 2”中，然后绘出中心线，用 镜向(M) 绘出另一侧的圆弧线，再将刚才转换过来的草图线删除，即可得到草图 2 上的圆弧线。

注意：圆弧两端为要与原点“对称”，这可为以后绘图提供便利。

(3) 在“右视”基准面上创建“草图 3”，绘制出如图 4-28 所示的图形。

(4) 创建距离“右视”基准面 40mm 的“基准面 1”；在“基准面 1”上创建“草图 4”，并绘出草图圆弧，具体过程如图 4-29 所示。

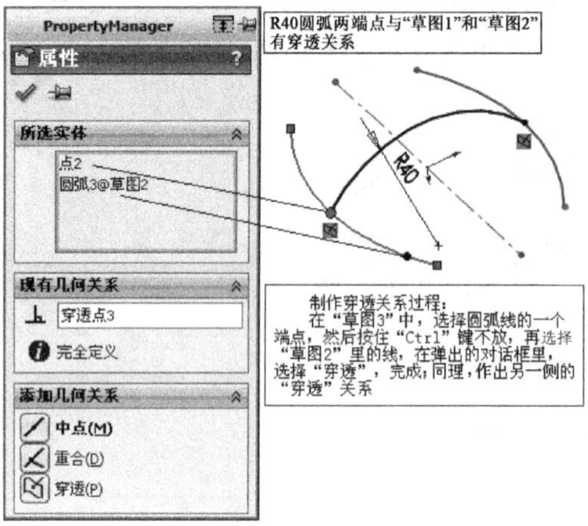

图 4-28 创建“草图 3”

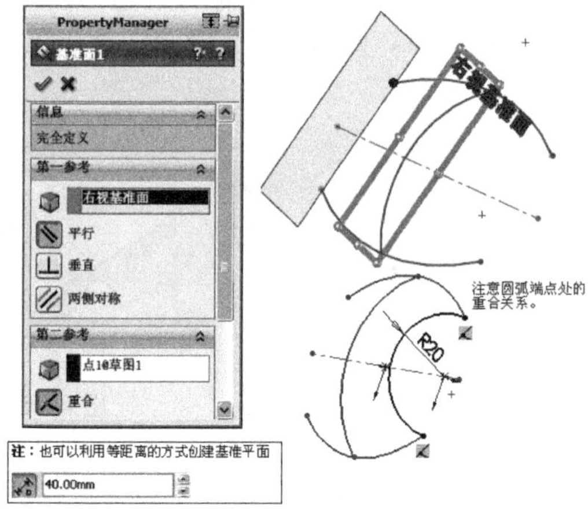

图 4-29 创建“草图 4”

(5) 参考上例，创建“基准面 2”及其上的草图，结果如图 4-30 所示。

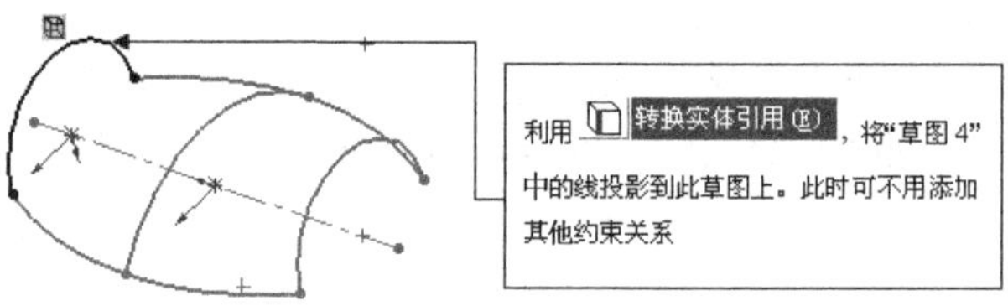

图 4-30 创建“基准面 2”及其上的草图

(6) 构建填充曲面，过程如图 4-31 所示。

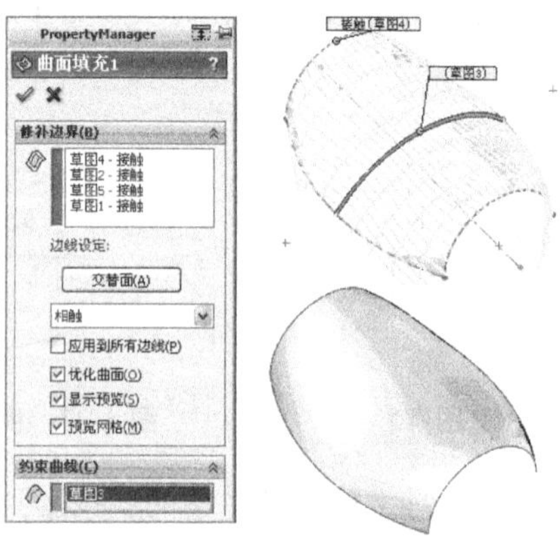

图 4-31 构建填充曲面

【资料引入】

1. 填充曲面

根据要生成的填充曲面类型设定 PropertyManager 选项。

(1) 修补边界。“修补边界”定义所应用的修补的边线。边界包括以下属性和功能：可用曲面或实体边线；也可用 2D 或 3D 草图作为修补的边界；也支持组合曲线。对于所有草图边界，只可选择接触修补为曲率控制类型。

(2) 交替面。有了交替面，可为修补的曲率控制反转边界面。交替面只在实体模型上生成修补时使用。

(3) 曲率控制。曲率控制定义想在所生成的修补上进行控制的类型。曲率控制的类型包括：

① 相触。在所选边界内生成曲面。

② 相切。在所选边界内生成曲面，但保持修补边线的相切。

③ 曲率。在与相邻曲面交界的边界边线上生成与所选曲面的曲率相配套的曲面。

(4) 应用到所有边线。选中“应用到所有边线”复选框可将相同的曲率控制应用到所有边线。如果在将接触以及相切应用到不同边线后选择功能，将应用当前选择到所有边线。

(5) 优化曲面 对 2 或 4 边曲面选择优化曲面选项。优化曲面选项应用与放样的曲面相类似的简化曲面修补。优化曲面修补的潜在优势包括重建时间加快以及当与模型中的其他特征一起使用时的增强稳定性。

(6) 显示预览。显示曲面填充的上色预览。

(7) 预览网格。在修补上显示网格线以帮助直观地查看曲率。预览网格只在选择显示预览时可用。

(8) 反转曲面。改变曲面修补的方向。反转曲面按钮为动态，只在满足这些条件时显示：所有边界曲线共平面；不存在约束点；无内部约束；填充曲面为非平面；为曲率控制选取相切或曲率。

(9) 约束曲线。“约束曲线”允许给修补添加斜面控制。约束曲线主要用于工业设计应用。可绘制如草图点或样条曲线之类的草图实体生成约束曲线。

应用填充曲面的范例。

如图 4-33 所示的外壳为一输入曲面，此例中的面之一失败。可使用填充曲面将之修复。

欲从输入的零件生成填充曲面，操作如下。

(1) 输入零件，如图 4-32 所示。

图 4-32　输入的零件

(2) 单击曲面工具栏中的“填充曲面”图标，或依次单击“插入”→“曲面”→“填充”。

(3) 在图形区域，在修补边界下，为“修补边界”选择绕孔的每条相切边线，如图 4-33 所示。

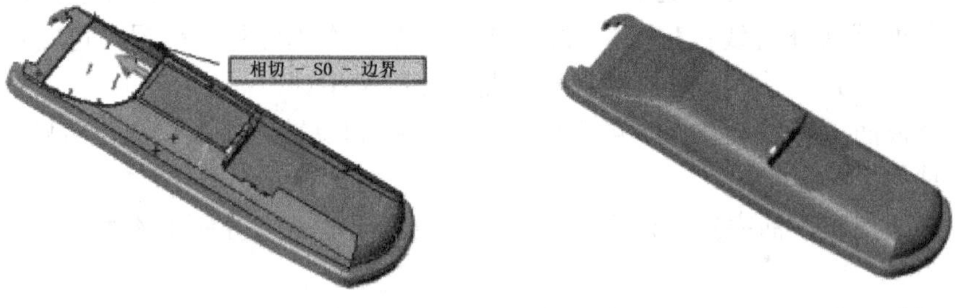

图 4-33　从输入的零件生成填充曲面

(4) 单击“确定”按钮。

项目 4.4　放 样 曲 面

【学习目标】

本项目要完成的图形如图 4-34 所示。通过本项目的学习，应能熟练掌握放样曲面、构建基准平面的操作过程，掌握三维建模的基本构图技巧。

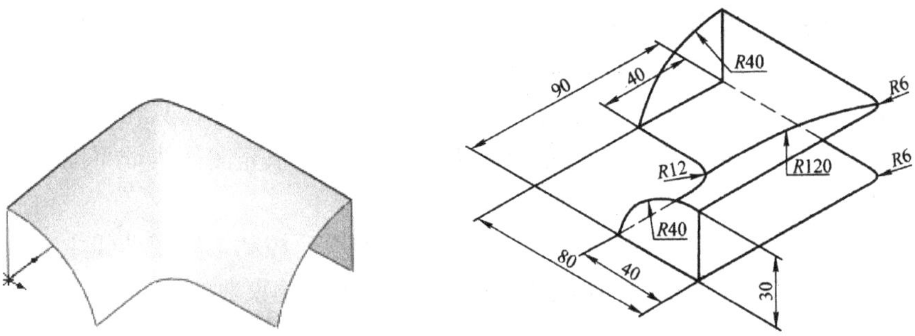

图 4-34　放样曲面示例

【学习要点】

放样曲面、构建基准平面。

【绘图思路】

本例应用放样曲面进行零件造型。首先在“前视”基准面上分别创建“草图 1”和“草图 2”，绘出宽 40mm 的两条曲线；接着在“上视”基准面上创建“草图 3”，绘出 *R*40mm 圆弧及直线；然后与“右视”基准面等距 80mm 的平面上绘制 R40mm 的草图圆弧及直线；再作 *R*120mm 处的基准平面并完成 *R*120mm 的草图圆弧及直线，最后应用放样曲面命令完成曲面造型。

【操作步骤】

(1) 单击“新建”按钮，新建一个“零件”文件，并单击“保存”按钮进行保存，如图 4-35 所示。

图 4-35　新建“零件”文件

(2) 在“前视”基准面上创建“草图 1”，绘制出如图 4-36 所示的图形。在“前视”基准面上创建“草图 2”，绘制出如图 4-37 所示的图形。

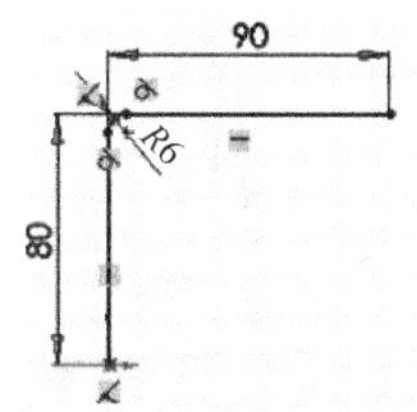

图 4-36　创建“草图 1”

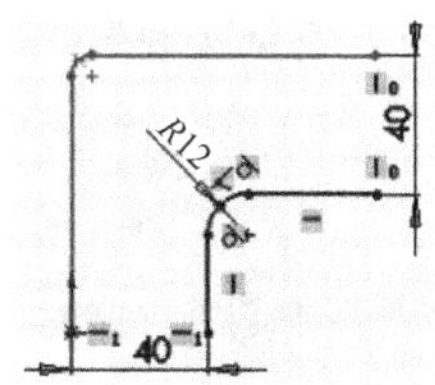

图 4-37　创建“草图 2”

(3) 在“上视”基准面上创建“草图 3”，绘制出如图 4-38 所示的图形。

(4) 创建“基准面 1”， 如图 4-39 所示。在“基准面 1”上作“草图 4”，如图 4-40 所示。

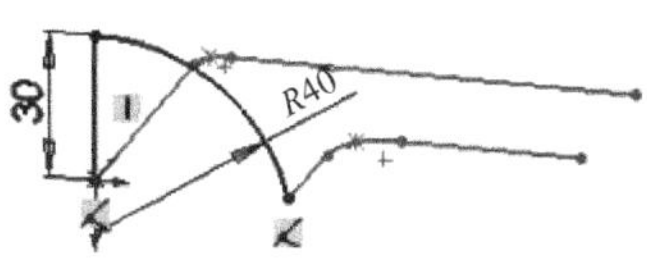

图 4-38　创建“草图”3

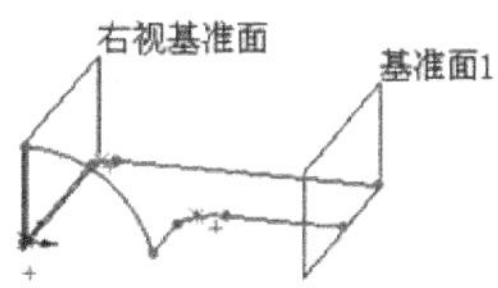

图 4-39　创建“基准面 1”

(5) 作出与“前视”基准面相距 30mm 的“基准面 2”，如图 4-41 所示，以此平面创建“草图 5”，将“草图 1”“实体引用”完成绘图，如图 4-42 所示。

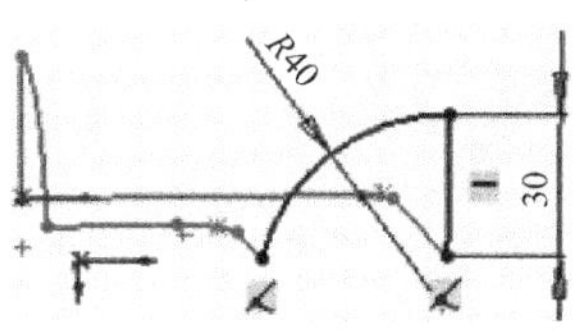

图 4-40　创建“草图 4”

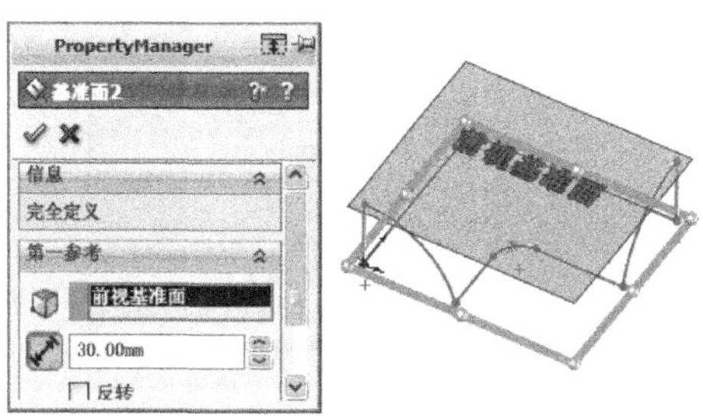

图 4-41　创建“基准面 2”

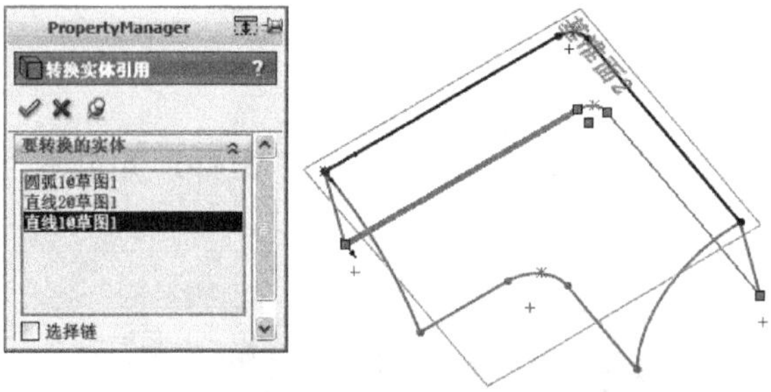

图 4-42　完成“草图 5”

(6) 用三点方式创建“基准面 3”，并在其上作出“草图 6”，如图 4-43 所示。

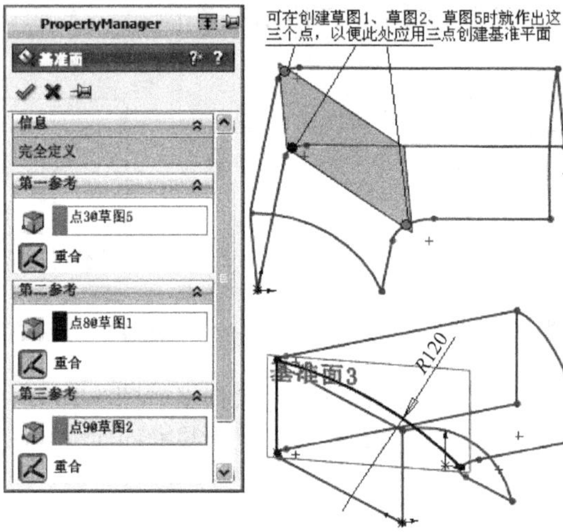

图 4-43　在“基准面 3”上作出“草图 6”

(7) 利用放样曲面完成造型，结果如图 4-44 所示。

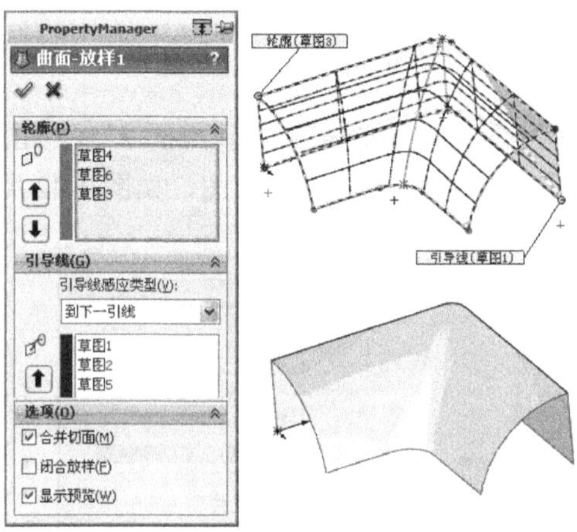

图 4-44　利用放样曲面完成造型

项目 4.5　曲面修剪实体

【学习目标】

本项目要完成的图形如图 4-45 所示。通过本项目的学习，使读者能熟练掌握拉伸基体、曲面填充、使用曲面切除等命令的操作过程，掌握三维建模的基本构图技巧。

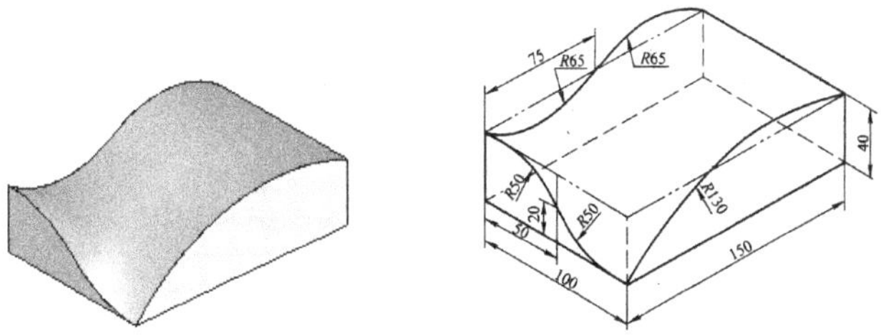

图 4-45　曲面修剪实体示例

【学习要点】

拉伸基体、曲面填充、使用曲面切除。

【绘图思路】

本例应用曲面裁剪进行零件造型。首先用“拉伸增料”命令作出长方体，再用“曲面填充”作出曲面，然后用“切除-使用曲面”完成造型。

【操作步骤】

(1) 单击“新建”按钮，新建一个“零件”文件，并单击“保存”按钮进行保存，如图 4-46 所示。

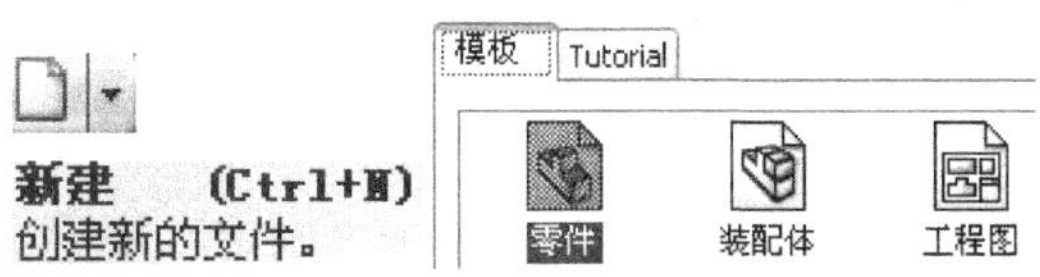

图 4-46　新建“零件”文件

(2) 在“前视”基准面上创建“草图 1”，绘制出如图 4-47 所示的图形，然后用“拉伸凸台” 命令作出长方体，如图 4-48 所示。

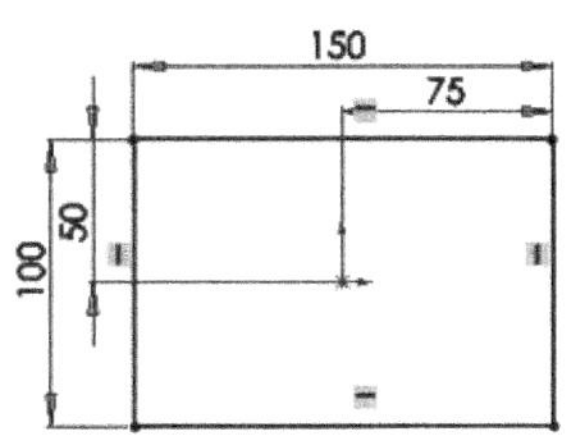

图 4-47　创建“草图 1”

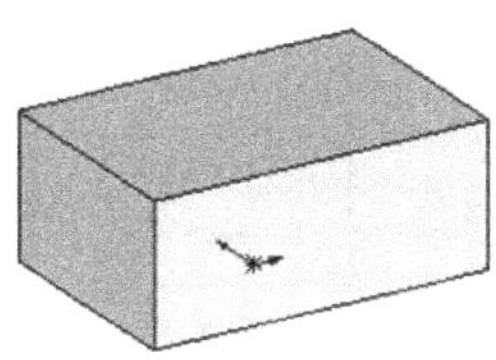

图 4-48　作出长方体

(3) 以长方体左侧面为基准面作草图，结果如图 4-49 所示。以长方体前面为基准面作草图，结果如图 4-50 所示。

以同样方式绘出其他两面上的草图线。结果如图 4-51、图 4-52 所示。

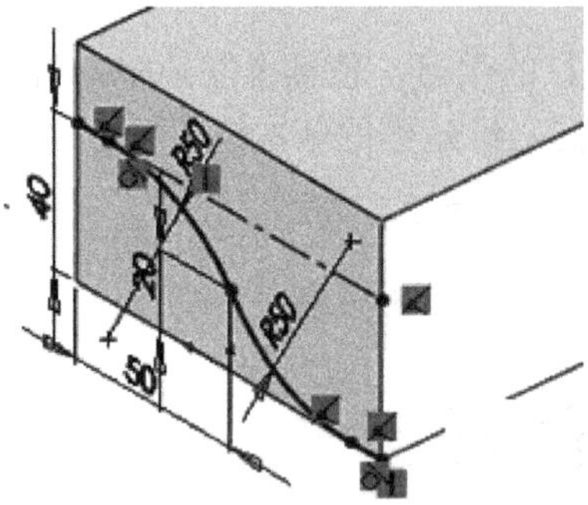

图 4-49 以长方体左侧面为基准面作出草图

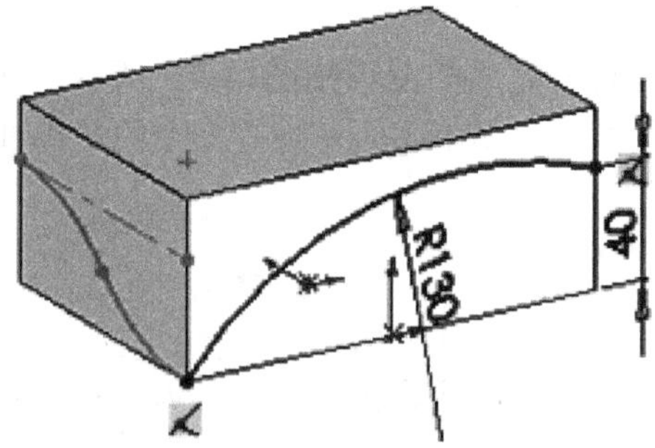

图 4-50 以长方体前面为基准面作出草图

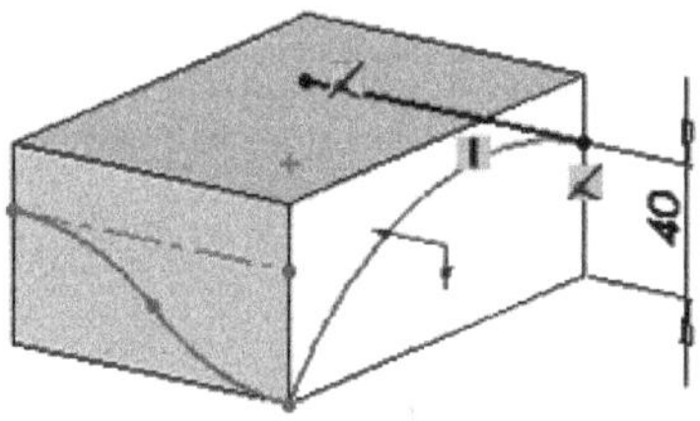

图 4-51 绘制右侧面的草图线

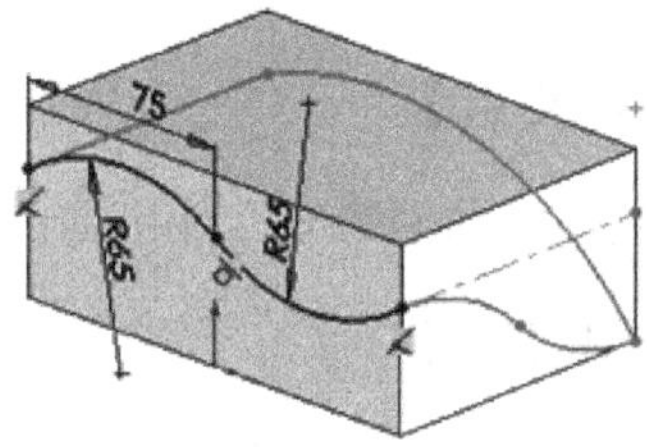

图 4-52 绘制后面的草图线

(4) 可以使用“曲面-放样”来作出曲面，也可以使用“曲面-填充”来完成，本例使用后者。单击“曲面-填充”图标，打开如图 4-53 所示的对话框。单击草图线在图 4-54 中显示预览结果。

(5) 应用“切除/使用曲面”命令，完成用曲面对长方体的切除，得到最终造型。

使用曲面剪切实体。单击“插入”菜单中的“切除-使用曲面” 切除(C) 使用曲面(W)... 命令，打开如图 4-55 所示的对话框，输入各项参数，单击“确定”按钮。

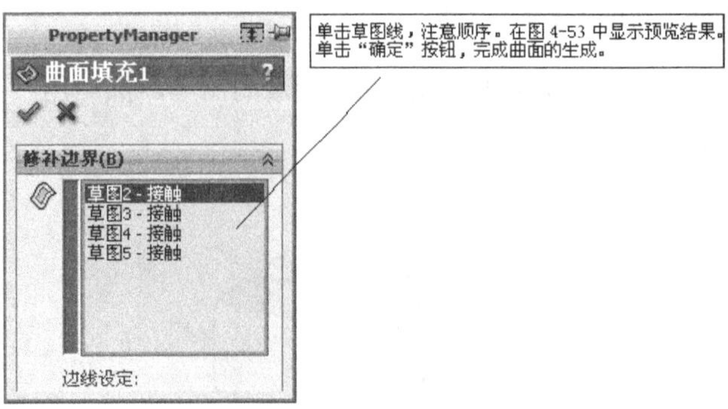

图 4-53 “曲面填充 1”对话框

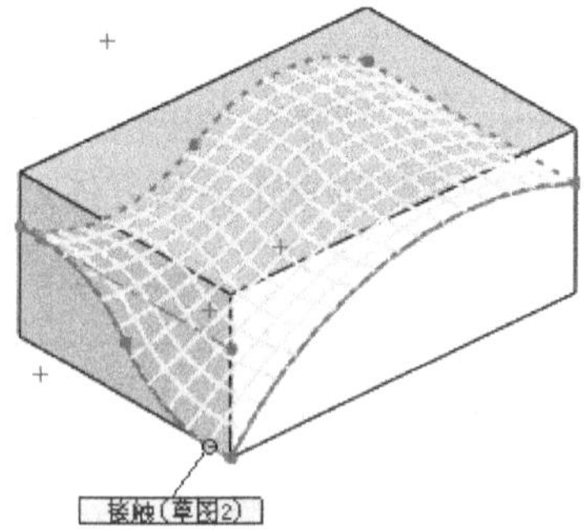

图 4-54 预览结果

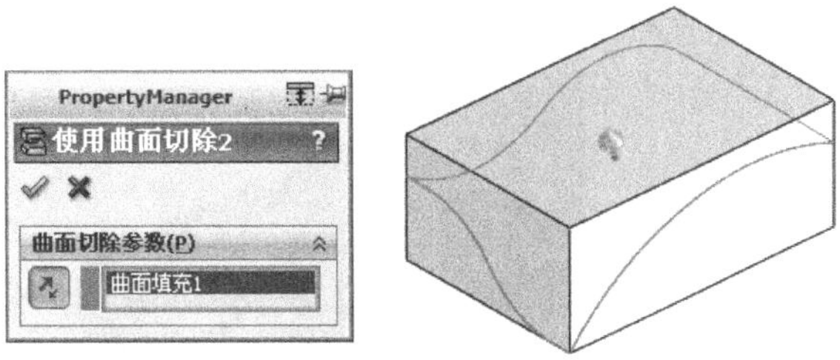

图 4-55　“使用曲面切除 2”对话框

【资料引入】

曲面切除(Surface Cut)：可通过用曲面或基准面移除材料来切除实体模型。对于多实体零件，可选择保留哪些实体。

欲使用曲面或基准面切割实体，操作如下。

(1) 单击特征工具栏中的“使用曲面切除”图标，或依次单击插入、切除、使用曲面。

(2) 在 PropertyMananger 中，在曲面切除参数下选择切除实体所要使用的曲面或基准面，如图 4-56 所示。

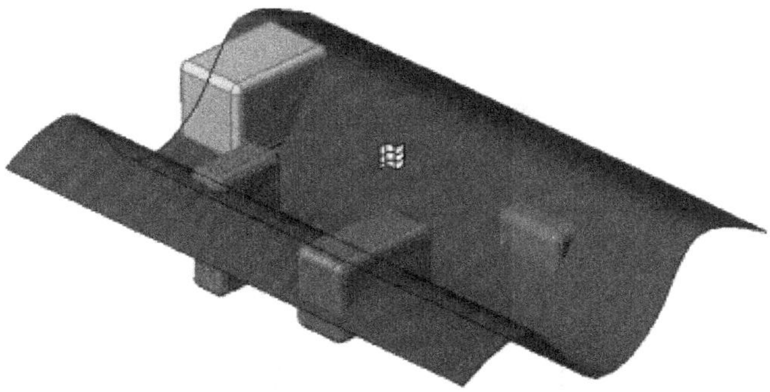

图 4-56　选择曲面或基准面

(3) 检查预览。如有必要，单击反转切除来改变切除方向。

箭头会指向要丢弃的实体的方向。

(4) 对于多实体零件，在特征范围下选择以下之一。

① 所有实体。每次特征重建时，曲面将切除所有实体。如果将被切除曲面所交叉的新实体添加到位于 FeatureMananger 设计树中切除特征之前的模型上，则这些新的实体也被重建以包括切除在内。

② 所选实体。曲面只切除用指针所选的实体。将被切除曲面所交叉的新实体添加到模型上，右击并在弹出的快捷菜单中选择“编辑特征”命令，然后选取这些实体将它们添加到所选实体清单中。如果不将新实体添加到所选实体清单中，则它们将保持完整无损。选择的实体在图形区域中高亮显示，并列举在特征范围下旁边。

③ 自动选择(在“所选实体”被选取时可用)。自动选择所有相关的交叉实体。“自动选择”比“所有实体”快，因为它只处理初始清单中的实体，并不会重建整个模型。如果消除“自动选择”，必须选择想在图形区域中切除的实体。在图 4-57 所示范例中，只有

黄色的实体(右数第二个)未被选择。

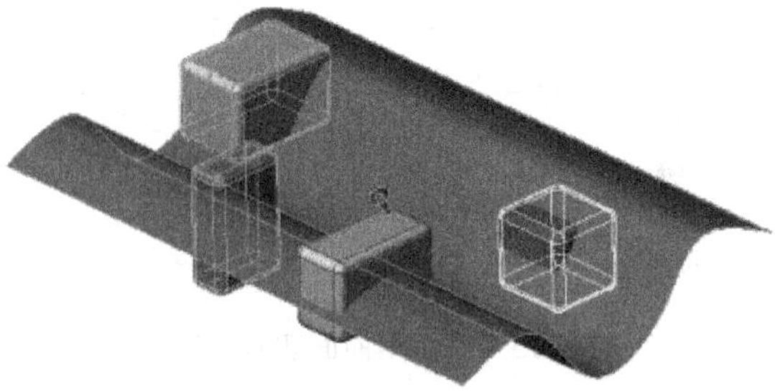

图 4-57　一个范例

(5) 单击“确定”按钮✔。

(6) 在 FeatureMananger 设计树中右击曲面，然后在弹出的快捷菜单中选择“隐藏”命令来隐藏切除曲面。

除未被选取的黄色实体外的实体被切除，且切除曲面被隐藏，如图 4-58 所示。

图 4-58　曲面切除实体示例

项目 4.6　十字形曲面

【学习目标】

本项目要完成的图形如图 4-59 所示。通过本项目的学习，应能够熟练掌握曲面-放样、圆周阵列、剪裁曲面等命令的使用方法，掌握三维建模的基本构图技巧。

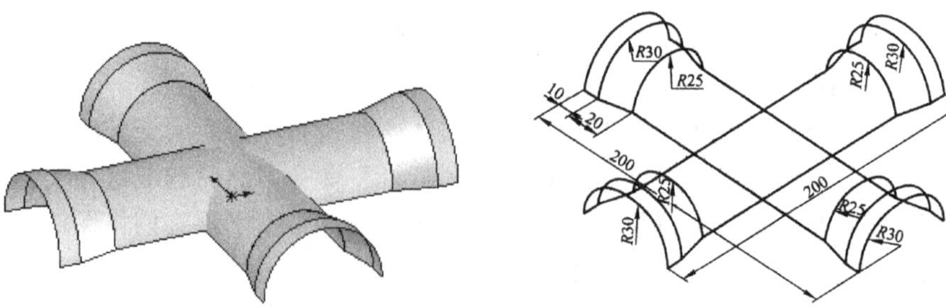

图 4-59　十字形曲面示例

【学习要点】

曲面-放样、圆周阵列、剪裁曲面。

【绘图思路】

先用“曲面-放样”作出一个曲面，再用“圆周阵列”作出另一个曲面，完成造型。

【操作步骤】

(1) 单击“新建”按钮，新建一个“零件”文件，并单击“保存”按钮进行保存，如图 4-60 所示。

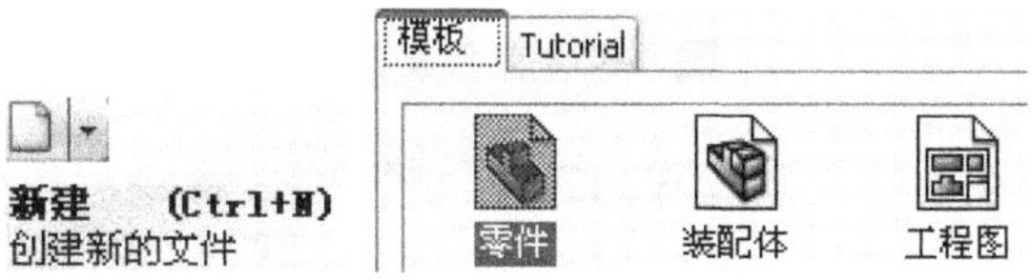

图 4-60　新建“零件”文件

(2) 绘制草图：创建如图 4-61 所示的基准面 1 至基准面 6，并分别在其上绘出草图 3~草图 8。

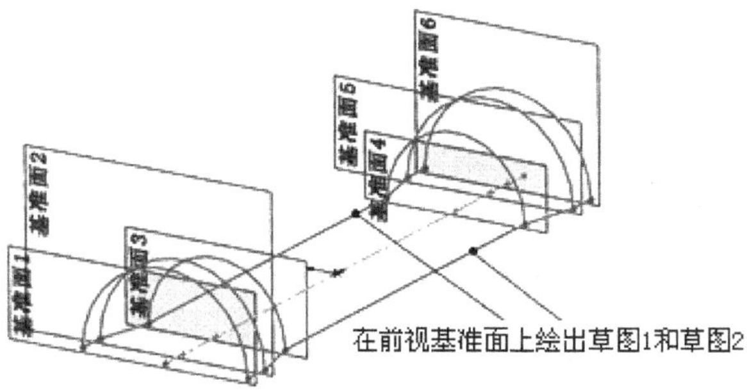

图 4-61　创建基准面 1~6

(3) 曲面放样：应用曲面-放样作出放样面，如图 4-62 所示。

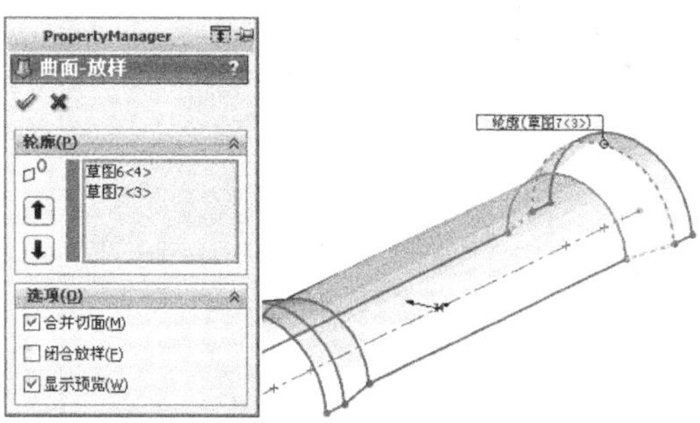

图 4-62　曲面放样

注意：每相邻两个草图要单独放样，即要应用 5 次曲面-放样命令，这样可以得到符合要求的曲面。

(4) 制作“圆周阵列”所用的基准轴，如图 4-63 所示。

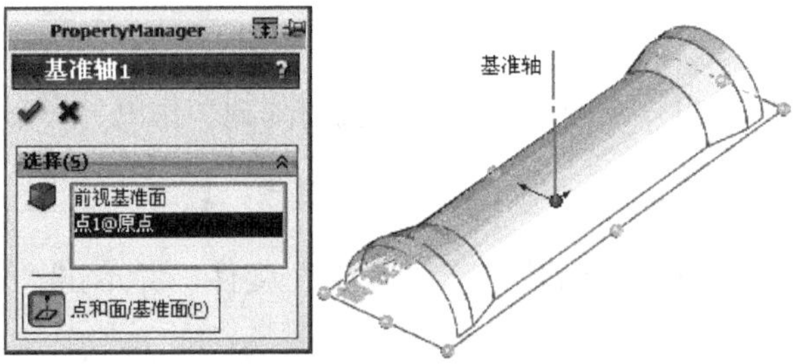

图 4-63 制作基准轴

(5) 使用特征工具栏中的“圆周阵列” 圆周阵列 命令，作出另一侧的曲面。详细设置见图 4-64。

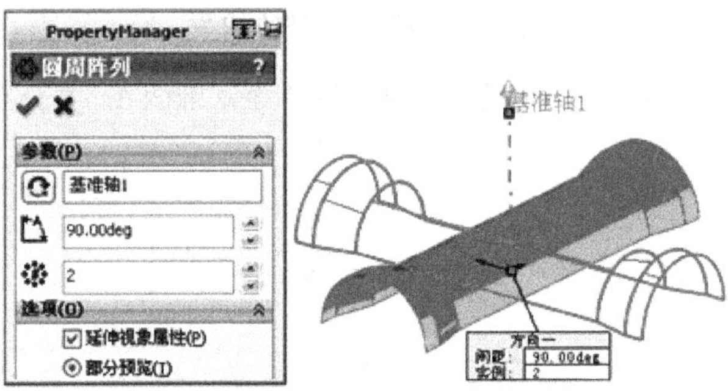

图 4-64 “圆周阵列”对话框设置

(6) 修剪壳体内容相交部分的曲面，具体过程如图 4-65 所示。

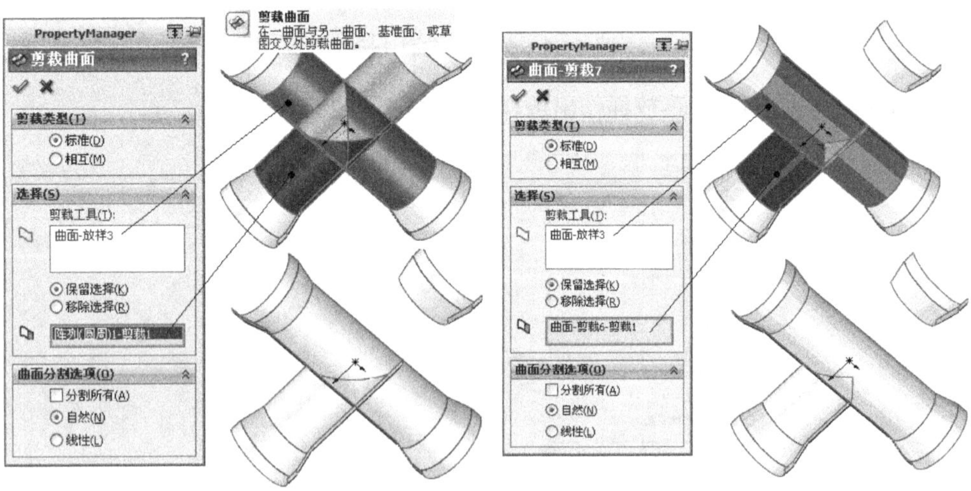

图 4-65 修剪壳体具体过程

(7) 将不需要的实体面隐藏，然后再次应用“圆周阵列”命令得到最终模型，过程如图 4-66 所示。

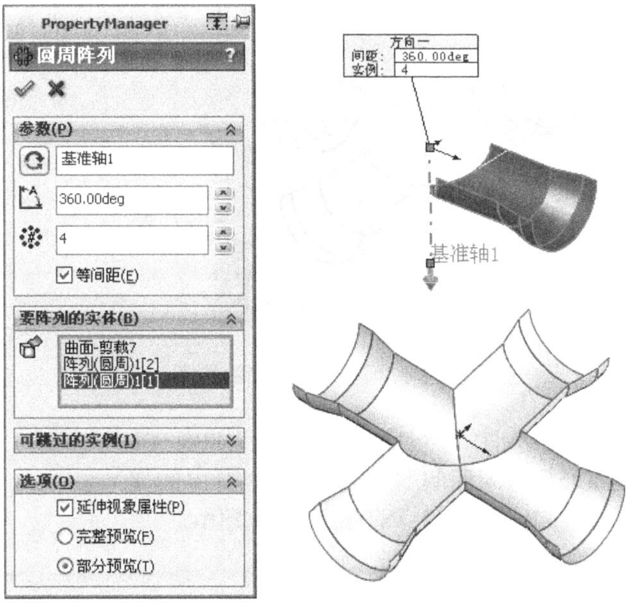

图 4-66　最终结果

【资料引入】

剪裁曲面(Trim Surface)：可以使用曲面、基准面或草图作为剪裁工具来剪裁相交曲面，也可以将曲面和其他曲面联合使用作为相互的剪裁工具。剪裁曲面包括以下选项。

欲剪裁曲面，操作如下。

(1) 生成在一个或多个点相交的两个或多个曲面，或生成一个与基准面相交或在其面有草图的曲面。

(2) 单击曲面工具栏中的“剪裁曲面”图标，或依次单击“插入”→“曲面”→“剪裁曲面”。

(3) 在 PropertyMananger 设计树中的剪裁类型下，选择一类型：

① 标准。使用曲面、草图实体、曲线、基准面等来剪裁曲面。

② 相互。使用曲面本身来剪裁多个曲面。

(4) 在选择下从这些选项选取：

① 剪裁工具 (在标准的剪裁类型下可用)。在图形区域中选择曲面、草图实体、曲线或基准面作为剪裁其他曲面的工具。

② 曲面 (在相互的剪裁类型下可用)。在图形区域中选择多个曲面以让剪裁曲面用来剪裁自身。

③ 选择一剪裁操作：

保留选择。保留在“要保留的部分” 下所列举的曲面。未在要保留的部分下所列举的交叉曲面被丢弃。

移除选择。丢弃在“要移除的部分”下所列举的曲面。未在要移除的部分下所列举的交叉曲面被丢弃。

④ 根据剪裁操作，在“要保留的部分”或在“要移除的部分”中选择曲面，如图 4-67 所示。

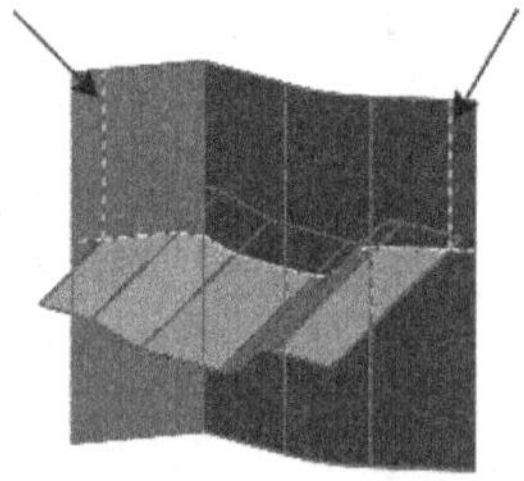

图 4-67 剪裁中曲面的选择

(5) 在曲面分割选项下选择一项目：

① 自然。强迫边界边线随曲面形状变化。

② 线性。强迫边界边线随剪裁点的线性方向变化。

③ 分割所有。显示曲面中的所有分割。

(6) 单击“确定”按钮。

使用标准剪裁类型的范例，如图 4-68 所示。

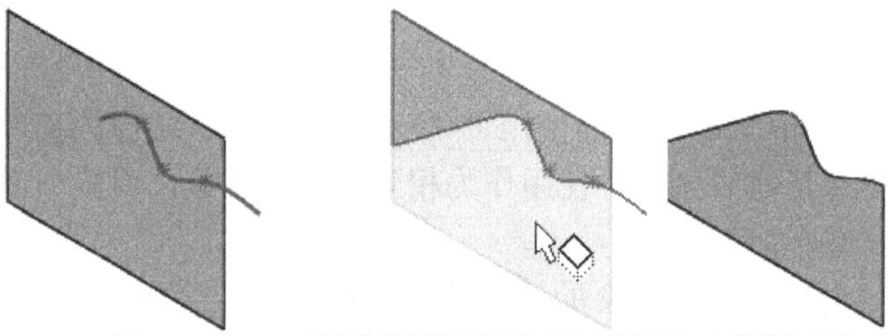

(a)为剪裁工具 所使用的草图 (b)在曲面分割选项中选择了自然的要保留的部分 (c)剪裁的曲面

图 4-68 使用标准剪裁类型的例子

使用相互剪裁类型的范例，如图 4-69 所示。

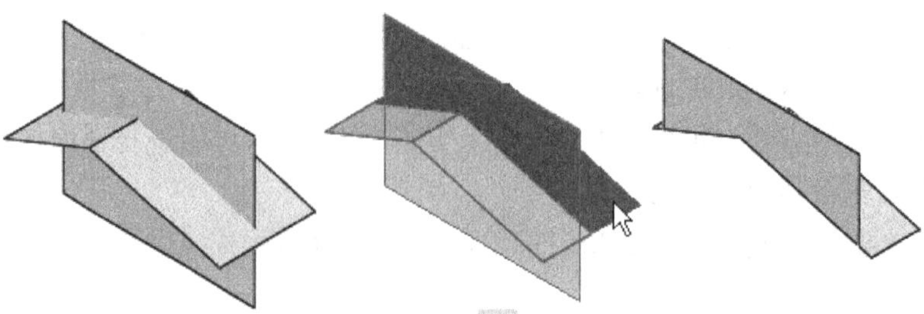

(a) 两个交叉曲面 (b) 为要保留的部分 所选择的曲面 (c) 剪裁的曲面

图 4-69 使用相互剪裁类型的例子

项目 4.7　鞋 模 造 型

【学习目标】

本项目要完成的图形如图 4-70 所示。通过本项目的学习，应能熟练掌握曲面-填充、曲面-放样、曲面-拉伸、曲面裁剪等命令的使用方法，掌握三维建模基本构图技巧。

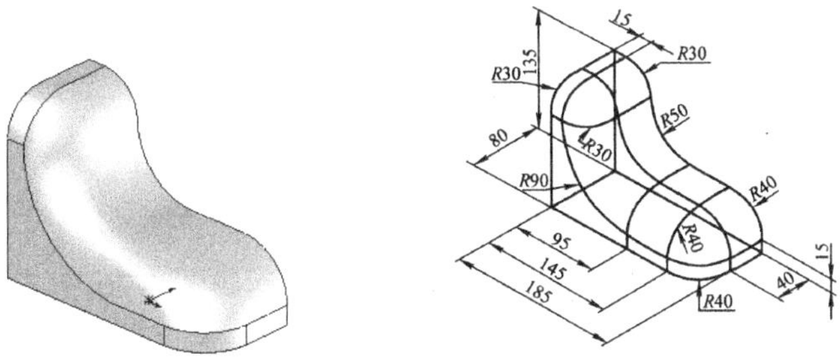

图 4-70　鞋模型造型示例

【学习要点】

曲面-填充、曲面-放样、曲面-拉伸、曲面裁剪。

【绘图思路】

本题综合应用各种曲面工具。主要有“曲面-填充”、“曲面-放样”、“曲面-拉伸”及“曲面-剪裁”，具体请见绘图步骤。

【操作步骤】

(1) 单击“新建”按钮，新建一个“零件”文件，并单击“保存”按钮进行保存，如图 4-71 所示。

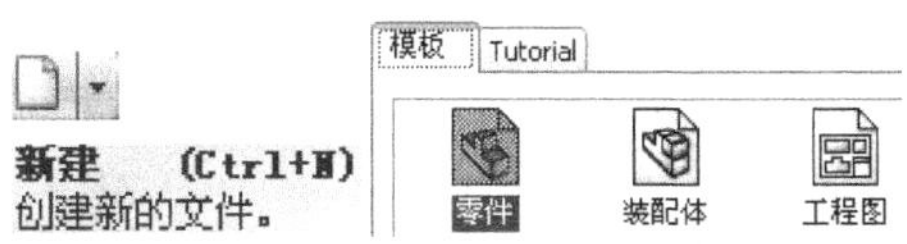

图 4-71　新建“零件”文件

(2) 在“前视”基准面上创建“草图 1”，绘制出如图 4-72 所示的图形。将“草图 1”高度拉伸至 135mm，如图 4-73 所示。

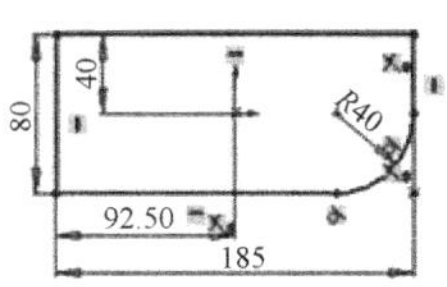

图 4-72　创建“草图 1”

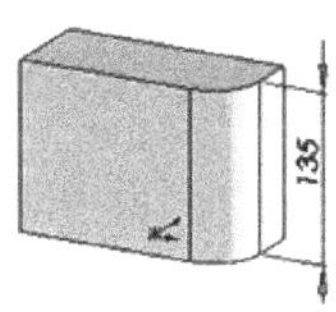

图 4-73　拉伸“草图 1”的高度

(3) 创建“基准面 1”，并在其上绘出“草图 2”，如图 4-74 和图 4-75 所示。“基准面 1”与右侧平面相距 40mm。

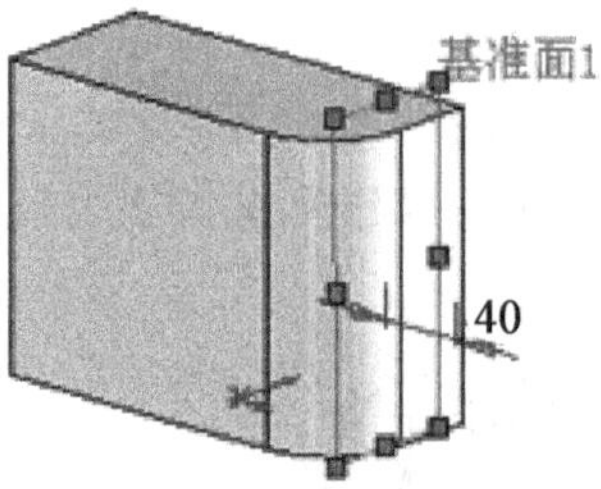

图 4-74 创建“基准面 1”

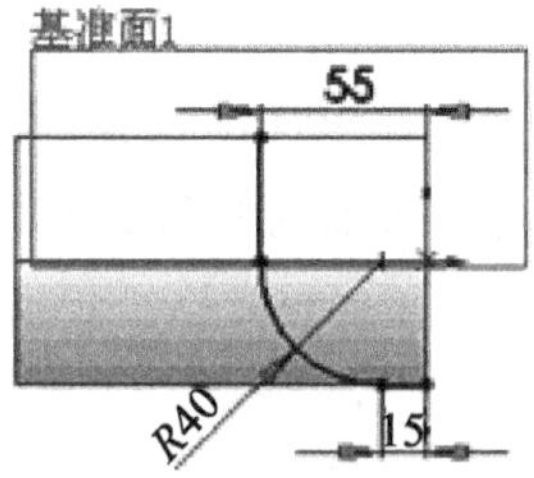

图 4-75 创建“草图 2”

(4) 创建“基准面 2”，并在其上绘出“草图 3”，如图 4-76 和图 4-77 所示。“基准面 2”与左侧平面相距 95mm。

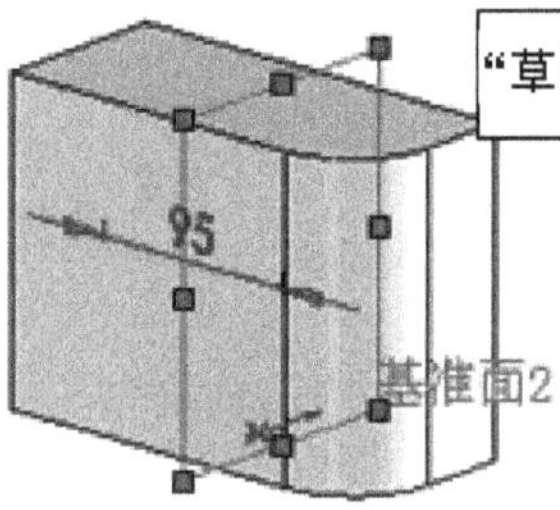

图 4-76 创建“基准面 2”

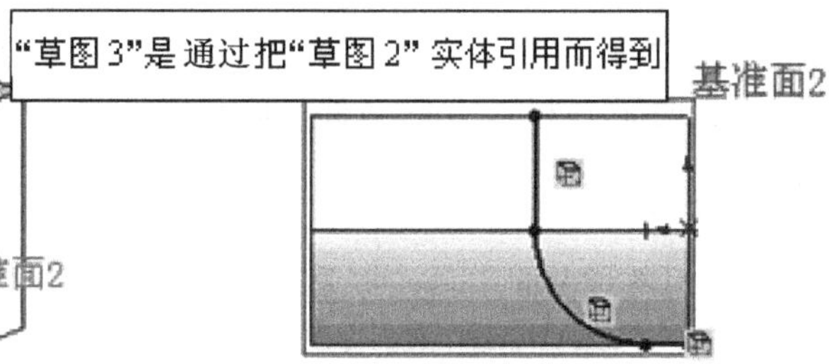

图 4-77 创建“草图 3”

(5) 创建“基准面 3”，并在其上绘出“草图 4”，如图 4-78 和图 4-79 所示。“基准面 3”与上表面相距 30mm。

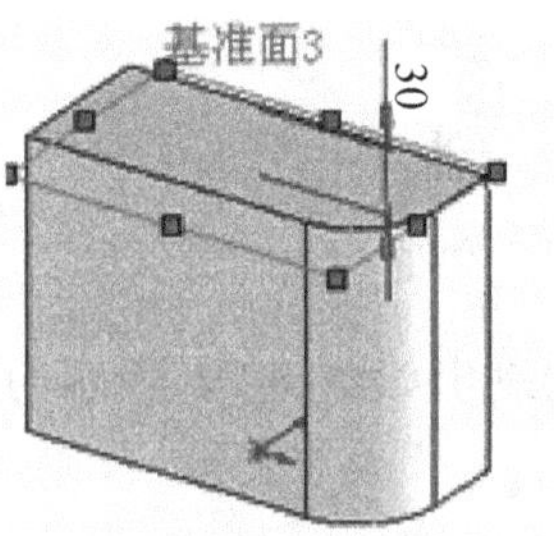

图 4-78 创建“基准面 3”

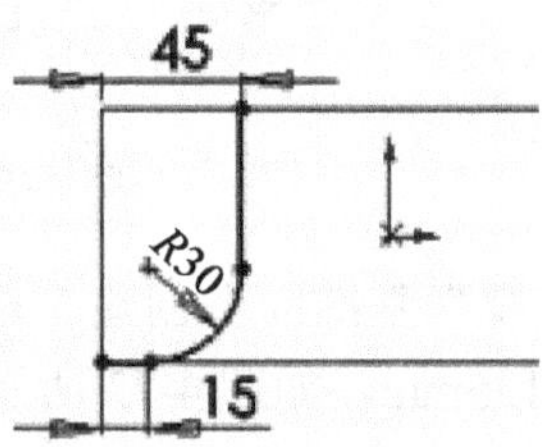

图 4-79 创建“草图 4”

(6) 创建“基准面 4”，并在其上绘出“草图 5”，如图 4-80 和图 4-81 所示。“基准面 4”与左侧平面相距 15mm。

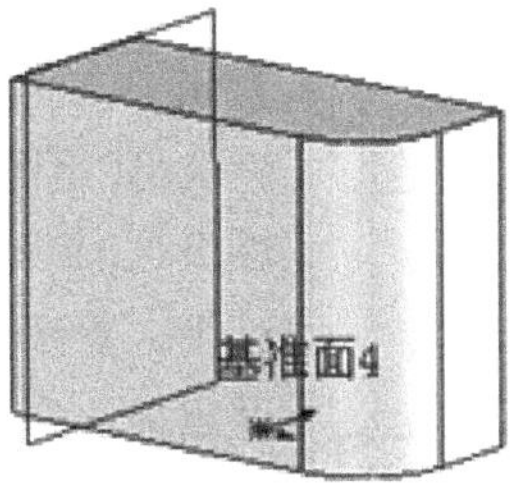

图 4-80　创建“基准面 4”

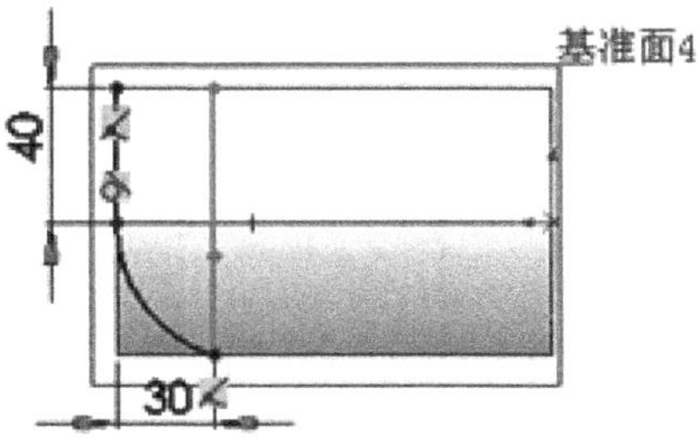

图 4-81　创建“草图 5”

注意：添加相切关系及重合关系。

(7) 创建“基准面 5”，并在其上绘出“草图 6”，如图 4-82 和图 4-83 所示。“基准面 5”与底平面相距 15mm。

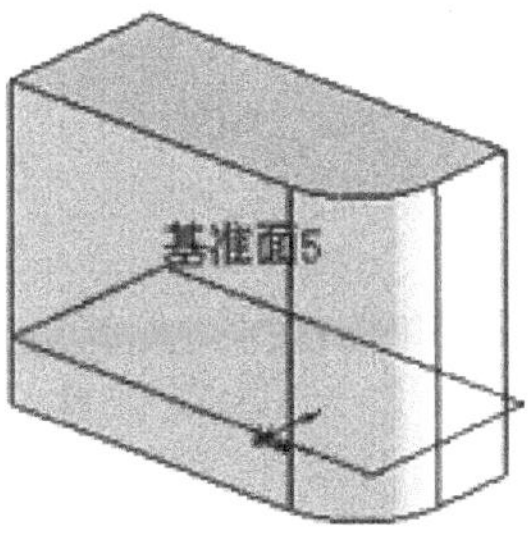

图 4-82　创建“基准面 5”

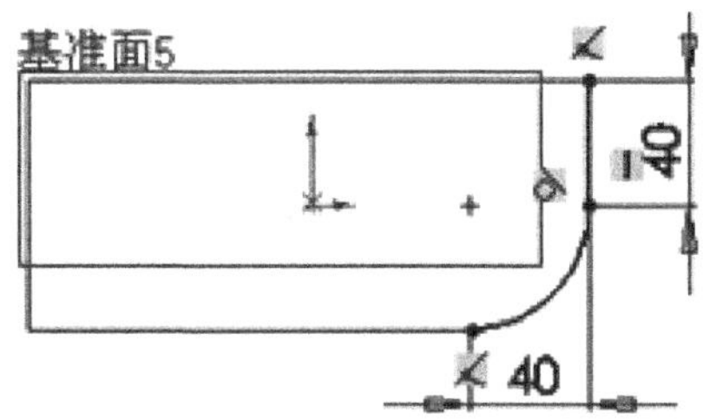

图 4-83　创建“草图 6”

注意：添加相切关系及重合关系。

(8) 在拉伸体的后平面上创建“草图 7”，如图 4-84 所示。在拉伸体的前平面上创建“草图 8”，见图 4-85 所示。

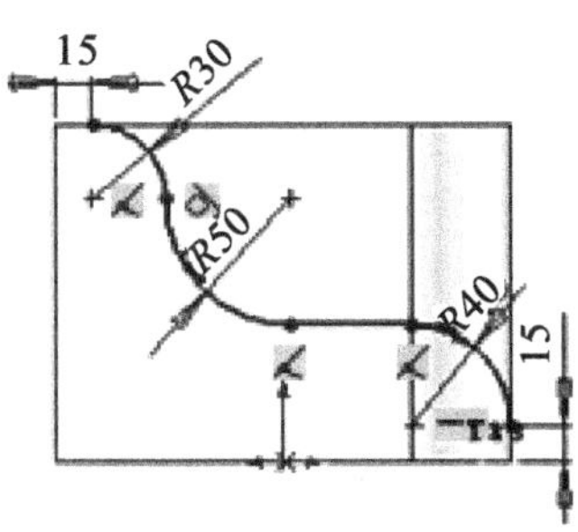

图 4-84　创建“草图 7”

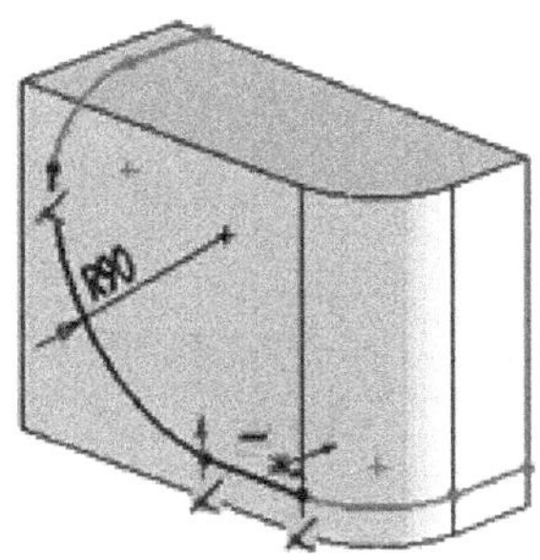

图 4-85　创建“草图 8”

注意：相切关系及重合关系。

(9) 说明：创建各基准平面和“草图 2”、“草图 3”及“草图 4”是创建“草图 5”、“草图 6”、“草图 7”和“草图 8”的基础，如图 4-86 所示。

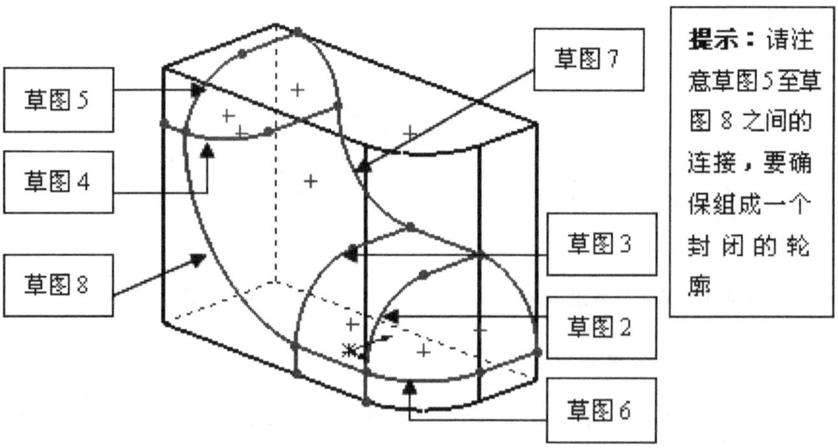

图 4-86 “草图 2”至“草图 8”的连接

(10) 在曲面工具栏内，选择“曲面-填充”命令，打开对话框，如图 4-87 所示。在绘图区依次单击草图 5~8，此时出现预览曲面，单击“确定”按钮完成绘制。

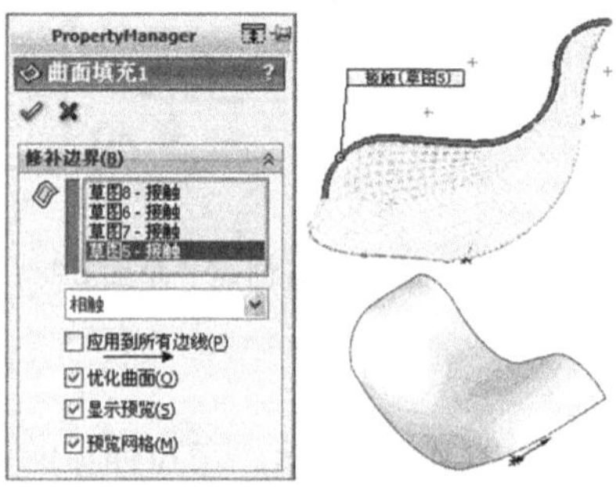

隐藏拉伸实体。方法是，单击状态树中的“实体 1”前面的+号，然后将鼠标指针放在“拉伸 1”图标上，右击，在弹出的快捷菜单中选择“隐藏实体”命令。同理，将“草图 2”、“草图 3”和“草图 4”隐藏

图 4-87 “曲面填充 1”对话框

(11) 使用曲面方式拉伸“草图 1”。在曲面工具栏中，单击“曲面-拉伸”图标，打开对话框。输入参数后，出现曲面预览，如图 4-88 所示，单击“确定”按钮完成。

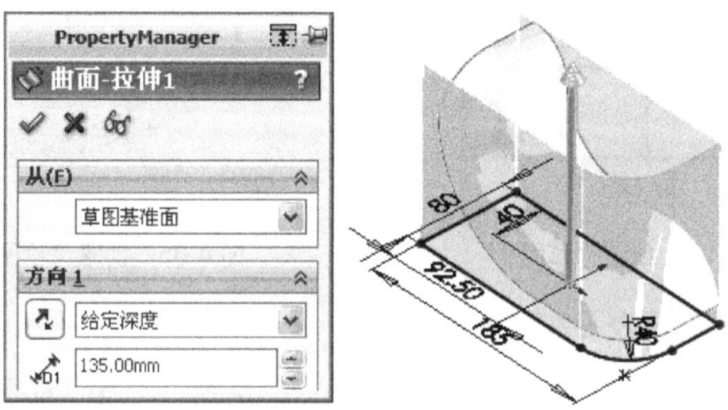

图 4-88 曲面预览

(12) 曲面剪裁，单击“曲面-剪裁”图标，其过程如图 4-89 所示。

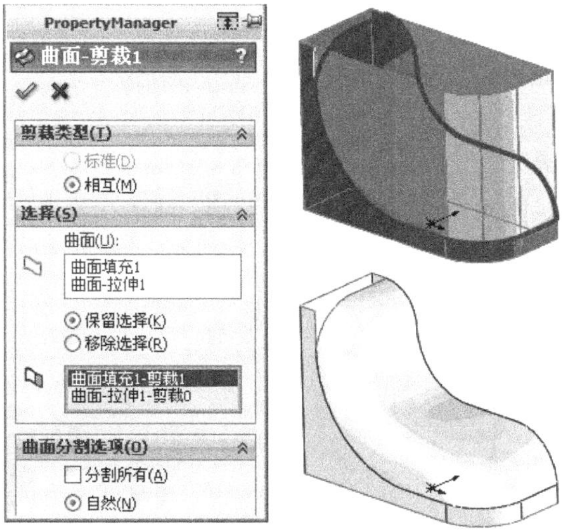

图 4-89　曲面剪裁

(13) 在拉伸体的左侧平面上作“草图 9”，如图 4-90 所示，然后应用“曲面-放样”，作出“草图 5”和“草图 9” 的放样面，如图 4-91 所示。

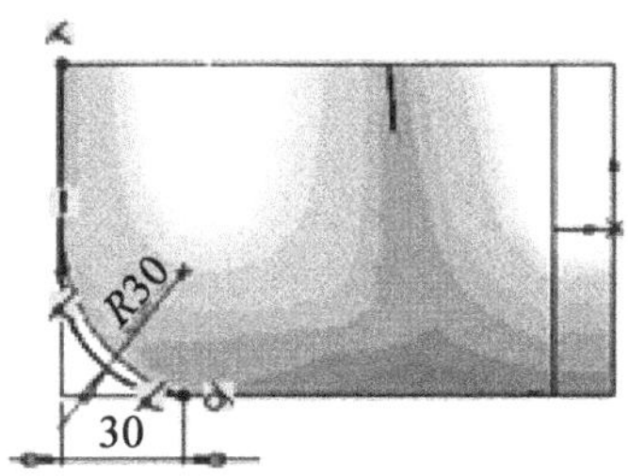

图 4-90　绘制“草图 9”　　图 4-91　作出“草图 5”～“草图 9”的放样面

(14) 曲面剪裁，单击“曲面-剪裁”图标，其过程如图 4-92 所示。

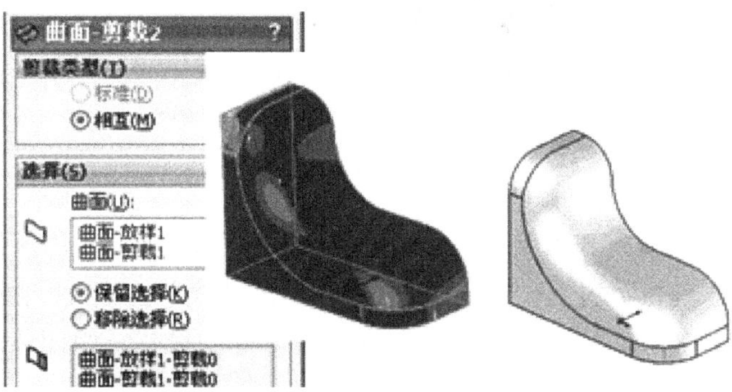

图 4-92　曲面剪裁

应用“曲面-填充”和“平面区域”命令，完成其余面曲面造型。过程从略。

【资料引入】

1) 拉伸曲面(Extruded Surface)

操作如下。

① 绘制曲面的轮廓。

② 单击曲面工具栏内的“拉伸曲面”图标，或依次单击插入、曲面、拉伸。

③ 设定 PropertyManager 选项。

④ 单击“确定”按钮，如图 4-93 所示。

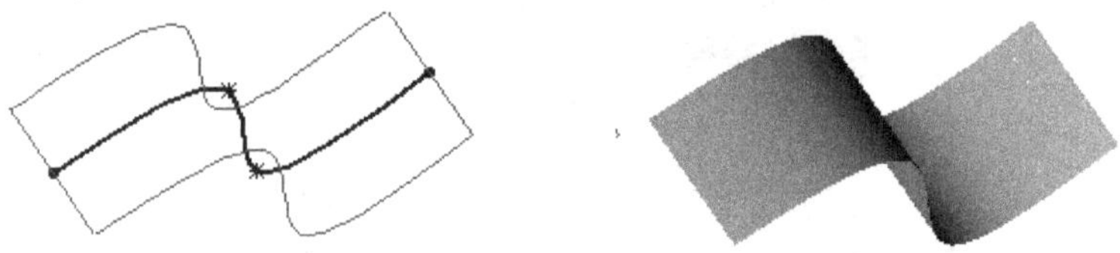

(a) 从绘制的样条曲线拉伸的曲面(使用两侧对称)　　(b) 所产生的拉伸曲面

图 4-93 拉伸曲面

2) 平面区域(Planar Surface)

可从以下项生成平面区域(见图 4-94)：非相交闭合草图；一组闭合边线；多条共有平面分型线；一对平面实体，如曲线或边线。

(1) 欲从草图中生成有边界的平面区域，操作如下。

① 生成一个非相交、单一轮廓的闭环草图。

② 单击曲面工具栏中的“平面区域”图标，或依次单击插入、曲面、平面区域。

③ 在 PropertyManager 中，为边界实体在图形区域中选择草图或选择 FeatureManager 设计树。

④ 单击“确定”按钮。

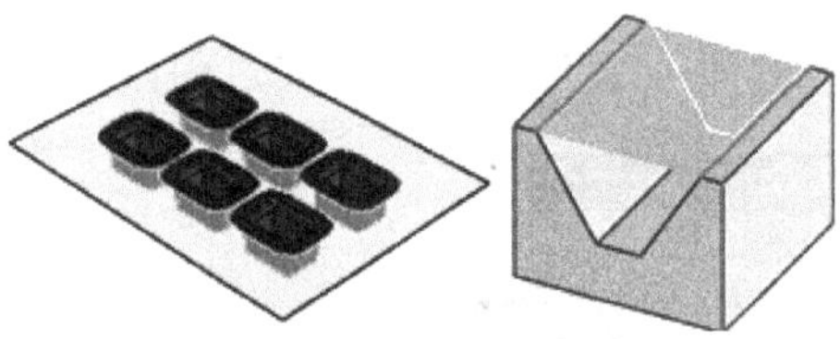

图 4-94 生成平面区域

(2) 欲在零件中生成有一组闭环边线边界的平面区域，如图 4-95 所示，操作如下。

① 单击曲面工具栏中的“平面区域”图标，或依次单击插入、曲面、平面区域。

② 在 PropertyManager 中，为边界实体在零件中选择一组闭环边线。组中所有边线必须位于同一基准面上。

③ 单击“确定”按钮。

图 4-95　生成有边界的平面区域

项目 4.8　碗 形 曲 面

【学习目标】

本项目要完成的图形如图 4-96 所示。通过本项目的学习，应能熟练掌握曲面扫描、平面区域、曲面缝合、拉伸切除等基本构图方法的使用，掌握三维建模的基本构图技巧。

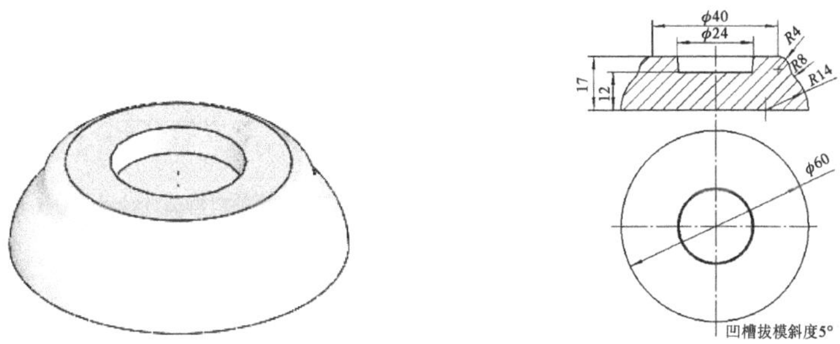

图 4-96　碗形曲面示例

【学习要点】

曲面扫描、平面区域、曲面缝合、拉伸切除。

【绘图思路】

利用基本曲线建立φ60mm 和φ40mm 两个圆，再作出一个草图弧连接线，利用“扫描”作出扫描曲面，再利用“平面区域”作出上、下两个平面，然后用“曲面缝合”命令完成实体造型，最后在上表面作出φ24mm 草图圆，应用“拉伸”及其“拔模角”选项完成凹槽造型。

【操作步骤】

(1) 单击“新建”按钮，新建一个“零件”文件，并单击“保存”按钮进行保存，如图 4-97 所示。

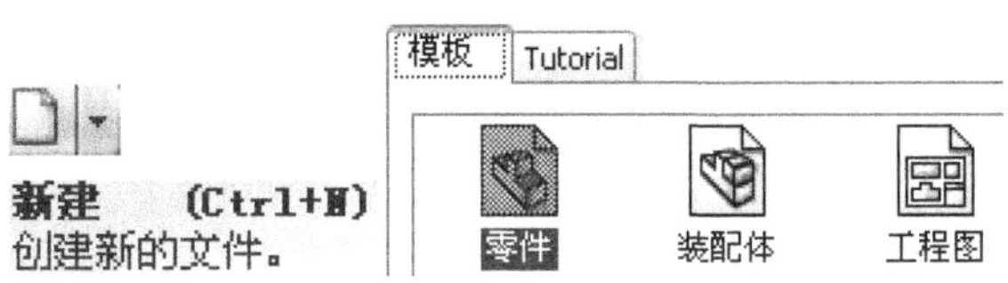

图 4-97　新建“零件”文件

(2) 以“前视”基准面为基准面创建“草图 1”，绘制出直径为 60mm 的圆，如图 4-98 所示。

(3) 用 

命令建立一个新的基准平面，具体过程如图 4-99 所示。然后以此建立“草图 2”，绘制出直径为 40mm 的圆。

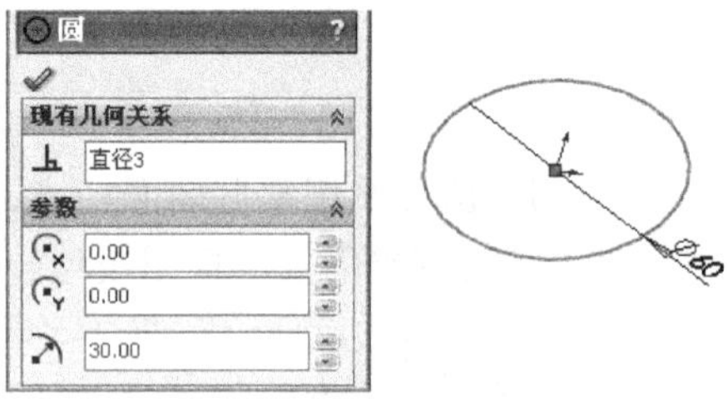

图 4-98 创建“草图 1”

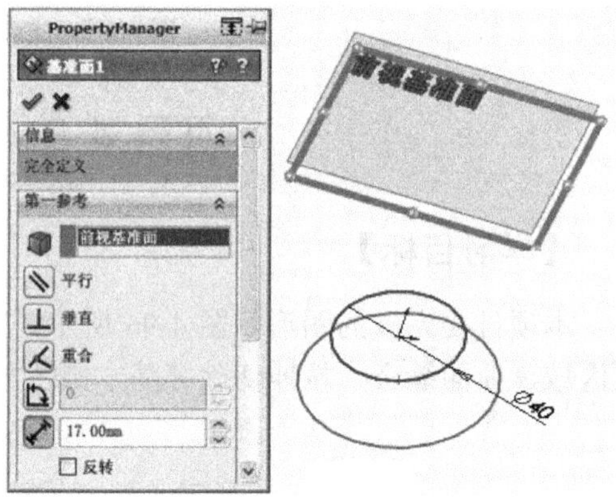

图 4-99 建立基准面，创建“草图 2”

(4) 以“上视”基准面为基准面创建“草图 3”，并绘出如图 4-100 所示的图形。

两个元素具有“穿透”关系的操作：
① 进入“草图 3”
② 单击1处，用来选择草图上的端点
③ 按住 Ctrl 键不放，再单击2处，用来选择“草图 2”上的圆
④ 弹出如图 4-101 所示的对话框，单击 穿透(P) 按钮，然后单击“确定”按钮完成“穿透”关系

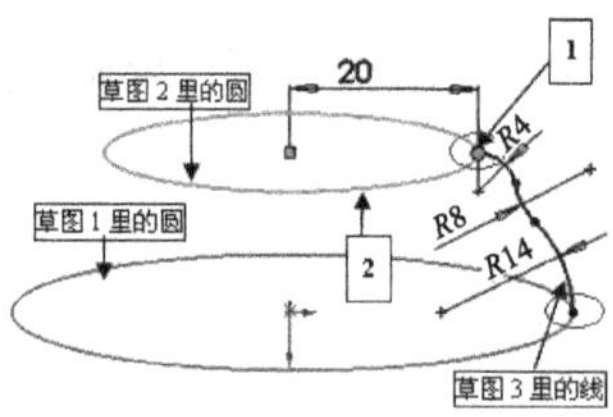

图 4-100 创建“草图 3”

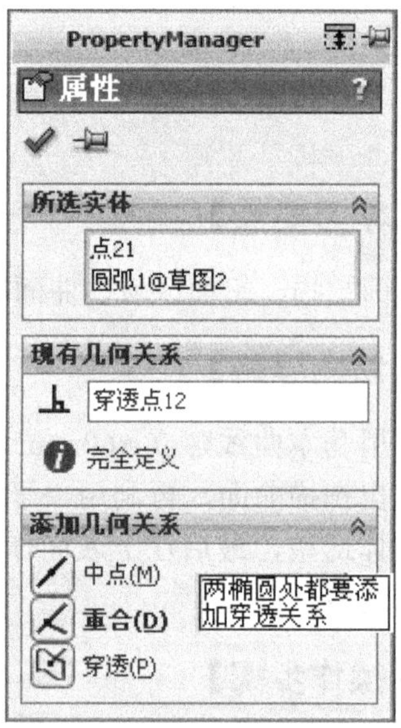

图 4-101 “属性”对话框

(5) 用“扫描曲面” 

完成造型，如图 4-102 所示。

(6) 用“平面区域” 

为扫描造型制作上、下底面，如图 4-103 所示。

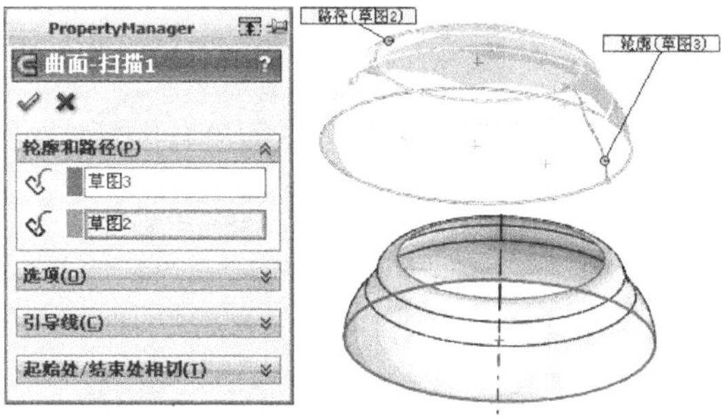

图 4-102　完成的造型

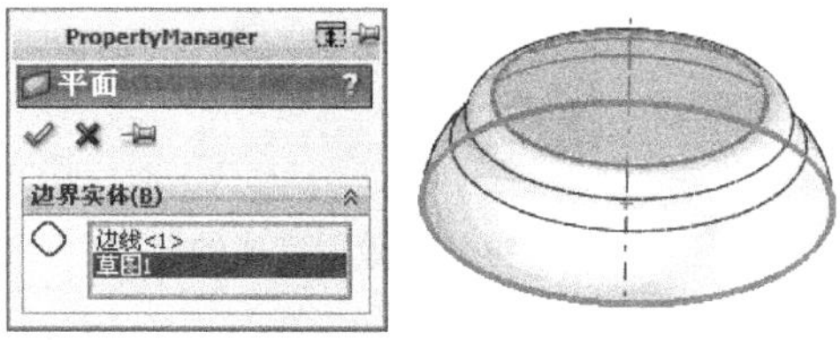

图 4-103　制作上、下底面

(7) 应用“曲面-缝合”命令，将 3 个曲面缝合成一个实体，可通过状态树查看，如图 4-104 所示。

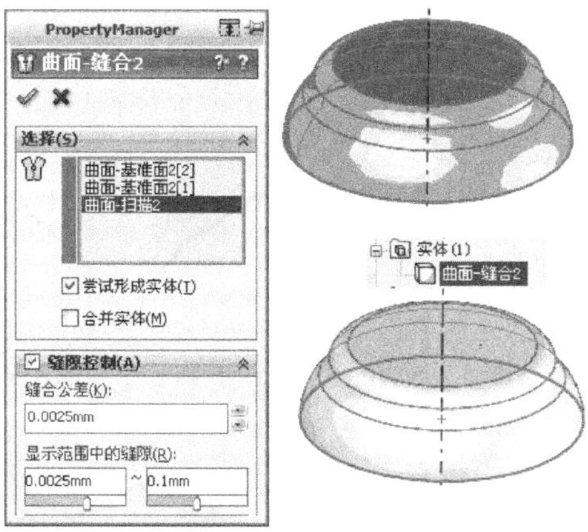

图 4-104　缝合后的实体

(8) 在缝合实体的上表面创建草图并绘出直径为 24mm 的圆，然后用拉伸切除完成操作，如图 4-105 所示。

说明：本例主要是为讲解曲面扫描、平面区域、曲面缝合而制作，为了更精确地完成造型，请读者仿照“草图 3”的制作过程自行在“草图 1”和“草图 2”的周围完成等距的其余 3 个草图(尺寸参见草图 3)，然后应用“特征放样”完成实体特征，然后再拉伸切除上面的沉孔。

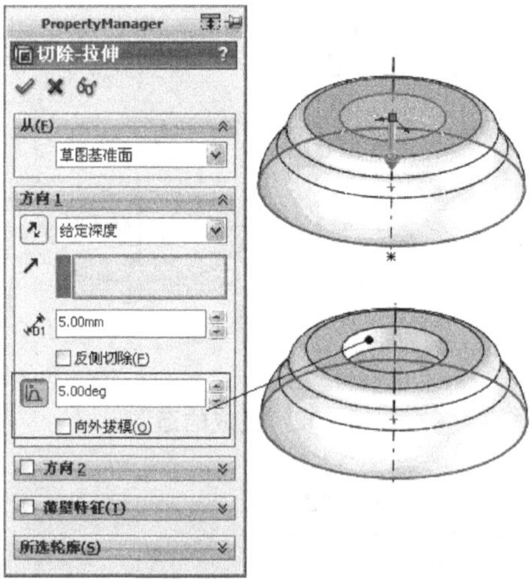

图 4-105　拉伸切除后完成的造型

【资料引入】

1)　曲面扫描(Swept Surface)

欲生成扫描曲面，如图 4-106 所示，说明如下。

①　为绘制扫描轮廓、扫描路径和引导线(如果需要)生成基准面。

②　在建立的基准面上绘制扫描轮廓和路径。也可以在模型面上绘制扫描路径，或为路径使用模型边线。

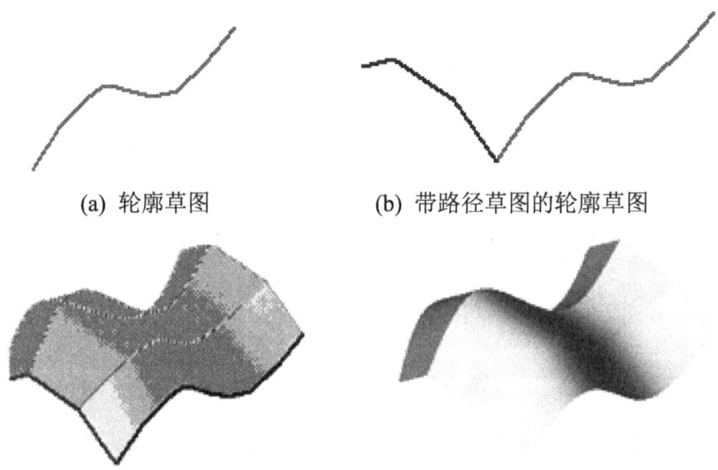

(a) 轮廓草图　　(b) 带路径草图的轮廓草图

(c) 扫描预览　　(d) 扫描曲面

图 4-106　生成的扫描曲面

③　如果使用引导线，请在引导线和轮廓之间建立重合或穿透几何关系。

④　单击曲面工具栏中的“扫描曲面”图标，或依次单击插入、曲面、扫描。

⑤　设定 PropertyManager 选项。

⑥　单击“确定”按钮。

2)　缝合曲面

使用“缝合曲面”工具，将两个或多个面与曲面组合成一个。

注意以下有关缝合曲面的事项：

①　曲面的边线必须相邻并且不重叠。

②　曲面不必处于同一基准平面。

③　选择整个曲面实体或选择一个或多个相邻曲面实体。

④　缝合曲面会吸收用于生成它们的曲面实体。

⑤　在缝合曲面形成一闭合体积或保留为曲面实体时生成一实体。

⑥　选定缝隙控制查看缝隙或修改缝合公差。

欲缝合曲面，如图 4-107 所示。

(1)　单击曲面工具栏中的“缝合曲面”图标，或依次单击“插入”→“曲面”→“缝合曲面”。

在 PropertyManager 的选择下：

①　为要缝合的曲面和面选择面和曲面

②　选择尝试形成实体从闭合的曲面生成一实体模型。

③　选定合并实体将面与相同的内在几何体进行合并。

(2)　选择缝隙控制查看可引发缝隙问题的边线对组，并查看或编辑缝合公差或缝合范围。

(3)　单击“确定”按钮。

结果是一个单一曲面，以曲面-缝合<*n*>列在 FeatureManager 设计树中。

(a) 生成相邻、非相交的曲面　　(b) 选择要缝合的面　　(c) 查看缝合公差

图 4-107　生成缝合曲面

如果使用基面选项缝合曲面，必须使用延展曲面。

①　生成延展曲面。

②　单击曲面工具栏中的“缝合曲面”图标，或依次单击“插入”→“曲面”→“缝合曲面”。

③　在 PropertyManager 的选择下：为要缝合的曲面和面选择延展的曲面；在基面中单击，然后在模型上选择想与延展曲面缝合的面；单击“确定”按钮。基面和所有相邻面与延展曲面缝合。

项目 4.9　瓶底曲面造型

【学习目标】

通过本项目的学习，应能熟练掌握构建基准平面、曲面-放样、加厚曲面等命令的使用方法。

可乐瓶底曲面造型如图 4-108(a)所示。

截面线：小圆圆心(0,0,0)，直径ϕ20mm，大圆圆心(0,0,50)，直径ϕ90mm。

引导线：见图 4-108(b)、(c)，两引导线围绕 Z 轴成 45°，共 8 条圆周平分。

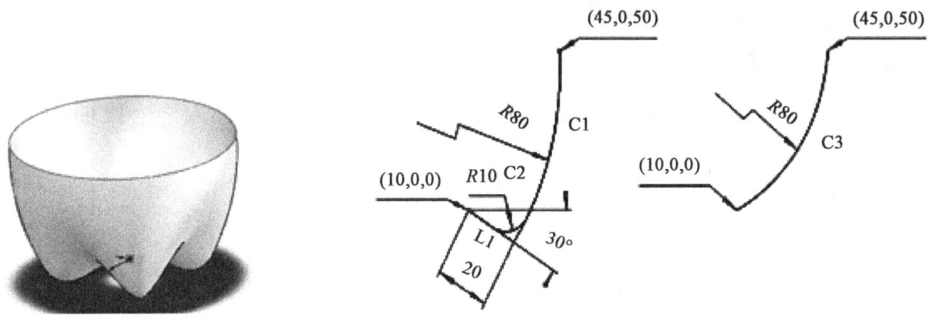

(a) 可乐瓶底　　(b) 引导线 1　　(c) 引导线 2

图 4-108　可乐瓶底与引导线

【学习要点】

构建基准平面、曲面-放样、加厚曲面。

【绘图思路】

本题主要应用“曲面-放样”来完成造型。重点在于基准平面的构建，具体请见绘图步骤。

【操作步骤】

(1) 单击“新建”按钮，新建一个“零件”文件，并单击“保存”按钮进行保存，如图 4-109 所示。

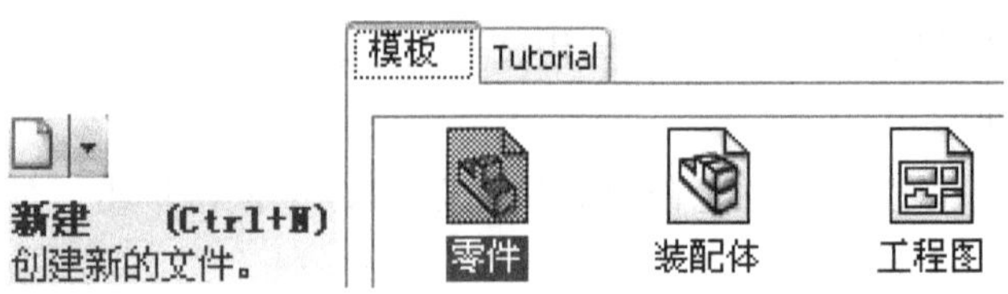

图 4-109　新建“零件”文件

(2) 在“前视”基准面上创建“草图 1”，绘制出如图 4-110 所示的图形。在距“前视”基准面 50mm 的 *Z* 轴正上方创建“基准面 1”，并在其上绘出“草图 2”，如图 4-111 所示(草图上的中心线，请按图绘出)。

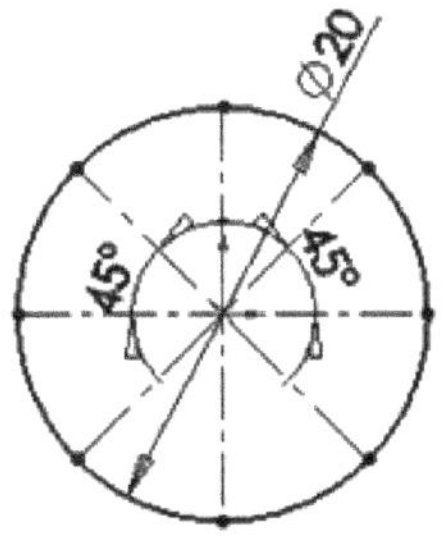

图 4-110　创建“草图 1”

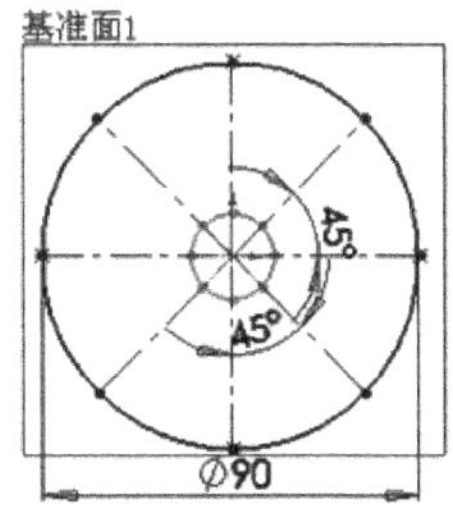

图 4-111　绘制“草图 2”

(3) 在“上视”基准面上创建“草图 3”，绘制出“引导线 2”，如图 4-112 所示。同理，在“上视”基准面和“右视”基准面上绘出“引导线 2”的其他草图线，如图 4-113 所示。作草图时可以直接捕捉在前面已作出的中心线上的交点。

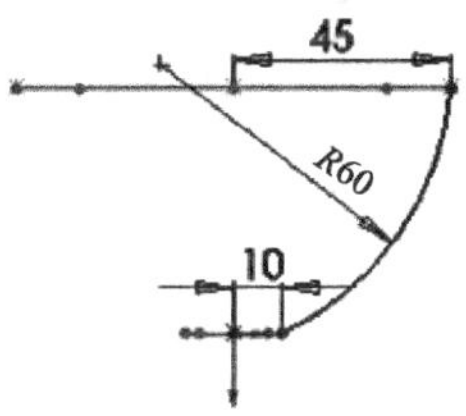

图 4-112　绘制“引导线 2”

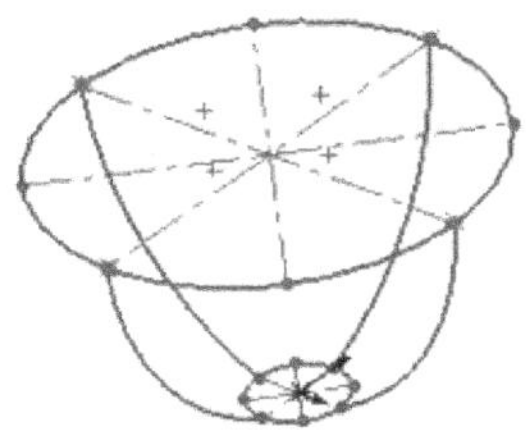

图 4-113　绘制“引导线 2”的其他草图线

(4) 用“三点方式”创建“基准面 2”；并在其上创建“草图 7”，绘制出“引导线 1”如图 4-114 所示图形。

同理，绘出“引导线 1”的其他草图线。

(5) 以“草图 1”和“草图 2”为截面线，以草图 3～草图 10 作为引导线，进行曲面放样，单击“确定”按钮后的结果如图 4-115 所示。

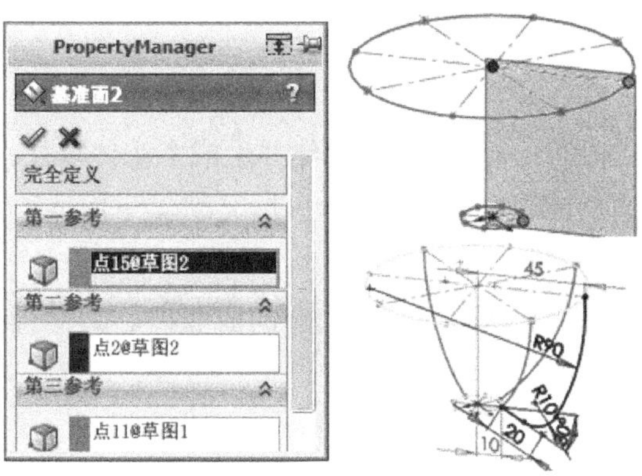

图 4-114　绘制“引导线 1”

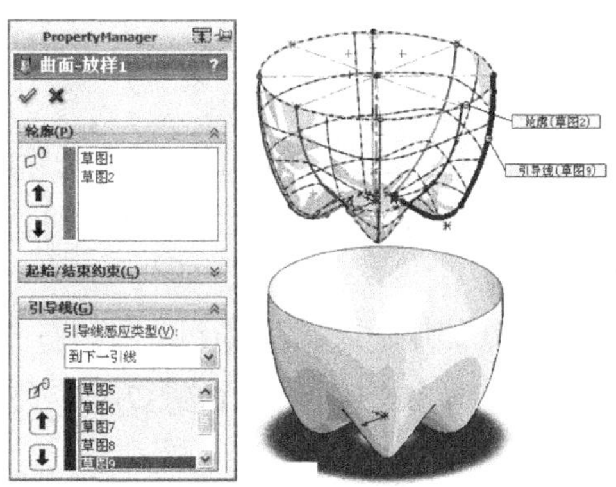

图 4-115　放样曲面结果

(6) 应用特征加厚完成曲面转换成实体，过程如图 4-116 所示。

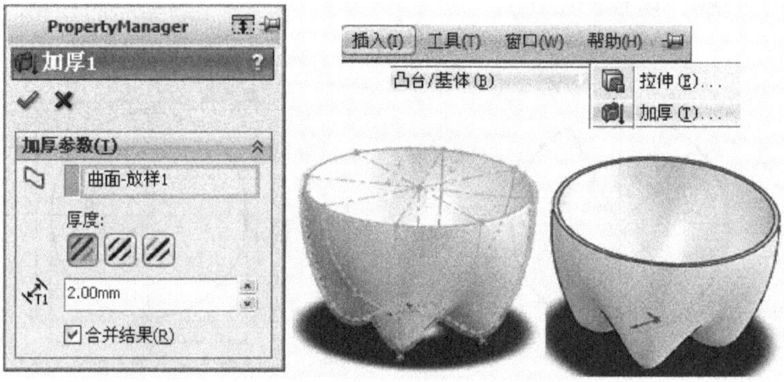

图 4-116　将曲面转换成实体

【资料引入(加厚特征)】

(1) 单击特征工具栏中的“加厚”图标，或依次单击“插入”→“凸台/基体”→“加厚”。

(2) 在加厚参数下，执行以下操作：①在图形区域选择一要加厚的曲面。②检查预览，然后选择想要加厚的曲面侧边，如图 4-117 所示。③输入厚度。注意：当选择加厚两侧时，将添加指定到两侧厚度。

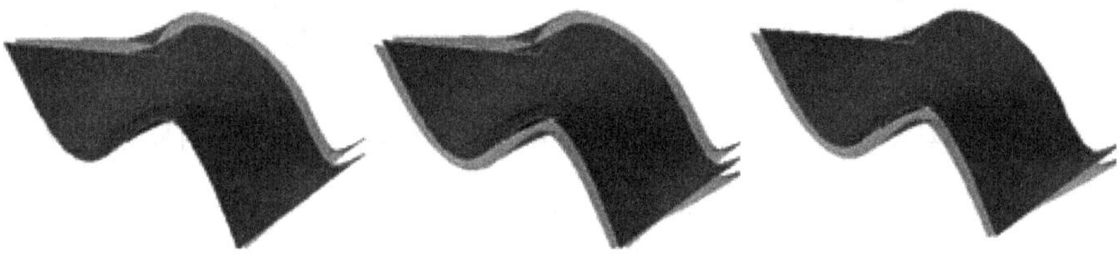

(a) 加厚侧边 1　　(b) 加厚两侧　　(c) 加厚侧边 2

图 4-117　加厚曲面

提示：欲生成实体，单击从闭合的体积生成实体。此选项只在生成了完全由曲面围绕的体积后才可使用。

(3) 单击“确定”按钮。

欲通过加厚曲面在已有的实体上切除：可加厚一曲面来切除实体并生成多实体零件。

(1) 单击特征工具栏中的“加厚切除”图标，或依次单击“插入”→“切除”→“加厚”。

(2) 在加厚参数下，执行以下操作：①在图形区域选择一要加厚的曲面。②检查预览，然后选择想要加厚的曲面侧边。③单击“确定”按钮。

项目 4.10　异　型　体

【学习目标】

本项目要完成的图形如图 4-118 所示。通过本项目的学习，应能熟练掌握拉伸体、曲面填充、曲面缝合、切除-使用曲面等命令的使用和基本构图技巧。

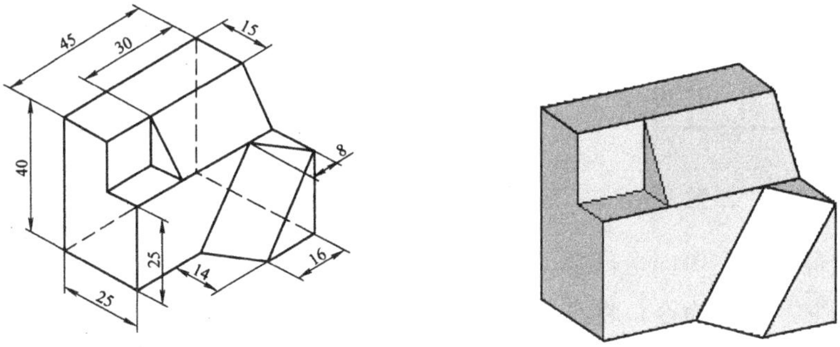

图 4-118　异型体示例

【学习要点】

拉伸体、曲面填充、曲面缝合、切除-使用曲面。

【绘图思路】

本题综合运用各种曲面和实体工具。主要有“拉伸基体”、“拉伸切除”、“曲面填充”、“曲面缝合”及“切除-使用曲面”，具体请见绘图步骤。

【操作步骤】

(1) 单击“新建”按钮，新建一个“零件”文件，并单击“保存”按钮进行保存，如图 4-119 所示。

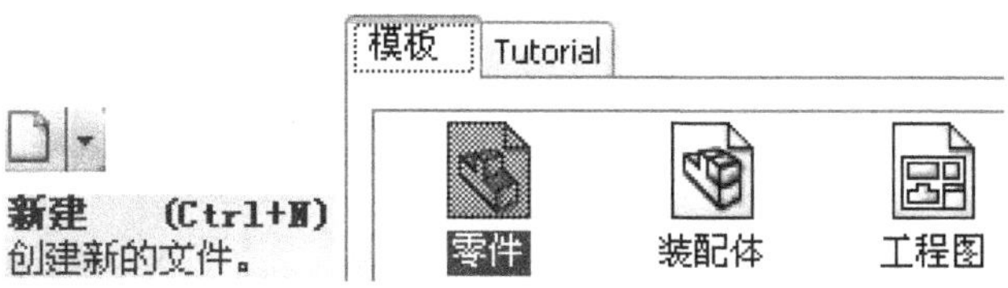

图 4-119　新建“零件”文件

(2) 创建草图。

① 在“前视”基准面上创建“草图 1”，绘制出如图 4-120 所示的图形，然后用特征工具栏中的拉伸命令，将其沿 Z 轴正向拉伸 40mm。

② 在拉伸体的左侧面上创建“草图 2”，绘制出如图 4-121 所示的图形，然后用特征工具栏中的拉伸除料命令，将其沿正向拉伸 45mm。

③ 在拉伸体的左侧面上创建“草图 3”，绘制出如图 4-122 所示的图形，然后用特征工具栏中的 拉伸除料命令，将其沿正向拉伸 15mm，如图 4-123 所示。

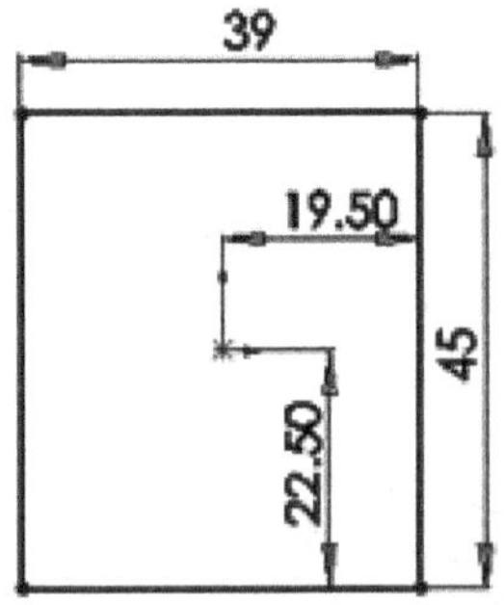

图 4-120 创建“草图 1”

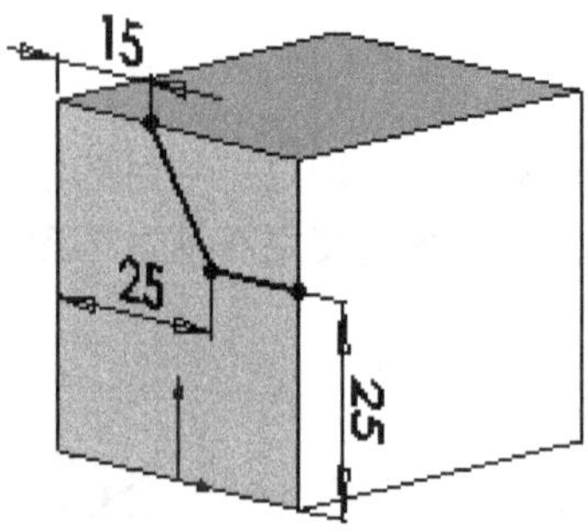

图 4-121 创建“草图 2”

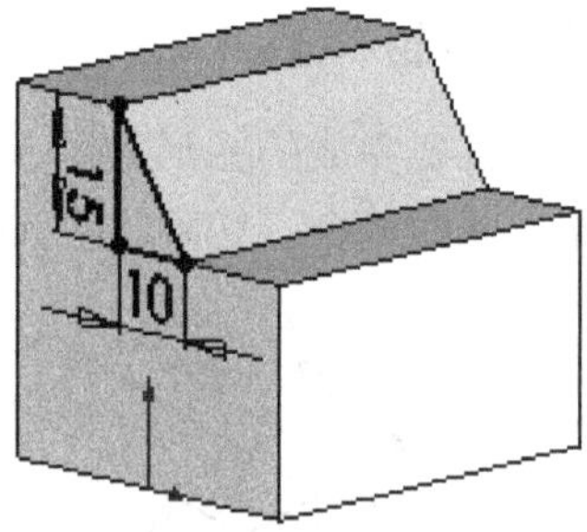

图 4-122 创建“草图 3”

④ 在拉伸体的左侧面上创建“草图 4”，绘制出如图 4-124 所示的图形，然后用曲面工具栏中的 拉伸命令，将其沿正向拉伸 60mm。如图 4-125 所示。

⑤ 创建“草图 5”，如图 4-126 所示；在底面上创建“草图 6”，如图 4-127 所示。

⑥ 单击 3D草图 按钮，再单击 直线 按钮，将“草图 5”和“草图 6”对应的端点连起来，结果如图 4-128 所示。

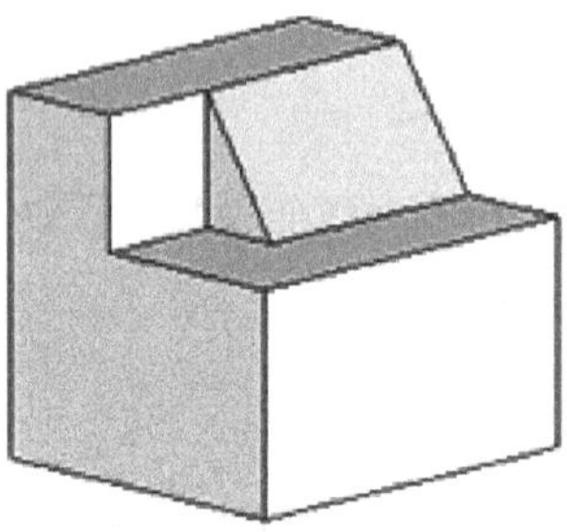
图 4-123 拉伸除料结果

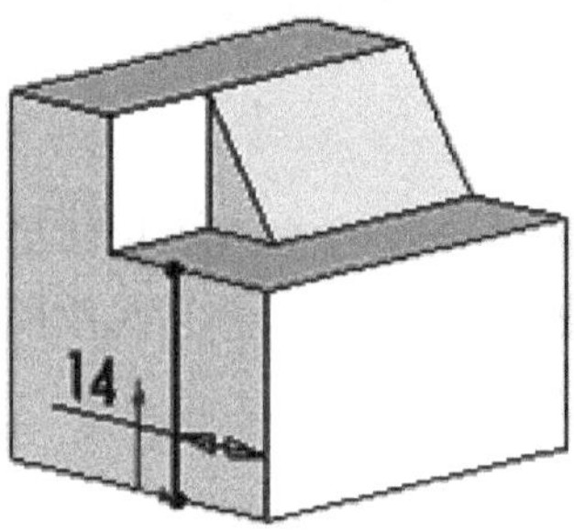

图 4-124 创建“草图 4”

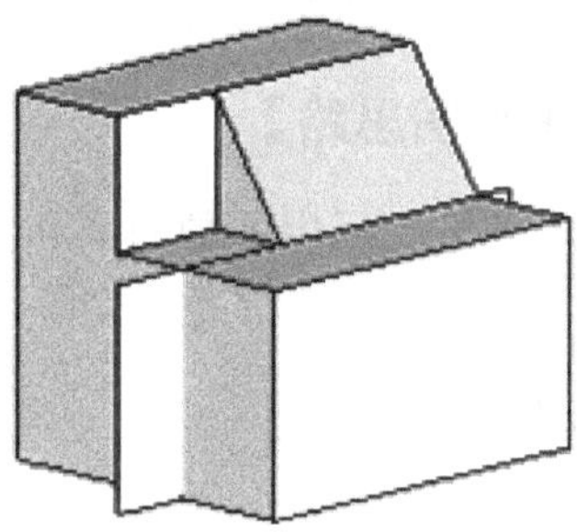
图 4-125 拉伸结果

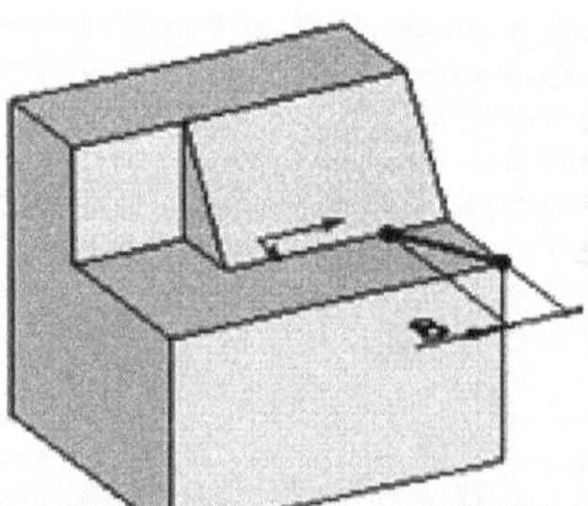

图 4-126 创建“草图 5”

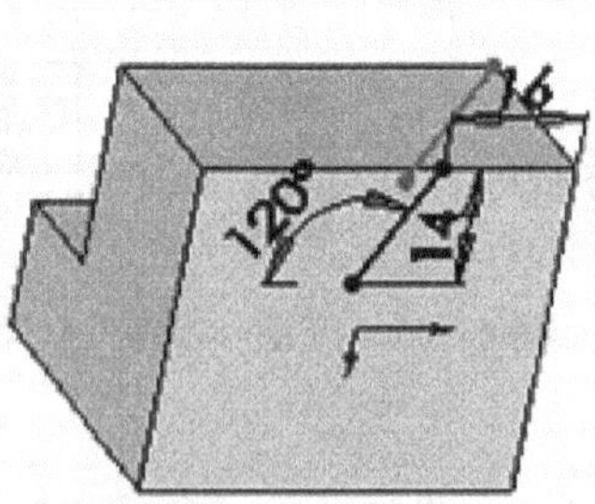

图 4-127 创建“草图 6”

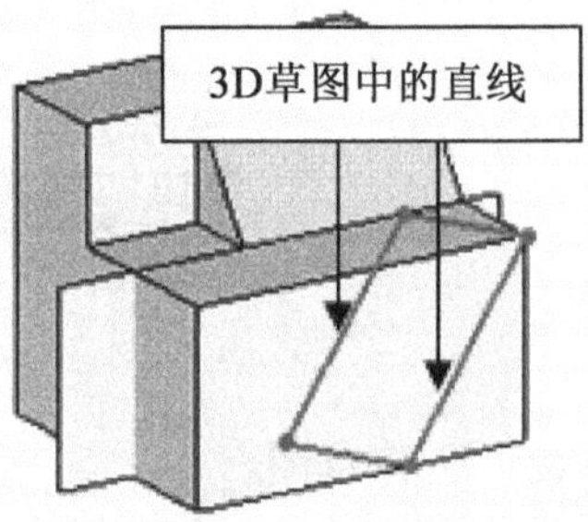

图 4-128 连接端点后的结果

(3) 单击曲面工具栏中的“曲面-填充”图标 ，然后在绘图区分别单击“草图 5”、“草图 6”和两条“3D 草图线”，如图 4-129 所示。单击“确定”按钮，完成填充曲面的构建。

(4) 剪裁曲面(已经隐藏了拉伸实体)，结果如图 4-130 所示。

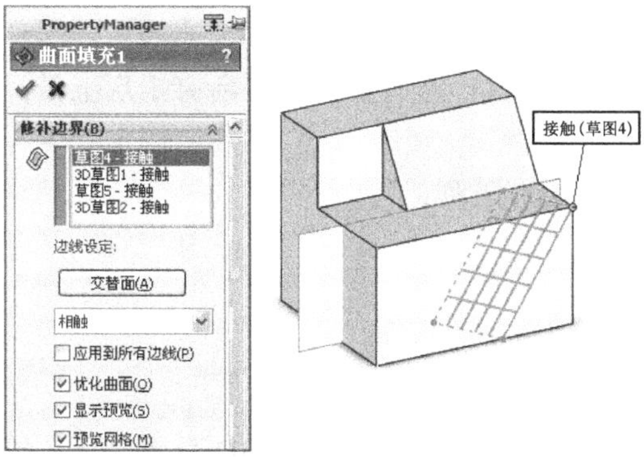

图 4-129　设置“曲面填充”对话框

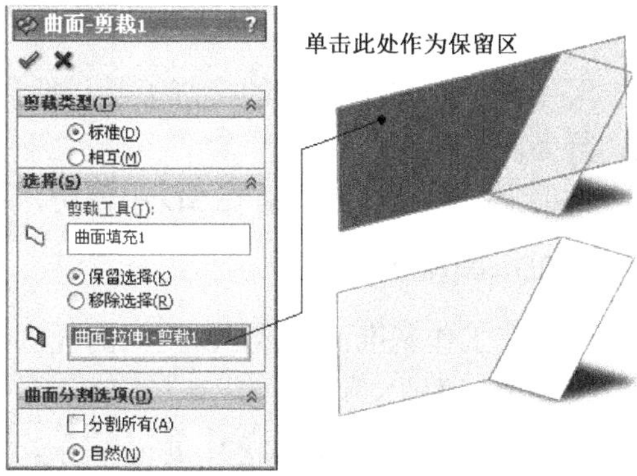

图 4-130　剪裁曲面结果

(5) 缝合曲面。单击曲面工具栏中的“曲面-缝合”图标 ，然后在绘图区分别单击两个曲面，单击“确定”按钮完成，如图 4-131 所示。

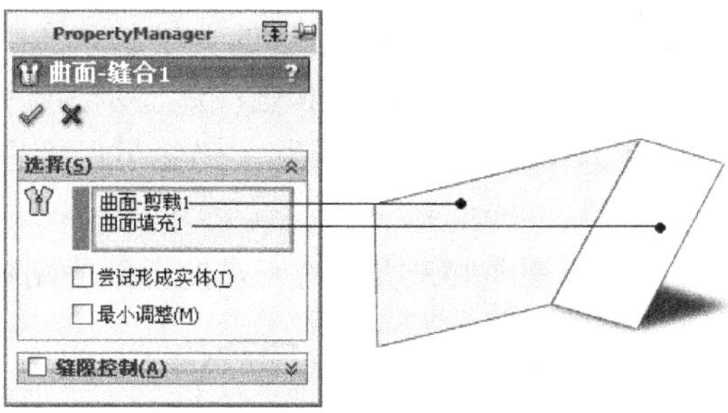

图 4-131　缝合曲面结果

(6) 使用曲面切除实体。显示出实体，然后单击“插入”菜单中的“切除”命令下的使用曲面(W)子命令，在绘图区单击缝合曲面，单击“确定”按钮完成。过程如图 4-132 所示。

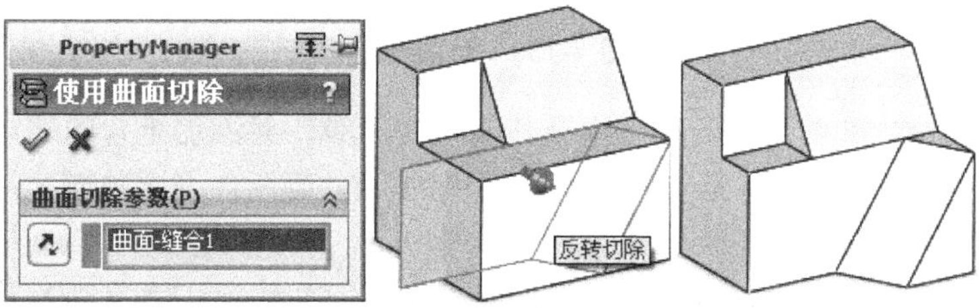

图 4-132　使用曲面切除实体

【资料引入】

使用 3D 草图绘制工具(Using 3D Sketching Tools)

1. 草图绘制工具

可用来生成 3D 草图的一些工具包括：所有圆工具；所有弧工具；所有矩形工具；直线；样条曲线；点。

曲面上的样条曲线只有在 3D 中使用，不可使用：阵列；等距。

2. 3D 草图绘制

可以在工作基准面上或 3D 空间的任意点生成 3D 草图实体。

开始 3D 草图绘制：

单击“3D 草图”图标(草图工具栏)，或依次单击“插入”→“3D 草图”，在等轴测视图的前视基准面中打开一个 3D 草图；或选择一个基准面，然后单击“基准面上的 3D 草图”图标(草图工具栏)，或依次单击“插入”→“基准面上的 3D 草图”在正视于视图中添加一个 3D 草图。

3. 2D 和 3D 草图绘制之间的不同点

对于 2D 草图绘制，所有几何体都投影到所选的要绘制草图的基准面上。侧影轮廓边线变成平面实体，因此，从某个角度上看，圆角和圆柱体显示为圆弧和直线。在如图 4-133 所示的草图中，尽管用不垂直于草图基准面来查看，仍然可以看出模型是如何投影到草图基准面上的。

在 2D 草图中，模型几何体以图 4-133 所示的方式投影到草图基准面上。

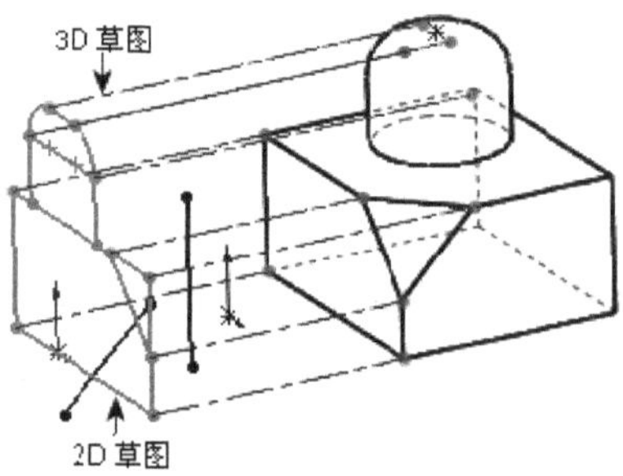

图 4-133　草图样例

在 2D 草图中，可以绘制一条平行于其他直线的线，并添加重合的端点。但是，平行和重合指的是投影边线，而不是实际边线。蓝色的 2D 草图代表这种情况。直线端点与实际模型边线不重合，也不是其平行线。

在 3D 草图绘制中，没有这种投影。如果添加平行关系到红色的 3D 草图中，则它在 3D 空间平行，如图 4-134 所示。

4. 多实体零件在特征范围下的选择

所有实体。每次特征重建时，曲面将切除所有实体。如果将被切除曲面所交叉的新实体添加到位于 FeatureManager 设计树中切除特征之前的模型上，则这些新的实体也被重建以包括切除在内。

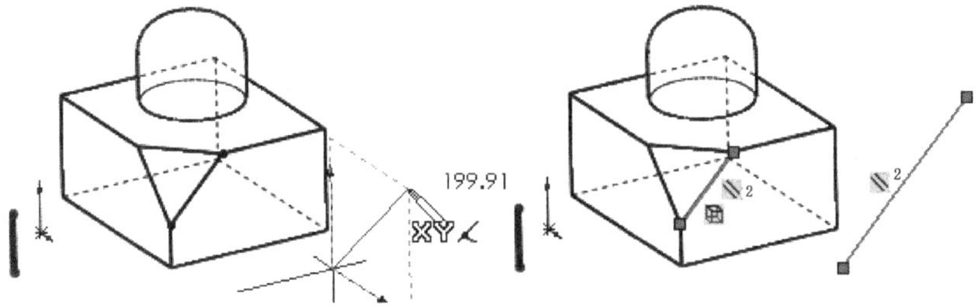

图 4-134　3D 草图样例

所选实体。曲面只切除用指针所选择的实体。如果将被切除曲面所交叉的新实体添加到模型上，右击并在弹出的快捷菜单中选择“编辑特征”命令，然后选取这些实体将它们添加到所选实体清单中。如果不将新实体添加到所选实体清单中，则它们将保持完整无损。

项目 4.11　鼠　　标

【学习目标】

本项目要完成的图形如图 4-135 所示。通过本项目的学习，应能熟练掌握拉伸体、扫描曲面、延伸曲面、曲面缝合、使用曲面切除、变半径倒圆角等命令的应用技巧。

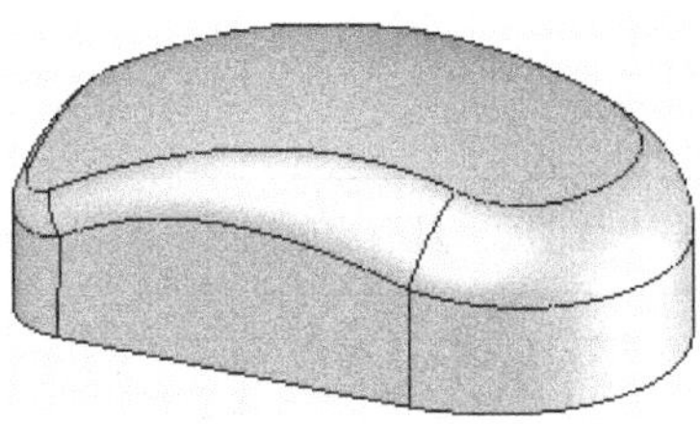

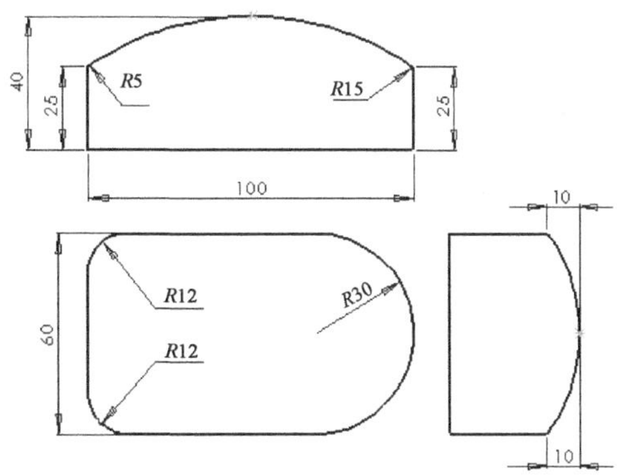

图 4-135　鼠标标例

【学习要点】

拉伸体、扫描曲面、延伸曲面、曲面缝合、使用曲面切除、变半径倒圆角。

【绘图思路】

首先在“前视”基准面上绘出主视图草图，并拉伸实体，在“上视”基准面上绘出扫描引导线草图(分开作成两个草图)，再在“右视”基准面上绘出截面草图，应用两次扫描生成扫描曲面，使用曲面缝合命令将两个曲面缝合成一个曲面，并用它去裁剪拉伸体，最后应用变半径倒圆角命令完成造型。

【操作步骤】

(1) 单击“新建”按钮，新建一个“零件”文件，并单击“保存”按钮进行保存，如图 4-136 所示。

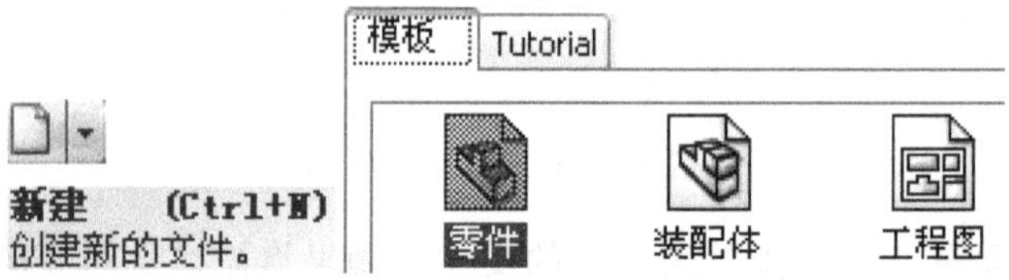

图 4-136　新建“零件”文件

(2) 在“前视”基准面上创建“草图 1”，绘制出如图 4-137 所示的图形，然后用特征工具栏中的拉伸命令，将其沿 Z 轴正向拉伸 50mm，如图 4-138 所示。

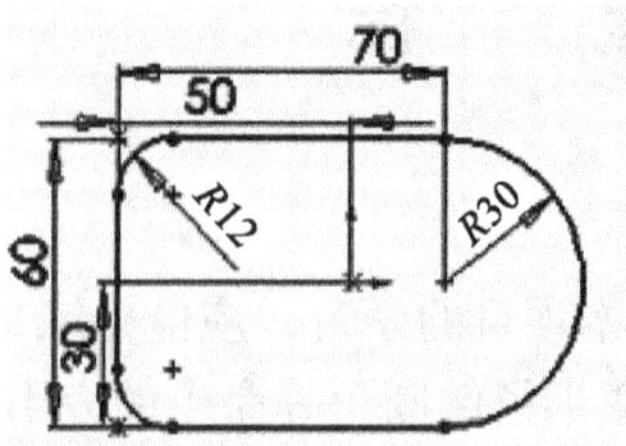

图 4-137　创建“草图 1”

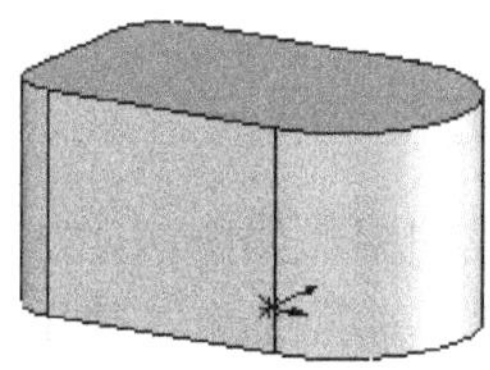

图 4-138　拉伸后的结果

(3) 在“右视”基准面上创建“草图 2”，绘制出如图 4-139 所示的图形；在“上视”基准面上创建“草图 3”，绘制出如图 4-140 所示的图形；在“上视”基准面上创建“草图 4”，绘制出如图 4-141 所示的图形，

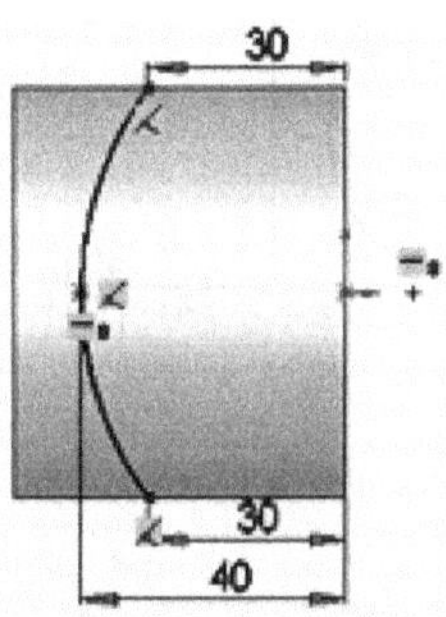

图 4-139　创建“草图 2”

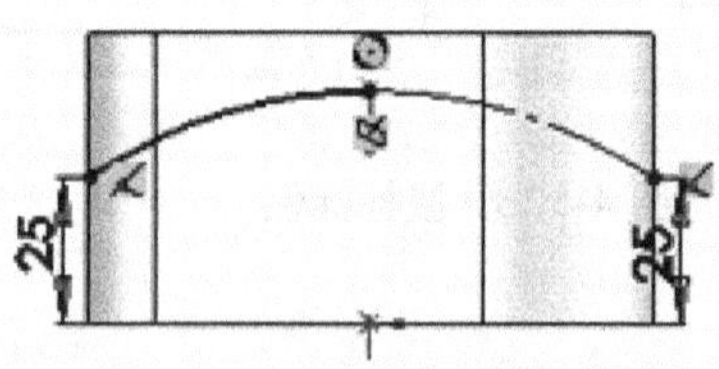

图 4-140　创建“草图 3”

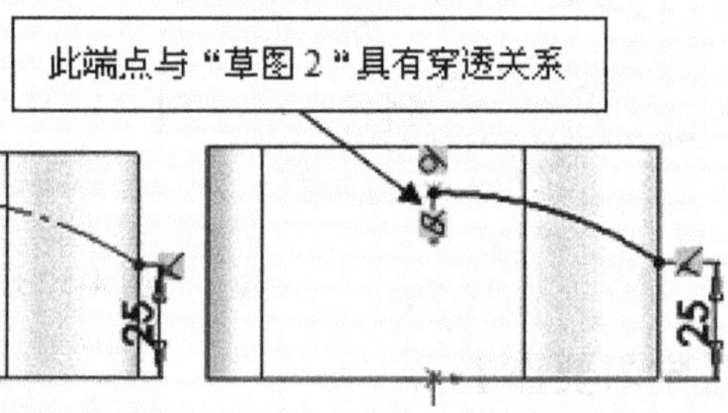

图 4-141　创建“草图 4”

(4) 隐藏拉伸实体。使用“曲面-扫描”命令作出左半个曲面，如图 4-142 所示。同理，作出另一半曲面，如图 4-143 所示。

(5) 曲面-延伸。使用“曲面-延伸”命令，对曲面进行延伸，具体操作如图 4-144 所示。同理，作出另一侧曲面的延伸。应用两次“曲面-延伸”，以使曲面超过拉伸体。

(6) 单击曲面工具栏中的“曲面-缝合”图标，然后在绘图区分别单击两个延伸曲面，单击“确定”按钮完成。如图 4-145 所示，两个延伸曲面组合成一个曲面。

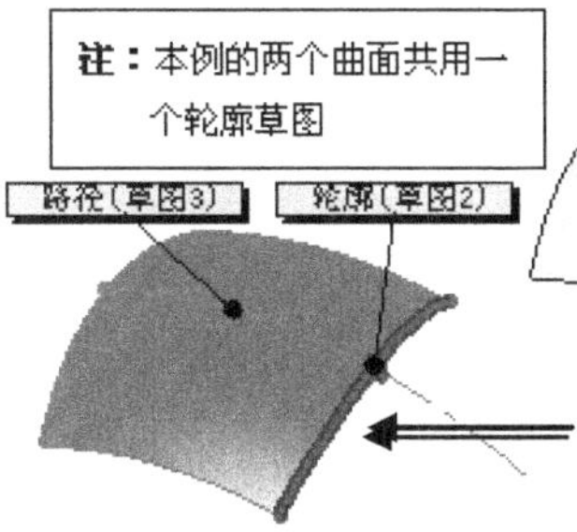

图 4-142　绘制半个拉伸

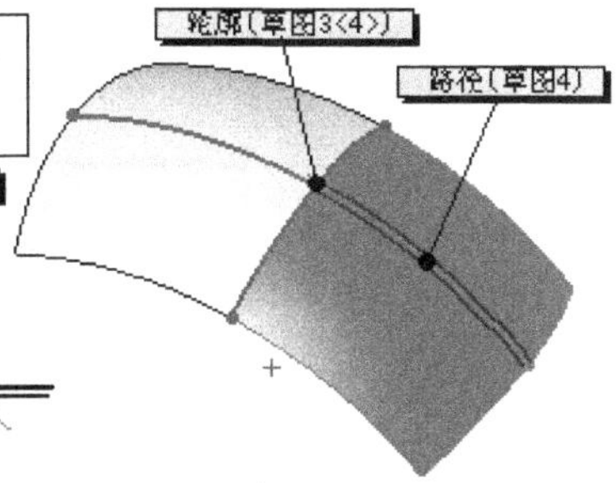

图 4-143　绘制另一半曲面

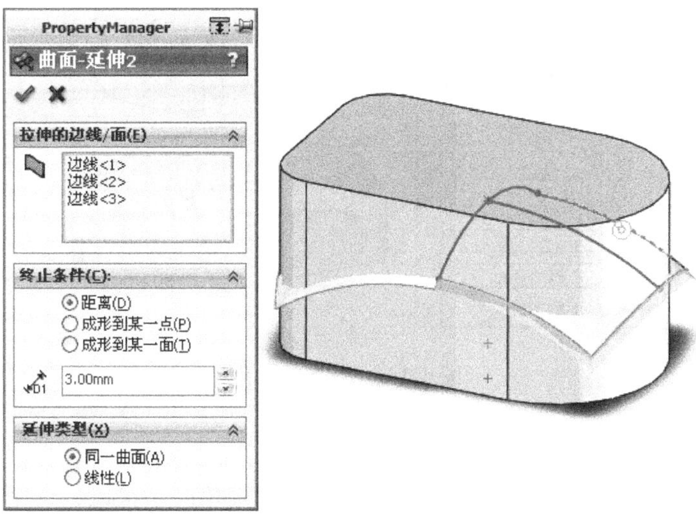

图 4-144　对曲面进行延伸

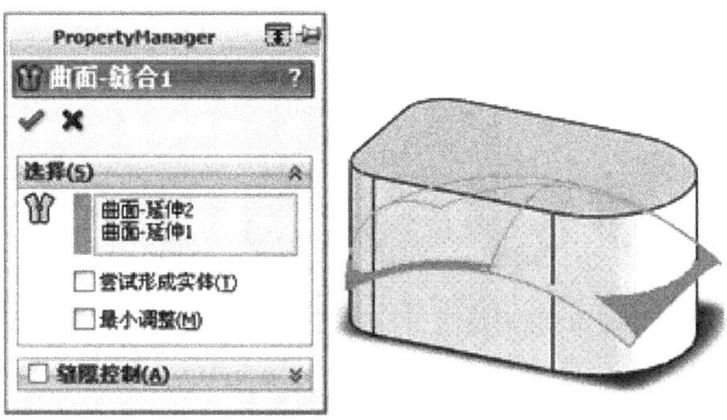

图 4-145　两个延伸曲面组合成一个曲面

(7) 使用曲面切除拉伸实体，过程如图 4-146 所示。

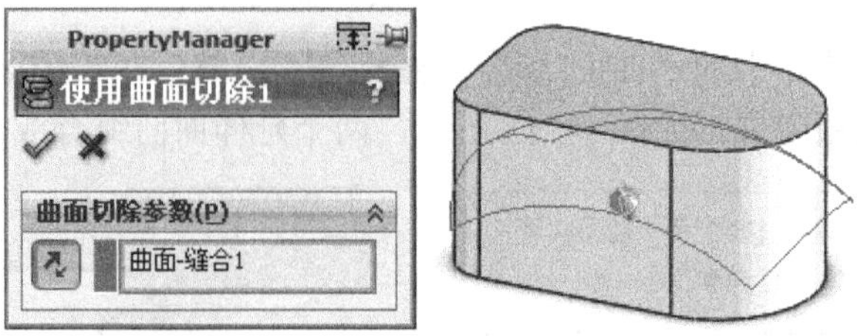

图 4-146 使用曲面切除拉伸实体

(8) 变半径圆角。过程如图 4-147 所示。

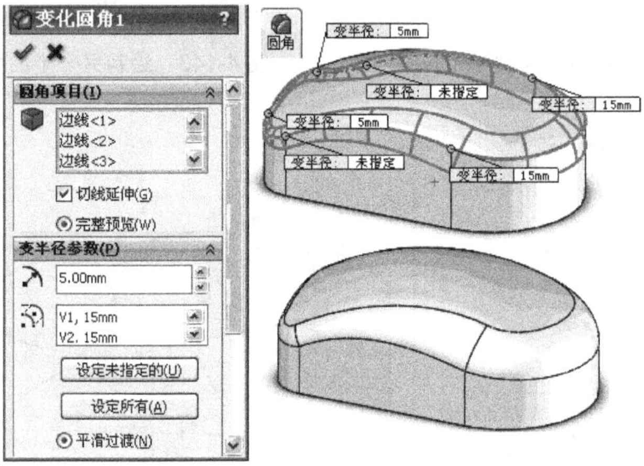

图 4-147 变半径圆角

【资料引入】

圆角(Fillet)：圆角在零件上生成一个内圆角或外圆角面。可以为一个面的所有边线、所选的多组面、所选的边线或边线环生成圆角。

1) 圆角类型

圆角类型如图 4-148 所示。

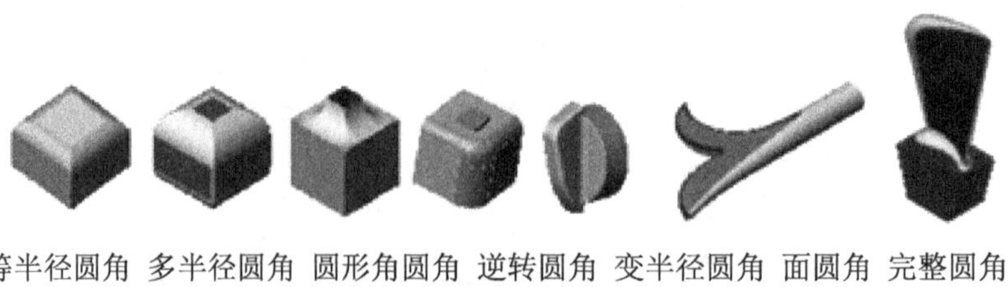

图 4-148 圆角类型

2) 生成圆角的建议

(1) 一般而言，在生成圆角时最好遵循以下规则：

① 在添加小圆角之前添加较大圆角。当有多个圆角汇聚于一个顶点时，先生成较大的圆角。

② 在生成圆角前先添加拔模。如果要生成具有多个圆角边线及拔模面的铸模零件，在大多数的情况下，应在添加圆角之前添加拔模特征。

③ 最后添加装饰用的圆角。在大多数其他几何体定位后尝试添加装饰圆角。如果越早添加它们，则系统需要花费越长的时间重建零件。

④ 如要加快零件重建的速度，请使用一单一圆角操作来处理需要相同半径圆角的多条边线。然而，如果改变此圆角的半径，则在同一操作中生成的所有圆角都会改变。

(2) 欲生成圆角，如下操作。

① 单击特征工具栏中的“圆角”图标，或依次单击“插入”→“特征”→“圆角”。

② 设计 PropertyManager 选项。仅对于等半径圆角，可使用 FilletXpert 来添加或修改圆角及管理圆角。

③ 单击“确定”按钮。

3) 变半径圆角的范例 (Example of Variable Radius Fillet)

变半径圆角举例如图 4-149 所示。

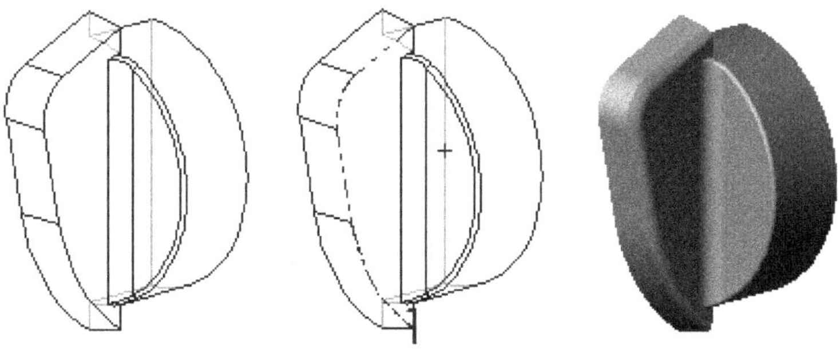

(a) 具有切面的模型　(b) 要圆角的边线　(c) 应用了变半径圆角

图 4-149　变半径圆角示例

项目 4.12　弹　　簧

【学习目标】

弹簧零件是典型的利用螺旋线完成扫描的零件，通过本项目的学习，应能熟练掌握螺旋曲线、交叉曲线、扫描、使用曲面剪裁等命令的使用方法，掌握三维建模的基本构图技巧。

【学习要点】

螺旋曲线、交叉曲线、扫描、使用曲面剪裁。

【平顶弹簧】

绘图思路：

首先必须完成一条螺旋线，然后使用螺旋线作为扫描路径完成扫描。压缩弹簧应该是中间螺距大，两端螺距小，因此本例使用变螺距螺旋线来实现，如图 4-150 所示。

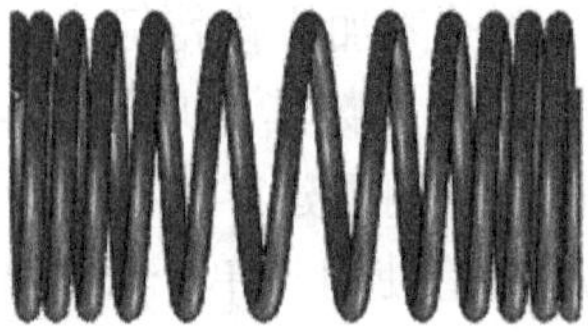

图 4-150　变螺距螺旋线表示的弹簧

操作步骤如下：

(1) 在“前视”基准面上绘出草图圆，制作螺旋线，如图 4-151 所示。

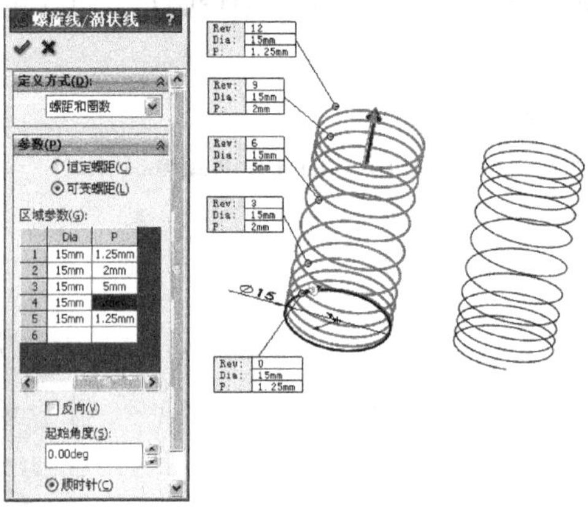

图 4-151　绘制圆并制作螺旋线

(2) 在“上视”基准面上绘制草图圆，并添加圆心与螺旋线的“穿透”关系，如图 4-152 所示。

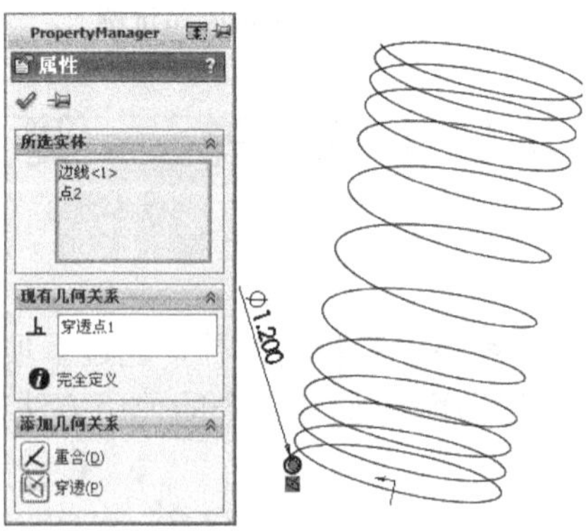

图 4-152　添加圆心与螺旋线的穿透关系

建立“穿透”关系：选择圆心，然后按住 Ctrl 键，在靠近螺旋线起点的位置单击螺旋线，在弹出的对话框中选择“穿透”几何关系，使圆心与螺旋线穿透。

注意：螺旋线和点建立“穿透”关系时，在整条螺旋线上可以使圆心重合于多个位置。所以在“靠近螺旋线起点的位置”选择螺旋线，其目的是使圆心与螺旋线起点重合。

(3) 扫描特征，如图 4-153 所示。

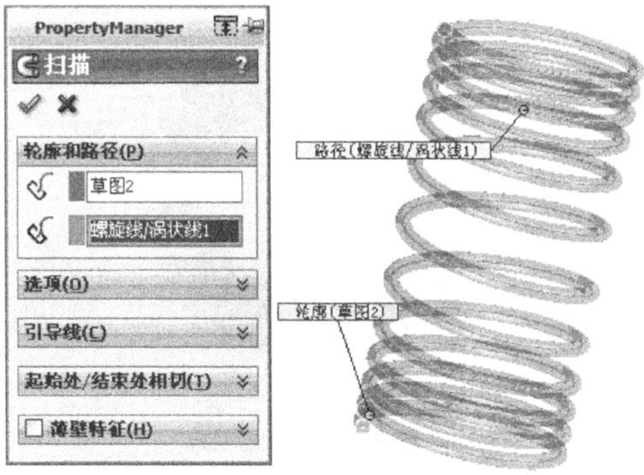

图 4-153　扫描特征

(4) 应用“使用曲面切除”命令对弹簧两端面进行切除，如图 4-154 和图 4-155 所示。

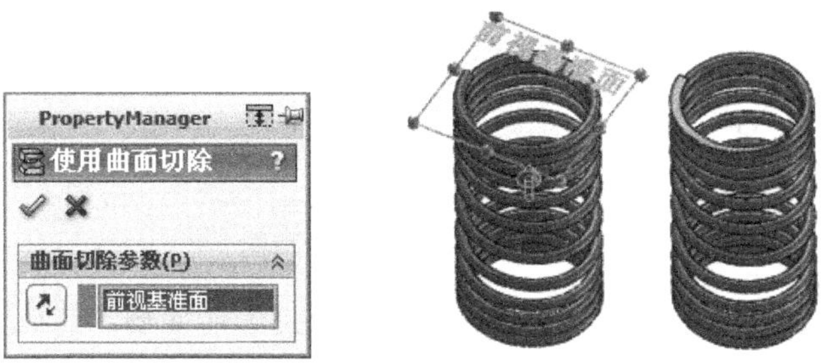

图 4-154　使用基面切除

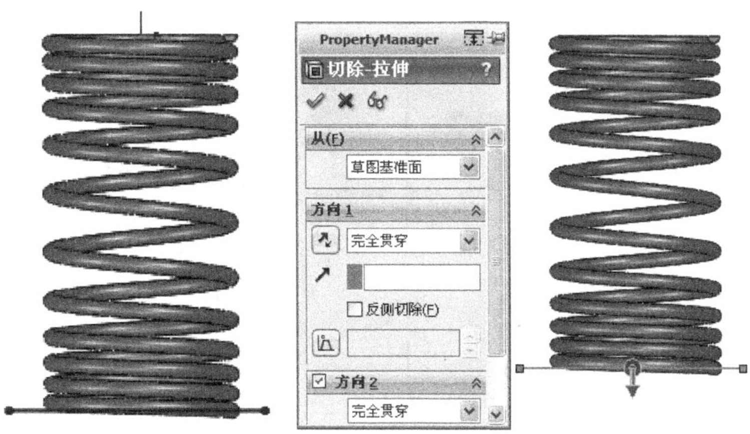

图 4-155　使用开环草图切除

【圆形弹簧】

圆形弹簧如图 4-156 所示。

绘图思路：

(1) 创建两个草图圆。

(2) “扫描/沿路径扭转”造型。

操作步骤如下：

图 4-156　圆形弹簧

① 在“前视”基准面上创建两个草图，如图 4-157 所示。

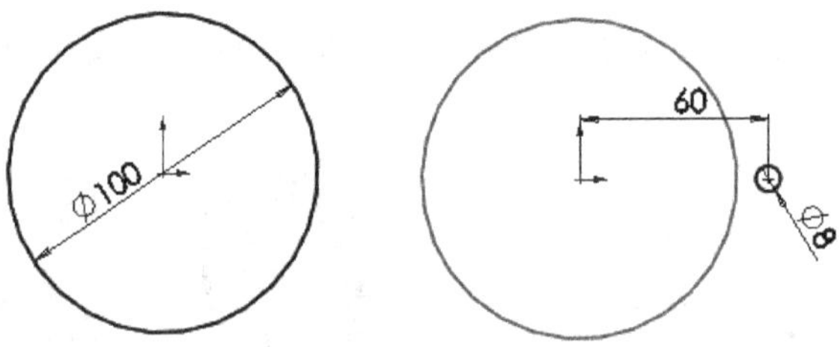

图 4-157　创建两个草图

② 在“扫描”对话框中选择“沿路径扭转”选项完成造型，具体过程参数如图 4-158 所示。

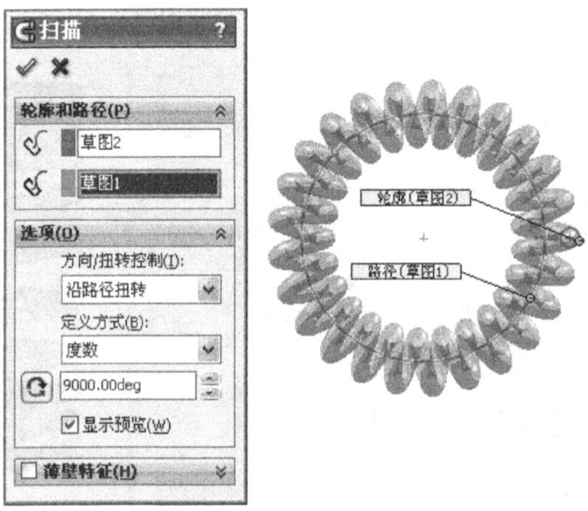

图 4-158　完成的造型

【变形弹簧】

变形弹簧如图 4-159 所示。

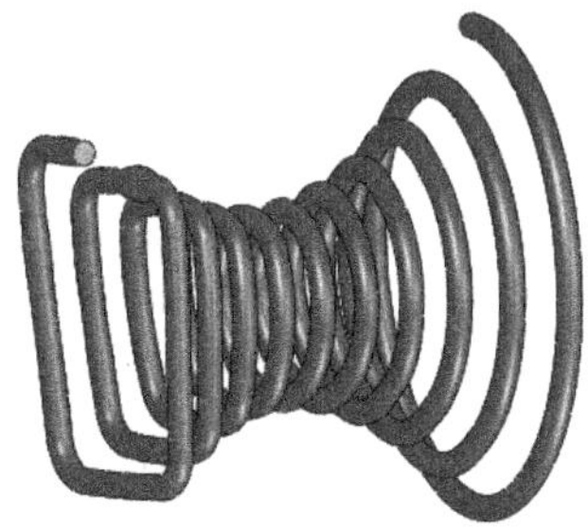

图 4-159　变形弹簧

绘图思路：

(1) 绘出 3 个草图。

(2) 利用曲面放样，由 3 个草图制作曲面。

(3) 生成扫描曲面。

(4) 制作交叉曲面。

(5) 扫描完成造型。

操作步骤如下：

(1) 建立距“前视”基准面 50mm 和 100mm 的两个基准平面 1 和基准平面 2，并在其上分别绘制草图，尺寸自定。

(2) 放样曲面，如图 4-160 所示。

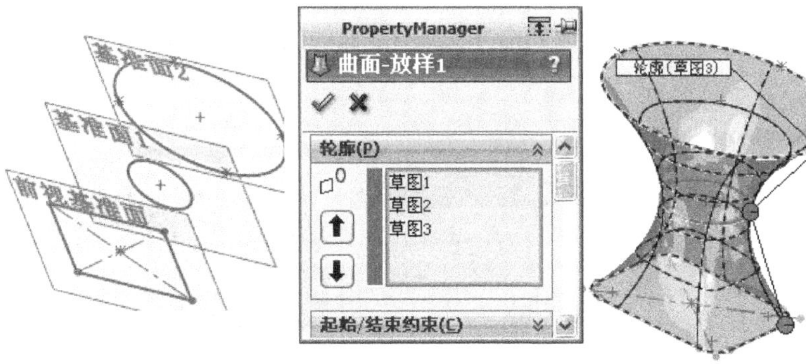

图 4-160　放样曲面

(3) 在“前视”基准面上绘圆并作出一条螺旋曲线，如图 4-161 所示。

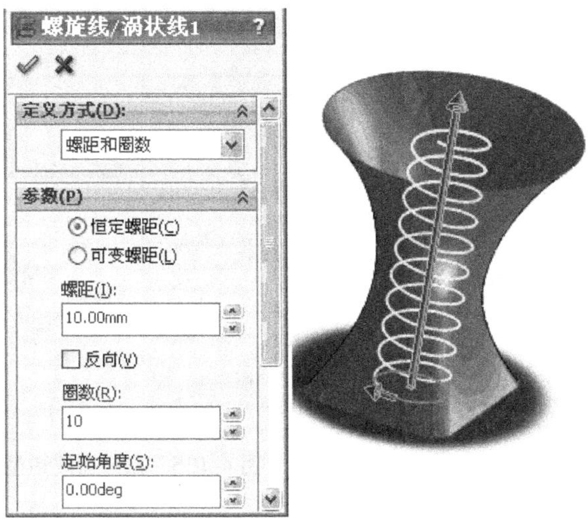

图 4-161　作出一条螺旋曲线

(4) 在“前视”基准面上绘出草图直线，然后利用螺旋线和直线完成曲面扫描，如图 4-162 所示。

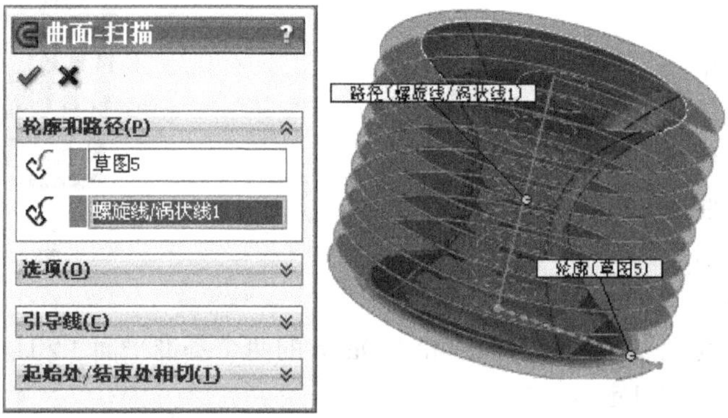

图 4-162　完成的曲面扫描

(5) 利用草图工具下的交叉曲线命令完成 3D 曲线的制作，如图 4-163 所示。

图 4-163　完成 3D 曲线制作

(6) 隐藏放样曲面和扫描曲面，再作出扫描草图截面，如图 4-164 所示。

(7) 扫描完成造型，如图 4-165 所示。

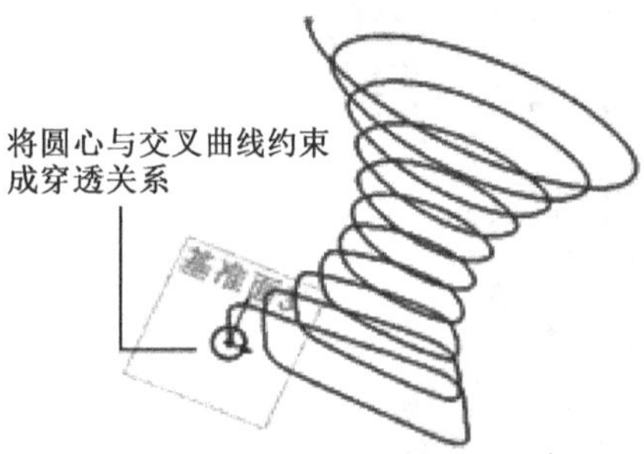

图 4-164　作出扫描截面

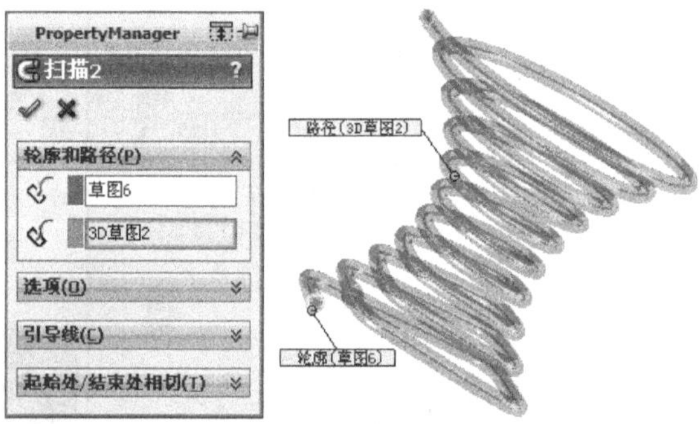

图 4-165　扫描完成造型

【挂钩弹簧】

挂钩弹簧如图 4-166 所示。

绘图思路：

(1) 绘出螺旋线。

(2) 在两端面绘制草图线。

(3) 将螺旋线与草图线制作成组合线。

(4) 制作扫描截面圆。

(5) 扫描完成造型。

图 4-166　挂钩弹簧

操作步骤如下：

(1) 在“前视”基准面上绘出直径为 50mm 的圆，然后生成螺旋线，参数如图 4-167 所示。

(2) 创建基准平面，基准面 1 距“右视”基准面向左等距 25mm，基准面 2 距“右视”基准面向右等距 25mm，如图 4-168 所示。

(3) 在基准面 1 和基准面 2 上分别创建草图，如图 4-169 和图 4-170 所示。

(4) 创建过组合线端点且垂直曲线的基准平面 3，如图 4-171 所示。

(5) 在基准平面 3 上作扫描截面草图圆，如图 4-172 所示。

(6) 扫描生成特征，如图 4-173 所示。

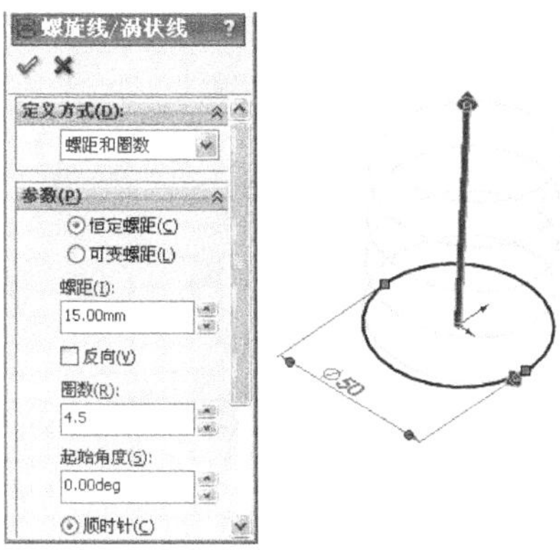

图 4-167　螺旋线参数设置

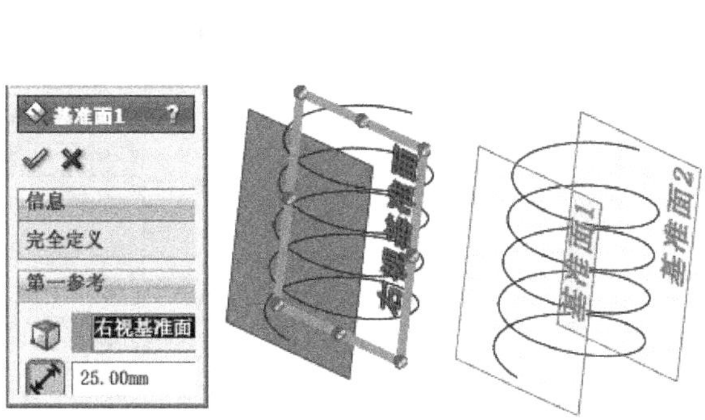

图 4-168　创建基准平面

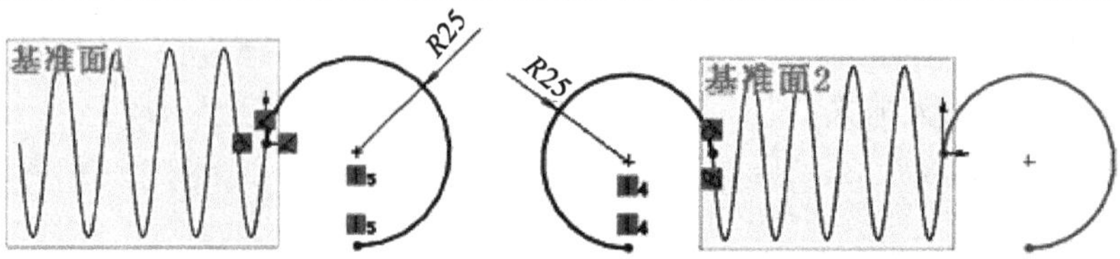

图 4-169　在基准平面上创建草图 1

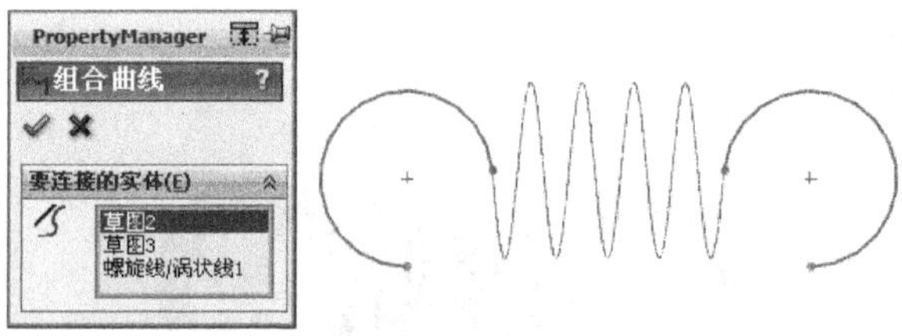

图 4-170　创建草图 2

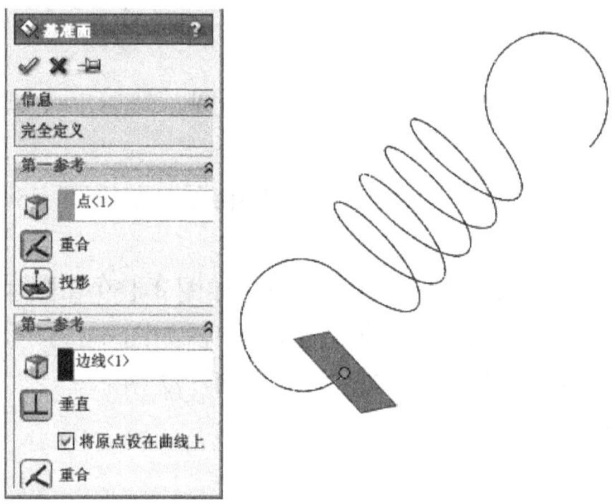

图 4-171　创建基准平面 3

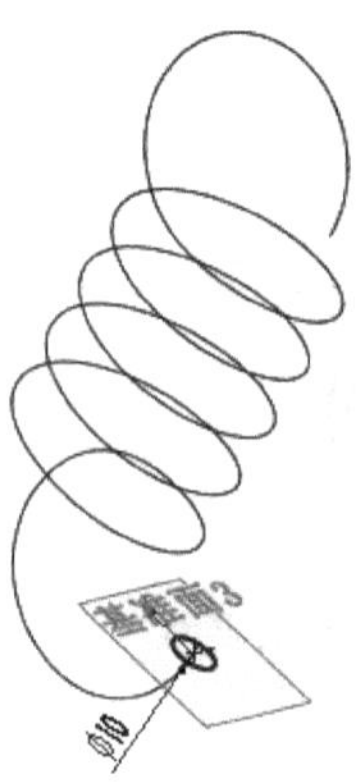

图 4-172　扫描截面草图圆

图 4-173　扫描生成特征

【扭钩弹簧】

扭钩弹簧如图 4-174 所示。

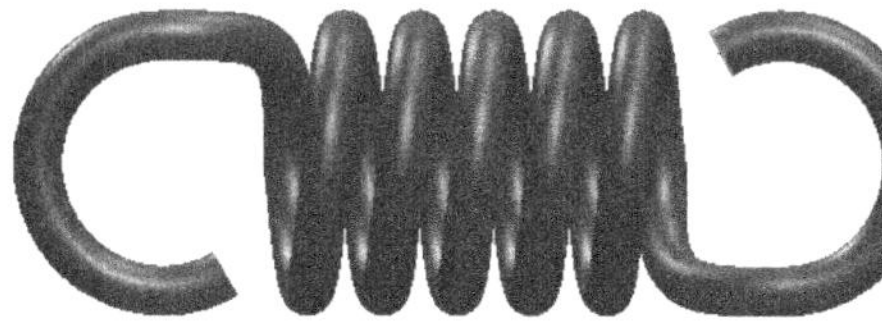

图 4-174　扭钩弹簧

绘图思路：

(1) 绘出螺旋线。

(2) 绘出 *YOZ* 平面草图圆。

(3) 利用“桥接曲线”命令桥接曲线。

(4) 利用“软管”命令生成特征，隐藏除实体处的其他图素。

操作步骤如下：

(1) 在“前视”基准面上绘出直径为 50mm 的圆，然后生成螺旋线，参数如图 4-175 所示。

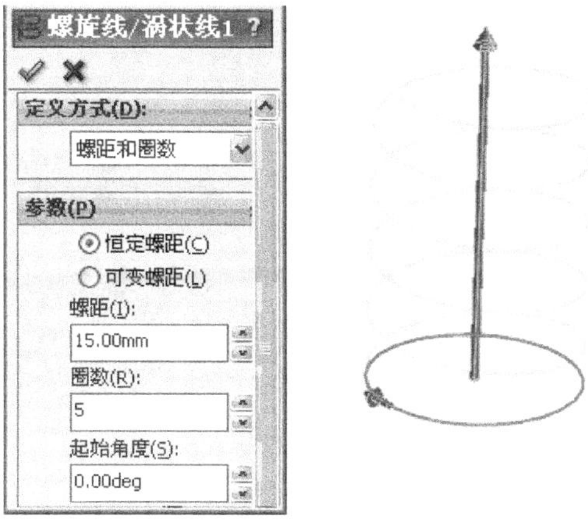

图 4-175　生成螺旋线

(2) 在“上视”基准面上创建“草图 2”，如图 4-176 所示。再由“草图 2”及“前视”基准面创建基准面 1，如图 4-177 所示。

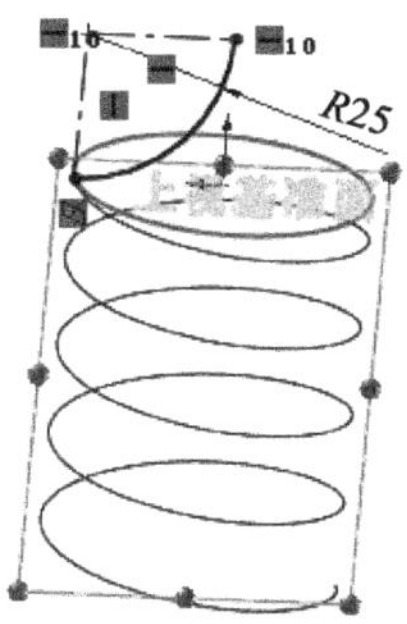

图 4-176　创建“草图 2”

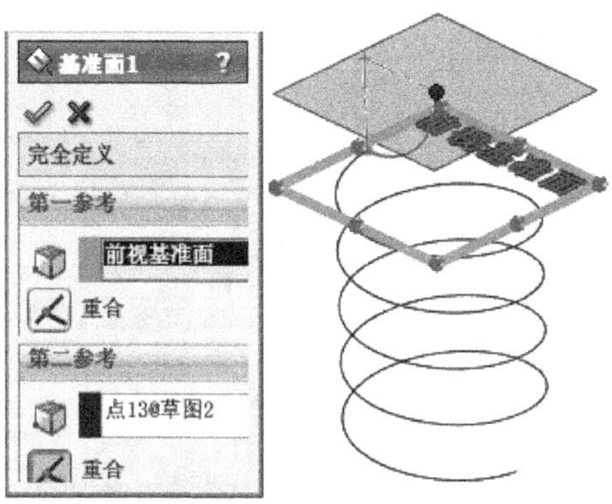

图 4-177　创建基准平面 1

(3) 在基准面 1 上作草图 3，如图 4-178 所示；然后应用曲线工具栏中的“投影曲线”命令作出如图 4-179 所示的曲线图形。

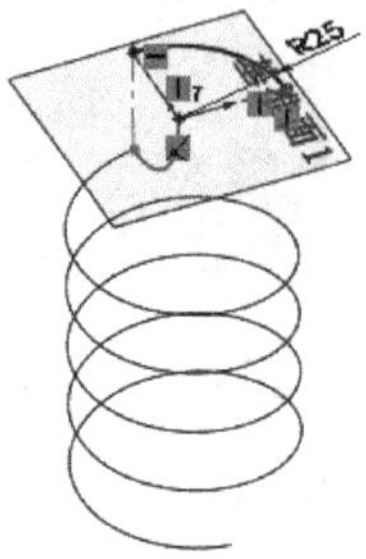

图 4-178 在基准面 1 上作“草图 3”

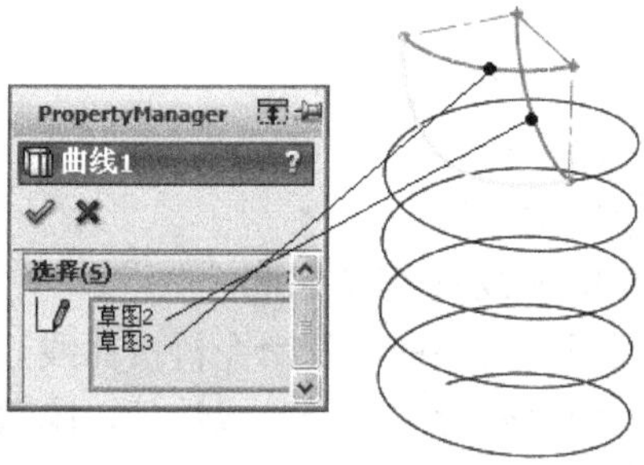

图 4-179 作投影曲线

(4) 在“右视”基准面上创建“草图 4”，如图 4-180 所示。同理，作出螺旋线下端面处的图形。将螺旋线与草图线应用“组合曲线”组合成一条曲线，如图 4-181 所示。

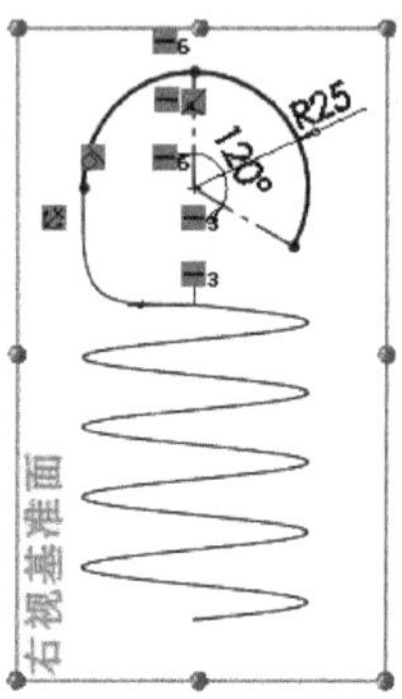

图 4-180 创建“草图 4”

图 4-181 组合曲线

提示：在作草图时可以借助将螺旋线应用“转换实体引用”命令作成草图曲线，然后可以添加约束，最后再删除它。

(5) 创建过组合线端点且垂直曲线的基准平面。在基准平面上作扫描截面草图圆；扫描生成特征，如图 4-182 所示。

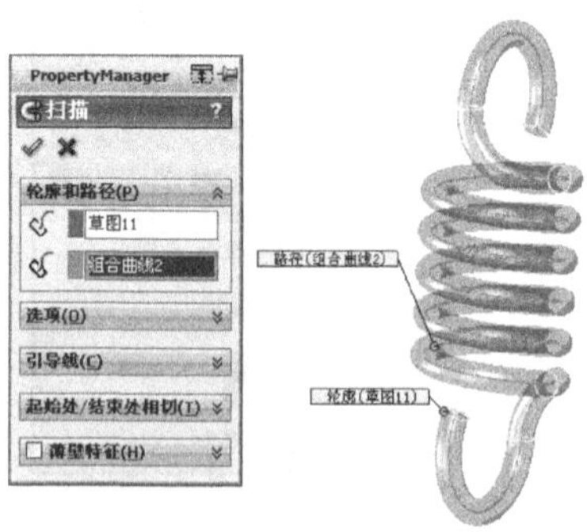

图 4-182 扫描生成特征

【资料引入】

1. 交叉曲线 (Intersection Curve)

交叉曲线用于打开一张草图并在以下类型的交叉处生成草图曲线：基准面和曲面或模型面；曲面和模型面；曲面和整个零件；两个曲面；基准面和整个零件。

可以按照与使用任何草图曲线相同的方式使用生成的草图交叉曲线，包括执行以下任务：

(1) 测量零件不同截面处的厚度(请参阅以下步骤)。

(2) 生成代表基准平面和零件交叉的扫描路径。

(3) 从输入实体得出剖面已生成参数零件。

如果使用草图曲线来拉伸特征，打开的草图必须为 2D 草图，其他任务则可以使用 3D 草图执行。

如果要打开 2D 草图，应首先选择基准面，然后单击交叉曲线。

如果要打开 3D 草图，应首先单击交叉曲线，然后选择基准面。

欲测量零件截面的厚度：

(1) 打开一个零件后，单击草图绘制工具栏中的“交叉曲线”图标，或依次单击“工具”→“草图绘制工具”→“交叉曲线”。

一 3D 草图打开(因为在选择基准面之前单击了图标)

(2) 选择交叉项目：

选择与零件某个面相交的基准面。

- 单击零件的面。
- 草图样条曲线在基准面和顶面交叉处出现。

(3) 旋转该零件，然后单击零件的相反一面(内侧)，另一草图样条曲线在内侧的面上出现，见图 4-183。

提示：也可在 FeatureMananger 设计树中选择零件。所绘制的样条曲线在基准面交叉的每个面上出现。

(4) 依次单击“工具”→“测量”，并测量两条草图样条曲线之间的距离，见图 4-184。

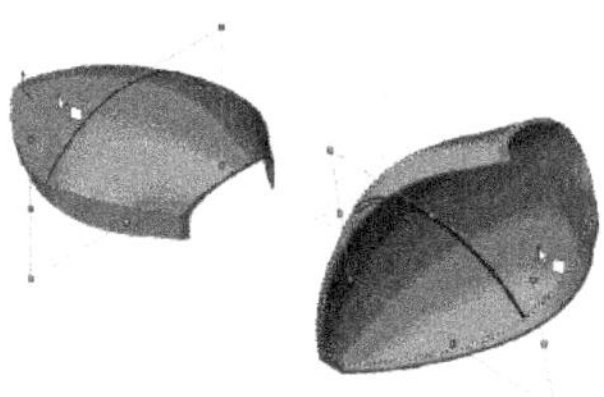

图 4-183 样条曲线在内侧的面上出现

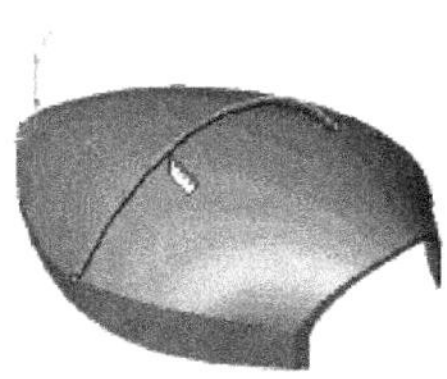

图 4-184 测量两样条曲线的距离

2. 投影绘制的曲线

可以将绘制的曲线投影到模型面上来生成一条 3D 曲线；也可以用另一种方法生成曲

线，首先在两个相交的基准面上分别绘制草图，此时系统会将每一个草图沿所在平面的垂直方向投影得到一个曲面，最后这两个曲面在空间中相交而生成一条 3D 曲线。

欲投影曲线，见图 4-185。

(1) 单击曲线工具栏中的“投影曲线”图标，或依次单击“插入”→“曲线”→“投影曲线”，就会出现投影曲线 PropertyManager。

(2) 在选择下，将投影类型设定为以下之一。

① 面上草图

使用此选择将绘制的曲线投影到模型面上，如图 4-185 所示。

在要投影的草图下，在图形区域或弹出的 FeatureManager 设计树中选择曲线。

在投影面下，选择模型上想投影草图的圆柱面。

如有必要，选中反转投影复选框，或单击图形区域中的孔标。

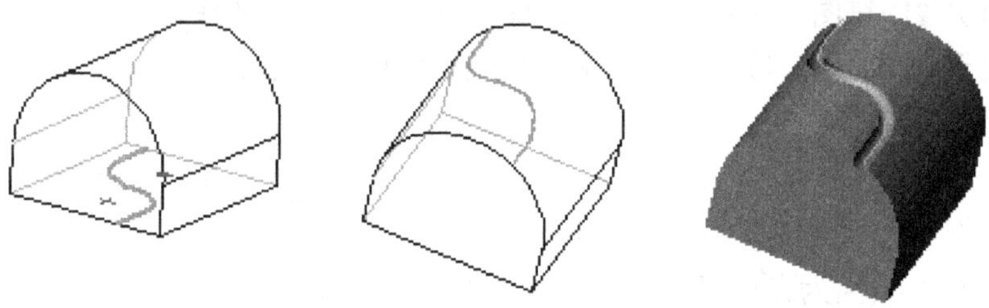

(a) 投影到面的原始草图　(b) 投影曲线　(c) 用作扫描路径的投影曲线

图 4-185　投影曲线

② 草图上草图

使用此选择来生成代表草图自两个相交基准面交叉点的曲线。

在相交的两个基准面上各绘制一个草图，完成后关闭每个草图。

对正这两个草图轮廓，以使当它们垂直于草图基准面投影时，所隐含的曲面将会相交，从而生成所需结果。

在要投影的一些草图下，在弹出的 FeatureManager 设计树中或图形区域选择两个所需草图，如图 4-186 所示。

(a) 两个草图(灰色)投影到相互之上以形成 3D 曲线(绿色)　(b) 曲线用作扫描的路径　(c) 扫描几何体用于生成此电源转换器

图 4-186　在草图上投影

(3) 单击“确定”按钮✔，生成投影曲线，或单击“取消”按钮✖，取消操作。

3. 组合曲线

可以通过将曲线、草图几何和模型边线组合为一条单一曲线来生成组合曲线。使用该曲线作为生成放样或扫描的引导曲线。

欲生成组合曲线，见图 4-187：

(1) 单击曲线工具栏中的“组合曲线”图标，或依次单击“插入”→“曲线”→“组合曲线”。

(2) 单击要组合的项目(草图实体、边线等)。所选项目出现在组合曲线 PropertyManager 中，在要连接的草图、边线及曲线框中的要连接的实体之下。

(3) 单击“确定”按钮✔，生成组合曲线。

(a) 为曲线在模型上选择边线　(b) 生成扫描轮廓草图，然后使用组合曲线为扫描路径　(c) 完成后的扫描切除

图 4-187　生成组合曲线

4. 螺旋线和涡状线(Helix and Spiral)

可在零件中生成螺旋线和涡状线曲线。此曲线可以被当成一个路径或引导曲线使用在扫描的特征上，或作为放样特征的引导曲线。

欲生成螺旋线或涡状线，见图 4-188：

(1) 打开一个草图并绘制一个圆。此圆的直径控制螺旋线的直径(除在可变螺距螺旋线中外)。

(2) 单击曲线工具栏中的“螺旋线和涡状线”图标，或依次单击插入、曲线、螺旋线和涡状线。

(3) 在螺旋线和涡状线 PropertyManager 中设定数值。

(4) 单击“确定”按钮✔。

(a) 螺旋线和扫描轮廓位于瓶颈上　(b) 凸台扫描特征(以蓝色显示)在瓶颈上生成螺旋线

图 4-188　生成螺旋线或涡状线

(c) 涡状线弹簧

(d) 钟内部机械装置中的涡状线弹簧

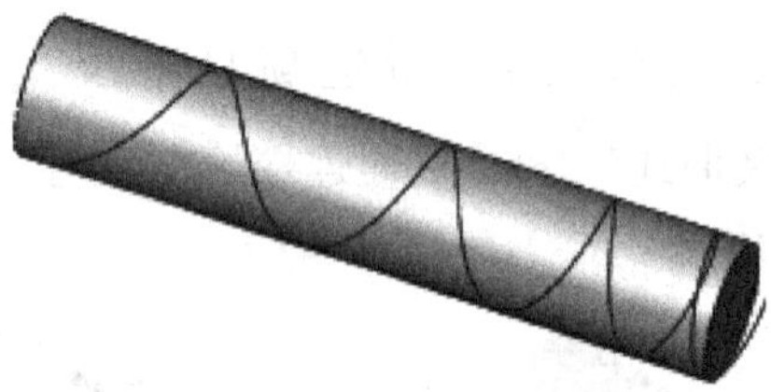

(e) 可变螺距螺旋线

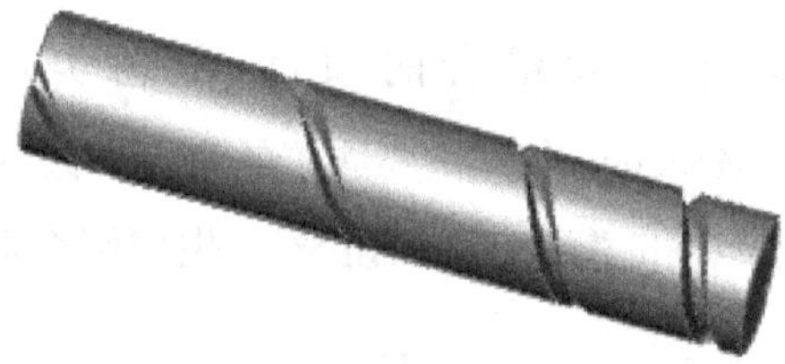

(f) 一切除-扫描特征生成涡轮

图 4-188 (续)

项目 4.13 技 能 实 战

本项目作为本章技能实践，要完成如下所示的各个图形。

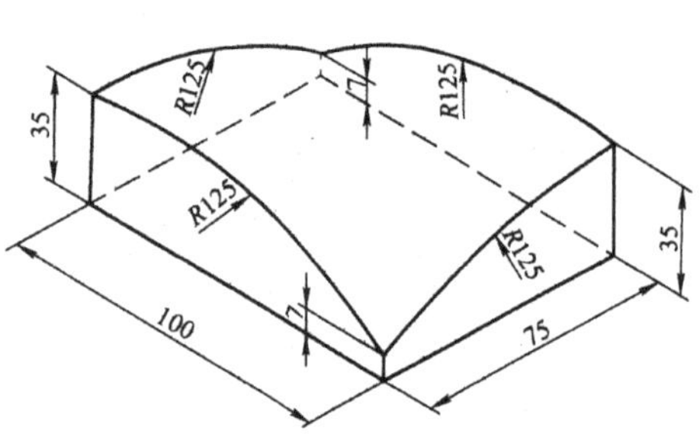

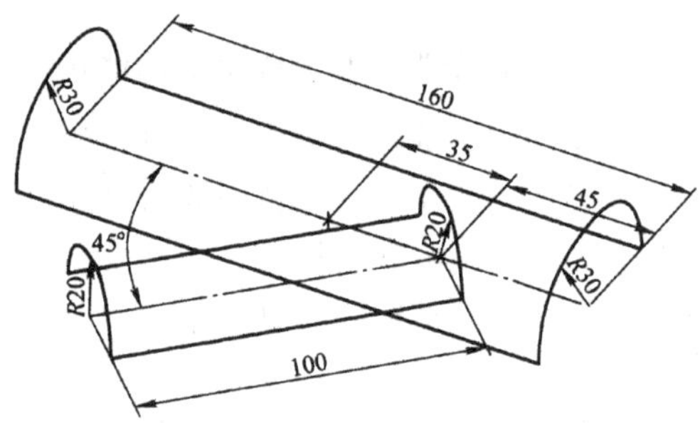

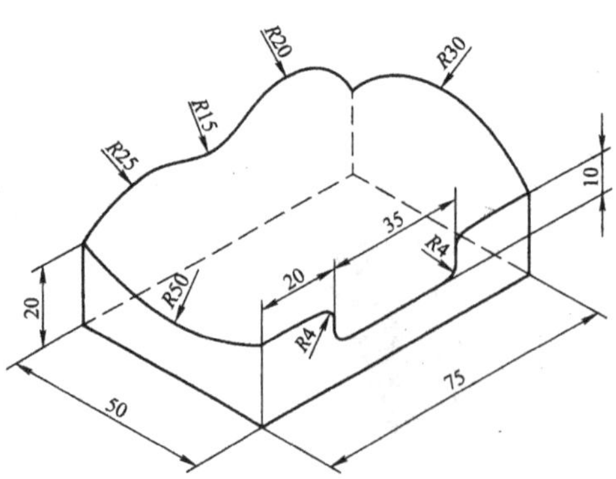

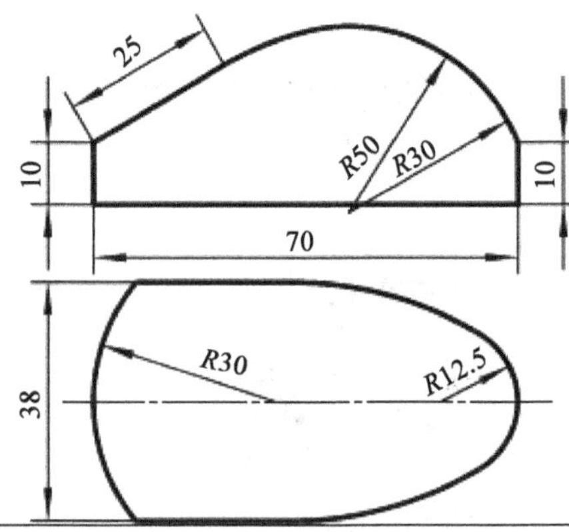

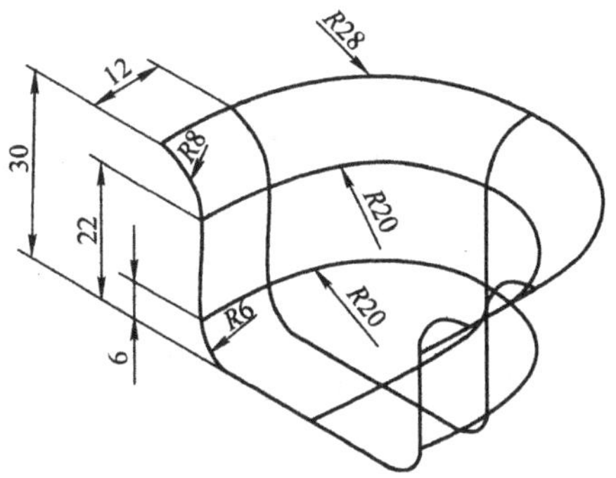

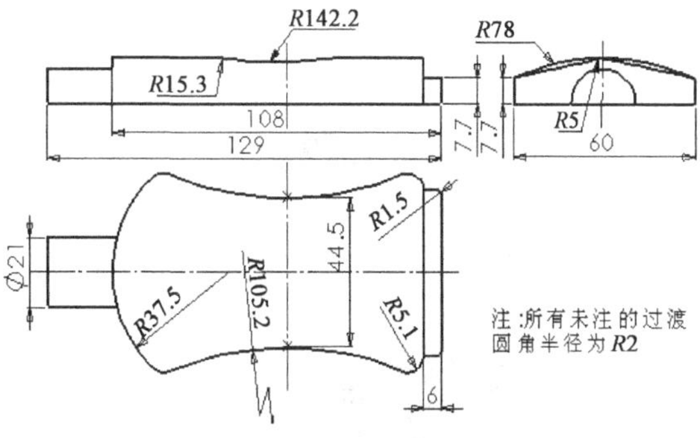

按照曲面立体形状进行三维曲面造型(不要求图案)

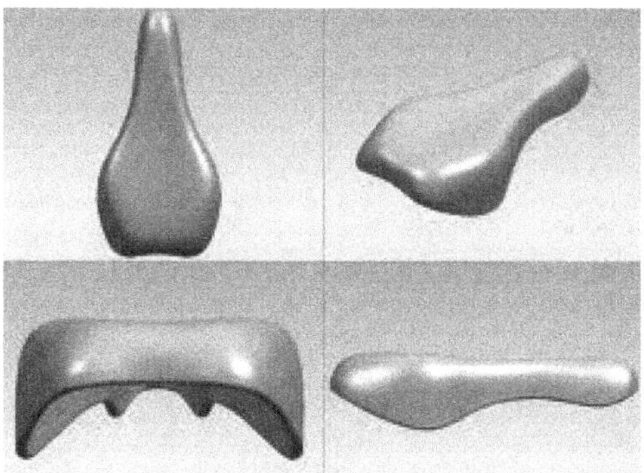

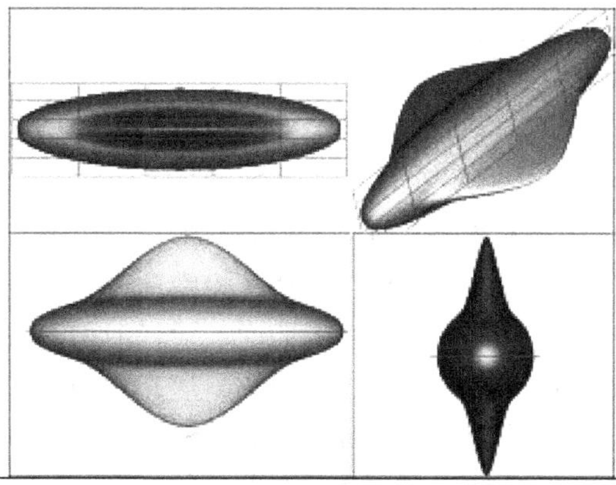

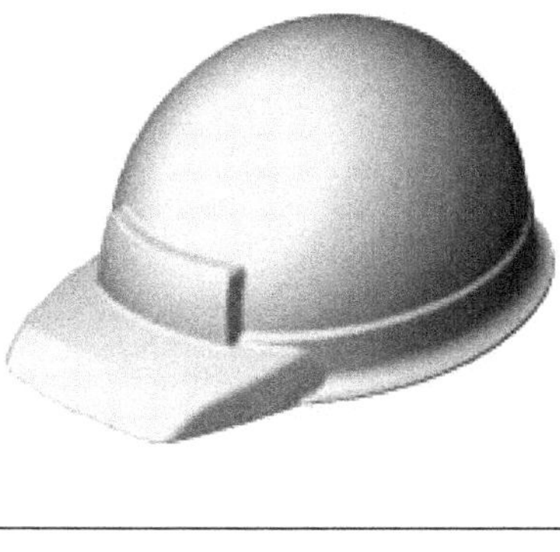

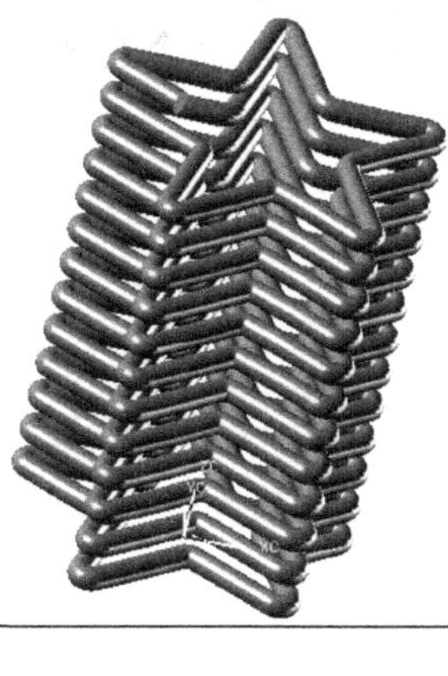

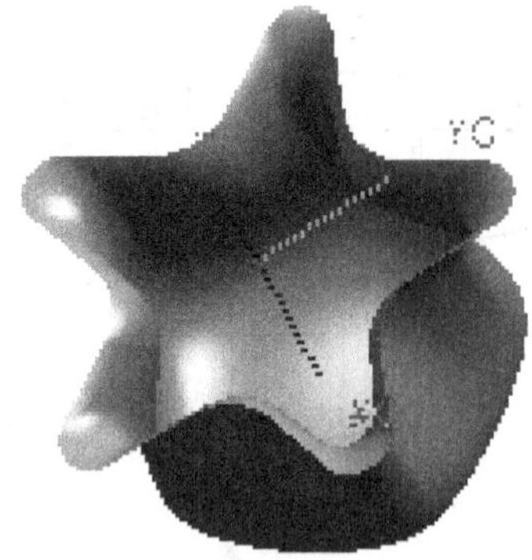

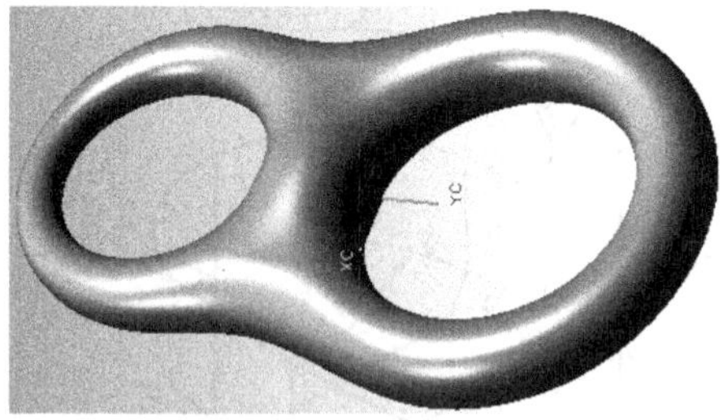

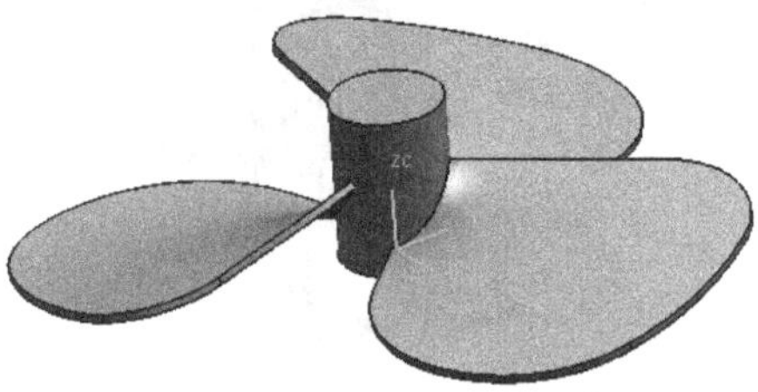

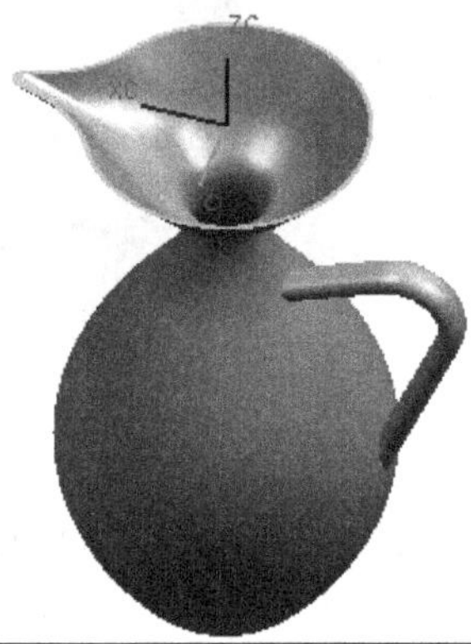

本 章 小 结

通过本章的学习，我们应掌握以下内容：

(1) 螺旋线、组合曲线、投影曲线、分割线

(2) 拉伸曲面、直纹曲面、放样曲面

(3) 扫描曲面、边界曲面、填充曲面

(4) 平面区域、等距曲面、缝合曲面

(5) 延伸曲面、裁剪曲面、替换面

学会综合应用这些命令完成产品的三维建模，熟练掌握建模的过程与软件的应用技巧。

第 5 章　复杂特征-曲面建模

本章要点

- 交叉线、分割线、组合线、投影线、螺旋线
- 拉伸、旋转、扫描、放样特征/曲面
- 孔向导、圆角、倒角、阵列、镜像、抽壳
- 筋、分割、圆顶、包覆、组合
- 多实体的设计方法和应用

通过本书前面章节的学习，读者已经掌握了三维设计中绘制草图和常用特征的建立方法，可以完成简单的三维零件建模。

本章将综合应用前面所学知识，进一步学习繁杂零件的三维建模方法。这些方法将指导读者应用 SolidWorks 构建复杂模型，提高设计效率，完成特殊零件的设计。

项目 5.1　流　线　槽

【学习目标】

本项目要完成的图形如图 5-1 所示。通过本项目的学习，应能熟练掌握拉伸基体、放样切除等命令的使用方法及操作过程，掌握三维建模的构图技巧。

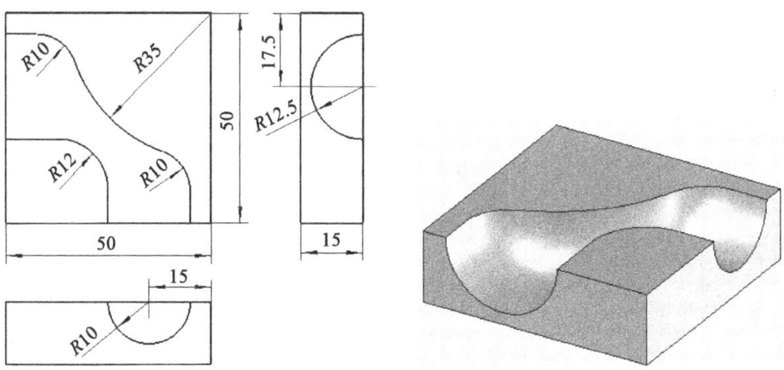

图 5-1　流线槽建模示例

【学习要点】

拉伸基体、放样切除。

【绘图思路】

首先绘出草图并拉伸长方体，再利用放样切除命令完成对长方体的修剪。

【操作步骤】

(1) 单击“新建”按钮，新建一个“零件”文件，并单击“保存”按钮进行保存，如图 5-2 所示。

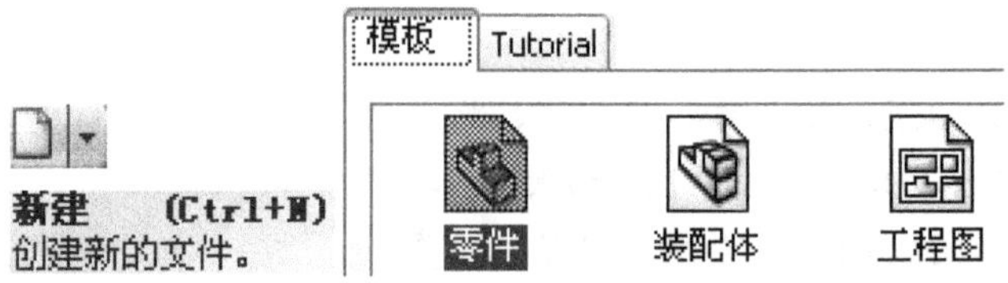

图 5-2 新建“零件”文件

(2) 以“前视”基准面为基准面创建“草图 1”，绘制出 50mm×50mm 所示的正方形。然后选择“拉伸增料”命令，修正拉伸高度为“15”，单击 (确定)按钮，完成基座造型，如图 5-3 所示。

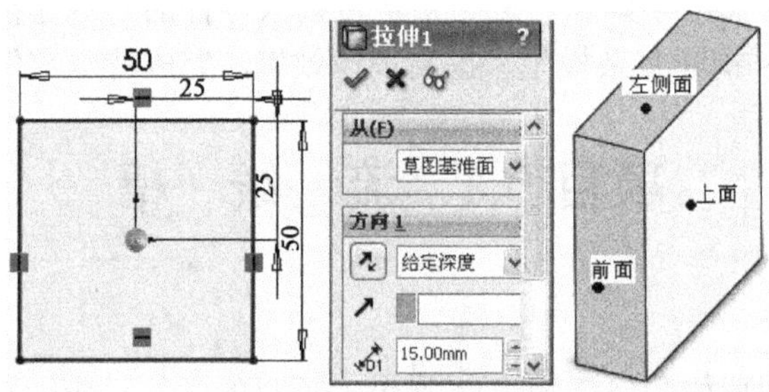

图 5-3 完成基座造型

(3) 在左侧面绘出如图 5-4 所示的草图；在前面绘出如图 5-5 所示的草图；在上面绘出如图 5-6 所示的草图。

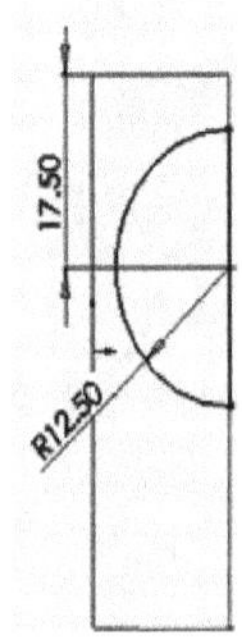

图 5-4 侧面草图

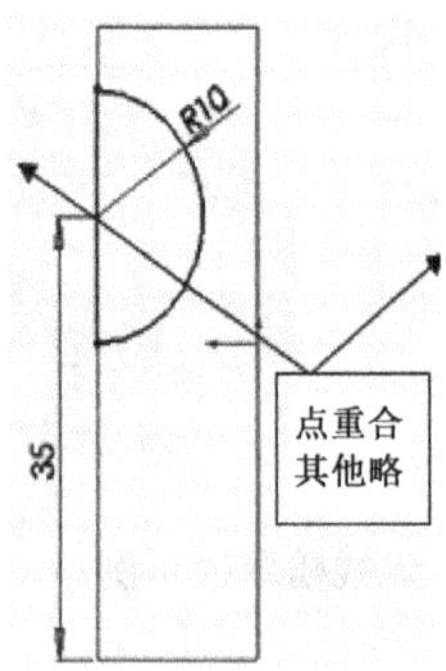

图 5-5 前面草图

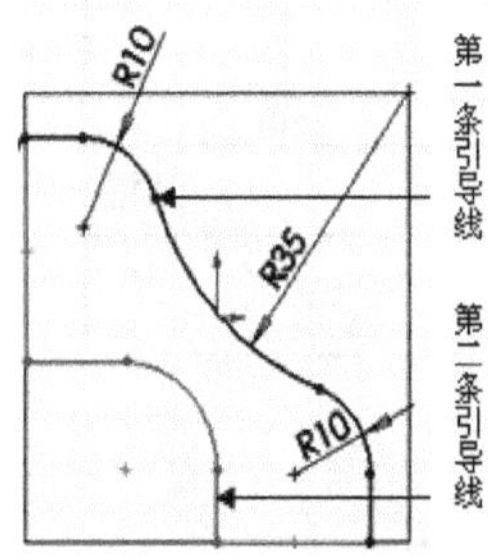

图 5-6 上面草图

注意：① 在上面要分别建立两个草图，分别绘出两条引导线。

② 引导线的两个端点要与截面草图上的端点重合或穿透。

③ 截面草图要封闭；否则不能生成实体。

(4) 选择“切除-放样” 放样(L)... 命令，弹出对话框，详细过程如图 5-7 所示。单击(确定)按钮，完成造型。

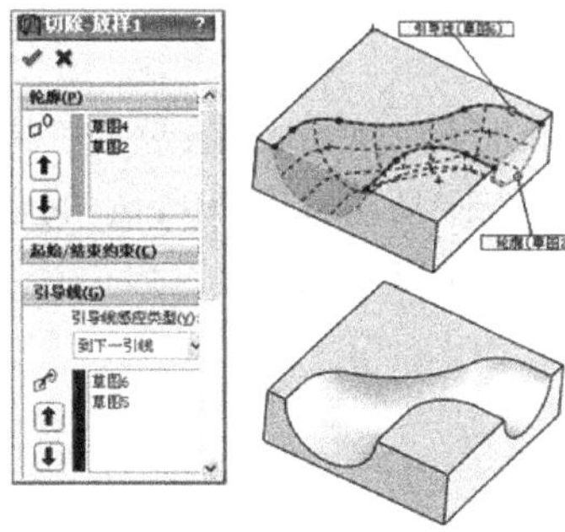

图 5-7　“切除-放样”实体的过程

【建模提示】

在绘制图 5-4 和图 5-5 所示的草图时，如果只绘制圆弧而不作出封闭直线，那么可以用曲面工具栏里的“放样”命令完成放样曲面，然后再用“使用曲面切除”命令完成对长方体的剪切。

项目 5.2　摩擦圆盘压铸模

【学习目标】

本项目要完成的图形如图 5-8 所示。通过本项目的学习，应能熟练掌握拉伸基体、旋转切除、旋转凸台、拉伸切除、圆周阵列等命令的使用方法及操作过程，掌握三维建模的构图技巧。

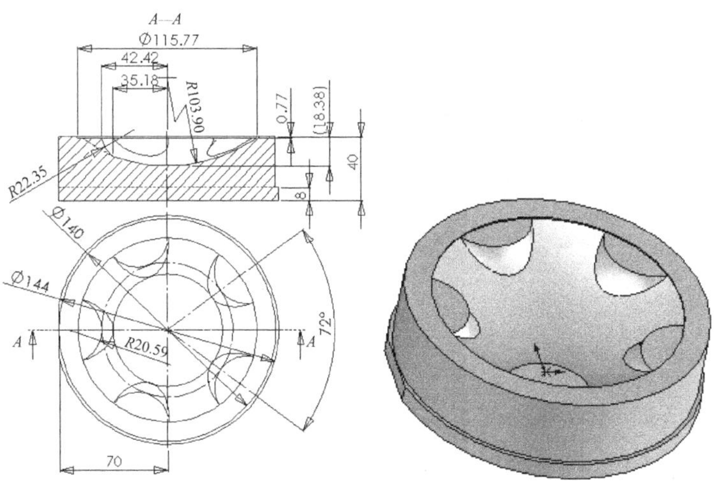

图 5-8　摩擦圆盘压铸模建模示例

【学习要点】

拉伸基体、旋转切除、旋转凸台、圆周阵列、拉伸切除。

【绘图思路】

首先创建直径为 144mm 和直径为 140mm 的两个阶梯圆柱，并用拉伸除料方式作出 0.77mm 的止口，然后用旋转除料方式切出 *R*103.9mm 的底型腔。再绘制凸台截面，旋转成凸台实体。用特征阵列功能阵列成 5 个凸台，最后用拉伸除料方式作出侧面的削边平面。

【操作步骤】

(1) 单击“新建”按钮，新建一个“零件”文件，并单击“保存”按钮进行保存，如图 5-9 所示。

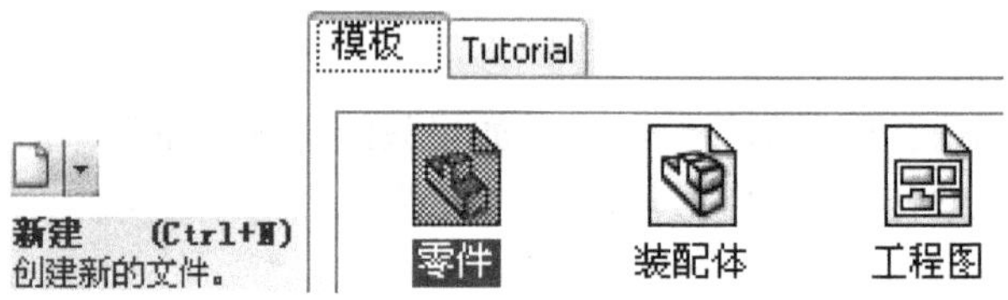

图 5-9 新建“零件”文件

(2) 以“前视”基准面为基准面创建“草图 1”，并以坐标原点为圆心绘制出直径为 144mm 的圆，再拉伸至高度 8mm，建立第一个圆柱体；以“前视”基准面为基准面创建“草图 1”，并以坐标原点为圆心绘制出直径为 144mm 的圆，再拉伸至高度 8mm，建立第一个圆柱体，如图 5-10 所示。

(3) 作出 0.77mm 的止口。以第二个圆柱体的上表面为基准面创建“草图 3”，并以坐标原点为圆心绘制出直径为 115.77mm 的圆，再用“拉伸-除料”方式，作出深度为 0.77mm 的止口，结果如图 5-11 所示。

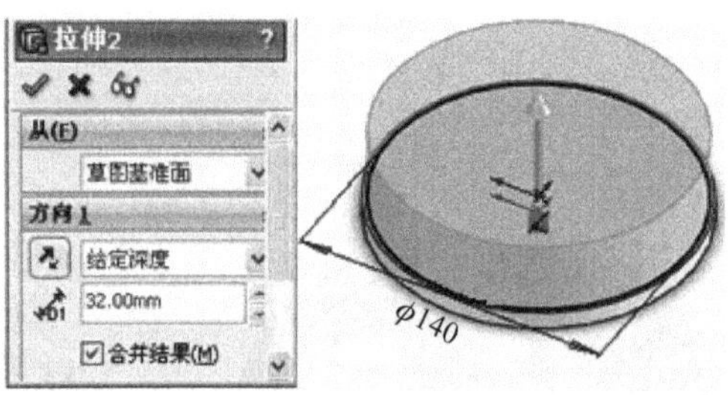

图 5-10 拉伸圆柱体

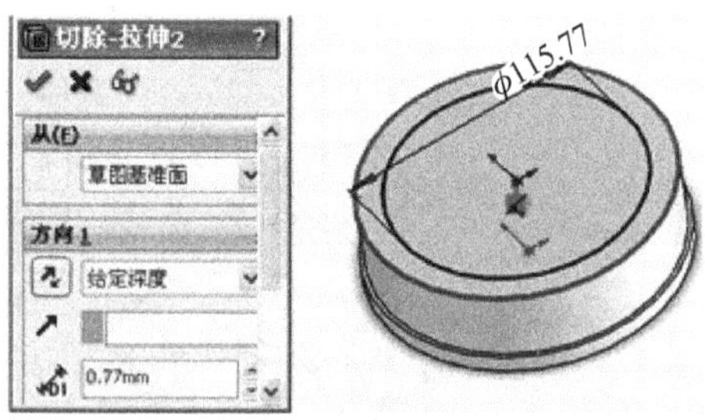

图 5-11 作深度为 0.77mm 的止口

(4) 应用“旋转”命令作出球形底腔。以“上视”基准面为基准作“草图 4”，如图 5-12 所示。然后单击旋转切除按钮 ，在弹出的对话框中的参数选择如图 5-13 所示。

(5) 制作凸台特征。

以“上视”基准面为基准作“草图 5”，如图 5-14 所示。然后单击旋转凸...按钮，完成造型。参数选择如图 5-15 所示。

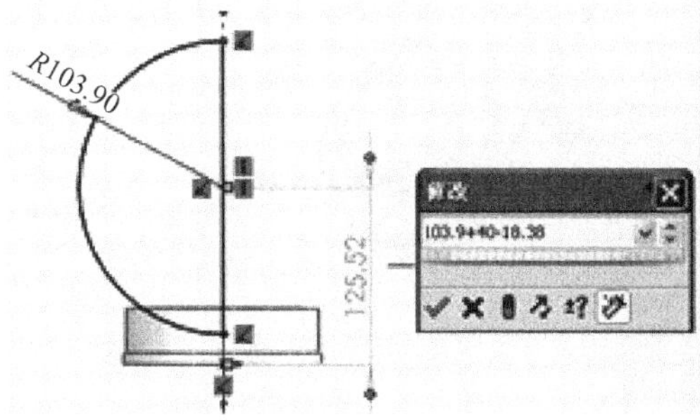

图 5-12　绘制“草图 4”

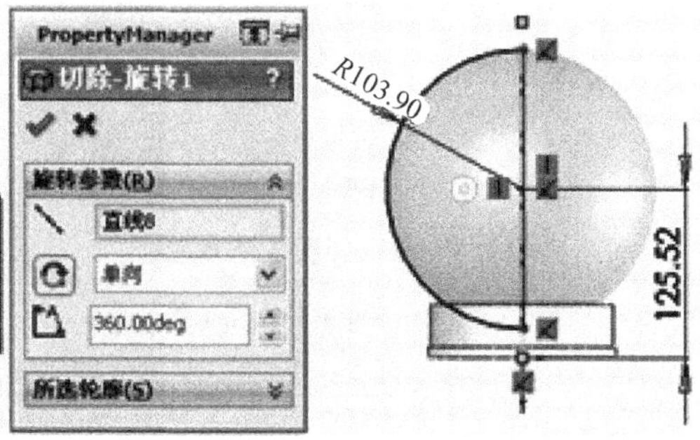

图 5-13　旋转切除实体

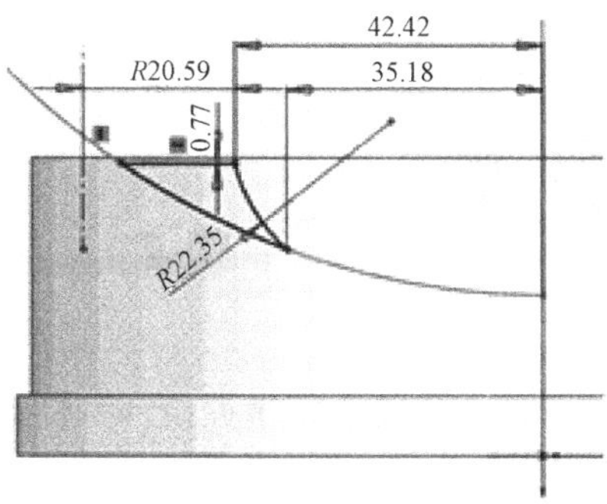

图 5-14　绘制“草图 5”

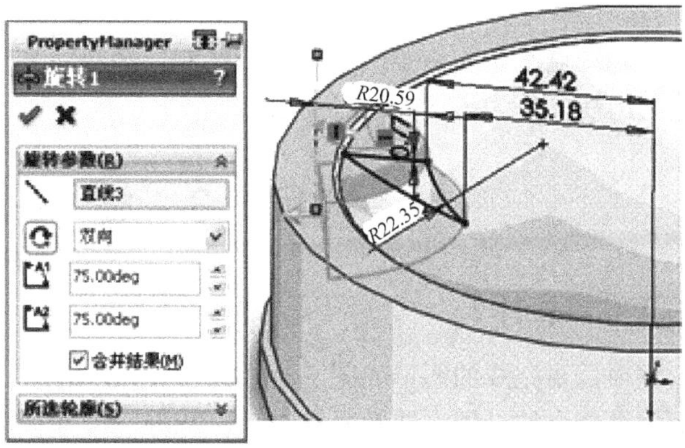

图 5-15　旋转凸台的参数设置

(6) 阵列成 5 个凸台。

① 完成基准轴：在“参考几何体”工具栏内选择 基准轴(A)... 命令，弹出如图 5-16 所示的对话框。确定后完成基准轴的制作。

② 特征阵列：在特征工具栏中单击 圆周阵列 图标，参数设置如图 5-17 所示。确定后完成设置。

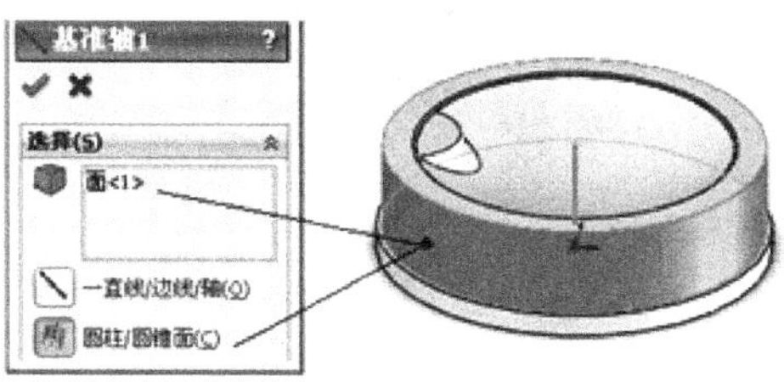

图 5-16　设置基准轴并显示结果

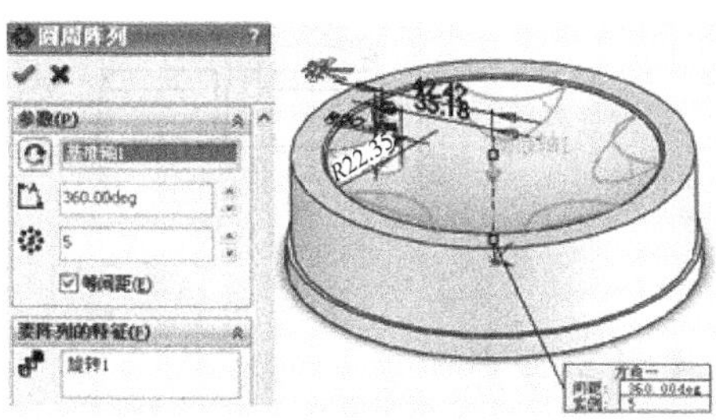

图 5-17　圆周阵列

(7) 制作侧面的削边：先单击上表面作为基准平面，并建立“草图 6”绘出直线，并作切边约束；长度自定，但要保证削边所用的长度。然后应用特征菜单中的“切除-拉伸”命令来完成削边的制作，过程如图 5-18 所示。

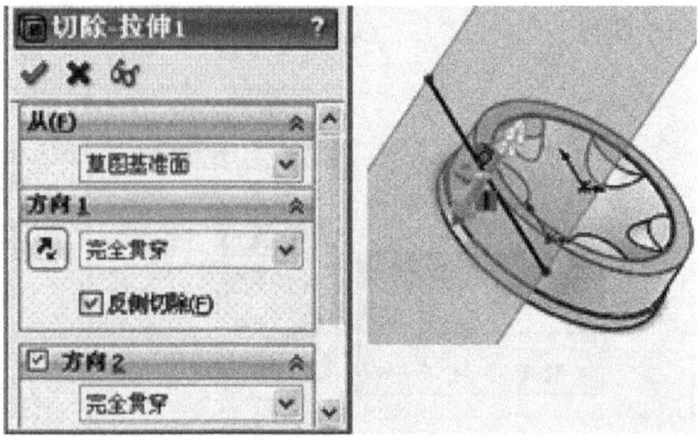

图 5-18　削边完成后的结果

【建模提示】

本题难点在于腔内小凸台草图的绘制。另外，在步骤(7)中应用的草图为一条直线，一般这种用法多是为了切除材料面用。

项目 5.3　旋 钮 模 型

【学习目标】

本项目要完成的图形如图 5-19 所示。通过本项目的学习，应能熟练掌握拉伸基体、旋转切除等命令的使用方法及操作过程，掌握三维建模的构图技巧。

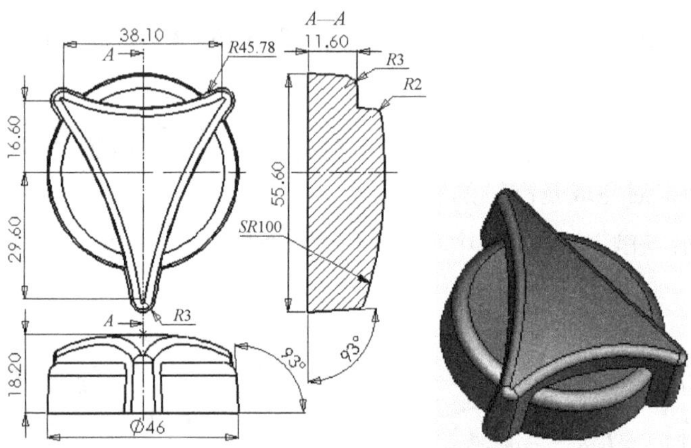

图 5-19　旋钮模型建模示例

【学习要点】

拉伸基体、旋转切除。

【绘图思路】

在“前视”基准面上分别作出带拔模斜度的圆柱体和三角形体，然后用旋转除料的方式切出顶面，最后倒圆角，完成造型。

【操作步骤】

(1) 单击“新建”按钮，新建一个“零件”文件，并单击“保存”按钮保存，如图 5-20 所示。

图 5-20 新建“零件”文件

(2) 在“前视”基准面上创建“草图 1”，绘制出直径为 46mm 的圆。此时“草图 1”的圆心与坐标原点重合。拉伸“草图 1”，参数设置如图 5-21 所示。

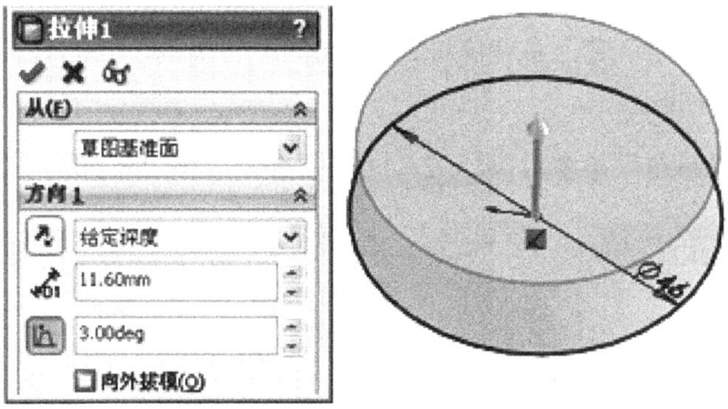

图 5-21 拉伸“草图 1”

(3) 在“前视”基准面上创建“草图 2”，如图 5-22 所示。拉伸参数设置如图 5-23 所示。

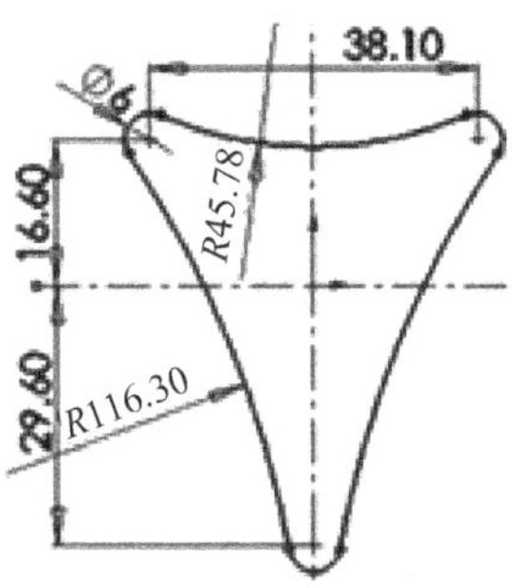

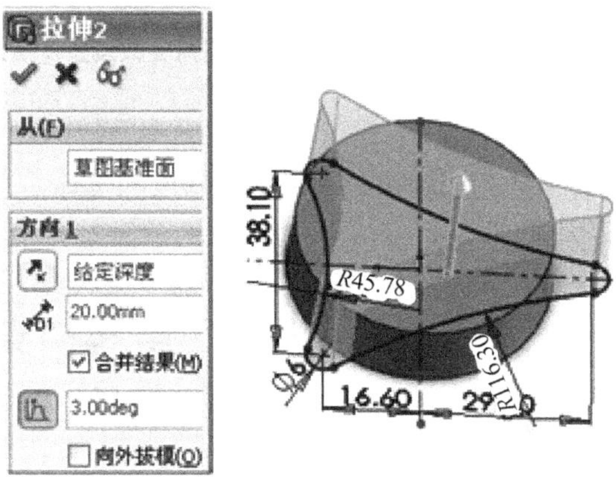

图 5-22 创建“草图 2” 图 5-23 拉伸参数设置

(4) 在“右视”基准面上创建“草图 3”，如图 5-24 所示。

单击特征工具栏中的“旋转切除”图标，设置参数如图 5-25 所示，单击“确定”按钮 完成造型。

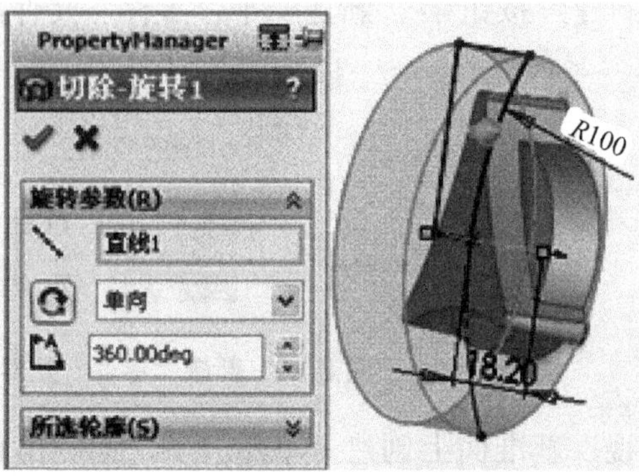

图 5-24　创建“草图 3”　　　　图 5-25　旋转切除参数设置

提示：构建“草图 3”时，要精确绘出 R100mm 的弧线，其他的线只要超过实体边界即可，另外草图要封闭。

(5)　两次应用“圆角”命令对实体边及面倒圆角，具体过程如图 5-26 所示。

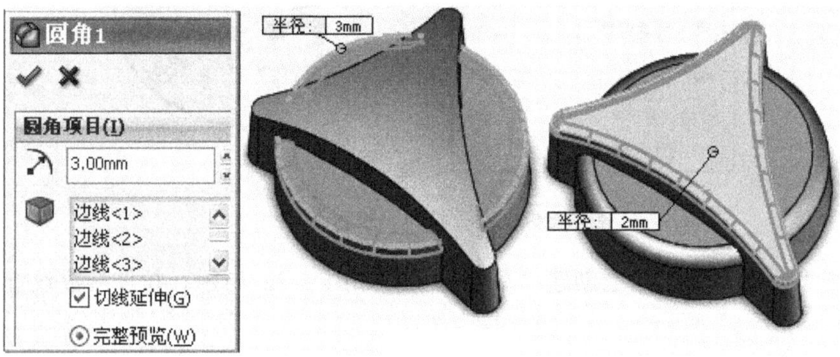

图 5-26　圆角参数设置及结果

【建模提示】

在拉伸实体时应用了拔模角生成具有斜度的实体，也可以先拉伸实体再用“拔模角”命令完成。

项目 5.4　异 型 支 架

【学习目标】

本项目要完成的图形如图 5-27 所示。通过本项目的学习，应能熟练掌握拉伸-基体、拉伸-切除、分割、组合、曲面-填充与曲面切除等命令的使用方法及操作过程，掌握三维建模的构图技巧。

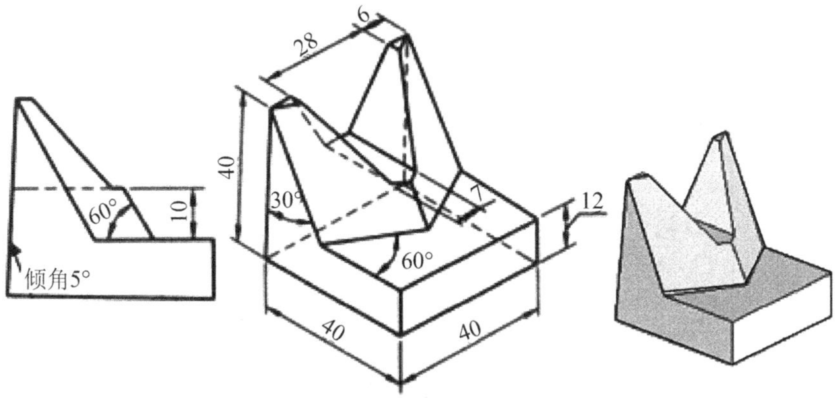

图 5-27　异型支架建模示例

【学习要点】

拉伸-基体、拉伸-切除、分割、组合、曲面-填充、使用曲面切除。

【绘图思路】

本例主要使用“拉伸-基体”、“拉伸-切除”、“分割”、“组合”、“曲面-填充”、“使用曲面切除”等命令对正方体进行裁切，具体过程如下。

【操作步骤】

(1) 单击“新建”按钮，新建一个“零件”文件，并单击“保存”按钮进行保存。

(2) 拉伸完成正方体并制作斜面，操作步骤如下。

① 在“前视”基准面上绘出“草图 1”，即 40mm×40mm 的正方形，并拉伸至高度 40mm。此时“草图 1”中心在坐标原点。

② 在方体的左侧面作草图线，然后使用特征工具栏中的“拉伸-切除”命令作出倾斜面，如图 5-28 所示。

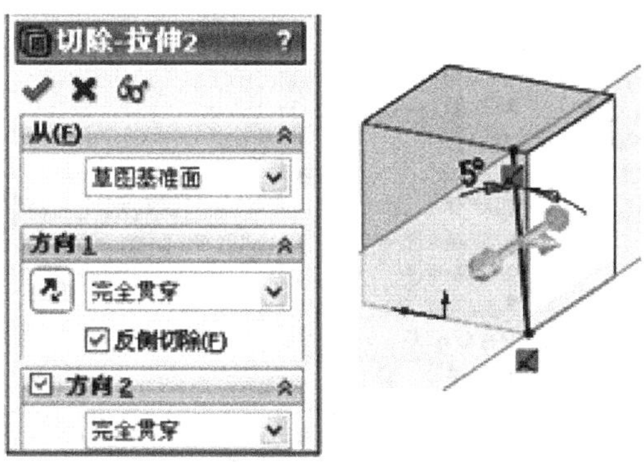

图 5-28　作出倾斜面

(3) 创建平面并将实体分割成两部分，操作步骤如下。

① 创建距“前视”基准面 12mm 的基准面 1，如图 5-29 所示。

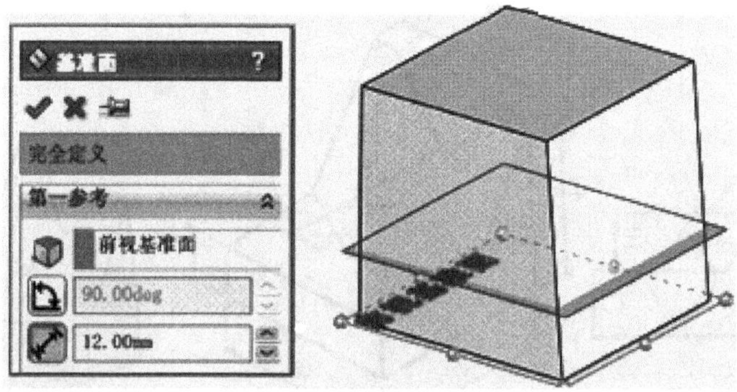

图 5-29　创建“基准面”

② 用此面将实体分割成两部分，如图 5-30 所示。

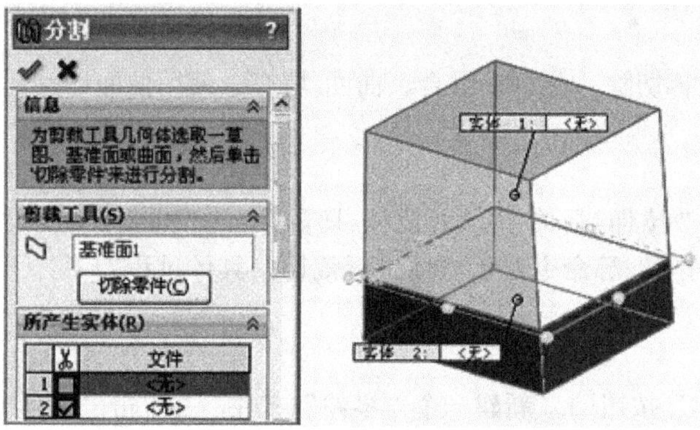

图 5-30　将实体分割成两部分

③ 将下半部分隐藏，如图 5-31 所示。

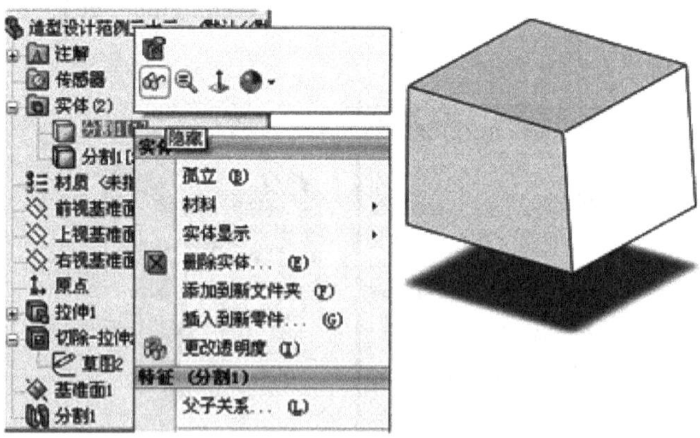

图 5-31　将实体下半部分隐藏

(4) 作出切割用的曲面，操作步骤如下。

① 绘制“草图 3、“草图 4”、“草图 5”和“草图 6”。草图要首尾相连，如图 5-32 所示。

② 单击曲面工具栏中的“曲面-放样”图标，然后在绘图区分别单击“草图 3”、“草图 4”、“草图 5”和“草图 6”，单击“确定”按钮，完成放样曲面的构建，过程及参数设置如图 5-33 所示。

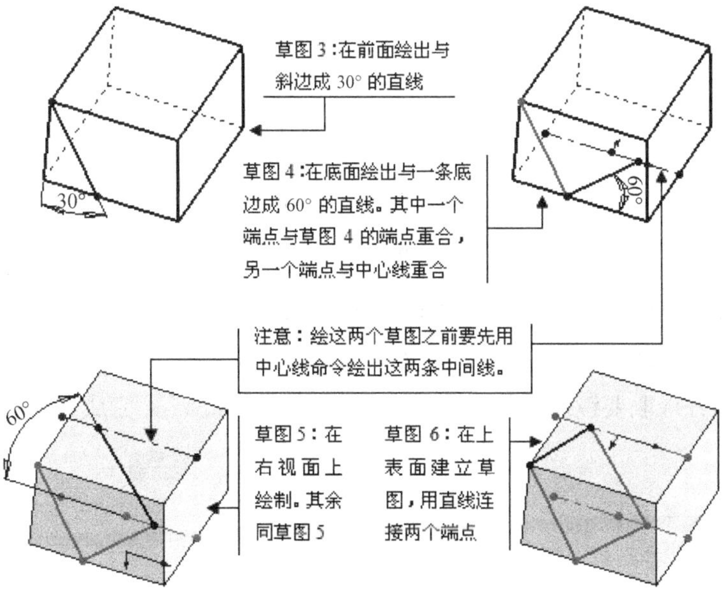

图 5-32　绘制草图 3～草图 6

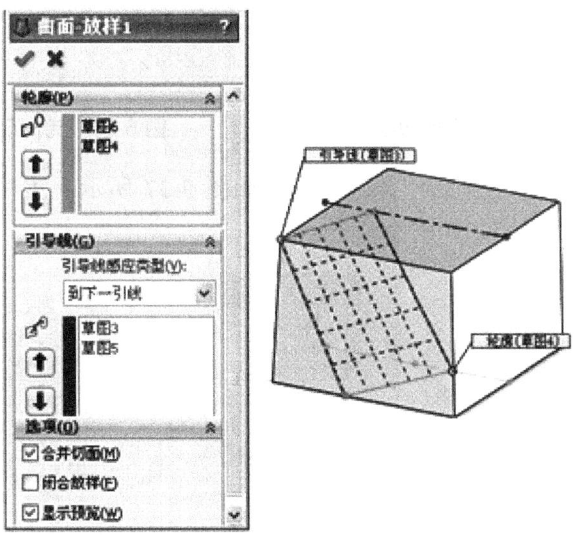

图 5-33　放样曲面的过程及参数设置

(5) 延伸曲面并修剪实体，操作步骤如下。

① 曲面延伸。过程如图 5-34 所示。延伸后的曲面要超过实体。

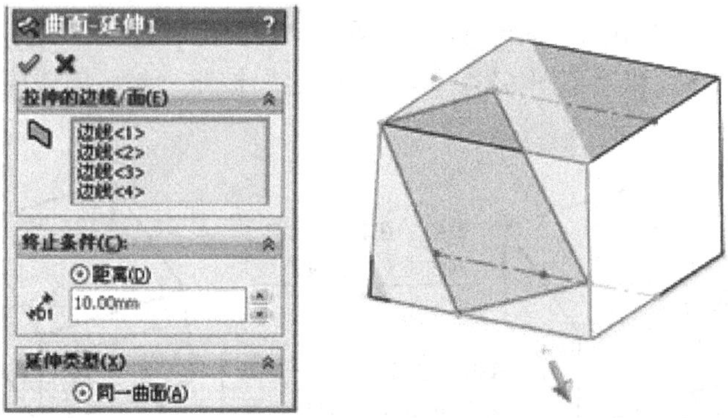

图 5-34　曲面延伸

② 使用曲面切除实体。过程如图 5-35 所示(隐藏了延伸曲面)。

③ 镜像“使用曲面切除 1”特征。使用特征工具栏中的“镜像”命令，打开对话框，设置镜像面并选取要镜像的特征，单击“确定”按钮，完成如图 5-36 造型。

图 5-35　使用曲面切除实体

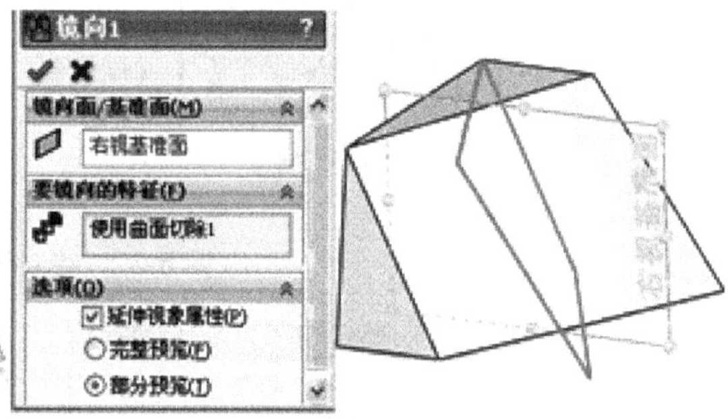

图 5-36　完成后的造型

(6) 在“上视”基准面上绘制“草图 7”，如图 5-37 所示。然后使用特征工具栏中的“拉伸-切除”命令作出斜槽，如图 5-38 所示。

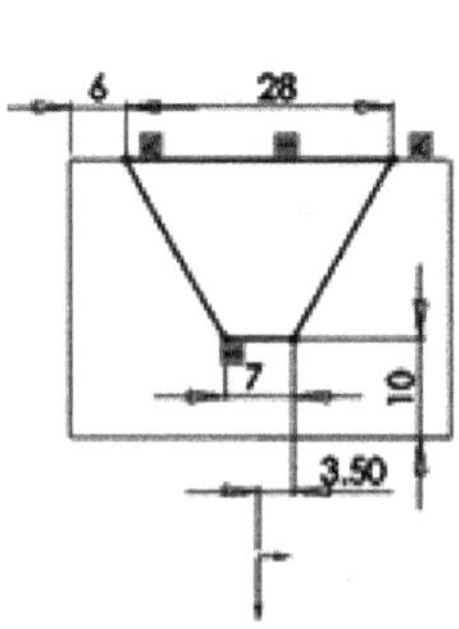

图 5-37　绘制“草图 7”

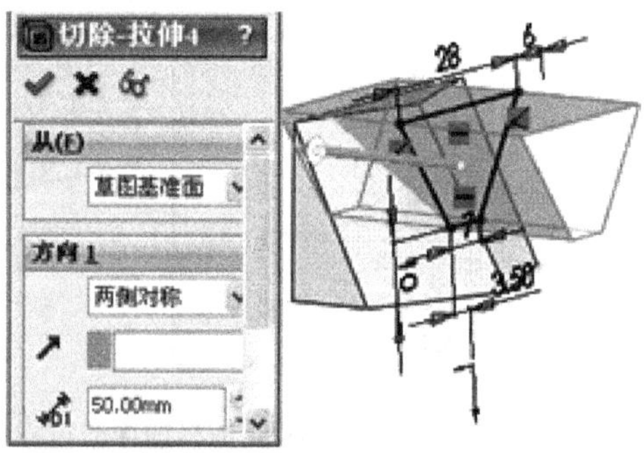

图 5-38　“拉伸-切除”作出斜槽

提示：在“拉伸切除”时，可选择“两侧对称”，拉伸距离可适当大些。

(7) 将步骤(3)中隐藏的实体显示出来，然后应用“组合/添加”命令，将两个实体合并为一个实体，如图 5-39 所示。

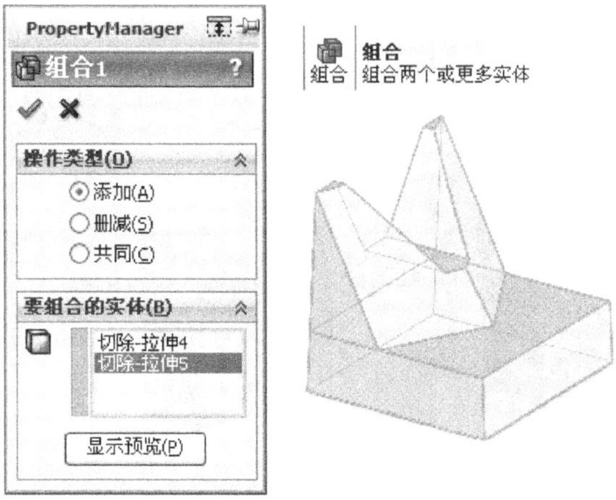

图 5-39　将两个实体合并为一个实体

【资料引入】

1. 分割并保存实体

(1) 剪裁工具。剪裁曲面，选取用来将零件剪裁为多个实体的实体。

剪裁曲面，包括：

① 参考基准面(基准面在各个方向无限延伸)。

② 平面模型面(面在各个方向无限延伸)，见图 5-40 所示。

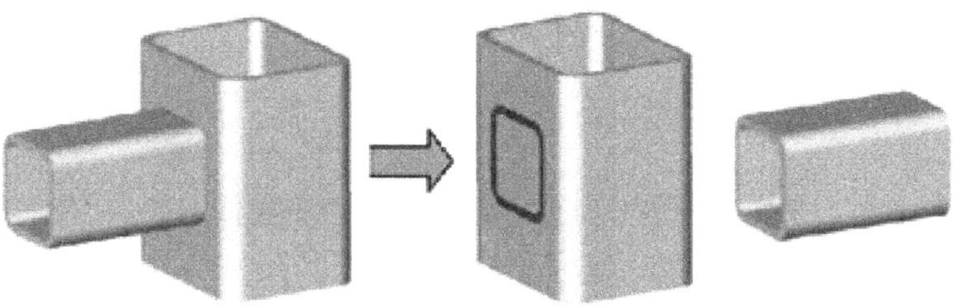

(a) 原始零件　(b) 修改后的原始零件　(c) 新零件

图 5-40　模型面作为剪裁曲面分割实体

③ 草图(草图以双向全部拉伸)，见图 5-41 所示。

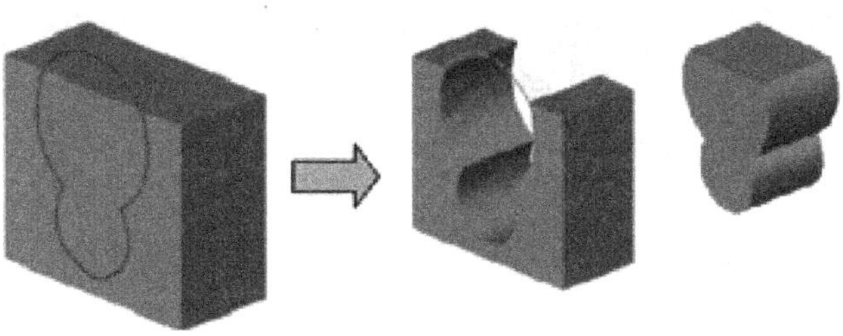

(a) 原始零件　(b) 修改后的原始零件　(c) 新零件

图 5-41　使用草图分割实体

④ 参考曲面及空间模型，如图 5-42 所示。

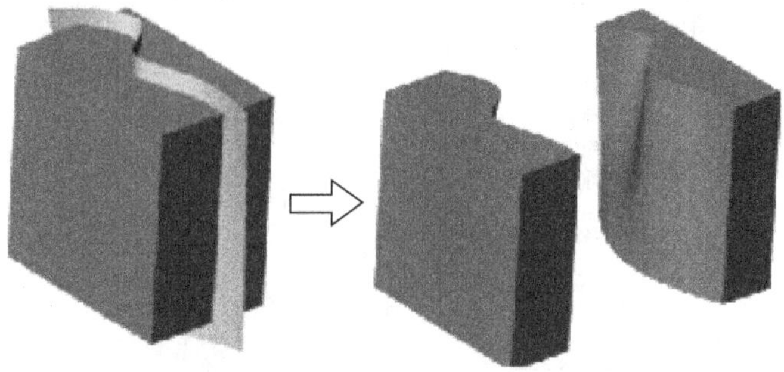

(a) 原始零件　　(b) 新零件

图 5-42　应用使用参考曲面及空间模型分割实体

(2) 切除零件。使用剪裁工具几何体将零件切除为多实体。分割线就会出现在零件上，显示分割生成的不同实体。

(3) 所产生实体。在单击切除零件后列举零件中的分割实体。

① 选择要保存的实体。还可单击自动指派名称将实体命名为 Body<n>.sldprt，并进行保存。

② **文件** 在分割实体后，各种分割的零件列在 FeatureManager 设计树的实体下。双击文件下面的实体名称，在对话框中为新零件输入一名称，然后单击“保存”。

新的零件名称出现在文件下及标注框中，不保存的实体不被分割，它们会与原始零件保存在一起。

2. 组合

可将多个实体结合来生成一单一实体零件或另一个多实体零件。有 3 种方法可结合多个实体。

(1) 添加。将所有所选实体相结合以生成单一实体，如图 5-43 所示。

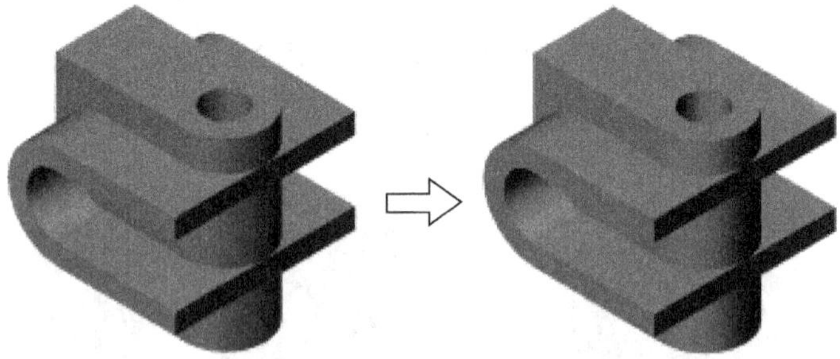

(a) 原始零件　　(b) 新零件

图 5-43　添加实体

(2) 删减。将重叠的材料从所选主实体中移除，如图 5-44 所示。

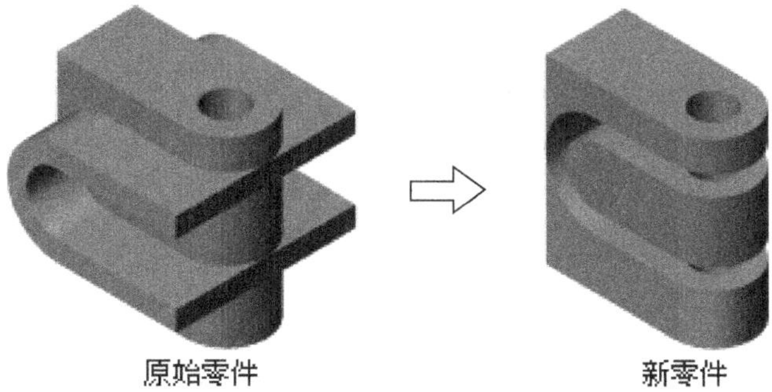

图 5-44　删减实体

(3) 共同。移除除了重叠部分以外的所有材料，如图 5-45 所示。

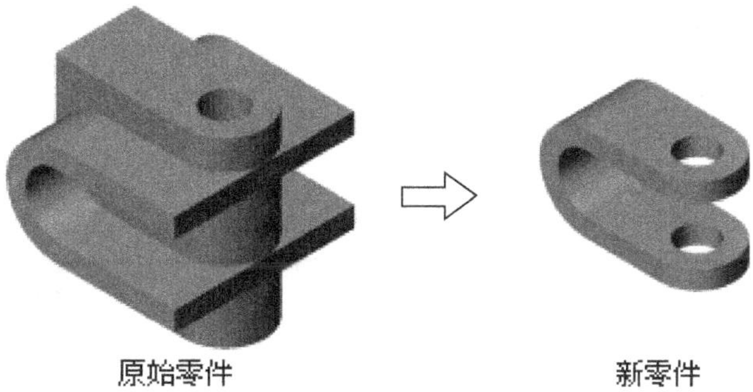

图 5-45　共同实体

项目 5.5　型 腔 模 具

【学习目标】

本项目要完成的图形如图 5-46 所示。通过本项目的学习，应能够熟练掌握拉伸-增料、抽壳、倒圆角、 异型孔等命令的使用方法及操作过程，掌握三维建模的构图技巧。

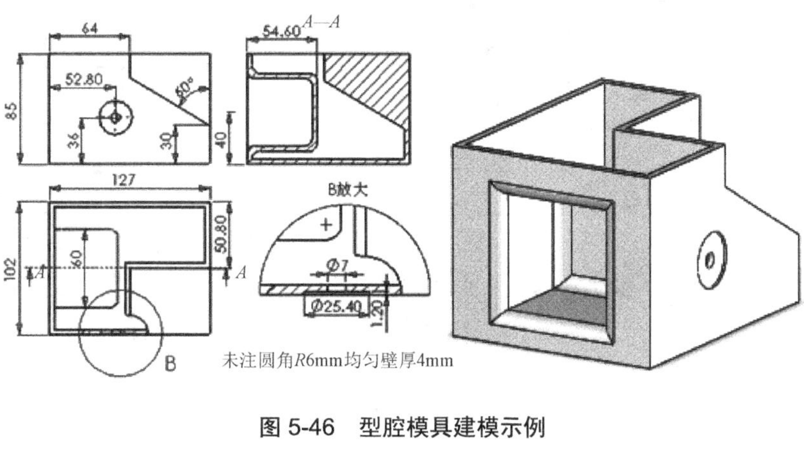

图 5-46　型腔模具建模示例

【学习要点】

拉伸-增料、抽壳、倒圆角、 异型孔。

【绘图思路】

本例主要使用“拉伸-增料”、“抽壳”、“倒圆角”、“异型孔”等命令完成造型。

【操作步骤】

(1) 单击 “新建”按钮，新建一个“零件”文件，并单击“保存”按钮进行保存。

(2) 制作箱体模型。

① 在“前视”基准面绘出“草图 1”，如图 5-47 所示，然后将其拉伸至高度 85mm，结果如图 5-48 所示。

② 在拉伸体的左侧面绘制如图 5-49 所示草图，然后使用拉伸除料命令将其拉伸至 51.20mm，结果如图 5-50 所示。

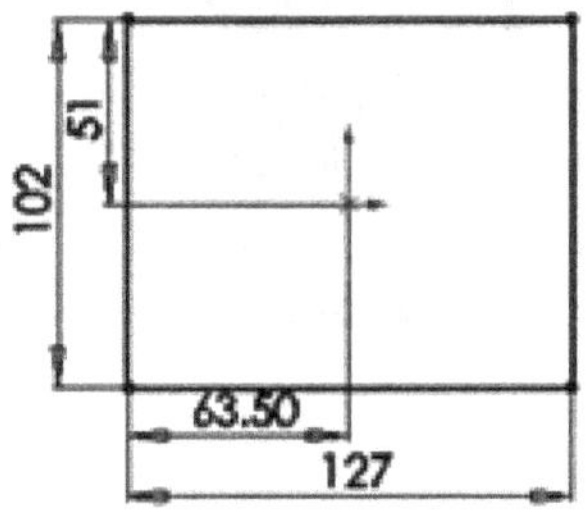

图 5-47 绘制“草图 1”

图 5-48 拉伸实体

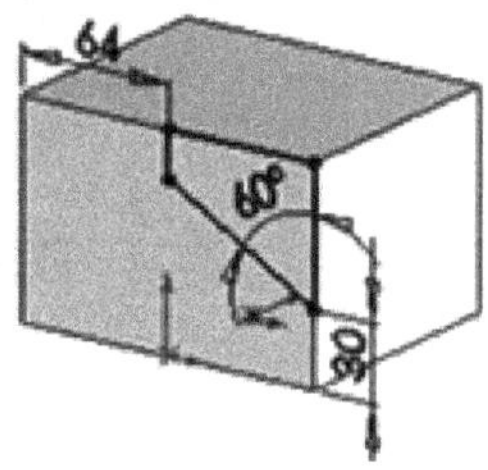

图 5-49 在拉伸体左侧面绘制草图

③ 使用特征工具栏中的“抽壳” 命令，打开如图 5-51 所示对话框，设置并选取要去除的面，单击“确定”按钮完成造型，如图 5-52 所示。

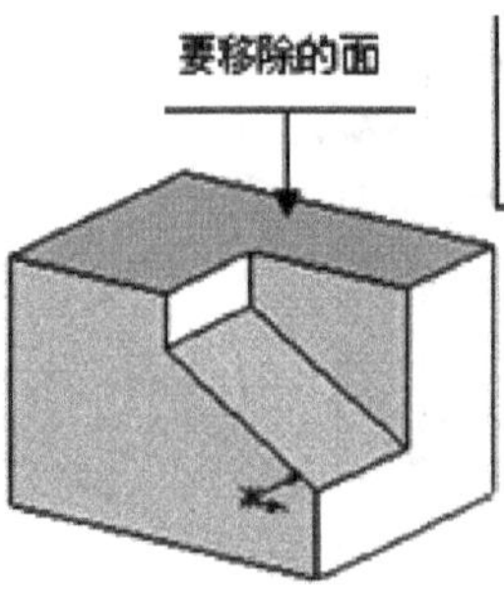

图 5-50 拉伸除料的结果

图 5-51 抽壳设置

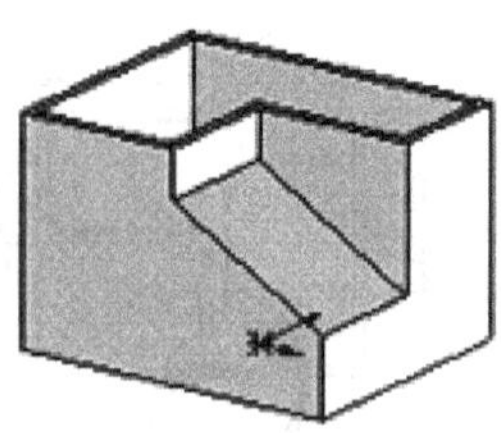

图 5-52 抽壳后的造型

(3) 完成侧面造型。

① 在壳体的前面绘制如图 5-53 所示的草图，然后使用拉伸增料命令将其向内拉伸至 54.6mm，结果如图 5-54 所示。

② 再一次使用“抽壳”命令，完成造型，结果如图 5-55 所示。

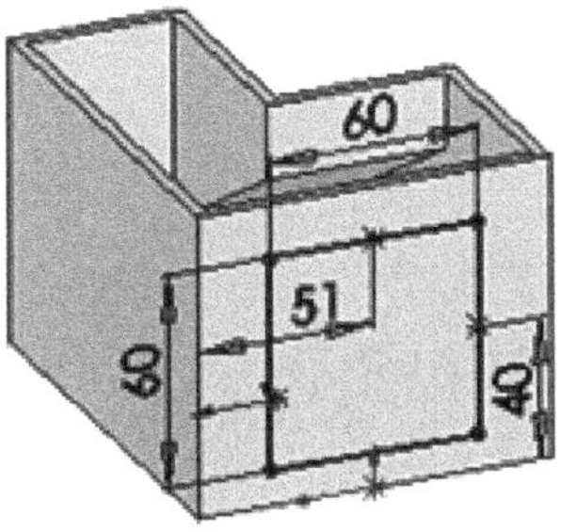

图 5-53 在壳体前面绘制草图

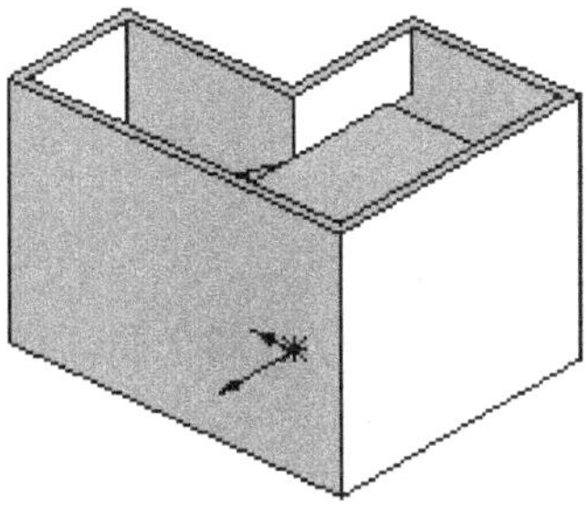

图 5-54 拉伸增料的结果

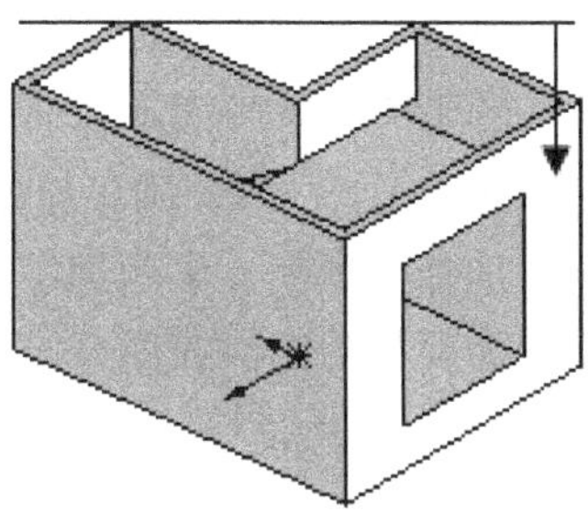

图 5-55 抽壳后的造型

(4) 倒圆角并完成侧面孔的制作。

① 对实体倒圆角(R6mm)，造型结果如剖面视图 5-56 所示。

② 使用“异型孔”命令作出侧面的孔，如图 5-57、图 5-58 和图 5-59 所示。最后造型如图 5-60 所示。

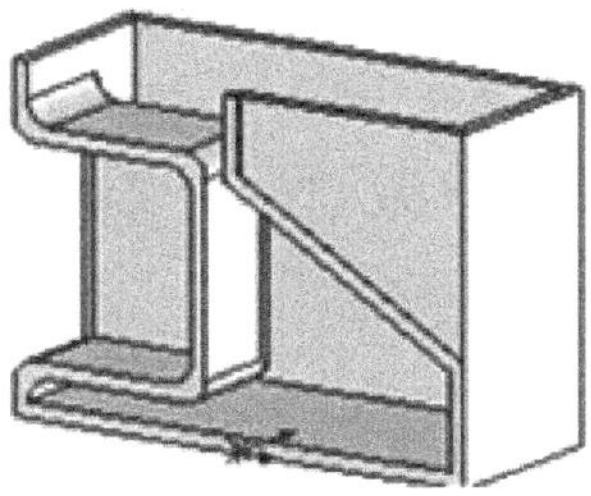

图 5-56 倒圆角(R6)

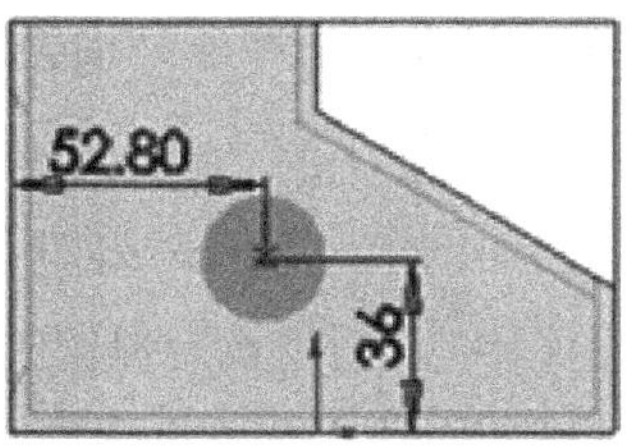

图 5-57 异型孔定位

图 5-58 设置孔的规格

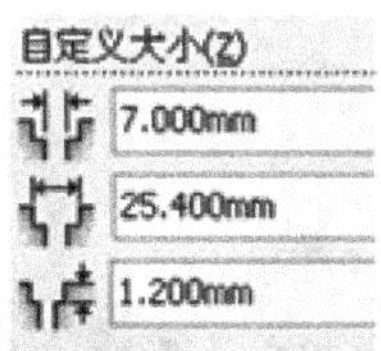

图 5-59 设置孔的大小

图 5-60 异型孔的最后造型

【资料引入】

抽壳特征。抽壳工具会掏空零件，使所选择的面敞开，在剩余的面上生成薄壁特征。

如果没选择模型上的任何面，可抽壳一实体零件，生成一闭合、掏空的模型，也可使用多个厚度来抽壳模型。

注意：应在生成抽壳之前对零件应用任何圆角处理。

1. 生成一个统一厚度的抽壳特征

(1) 单击特征工具栏中的“抽壳”图标或依次单击“插入”→“特征”→“抽壳”。

(2) 在抽壳对话框中，设置参数如下。

① 设定厚度，用以设定保留的面的厚度。

② 选择壳厚朝外来增加零件的外部尺寸。

③ 为要移除的面在图开区域中选择一个或多个面，如图 5-61 所示。

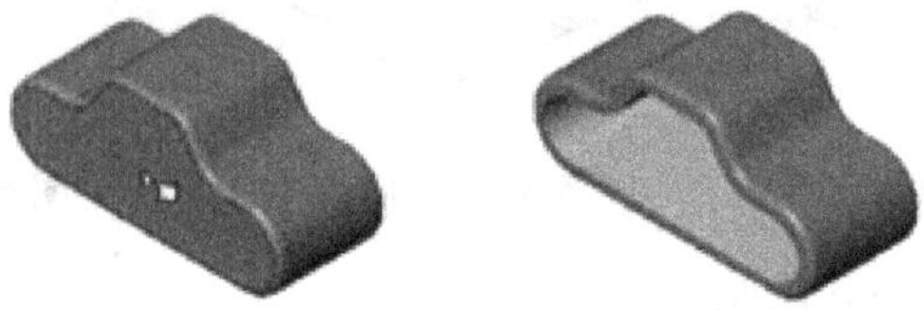

图 5-61　移除面

(3) 具有多厚度面的抽壳。可生成不同面具有不同厚度的抽壳特征。可移除面，为剩余面设定默认厚度，然后从剩余面所选的面设定不同厚度。

2. 生成不同面具有不同厚度的抽壳特征。

(1) 单击特征工具栏上的“抽壳”图标或依次单击“插入”→“特征”→“抽壳”。

(2) 在抽壳对话框中，设置参数如下。

① 设定厚度，用以设定保留的面的厚度。

② 为要移除的面在图开区域中选择一个或多个面。

(3) 设置多厚度参数。

① 在多厚度面中单击，然后在图形区域中选择设定与参数下厚度中不同厚度的面。

② 在多厚度面中单击，选择一个面，然后设定多厚度为所选面设定厚度。

③ 单击“确定”按钮，完成造型，如图 5-62 所示。

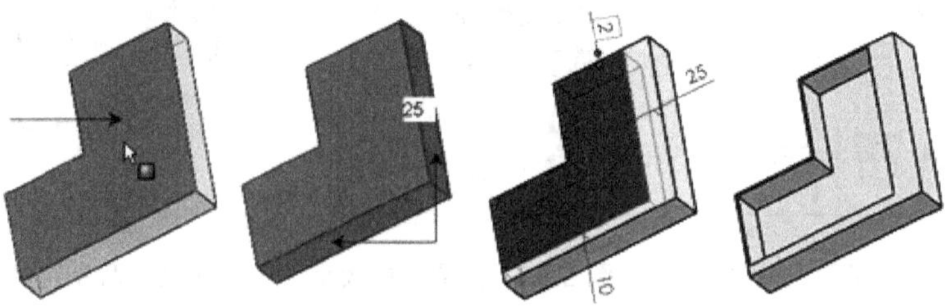

图 5-62　多厚度面的设定及造型

项目 5.6　手　　轮

【学习目标】

本项目要完成的图形如图 5-63 所示。通过本项目的学习，应能熟练掌握拉伸基体、拉伸切除、扫描、旋转基体、圆周阵列等命令的使用方法及操作过程，掌握三维建模的构图技巧。

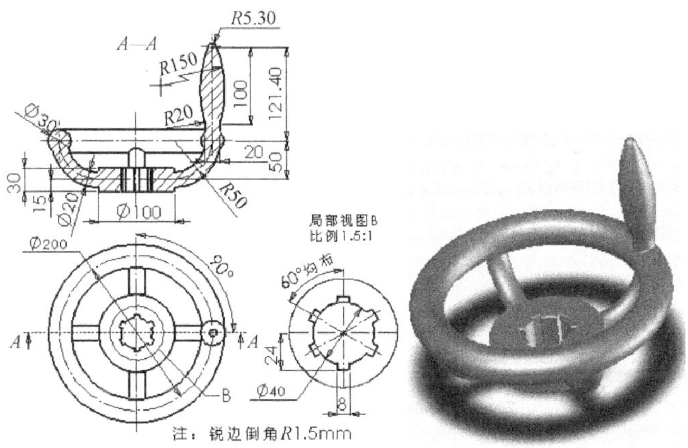

图 5-63　手轮建模示例

【学习要点】

拉伸基体、拉伸切除、扫描、旋转基体、圆周阵列。

【绘图思路】

本例主要使用“特征-扫描”和“圆周阵列”等命令来完成造型。

【操作步骤】

(1) 单击“新建”按钮，新建一“零件”文件，并单击“保存”按钮将其保存。

(2) 创建圆柱及圆环基体。

① 在“前视”基准面绘出“草图 1”，圆心在原点上，如图 5-64 所示，将其高度拉伸至 30mm，如图 5-65 所示。

② 使用命令，创建距“前视”基准面 50mm 的“基准面 1”，如图 5-66 所示。

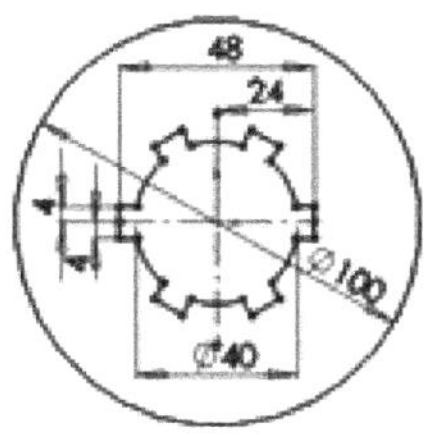

图 5-64　创建“草图 1”

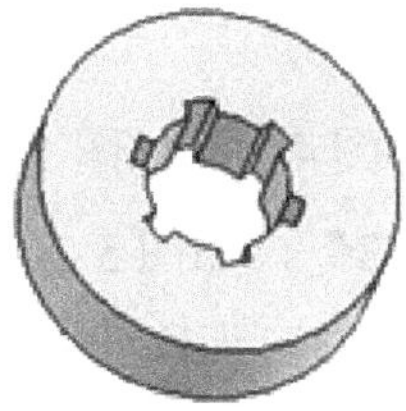

图 5-65　拉伸高度

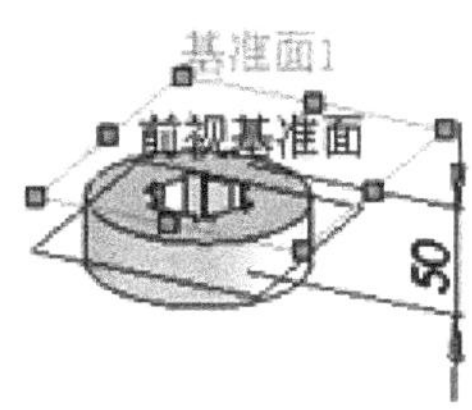

图 5-66　创建“基准面 1”

③ 在“基准面 1”上绘出“草图 2”，圆心在原点上，如图 5-67 所示。

④ 使用 命令，创建“基准面 2”，如图 5-68 所示。

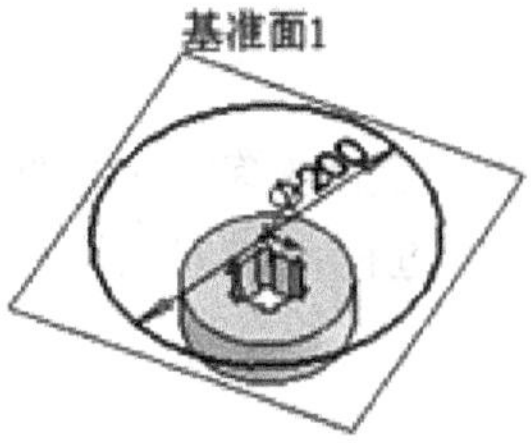

图 5-67 创建“草图 2”

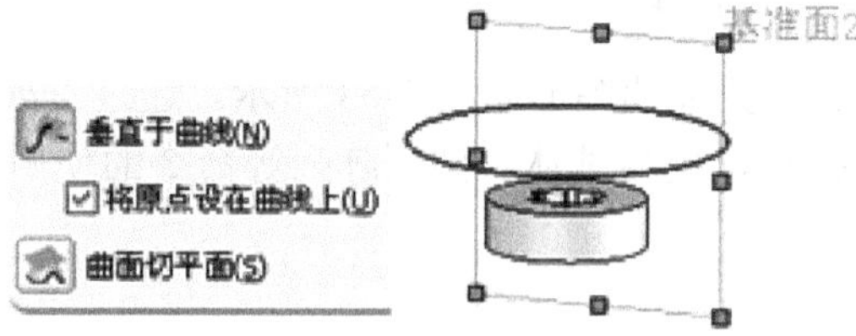

图 5-68 创建“基准面 2”

⑤ 在“基准面 2”上绘出“草图 3”，圆心在“草图 2”的“圆”上，如图 5-69 所示。如果不能准确捕捉到坐标原点，可在合适位置任意绘出一个小圆，然后在属性框中修改其参数即可，如图 5-70 所示。

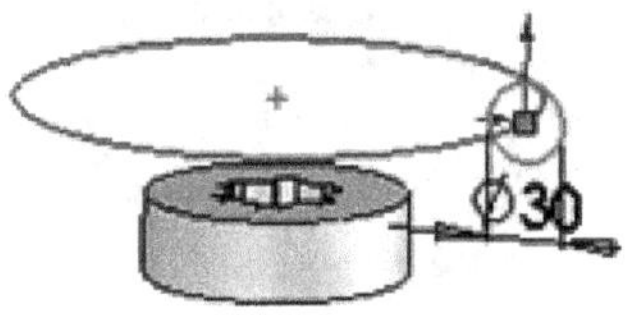

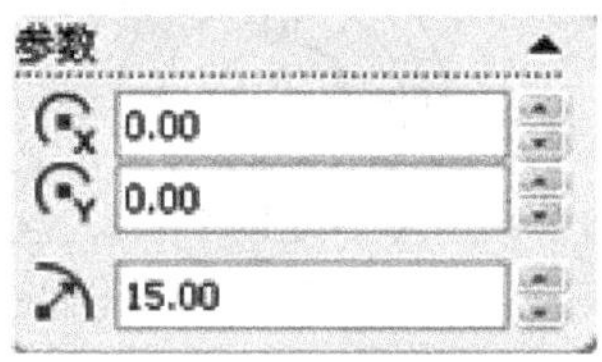

图 5-69 创建“草图 3”

图 5-70 “草图 3”的参数设置

⑥ 使用扫描 命令，扫描生成实体。过程如图 5-71 和图 5-72 所示。

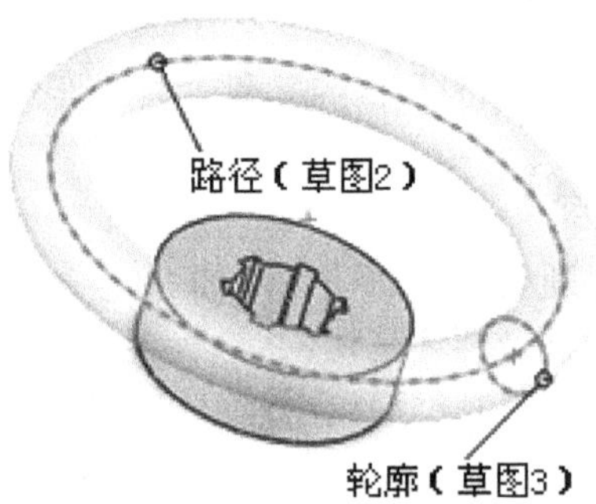

图 5-71 “扫描”对话框设置

图 5-72 扫描生成实体

(3) 完成辐条的造型。

① 在“右视”基准面上作出“草图 4”，如图 5-73 所示。

② 使用 命令，创建“基准面 3”，如图 5-74 所示。

③ 在“基准面 3”上绘出“草图 5”，如图 5-75 所示。

④ 使用扫描 命令，扫描生成实体。如图 5-76 所示。

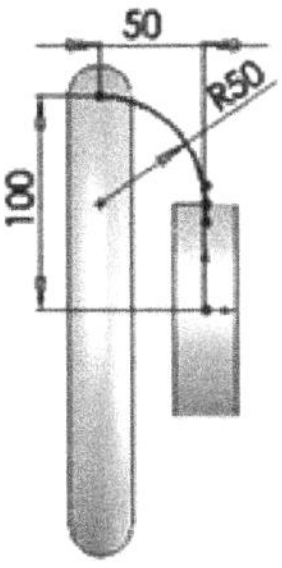

图 5-73　创建“草图 4”

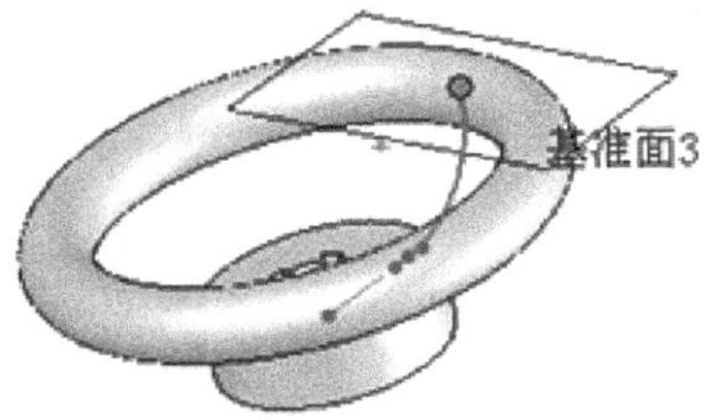

图 5-74　创建“基准面 3”

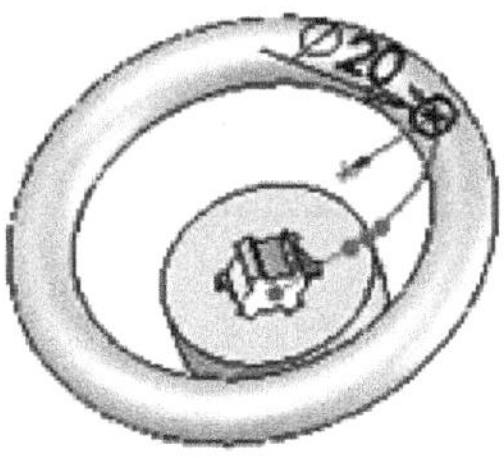

图 5-75　创建“草图 5”

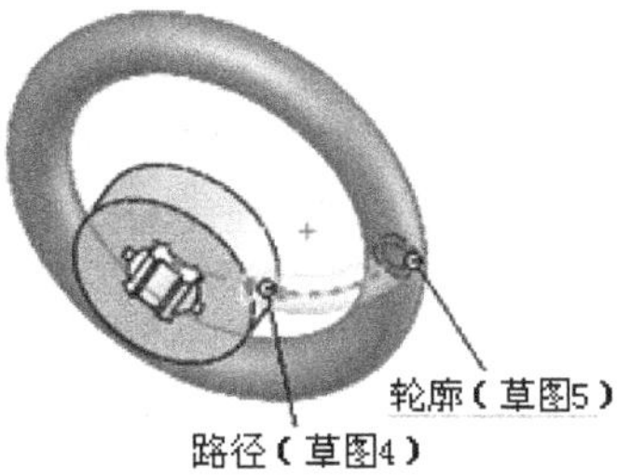

图 5-76　扫描生成实体

(4)　对上步生成的扫描实体作圆周阵列。

①　制作基准轴。使用“参考几何体”工具栏中的“基准轴”命令完成，如图 5-77 所示。

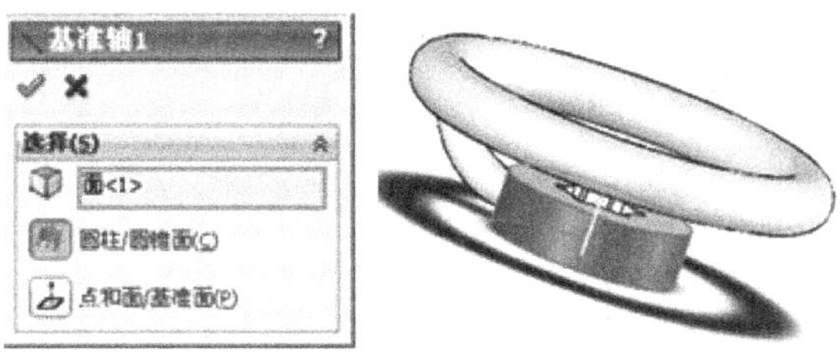

图 5-77　制作基准轴

②　阵列。使用“特征”工具栏中的“圆周阵列”命令，如图 5-78 所示。

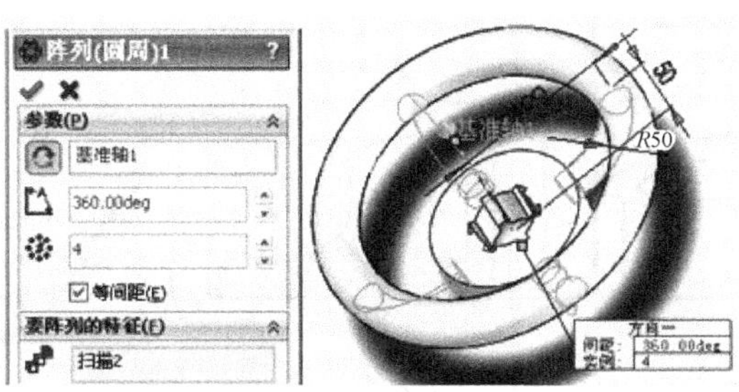

图 5-78　圆周阵列

(5)　旋转生成手柄。在“右视”基准面上绘出“草图 6”，如图 5-79 所示。使用“旋转”命令，生成实体，参数设置如图 5-80 所示。

(6) 单击“特征”工具栏中的“圆角”图标，进行锐边倒圆角，参数设置如图 5-81 所示，单击“确定”按钮完成造型。

图 5-79　创建“草图 6”　　图 5-80　旋转生成实体　　图 5-81　倒圆角及最终造型

项目 5.7　孔腔异型座

【学习目标】

本项目要完成的图形如图 5-82 所示。通过本项目的学习，应能熟练掌握拉伸基体、异型向导孔、曲面填充、使用曲面修剪、组合/求差、拔模角、倒角等命令的使用方法及其操作过程，掌握三维建模的构图技巧。

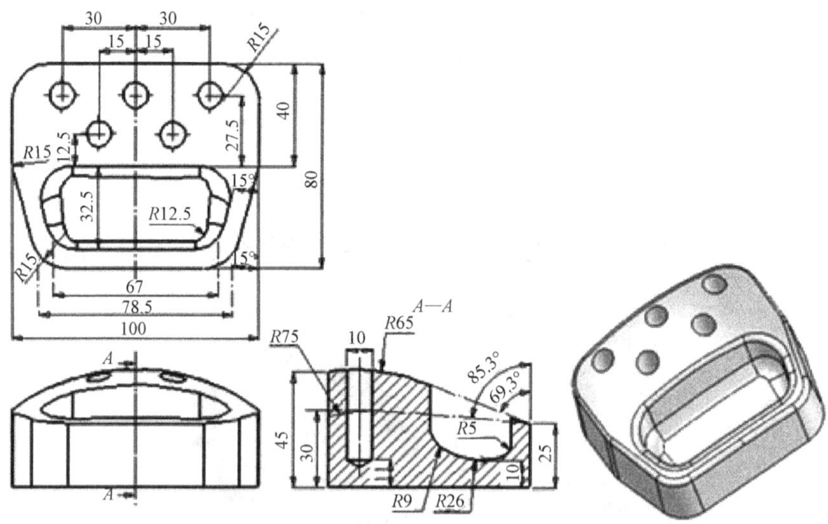

注：锐边倒角 *R*3mm，内、外侧拔模角均为 4°。

图 5-82　孔腔异型座建模示例

【学习要点】

拉伸基体、异型向导孔、曲面填充、使用曲面修剪、组合/求差、拔模角、倒角。

【绘图思路】

利用“拉伸基体”生成基体，应用“异型向导孔”命令完成孔的制作，再用“曲面填充”命令制作曲面并对基体进行修剪，然后作出内腔拉伸体并修剪，最后应用“组合/求差”命令完成布尔运算，并应用“拔模角”、“倒角”命令完成最终造型。

【操作步骤】

(1) 单击“新建”按钮，新建一个“零件”文件，单击“保存”按钮进行保存。

(2) 创建草图并拉伸成实体，再创建曲面剪裁实体。

① 在“前视”基准面上绘出“草图 1”，中心在坐标原点上，如图 5-83 所示，将其拉伸至 60mm，如图 5-84 所示。

② 在“右视”基准面绘出“草图 2”，如图 5-85 所示，此时两端点与实体边线上重合。

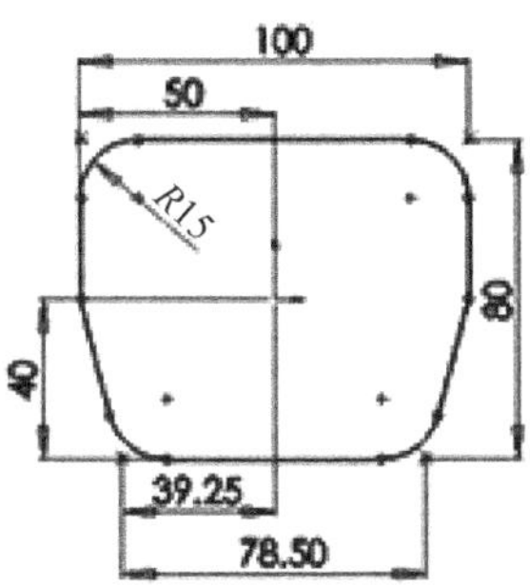

图 5-83　绘制“草图 1”

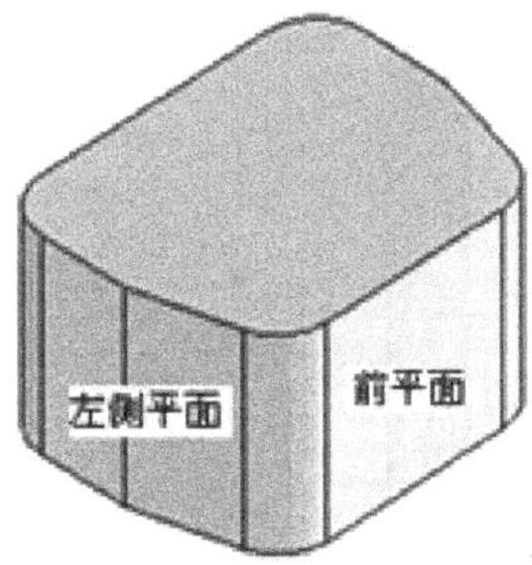

图 5-84　拉伸“草图 1”

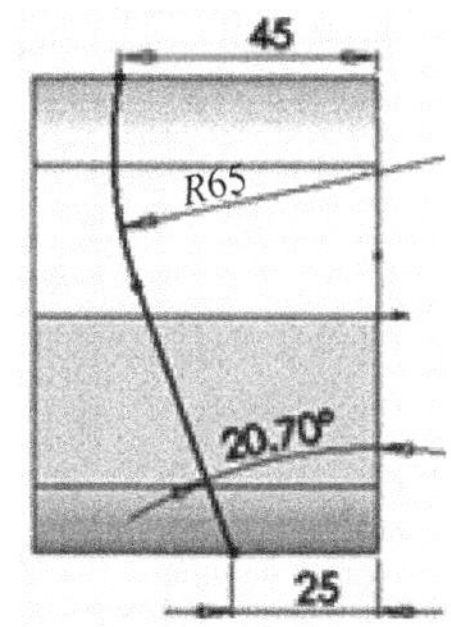

图 5-85　绘制“草图 2”

③ 首先在图 5-84 中定义“左侧平面”和“前平面”；同理，在另一侧定义“右侧平面”和“后平面”；然后在“左侧平面”上作出“草图 3”，在“右侧平面”上作出“草图 4”，参见图 5-86 所示；再在“后平面”上作出“草图 5”，如图 5-87 所示；最后在“前平面”上作出“草图 6”，如图 5-88 所示。

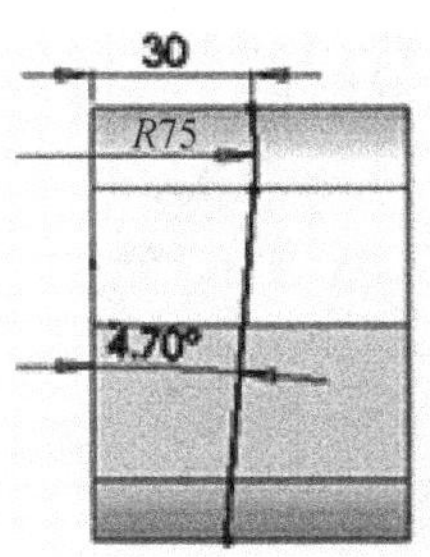

图 5-86　绘制“草图 3”和“草图 4”

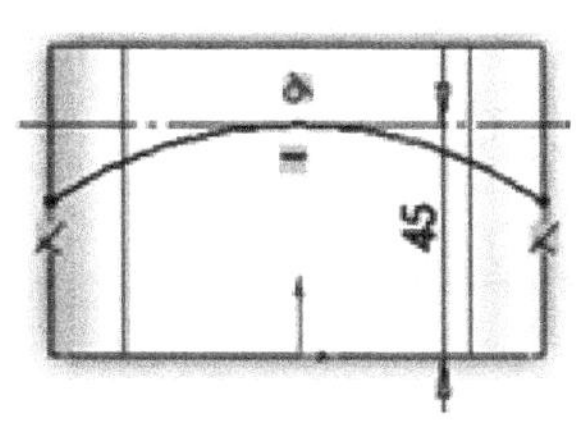

图 5-87　绘制“草图 5”

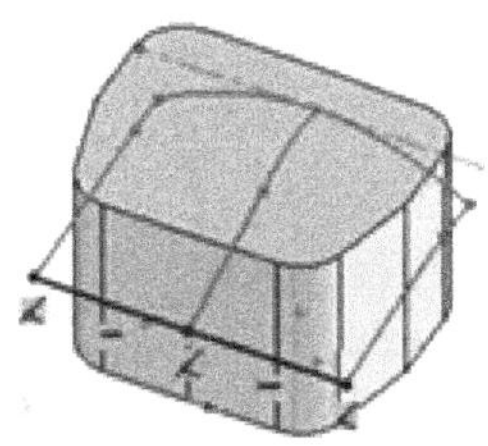

图 5-88　绘制“草图 6”

提示：“草图 4”是“草图 3”用“实体引用”得到。在作“草图 5”时，要注意与底面相距 45mm 的中心线与“草图 2”的相应的一个端点具有“重合”关系。作一条与中心线相切的弧线，并使用其端点与“草图 3”和“草图 4”上的对应点分别重合。在作“草图 6”时，只要用直线将“草图 2”、“草图 3”和“草图 4”上对应点连起来即可。

(3) 利用“特征”工具栏中的“向导孔”命令，在拉伸基体的上表面作出孔造型。如图 5-89 所示。

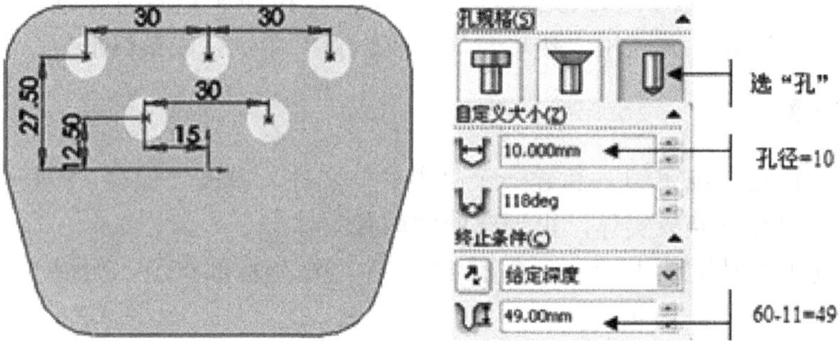

图 5-89　在拉伸基体的上表面作出孔造型

(4) 使用“曲面填充”生成曲面。参数设置及其过程如图 5-90 所示。

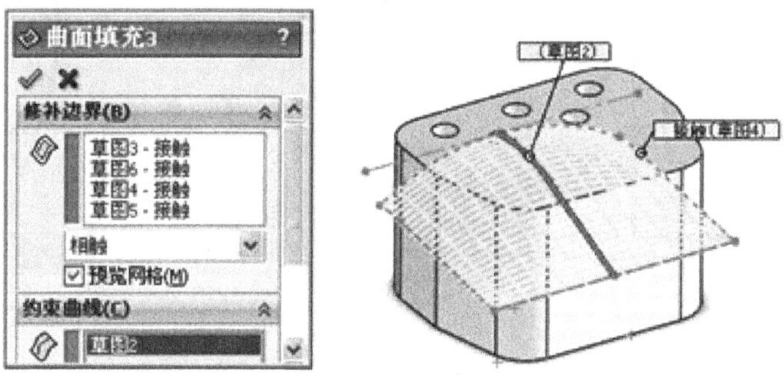

图 5-90　“曲面填充”设置及其过程

(5) 在拉伸基体的上表面建立“草图 7”，如图 5-91 所示。使用“拉伸-凸台”方式，将其高度拉伸至 60mm。具体参数设置如图 5-92 所示。

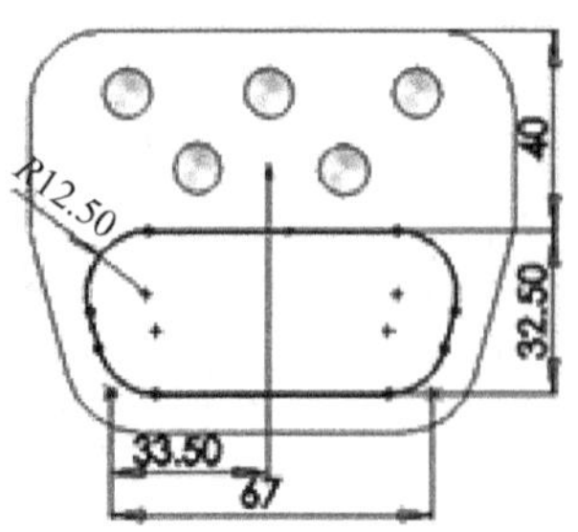

图 5-91　绘制“草图 7”

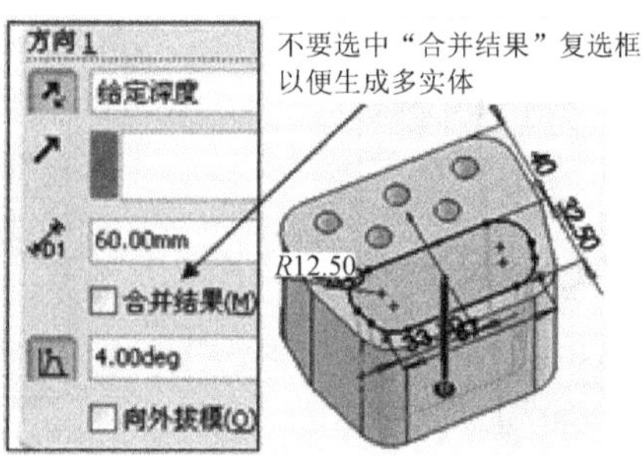

图 5-92　拉伸“草图 7”成为独立实体

(6) 使用“插入”菜单中的“切除”命令下的“使用曲面”子命令将实体上面部分切除，并隐藏曲面，如图 5-93 所示。

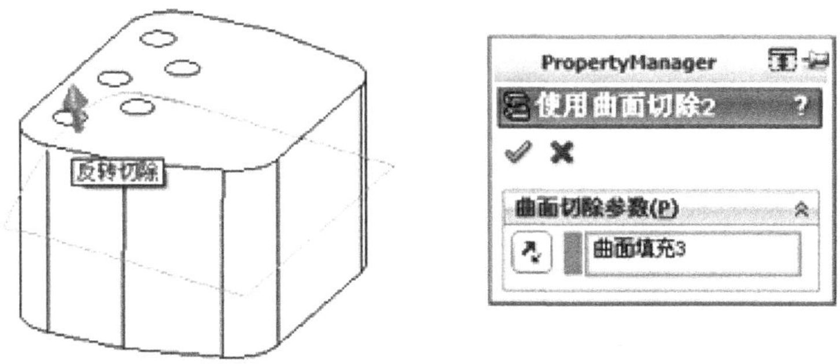

图 5-93　切除实体上部并隐藏曲面

(7) 隐藏 “M10 螺旋的螺纹孔钻头 1” 实体，如图 5-94 所示。在绘图时只显示在上步作出的实体“拉伸 2”，确定“左侧平面”和“右侧平面”。

(8) 在实体“拉伸 2”的左侧平面上绘出“草图 8”，如图 5-95 所示。要注意中心线的绘制，它是平面的中心线。草图弧的端点位置还要超过实体“拉伸 2”。

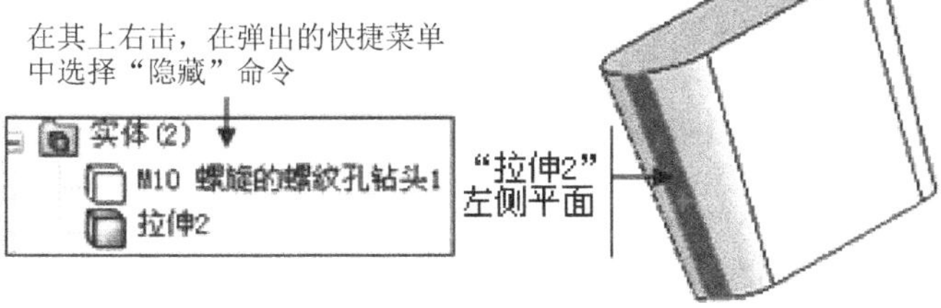

图 5-94　隐藏“钻头 1”实体

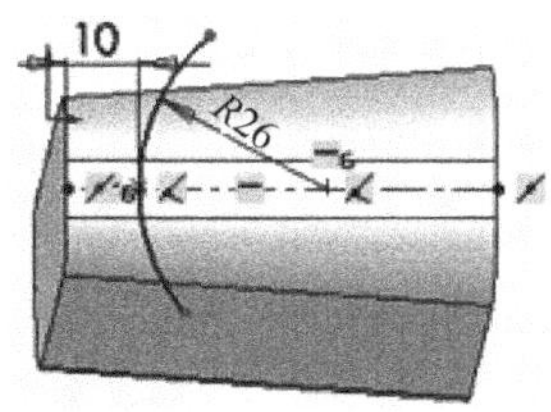

图 5-95　绘制“草图 8”

使用“拉伸切除”命令将实体“拉伸 2”下部切除，设置参数过程如图 5-96 所示。

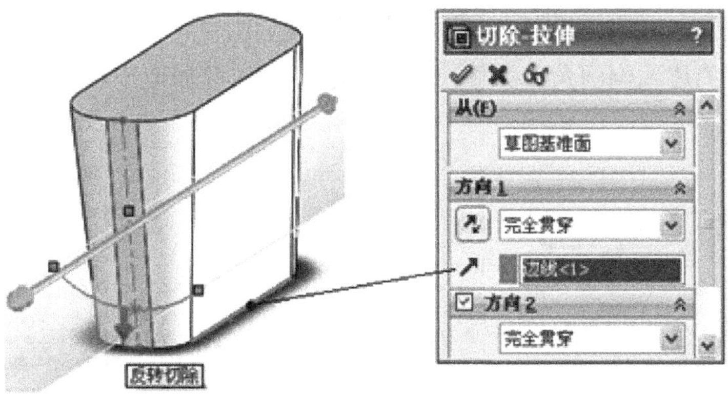

图 5-96　拉伸切除参数设置及其过程

(9) 使用“组合”命令将“拉伸体 2”从“拉伸体 1” 实体中删减，得到如图 5-97 所示的图形。

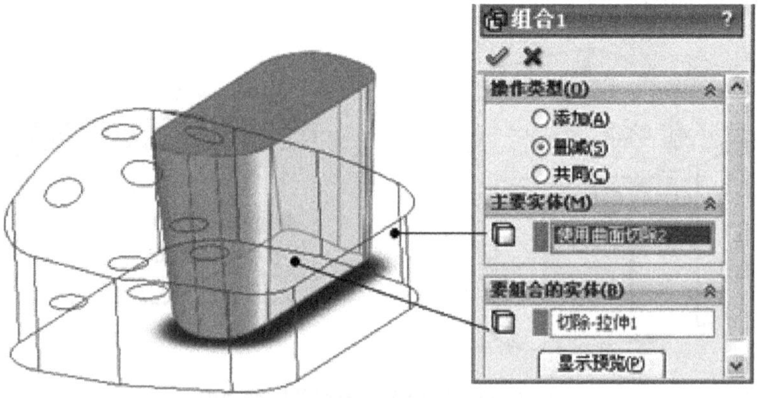

图 5-97　删减实体得到图形

(10) 倒圆角及拔模。

① 对侧面的两个边线倒 $R15$mm 的圆角。过程从略。

② 对侧面拔模。具体操作及参数设置如图 5-98 所示。

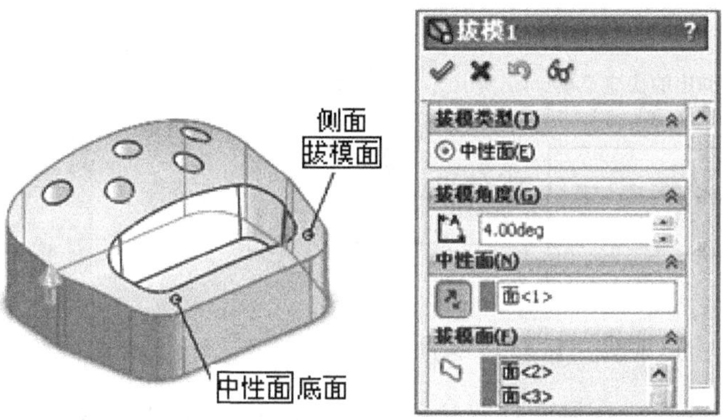

图 5-98　侧面拔模的操作及参数设置

(11) 对上面的边线倒圆角，如图 5-99 所示；对内腔作变半径倒圆角，如图 5-100 所示。

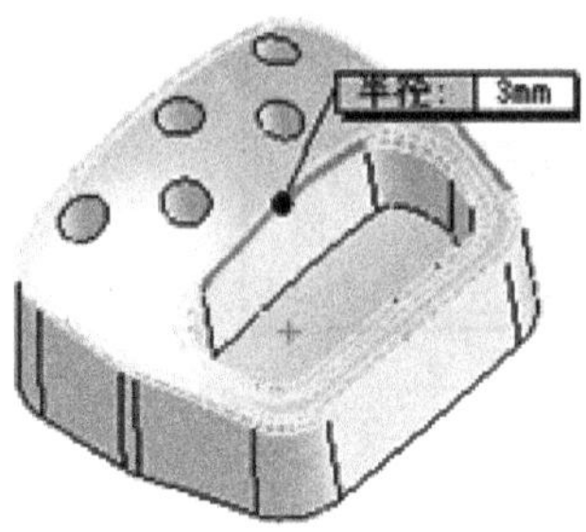

图 5-99　将边线倒圆角

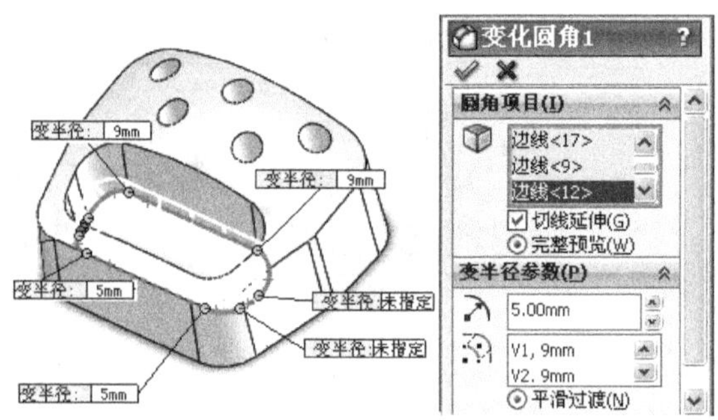

图 5-100　将内腔作变半径倒圆角

提示：“变半径倒圆角”操作过程基本同圆角操作一样，只是在“圆角类型”中选择“变半径”，然后选择边线，并在“未指定”框内双击左键，输入半径值，即可预览到结果，最后单击“确定”按钮完成。

【建模提示】

拔模。拔模以指定的角度斜削模型中所选的面。其应用之一可使模具零件更容易脱出模具。可以在现有的零件上插入拔模，或者在拉伸特征时进行拔模。可将拔模应用到实体或曲面模型。

项目 5.8　限 位 支 座

【学习目标】

本项目要完成的图形如图 5-101 所示。通过本项目的学习，应能熟练掌握长方体、曲线组曲面、修剪体、拉伸体等命令的使用方法及操作过程，掌握三维建模的构图技巧。

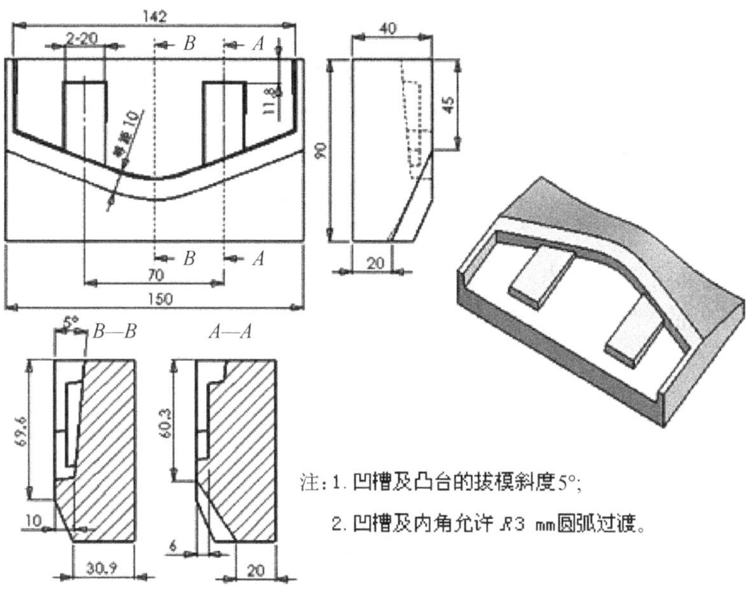

图 5-101　限制支座建模示例

【学习要点】

长方体、曲线组曲面、修剪体、拉伸体等命令的正确使用。

【绘图思路】

依次绘出长方体、曲线组曲面，再利用修剪体命令完成对长方体的修剪；然后再利用拉伸体命令完成对内腔及凸台的拉伸。

【操作步骤】

(1) 单击“新建”按钮，新建一个“零件”文件，单击“保存”按钮进行保存。

(2) 创建基体及基体上的草图。

① 在“前视”基准面上绘出“草图 1”，中心在坐标原点上，然后将其高度拉伸至40mm，如图 5-102 所示。

② 构建“基准面 1”和“基准面 2”，如图 5-103 所示。

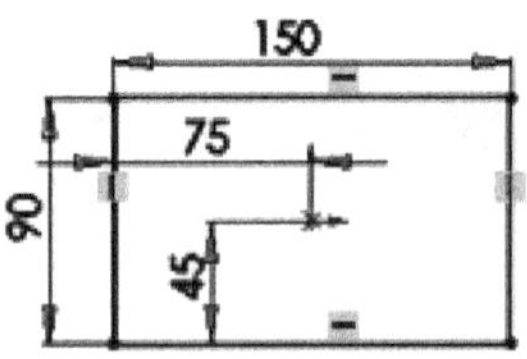

图 5-102 绘制“草图 1”

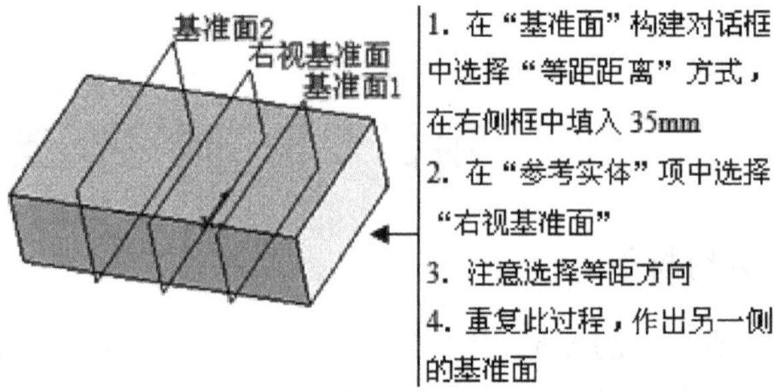

图 5-103 构建“基准面 1”和“基准面 2”

③ 在“右视”基准面上绘出“草图 2”，两端点与实体边线重合，如图 5-104 所示。

④ 在与“右视”基准面平行的实体的一侧面作出“草图 3”，如图 5-105 所示。注意：两端点与实体边线重合。

⑤ 在与“右视”基准面平行的实体的另一侧面作出“草图 4”，用实体引用方式作出，如图 5-106 所示。

⑥ 在“基准面 1”上作出“草图 5”，两端点与实体边线重合，如图 5-107 所示。

⑦ 在“基准面 2”上作出“草图 6”，用实体引用方式作出，如图 5-108 所示。

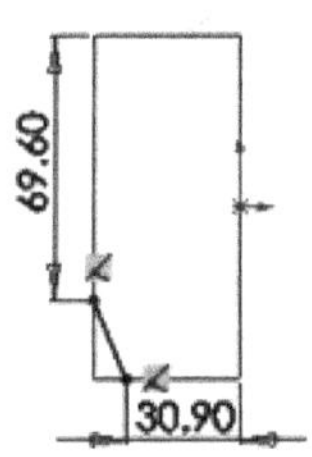

图 5-104 绘制“草图 2”

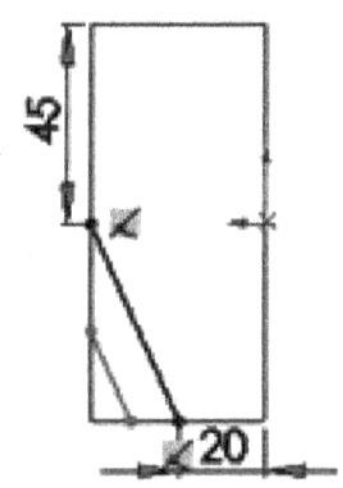

图 5-105 绘制“草图 3”

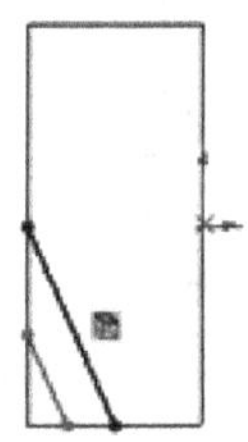

图 5-106 “草图 4”

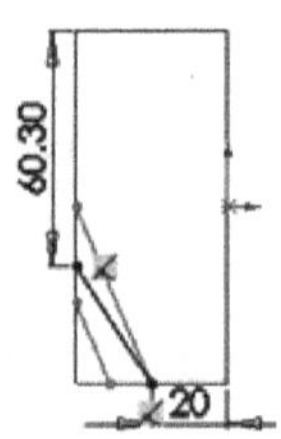

图 5-107 绘制“草图 5”

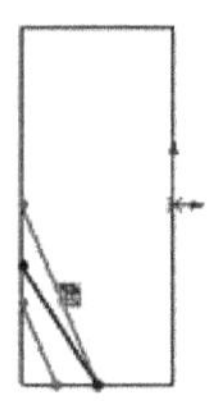

图 5-108 绘制“草图 6”

(3) 构建曲面并切除实体。

① 对“草图 2”、“草图 3”、“草图 4”、“草图 5”和“草图 6”作曲面放样，过程如图 5-109 所示。

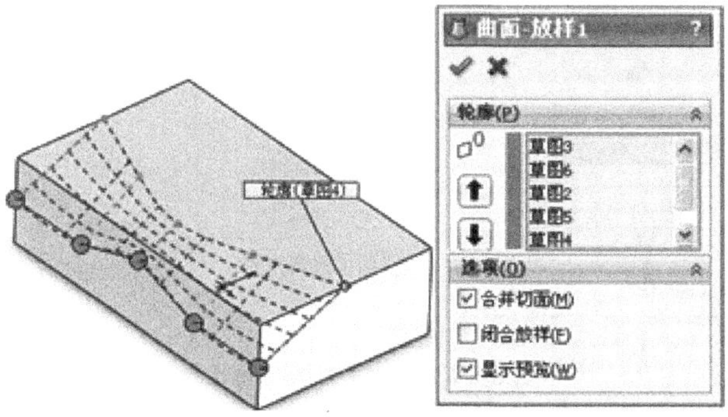

图 5-109　曲面放样

② 使用“曲面-切除”命令完成对基体的切除，如图 5-110 所示。

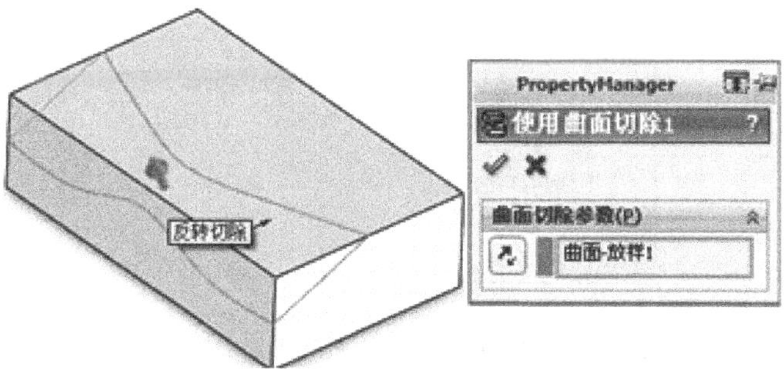

图 5-110　对基体切除

(4) 构建“基准面 3”，如图 5-111 所示；并在其上绘出“草图 7”，如图 5-112 所示。

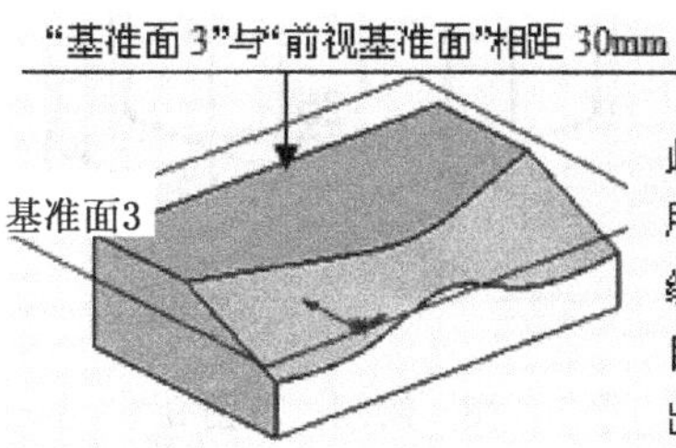

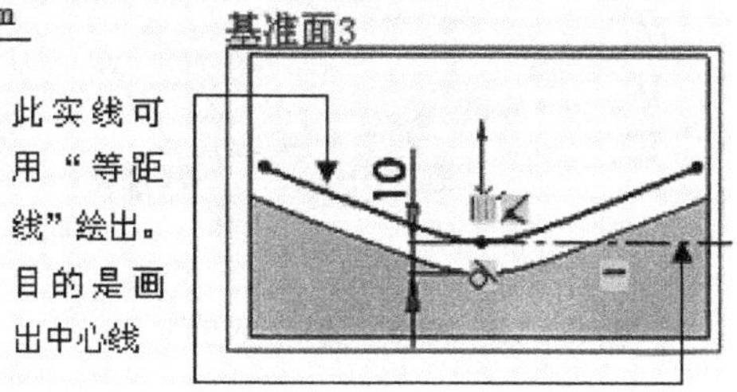

图 5-111　构建“基准面 3”　　　　图 5-112　绘制“草图 7”

(5) 构建基准面及草图并完成拉伸切除。

① 构建“基准面 4”，过程如图 5-113 所示。

② 在图 5-111 所示实体的上表面绘制“草图 8”，如图 5-114 所示。

③ 使用“拉伸-切除” 拉伸切除 命令将“草图 8”拉伸至“基准面 4”，从而得到图 5-116

所示图形。具体设置如图 5-115 所示。

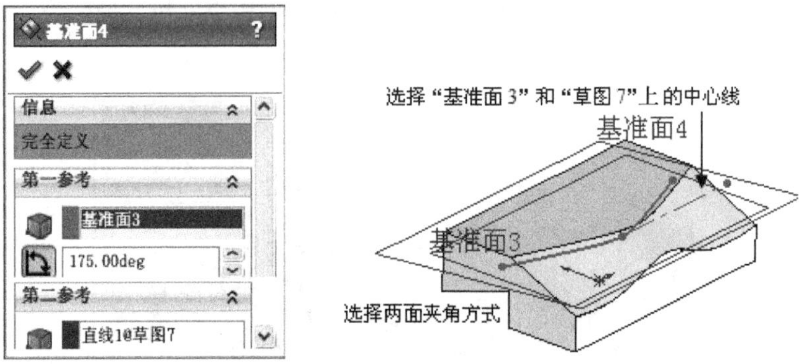

图 5-113　构建"基准面 4"

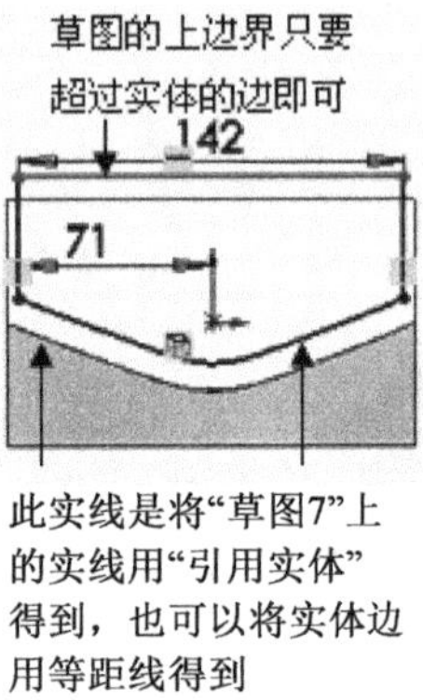

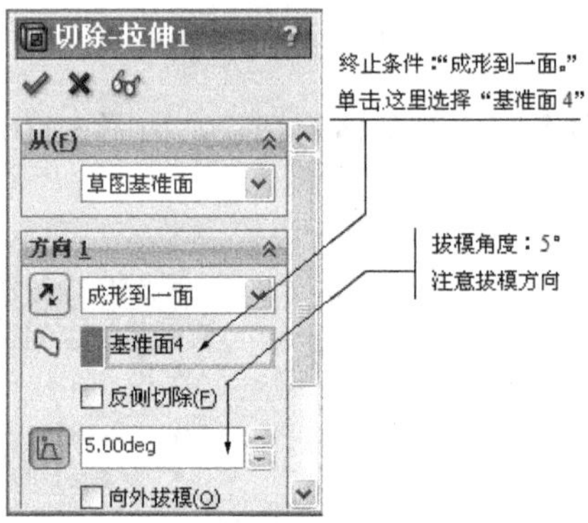

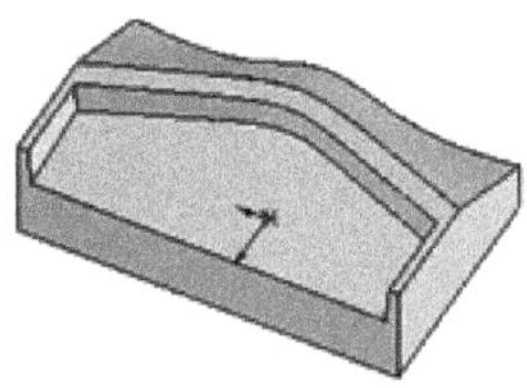

图 5-114　绘制"草图 8"　　图 5-115　将"草图 8"拉伸至"基准面 4"　　图 5-116　拉伸结果

(6) 制作两个凸台。

① 构建"基准面 5"，并在其上绘出"草图 9"，如图 5-117 和图 5-118 所示。

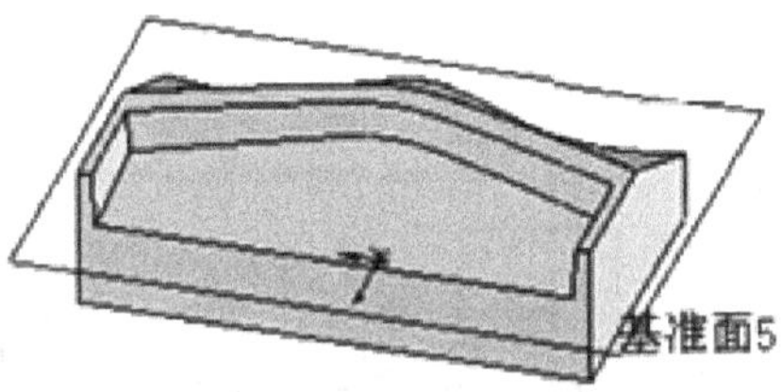

图 5-117　构建"基准面 5"

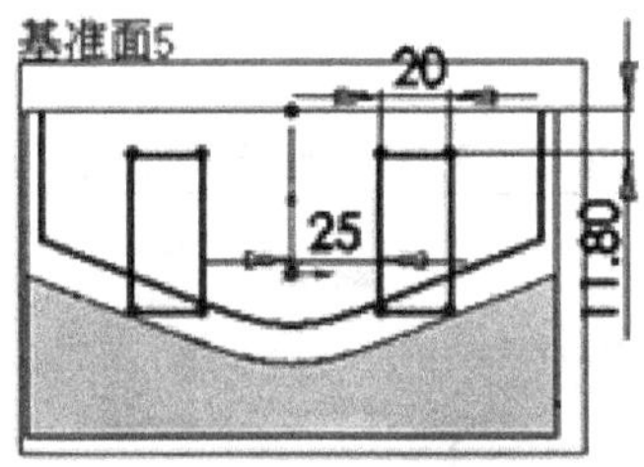

图 5-118　绘制"草图 9"

② 使用"拉伸-凸台" 拉伸凸... 命令将"草图 9"拉伸至"实体内底面"，完成造型。

项目 5.9　穹　隆　架

【学习目标】

本项目要完成的图形如图 5-119 所示。通过本项目的学习，应能熟练掌握特征放样、拉伸实体、使用曲面切除、偏置曲面、组合删减等命令的使用方法及操作过程，掌握三维建模的构图技巧。

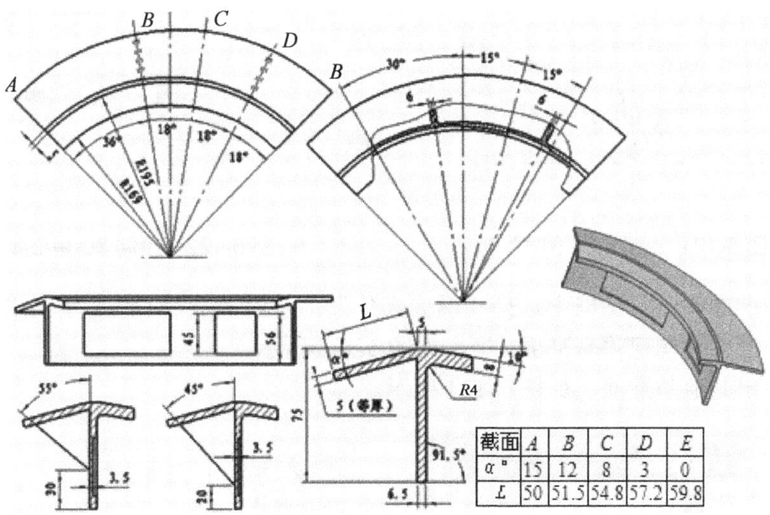

截面	A	B	C	D	E
α°	15	12	8	3	0
L	50	51.5	54.8	57.2	59.8

图 5-119　穹隆架建模示例

【学习要点】

特征放样、拉伸实体、使用曲面切除、偏置曲面、组合删减。

【绘图思路】

依次绘出各截面草图，利用特征放样成基体，利用拉伸体命令完成后面两个筋造型；作出两个窗口的拉伸体并用偏置面进行修剪，最后再利用组合删减命令完成窗口造型。

【操作步骤】

(1) 单击“新建”按钮，新建一个“零件”文件，并单击“保存”按钮进行保存，如图 5-120 所示。

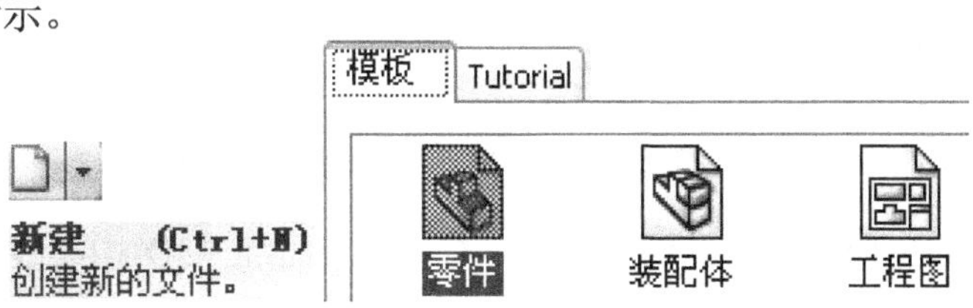

图 5-120　新建“零件”文件

(2) 绘草图及 3D 中心线。

① 在“前视”基准面上绘出“草图 1”，圆心在坐标原点上，如图 5-121 所示。

② 在“3D-草图”上绘出垂直“前视”基准面且过原点的“3D 中心线”，如图 5-122 所示。

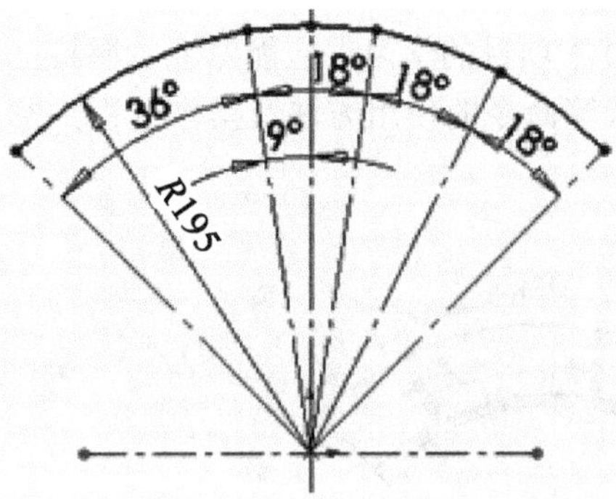

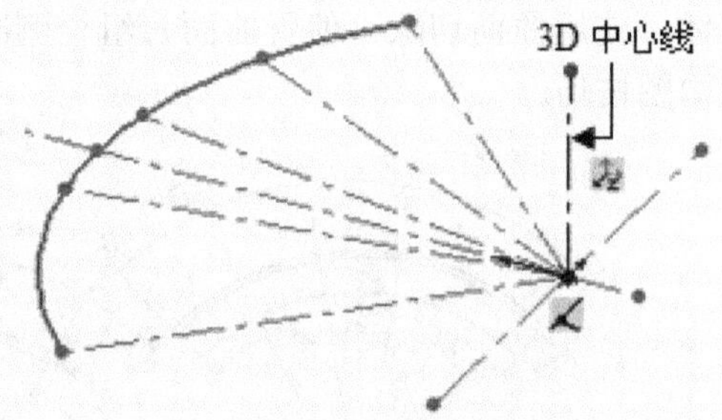

图 5-121 绘制“草图 1” 图 5-122 绘制 3D 中心线

(3) 在基准面构建对话框中选择“两面夹角”，并填入 9°，然后单击“3D 中心线”和“右视”基准面，构建“基准面 1”，如图 5-123 所示。

同理，作出其他基准面，如图 5-124 所示。

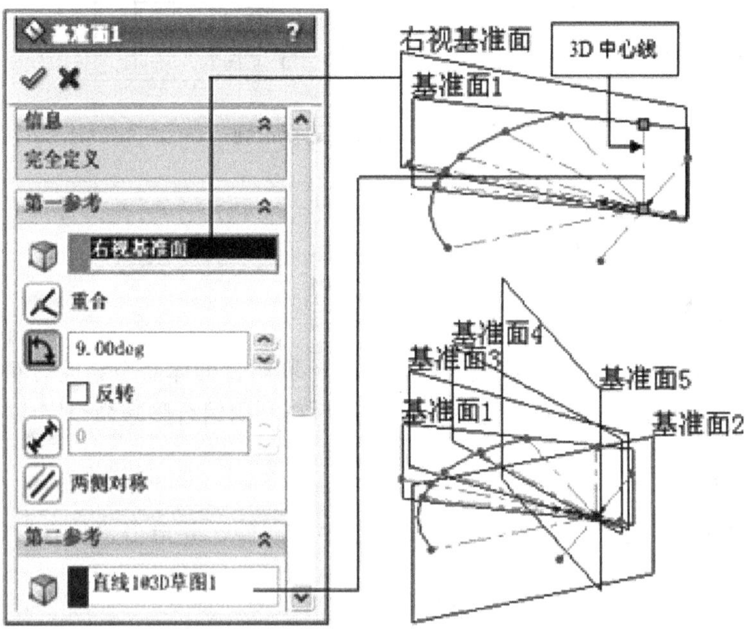

图 5-123 构建“基准面 1” 图 5-124 作出“基准面 2”～“基准面 5”

基准面构造补充说明：“基准面 1”是将右视基准面绕“3D 中心线”正向转过 9°；“基准面 2”是正向转过 45°；“基准面 3”是将右视基准面绕“3D 中心线”反向转过 9°；“基准面 4”是反向转过 27°；“基准面 5”反向转过 45°。

(4) 分别在“基准面 1”～“基准面 5”上，作“草图 2 至草图 6”，如图 5-125 所示。在其他平面上构建草图过程从略。

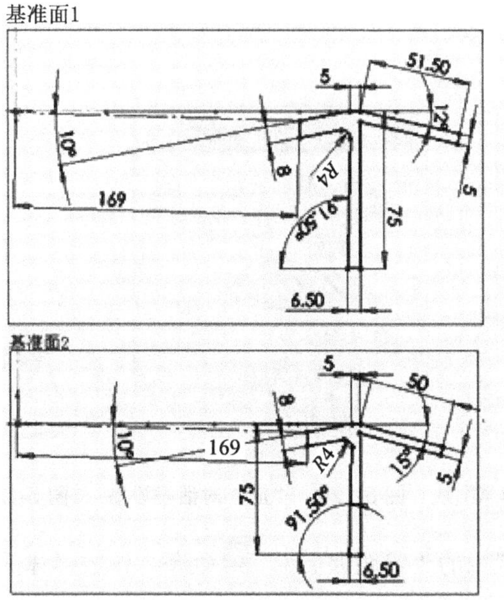

图 5-125　在“基准面 1”和“基准面 2”上分别作出“草图 2”和“草图 3”

(5) 对“草图 1”～“草图 6”做放样操作 放样凸...，过程如图 5-126 所示，单击“确定”按钮，完成特征放样造型。

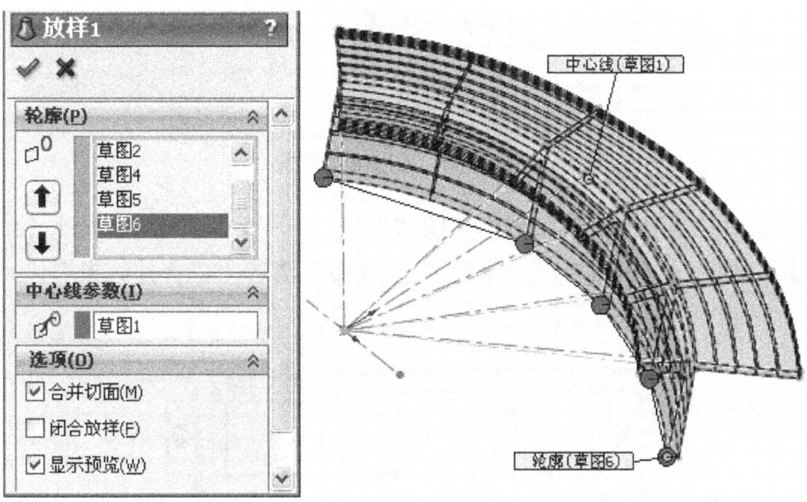

图 5-126　对“草图 1”～“草图 6”做放样操作

提示：

① “草图 1”上的实线作为放样中心线。

② 选择放样草图时要注意选择顺序及选择草图的位置，可适当旋转草图以便选择，如图 5-126 所示。

(6) 在“基准面 1”上作草图线，如图 5-127 所示。然后用“筋”命令作出筋板，如图 5-128 所示。同理，在“基准面 4”上作草图线，并作出筋板，最后得到图 5-129 所示的实体。

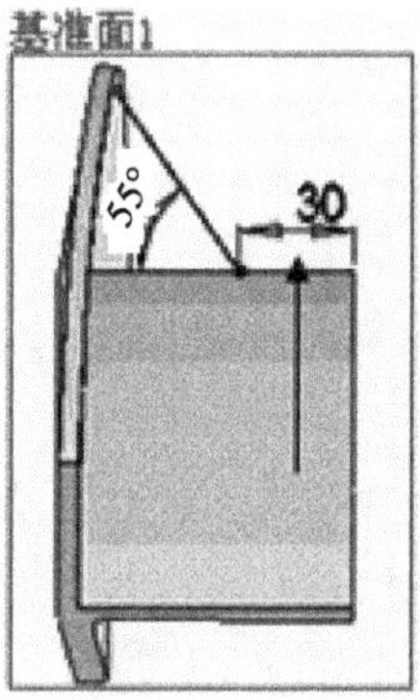

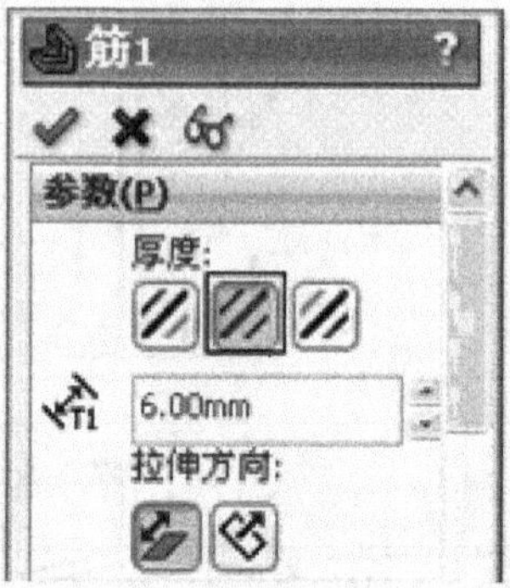

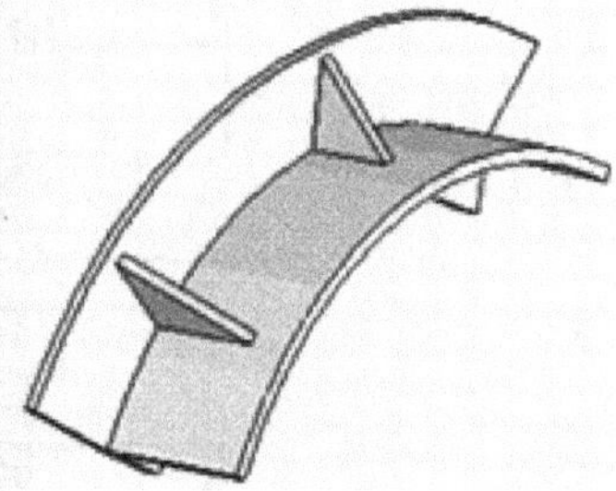

图 5-127 “基准面 1”中的草图线 图 5-128 “筋”对话框设置 图 5-129 完成的实体

(7) 使用曲面工具栏中的“等距曲面” 命令，作放样体的内侧表面的等距面，如图 5-130 所示。

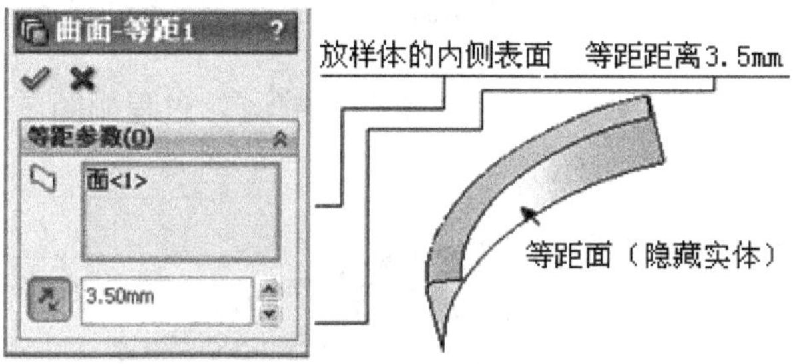

图 5-130 作出等距曲面

(8) 在“上视”基准面大致绘出“草图 9”， 如图 5-131 所示。然后使用“拉伸-凸台”命令将其拉伸至 200mm(要超过等距面)，且要取消选中“合并结果” □合并结果(M) 复选框。

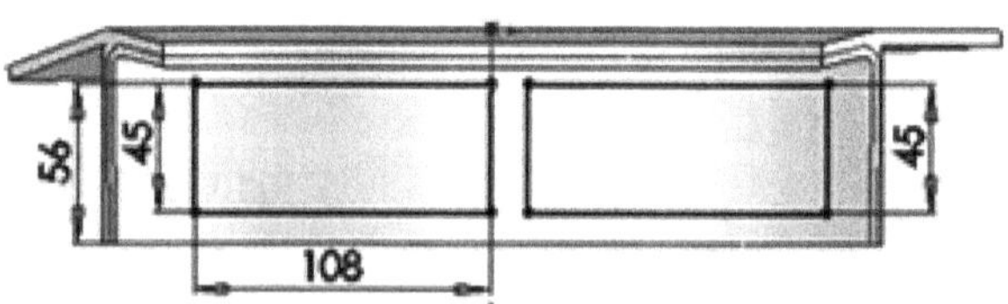

图 5-131 绘制“草图 9”

(9) 使用等距面将两个刚生成的矩形体剪切掉。

在“插入”菜单的“切除”命令下，选择“使用曲面…”子命令，打开对话框。按图示选取曲面和实体，单击“确定”按钮后完成操作，如图 5-132 所示。

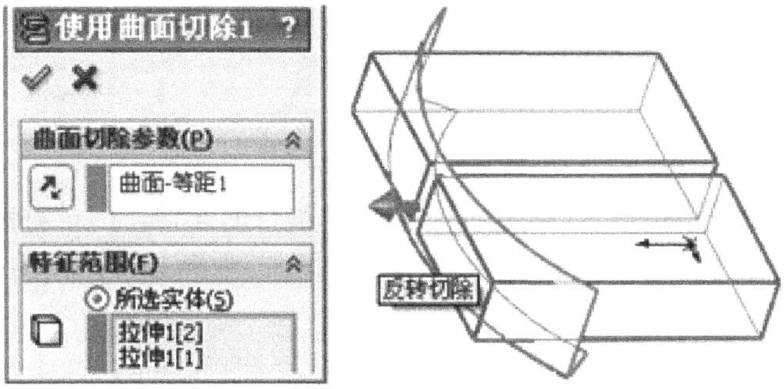

图 5-132　使用曲面切除实体

(10) 应用拉伸曲面切除实体。

① 在“前视”基准面上绘出“草图 10”，如图 5-133 所示。直线长度超过等距面。

② 拉伸切除，如图 5-134 所示。

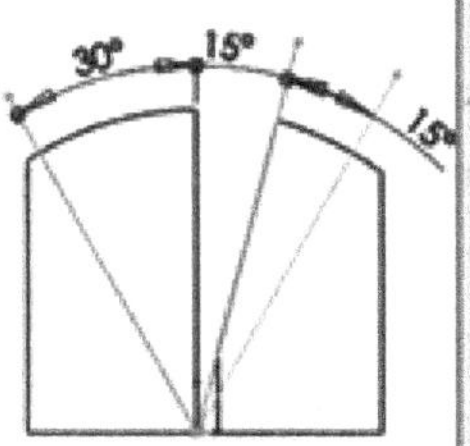

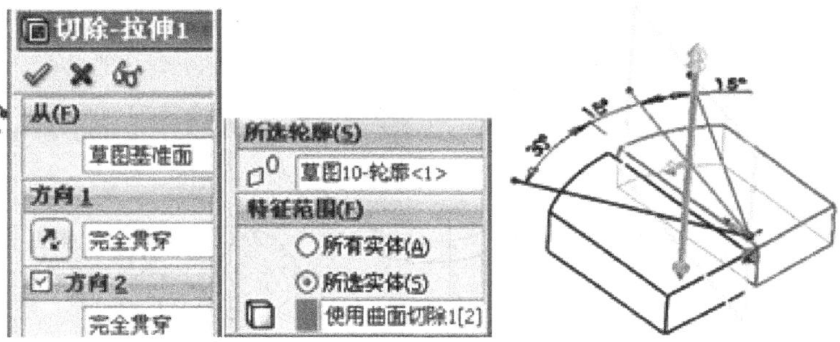

图 5-133　绘出“草图 10”　　　图 5-134　拉伸切除

提示：同理，作出其他部分的切除(每根草图线分别作一次拉伸切除)；应用单线作切除，此时请注意切除方向；用“所选轮廓(S)”选单线作切除，此时请注意切除方向。

(11) 利用“组合”工具中的“删减”选项，完成最后的造型，如图 5-135 所示。

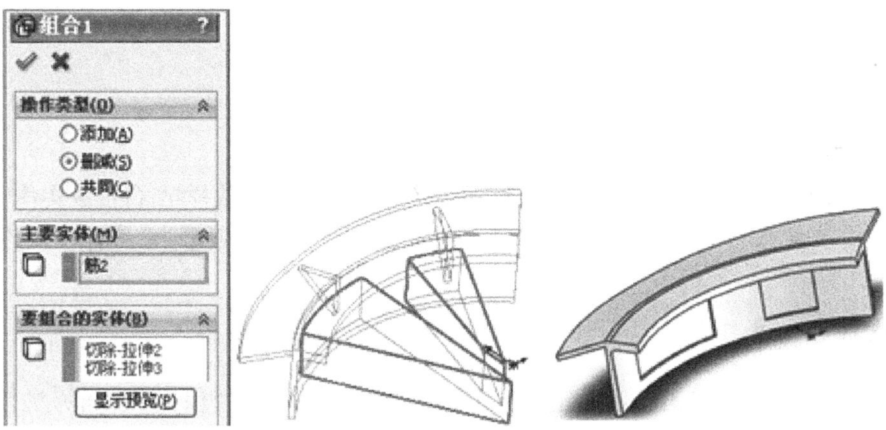

图 5-135　应用组合删减完成最终造型

项目 5.10　吊　　钩

【学习目标】

本项目要完成的图形如图 5-136 所示。通过本项目的学习，应能熟练掌握放样-凸台、拉伸-凸台、扫描、旋转等命令的使用方法及操作过程，掌握三维建模的构图技巧。

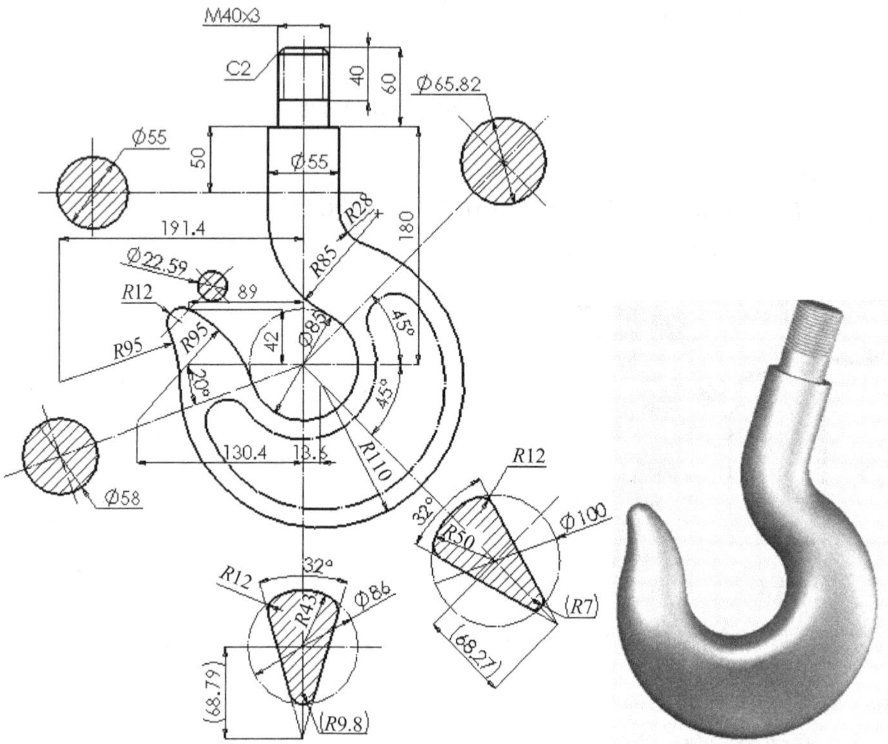

图 5-136　吊钩建模示例

【学习要点】

放样-凸台、拉伸-凸台、扫描、旋转。

【绘图思路】

首先绘出两条引导线，再绘出 5 条截面草图线，然后利用放样-凸台生成实体，再利用拉伸-凸台、扫描作出圆柱螺纹造型，最后利用“旋转”命令(或圆顶命令)作出吊钩的圆顶部分。

【操作步骤】

(1) 单击“新建”按钮，新建一个“零件”文件，并单击“保存”按钮进行保存。

(2) 构建草图。

① 在“前视”基准面上绘出“草图 1”，圆心在坐标原点上，如图 5-137 所示。

② 在“前视”基准面上利用“实体引用”方式绘出“草图 2”，如图 5-138 所示。

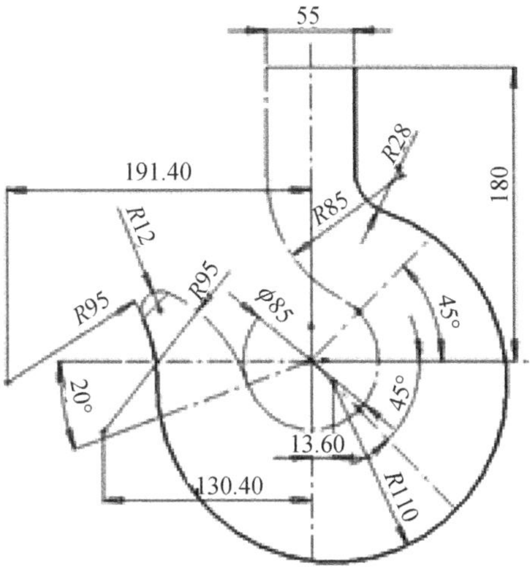

图 5-137　绘制“草图 1”

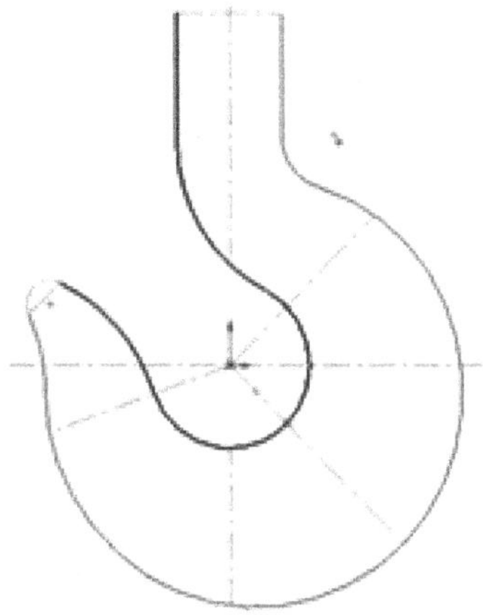

图 5-138　绘制“草图 2”

③ 创建“基准面 1”，如图 5-139 所示。在其上做出“草图 3”如图 5-140 所示。

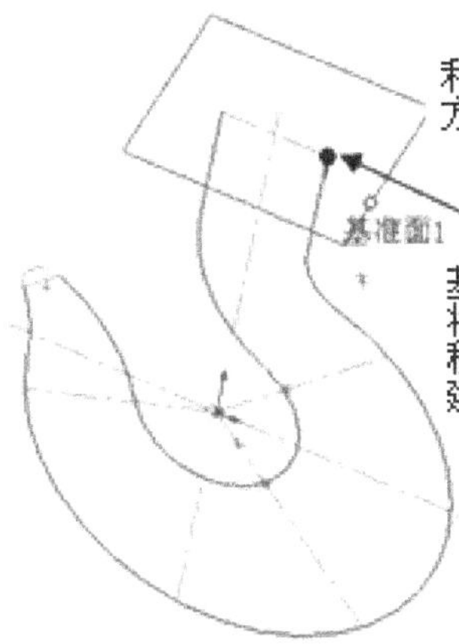

图 5-139　创建“基准面 1”

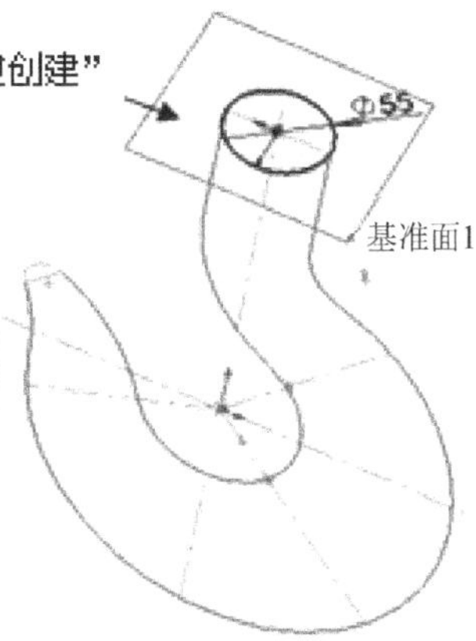

图 5-140　绘制“草图 3”

(3) 创建“3D 草图 1”，如图 5-141 所示。

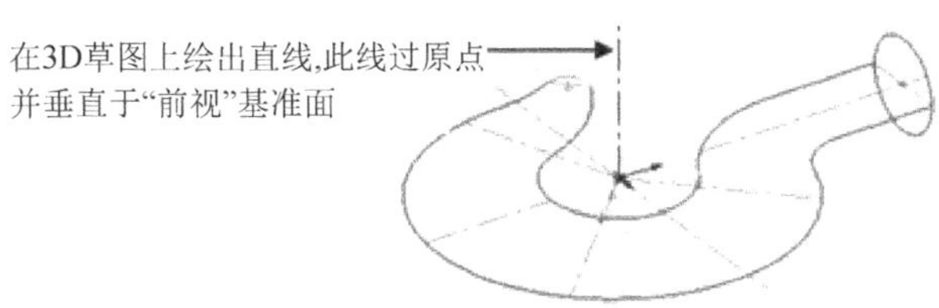

图 5-141　创建“3D 草图 1”

(4) 创建“基准面 2”，如图 5-142 所示，并在其上作出“草图 4”，如图 5-143 所示。

(5) 创建“基准面 3”，如图 5-144 所示。并在其上作出“草图 5”，如图 5-145 所示。

依上面的方法，创建“基准面 4”和“基准面 5”，并在其上作草图(另一个草图是在右视基准面上作出)，结果如图 5-146 所示。

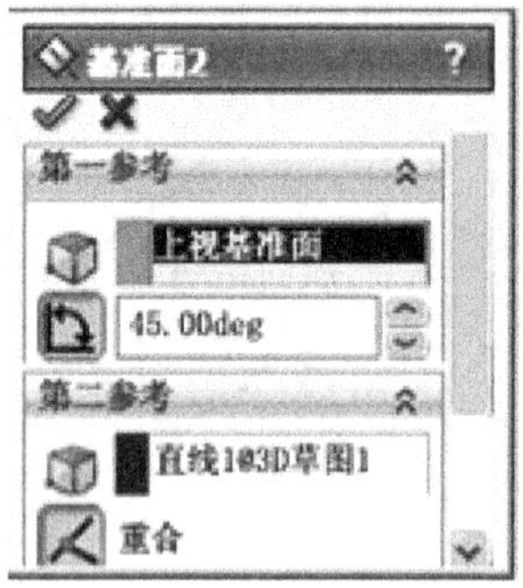

图 5-142　创建“基准面 2”

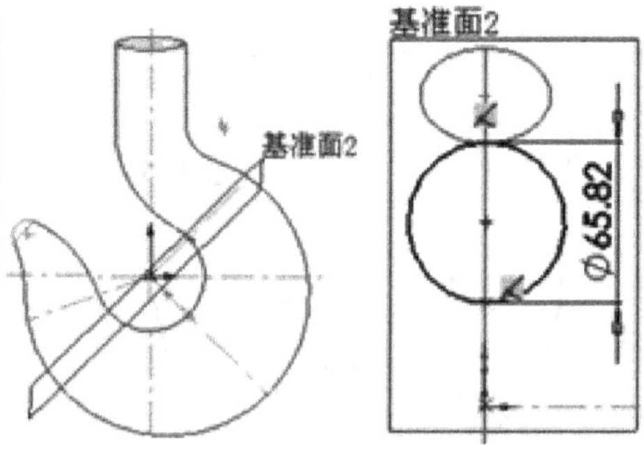

图 5-143　绘制“草图 4”

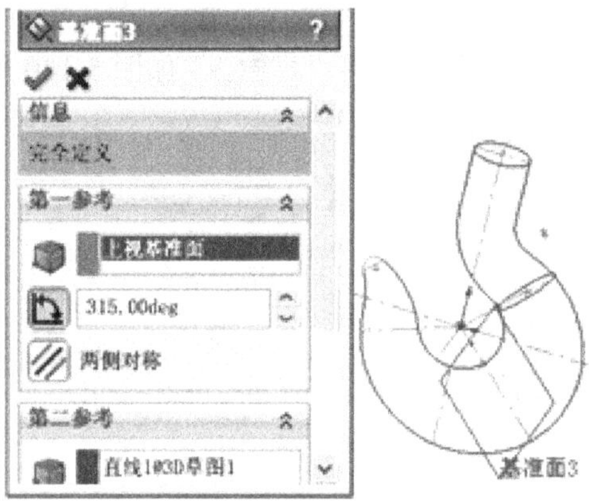

图 5-144　创建“基准面 3”

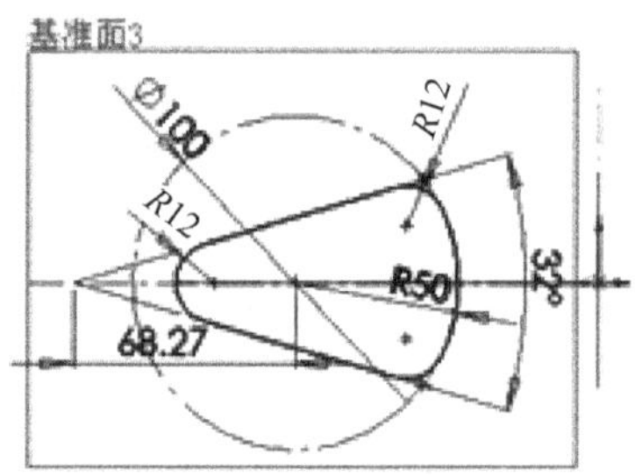

图 5-145　绘制“草图 5”

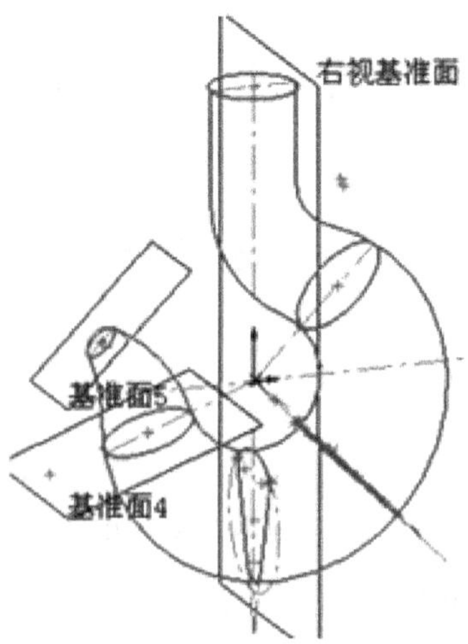

图 5-146　创建“基准面 4”和基准面 5”并绘制草图

(6) 对“草图 1”至“草图 8”作“放样/凸台”操作，单击“确定”按钮完成造型。过程如图 5-147 所示。

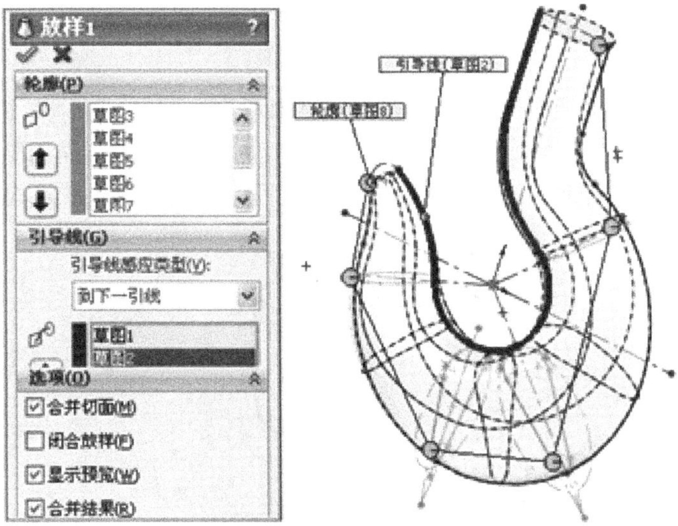

图 5-147　放样后的造型

(7) 制作螺纹及圆顶。

① 作出拉伸体并倒角，然后扫描出螺纹造型，结果如图 5-148 所示。

② 应用“旋转”命令完成造型，也可以应用 “圆顶”命令完成造型，结果如图 5-149 所示。

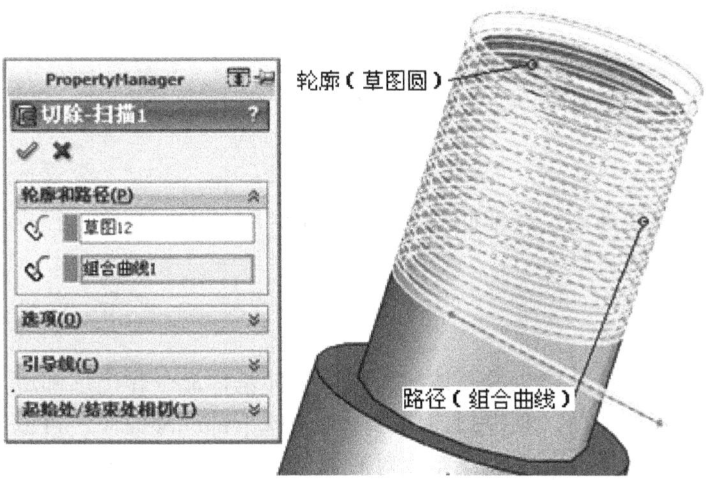

图 5-148　制作螺纹

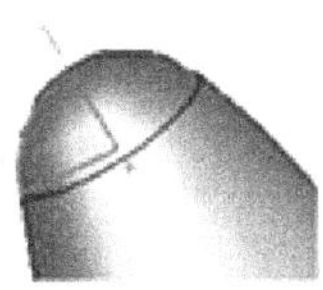

图 5-149　圆顶

提示：在作螺旋线时，两端用“3D 直线”作出线段，并添加与螺旋线的相切关系，然后用“组合曲线”命令构建组合曲线。

项目 5.11　浴　　瓶

【学习目标】

本项目要完成的图形如图 5-150 所示。通过本项目的学习，应能熟练掌握放样基体、放样曲面、等距曲面、延伸曲面、缝合曲面、使用曲面切除、扫描切除、投影线、组合线、拉伸切除、倒圆角等命令的使用方法及操作过程，掌握三维建模的构图技巧。

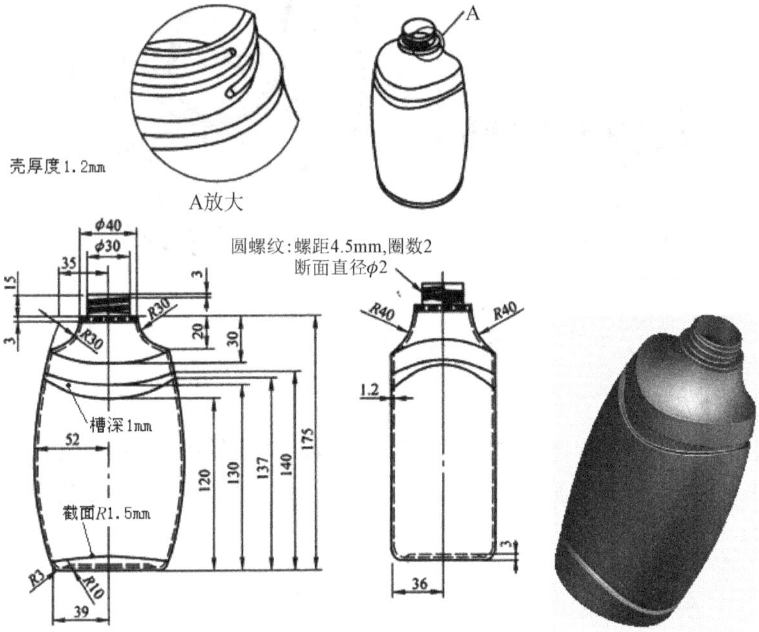

图 5-150　浴瓶建模示例

【学习要点】

放样基体、放样曲面、等距曲面、延伸曲面、缝合曲面、使用曲面切除、扫描切除、投影线、组合线、拉伸切除、倒圆角。

【绘图思路】

依次绘出草图截面并应用放样基体生成瓶体，再利用拉伸基体命令作出顶部造型，接着用拉伸命令并倒圆角作出底部造型，利用扫描切除命令生成下部凹形曲面，再应用放样曲面、等距曲面、延伸曲面和缝合曲面等命令完成对瓶体修剪成凹槽部分的造型，最后使用修剪曲面命令将瓶体内部挖空。

【操作步骤】

(1) 单击“新建”按钮，新建一个“零件”文件，单击“保存”按钮进行保存。

(2) 绘制草图线框。

① 在“前视”基准面上创建“草图 1”，绘出长半轴 39mm 短半轴 36mm 的椭圆，椭圆圆心在坐标原点上。

② 在距“前视”基准面 175mm 的地方创建“基准面 1”，在它上面作出“草图 2”，绘出直径为 40mm 的圆，圆心在坐标原点上 (在 4 个象限点上作出“点”)。

③ 分别在 “上视”基准面和“右视”基准面上作出“草图 3”～“草图 6”，并用“点”命令作每个草图线上作出两个特征点，结果如图 5-151 所示。

④ 用 3D 草图里的样条曲线命令，作出图 5-152 所示图形。

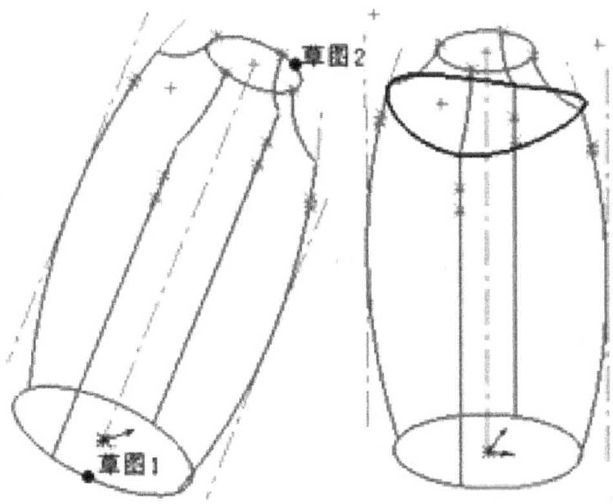

图 5-151　作出两个特征点　　图 5-152　绘制 3D 样条曲线

提示：“草图 3”至“草图 6”上的点分别距“前视”基准面为 120、130、137、140mm。

(3) 对“草图 1”至“草图 6”及“3D 草图”作“放样”放样凸... 操作，单击“确定”按钮 ✔，完成造型，过程如图 5-153 所示。

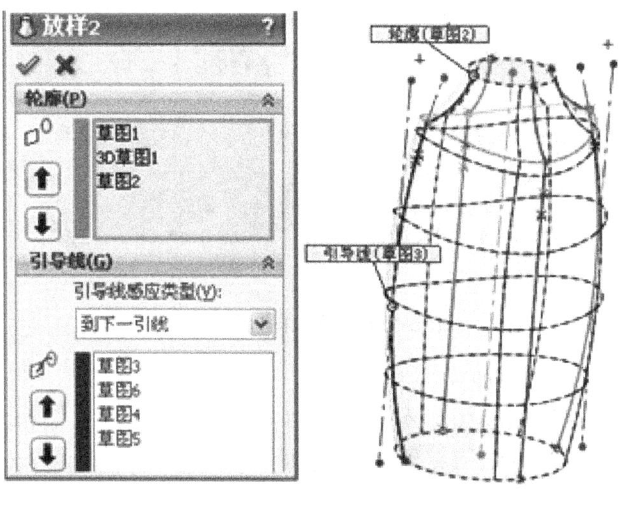

图 5-153　对所绘草图执行“放样”命令

(4) 瓶口及瓶身细节构图。

① 利用“拉伸-增料”方式作出瓶口部分的拉伸体，利用“拉伸-减料”方式作出瓶底部分的凹槽，并倒圆角。过程从略，结果如图 5-154 和图 5-155 所示。

② 在“上视”基准面上创建如图 5-156 所示草图。

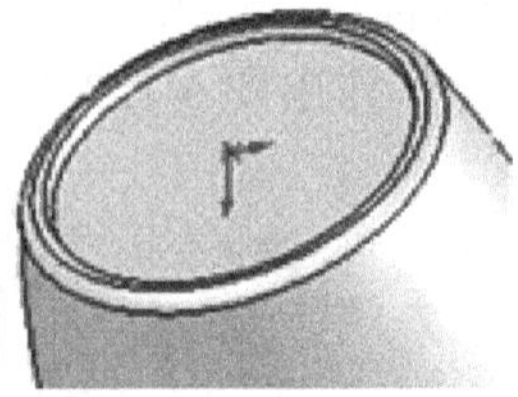

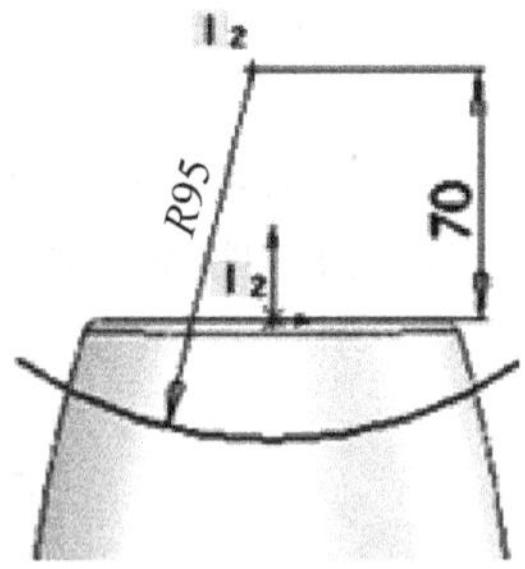

图 5-154 瓶口的拉伸体　图 5-155 瓶底的凹槽　图 5-156 创建“草图”

③ 用曲线工具栏中的投影曲线(P)...命令，将上面的草图线投影到瓶体侧面上。(注：用两次该命令完成两侧的投影曲线的制作)。然后应用“组合曲线”命令将两条投影曲线组合成一条曲线，结果如图 5-157 所示。

④ 制作过组合曲线且点在其上的基准面，并在此面上作出草图圆，然后完成“扫描-除料”，结果如图 5-158 和图 5-159 所示。草图向曲面投影如图 5-160 所示。

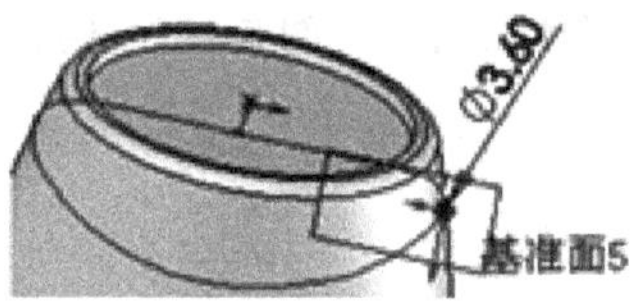

图 5-157 组合曲线　图 5-158 作出草图圆　图 5-159 扫描-除料

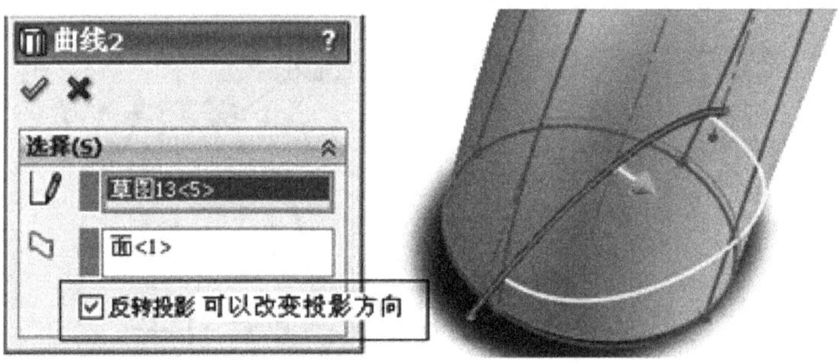

图 5-160 草图向曲面投影

(5) 制作放样曲面和等距曲面。

① 用 3D 草图中的样条曲线命令，作出图 5-161 所示的两条 3D 样条线。

② 用曲面工具栏中的放样曲面(L)命令，对两条 3D 样条线放样曲面，如图 5-162 所示(已隐藏实体)。

③ 用曲面工具栏中的等距曲面(O)...命令，对上面的放样面作出等距面，距离为 1mm，如图 5-163 所示。

图 5-161　作出两条 3D 样条线

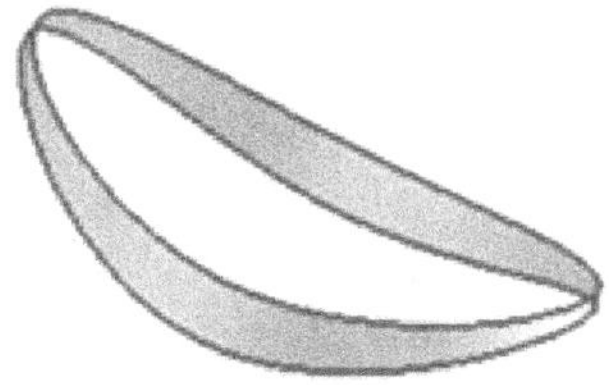

图 5-162　放样曲面

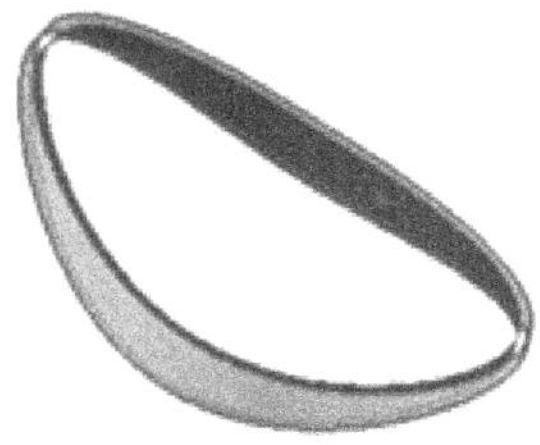

图 5-163　作出等距面

(6) 制作切割曲面。

① 用曲面工具栏中的 放样曲面(L)... 命令，对上面的放样曲面和等距曲面的上边缘作放样曲面，如图 5-164 所示（已隐藏实体）。

② 用曲面工具栏中的 延伸曲面(X)... 命令，对新生成的放样面作延伸曲面，长度要超过最外层的曲面，如图 5-165 所示。

③ 重复(1)、(2)步，完成下面的延伸曲面的制作，如图 5-166 所示。

④ 使用曲面工具栏中的 缝合曲面(K)...，将上面所制作的上、下两个曲面和内层的等距面缝合成一个曲面，并隐藏最外层的曲面，如图 5-167 所示。

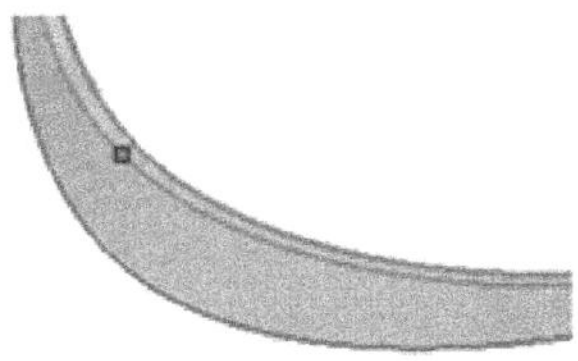

图 5-164　放样曲面

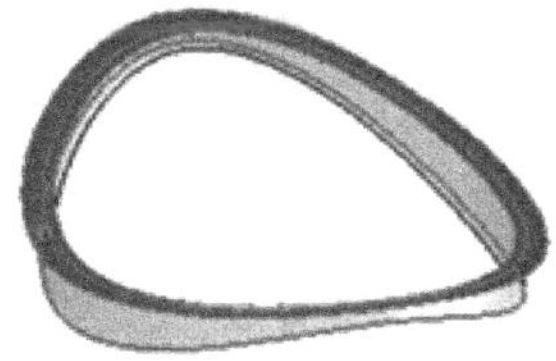

图 5-165　延伸曲面(上部)

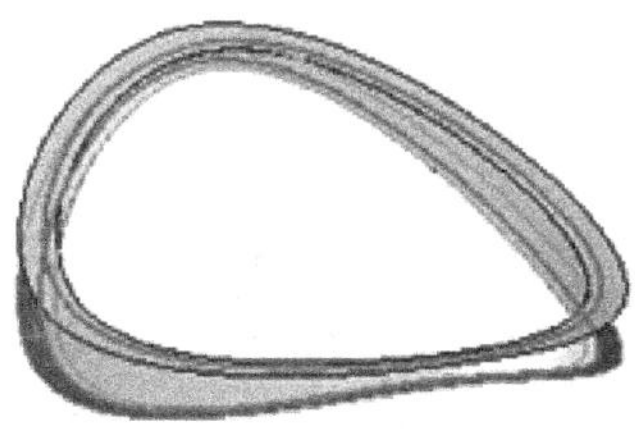

图 5-166　延伸曲面(下部)

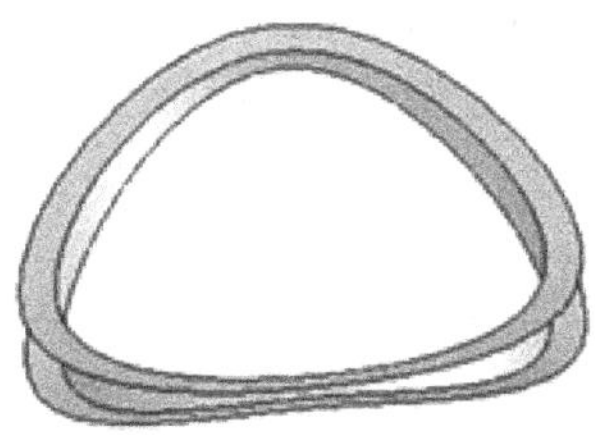

图 5-167　缝合曲面

(7) 曲面切除实体得到瓶内造型。

① 使用特征工具栏中的“切除-使用曲面” 使用曲面(W)... 命令，用缝合曲面来切除瓶体，并隐藏缝合曲面，结果如图 5-168 所示。

② 用曲面工具栏中的 等距曲面(O)... 命令，对除顶面外的所有曲面作内等距面，距离为 1.2mm，如图 5-169 所示。

③ 使用特征工具栏中的“切除-使用曲面” 使用曲面(W)... 命令，用上面制作的等距面来切除瓶体，并隐藏等距曲面，结果如图 5-170 所示。

图 5-168　切除瓶体隐藏曲面

图 5-169　作内等距面

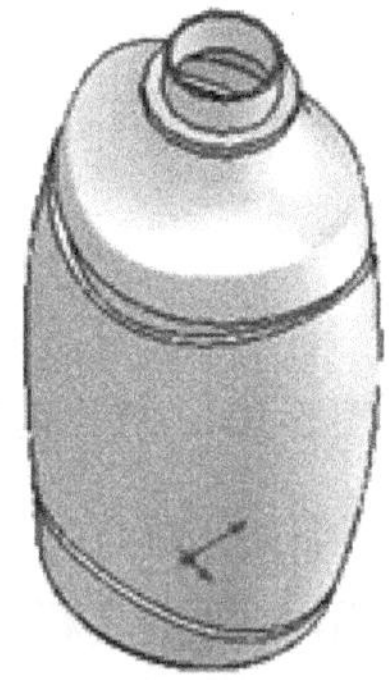

图 5-170　用等距面来切除瓶体

(8) 制作瓶口螺纹。

① 制作“基准面 3”，并在此面作出“草图 10”，如图 5-171 和图 5-172 所示。

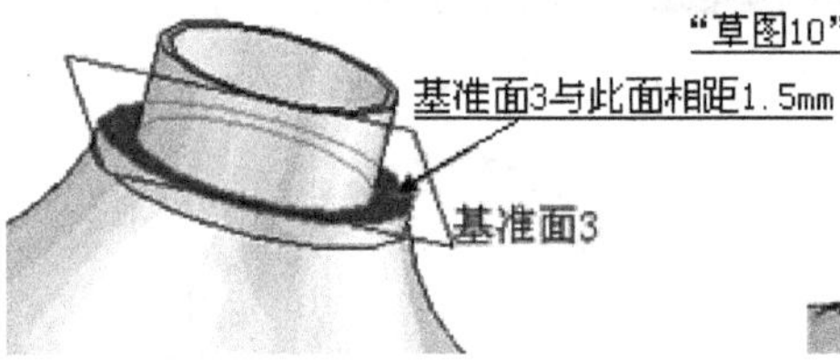

图 5-171　创建“基准面 3”

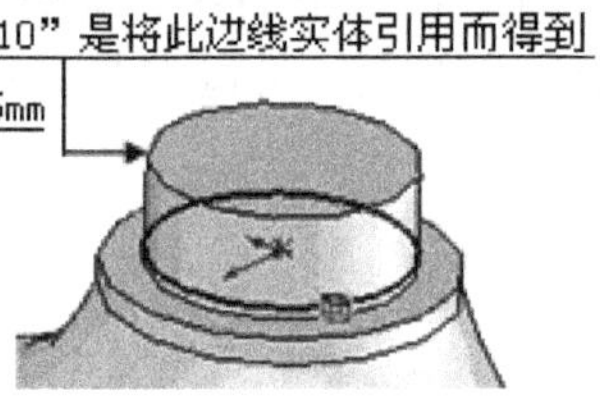

图 5-172　作出“草图 10”

② 制作螺旋线，完成瓶口螺纹的制作。首先制作螺旋线，再制作与螺旋线垂直并过其上的基准面，接着在上面的基准面上作出过原点的、直径为 2mm 的草图圆，最后用“扫描—凸台”，完成造型，如图 5-173 和图 5-174 所示。

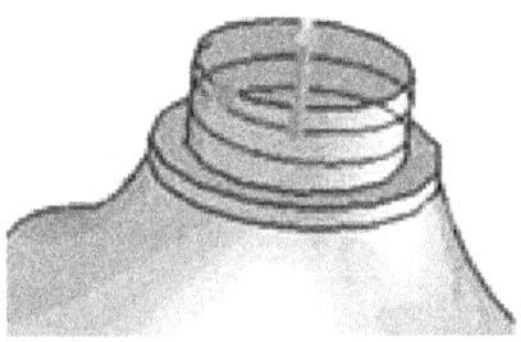

图 5-173　制作螺旋线

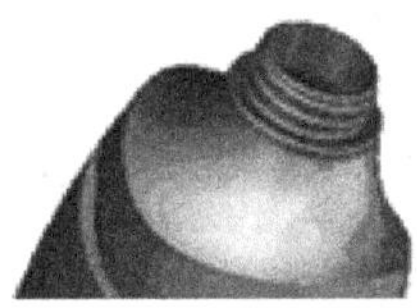

图 5-174　扫描完成螺纹造型

(9) 应用旋转凸台命令完成对螺纹端面的旋转造型，参见图 5-175 所示。

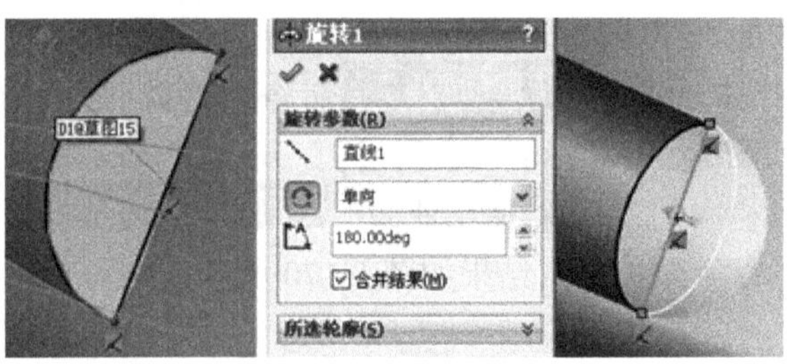

图 5-175　螺纹端面造型

【建模提示】

由于在作抽壳时可能会由于曲率等原因，导致造型不成功。因此，本例使用向瓶体内部作除顶部曲面外的所有面的等距面，然后再用它修剪瓶体。

项目 5.12　摩擦楔块锻模

【学习目标】

本项目要完成的图形如图 5-176 所示。通过本项目的学习，应能够熟练掌握放样-基体、放样-切除、曲面等距、使用曲面切除等命令的使用方法及操作步骤，掌握三维建模的构图技巧。

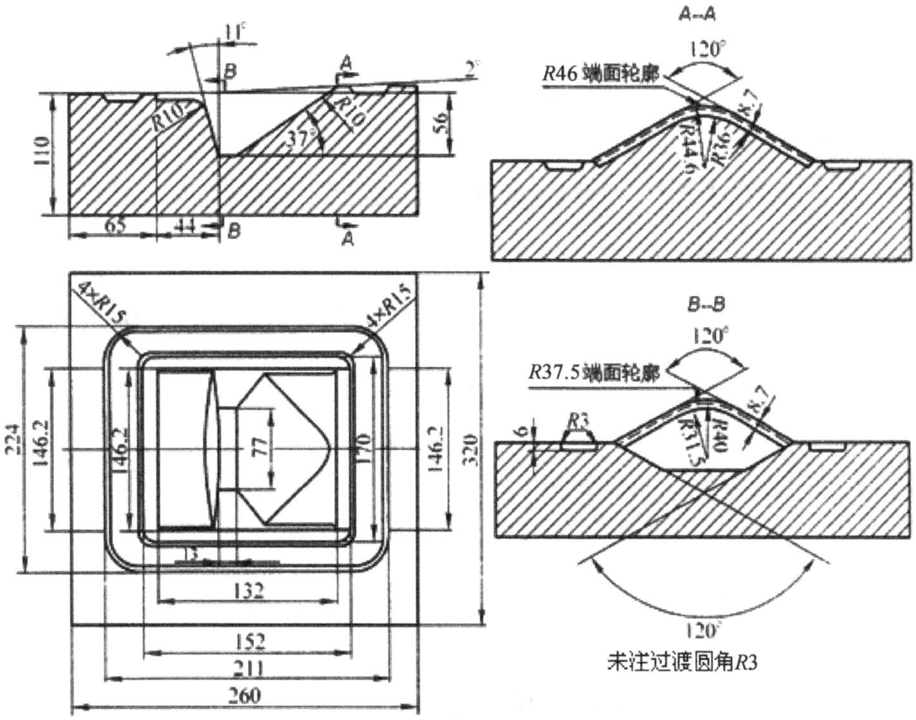

图 5-176　摩擦楔块锻模建模示例

【学习要点】

放样-基体、放样-切除、曲面等距、使用曲面切除。

【绘图思路】

本例主要使用“放样-基体”、“放样-切除”、“曲面等距”、“使用曲面切除”等命令完成造型，具体过程详见操作步骤。

【操作步骤】

(1) 单击“新建”按钮，新建一“零件”文件，并单击“保存”按钮将其保存。

(2) 制作草图。

① 在“右视”基准面上创建“草图 1”，下边线中心在原点上，如图 5-177 所示。

② 创建基准面 1、基准面 2、基准面 3 和基准面 4，如下所述。

基准面 1 距前视面正向 130mm；基准面 2 距基准面 1 反向 65mm；基准面 3 距基准面 2 反向 132mm；基准面 4 距基准面 1 反向 260mm。

③ 在“基准面 1”和“基准面 4”上分别作出“草图 2”和“草图 3”，如图 5-178 和图 5-179 所示。

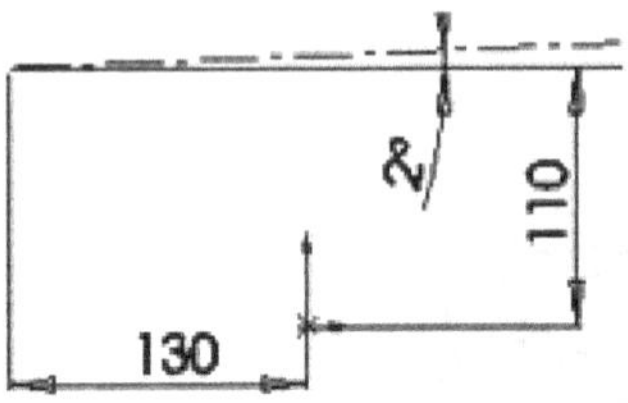

图 5-177 创建“草图 1”

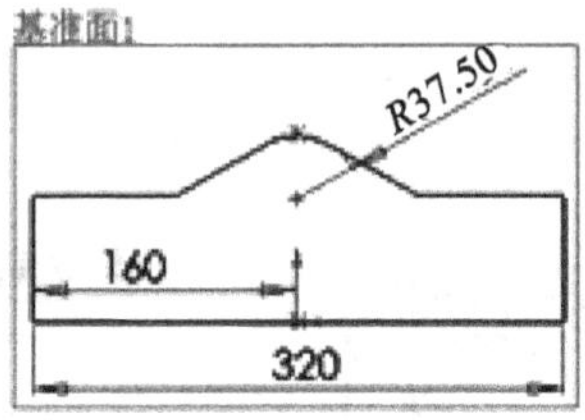

图 5-178 创建“草图 2”

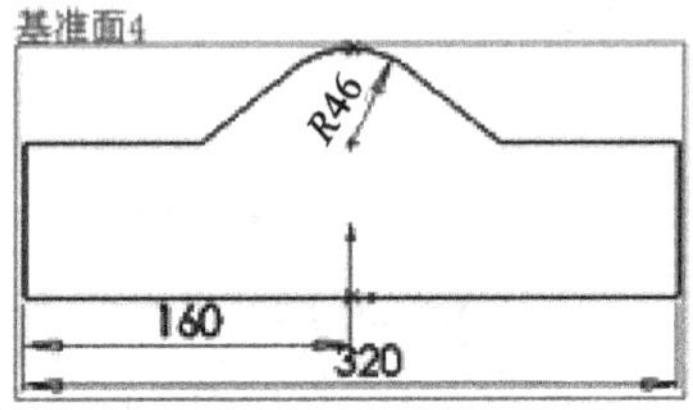

图 5-179 创建“草图 3”

提示：草图 2 和草图 3 要分别和草图 1 上的中心线具有穿透关系。

(3) 对“草图 2”和“草图 3”作“放样”放样凸...操作，过程如图 5-180 所示。

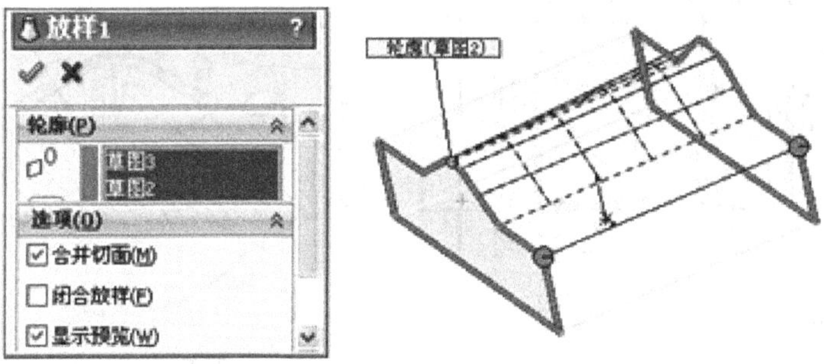

图 5-180 放样“草图 2”和“草图 3”

(4) 在“基准面 2”上作出“草图 4”，如图 5-181 所示。

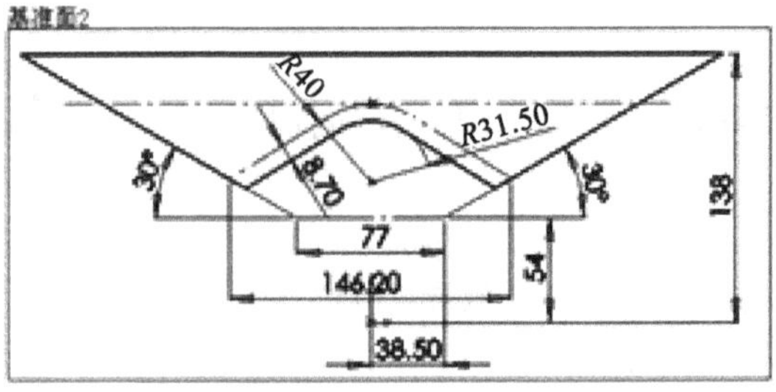

图 5-181 构建“草图 4”

(5) 在“基准面 3”上作出“草图 5”，如图 5-182 所示。

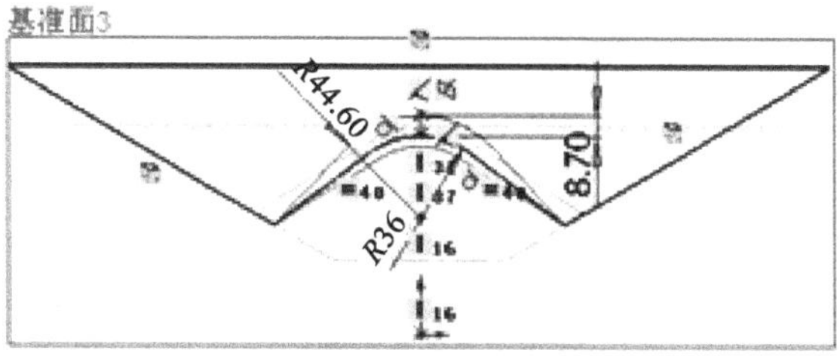

图 5-182　构建“草图 5”

(6) 对“草图 4”和“草图 5”作“切除-放样”操作，过程如图 5-183 所示。

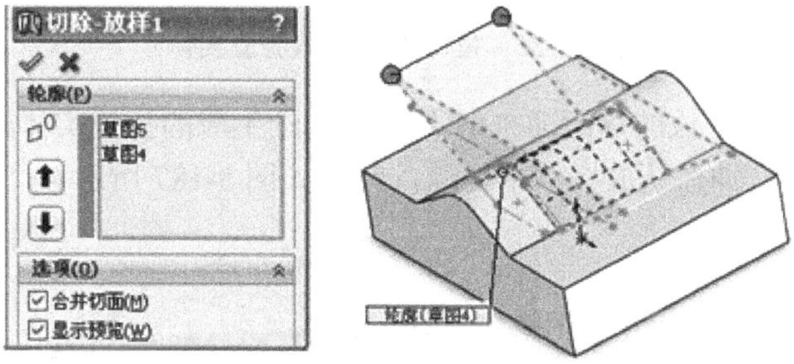

图 5-183　应用切除放样修剪实体

(7) 对实体上表面(除拉伸切除的面)向内作等距曲面，过程如图 5-184 所示。

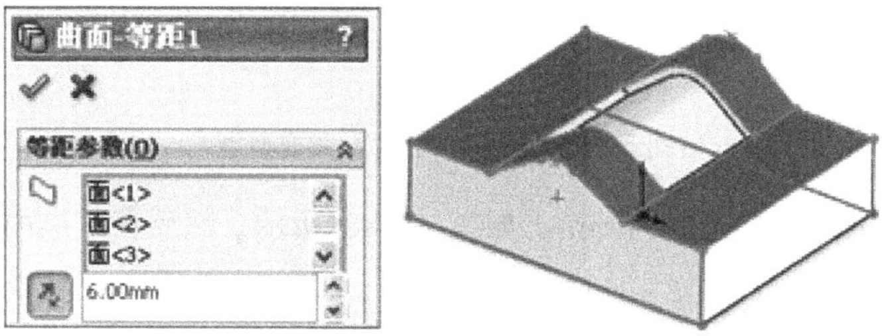

图 5-184　作等距曲面

(8) 以“上表面”为基准面作“草图 6”，如图 5-185 所示。

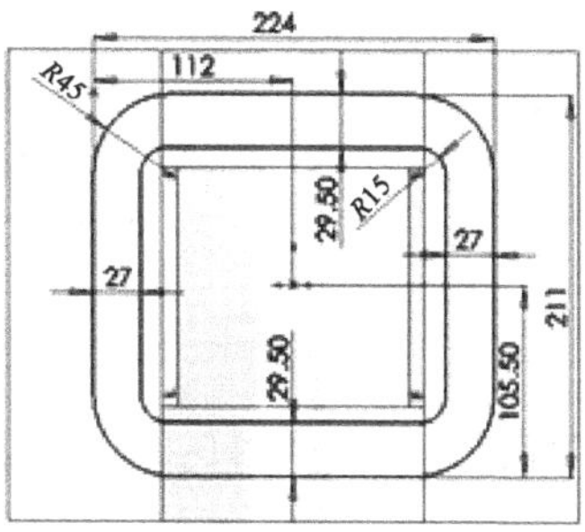

图 5-185　构建“草图 6”

(9) 对“草图 6”作“拉伸-增料”，过程如图 5-186 所示。

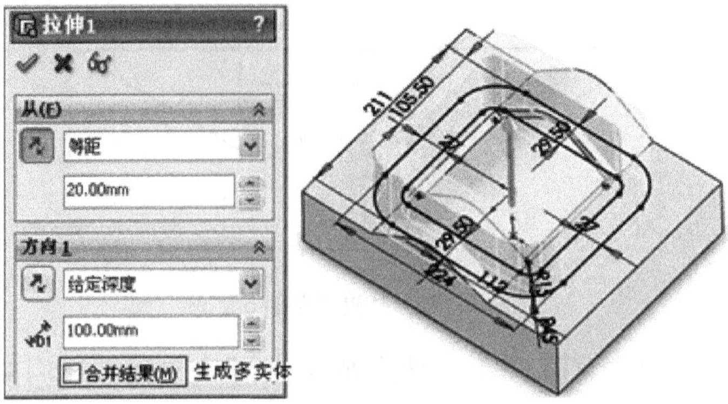

图 5-186　拉伸-增料生成独立实体

(10) 使用在步骤(7)生成的等距面来切割步骤(9)刚生成的拉伸实体，然后再用“组合”工具，将此切割后的拉伸体从放样体中切除，结果如图 5-187 所示。

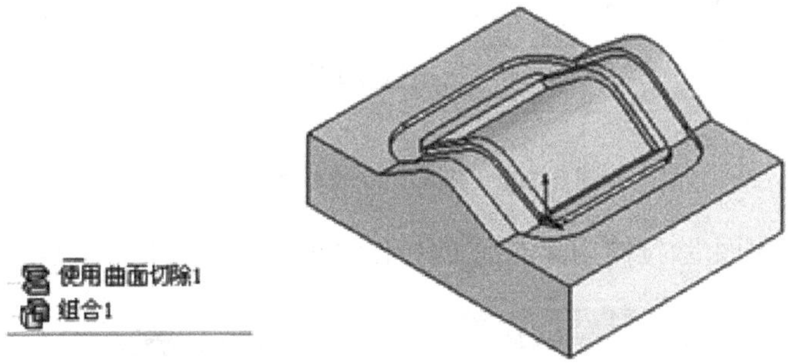

图 5-187　应用“组合”完成造型

(11) 制作基准面 5(距底面 54mm)，如图 5-188 所示。然后在基准面 5 上作出“草图 7”，如图 5-189 所示。

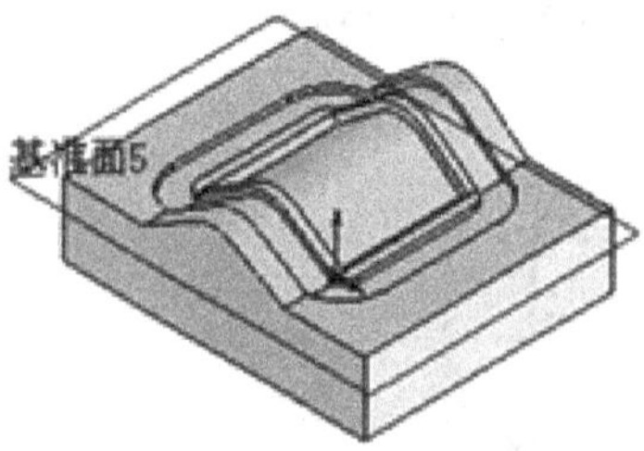

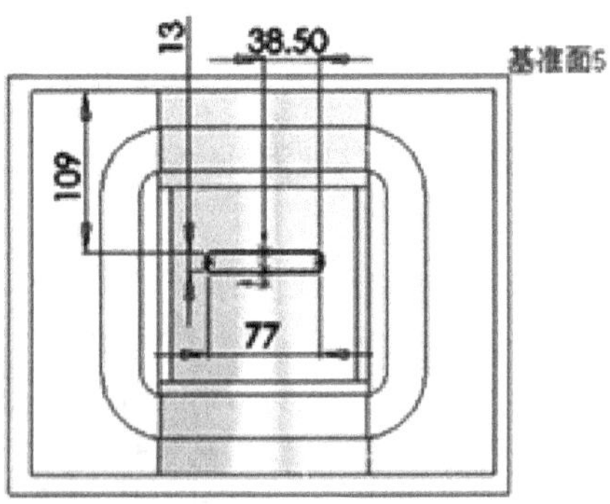

图 5-188　制作“基准面 5”　　图 5-189　构建“草图 7”

(12) 制作草图。

① 在“右视”基准面上创建“草图 8”，如图 5-190 所示。

提示："草图 8"上的线的下端点过"草图 7"的长边线的中点；"草图 8"上的线的上端点选择与原点为距离为 110mm，目的是在下一步作放样除料时不会过切原实体顶面。

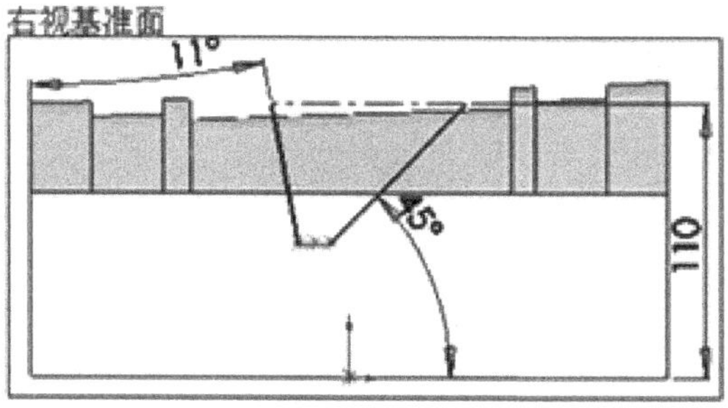

图 5-190　创建"草图 8"

② 制作基准面 6，如图 5-191 所示。在其上作出"草图 9"，如图 5-192 所示。

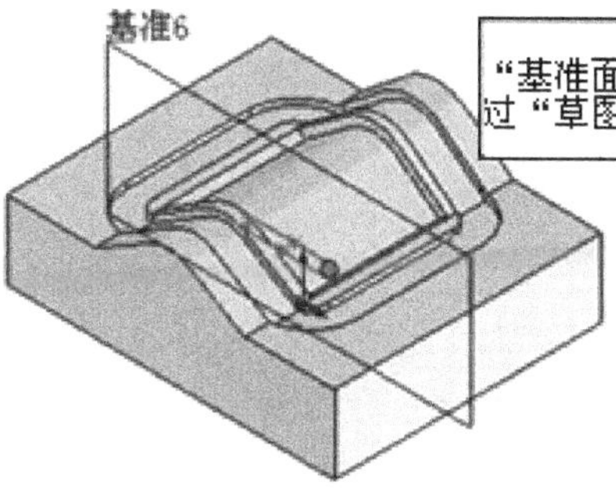

图 5-191　制作"基准面 6"

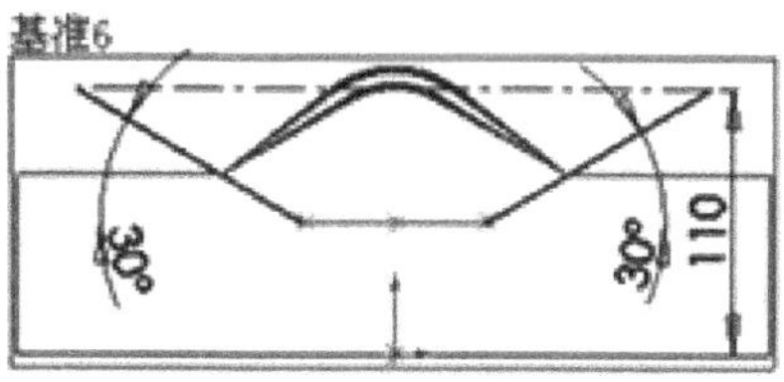

图 5-192　创建"草图 9"

③ 制作基准面 7，如图 5-193 所示。在其上作出"草图 10"，如图 5-194 所示。

提示："基准面 7"是通过将"基准面 5"平移过"草图 9"上的线的上端点而得到。

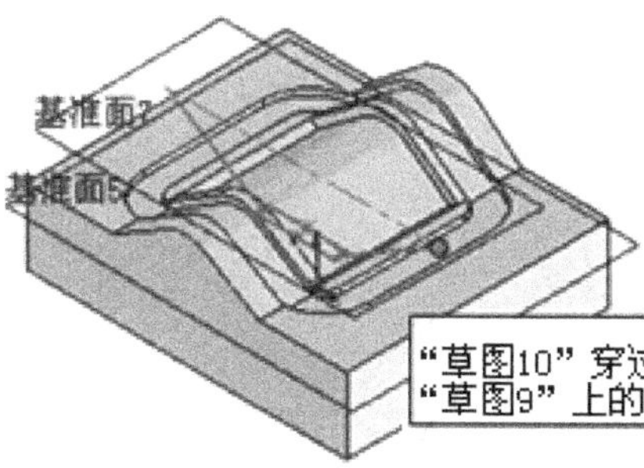

图 5-193　创建"基准面 7"

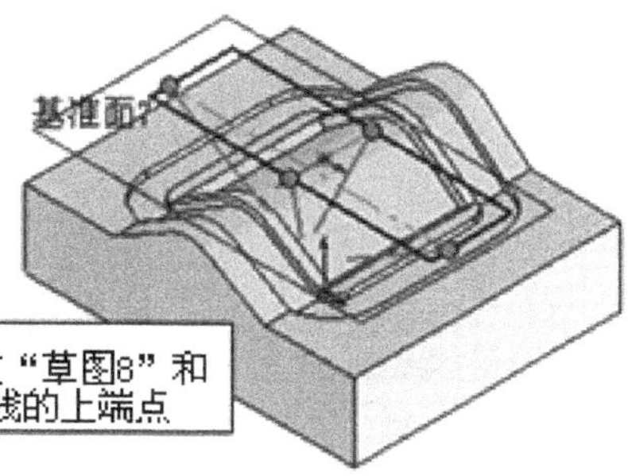

图 5-194　创建"草图 10"

(13) 对"草图 7"和"草图 10"作"切除-放样" 放样(L)... 操作，过程如图 5-195 所示。

(14) 对内腔的两条上边线倒圆角，单击"确定"按钮后完成造型。过程如图 5-196 所示。

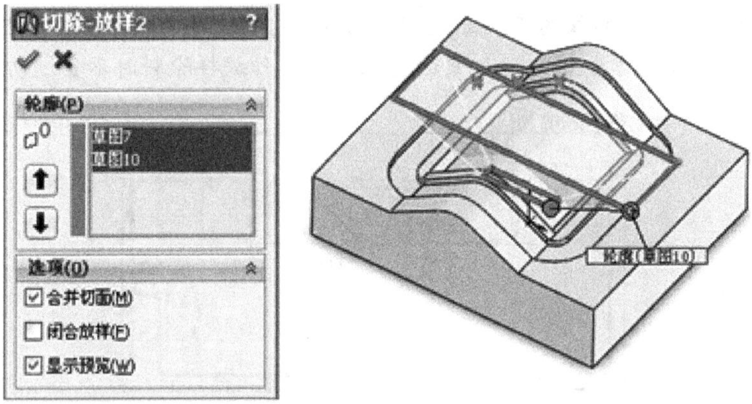

图 5-195　切除-放样“草图 7”和“草图 10”的过程

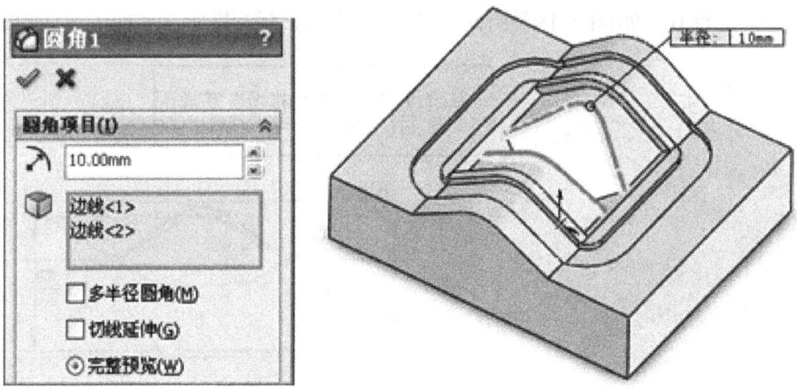

图 5-196　倒圆角造型

(15) 最后锐边倒圆角 R3mm，完成全部造型，如图 5-197 所示。

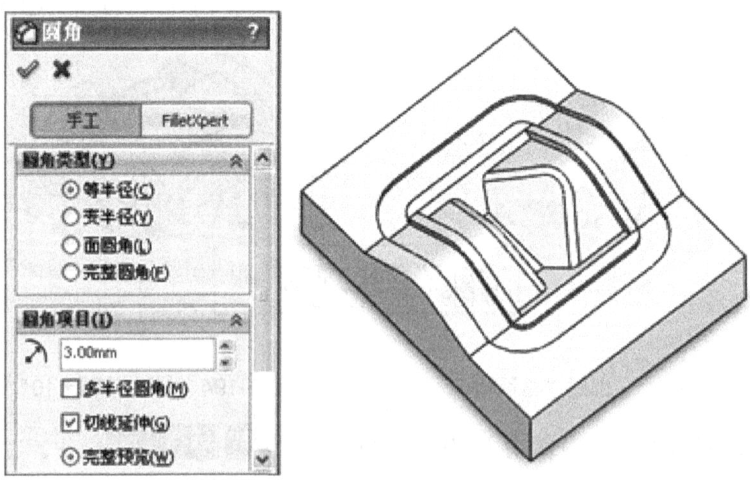

图 5-197　锐边倒圆角完成全部造型

项目 5.13　螺　旋　槽

【学习目标】

本项目要完成的图形如图 5-198 所示。通过本项目的学习，应能熟练掌握拉伸、表达式、包覆等命令的使用方法及操作过程，掌握三维建模的构图技巧。

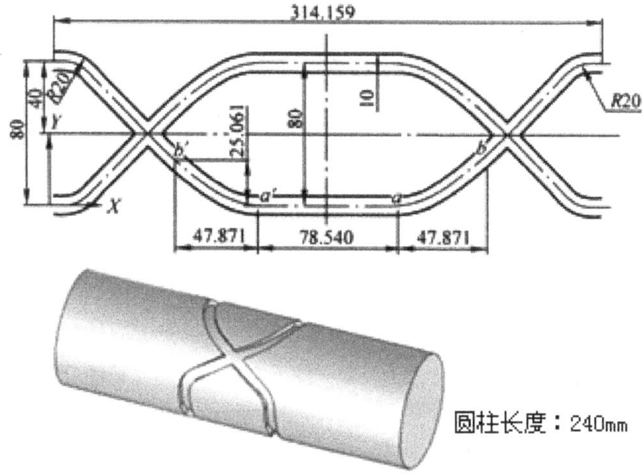

图 5-198　螺旋槽建模示例

【学习要点】

拉伸、表达式、包覆。

【绘图思路】

首先拉伸出圆柱基体，然后在圆柱面建立相切基准平面并作出两个草图，最后应用 3 次包覆命令完成沟槽的造型。

【操作步骤】

(1) 单击“新建”按钮，新建一个“零件”文件，单击“保存”按钮进行保存。

(2) 创建“草图 1”和“草图 2”，其具体操作如下。

① 在“前视”基准面上创建“草图 1”，绘制出直径为 100mm 的圆。

注意：“草图 1”的圆心与坐标原点重合。

② 选择特征工具栏中的“拉伸”图标，拉伸“草图 1”，结果如图 5-199 所示。

提示：采用“双侧对称”方式，将拉伸高度设定为 250mm (高度可自定)。

③ 在“上视”基准面上创建“草图 2”，如图 5-200 所示。

提示：在标注“Σ 314.159”这个尺寸时，引入“方程式”概念。

具体操作步骤如下：

- 利用智能标注出大概的尺寸(此处为 314)。
- 双击该尺寸，弹出“修改”对话框，然后单击右侧向下的三角号，如图 5-201 所示，再选择“添加方程式...”选项。
- 在弹出的对话框中添加参数，并单击“确定”按钮，如图 5-202 所示。

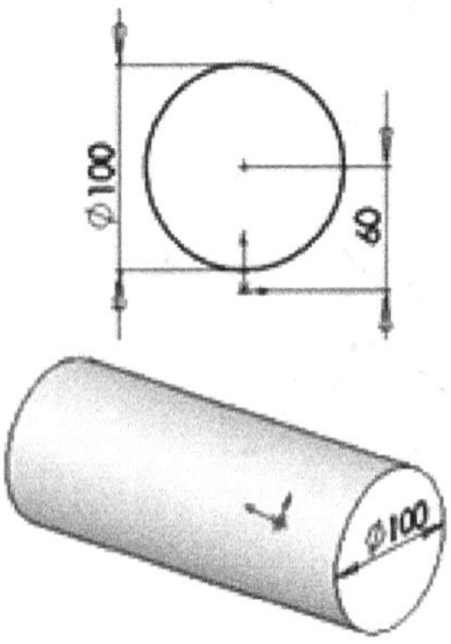

图 5-199　创建“草图 1”

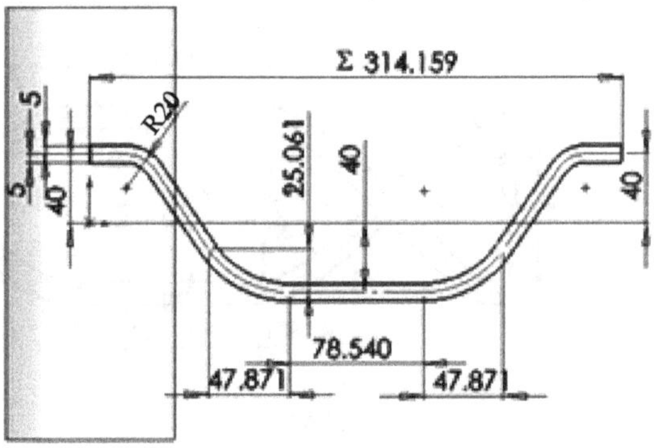

图 5-200　创建“草图 2”

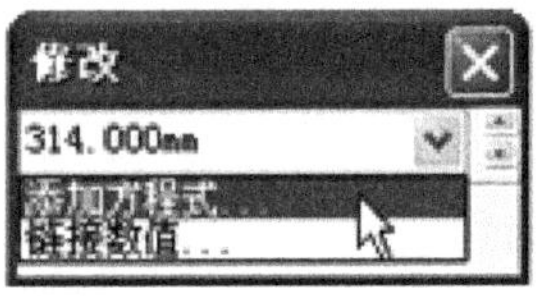

图 5-201　选择“添加方程式...”选项

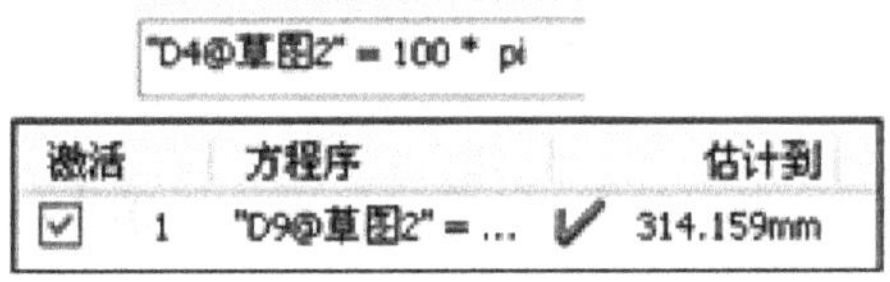

图 5-202　输入参数

(3) 在“上视”基准面上创建“草图 3”。首先应用“实体引用”命令，将“草图 2”投影到“草图 3”上。然后作一条过原点的水平中心线，最后以此线作镜像轴，将草图镜像，并删去实体引用的草图，如图 5-203 所示。

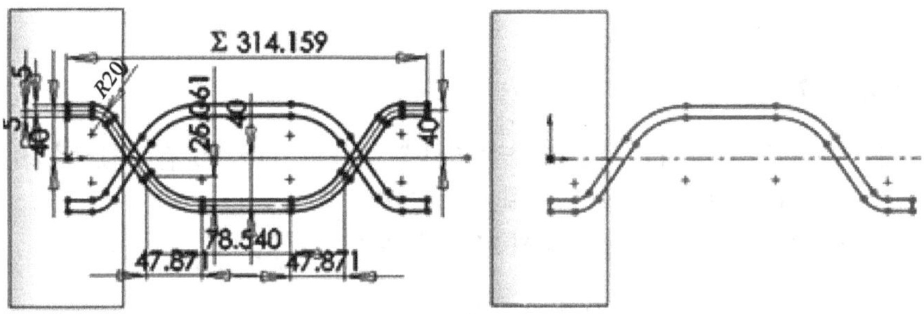

图 5-203　创建“草图 3”

(4) 从“插入”菜单中选择“特征”命令下的 包覆(W) 子命令，弹出对话框，设置参数后，单击“确定”按钮完成，如图 5-204 所示。

(5) 再次应用“包覆”命令完成其余造型，如图 5-205 所示。

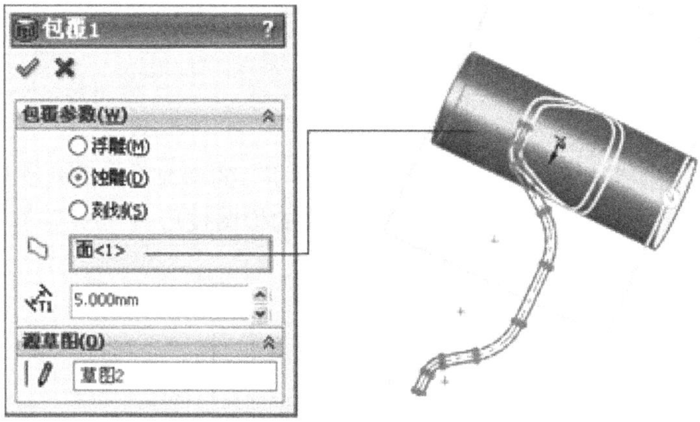

图 5-204　设置包覆参数并完成造型

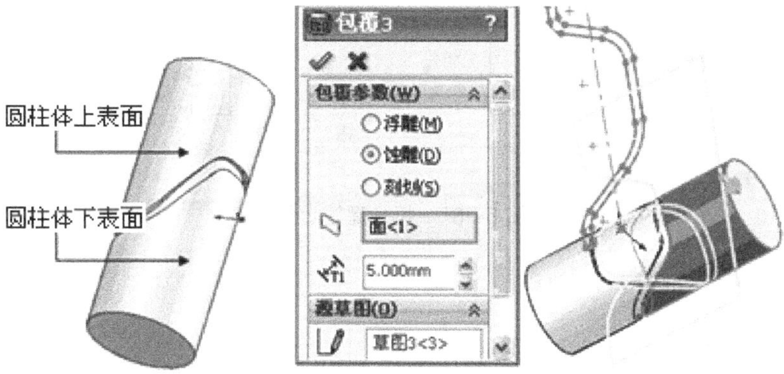

图 5-205　重复包覆命令完成余下的造型

【资料引入】

包覆特征是将草图包裹到平面或非平面，可从圆柱、圆锥或拉伸的模型生成一平面，也可选择一平面轮廓来添加多个闭合的样条曲线草图。包覆特征支持轮廓选择和草图再用，可将包覆特征投影至多个面上。

注意： *草图基准面必须与面相切，从而使法向和草图法向在最近点并行。*

应用“包覆”特征命令可以完成浮雕、蚀雕和刻划。浮雕是指在面上生成一突起特征，如图 5-206 所示；蚀雕是指在面上生成一缩进特征；刻划是指在面上生成一草图轮廓的压印。

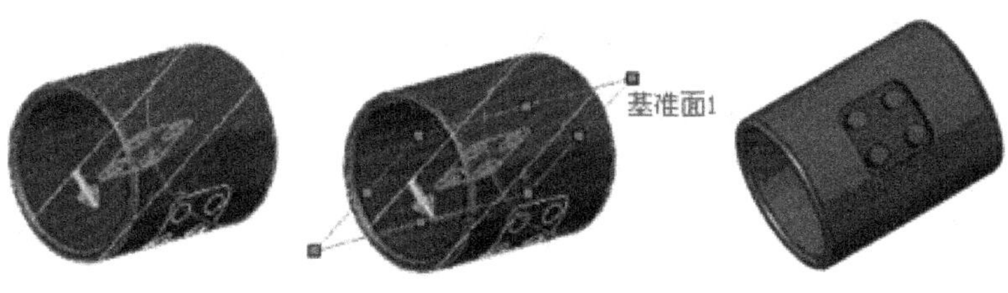

图 5-206　浮雕

项目 5.14　拨　叉

【学习目标】

本项目要完成的图形如图 5-207 所示。通过本项目的学习，应能熟练掌握拉伸、组合/共同等命令的使用方法及操作过程，掌握三维建模的构图技巧。

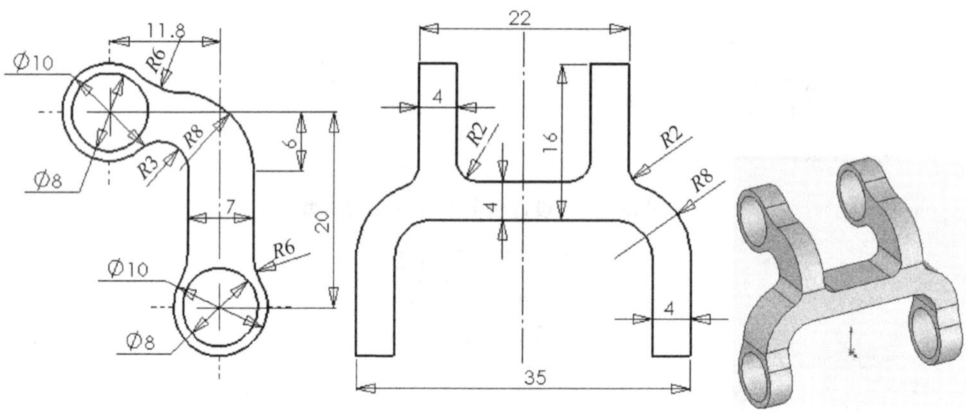

图 5-207　拨叉建模示例

【学习要点】

拉伸、组合/共同。

【绘图思路】

依次在互相垂直的两个基准平面内作出草图，然后拉伸出两个实体，最后应用“组合/共同”命令完成造型。

【操作步骤】

(1) 单击“新建”按钮，新建一个“零件”文件，单击“保存”按钮进行保存，如图 5-208 所示。

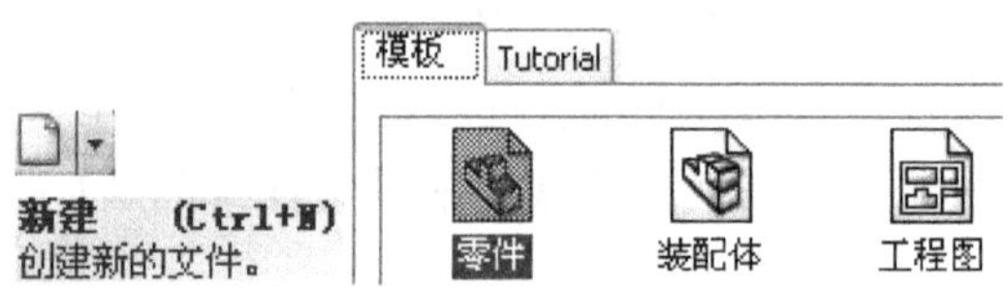

图 5-208　新建“零件”文件

(2) 构建草图 1 并拉伸成实体。

① 在“前视”基准面上创建“草图 1”，如图 5-209 所示。

② 单击特征工具栏中的“拉伸-凸台”图标，拉伸“草图 1”，结果如图 5-210 所示。

注意：采用“双侧对称”方式，拉伸高度设定为 40mm。

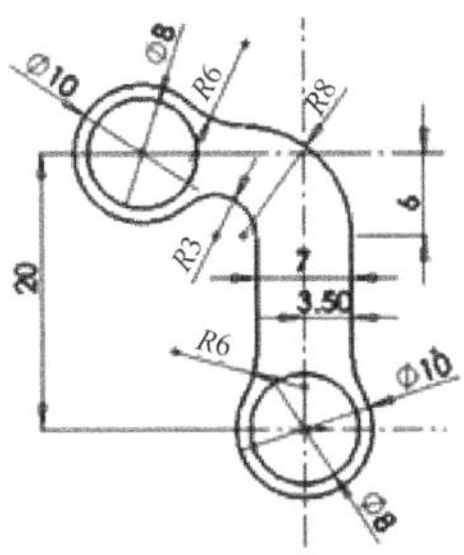

图 5-209　创建“草图 1”

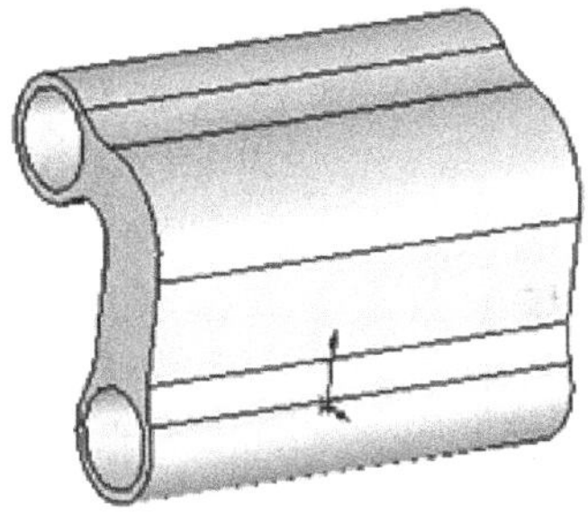

图 5-210　拉伸“草图 1”

(3) 构建草图 2 并拉伸成独立的实体。

① 在“右视”基准面上创建“草图 2”，如图 5-211 所示。

② 单击特征工具栏中的“拉伸-凸台”图标，拉伸“草图 2”，结果如图 5-212 所示。

提示：采用“双侧对称”方式，拉伸高度设定为 40mm。并去掉“合并结果”前的“√”，从而生成多实体。

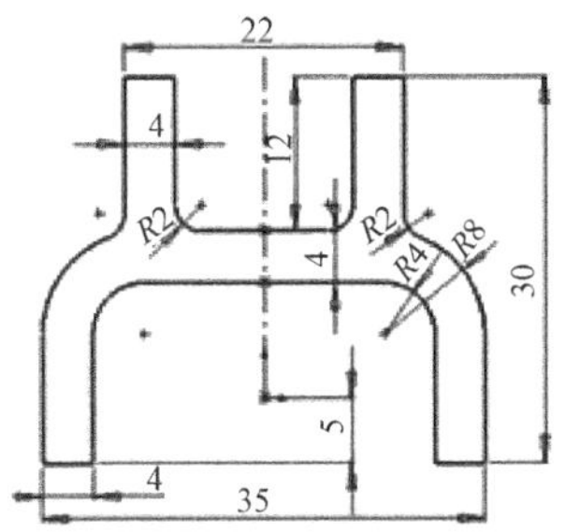

图 5-211　创建“草图 2”

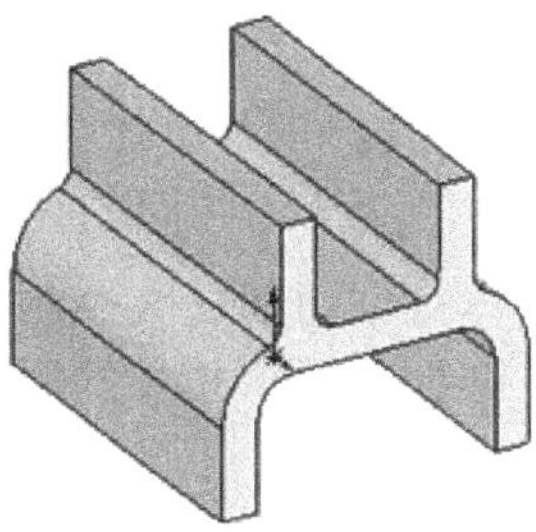

图 5-212　拉伸“草图 2”

(4) 选择“插入”菜单中的“特征”命令下的“组合”子命令 组合(B)...，弹出对话框，如图 5-213 所示。“操作类型”选择“共同”单选按钮；单击“要组合的实体”卷展栏，选择“拉伸 1”和“拉押 2”；最后单击“确定”按钮完成造型，结果如图 5-214 所示。

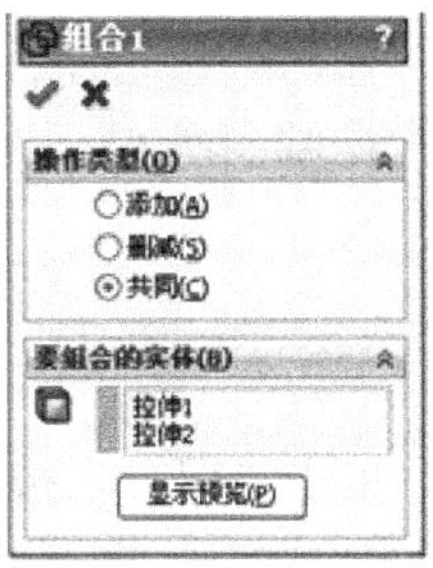

图 5-213 “组合” 对话框

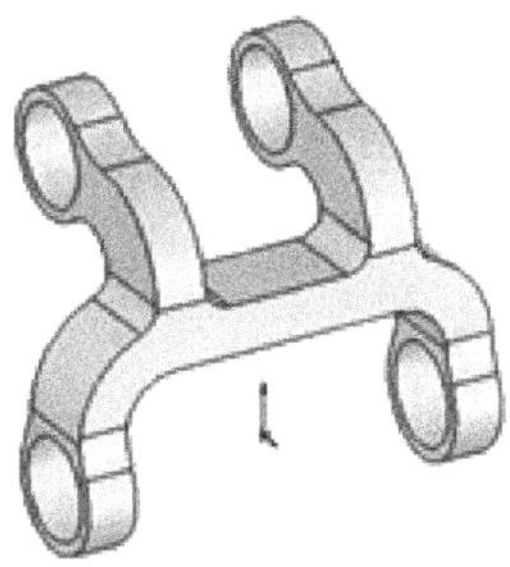

图 5-214　完成后的造型

项目 5.15　正十二面体

【学习目标】

本项目要完成的图形如图 5-215 所示。通过本项目的学习，应能熟练掌握平面区域、圆周阵列等命令的使用方法及操作过程，掌握三维建模的构图技巧。

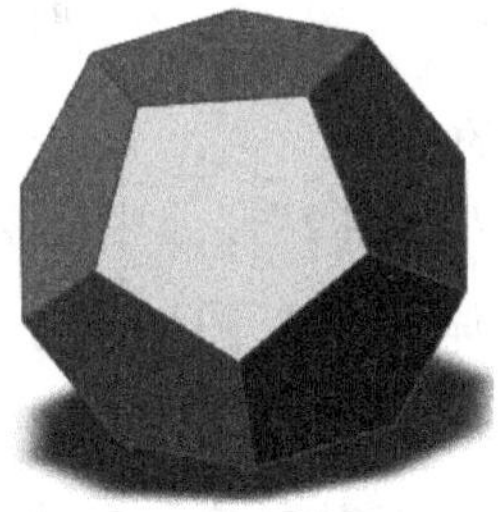

图 5-215　正十二面体建模示例

【学习要点】

平面区域、圆周阵列。

计算正十二面体的两个相邻面的夹角 φ 的大小。

由于正十二面体每个面都是大小相同的正五边形，且在正十二面体的每个顶点上均有 3 个面围绕。设 P 和 Q 是两个相邻的面，MN 是它们的交线(见图 5-216)，则 α、β、φ 分别为

$\alpha = \angle AMN$，$\beta = \angle BMN$，$\theta = \angle AMB$，

因此它们均为正五边形的内角。所以 $\alpha = \beta = \theta = 108^\circ$。

可知：

$\cos 108^\circ = \cos 108^\circ \cdot \cos 108^\circ + \sin 108^\circ \cdot \sin 108^\circ \cdot \cos\varphi$，

即 $\cos\varphi = \dfrac{\cos 108^\circ (1-\cos 108^\circ)}{\sin^2 108^\circ} = -\dfrac{\sqrt{5}}{5}$。

因此，$\varphi = \pi - \arccos\dfrac{\sqrt{5}}{5}$，或 $\varphi \approx 116^\circ 33' 54''$ (116.565°)。

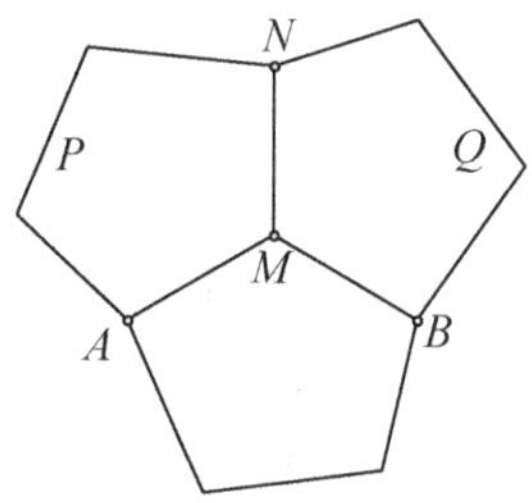

图 5-216　正十二面体的面和顶点

【绘图思路】

先作出草图并应用平面区域命令完成平面的造型，再作圆周阵列，重复圆周阵列，最后对上、下底面应用平面区域命令完成造型。

【操作步骤】

(1) 单击“新建”按钮，新建一个“零件”文件，单击“保存”按钮进行保存。

(2) 构建草图。

① 在“前视”基准面上创建“草图 1”，作出正五边形，外接圆的圆心在坐标原点

上，如图 5-217 所示。

② 以“草图 1”的一边为轴，将“前视”基准面旋转 116.565°，制作出“基准面 1”，具体参数如图 5-218 所示。

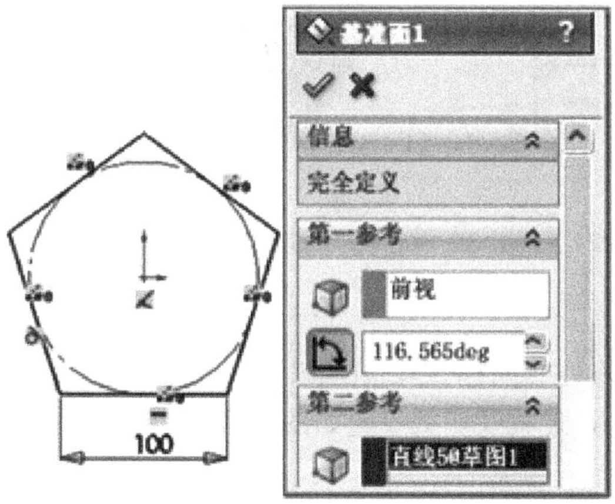

图 5-217 创建“草图 1”

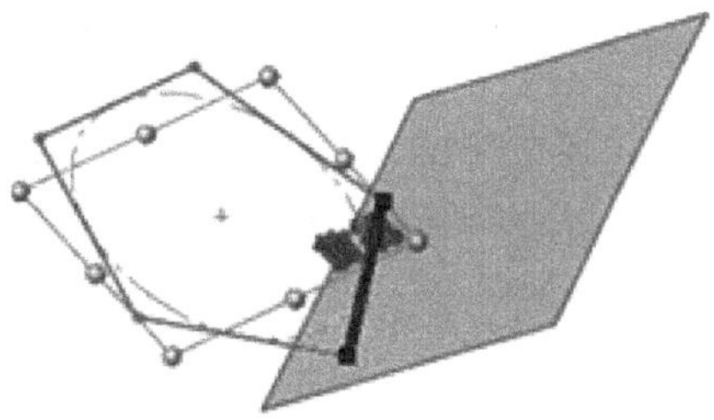

图 5-218 制作“基准面 1”

提示：在输入角度值时，可先依次单击“工具”→“选项”→“文件属性”→“单位”，打开对话框，然后将右侧的“角度单位”更改为“度/分/秒”格式。

(3) 在“基准面 1”上创建“草图 2”，作出正五边形，如图 5-219 所示。

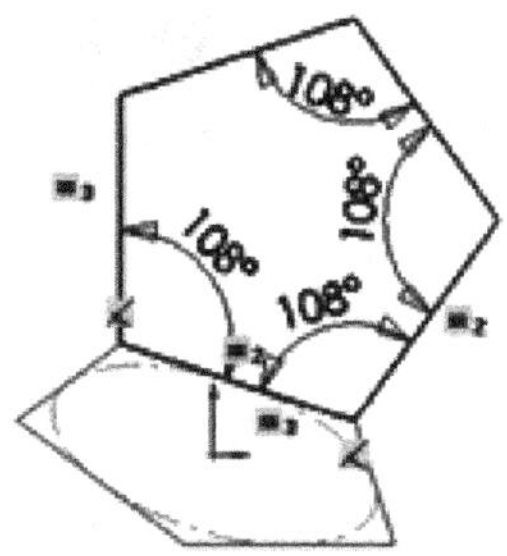

图 5-219 创建“草图 2”

提示：在绘制“草图 2”时，要利用“草图 1”的边作出五边形，然后正确添加几何关系，得到正五边形；要作出 5 个边，即“草图 2”要封闭。

(4) 制作基准轴。

① 选择“曲面”工具栏中的“平面区域”命令，然后拾取“草图 2”，单击“确定”按钮得到一平面，如图 5-220 所示。

② 制作“基准轴”。首先利用“3D 草图”中的“中心线”命令，画出如图 5-221 所示的图形，然后利用“参考几何体”工具栏中的“基准轴”命令，将 3D 草图转成“基准轴 1”，如图 5-222 所示。

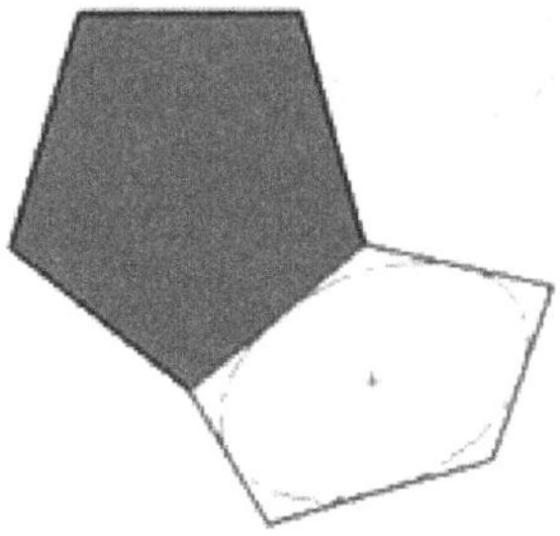

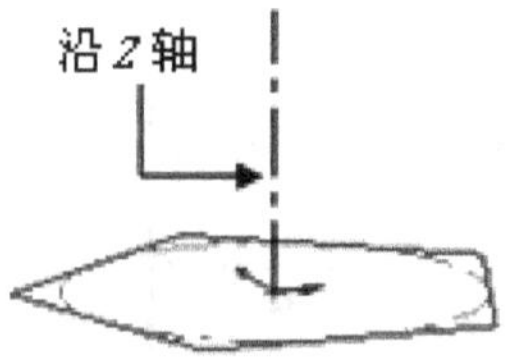

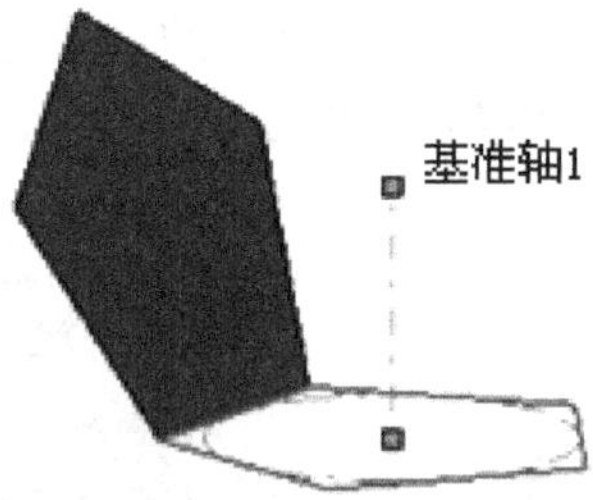

图 5-220　利用“草图 2”制作平面　　图 5-221　画出 3D 中心线　　图 5-222　制作“基准轴 1”

(5) 阵列平面。

① 单击“特征”工具栏中的“圆周阵列”图标，在弹出的对话框内拾取所需图形，设置参数，单击“确定”按钮完成造型，过程及参数设置如图 5-223 所示。

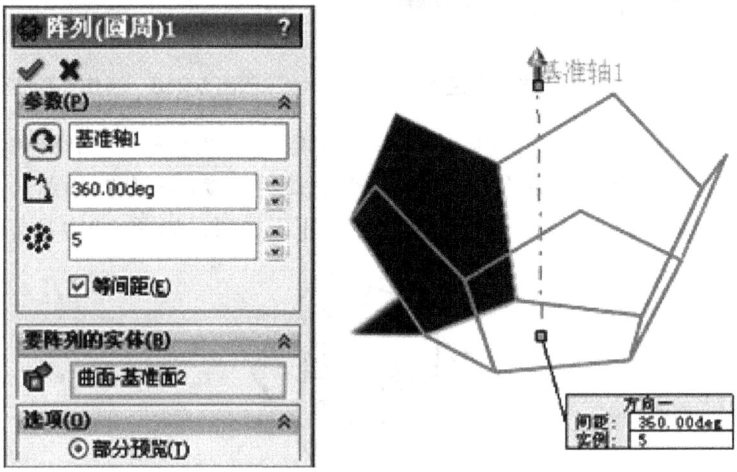

图 5-223　阵列五边形面

② 以“通过直线和点”方式，制作出“基准面 3”，具体参数如图 5-224 所示。

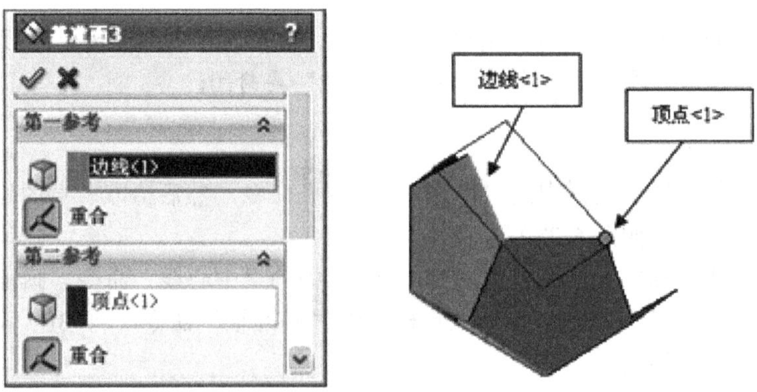

图 5-224　制作“基准面 3”

③　在“基准面 3”上创建“草图 3”，作出正五边形，如图 5-225 所示。

④　重复步骤 4 的 1 步和步骤 5 的 1 步得到图 5-226 所示图形。

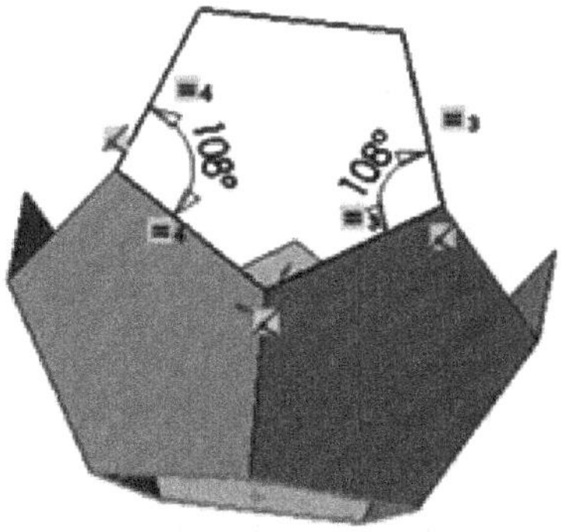

图 5-225　创建“草图 3”

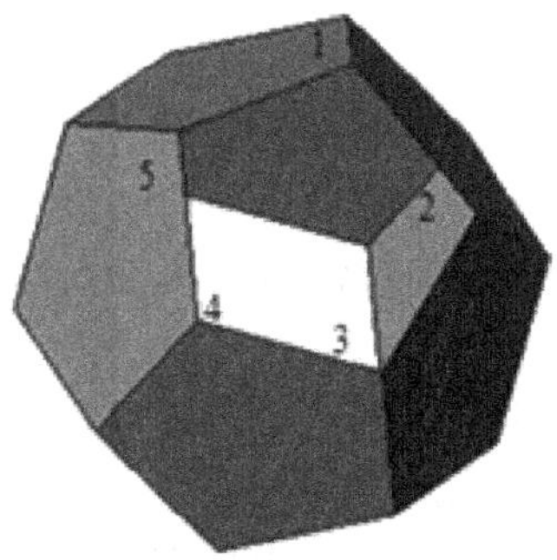

图 5-226　阵列曲面

(6) 选择“曲面”工具栏里的“平面区域” 命令，然后按顺序拾取上面开口的 5 条边，如图 5-226 所示，得到上封口平面，再按顺序拾取下面开口处的 5 条边，得到下封口平面，完成造型。

项目 5.16　足　　球

【学习目标】

本项目要完成的图形如图 5-227 所示。通过本项目的学习，使读者能熟练掌握交叉曲线、曲面-旋转、曲面-放样、曲面-延伸、曲面-裁剪、曲面-加厚、圆角、圆周阵列等命令的使用方法及操作过程，掌握三维建模的构图技巧。

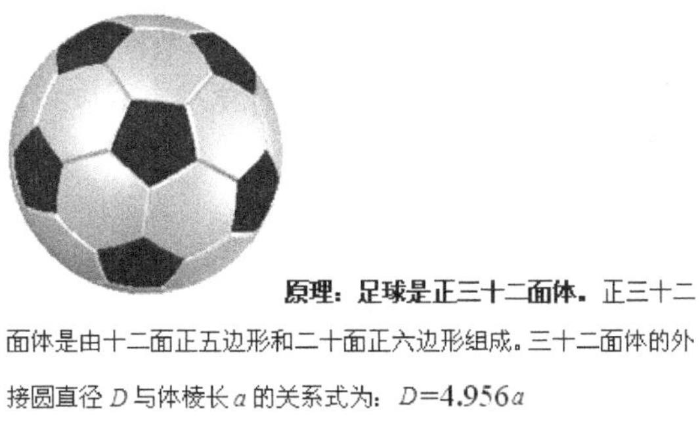

图 5-227　足球建模示例

【学习要点】

交叉曲线、曲面-旋转、曲面-放样、曲面-延伸、曲面-裁剪、曲面-加厚、圆角、圆周阵列。

【绘图思路】

首先作出五边形，再求出六边形的一个边，作出六边形，再找出球的圆弧线，并旋转出球面，应用、曲面-放样、曲面-延伸、曲面-裁剪等命令作出五边形和六边形的球皮并加厚，对得到的实体倒圆，最后多次应用阵列命令作出足球的造型。

【操作步骤】

(1) 单击“新建”按钮，新建一个“零件”文件，并单击“保存”按钮进行保存。

(2) 构建草图。

① 在“前视”基准面上创建“草图 1”，作出正五边形，外接圆的圆心在坐标原点上，如图 5-228 所示。

② 在“前视”基准面上再创建“草图 2”，从五边形顶点处画出一条直线，约束条件如图 5-229 所示。

③ 在“前视”基准面上再创建“草图 3”，从五边形顶点处画出一条直线，约束条件如图 5-230 所示。

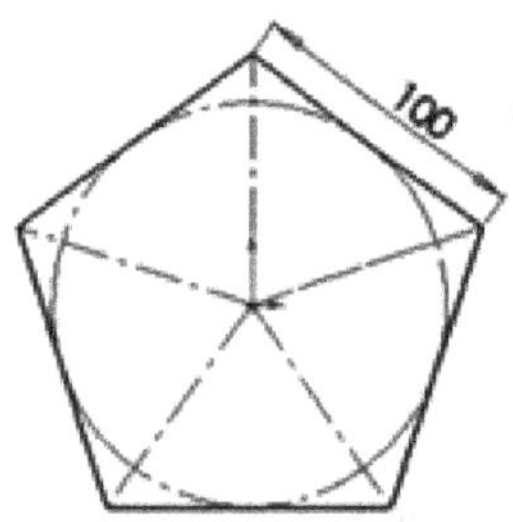

图 5-228 创建“草图 1”

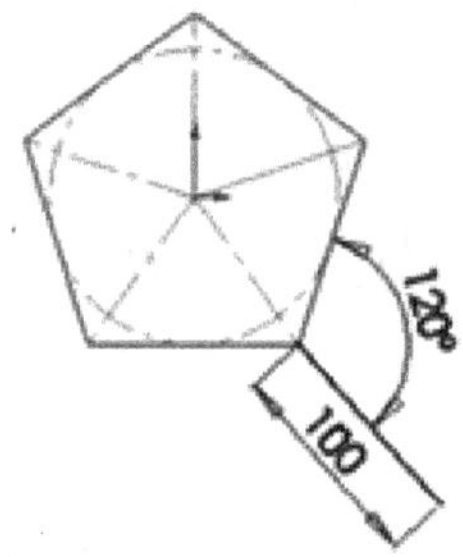

图 5-229 创建“草图 2”

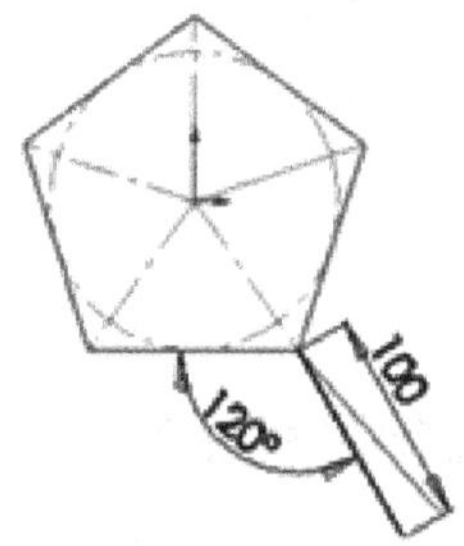

图 5-230 创建“草图 3”

(3) 旋转曲面并制作相交线。

① 对“草图 2”使用“曲面-旋转”命令，生成旋转曲面，如图 5-231 所示。

② 同理，对“草图 3”使用“曲面-旋转”命令，生成旋转曲面。使用交叉曲线命令生成 3D 草图线，如图 5-232 所示。

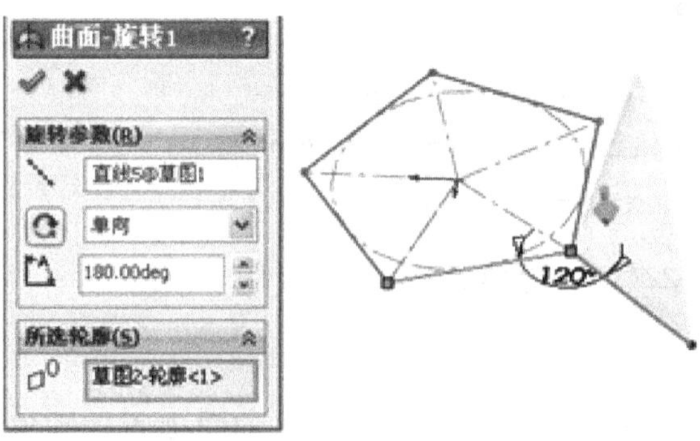

图 5-231 对“草图 2”生成旋转曲面

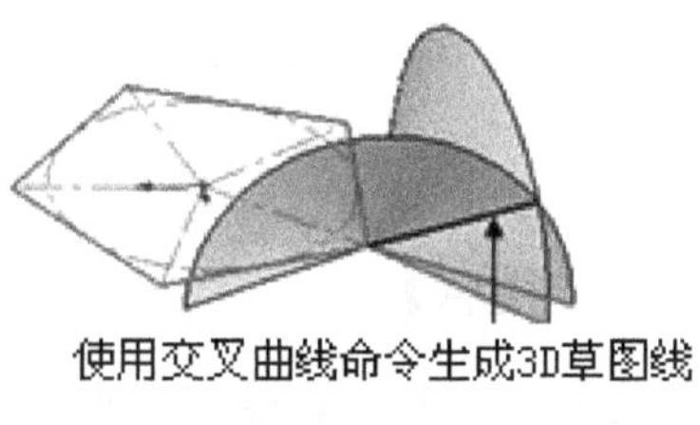

图 5-232 对“草图 3”生成旋转曲面

(4) 制作“基准面 1”，如图 5-233 所示，并在“基准面 1”上作出“草图 4”，如

图 5-234 所示。

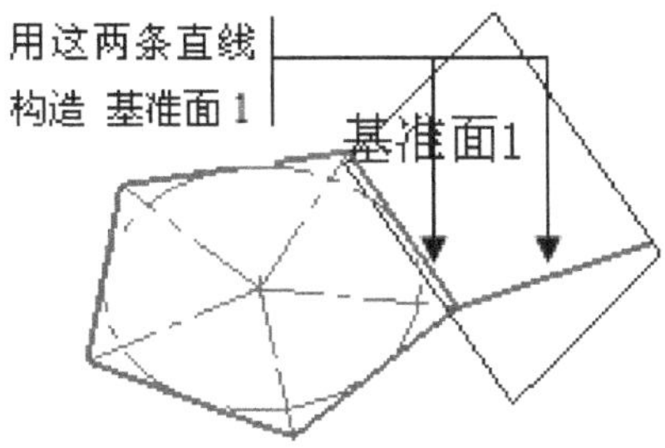

图 5-233　制作“基准面 1”

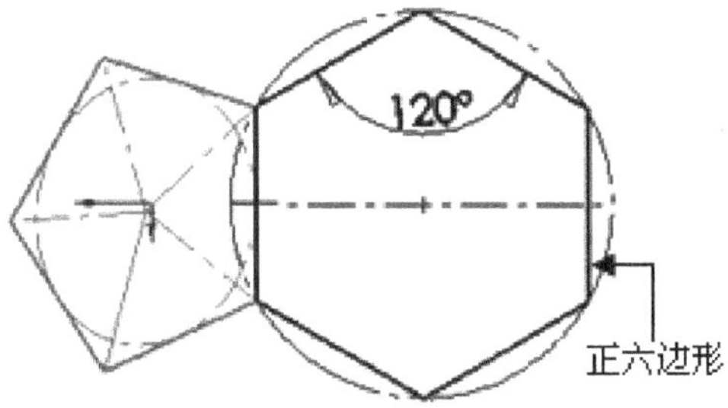

图 5-234　构建“草图 4”

(5) 制作“基准面 2”如图 5-235 所示，并在其上作出“草图 5”，如图 5-236 所示。

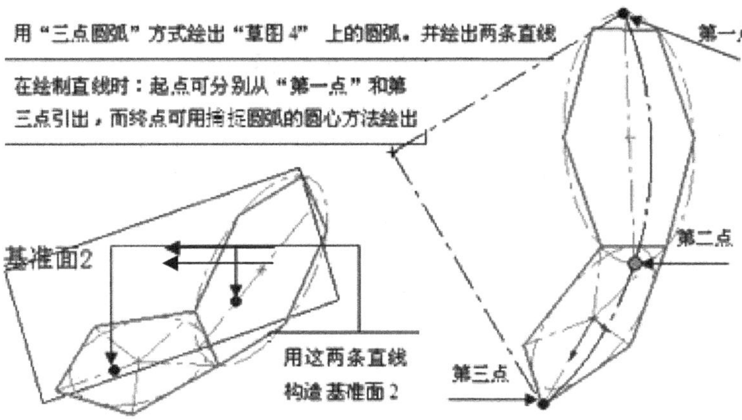

图 5-235　制作“基准面 2”　　　图 5-236　构建“草图 5”

(6) 构建草图 6 和草图 7。

① 在“基准面 2”里绘制“草图 6”，利用“点”命令，捕捉“草图 5”里圆弧的中心或是两条中心线的交点，即“草图 6”，注意只画出这个“点”。

② 在“基准面 2”里绘制“草图 7”，如图 5-237 所示。

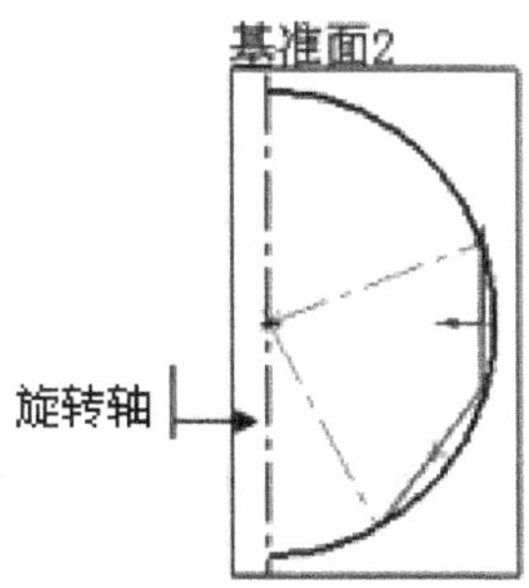

图 5-237　构建“草图 7”

(7) 制作曲面。

① 利用“曲面-放样”命令分别对 “草图 1”和“草图 6”、“ 草图 4”和“草图

6”作出放样面，如图 5-238 和图 5-239 所示。

② 利用“曲面”工具栏里的“旋转曲面”命令分别对“草图 7”进行旋转生成曲面，如图 5-240 所示。

旋转轴：如图 5-237 所示中心线； 旋转类型：两侧对称； 旋转角度：180°。

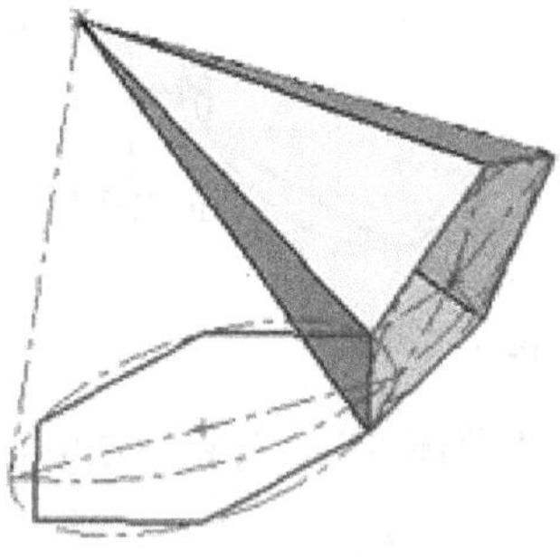

图 5-238 五边形曲面-放样

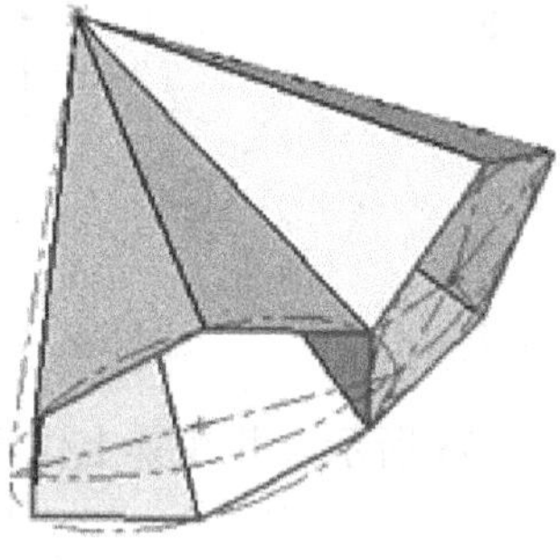

图 5-239 六边形曲面-放样

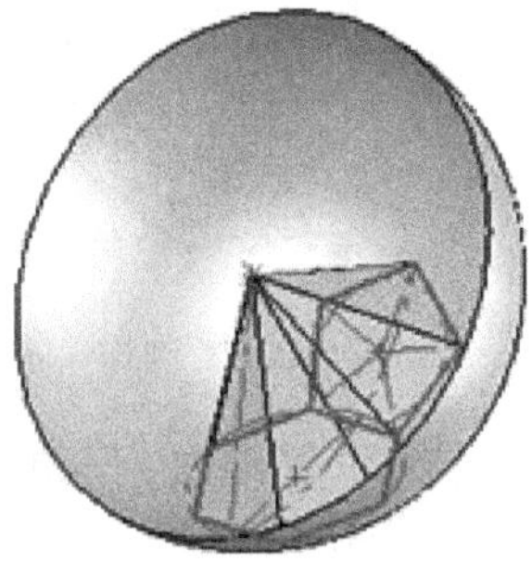

图 5-240 旋转曲面

(8) 对五边形的放样面进行曲面延伸。选择曲面工具栏里的 延伸曲面(X)... 命令，弹出“曲面延伸”对话框，如图 5-241 所示。

(9) 使用“曲面-剪裁”工具，作出五边形的曲面。选择曲面工具栏里的“曲面-剪裁”工具，弹出“曲面-剪裁”对话框，如图 5-242 所示。

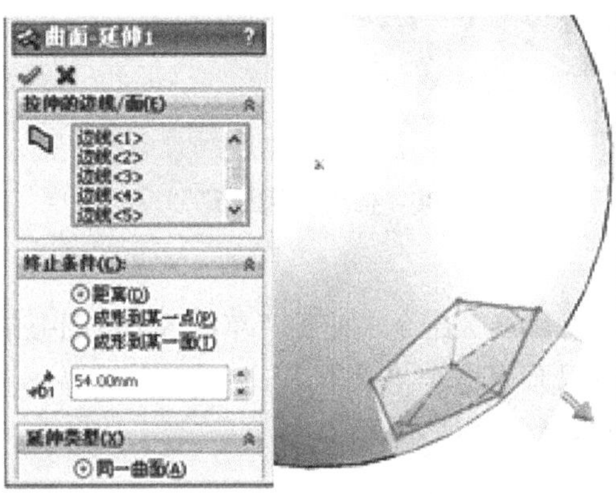

图 5-241 曲面延伸

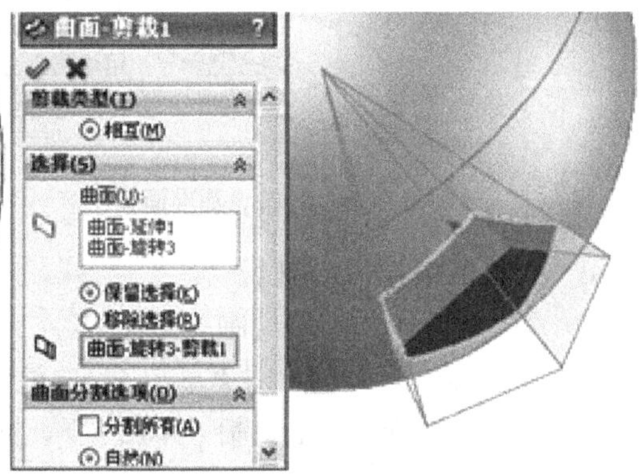

图 5-242 曲面-剪裁

(10) 曲面加厚。

① 用同样的方式作出六边形的曲面。然后隐藏其他的面，结果如图 5-243 所示。

② 加厚五边形和六边形曲面。

选择“插入”菜单“凸台/基体”命令里的 加厚(T)... 子命令，弹出对话框，从中选择六边形面作为要加厚的曲面。其他设置如图 5-244 所示，结果如图 5-245 所示。

③ 对加厚的六边形体各边倒圆角，参数设置及预览结果如图 5-246 所示。

④ 对五边形的面重复(2)步和(3)步，(取消“合并结果”选项，以便生成两个实体)得到五边形的体，并将其颜色改成黑色，结果如图 5-247 所示。

改变面的颜色的步骤：将鼠标指针放在要改变颜色的面上，单击右键，在弹出的菜单里选择“外观 / 颜色”，在弹出的对话框里进行修改。

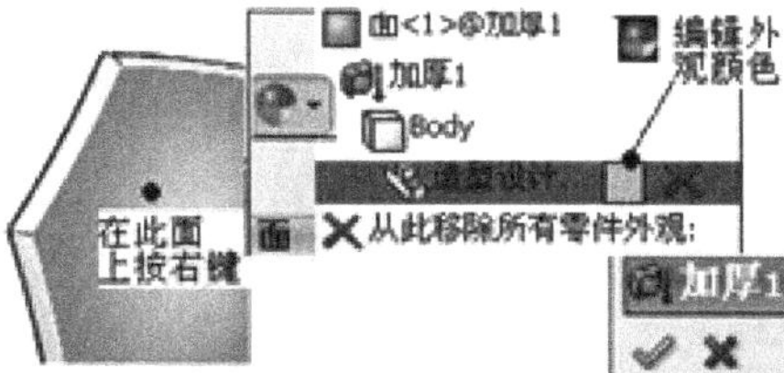

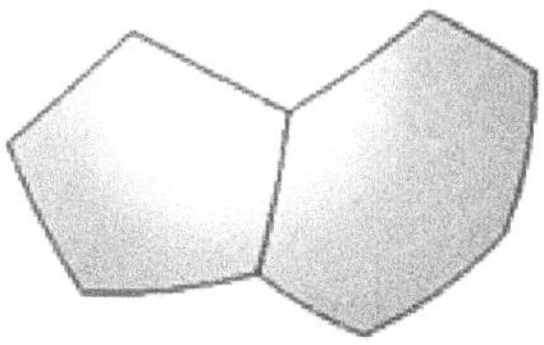

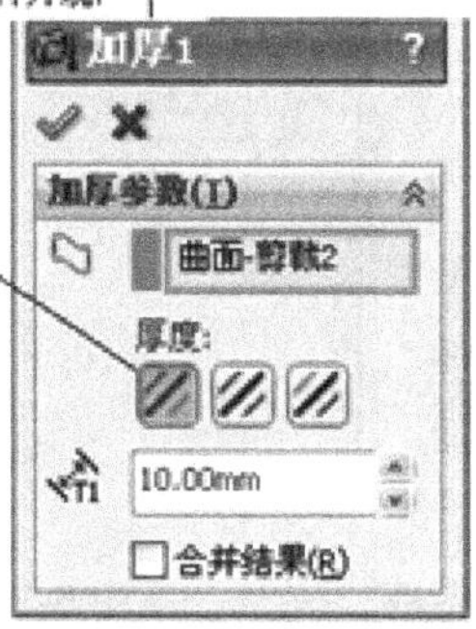

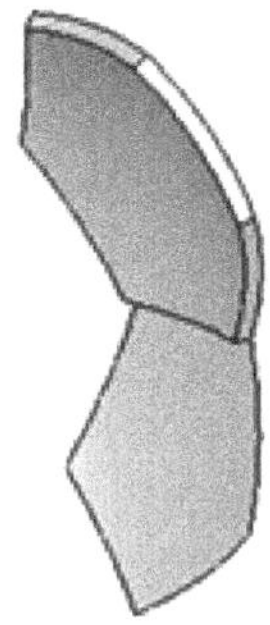

图 5-243　隐藏其他的面　　图 5-244　加厚对话框　　图 5-245　加厚结果

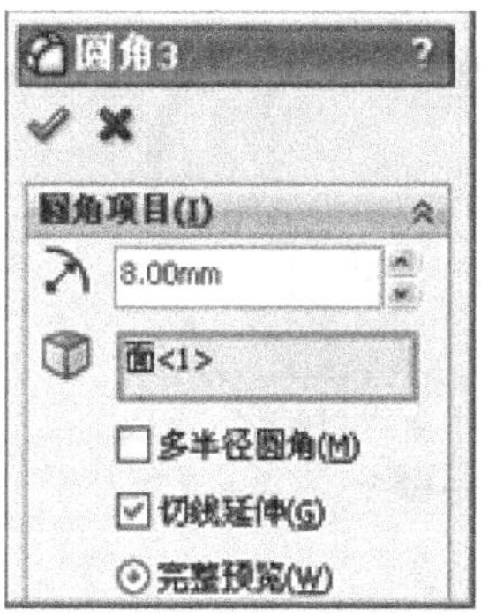

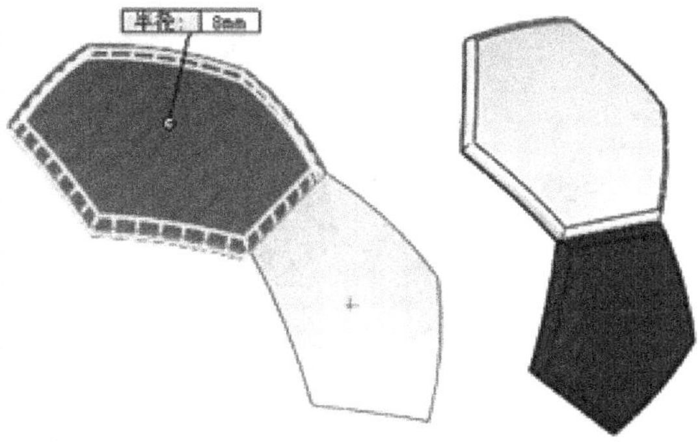

图 5-246　圆角对话框　　图 5-247　圆角结果

(11) 阵列。

①　制作“基准轴 1”。

在“参考几何体”工具栏里选择 基准面(P)... 命令，打开如图 5-248 所示对话框，正确设置参数后，单击“确定”按钮完成，结果如图 5-249 所示。

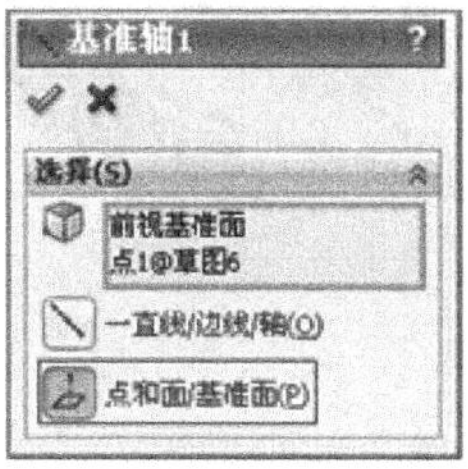

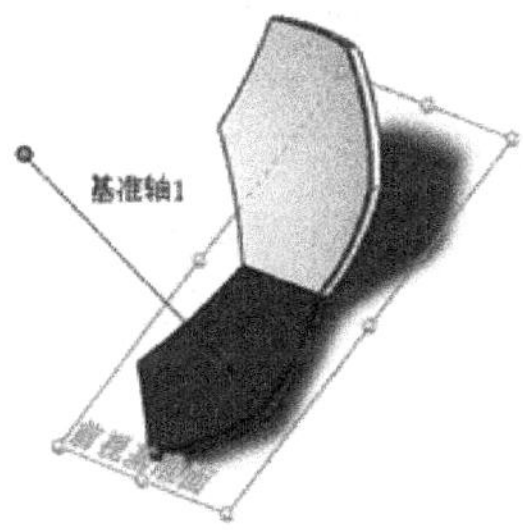

图 5-248　基准轴对话框　　图 5-249　制作基准轴

② 应用“插入”菜单中“阵列/镜像”下的“圆周阵列” 圆周阵列(C)... 命令，弹出对话框，如图 5-250 所示，完成结果如图 5-251 所示。

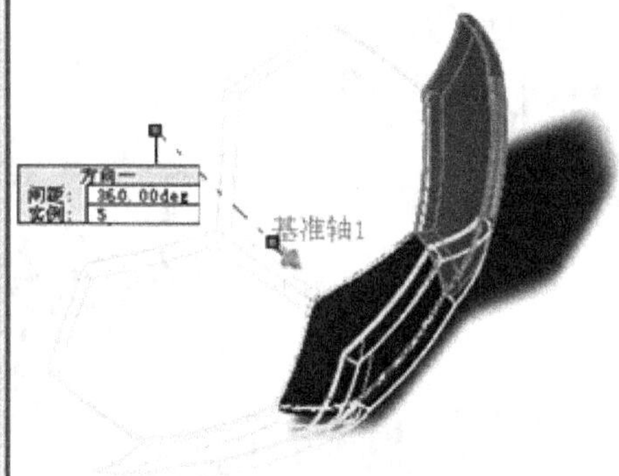

图 5-250　阵列对话框　　　　图 5-251　阵列结果

(12) 同上步，制作“基准轴 2”并完成阵列，如图 5-252 和图 5-253 所示。

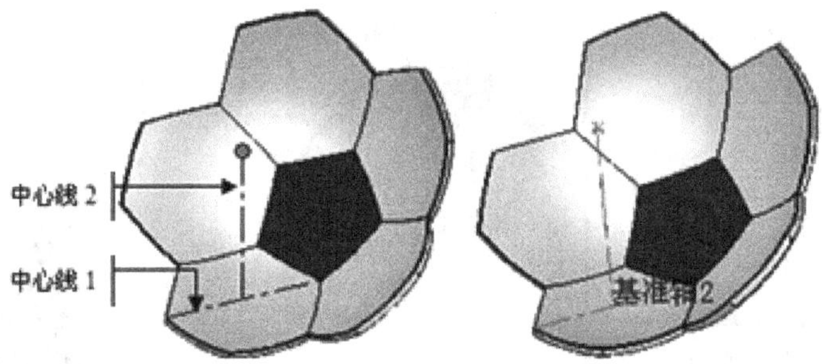

图 5-252　制作“基准轴 2”

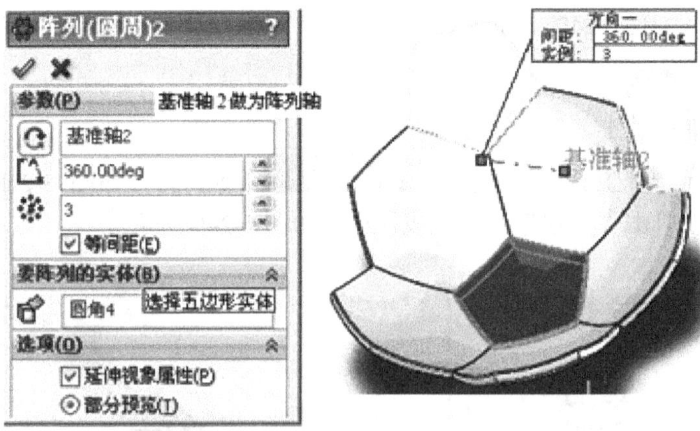

图 5-253　阵列结果

(13) 使用上面介绍的方法重复绘制 3D 草图，并制作基准轴线，使用“圆周阵列”命令，制作六边形体和五边形体，完成最终造型。

提示：本例的难点在于利用交叉线的方法找到六边形的边。

项目 5.17　篮　　球

【学习目标】

本项目要完成的图形如图 5-254 所示。通过本项目的学习，使读者能熟练掌握旋转–基体、扫描–切除、组合曲线等命令的使用方法及操作过程，掌握三维建模的构图技巧。

图 5-254　篮球建模示例

【学习要点】

旋转-基体、扫描-切除、组合曲线。

【绘图思路】

首先绘出球体，再制作引导线并应用扫描–切除命令对球体切除，完成篮球的造型。

【操作步骤】

(1) 单击“新建”按钮，新建一个“零件”文件，并单击“保存”按钮进行保存。

(2) 创建草图。

① 在“前视”基准面上创建“草图 1”，圆心在坐标原点上，如图 5-255 所示。

② 在“右视”基准面上创建“草图 2”，圆心在坐标原点上，如图 5-256 所示。

注意：图中中心线的绘制，两条中心线皆与实线圆相交。

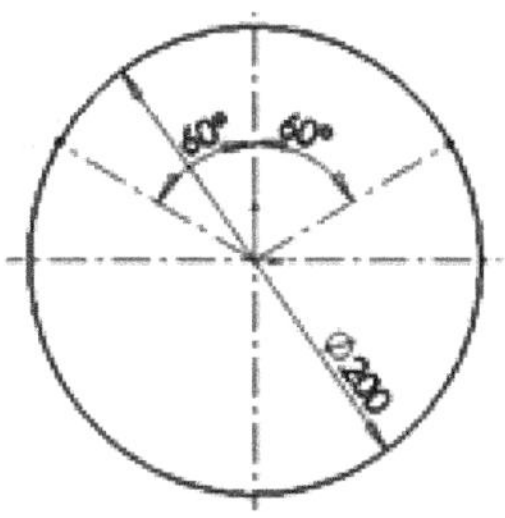

图 5-255　创建“草图 1”

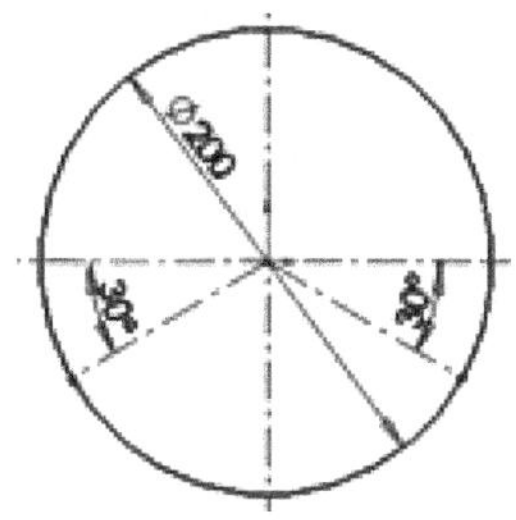

图 5-256　创建“草图 2”

(3) 制作基准面并构建草图。

制作“基准面 1”。将“右视”基准面绕“草图 1”里的中心线旋转 45°，过程及参数如图 5-257 所示。在“基准面 1”上绘出“草图 3”。圆弧中心在坐标原点上，如图 5-258 所示。制作“基准面 2”。将“前视”基准面绕“草图 1”里的中心线旋转 45°，如图 5-259 所示。

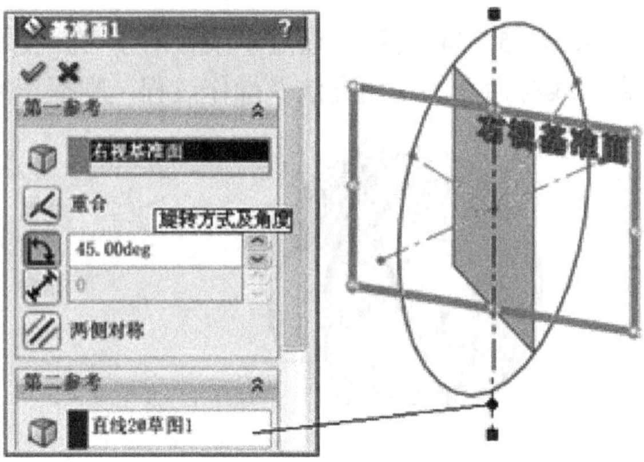

图 5-257 创建“基准面 1”

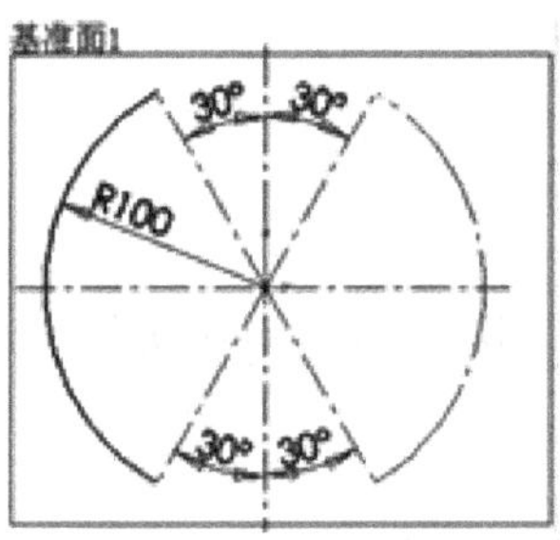

图 5-258 创建“草图 3”

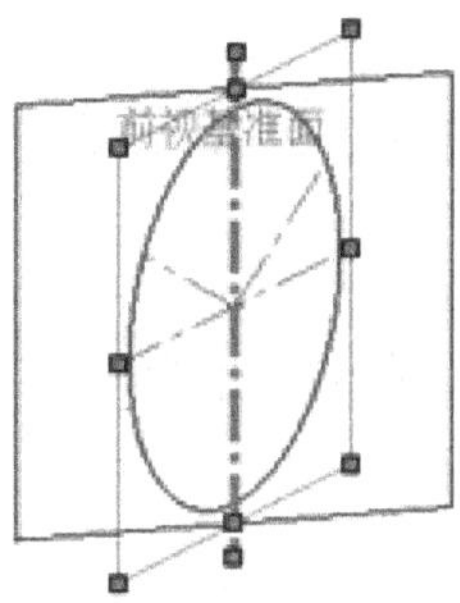

图 5-259 创建“基准面 2”

(4) 构建草图。

在“基准面 2”上绘出“草图 4”，圆弧中心在坐标原点上，如图 5-260 所示；在“基准面 1”上绘出“草图 5”，即“草图 3”的另一侧。在“基准面 2”上绘出“草图 6”，即“草图 4”的另一侧，如图 5-261 所示。

图 5-260 创建“草图 4”

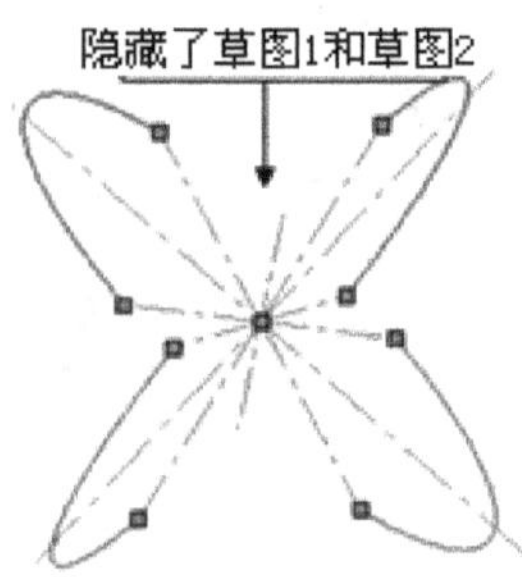

图 5-261 创建“草图 5”、“草图 6”

(5) 构建“基准面 3”，具体参见图 5-262 所示。在“基准面 3”上绘出“草图 7”，如图 5-263 所示。

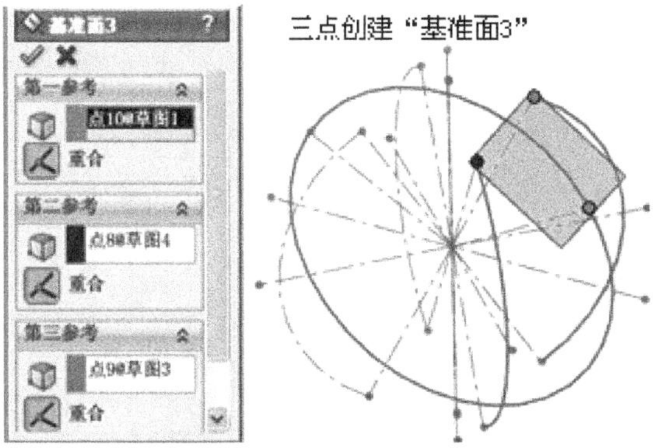

图 5-262　创建“基准面 3”

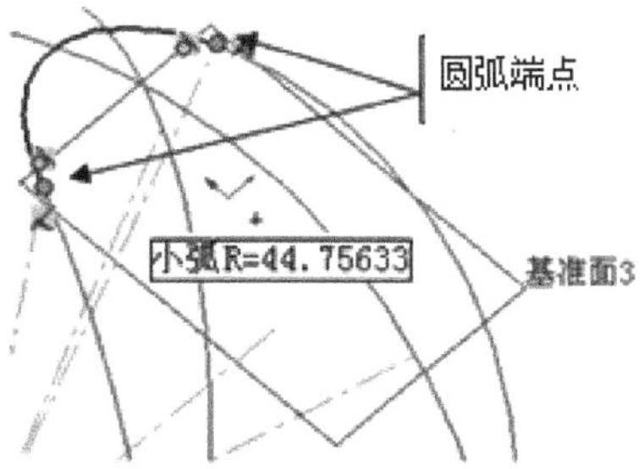

图 5-263　创建“草图 7”

(6) 用上面的方法创建基准面 4 及其上的草图 8；基准面 5 及其上的草图 9；基准面 6 及其上的草图 10。具体操作过程略，图形可参见图 5-264 所示。在“前视基准面”上创建“草图 11”，圆心在坐标原点上，如图 5-265 所示。

注意：要绘出过原点的竖直中心线，以构成封闭草图。

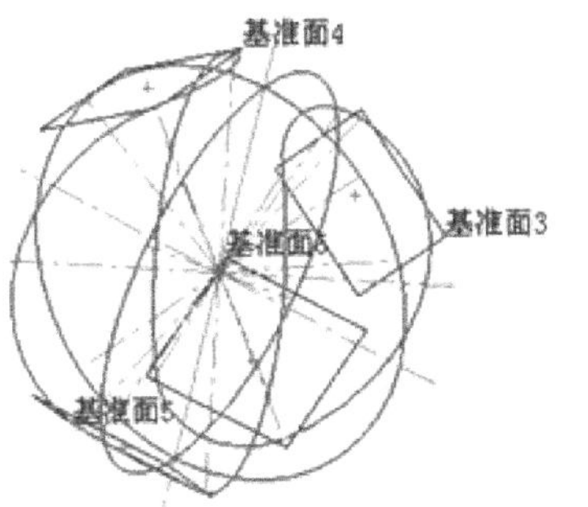

图 5-264　创建基准面及草图

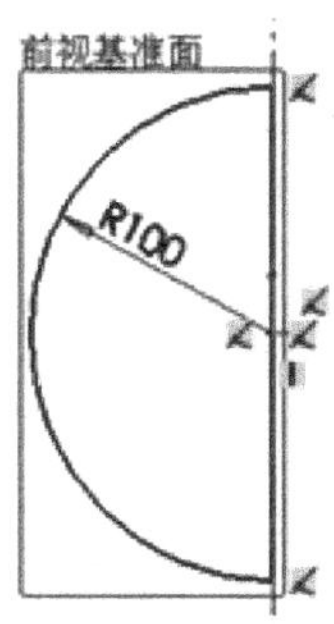

图 5-265　创建“草图 11”

(7) 应用特征工具栏里的“旋转凸…”命令，将“草图 11”构建成空心的圆球，过程及设置如图 5-266 所示。

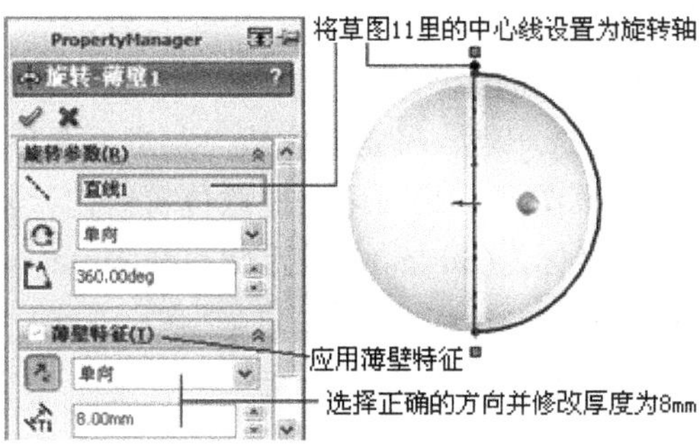

图 5-266　构建空心圆球

(8) 将“草图 3 至草图 10”作成组合曲线。

选择“插入”菜单下的“曲线”命令的“组合曲线”组合曲线(C)子命令，然后依次拾取“草图 3”至“草图 10”，单击“确定”按钮后完成“组合曲线 1”的构建。结果如图 5-267 所示(隐去实体)。

注意：草图 1 和草图 2 不用作成组合曲线就可以完成扫描切除。

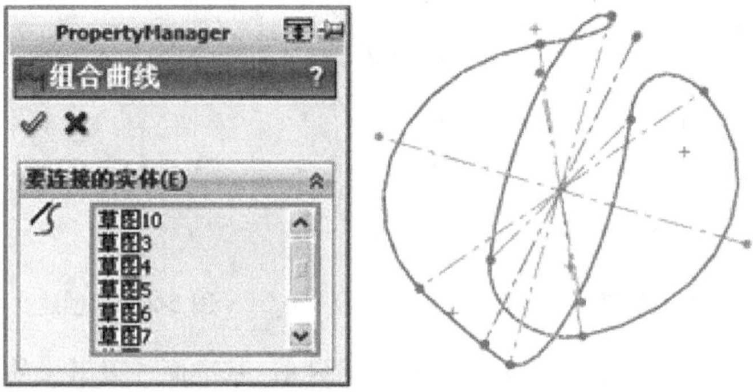

图 5-267 组合曲线

(9) 创建“基准面 7”，如图 5-268 所示。在“基准面 7”上绘出“草图 12”，如图 5-269 所示。

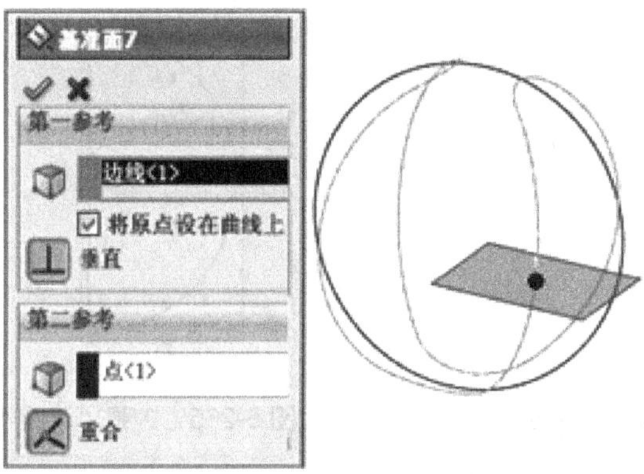

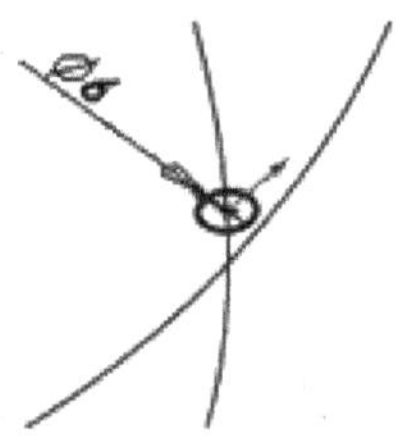

图 5-268 创建“基准面 7”图　　图 5-269 绘制“草图 12”

基准面 7 及草图 12 创建的过程及注意事项：

① 在基准面构建对话框内，选择“垂直于曲线—将原点设在曲线上”选项。

② 在“组合曲线 3”上任选一点，确定后完成“基准面 7”的创建。

③ 在“基准面 7”上作草图圆，此圆可在任意位置绘出，然后选中此圆，在弹出的“属性对话框”内修正其中心坐标为(x_0，x_0)，设定圆直径 6mm，即可得到正确的圆。

(10) 显示实体，并应用“扫描-切除”扫描(S)... 命令，将“草图 12”沿“组合曲线 3”作扫描切除旋转薄壁球体，如图 5-270 所示。

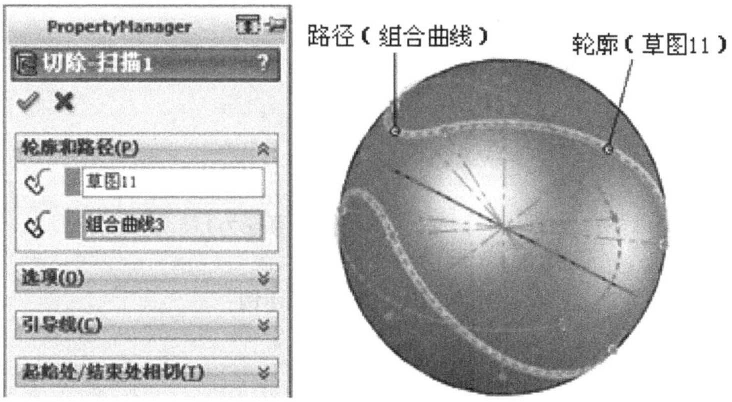

图 5-270　扫描切除薄壁球体

(11) 参考步骤(9)和步骤(10)，完成“基准面 8”和“基准面 9”及其上的草图圆的绘制，结果如图 5-271 所示。然后再完成对薄壁球体的扫描切除，最终得到图 5-272 所示的图形。

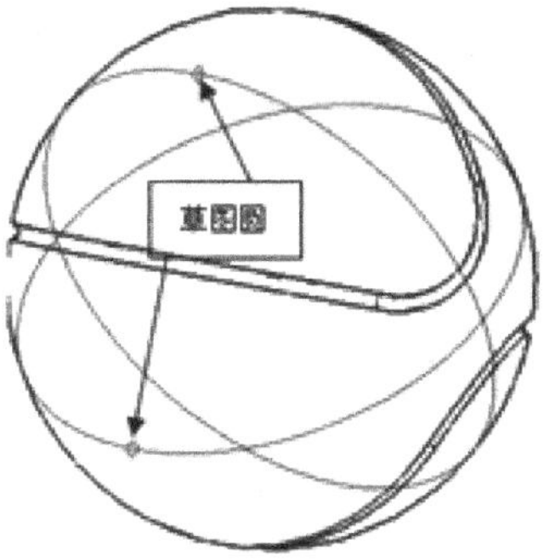

图 5-271　草图圆的绘制

图 5-272　最终的图形

【建模提示】

(1) 篮球的造型主要应用了特征工具栏里的“扫描-切除”命令，而难点在于扫描路径的制作。因此正确绘出制作路径的草图圆弧曲线是解决问题的关键。

(2) 在步骤(5)作圆弧时要求和先前的草图圆弧相切，此时可先将要相切的那个圆弧投影到当前草图，作出相切约束后，再将其删除即可。

项目 5.18　排　　球

【学习目标】

本项目要完成的图形如图 5-273 所示。通过本项目的学习，使读者能熟练掌握拉伸基体、旋转体、扫描-切除等命令的使用方法及操作过程，掌握三维建模的构图技巧。

图 5-273 排球建模示例

【学习要点】

拉伸基体、旋转体、扫描-切除。

【绘图思路】

首先绘出球体、再制作引导线并应用扫描-切除命令对球体切除，完成篮球的造型。

【操作步骤】

(1) 单击“新建”按钮，新建一个“零件”文件，并单击“保存”按钮进行保存。

(2) 在“前视”基准面上创建“草图 1”，中心在坐标原点上，如图 5-274 所示。选择“双侧对称”方式将其拉伸至高度 100mm。

排球直径等于正方体边长的$\sqrt{3}/2$倍。

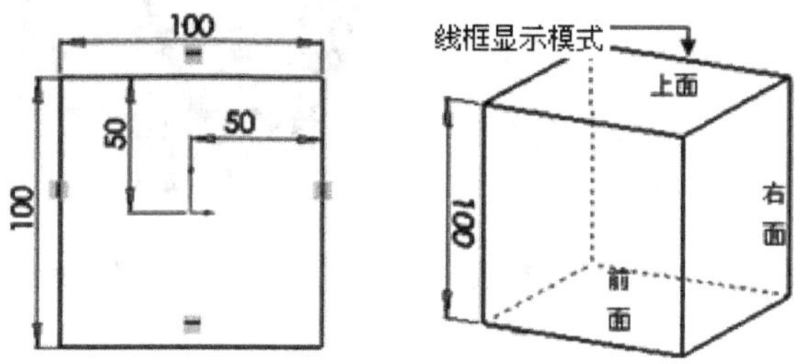

图 5-274 创建草图并拉伸成实体

(3) 在正方体的“前面”上创建“草图 2”，弧心与原点重合，如图 5-275 所示。在正方体的“前面”上创建“草图 3”，弧心与原点重合，如图 5-276 所示。

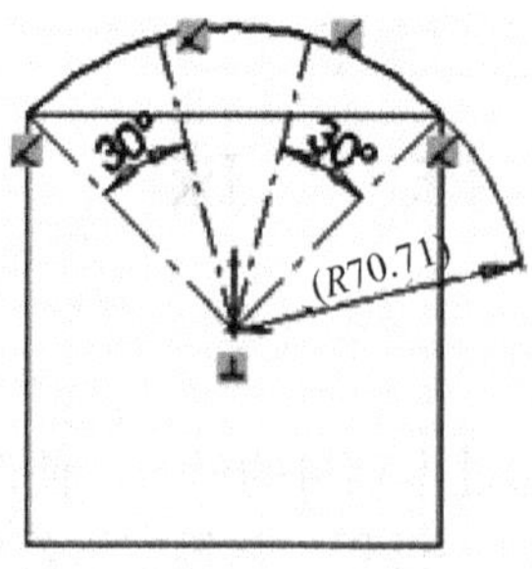

图 5-275 创建“草图 2”

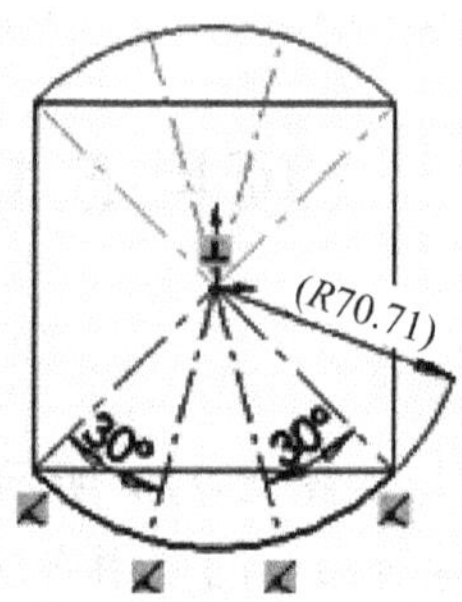

图 5-276 创建“草图 3”

(4) 参考上面的方法创建其他的“草图 4”至“草图 13”，如图 5-277 所示。

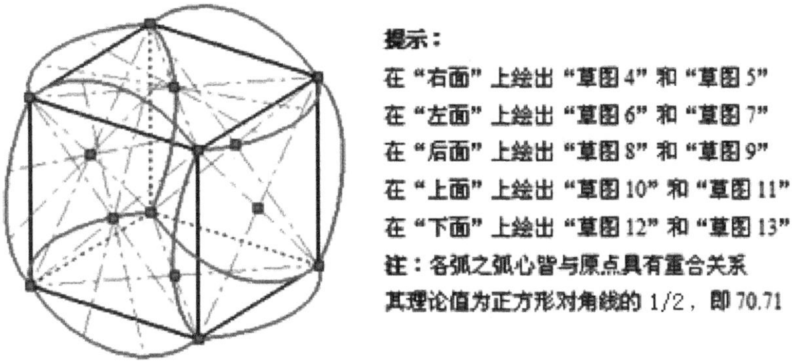

图 5-277　创建“草图 4”至“草图 13”

(5) 创建“基准面 1”，过程及参数如图 5-278 所示。

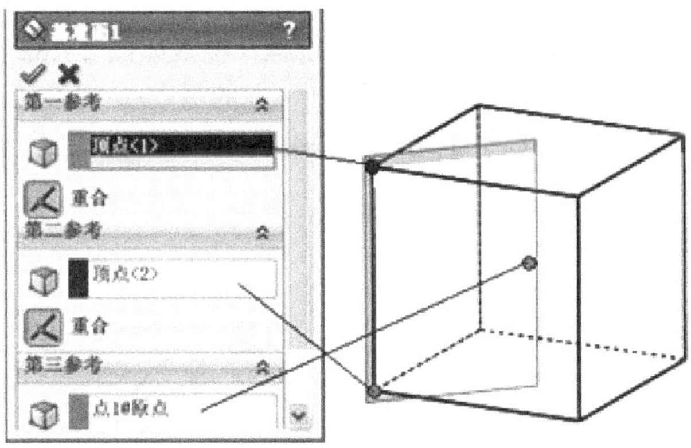

图 5-278　创建“基准面 1”

(6) 在“基准面 1”上作出“草图 14”，过程及参数如图 5-279 所示。应用特征工具栏里的旋转凸台命令，将“草图 14”构建成空心的圆球，如图 5-280 所示，过程及设置可参见制作“篮球”一节的有关内容。

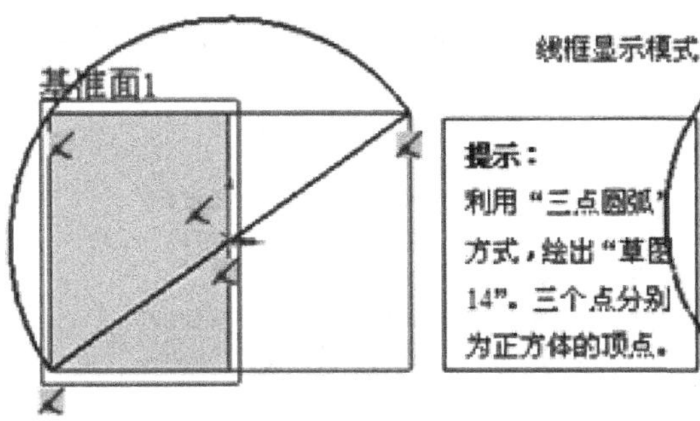

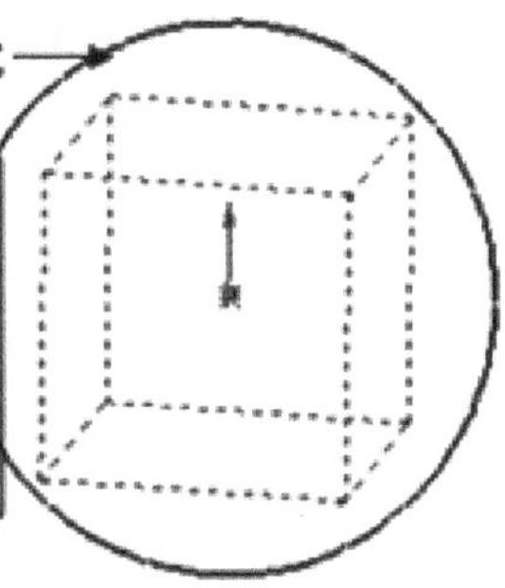

图 5-279　创建“草图 14”　　图 5-280　构建成空心的圆球

(7) 创建“基准面 2”，过程及参数如图 5-281 所示。

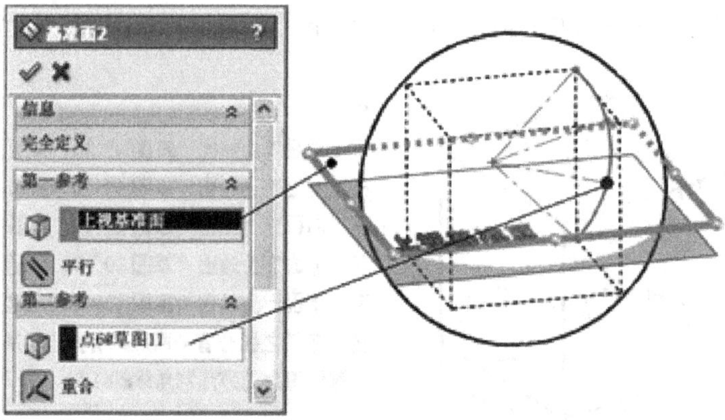

图 5-281　创建“基准面 2”

提示： 利用“点和平行面”方式，制作“基准面 2”。“点”是“草图 11”上的 3 等分点。

(8) 在“基准面 2”上绘出“草图 15”。过程及参数如图 5-282 所示。参照步骤 7，制作“基准面 3”，选“点”时选择“草图 11”上的另一个 3 等分点。然后应用草图“实体引用”命令，将“草图 15”引用到“基准面 3”上得到“草图 16”，如图 5-283 所示。

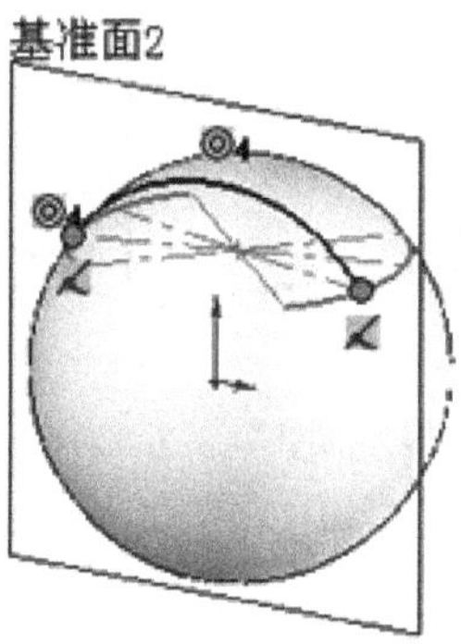

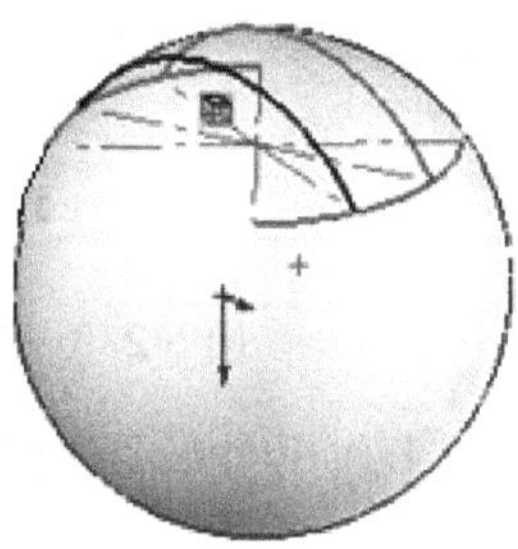

图 5-282　创建“草图 15”　　图 5-283　创建“草图 16”

(9) 参照上面的基准面及草图的画法，作出其他的草图线，如图 5-284 所示。

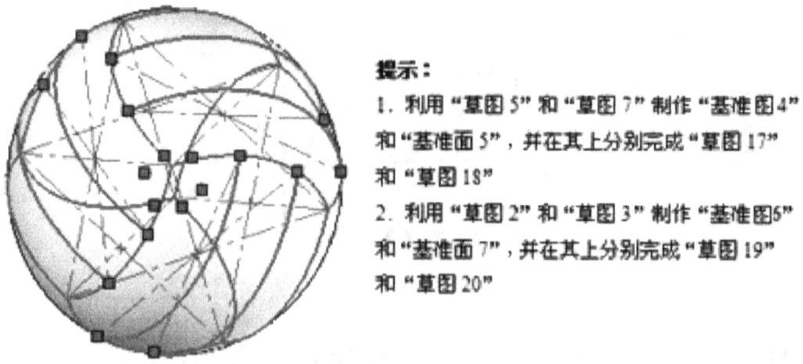

图 5-284　创建其他的草图线

(10) 在草图圆弧线上制作基准面，并绘制草图截面圆，如图 5-285 所示。具体制作过程参见“篮球”制作扫描切除实体有关步骤。接上一步，作“扫描-切除”，结果如图 5-286 所示。同理，对其他草图曲线作“扫描-切除”，并适当应用“实体-镜像”命令完成造型，过程如图 5-287 所示，并得到最终造型如图 5-288 所示。

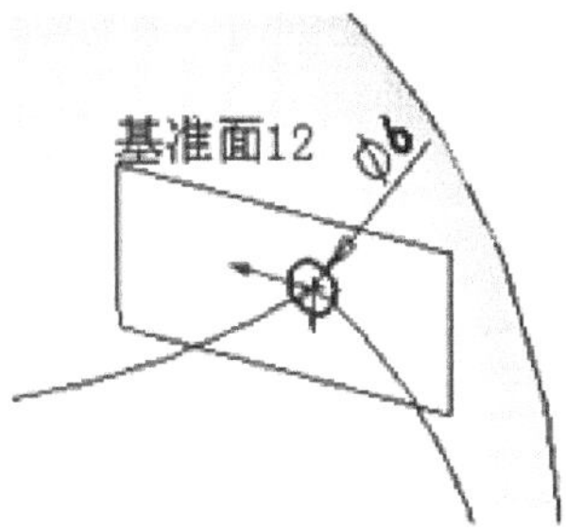

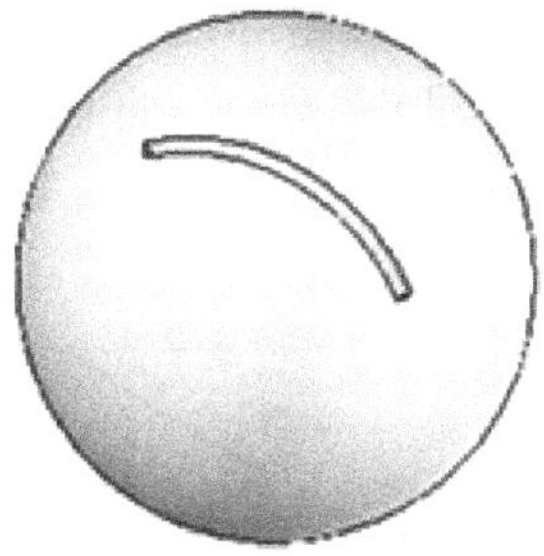

图 5-285　创建草图圆　　　　图 5-286　扫描切除

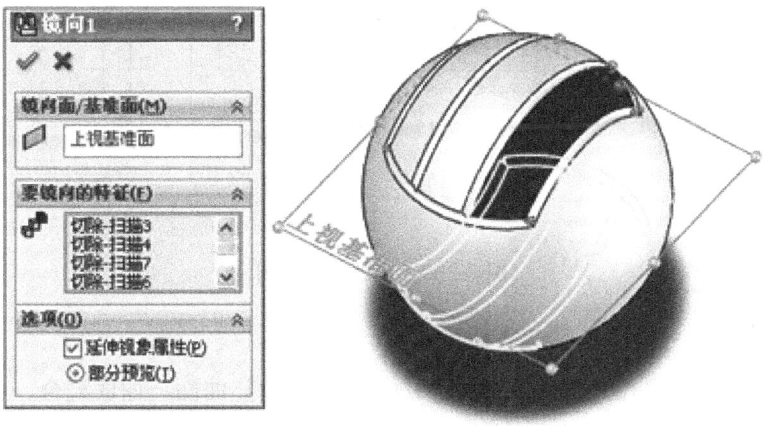

图 5-287　实体镜像

图 5-288　最终效果图

项目 5.19　汤　　匙

【学习目标】

本项目要完成的图形如图 5-289 所示。通过本项目的学习，使读者能熟练掌握拉伸-曲面、裁剪-曲面、扫描-曲面、放样-曲面、填充曲面、曲面缝合和曲面加厚等命令的使用方法，掌握三维建模的构图技巧。

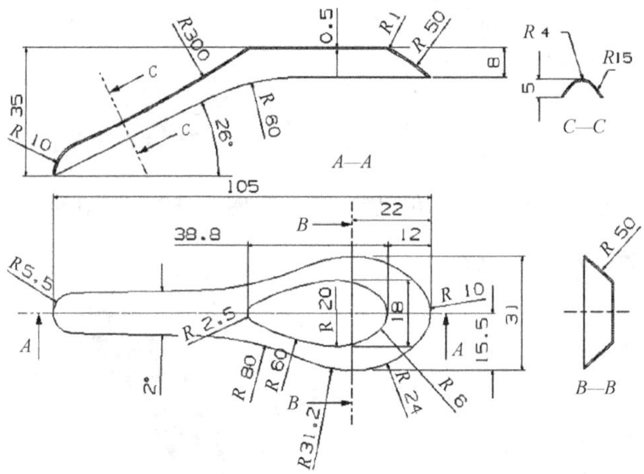

图 5-289　汤匙建模示例

【学习要点】

拉伸-曲面、裁剪-曲面、扫描-曲面、放样-曲面、填充曲面、曲面缝合、曲面加厚。

【绘图思路】

首先作出匙柄中部曲面，再完成柄部曲面，然后作出头部曲面，最后缝合并加厚。

【操作步骤】

(1) 单击“新建”按钮，新建一个“零件”文件，并单击“保存”按钮进行保存。

(2) 在“上视”基准面上创建“草图 1”，如图 5-290 所示。然后应用曲面工具“曲面-拉伸”命令，选择“双侧对称”方式，拉伸高度为 40mm，如图 5-291 所示。

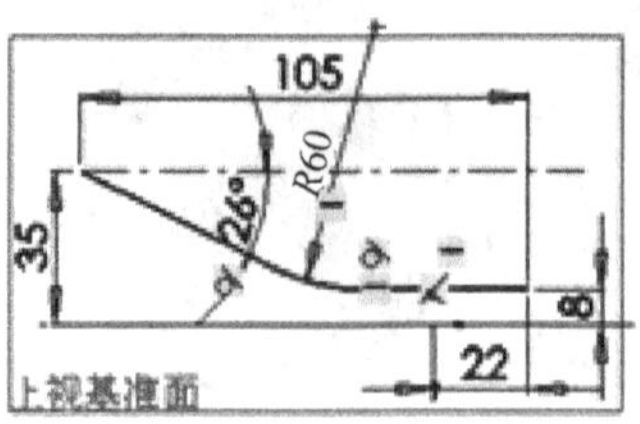

图 5-290　创建“草图 1”

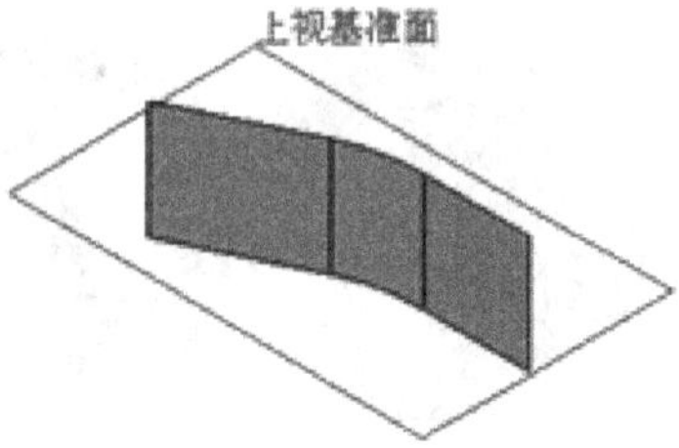

图 5-291　曲面拉伸

(3) 在“前视”基准面上创建“草图 2”，如图 5-292 所示。然后应用曲面工具 “曲面-拉伸”命令，选择“双侧对称”方式，拉伸高度为 40mm，如图 5-293 所示。

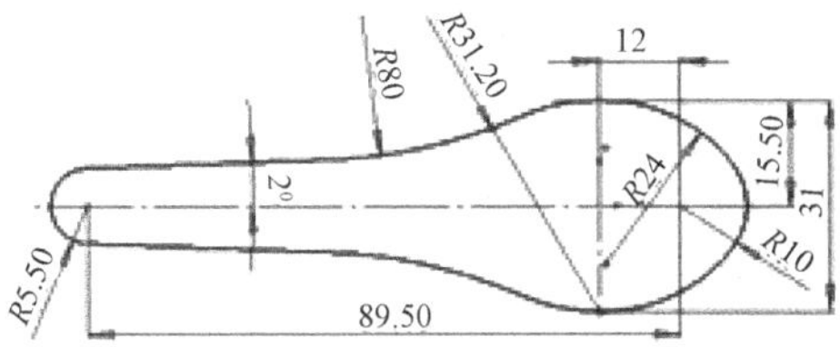

图 5-292　创建“草图 2”

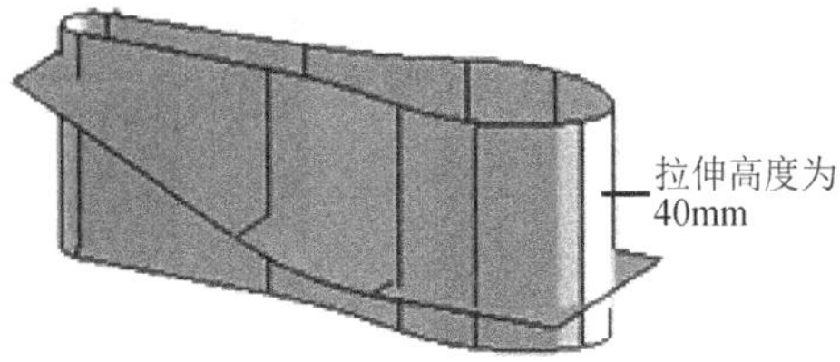

图 5-293　曲面拉伸

(4) 使用曲面工具 剪裁曲面(T)...，过程如图 5-294 所示。

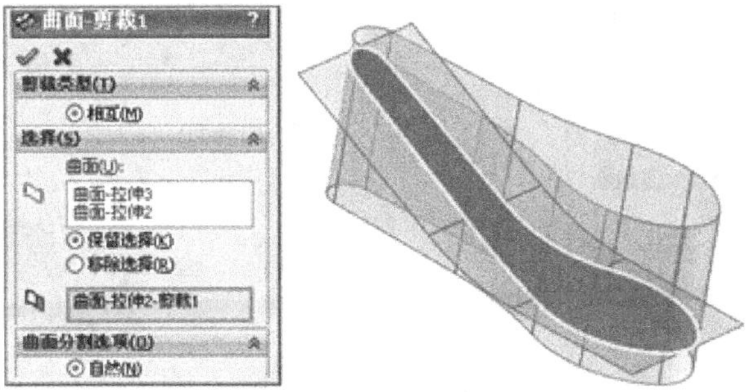

图 5-294　剪裁曲面

(5) 在“前视”基准面上创建“草图 3”，如图 5-295 所示。使用曲面工具 平面区域(F)... 命令将“草图 3”作成曲面。如图 5-296 所示。

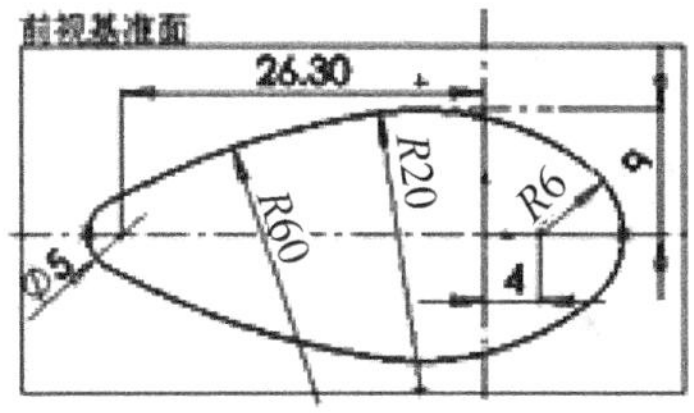

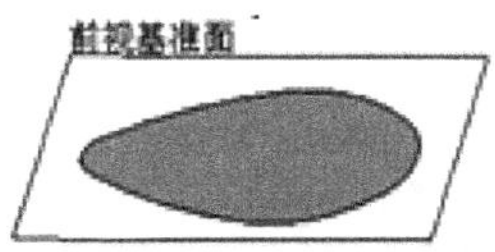

图 5-295　创建“草图 3”　　图 5-296　将“草图 3”作成曲面

(6) 在“上视”基准面上创建“草图 4”，如图 5-297 所示；在“上视”基准面上创建“草图 5”，如图 5-298 所示。

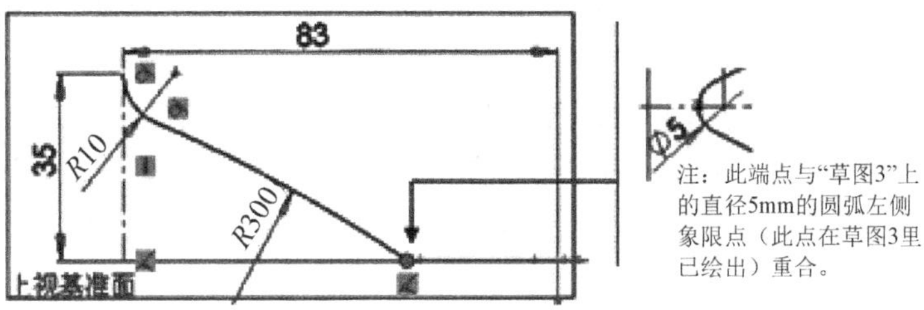

图 5-297　创建“草图 4”

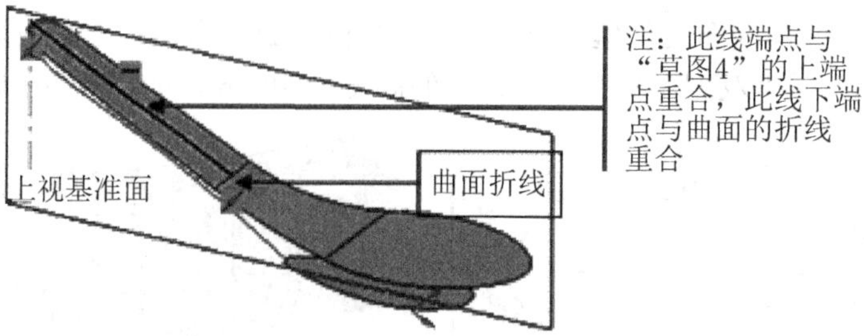

图 5-298　创建“草图 5”

(7) 将曲面两侧边线作成组合曲线，过程如图 5-299 所示。

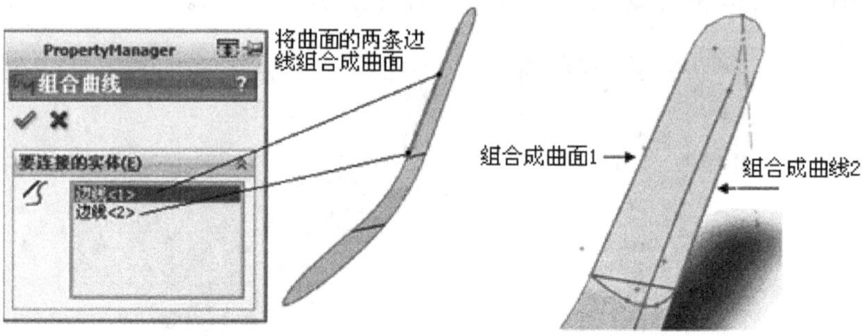

图 5-299　组合曲线

(8) 制作“基准面 2”，过程如图 5-300 所示。

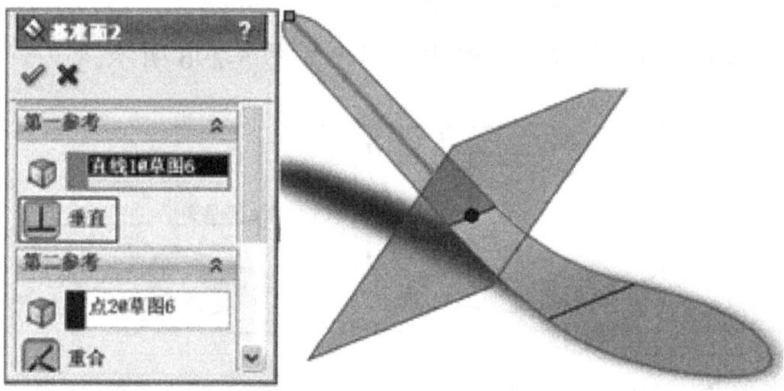

图 5-300　制作“基准面 2”

(9) 在“基准面 2”上作出“草图 7”，注意：圆弧的两端点分别与组合曲线具有“重合”关系，而圆弧的中点与“草图 4”具有“穿透”关系，如图 5-301 所示。制作“基准面 3”，过程如图 5-302 所示。

(10) 在“上视”基准面上作出“草图 8”，如图 5-303 所示；在“基准面 3”上作出“草图 9”，此时圆弧的两端点分别与组合曲线具有“穿透”关系，而圆弧的中点与“草图 4”具有“重合”关系，如图 5-304 所示；在拉伸平面上作“草图 10”，如图 5-305 所示。

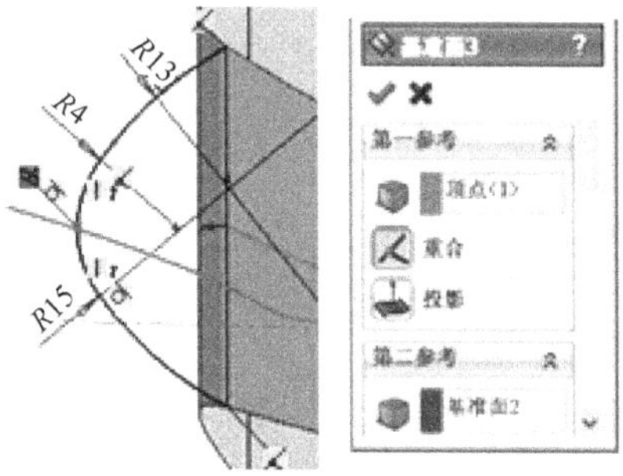

图 5-301　创建“草图 7”

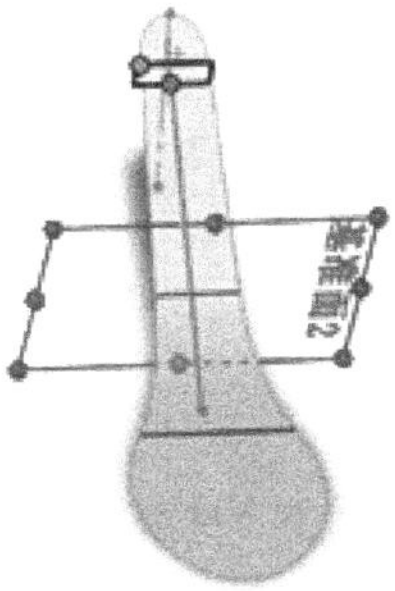

图 5-302　制作“基准面 3”

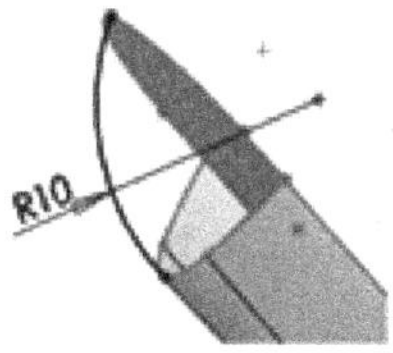

图 5-303　创建“草图 8”

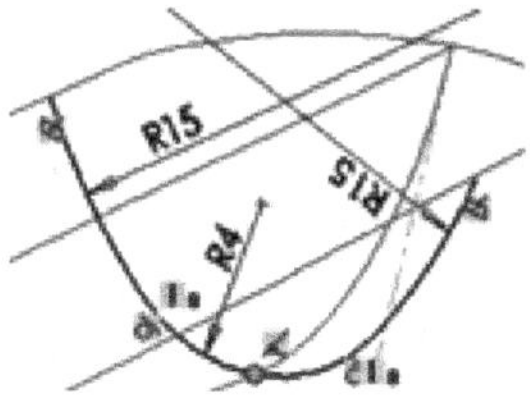

图 5-304　创建“草图 9”

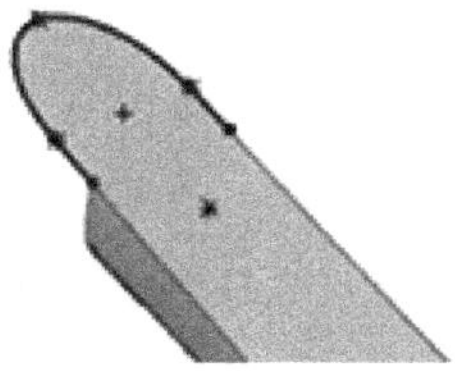

图 5-305　创建“草图 10”

(11) 曲面扫描的过程如图 5-306。

(12) 曲面放样的过程如图 5-307。

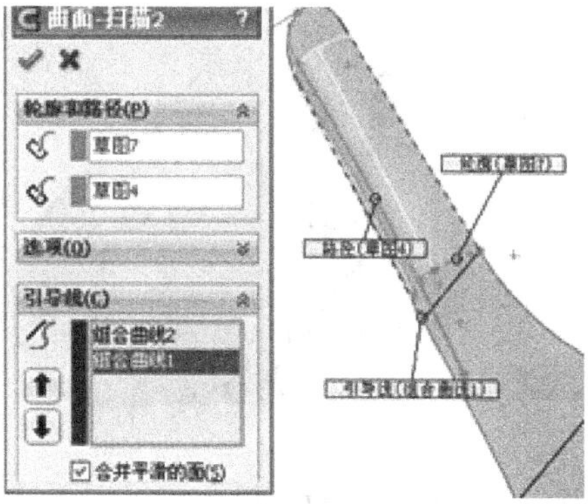

图 5-306　曲面扫描

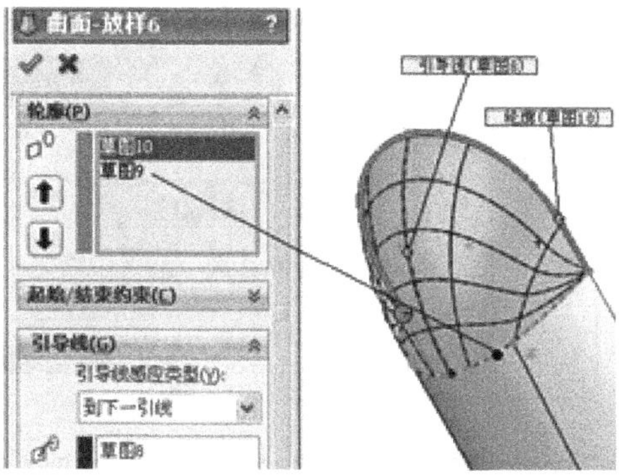

图 5-307　曲面放样

(13) 在“前视”基准面上创建“草图 11”，如图 5-308 所示。

注意：“草图 11”上圆弧两个端点要分别与上、下两个面具有“穿透”关系。

(14) 创建草图及组合曲线。

① 在“右视”基准面上创建“草图 12”和“草图 13”，如图 5-309 所示。

② 分别对上、下两个曲面的边线作成组合曲线。结果如图 5-310 所示。

(15) 曲面-放样的过程如图 5-311 所示。

(16) 在“前视”基准面上创建“草图 14”，如图 5-312 所示；应用曲线工具 分割线(S)... 命令，对拉伸曲面进行分割，如图 5-313 所示。

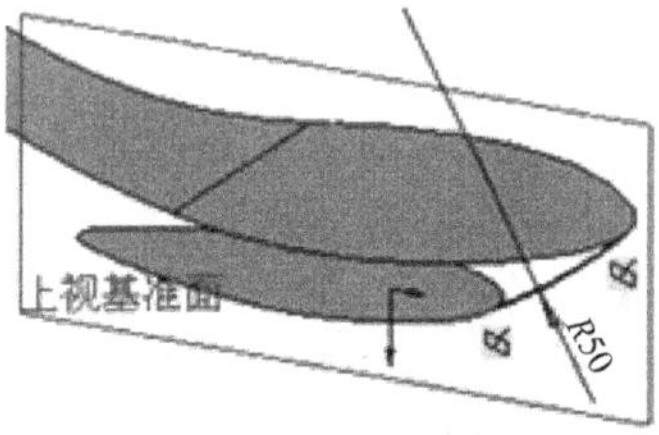

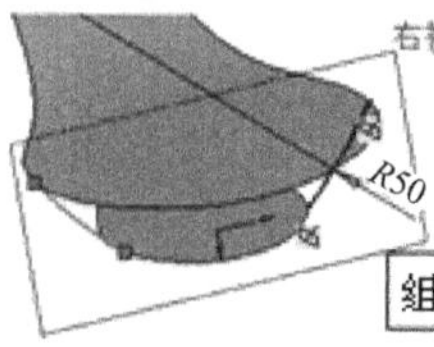

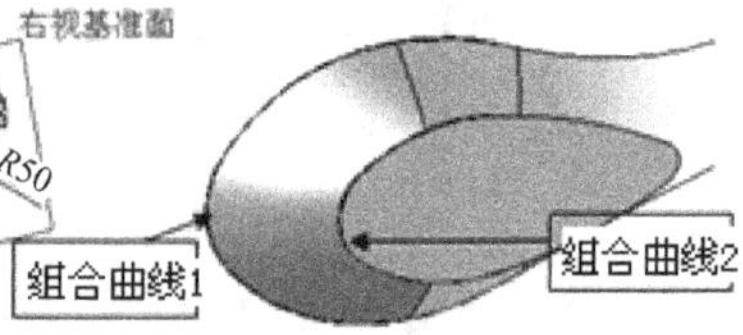

图 5-308　创建“草图 11”　图 5-309　创建“草图 12”和“草图 13”　图 5-310　组合曲线

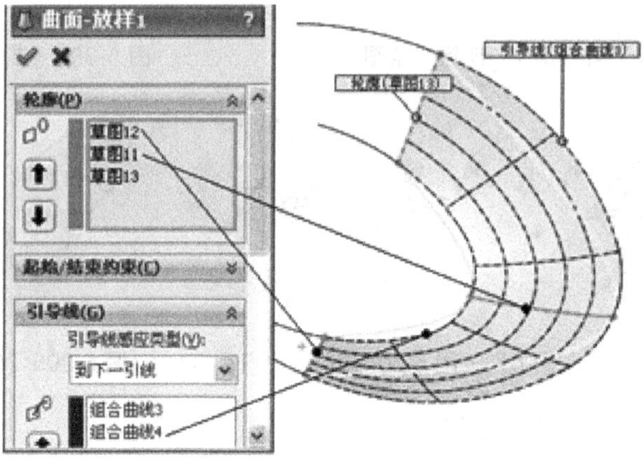

图 5-311　曲面放样

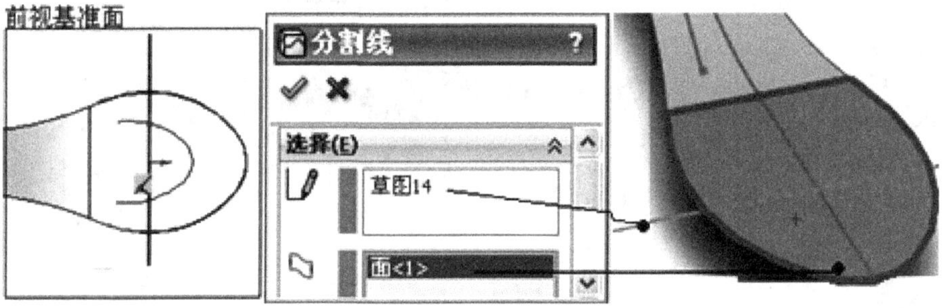

图 5-312　创建“草图 14”　　　　图 5-313　对拉伸曲面进行分割

同理，再一次运用此命令完成对“平面区域”的分割。如图 5-314 所示。

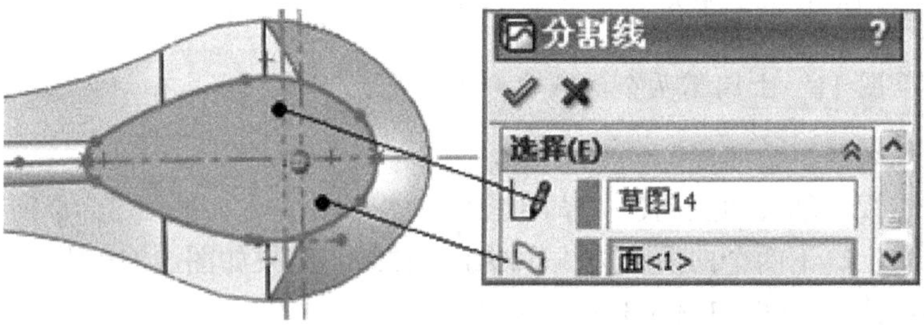

图 5-314　分割平面区域

(17) 曲面-放样的过程及参数设置如图 5-315 所示。

(18) 曲面-填充的过程如图 5-316 所示。

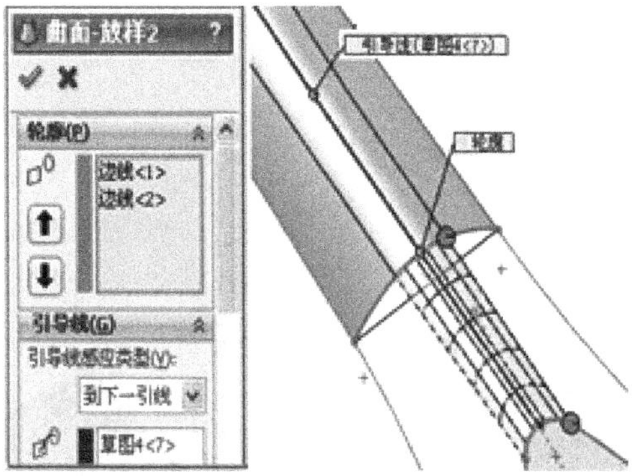

图 5-315　曲面放样

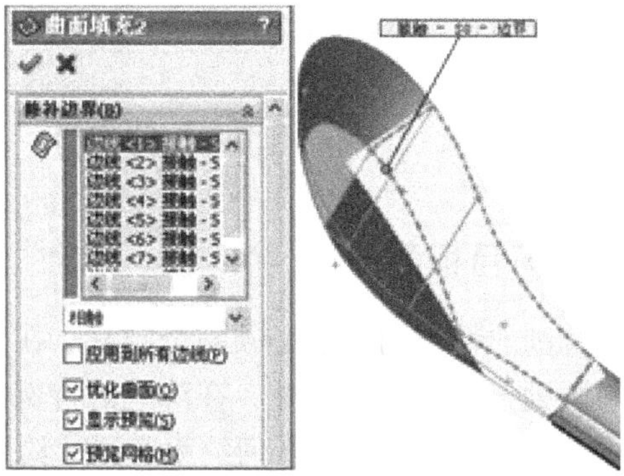

图 5-316　曲面填充

(19) 同理，作出另一侧的“曲面-填充”曲面，过程从略。

(20) 将所有曲面应用曲面-缝合命令合并成实体，结果如图 5-317 所示。

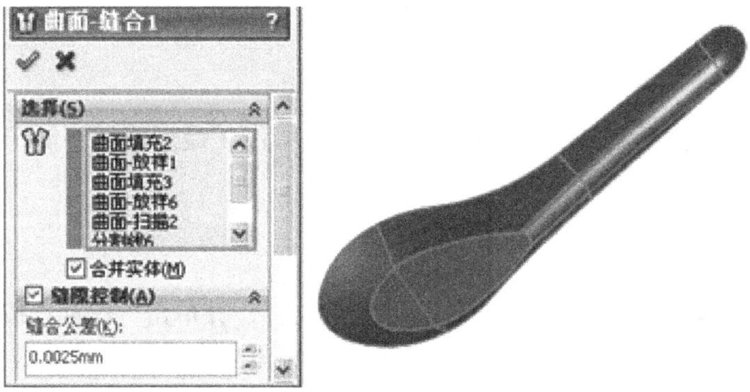

图 5-317　曲面缝合

(21) 对曲面实体加厚并倒圆角，过程及结果如图 5-318 和图 5-319 所示。

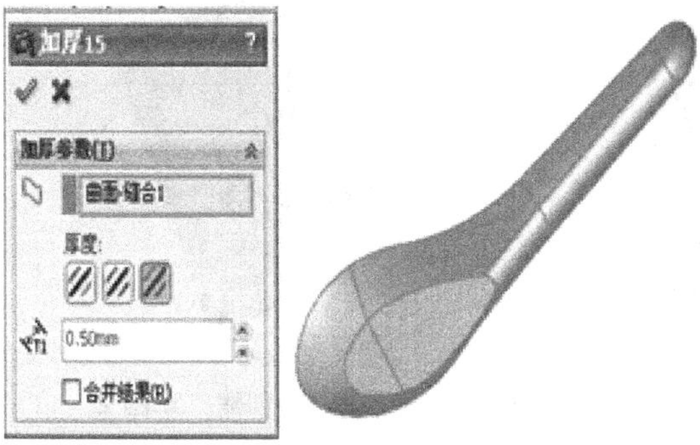

图 5-318　曲面实体加厚

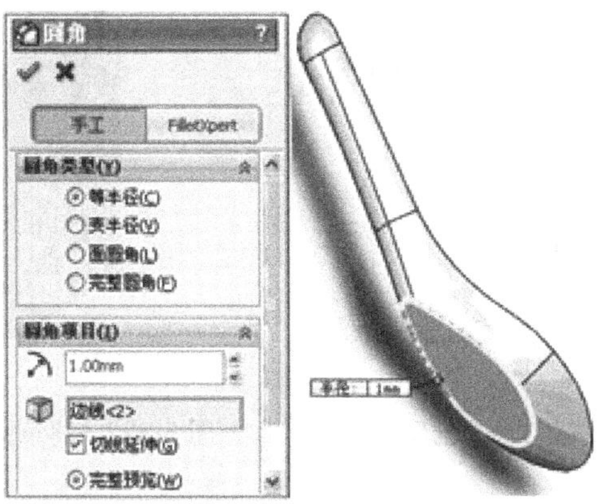

图 5-319　倒圆角

【建模提示】

本例难点在步骤(17)、(18)曲面的构建及其草图、边线的绘制。

项目 5.20　随 形 阵 列

【学习目标】

要阵列的特征的草图必须完全定义。在选择阵列方向时选择的是与阵列一致的间距尺寸。在阵列的特例的源草图中，需要和其他模型元素建立一定的几何约束和尺寸约束。阵列后的特例随着尺寸的变化仍然能够保持这样的关系。本项目要完成的图形如图 5-320 所示。

图 5-320　随形阵列示例

【学习要点】

拉伸切除、随形阵列。

【绘图思路】

首先创建基体，然后在其上作出拉伸切除实体特征，最后应用“随形阵形”创建栅格特征。

【操作步骤】

(1) 单击“新建”按钮，新建一个“零件”文件，并单击“保存”按钮进行保存。

(2) 在“前视”基准面上创建“草图 1”，如图 5-321 所示。然后应用“拉伸-增料”命令，将草图拉伸至 40mm，如图 5-322 所示。

(3) 在拉伸体上表面，创建“草图 2”，如图 5-323 所示。

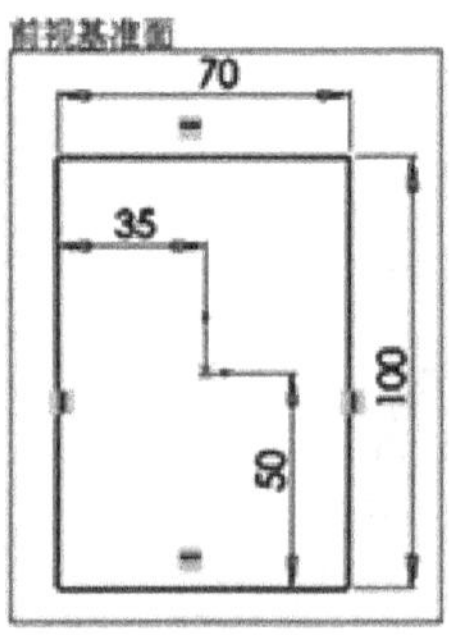

图 5-321　创建“草图 1”

图 5-322　将草图拉伸至 40mm

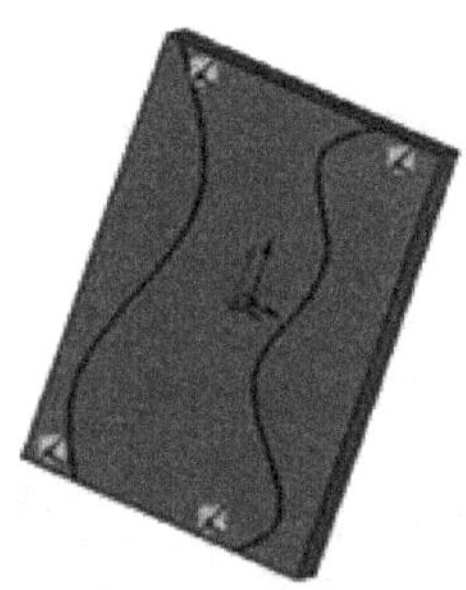

图 5-323　创建“草图 2”

(4) 在拉伸体的上表面创建“草图 3”，如图 5-324 所示。然后应用特征工具 “拉伸-切除”，选“贯穿”项，作出切除特征。

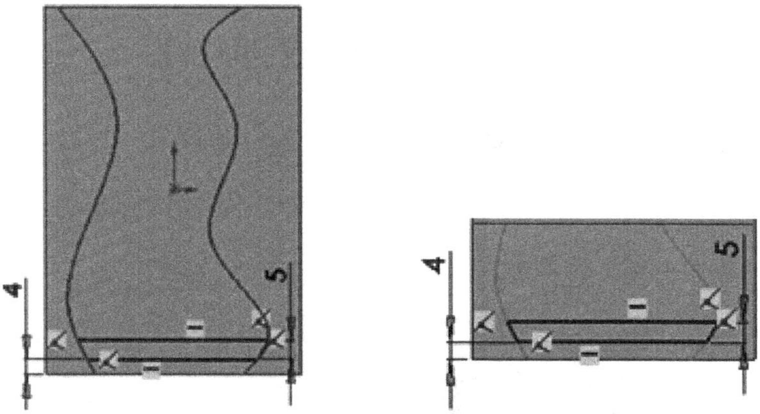

图 5-324　创建“草图 3”

提示：在“草图 3”绘制时要注意“草图 3”上的两条水平线端点要分别与“草图 2”上的两条线重合，还要正确标注出尺寸为 4mm。

(5) 对“切除-拉伸”特征作线性阵列，过程如图 5-325 所示。

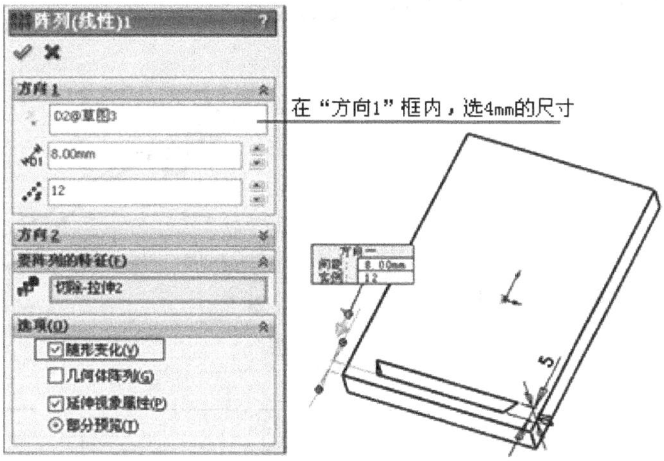

图 5-325　线性阵列

【资料引入】

随形阵列。随形阵列是阵列特征根据预先设定的边线、草图的限制或尺寸变化而变化的阵列，阵列结果是使生成的阵列特征沿着一定的规律而变化。

随形阵列有以下几个要点：

(1) 随形就是受边线、草图(即辅助线)或尺寸的限制。

(2) 随形阵列有时需要尺寸的关联。

(3) 阵列的方向是选择尺寸，而不是边线或草图的线。

(4) 随形阵列可以附带一些特征进行阵列，其中有圆顶、圆角、倒角、拔模等。

项目 5.21　技 能 实 战

本项目作为本章技能实战，要求完成如下所示的各个图形。

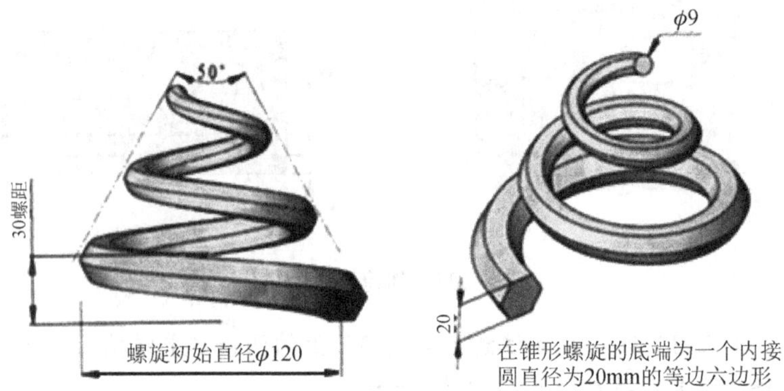

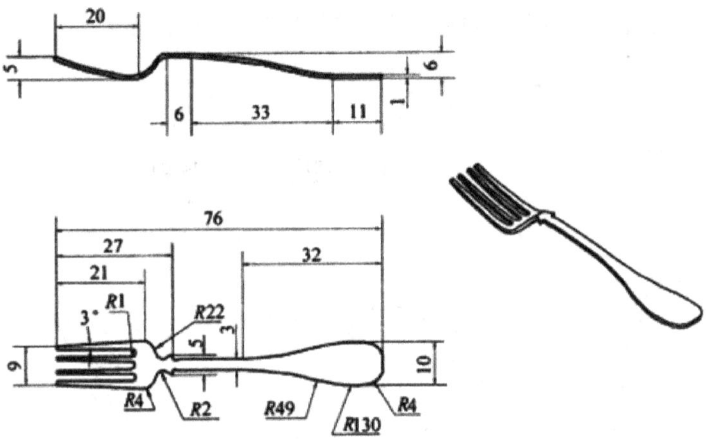

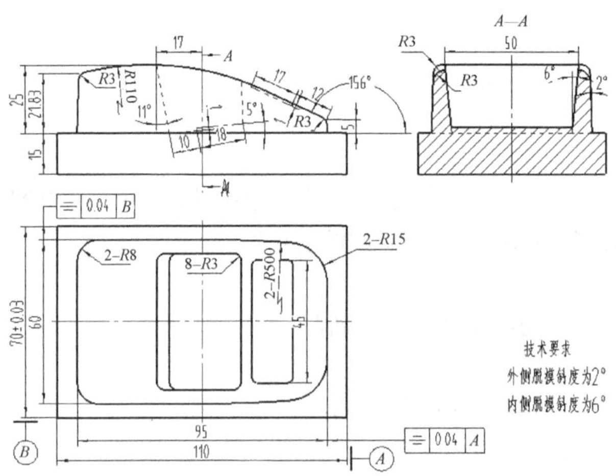

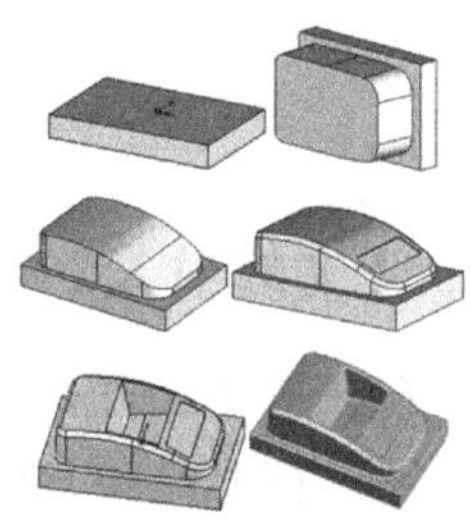

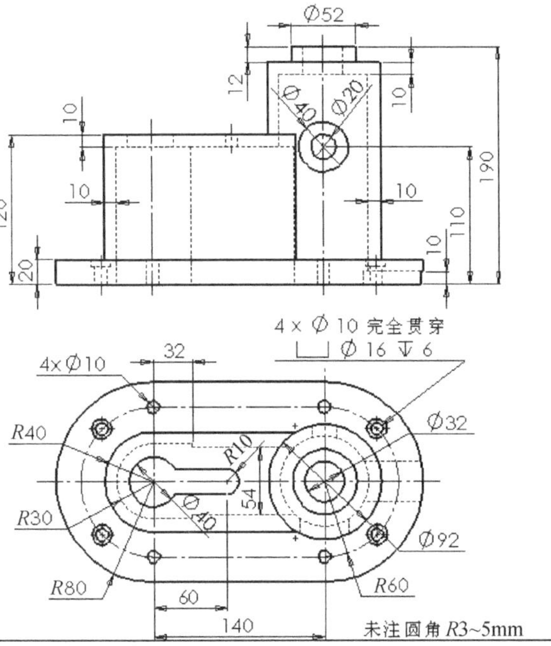

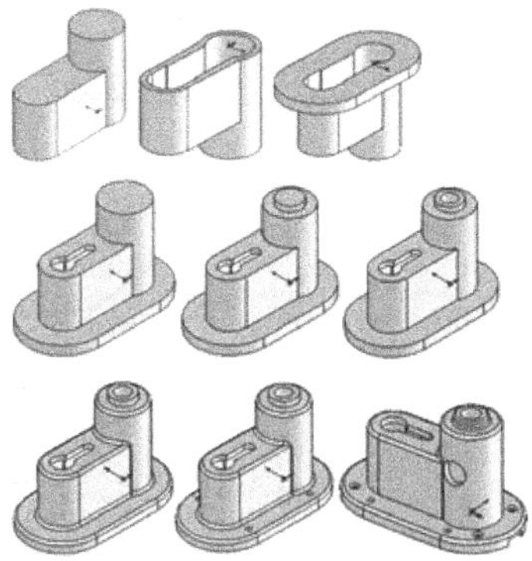

创建下图所示曲面，未注明圆角R5，壳体厚度2mm

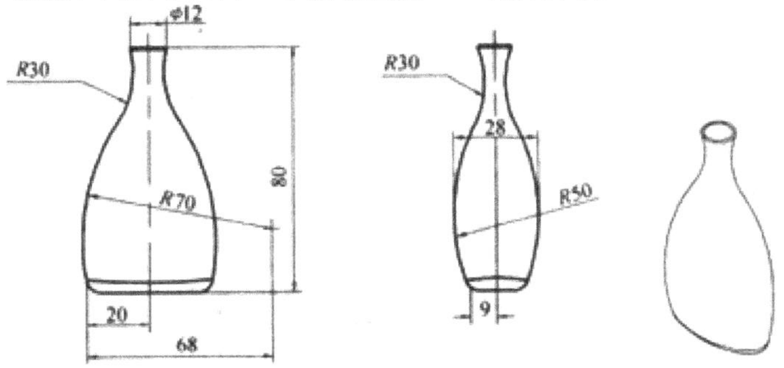

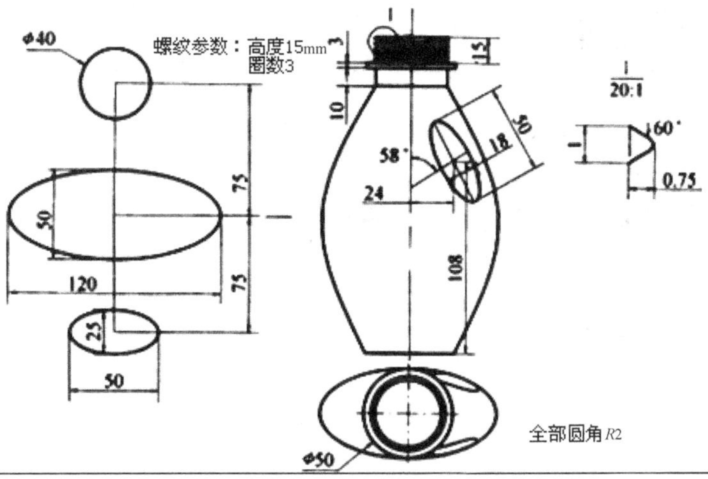

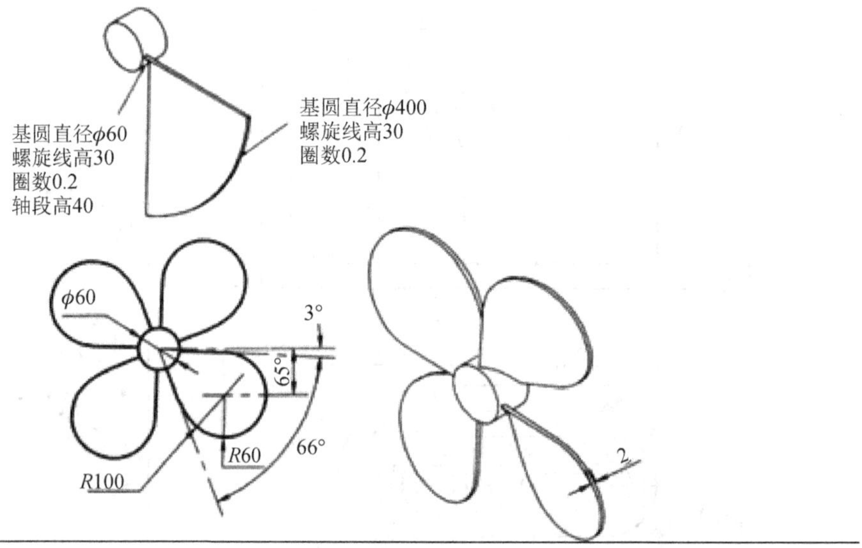
基圆直径φ60
螺旋线高30
圈数0.2
轴段高40
基圆直径φ400
螺旋线高30
圈数0.2
φ60
3°
65°
66°
R60
R100
2

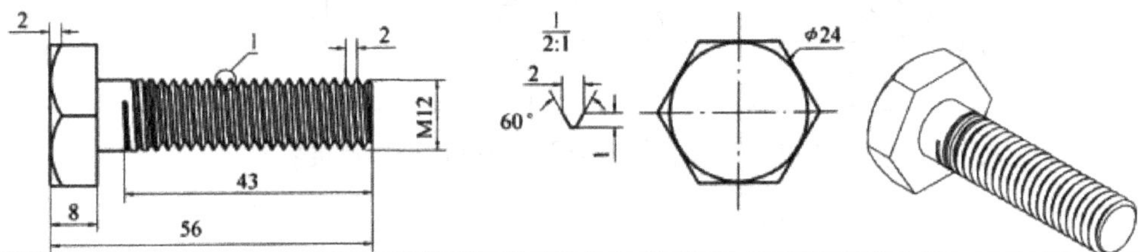
2
1
2
M12
43
8
56
1
2:1
2
60°
1
φ24

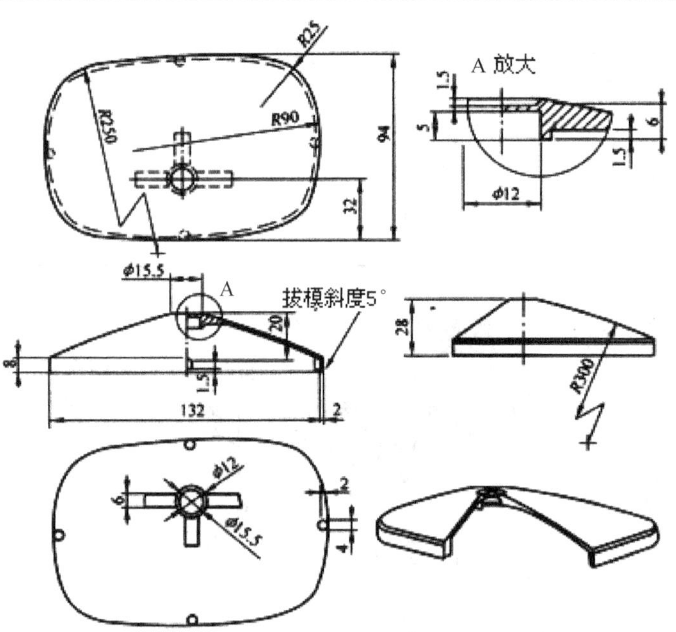
R25
R250
R90
94
32
A 放大
1.5
5
6
1.5
φ12
φ15.5
A
拔模斜度5°
20
8
1.5
132
2
28
R300
φ12
6
2
φ15.5
4

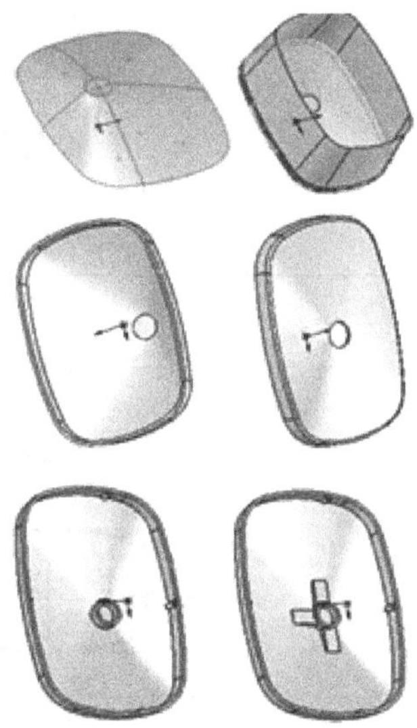

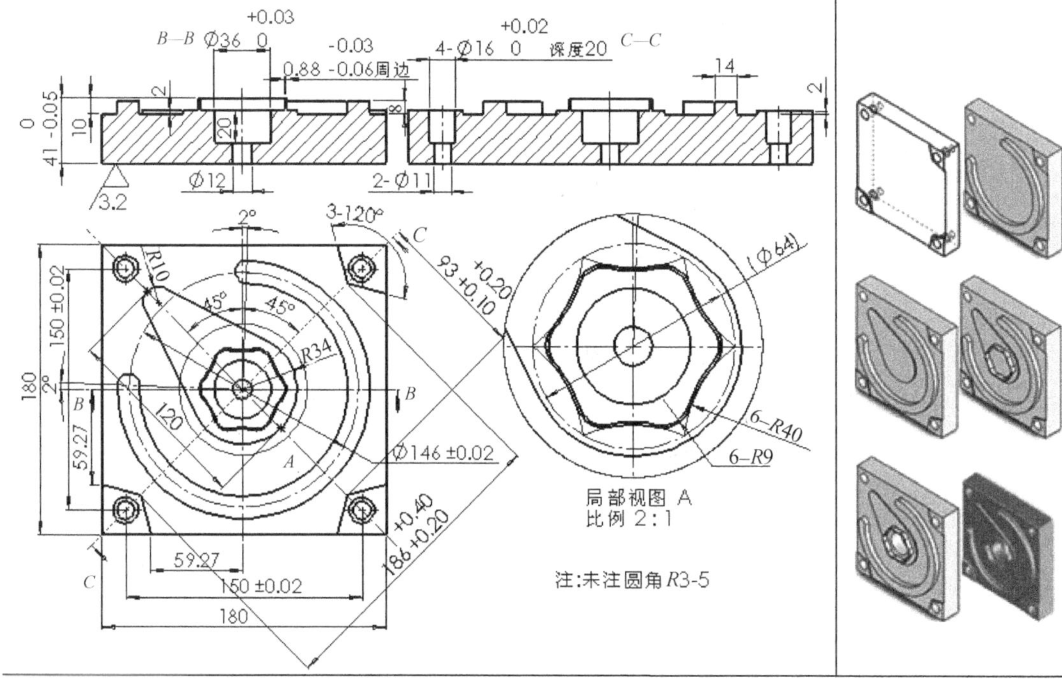

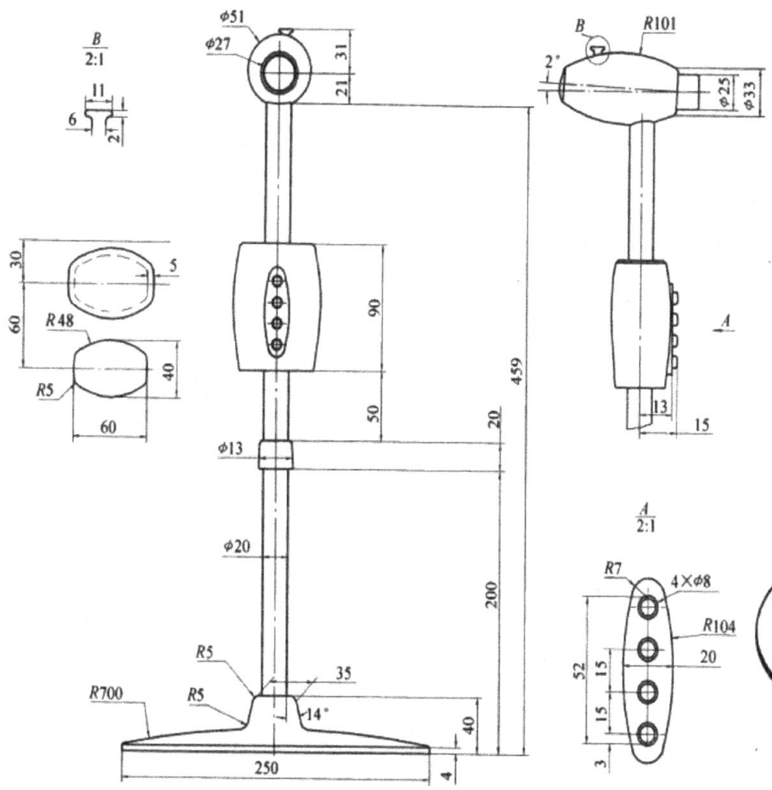

(a) 各部分结构尺寸

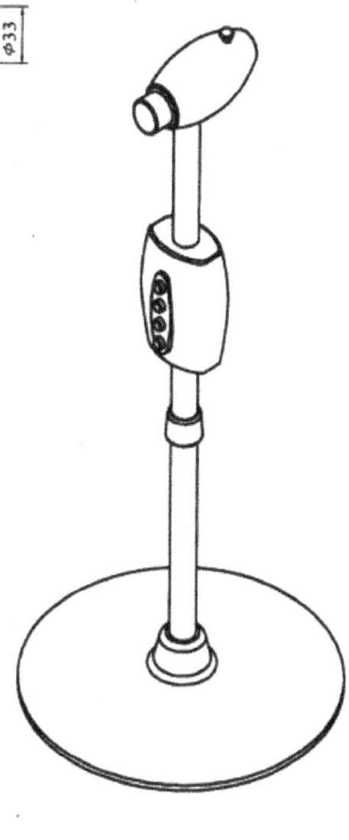

(b) 实物效果图

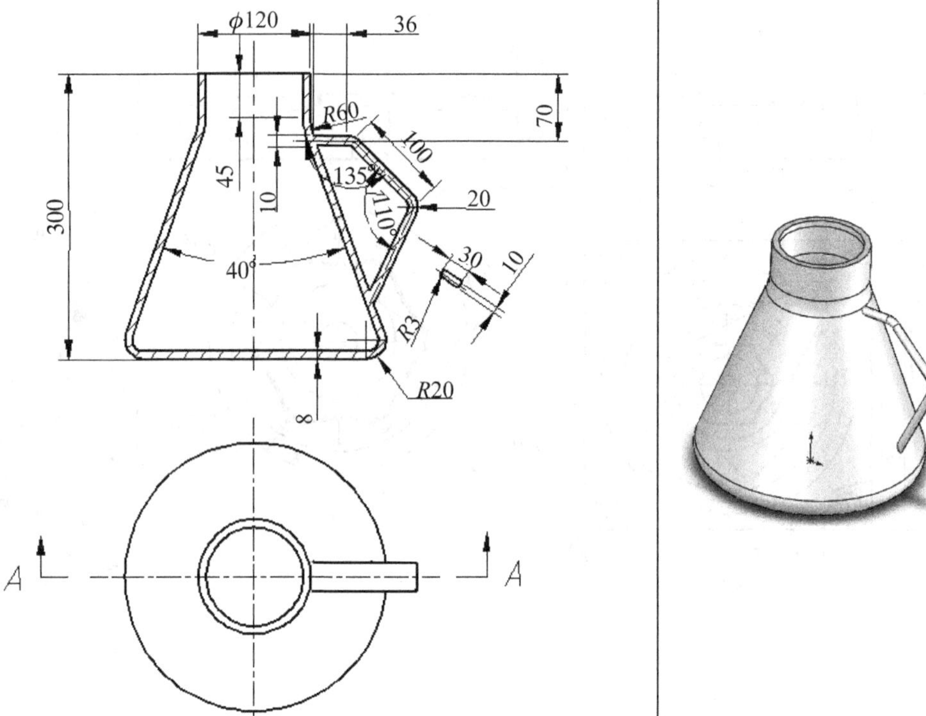

φ120
36
70
R60
100
45
10
135°
110°
20
300
40°
30
10
R3
R20
8
A
A

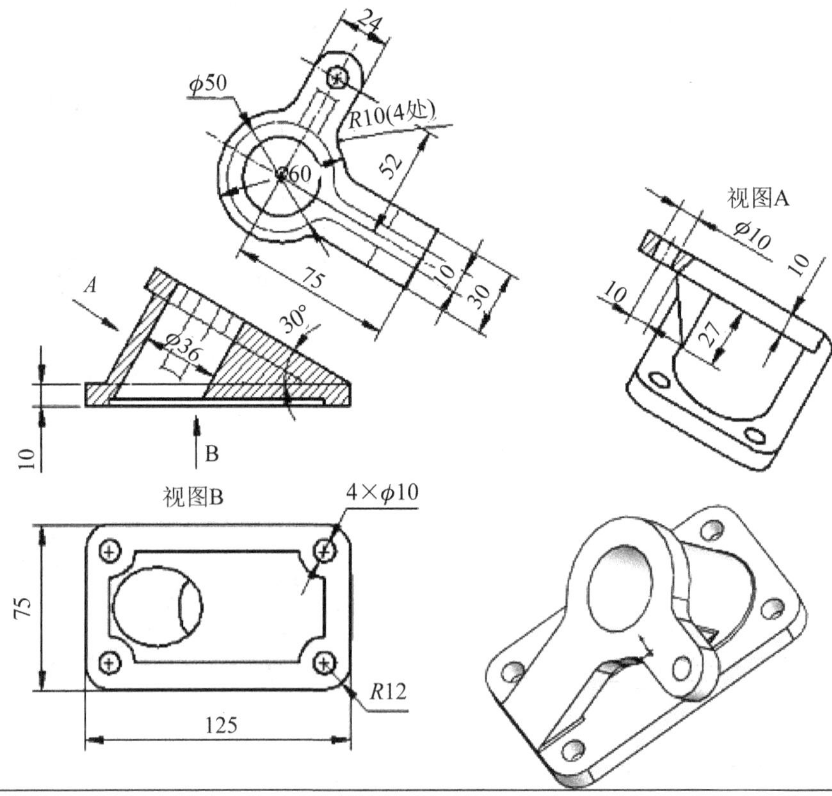

24
φ50
R10(4处)
φ60
52
75
10
30
视图A
φ10
10
10
27
A
φ36
30°
10
B
视图B
4×φ10
75
R12
125

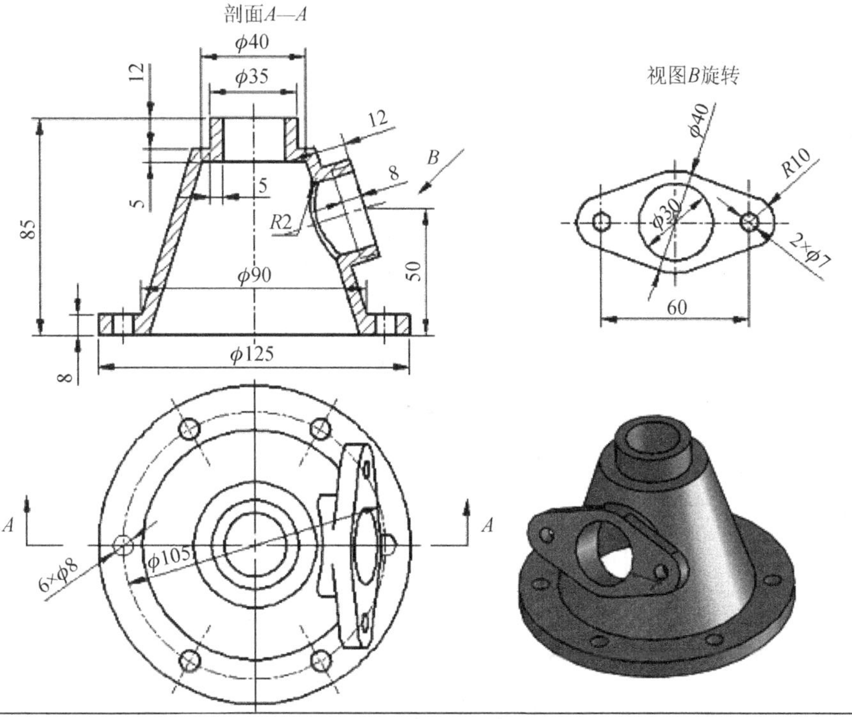
剖面A—A
φ40
φ35
12
12
8
5
5
R2
85
50
φ90
φ125
8
B
视图B旋转
φ40
R10
φ30
2×φ7
60
A
A
6×φ8
φ105

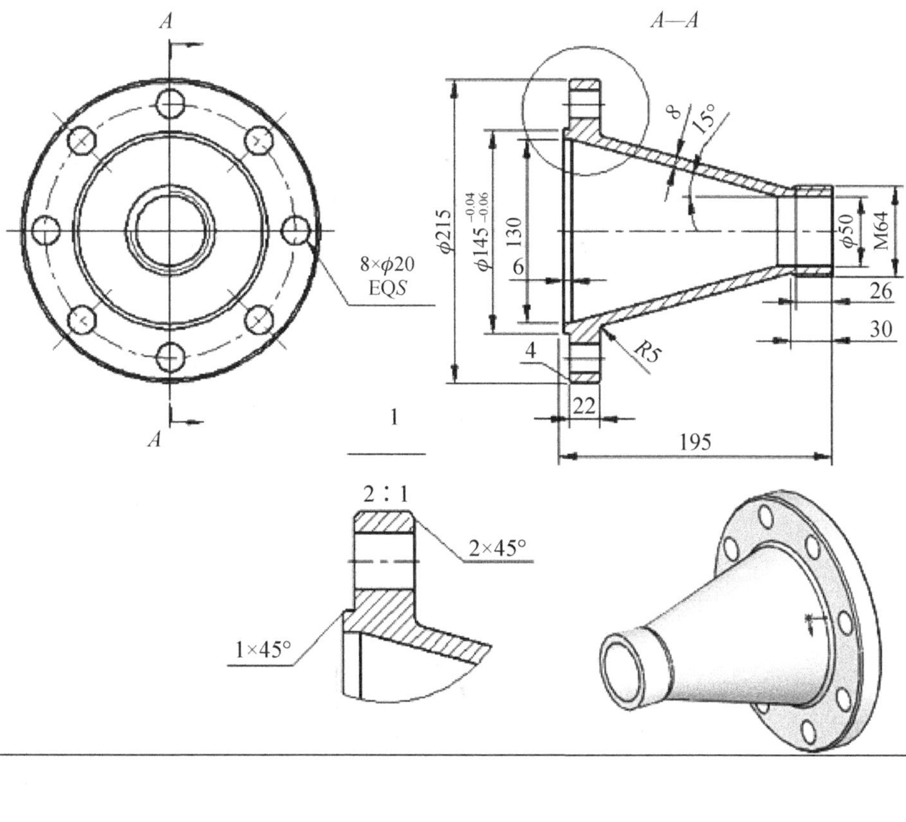
A
A
8×φ20
EQS
A—A
8
15°
φ215
φ145 -0.04 -0.06
130
6
φ50
M64
26
30
4
R5
22
195
1
2 : 1
2×45°
1×45°

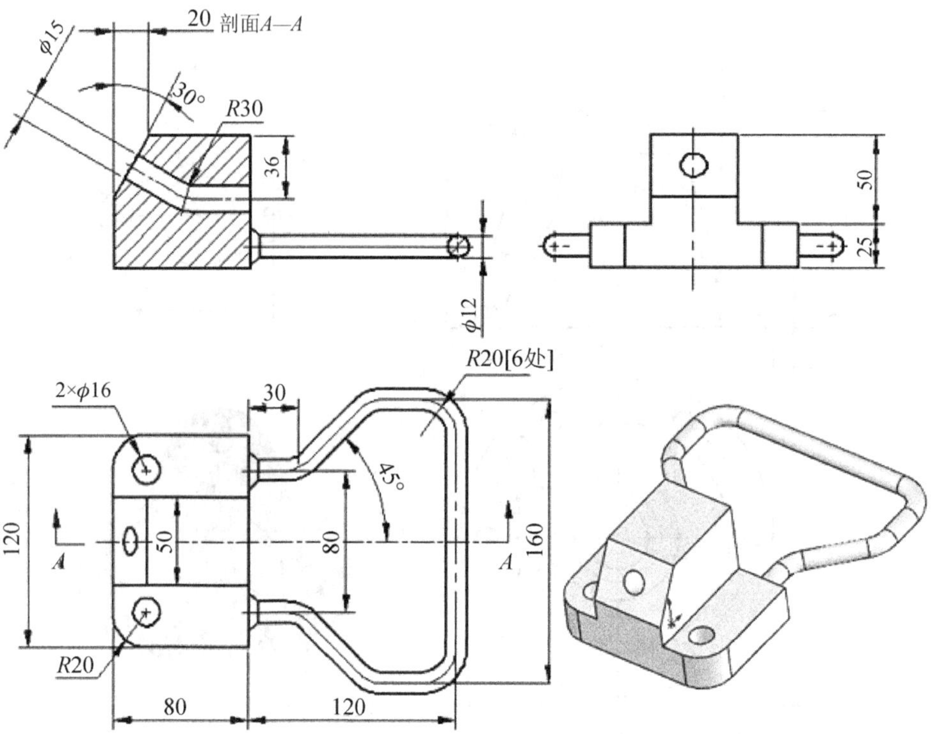
剖面A—A
φ15
20
30°
R30
36
φ12
50
25
R20[6处]
2×φ16
30
45°
120
50
80
160
A
A
R20
80
120

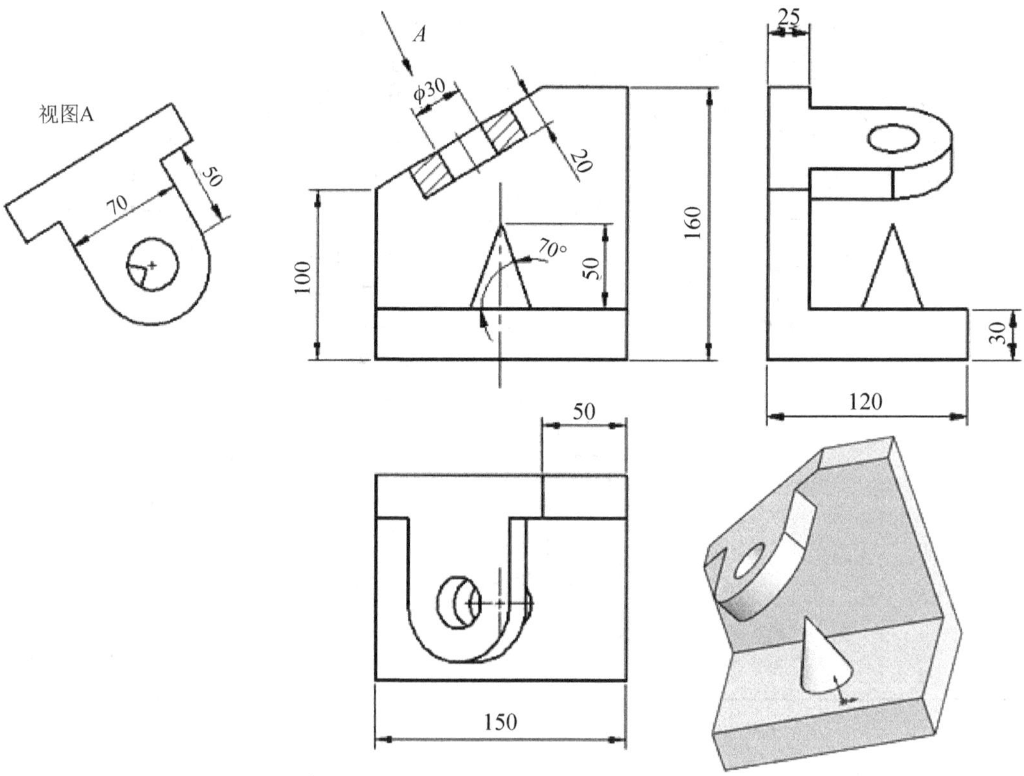
视图A
70
50
A
φ30
20
100
70°
50
160
25
30
120
50
150

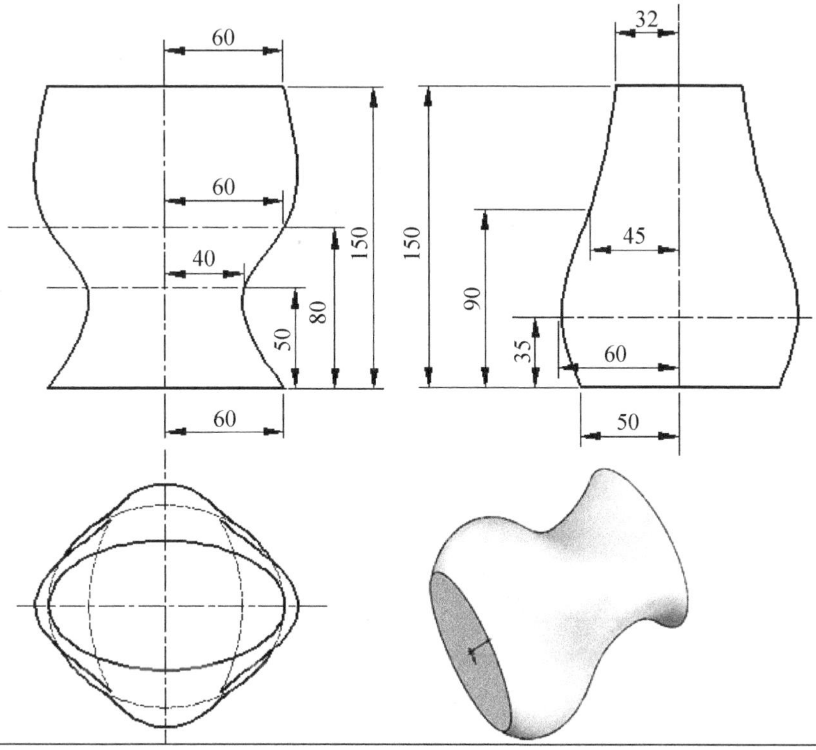
60
60
40
60
150
80
50
32
150
90
45
35
60
50

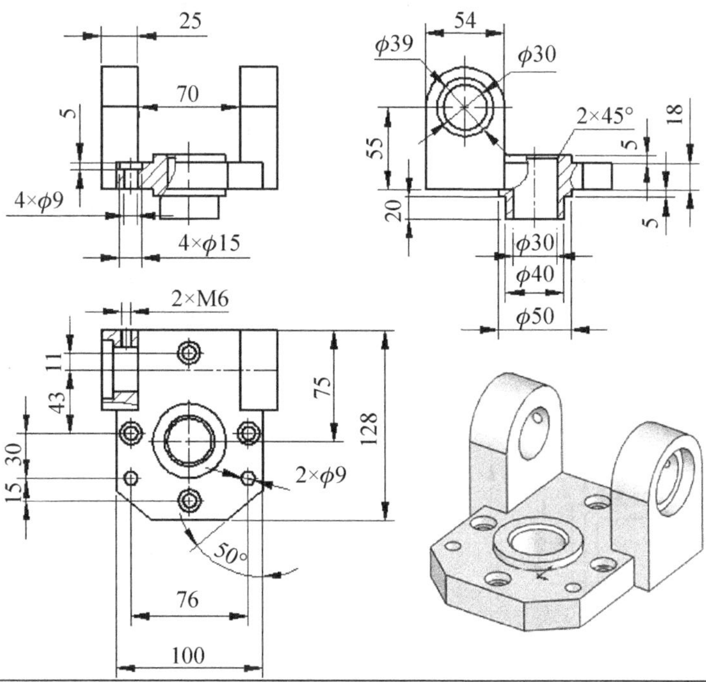
25
70
5
4×φ9
4×φ15
54
φ39
φ30
2×45°
18
55
5
20
5
φ30
φ40
φ50
2×M6
11
43
75
128
30
15
2×φ9
50°
76
100

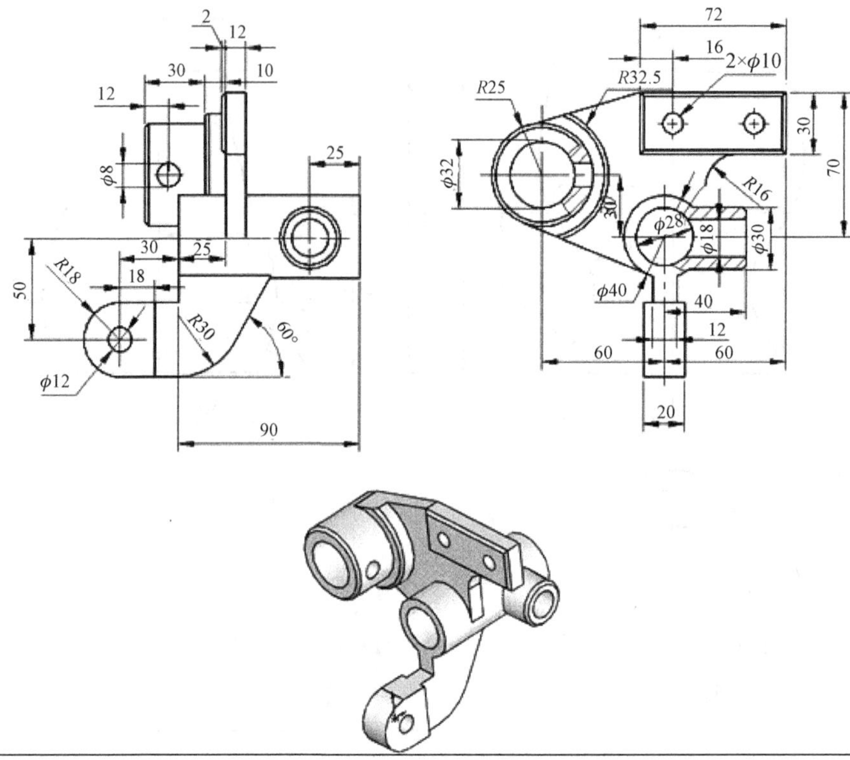

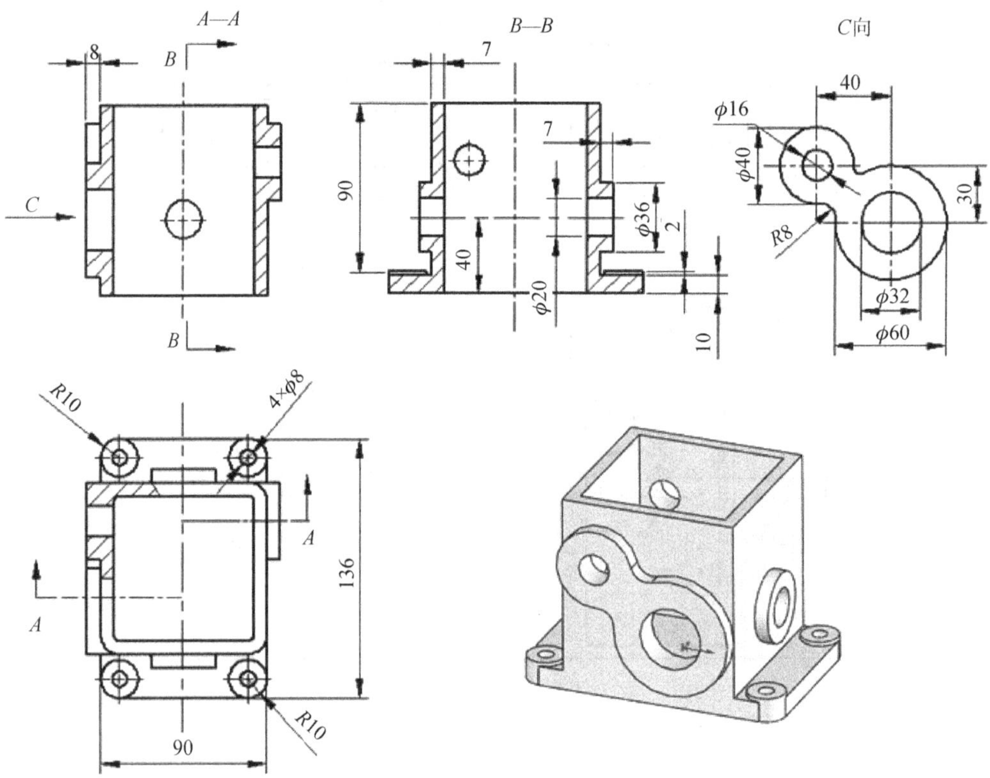
A—A
B—B
C向

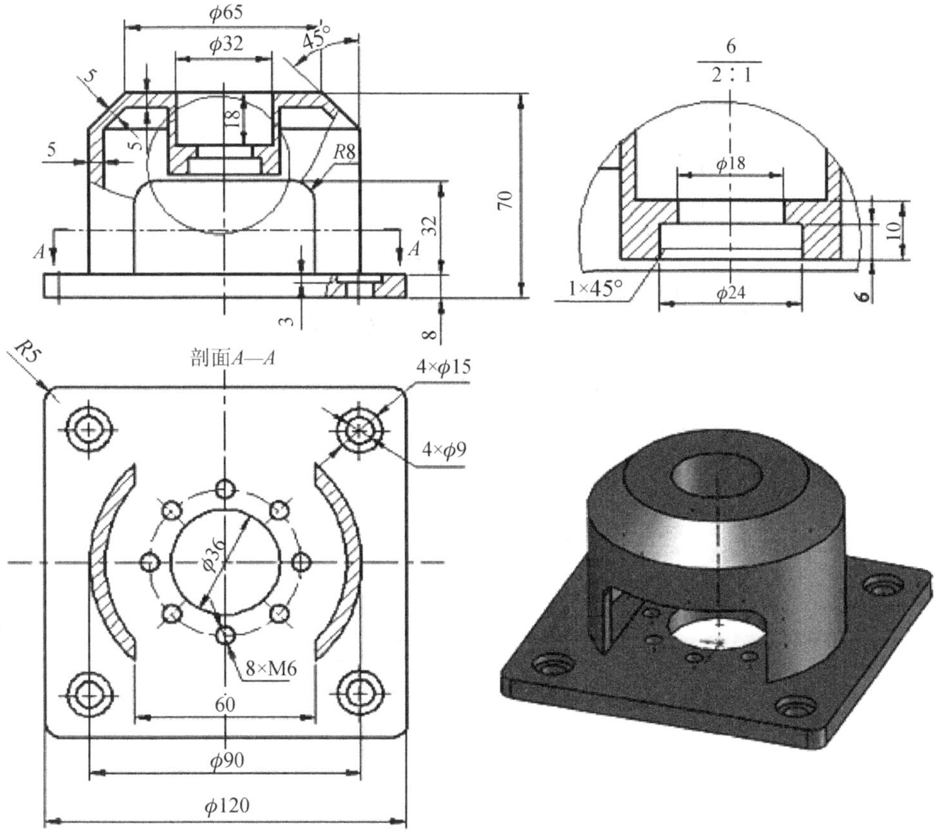
φ65
φ32
45°
5
18
5
5
R8
70
32
A
A
3
8
6
2∶1
φ18
10
1×45°
φ24
6
R5
剖面A—A
4×φ15
4×φ9
φ36
8×M6
60
φ90
φ120

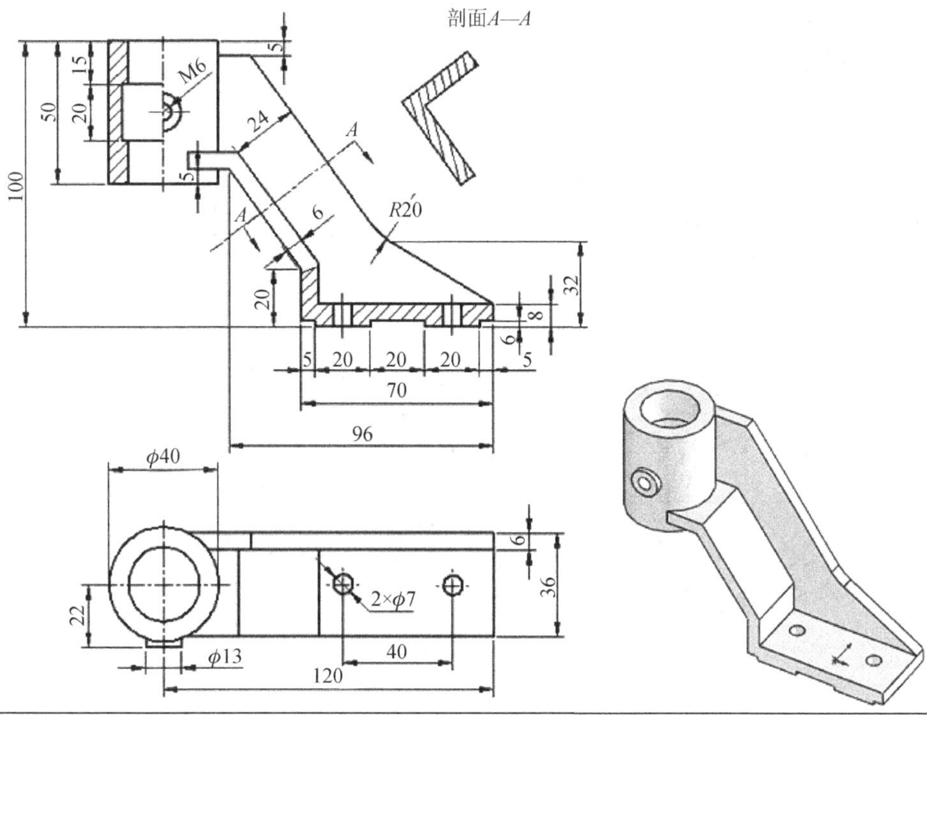
剖面A—A
5
15
50
20
M6
100
24
A
5
A
6
R20
32
20
8
6
5
20
20
20
5
70
96
φ40
6
36
22
2×φ7
φ13
40
120

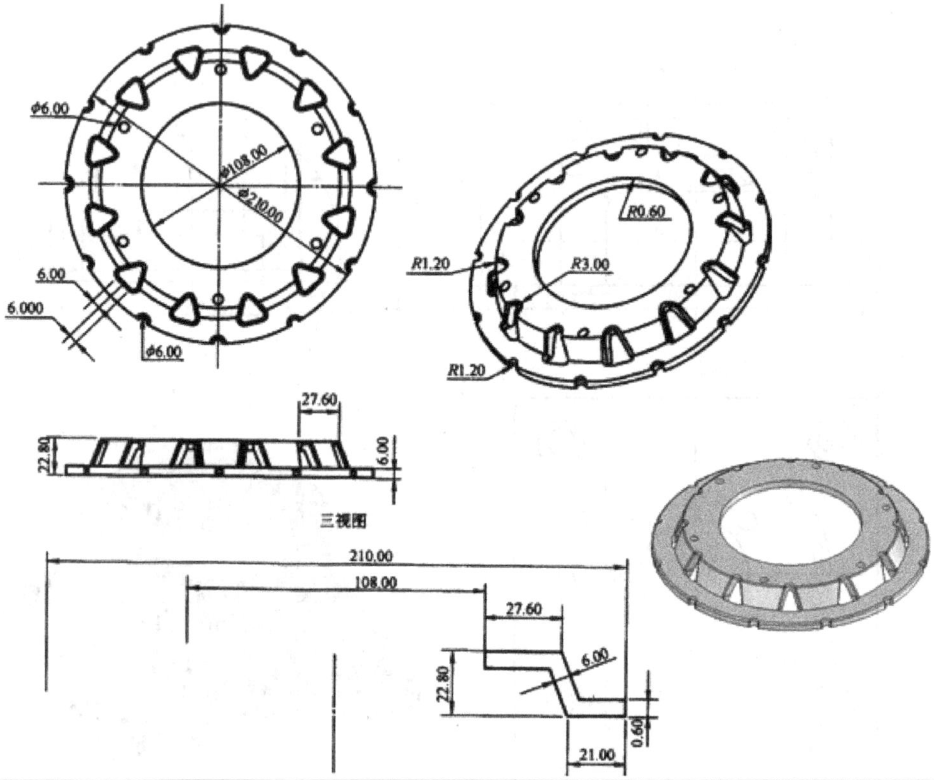
φ6.00
φ108.00
φ210.00
6.00
6.000
φ6.00
R0.60
R1.20
R3.00
R1.20
27.60
22.80
6.00
三视图
210.00
108.00
27.60
6.00
22.80
0.60
21.00

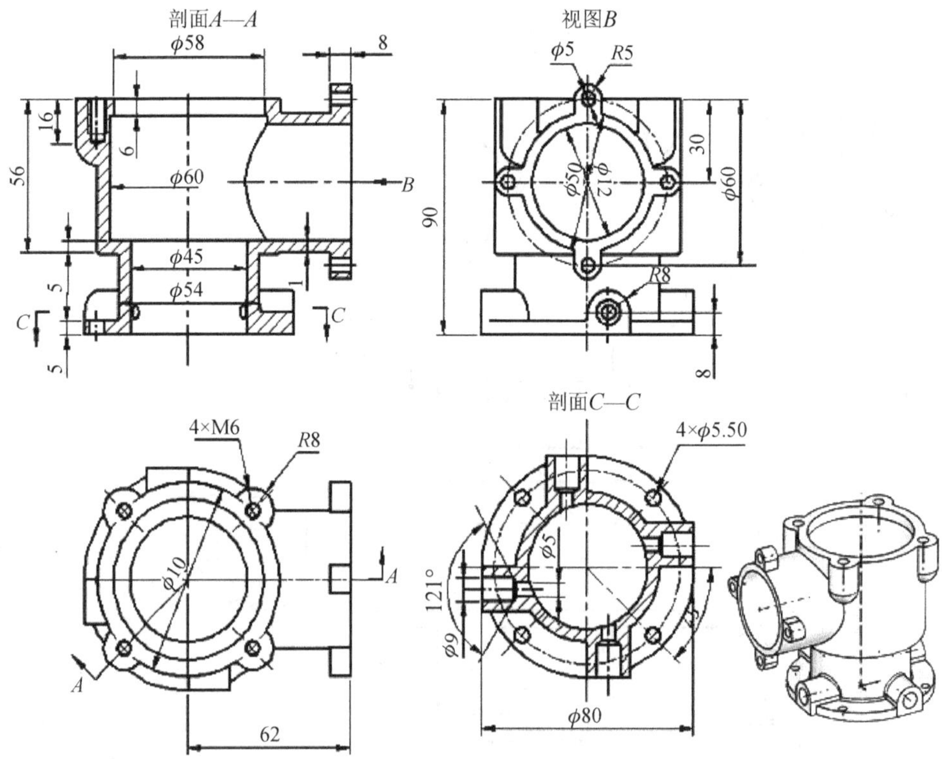
剖面A—A
φ58
8
16
56
6
φ60
B
φ45
φ54
5
C
C
5
视图B
φ5
R5
30
φ60
90
φ50
φ12
R8
8
剖面C—C
4×M6
R8
4×φ5.50
φ10
A
A
62
121°
φ9
φ5
φ80

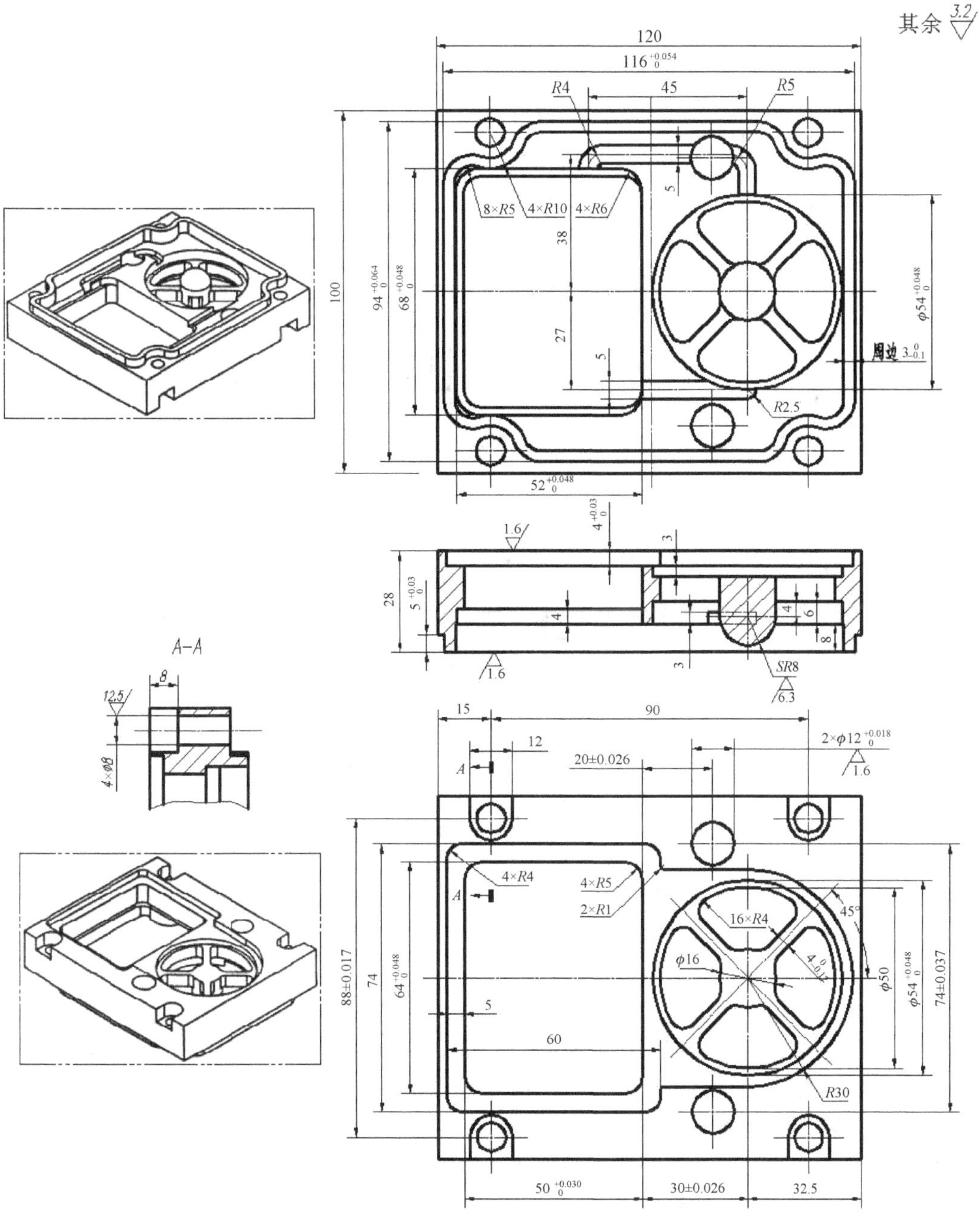
其余 3.2
120
45
R4
R5
8×R5
4×R10
4×R6
38
27
100
R2.5
周边 3
A-A
SR8
4×φ8
15
90
12
20±0.026
2×φ12
4×R4
4×R5
2×R1
16×R4
45°
φ16
φ50
R30
88±0.017
74
74±0.037
60
30±0.026
32.5

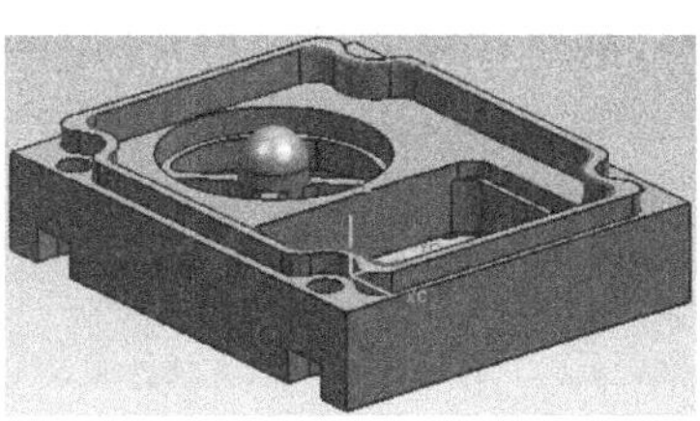

前面

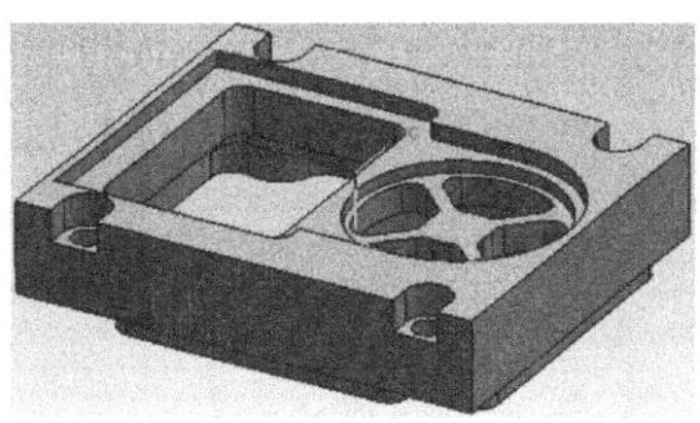

后面

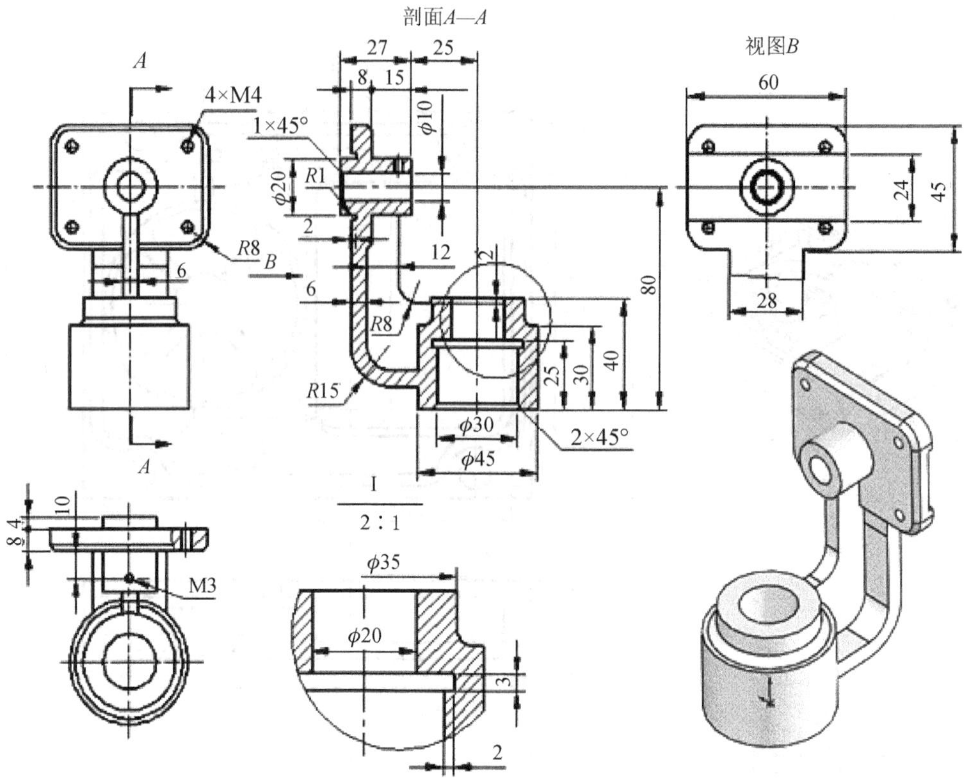

本 章 小 结

通过本章的学习，应理解以下内容：

(1) 构建几何体、3D 草图曲线。

(2) 修剪曲面、分割体、等距面、筋。

(3) 圆角、倒角、放样、扫描。

(4) 镜像特征、阵列特征、缝合曲面。

(5) 分割、圆顶、包覆、抽壳、组合运算。

(6) 延伸曲面、偏置曲面、平面区域。

(7) 交叉线、分割线、组合线、投影线、螺旋线。

(8) 多实体的设计方法和应用。

学会综合应用这些命令完成产品的三维建模，熟练建模的过程与软件的应用技巧，掌握应用 SolidWorks 构建复杂模型，提高设计效率，完成特殊零件的设计。

第6章 仿真装配

本章要点

- 装配模块应用基础
- 产品装配过程的实现方法
- 两种装配建模方法
- 零部件的配合方法
- 零部件在装配体中的外观显示
- 爆炸图的创建方法
- 爆炸图的编辑与修改

装配设计是三维设计中的一个重要环节，不仅可以利用三维模型实现产品成本的装配，还可以使用装配工具实现干涉检查、动态模拟、装配流程、运动仿真等一系列产品整体的辅助设计。

与产品的实际装配过程不同，SolidWorks 的装配模块是一种虚拟装配。将一个零部件模型引入到一个装配模型中时，并不是将该零部件模型的所有数据“复制”或“移动”过来，而只是建立装配模型与被引用零部件模型文件之间的引用(或链接)关系，即有一个指针从装配模型指向被引用的每一个零部件。一旦被引用的零部件模型被修改，其装配模型也会随之更新。

一个装配中可引用一个或多个零件模型文件，也可引用一个或多个子装配模型文件；一个装配模型文件可以作为另一个装配模型文件的一个零件。

项目 6.1 滑　　轮

【学习目标】

本项目要完成的滑轮部件及其装配如图 6-1 所示。通过本项目的学习，使读者能熟练掌握零件定位、爆炸视图以及自底向上的装配方法和相关命令，掌握应用 SolidWorks 仿真装配模块完成产品的虚拟装配的基本技能。

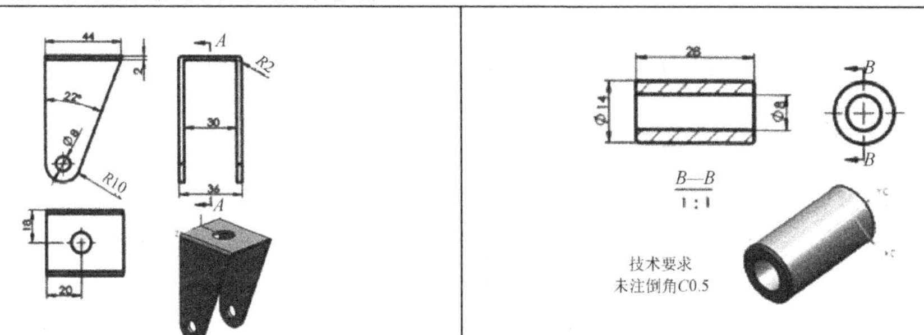

(a)轮架　　(b)轴承

图 6-1　滑轮的部件及其装配

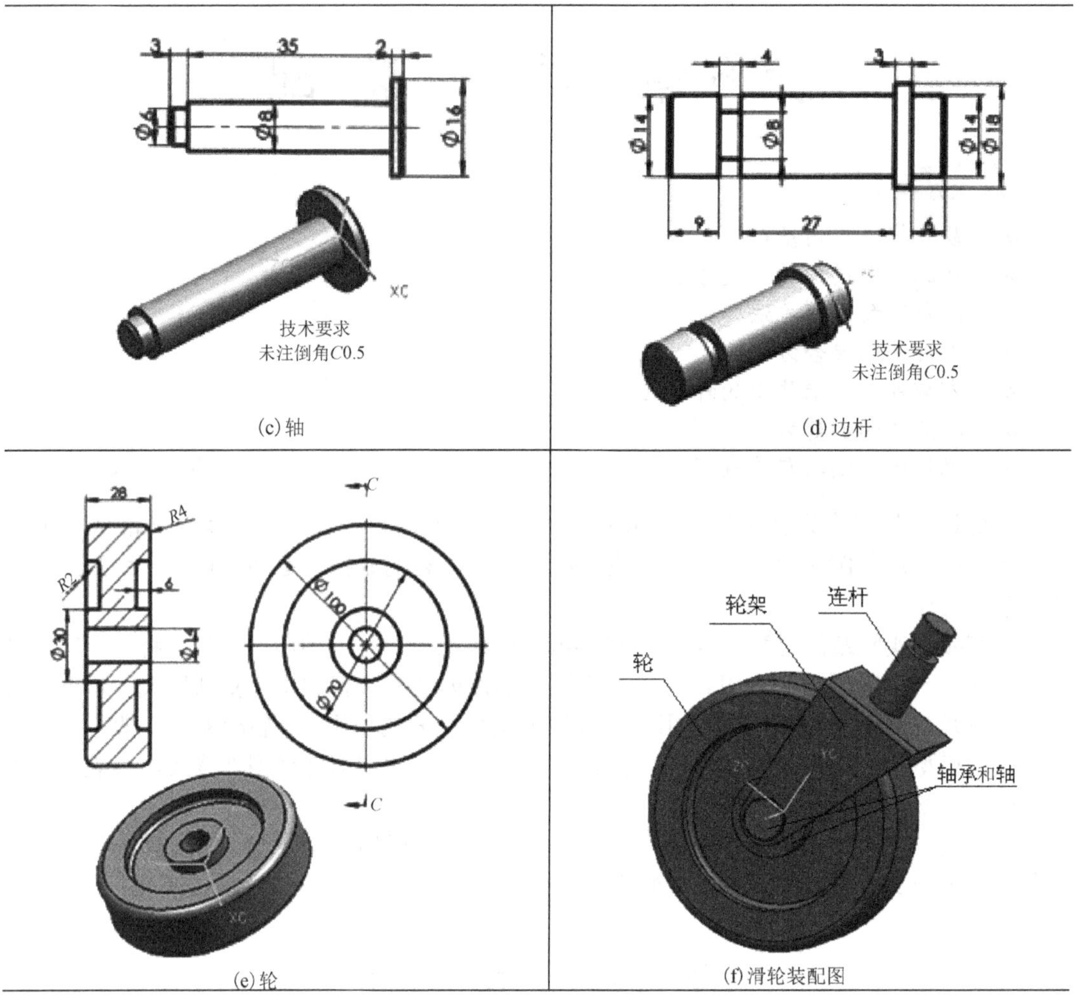

(c) 轴　(d) 边杆　(e) 轮　(f) 滑轮装配图

图 6-1　(续)

【学习要点】

添加零部件、旋转/平移零部件、配合零部件、爆炸视图。

【绘图思路】

首先引入基准零件(固定)，然后依次添加零部件并配合，最后生成爆炸视图。

【操作步骤】

(1) 新建滑轮装配文件，并保存。

(2) 插入轮架零件。单击工具栏上的“插入零部件”命令，浏览并找到欲插入的文件，单击“确定”按钮后完成，如图 6-2 所示。

系统自动将第一个插入的零件设定为“固定”，即后面所有插入的零件都是以此为基准进行配合。也可以在其右键菜单里选择“浮动”命令，将其改为可以活动的零件，如图 6-3 所示。

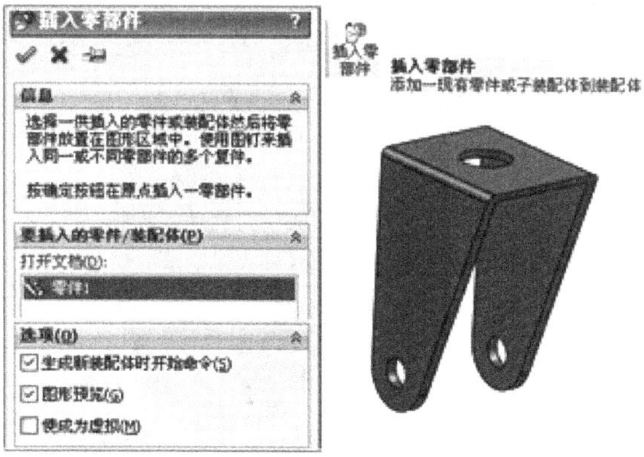

图 6-2　插入轮架零件

说明：“固定”方式，即完全定义；“浮动”方式，可随意移动或旋转。二者通过右键快捷菜单中的相应命令进行转换。

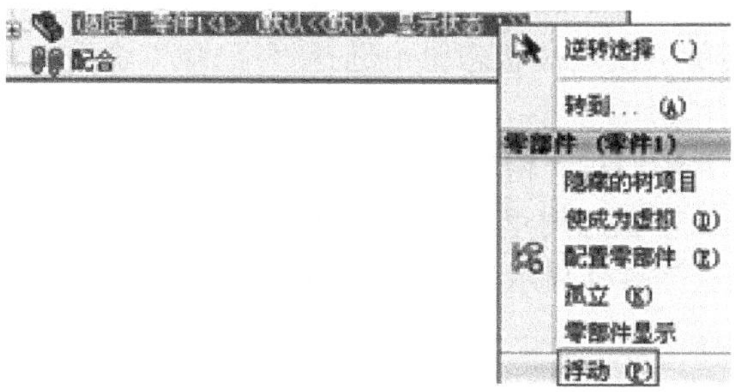

图 6-3　右键菜单进行“浮动”与“固定”转换

(3) 插入“轮”并添加与“轮架”的配合关系。如果添加的零件位置不合适，可以通过“移动零部件”或“旋转零部件”来调整它的位置方位。

① 单击工具栏上“配合”命令为“轮”与“轮架”零件间添加“同轴心”约束关系，如图 6-4 所示。

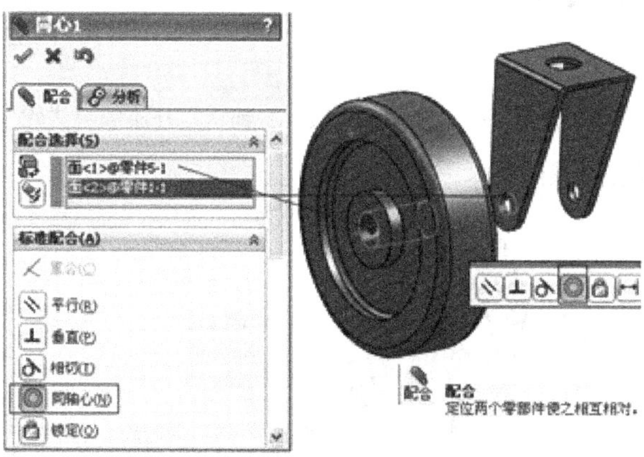

图 6-4　添加“同轴心”约束

② 为“轮”侧面与“轮架”右侧板内表面，添加距离关系，如图 6-5 所示。

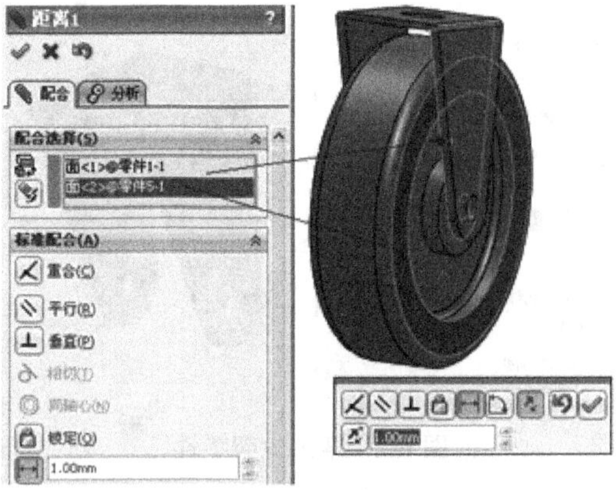

图 6-5 添加“距离”约束关系

(4) 轮与轴承配合。

① 在右键快捷菜单中或是在状态树中选择“ 隐藏”命令，隐藏“轮架”零件，如图 6-6 所示。

② 插入“轴承”并添加与“轮”的配合关系，如图 6-7 和图 6-8 所示。

(5) 轴与轮架配合。在状态树里右击固定的“轮架”零件，在弹出的快捷菜单中选择“显示”命令，将“轮架”零件显示出来，如图 6-9 所示。

图 6-6 隐藏“轮架”零件

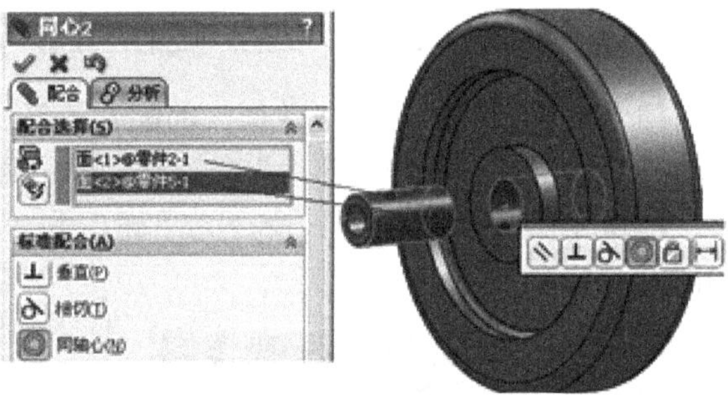

图 6-7 插入“轴承”并添加与“轮”的配合关系

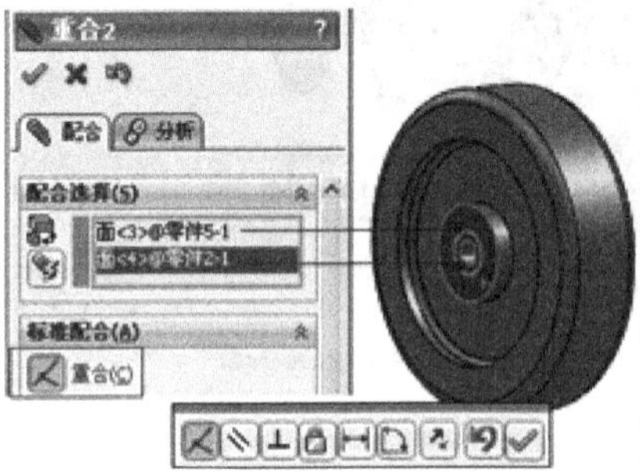

图 6-8 添加“重合”配合关系

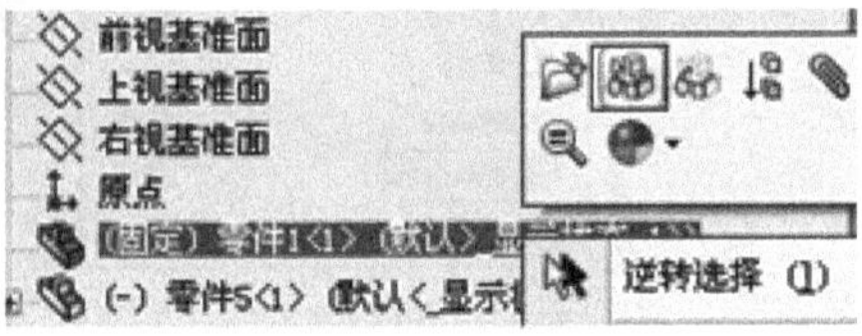

图 6-9 显示“轮架”零件

插入“轴”并添加与“轮”的配合关系，如图 6-10(同轴心)和图 6-11(轮架左板外面与轴大端内侧面)所示。

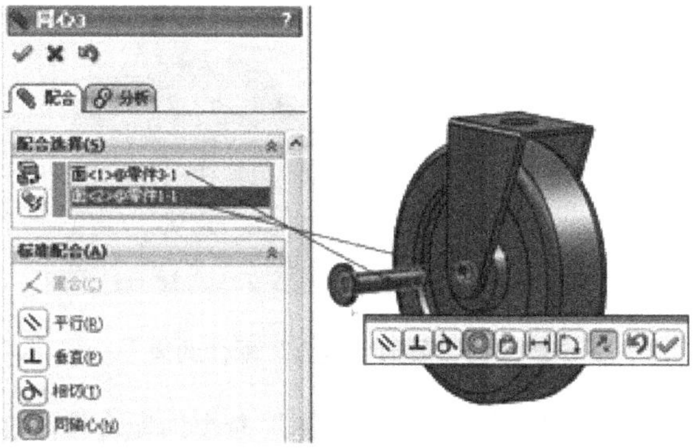

图 6-10 插入“轴”并添加“同轴心”约束

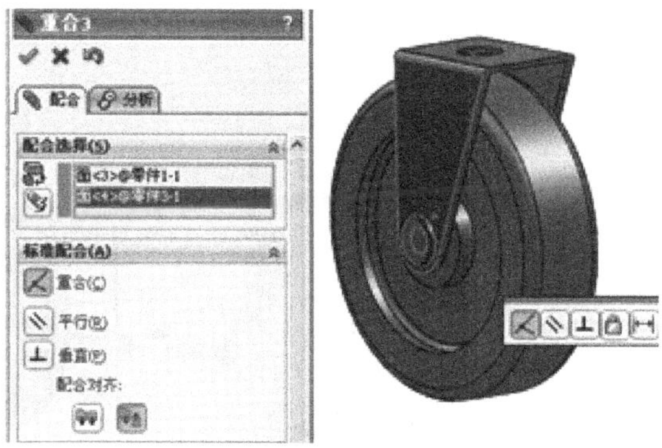

图 6-11 添加“重合”配合约束

(6) 轮架与连杆做配合。插入“连杆”并添加与“轮架”的配合关系，如图 6-12(同轴心)和图 6-13(连杆大端上平面与轮架联展孔处下平面重合)所示。

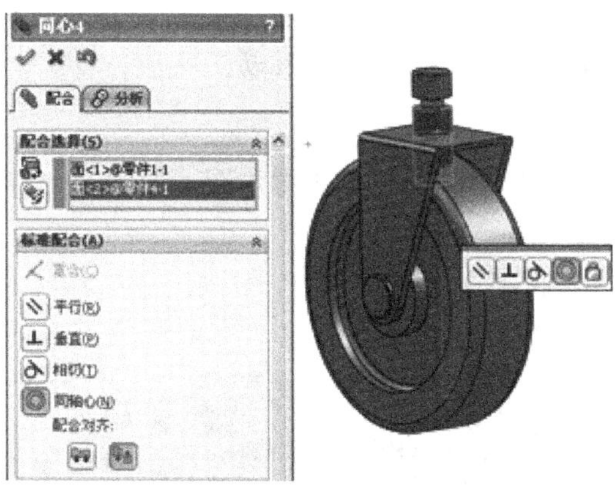

图 6-12 插入“连杆”并添加“同轴心”约束

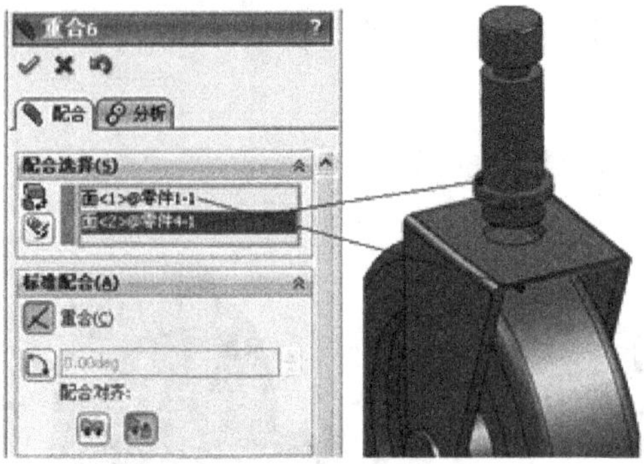

图 6-13　添加“重合”配合约束

(7) 生成爆炸视图。单击工具栏上“爆炸视图”命令为配合件添加爆炸视图，如图 6-14 所示。

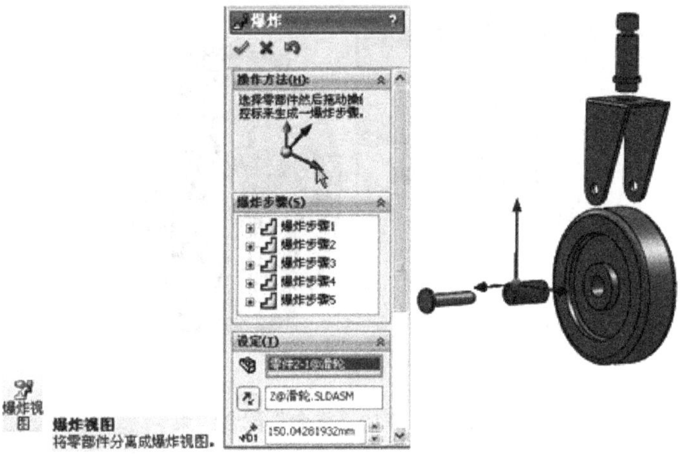

图 6-14　生成爆炸视图

提示：单击移动的零件，在弹出的 3D 轴上点按住要移动到某一方向的那个轴并拖动鼠标，到达预定位置后松开左键，完成零件的移动。

(8) 编辑爆炸视图。

① 在状态树“配置”管理器里可以编辑爆炸图，如图 6-15 所示。

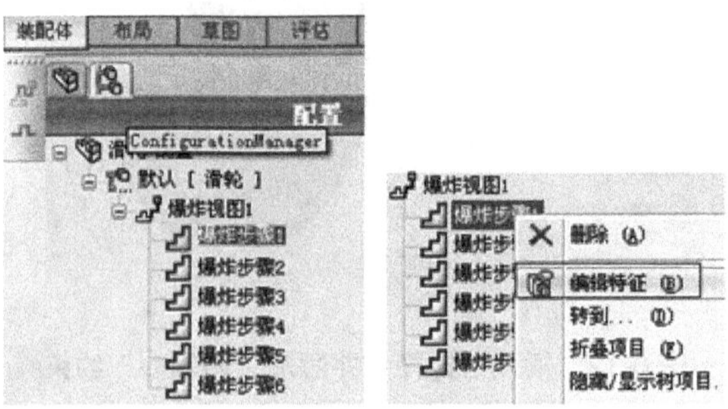

图 6-15　编辑爆炸图

在右键快捷菜单中选择“编辑特征”命令，打开“爆炸”对话框，在其中可以编辑方向、位置和距离等条件。

② 在“爆炸视图”的右键快捷菜单中可以选择“解除爆炸”和“动画解除爆炸”等命令，如图 6-16 所示。

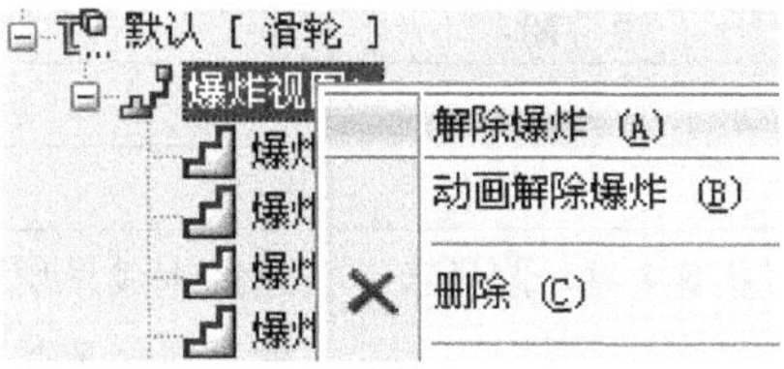

图 6-16　爆炸视图的右键菜单

【资料引入】

1. 配合概述

配合在装配体零部件之间生成几何关系。当添加配合时，定义零部件线性或旋转运动所允许的方向。可在其自由度之内移动零部件，从而直观化装配体的行为。

一些范例包括：

重合配合迫使两个平面变成共平面。面可沿彼此移动，但不能分离开。

同轴心配合迫使两个圆柱面变成同心。面可沿共同轴移动，但不能从此轴拖开。

2. 固定零部件的位置(Fixing the Position of a Component)

可以固定零部件的位置，这样它就不能相对于装配体原点移动。默认情况下，装配体中的第一个零件是固定的，但是可以随时将之浮动。

建议至少有一个装配体零部件是固定的，或者与装配体基准面或原点具有配合关系。这可为其余的配合提供参考，而且可以防止零部件在添加配合关系时意外地移动。

在状态设计树中，一个固定的零部件有一个(固定的)符号会出现在名称之前；一个浮动且欠定义的零部件有一个(-)的符号会出现在名称之前；完全定义零部件则没有任何前缀。

设置固定或浮动装配体零部件。在图形区域或状态设计树中的零部件名称上右键单击零部件。

选择固定或浮动命令。在带有多个配置的装配体中，选择“此配置”、“所有配置”或“指定配置”。

3. 切换装配体的显示状态

可以切换装配体零部件的显示状态。可从视图完全移除零部件或使之 75% 透明。暂时关闭零部件的显示，可以将它从视图中移除，可以更容易地处理被遮蔽的零部件。

隐藏或显示零部件仅影响零部件的显示状态。

4. 装配体中的显示状态

可以为装配体中的每个零部件定义。可以设置的不同组合，并在显示状态中保存这些组合。

显示设置的具体内容，如表 6-1 所示。

表 6-1　显示设置

显示设置	图　标	说　明	备　注
隐藏/显示		显示	
		隐藏	
		带从属关系一起显示	通过生成顶层覆盖而显示所有子装配体零部件，包括那些在子装配体中隐藏的零部件。消除覆盖可将子装配体零部件返回到子装配体中定义的状态
显示模式		线架图(Wireframe)	
		隐藏线可见	
		消除隐藏线	
		带边线上色	
		上色	
		默认显示	设为“默认显示”的零部件将使用当前窗口中顶层装配体的显示模式，如在“视图”菜单和工具栏上所设置
外观	(空白)		无外观应用到子装配体
		零件颜色	右下三角形显示零件文件中零件的外观
		覆盖颜色/零件颜色	左上三角形显示装配体文件中所指定的覆盖外观
透明度	(空白)		未应用透明度(零件不透明)
		透明	75%透明度应用到零部件的颜色

5. 生成和编辑爆炸视图

可以通过在图形区域中选择和拖动零件来生成爆炸视图，从而生成一个或多个爆炸步骤。在爆炸视图中可以：

(1) 均分爆炸成组零部件(器件、螺垫等)。

(2) 附加新的零部件到另一个零部件的现有爆炸步骤。此方法适用添加一个零件到已有爆炸视图的装配体中。

可以通过拖动三重轴臂杆来编辑爆炸视图，如图 6-17 所示。

6. 配合关系

SolidWorks 2010 系统的配合是在装配体零部件之间生成几何关系，在标准配合命令里可以选择以下配合类型。

(1) 重合：使所选项目(基准面、直线、边线、曲面之间相互组合或与单一顶点组合)重合在一条无限长的直线上，或将两个点重合等。

(2) 垂直：使所选项目保持垂直。

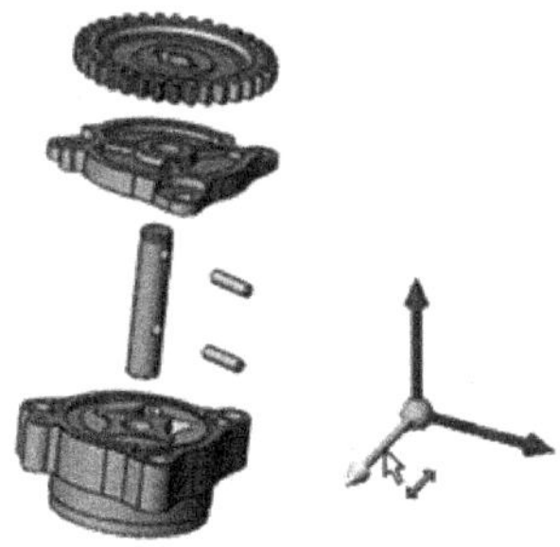

图 6-17　生成和编辑爆炸视图

(3) 相切：使所选的项目相切(其中，所选项目至少有一项为圆柱面、圆锥面或球面)。

(4) 同轴心：使所选的项目位于同一中心点。

(5) 平行：使所选的项目相互平行。

(6) 距离：使所选的项目之间保持指定距离。

(7) 角度：使所选项目以指定的角度配合。

在高级和机械配合选项里可以选择以下配合类型：对称、宽度、路径配合、线性/线性耦合、距离、角度；凸轮、铰链、齿轮、齿条小齿轮、螺旋、万向节。

项目 6.2　叶片转子油泵

【学习目标】

本项目要完成的叶片转子油泵的部件及装配图如图 6-18 所示。通过本项目的学习，使读者能熟练掌握零件定位、爆炸视图及自底向上的装配方法和相关命令，掌握应用 SolidWorks 仿真装配模块完成产品的虚拟装配的基本技能。

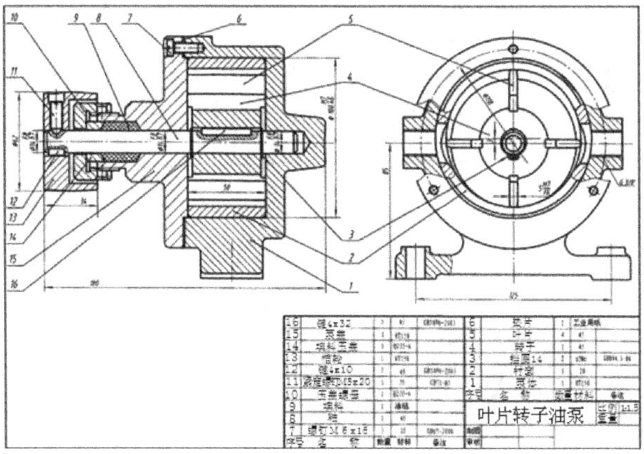

(a) 叶片转子油泵的两视图

图 6-18　叶片转子油泵的两视图及部件图

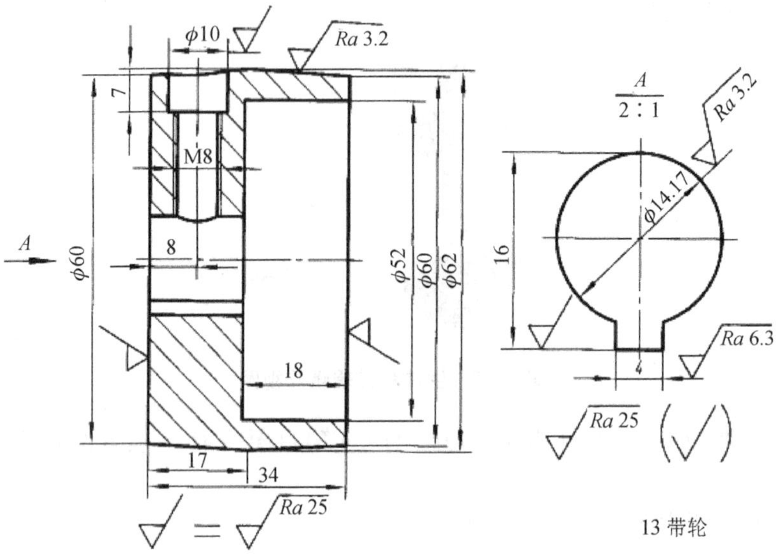

13 带轮

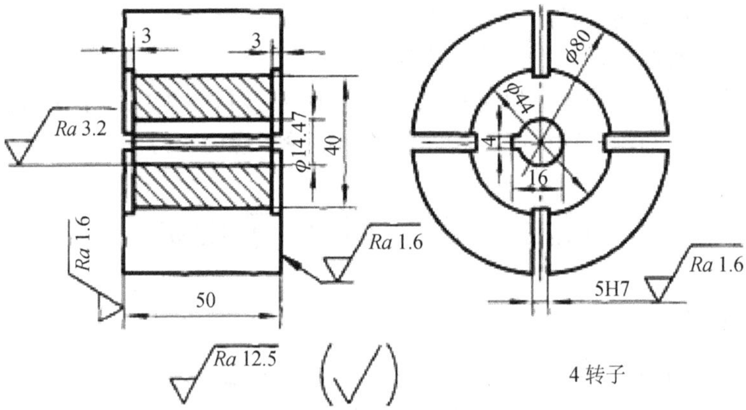

4 转子

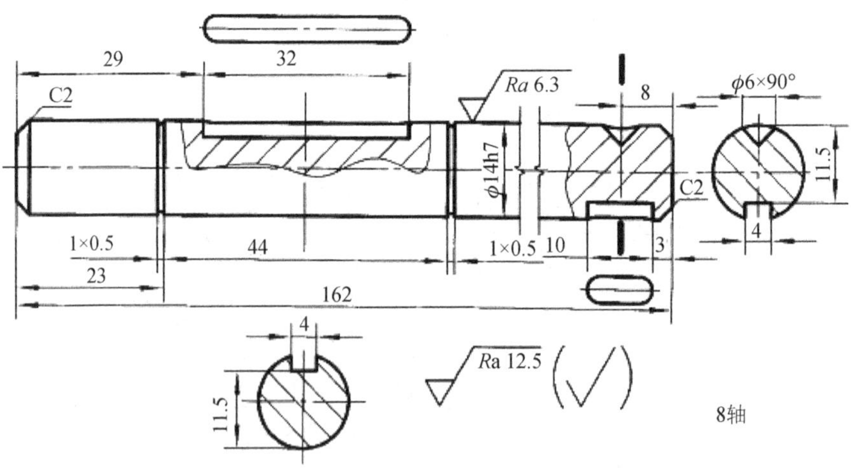

8轴

(b) 部件图(1)

图 6-18　叶片转子油泵的两视图及部件图(续)

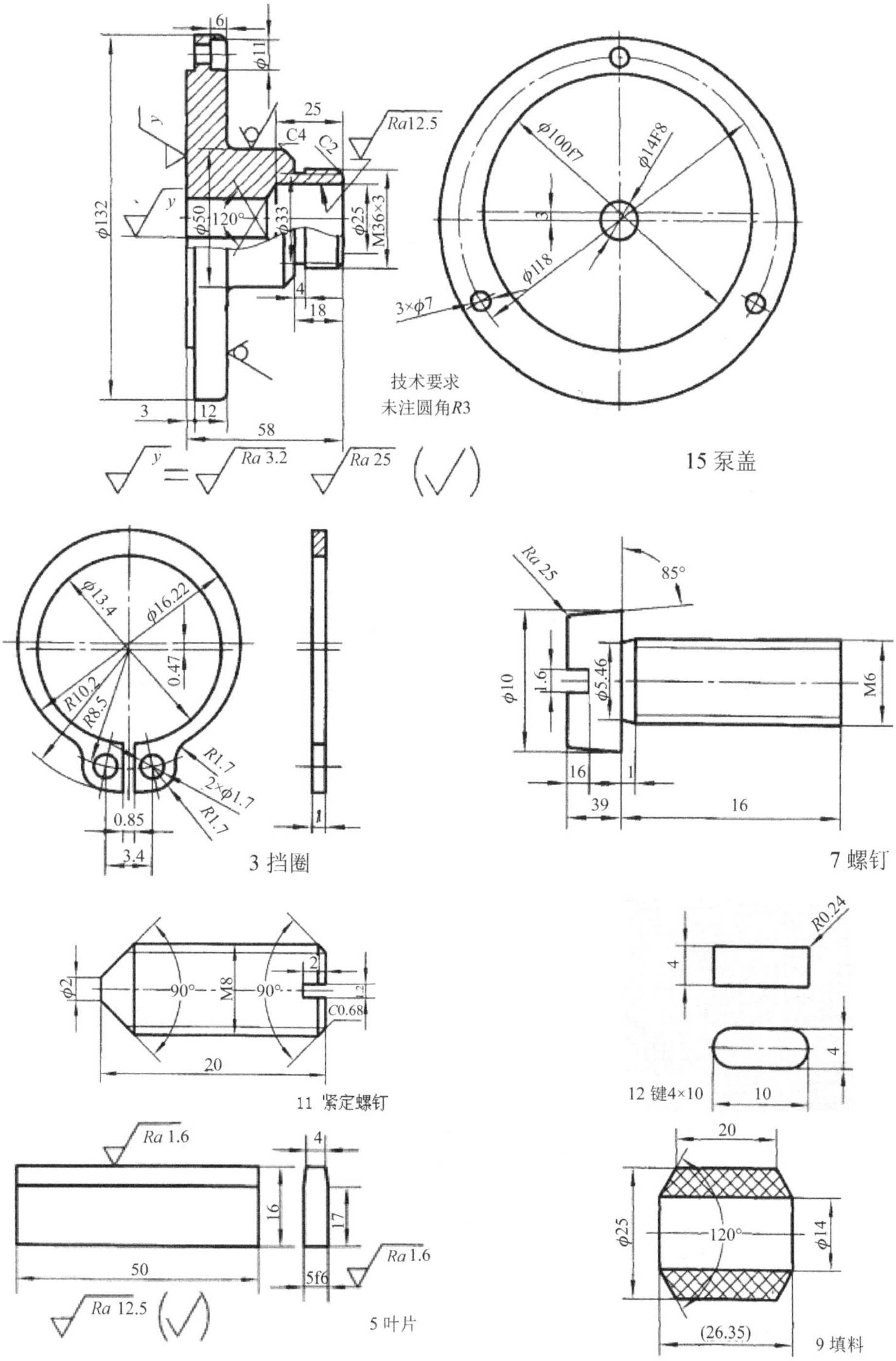

(c) 部件图(2)

图 6-18　叶片转子油泵的两视图及部件图(续)

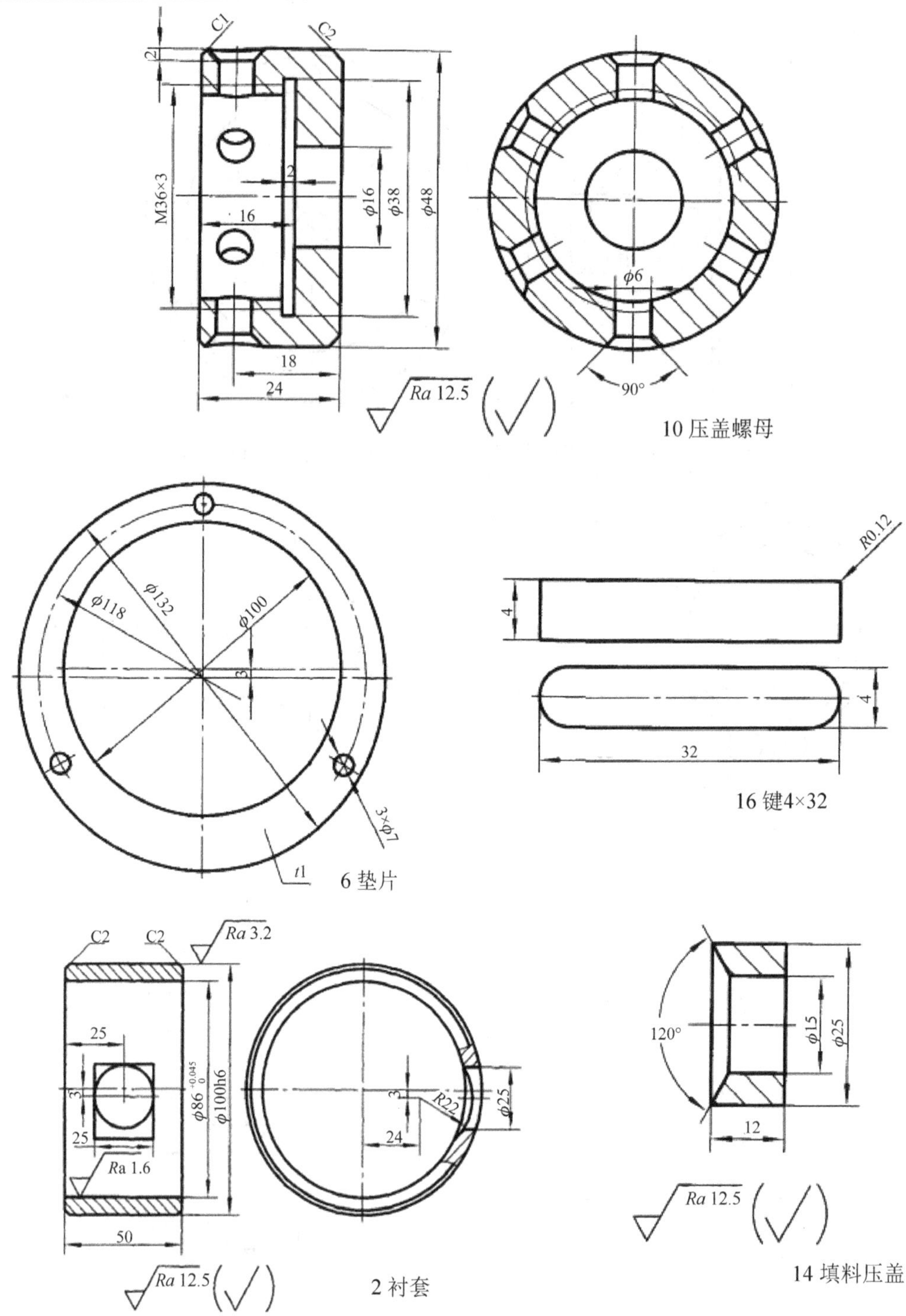

(d) 部件图(3)

图 6-18 叶片转子油泵的两视图及部件图(续)

零件三维模型图如图 6-19 所示。

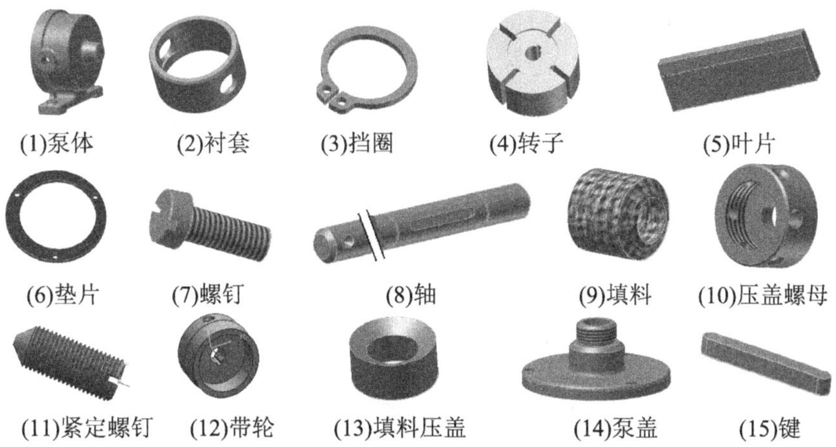

图 6-19　部件的三维模型图

按照叶片转子油泵的装配图，将生成的零件实体装配成叶片转子油泵的装配体； 生成爆炸图，拆卸顺序应与装配顺序相匹配，如图 6-20 所示。

图 6-20　叶片转子油泵的装配图及爆炸图

【学习要点】

添加零部件、旋转/平移零部件、配合零部件、爆炸视图。

【绘图思路】

首先引入基准零件，然后依次添加零部件并配合，最后生成爆炸视图。

【操作步骤】

(1)　新建叶片转子油泵装配文件，并保存。

(2)　插入泵体零件，单击工具栏上的“插入零部件”命令，浏览并找到欲插入的泵体文件，单击“确定”按钮完成，如图 6-21 所示。

图 6-21　插入泵体零件

(3) 添加衬套零件并与泵体配合。

① 插入衬套零件：单击工具栏上“插入零部件”命令，浏览并找到衬套文件，单击“确定”按钮后完成。

② 由于衬套侧面方孔是偏心的，需要通过

命令，调整衬套零件与泵体的相对位置。

③ 添加衬套零件及与泵体配合关系，如图 6-22、图 6-23 和图 6-24 所示。

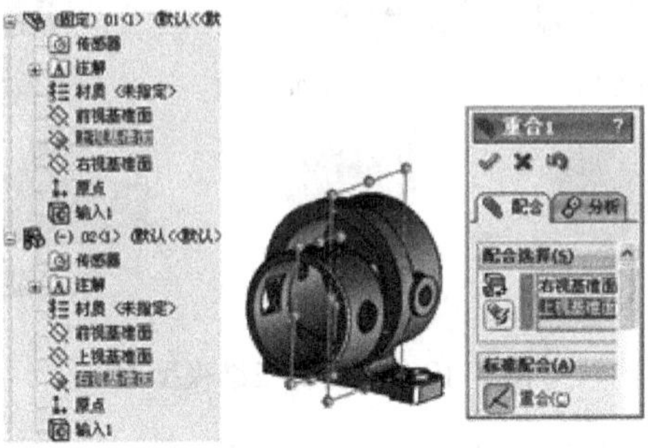

图 6-22　添加衬套零件

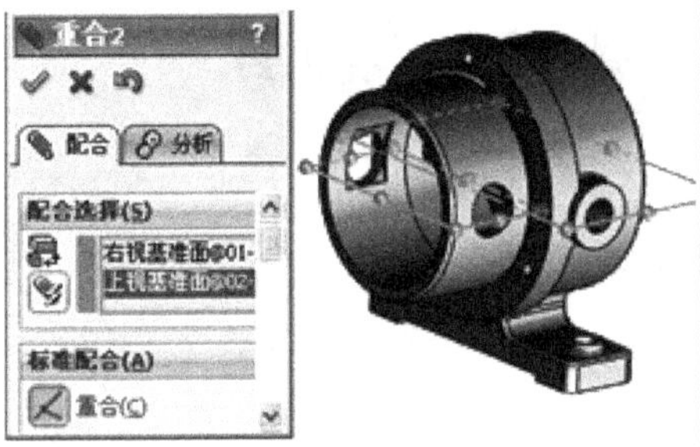

图 6-23　衬套零件及与泵中间面重合

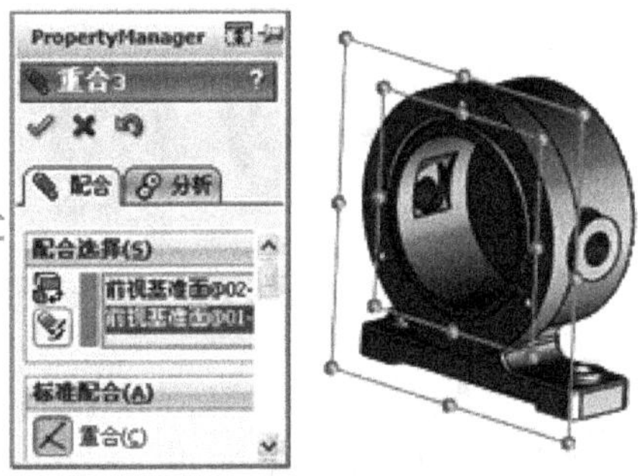

图 6-24　衬套零件及与泵前面重合

(4) 配合转子衬套零件。

① 隐藏泵体文件。

② 插入转子零件：单击工具栏上的“插入零部件”命令，浏览并找到转子文件，单击“确定”按钮完成。

③ 添加衬套零件及与转子的配合关系，如图 6-25 和图 6-26 所示。

图 6-25　转子外表面与衬套内表面重合

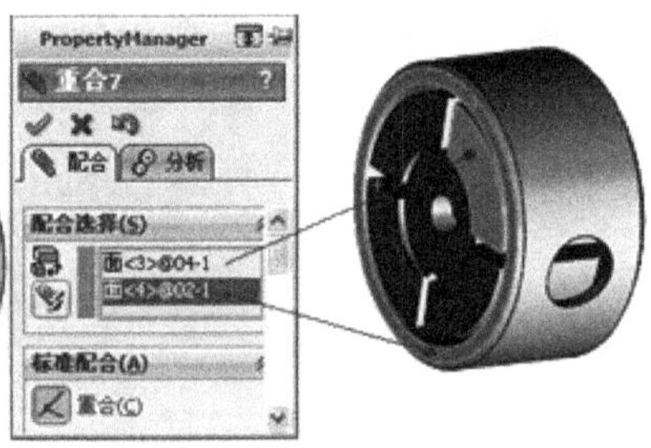

图 6-26　转子与衬套前面重合

(5) 配合转子叶片零件。

① 隐藏衬套文件。

② 插入叶片零件：单击工具栏上的“插入零部件”命令，浏览并找到叶片文件，单击“确定”按钮完成。

③ 添加叶片零件及与转子的配合关系，如图 6-27、图 6-28 和图 6-29 所示。

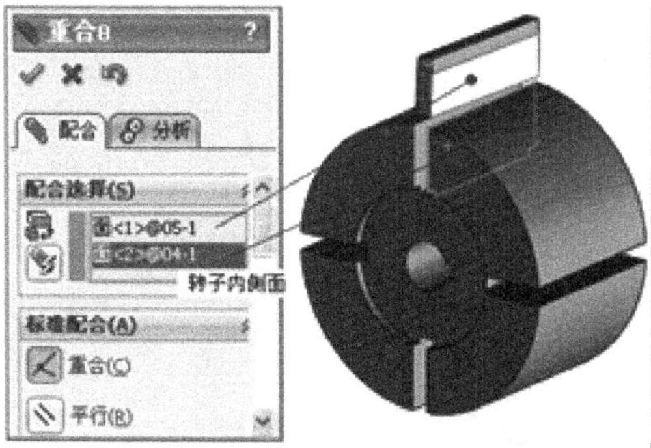

图 6-27　叶片与转子侧面重合

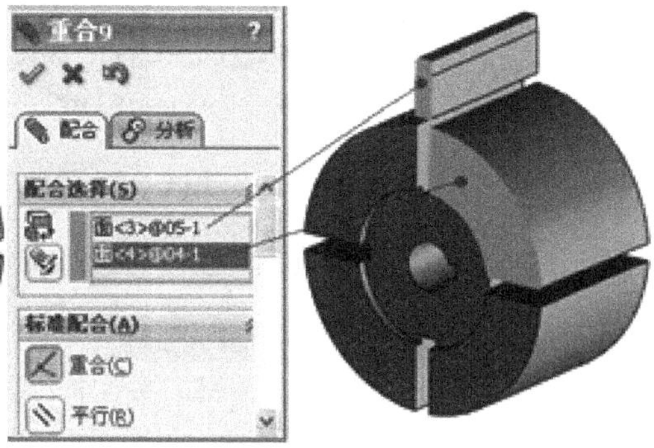

图 6-28　叶片与转子前面重合

(6) 配合转子叶片零件。单击工具栏上的 圆周零部件阵列 图标，在弹出的对话框中设置参数，如图 6-30 所示，单击“确定”按钮完成。

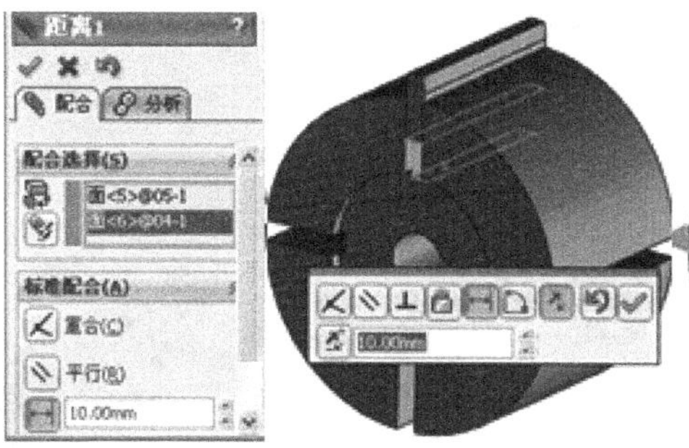

图 6-29　转子外表面与衬套内表面重合

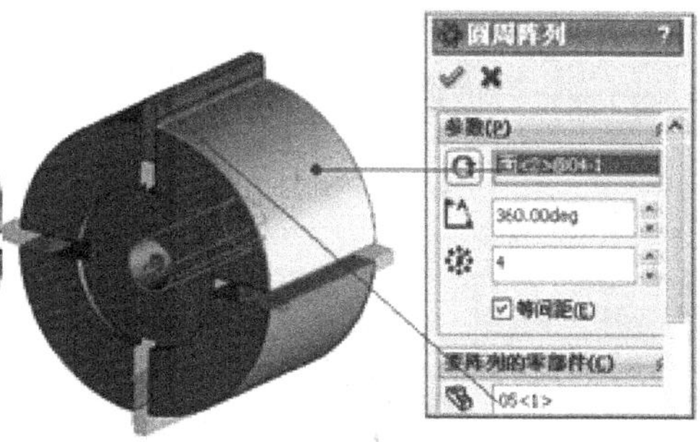

图 6-30　转子与衬套前面重合

(7) 分别插入平键与轴零件。

添加平键与轴上键槽的配合关系，如图 6-31、图 6-32 和图 6-33 所示。

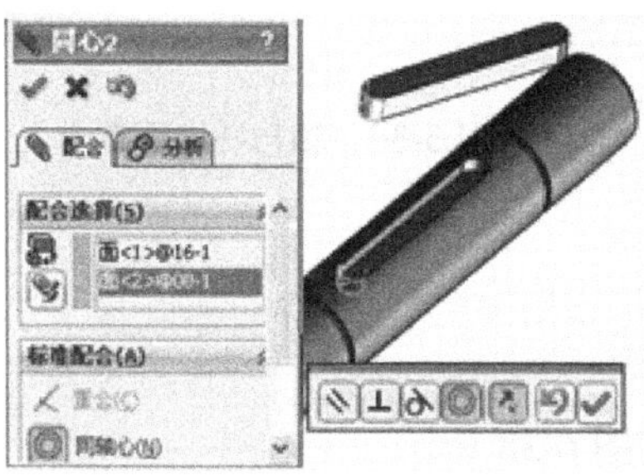

图 6-31　平键与键槽端面重合

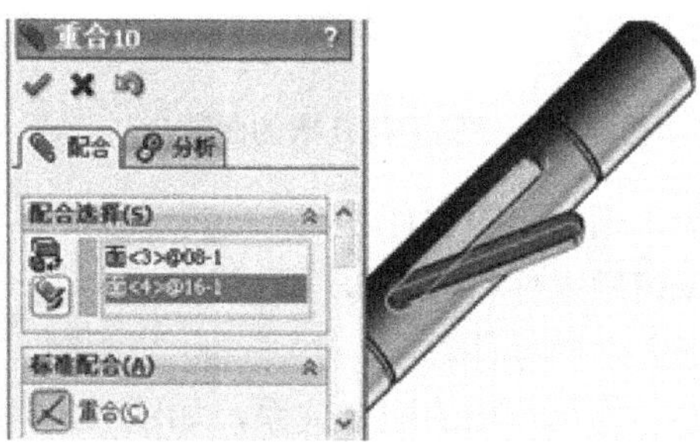

图 6-32　平键与键槽底面重合

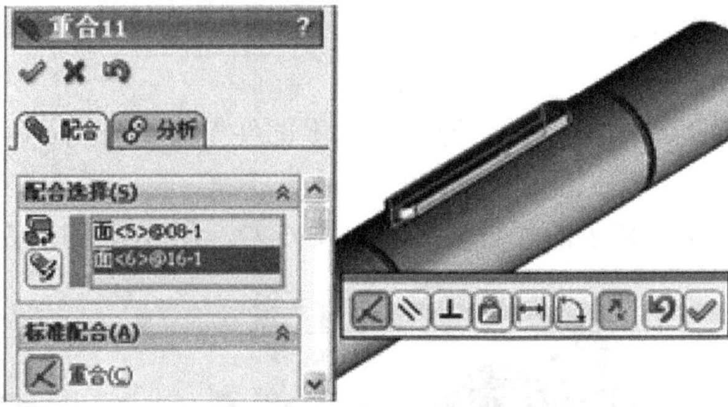

图 6-33　平键与键槽侧面重合

(8) 添加转子与轴的配合关系，如图 6-34、图 6-35 和图 6-36 所示。

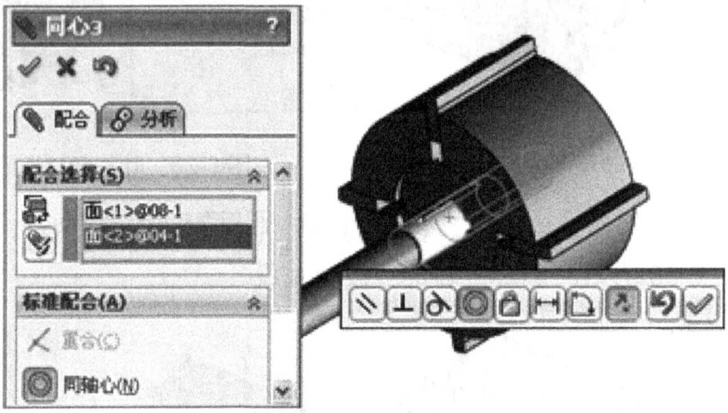

图 6-34　轴外表面与孔内表面重合

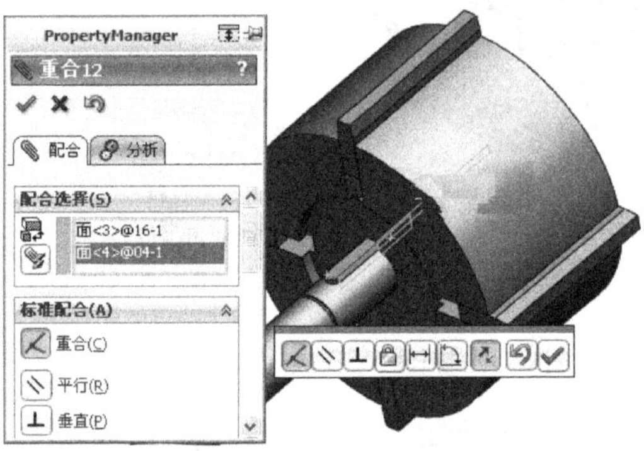

图 6-35　键侧面与孔槽侧面重合

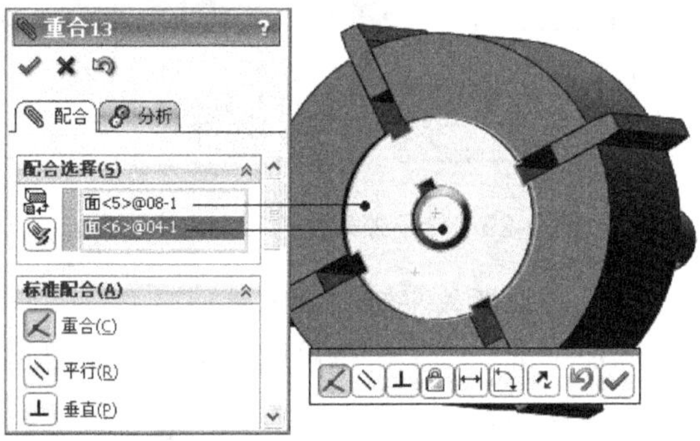

图 6-36　轴与孔端面重合

(9) 配合轴与挡圈零件。

① 保留轴零件将其他零件隐藏。

② 插入挡圈零件。

③ 添加挡圈与轴的配合关系，如图 6-37 和图 6-38 所示。

(10) 镜像零件挡圈。

① 构建两环形槽中间的基准平面。

隐藏挡圈，单击工具栏上的“参考几何体”和“基准面”，选取轴上两环形槽同侧的内表面，系统自动采用“两侧对称”方式构建出基准平面，如图 6-39 所示。

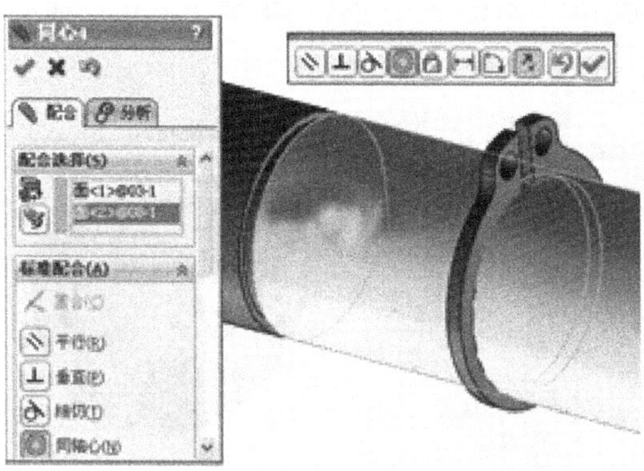

图 6-37　轴与挡圈轴面重合

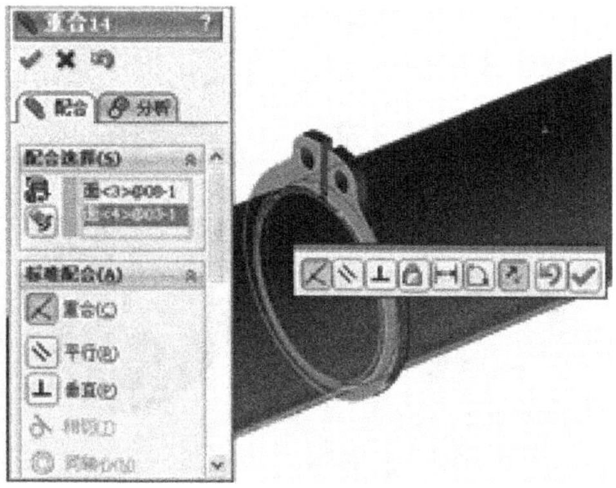

图 6-38　轴与挡圈侧轴面重合

② 显示挡圈，再单击工具栏上的“镜向零部件(R)”，然后在对话框中选取挡圈和上步制作的基准平面，单击“确定”按钮后镜像出另一侧挡圈，如图 6-40 所示。

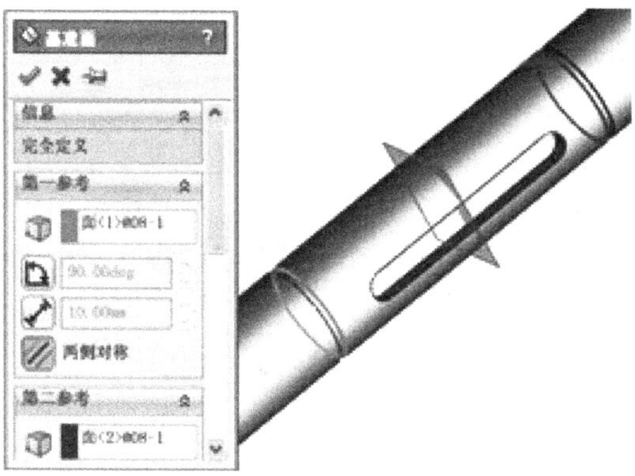

图 6-39　构建基准面

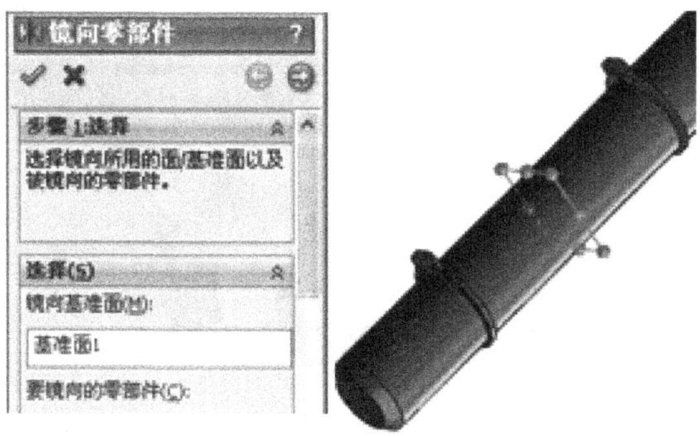

图 6-40　镜像挡圈零件

(11) 显示泵体零件将其他零件隐藏，插入垫片零件。添加垫片与泵体的配合关系，如图 6-41 和图 6-42 所示。

图 6-41　添加泵体与垫片孔同心关系

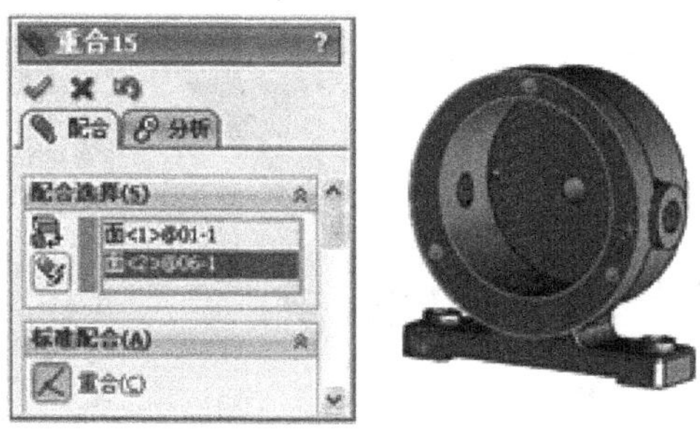

图 6-42　添加泵体与垫片表面重合

(12) 将其他零件隐藏只显示垫片零件。插入泵盖零件，添加垫片与泵盖的配合关系。过程参考上一步“配合垫片泵体零件”，略。

(13) 插入填料零件，添加填料与泵盖零件的配合关系，如图 6-43(同轴心)和图 6-44(边线重合)所示。

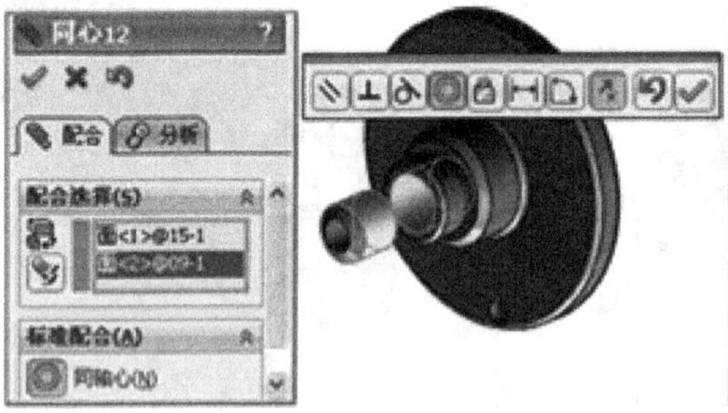

图 6-43　填料与泵盖零件同轴心

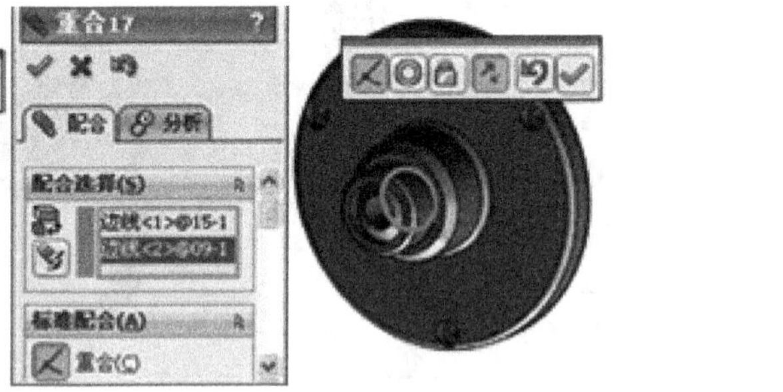

图 6-44　填料与泵盖零件边线重合

(14) 配合填料与填料压盖零件。

① 将其他零件隐藏只显示填料零件。

② 插入填料压盖零件。

③ 添加填料与填料压盖的配合关系。如图 6-45(同轴心)和图 6-46(边线重合)所示。

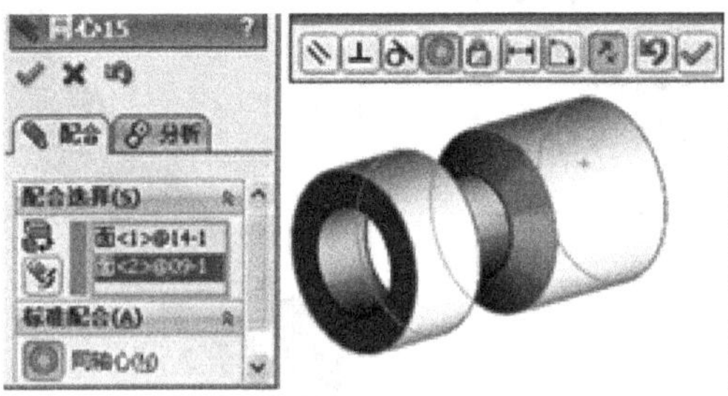

图 6-45　填料与填料压盖同轴心

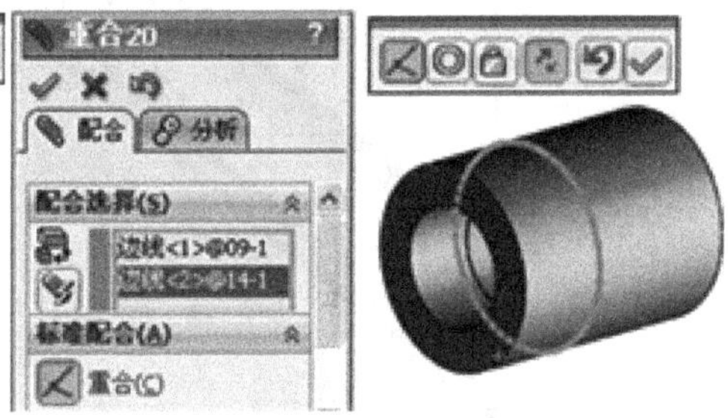

图 6-46　填料与填料压盖边线重合

(15) 将其他零件隐藏只显示填料、填料压盖、泵盖零件。

插入压盖螺母零件，添加压盖螺母与填料压盖的配合关系。如图 6-47(同轴心)和图 6-48(平面重合)所示。

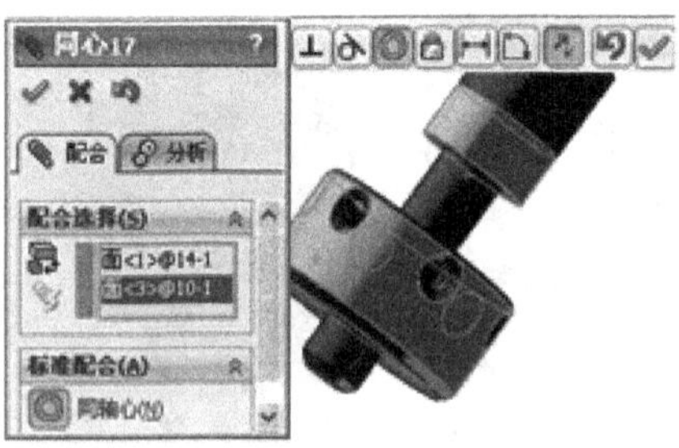

图 6-47　压盖螺母与填料压盖同轴心

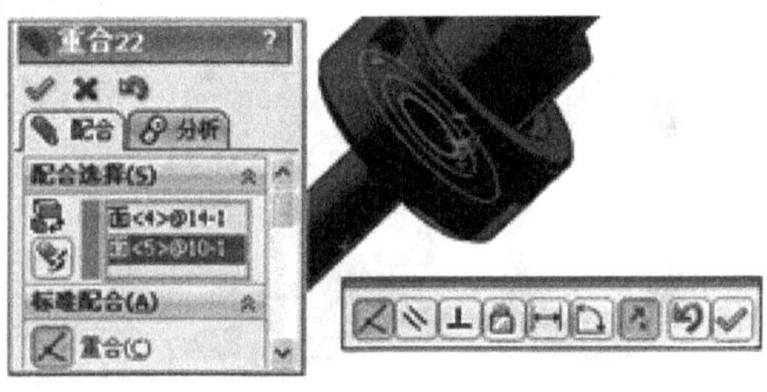

图 6-48　压盖螺母与填料压盖边线重合

(16) 配对零件轴和键 12，操作过程参见步骤 7，结果如图 6-49 所示。

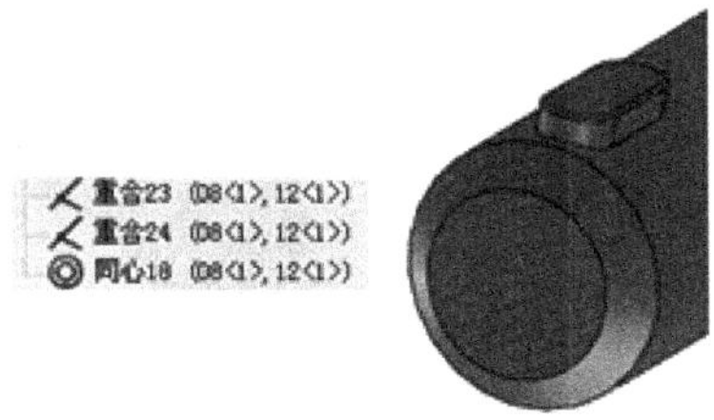

图 6-49　轴和键配合

(17) 配合带轮零件。

① 将其他零件隐藏只显示轴和键 12 零件。

② 插入带轮零件。

③ 添加带轮与轴和键 12 的配合关系。如图 6-50(同轴心)、图 6-51(平面重合或端面重合)所示。

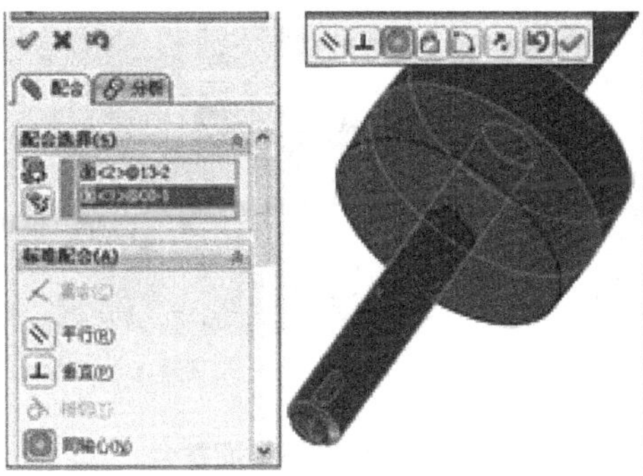

图 6-50　带轮与轴配合

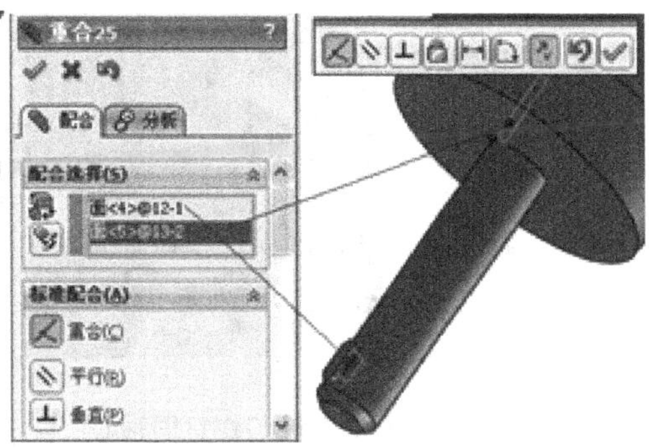

图 6-51　轴和键配合

(18) 配合紧定螺钉带轮零件。

① 插入紧定螺钉零件。

② 添加带轮与紧定螺钉的配合关系。如图 6-52(同轴心)、图 6-53(锥面重合)和图 6-54 所示(在右键快捷菜单里将带轮透明化)。

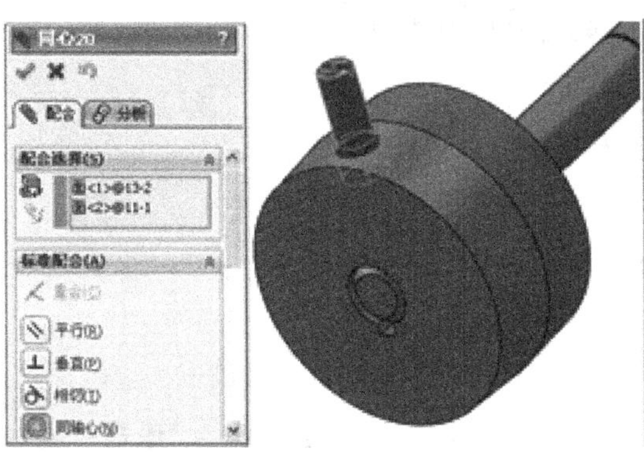

图 6-52　带轮与紧定螺钉的同轴心配合

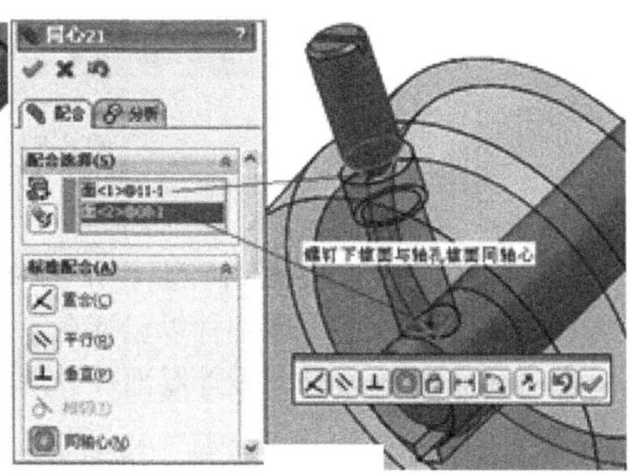

图 6-53　带轮与紧定螺钉重合配合

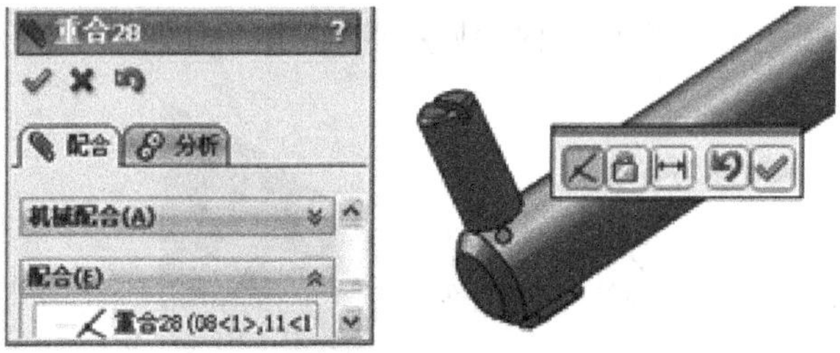

图 6-54　螺钉底平面与轴孔锥面底点重合

(19) 配合螺钉泵盖零件。

① 插入螺钉 7 零件。

② 添加带轮与螺钉 7 的配合关系。如图 6-55 所示(同轴心)和图 6-56 所示(锥面重合)。

③ 单击工具栏上 圆周零部件阵列 图标，在弹出的对话框内设置参数，单击“确定”按钮后完成阵列，如图 6-57 所示。

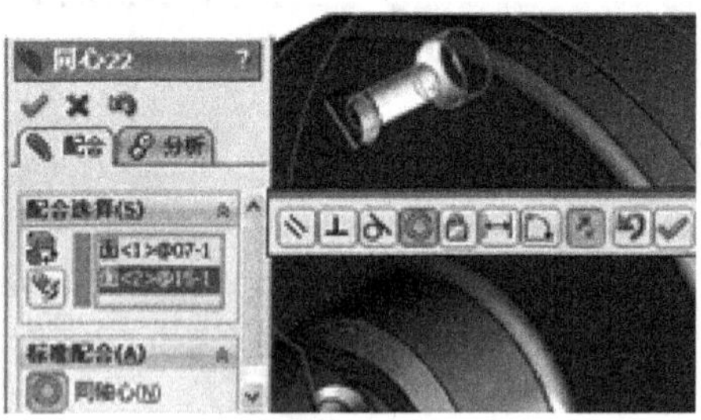

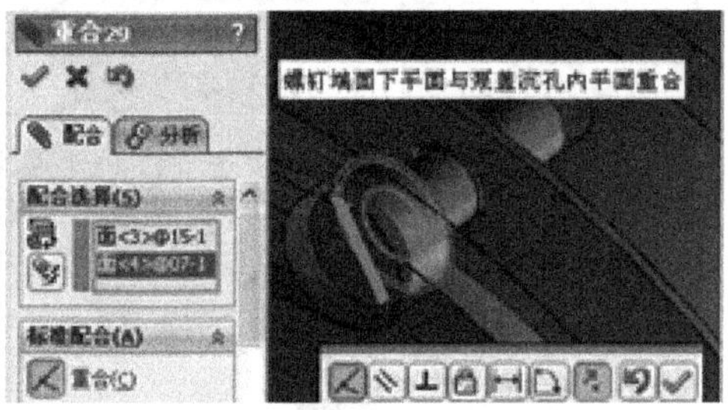

图 6-55　带轮与螺钉同轴心　　　　图 6-56　带轮与螺钉锥面重合

图 6-57　圆周阵列

(20) 生成爆炸视图。

① 单击爆炸视图(装配体工具栏)，或单击插入、爆炸视图。

② 选取一个或多个零部件以包括在第一个爆炸步骤中。

③ 拖动三重轴臂杆来爆炸零部件。爆炸步骤出现在爆炸步骤下。

注意： 要移动或对齐三重轴。拖动中央球形可来回拖动三重轴；Alt + 拖动中央球形或臂杆将三重轴丢放在边线或面上，以使三重轴对齐该边线或面；右键单击中心球并选择对齐到、与零部件原点对齐、或与装配体原点对齐。

④　在设定下，单击完成。

⑤　根据需要生成更多爆炸步骤，然后单击确定。

单击工具栏上“爆炸视图”命令为配合件添加爆炸视图，如图 6-58 所示。

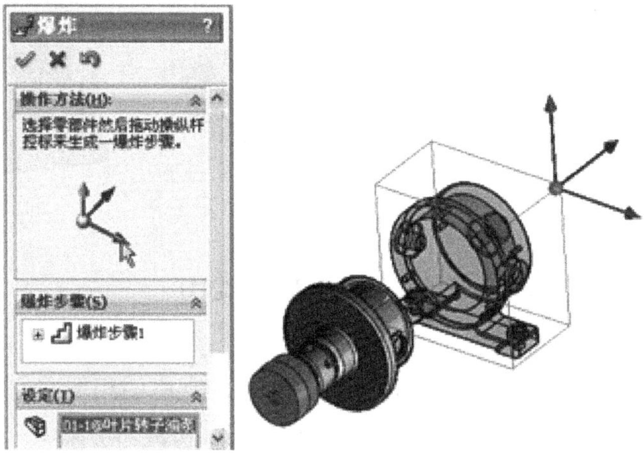

图 6-58　爆炸视图

(21) 编辑爆炸视图。具体操作步骤，参考项目 6.1 步骤(8)的有关操作提示，最终效果如图 6-59 所示。

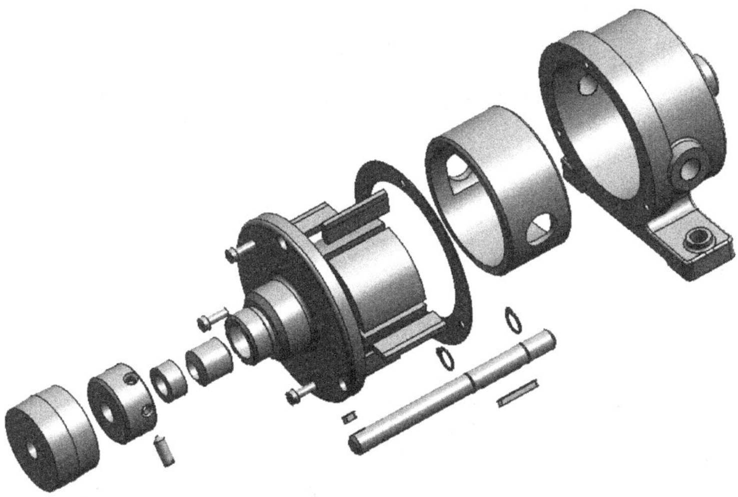

图 6-59　最终效果图

【资料引入】

1. 镜像零部件

可以通过镜向现有的零件或子装配体零部件来添加零部件。新零部件可以是源零部件的复制版本或相反方位版本。

(1)　复制版本与相反方位版本之间的生成差异包括以下各项：

源零件的新实例将添加到装配体，不会生成新的文档或配置。复制零件的几何体与源零件完全相同，只是零件方位不同，如图 6-60 所示。

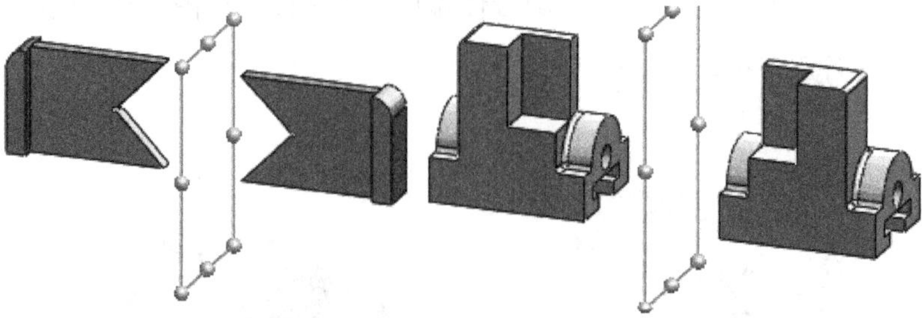

图 6-60　镜像零部件示例(1)

(2) 镜像零部件范例。

在此装配体中，子装配体(钳夹和支座)已被镜像。支座的相反方位版本已被创建，因此钳夹位于正确的边上，如图 6-61 所示。由于钳夹的几何体无需更改，因此创建了复制的钳夹。

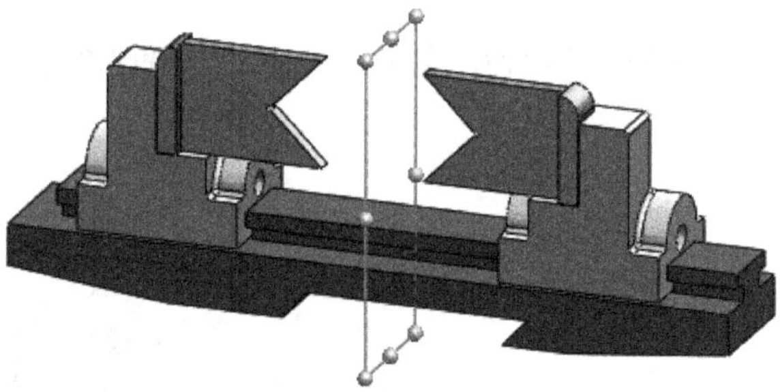

图 6-61　镜像零部件示例(2)

2. 圆周零部件阵列

可以在装配体中生成一零部件的圆周阵列。

欲生成零部件的圆周阵列：

(1) 单击插入、零部件阵列、圆周阵列。

(2) 在 PropertyManager 中，在参数下面：

① 对于阵列轴，选择以下之一。圆形边线或草图直线、线性边线或草图直线、圆柱面或曲面、旋转面或曲面，阵列绕此轴旋转。

② 如有必要，单击“反向”；为角度键入一数值。此为实例中心之间的圆周数值；为“实例数”键入一数值。此为包括源零部件的实例总数；选择等间距将“角度”设定为 360°，可将数值更改到一不同角度。实例会沿总角度均等放置。

(3) 在“要阵列的零部件”中单击，然后选择源零部件。

(4) 若想跳过实例，在要“跳过的实例”中单击，然后在图形区域选择实例的预览。

当指针位于图形区域中的预览上时形状将变为。

(5) 欲恢复实例，选择要跳过的实例框中的实例然后按 Delete 键。

(6) 单击 ✔(确定)按钮。

项目 6.3　技 能 实 战

通过下面习题的练习，主要培养学生独立思考和创新思维的能力；通过综合应用零件定位、爆炸视图等相关命令，掌握应用 SolidWorks 2010 仿真装配模块完成产品的虚拟装配的基本技能。

1. 柱塞泵仿真装配

零件1-泵体

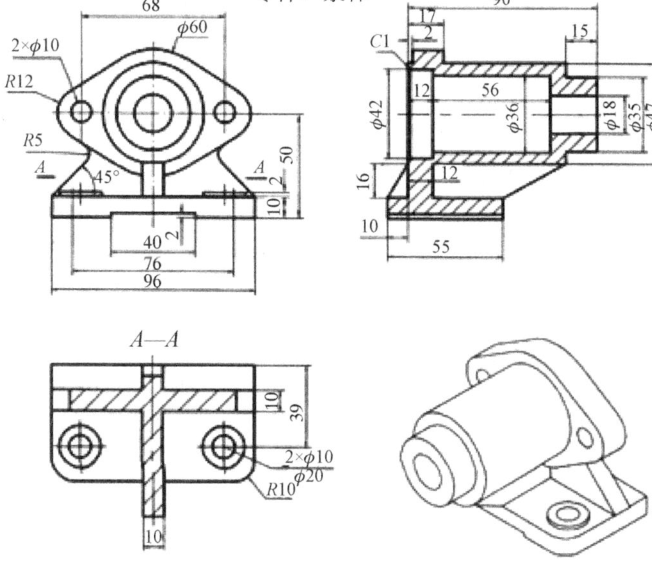

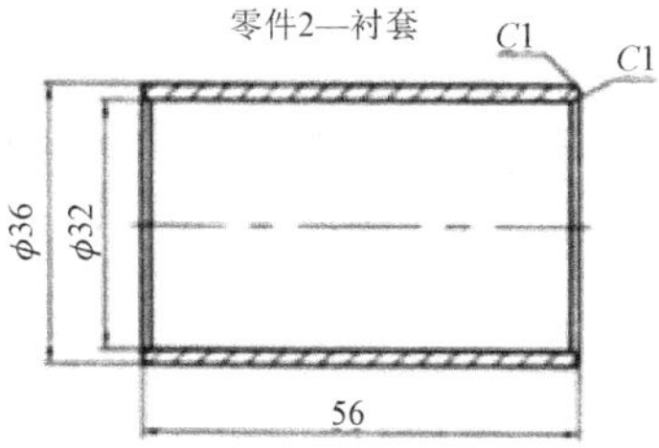

零件2—衬套

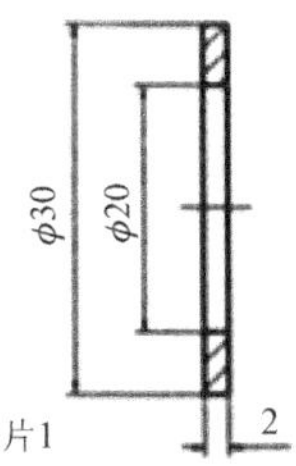

零件3—垫片1

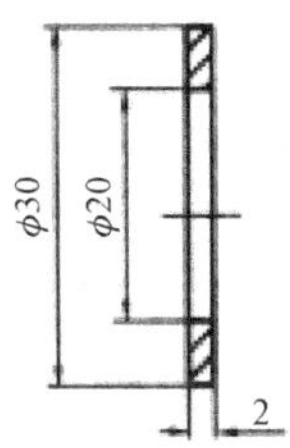

零件4—垫片2

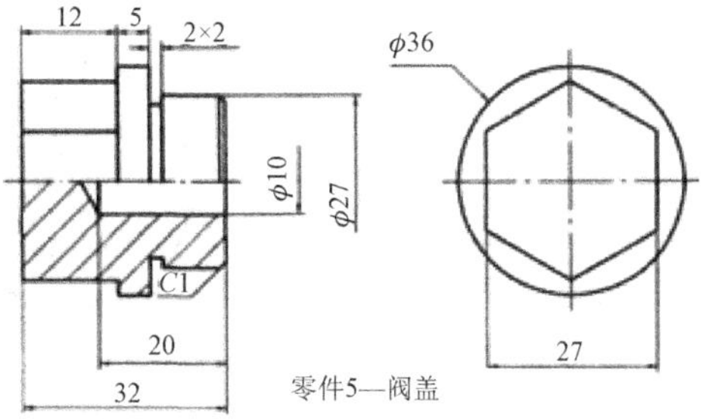

零件5—阀盖

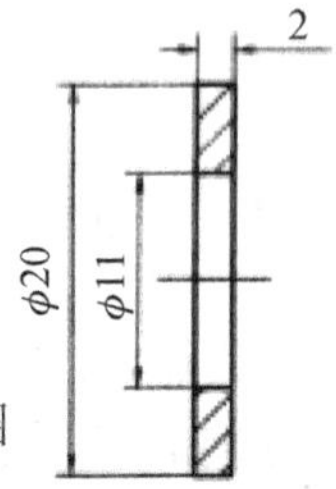

零件6—垫圈

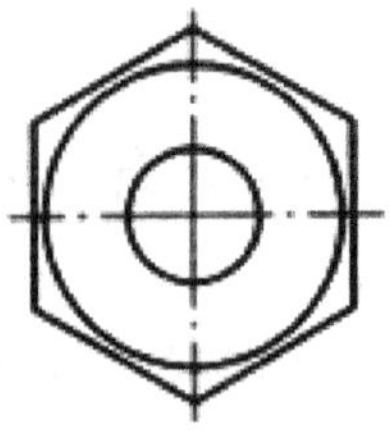

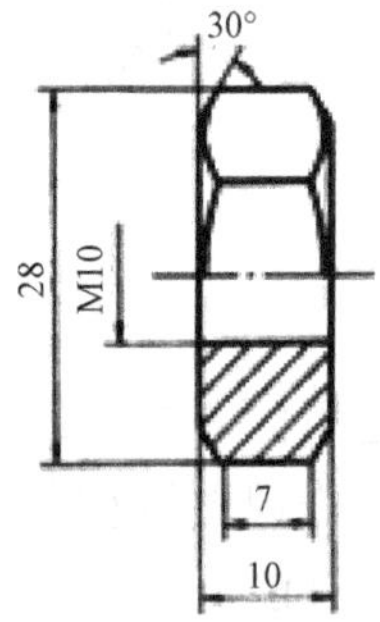

零件8—螺母

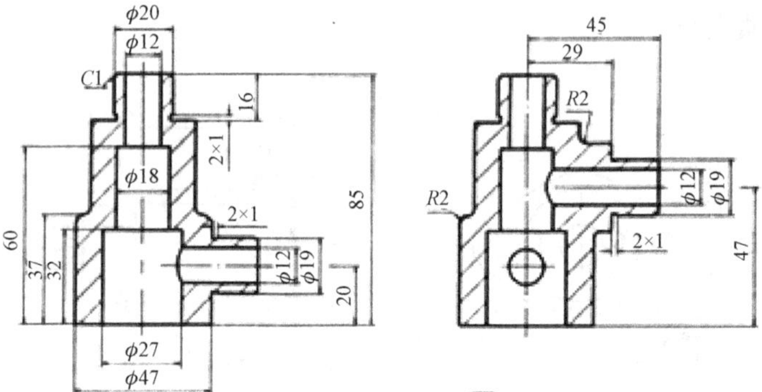

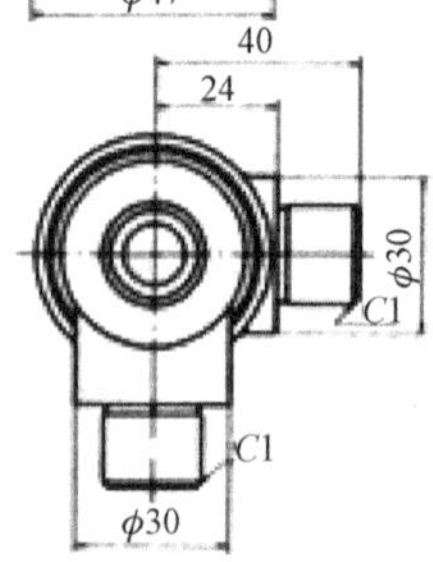

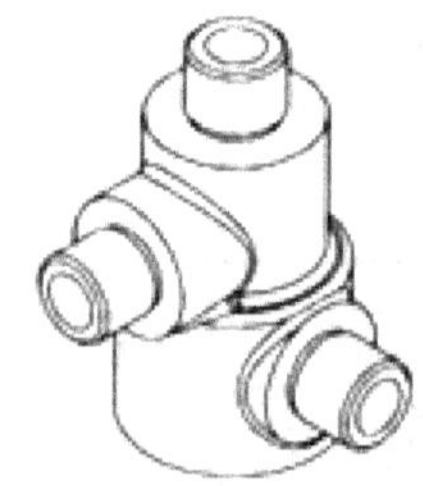

零件7—阀体(未注尺寸自定义)

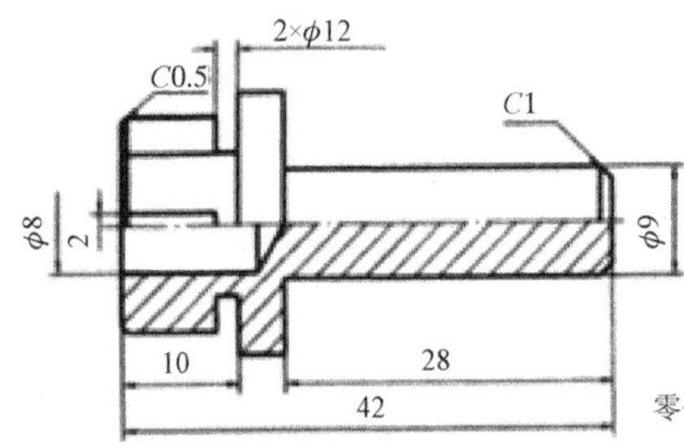

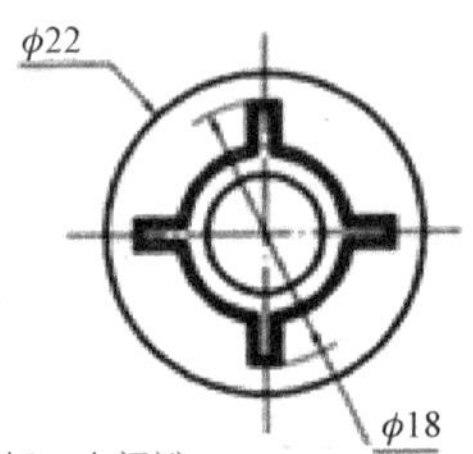

零件9—上阀瓣

零件10—螺柱

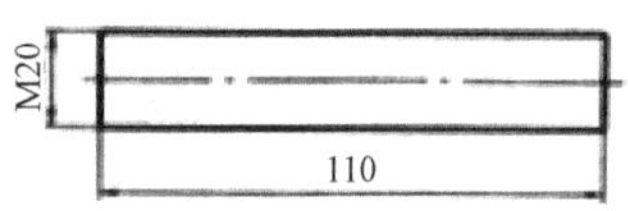

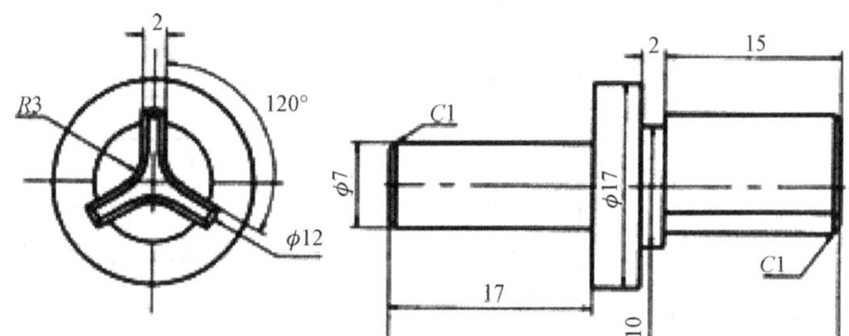

零件11—下阀瓣

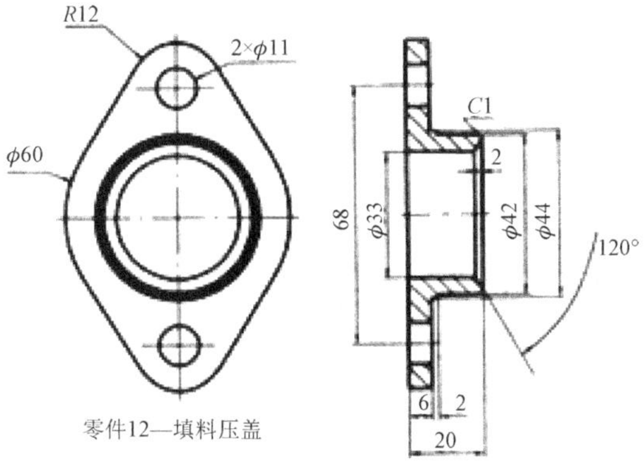

零件12—填料压盖

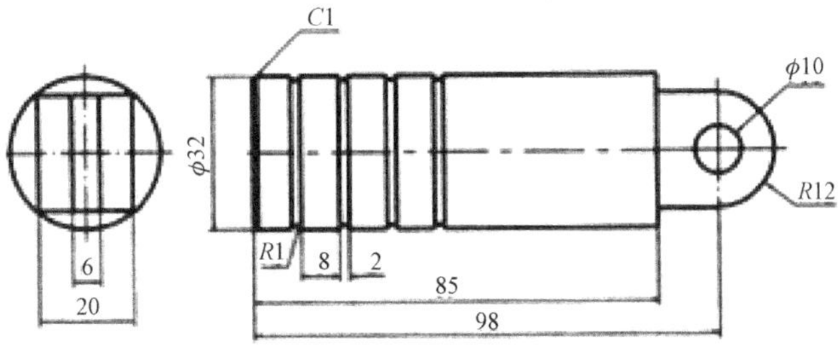

零件13—柱塞

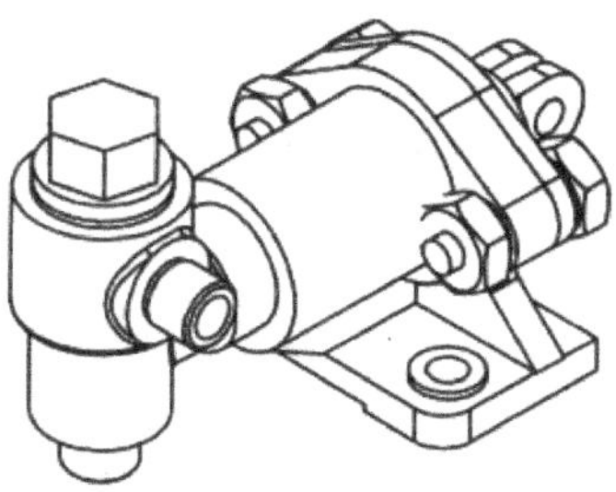

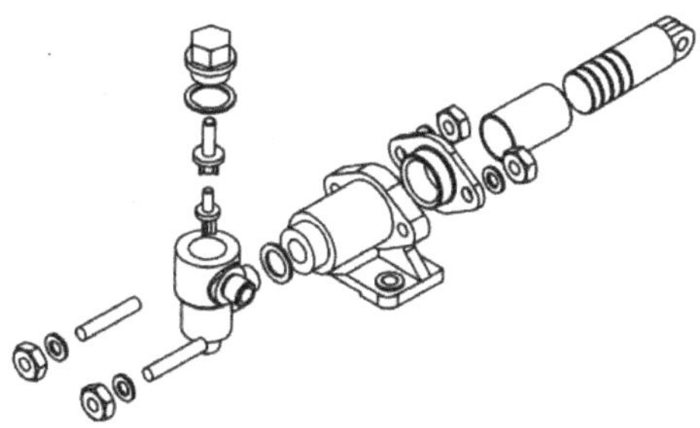

2. 齿轮泵仿真装配

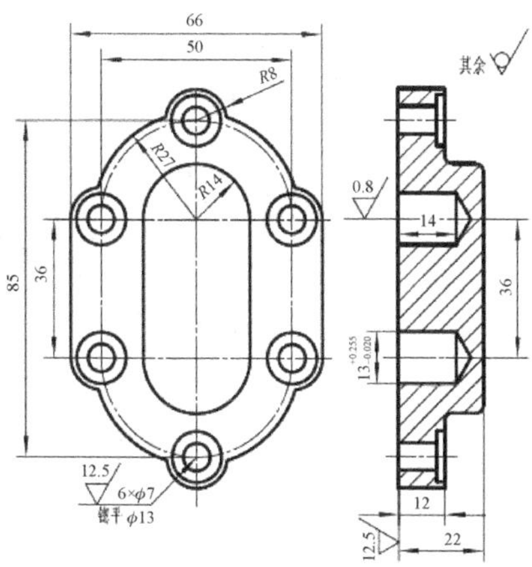

零件 1—泵盖

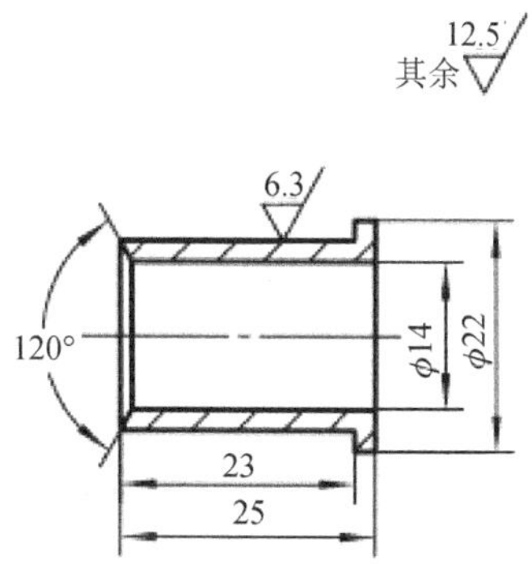

零件 5—填料压盖

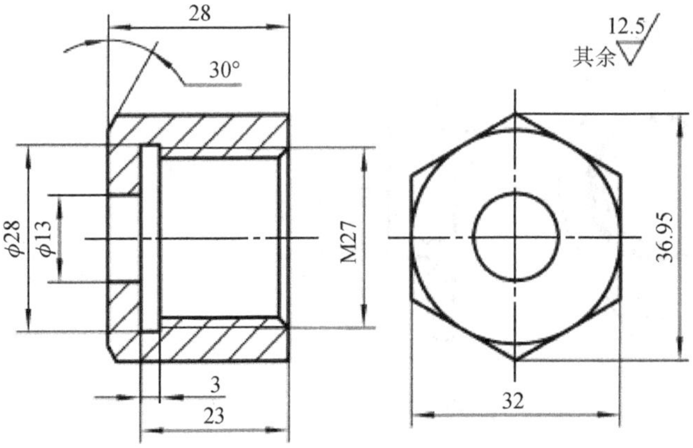

零件 4—压盖螺母

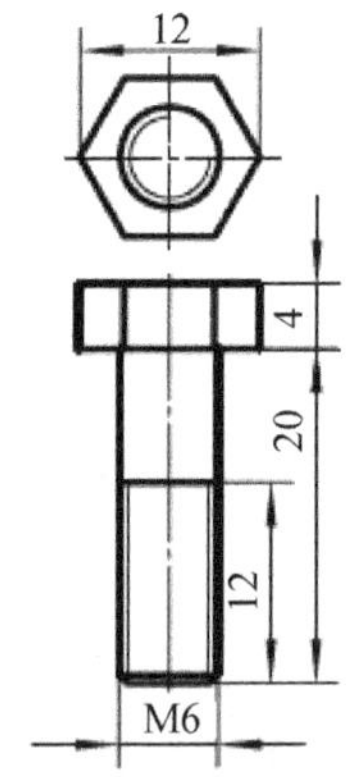

零件 11—螺栓

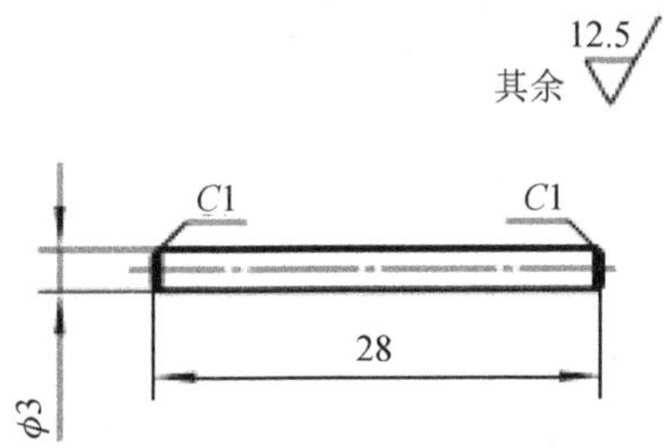

零件 10—圆柱销

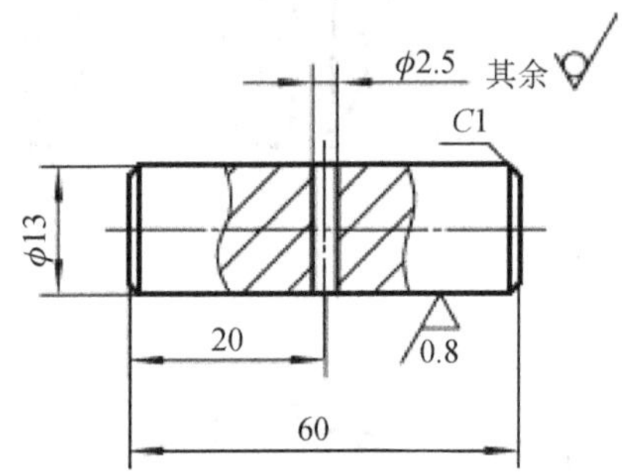

零件 8—从动轴

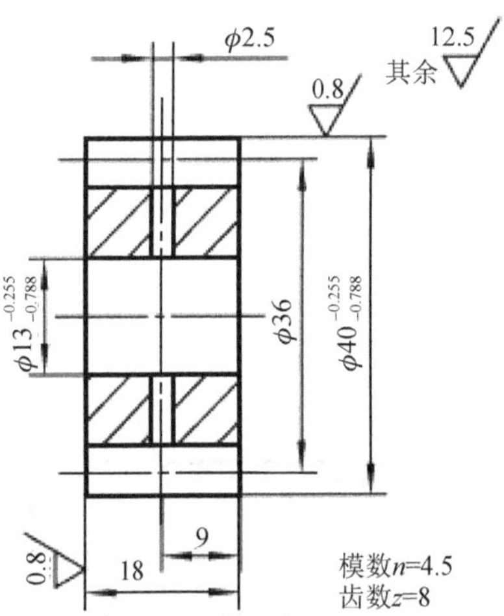

零件 9—齿轮

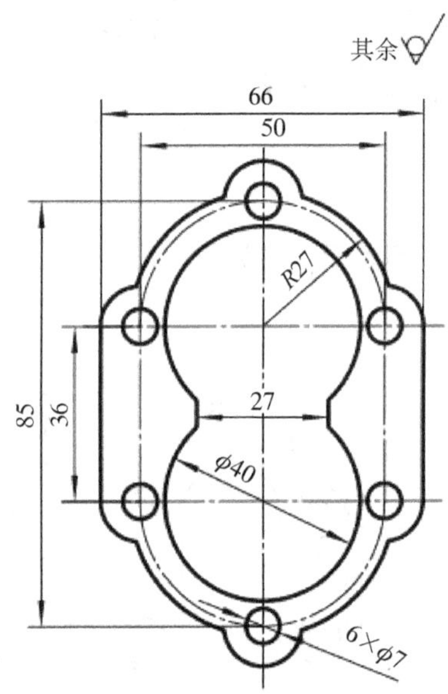

零件 2—垫片

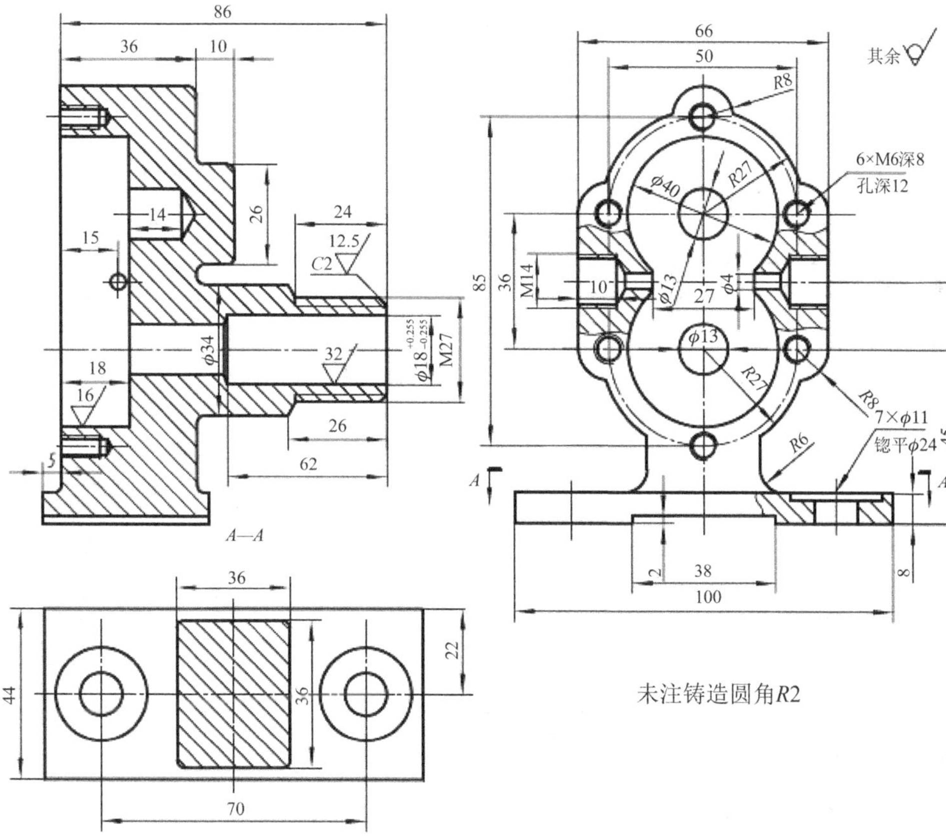

零件 3—泵体

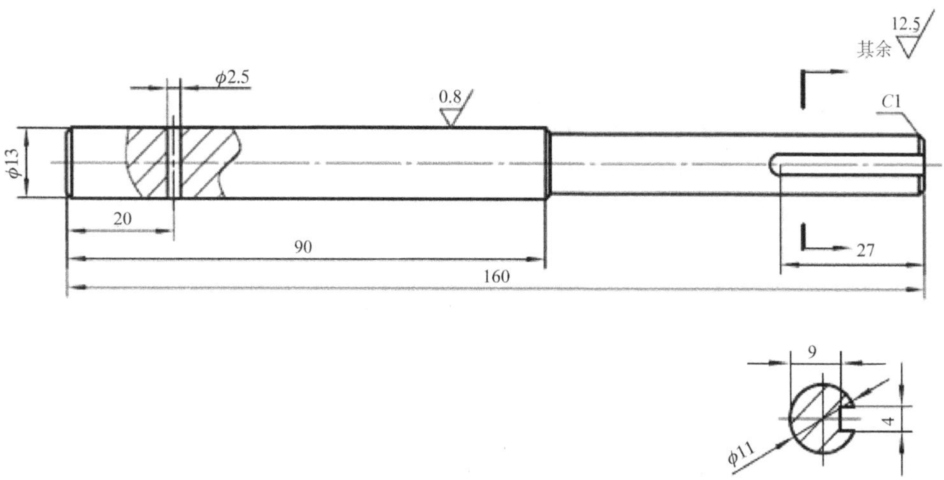

零件 6—主动轴

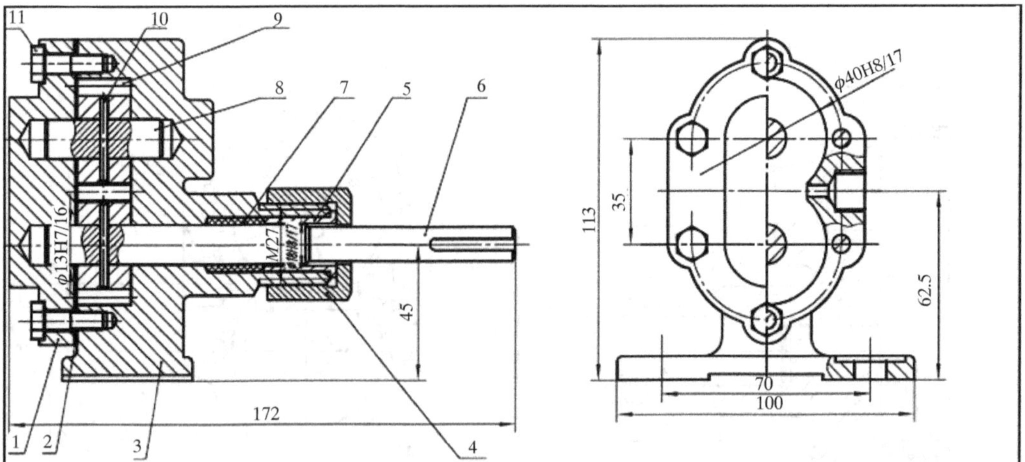

技术要求

1.与齿轮的间隙为0.05~0.1，间隙用垫片调节。
2.油泵装配后，用手转动主动齿轮，不得有卡阻现象。
3.不得有渗漏现象。

序号	名称	数量	材料	备注
11	螺栓	6	Q235A	GB/T5782-2000
10	销	2	Q235A	GB/T5782-2000
9	齿轮	2	45	
8	从动轴	1	45	
7	密封填料	1		无图
6	主动轴	1	45	
5	填料压盖	1	Q235A	
4	压盖螺母	1	HT150	
3	泵体	1	HT200	
2	垫片	1		
1	泵盖	1	HT200	

齿轮泵装配图		比例	1:1.5
		重量	
制图		(单位)	
审核			

3. 旋转开关仿真装配

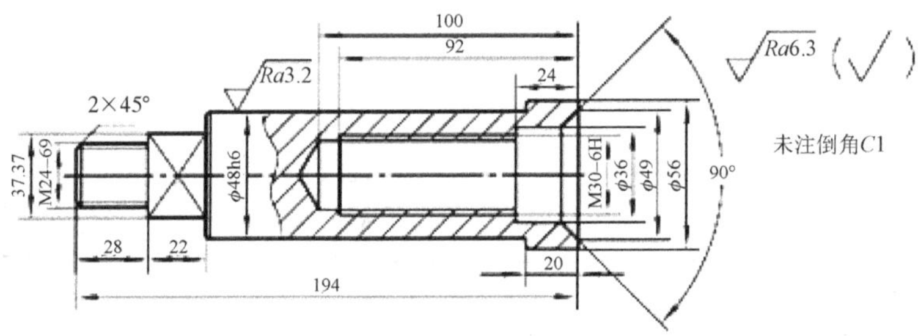

零件 11—调节螺帽

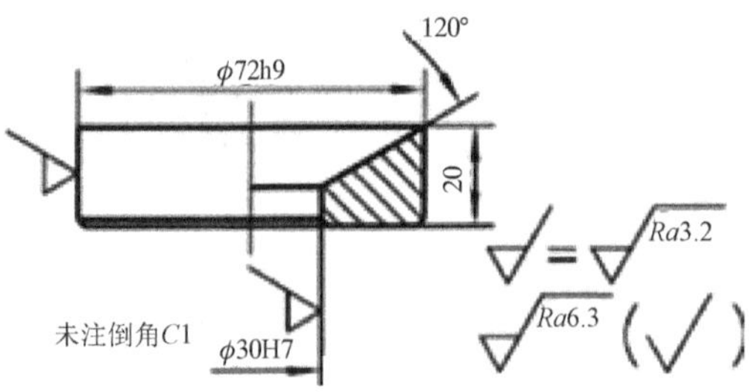

零件 6—凹环

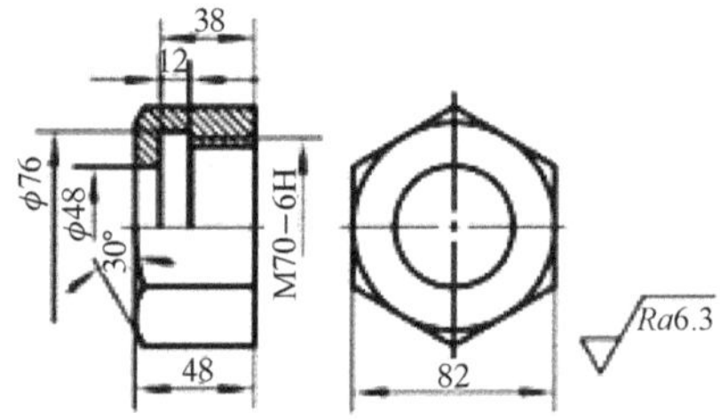

零件 3—螺帽

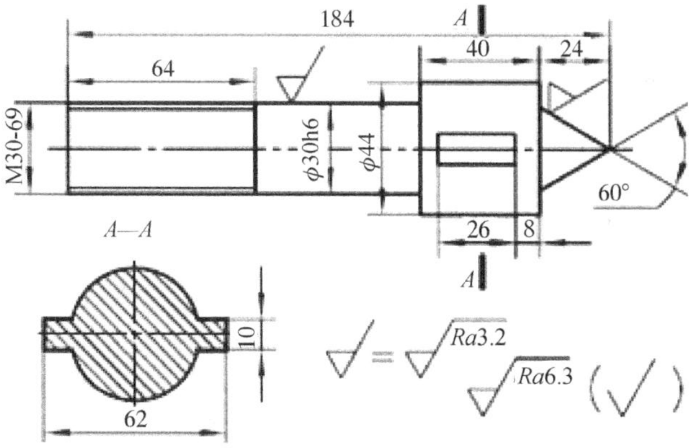

零件 4—阀门

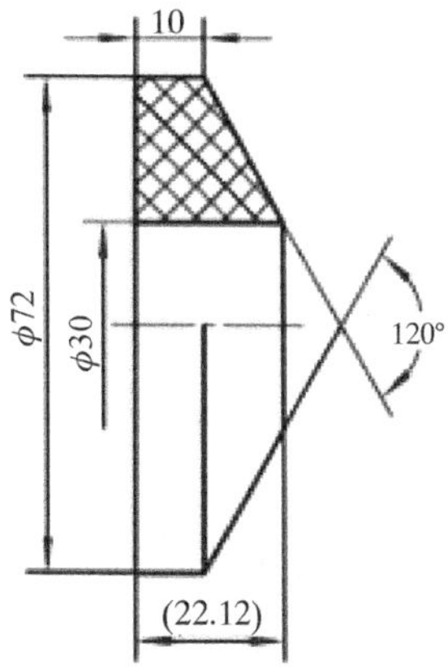

零件 7—填料

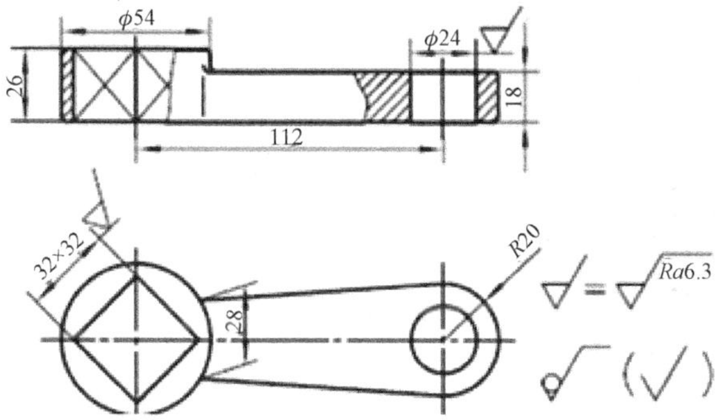

零件 9—把手

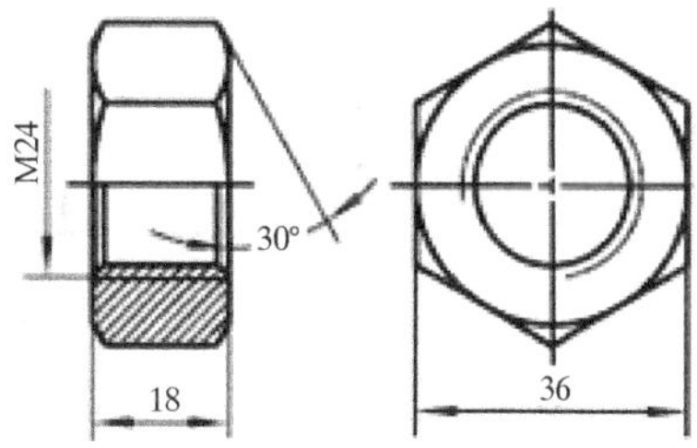

零件 10—螺母

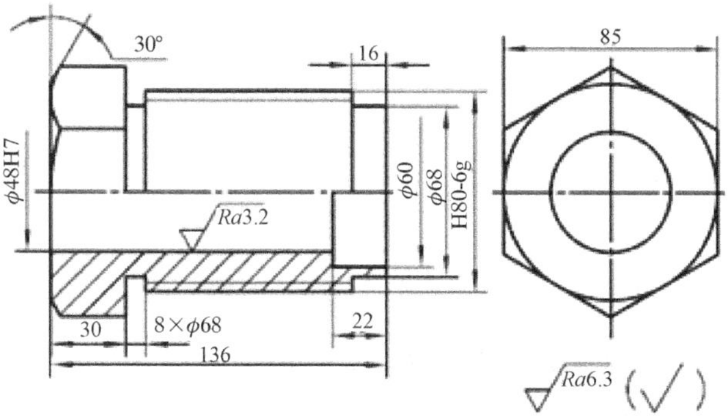

零件 8—螺帽

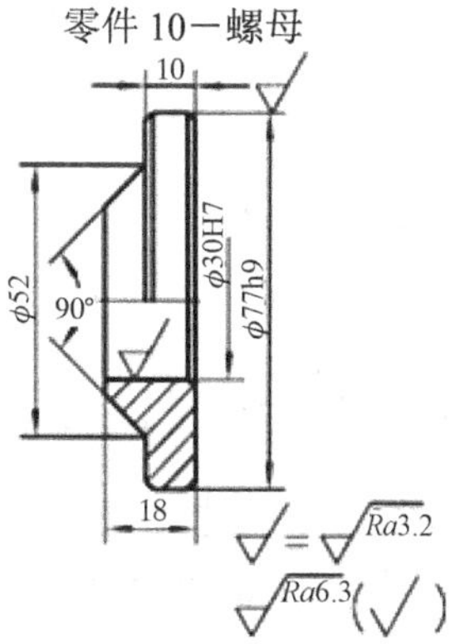

零件 12—凸环

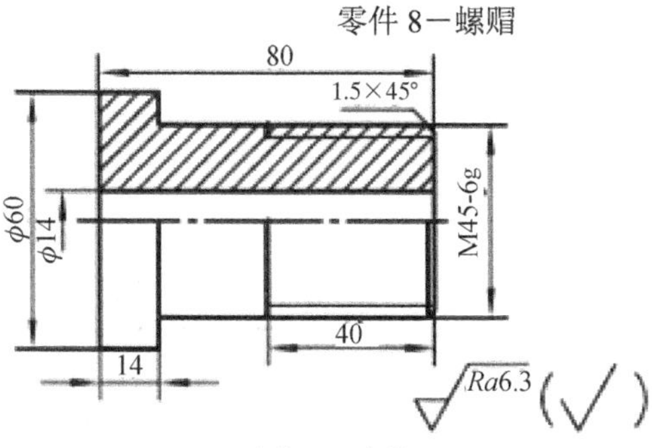

零件 2—套筒

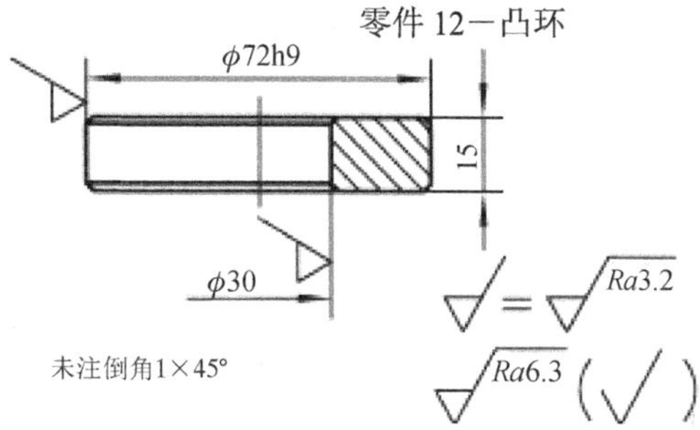

零件 5—垫圈

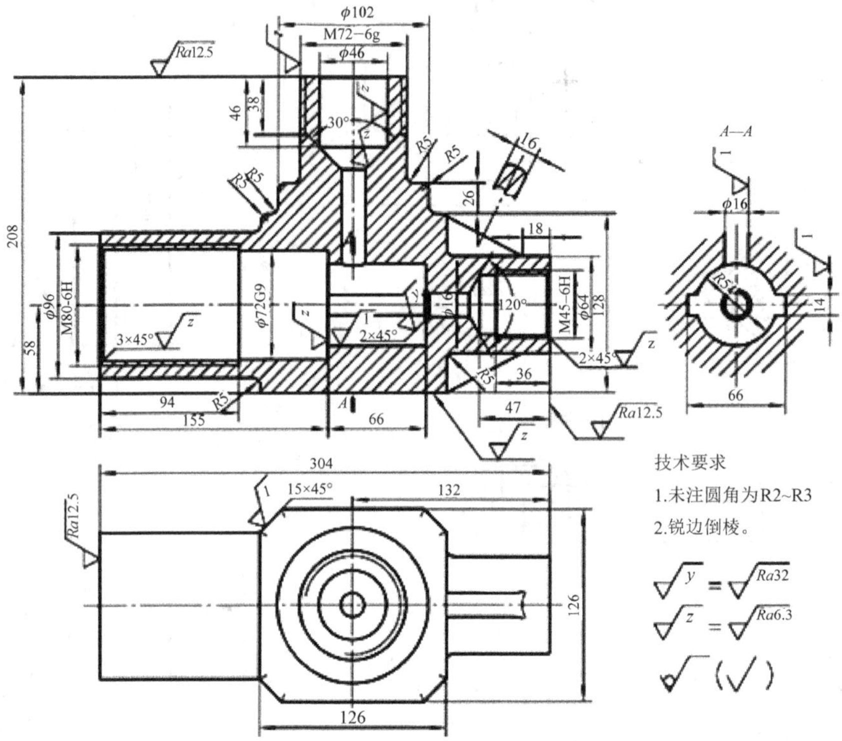

技术要求

1.未注圆角为R2~R3

2.锐边倒棱。

零件 1—阀体

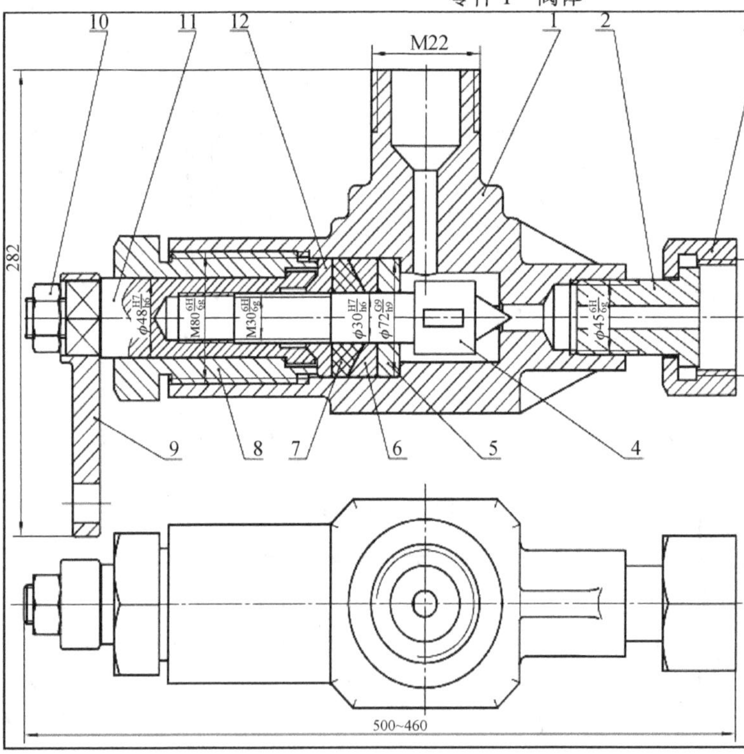

旋转开关工作原理

旋转式开关由阀体1，阀门4，调节螺帽11，把手9等主要件组成，它安装在液体、气体的管路上，用以调节液、气体的流量和压力。

使用时，转动把手带动调节螺帽转动，由于左端M30螺纹与阀门左端螺纹连接，驱动阀门向右或向左移动，便可改变阀体腔内右边孔通路的截面积，从而达到出口处(上端)管路中液、气体的流量和压力的大小。

序号	名称	数量	材料	备注
12	凸环	1	20	
11	调节螺帽	1	15	
10	螺母M24	1	15	GB6170-2000
9	把手	1	15	
8	螺帽	1	15	
7	填料	1	橡胶	
6	凹环	1	20	
5	垫圈	1	20	
4	阀门	1	45	
3	螺帽	1	20	
2	套筒	1	15	
1	阀体	1	15	

旋转开关	比例	1:2.5
	重量	
制图		
审核		

4. 虎钳仿真装配

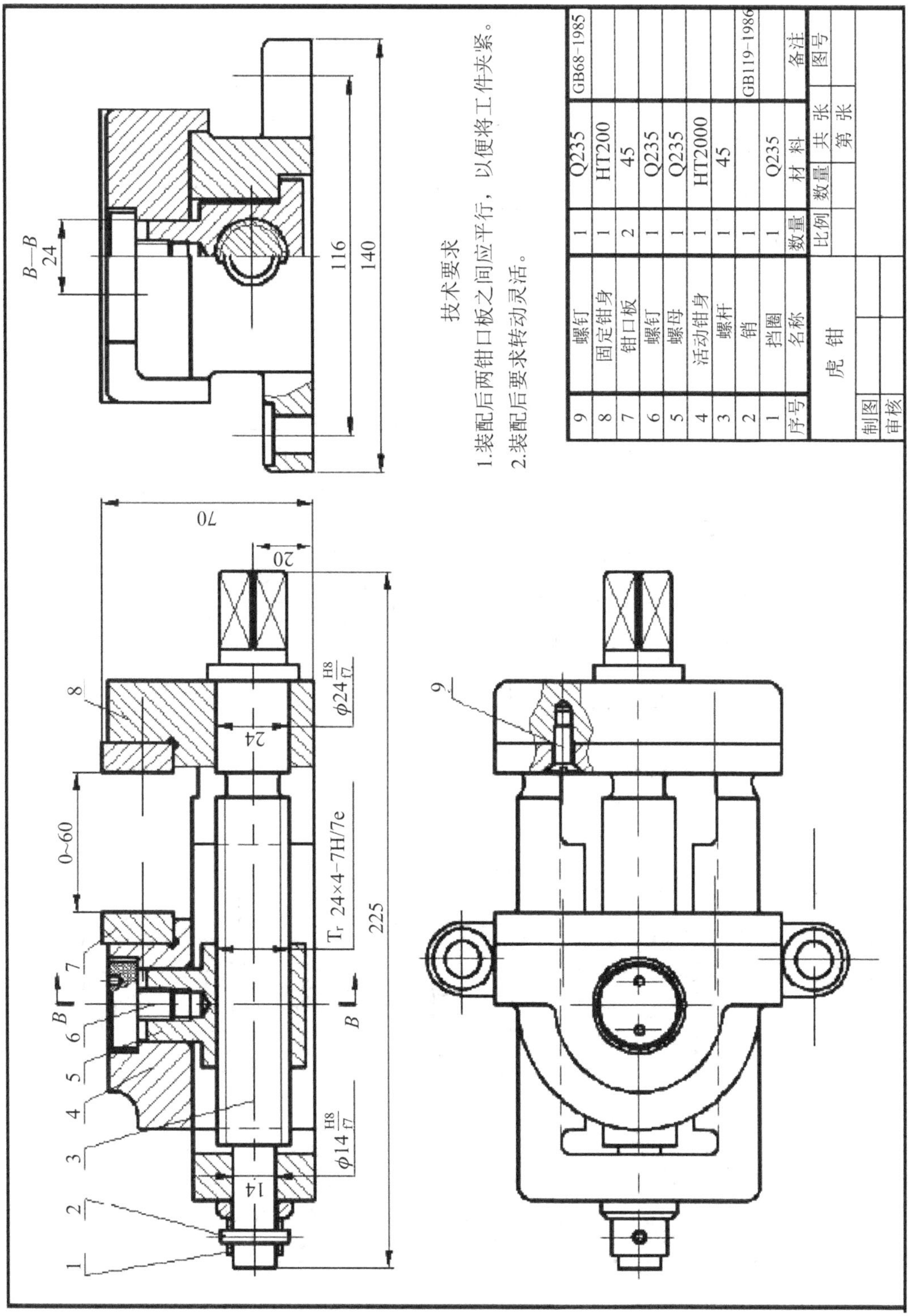

技术要求

1.装配后两钳口板之间应平行，以便将工件夹紧。

2.装配后要求转动灵活。

序号	名称	数量	材料	备注
9	螺钉	1	Q235	GB68-1985
8	固定钳身	1	HT200	
7	钳口板	2	45	
6	螺钉	1	Q235	
5	螺母	1	Q235	
4	活动钳身	1	HT2000	
3	螺杆	1	45	
2	销	1		GB119-1986
1	挡圈	1	Q235	

虎钳	比例	数量	材料	图号
			共　张	
			第　张	
制图				
审核				

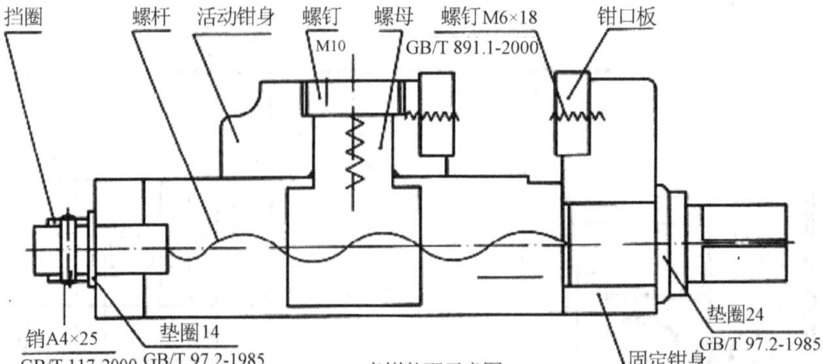

虎钳装配示意图

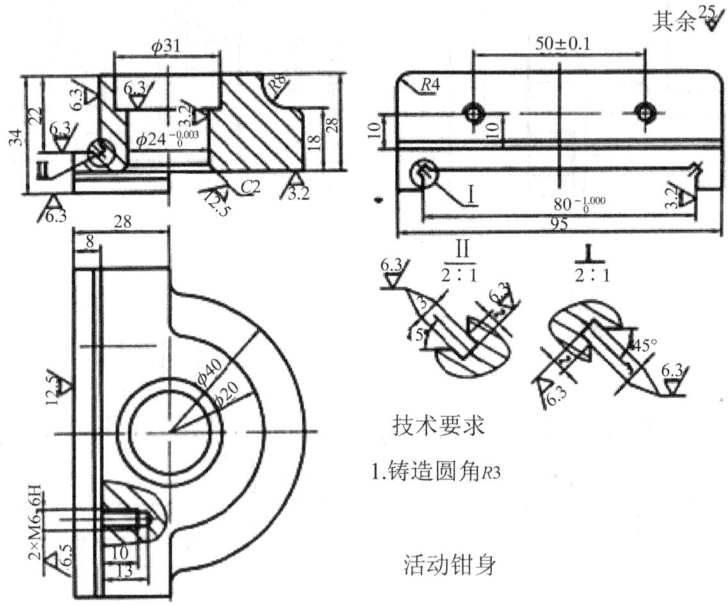

技术要求

1.铸造圆角R3

活动钳身

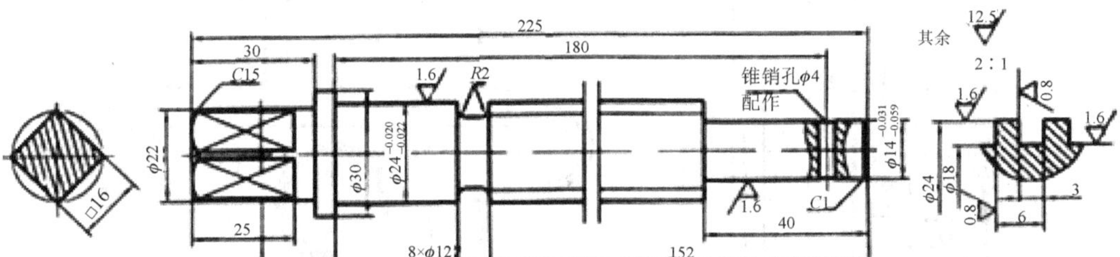

螺杆

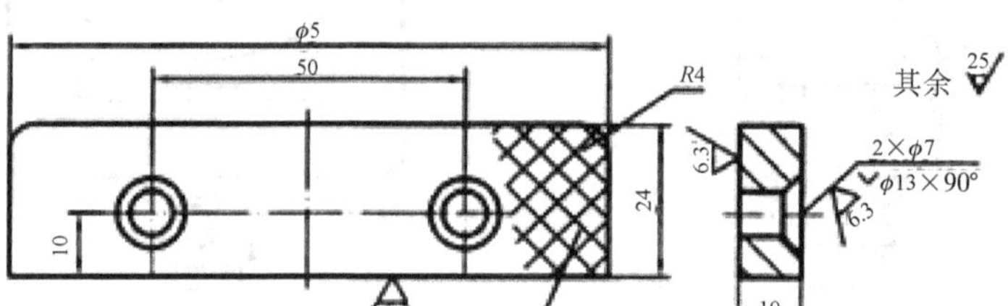

钳口板

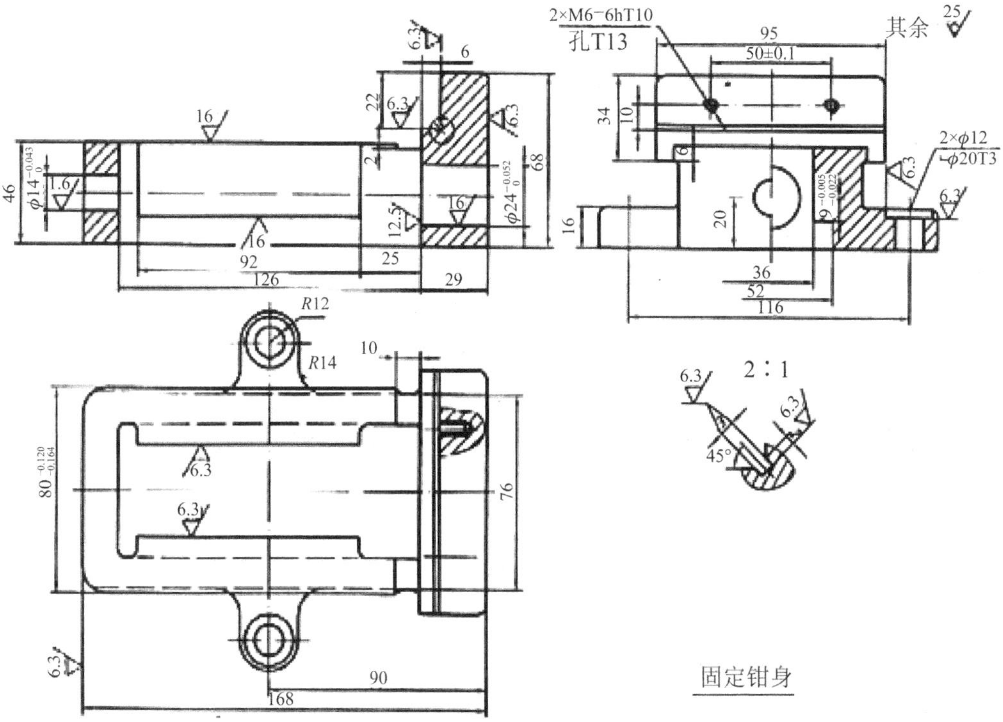
2×M6-6hT10
孔T13
其余
2×ϕ12
ϕ20T3
2∶1

固定钳身

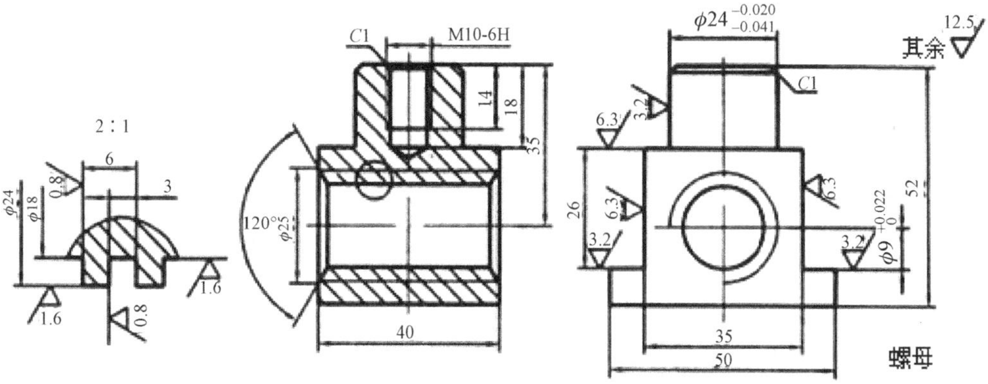
2∶1
C1
M10-6H
其余
C1

螺母

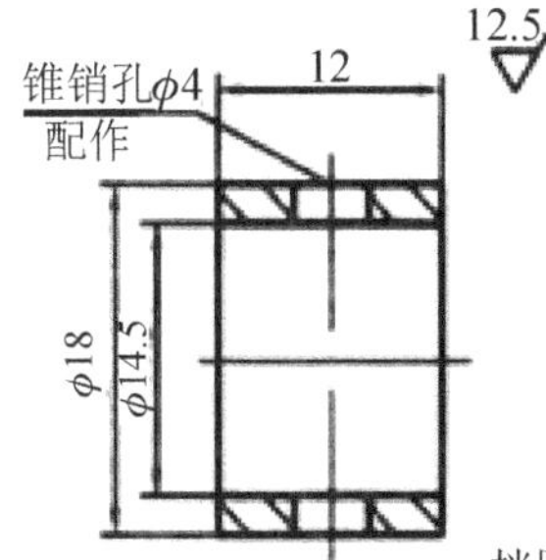
锥销孔ϕ4
配作

挡圈

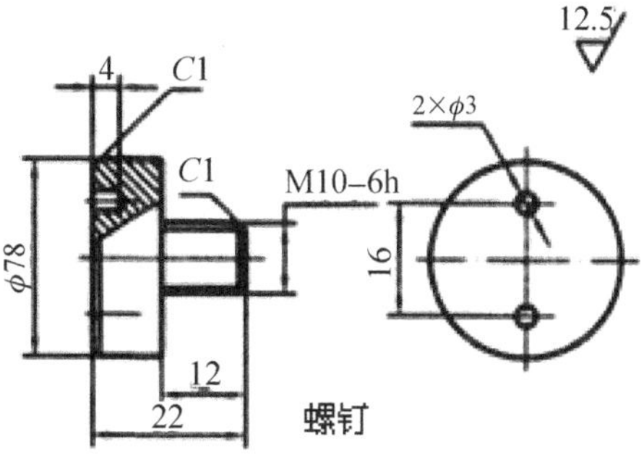
C1
C1
M10-6h
2×ϕ3

螺钉

本 章 小 结

通过本章的学习，应掌握以下内容：

(1) 装配模块应用基础。

(2) 产品装配过程的实现方法。

(3) 两种装配建模方法。

(4) 配合方法。

(5) 用自底向上或自顶向下的方法建立装配模型。

(6) 爆炸图的创建方法。

学会综合应用这些命令完成产品的三维仿真装配，熟练掌握装配的过程与软件的应用技巧。

第7章 工 程 制 图

本章要点

- 建立和编辑图纸
- 在图纸中添加模型视图和其他视图，调整视图布局，修改视图显示
- 视图标注功能

SolidWorks 平面工程图与三维实体模型完全相关，实体模型的尺寸、形状及位置的任何变化都会引起平面工程图的相应更新，更新过程可由用户控制；支持设计员与绘图员的协同工作，本章主要介绍三维零件图直接生成工程图的方法。

项目7.1 主 动 轴

【学习目标】

本项目要完成的工程图如图 7-1 所示。通过本项目的学习，使读者能够熟练掌握创建工程视图、视图布局、尺寸标注、剖视图、几何公差、实用符号等相关命令的应用，能够掌握工程图的创建方法及技巧。

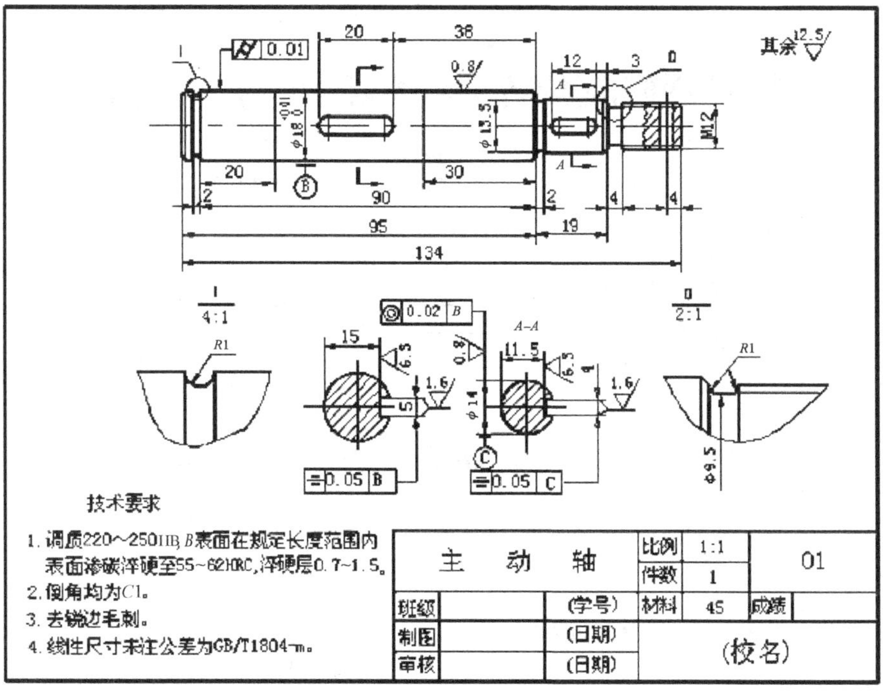

图 7-1 主动轴的工程图

【学习要点】

设置参数、生成视图、剖面视图、局部视图、尺寸标注、注释标记、实用符号、表面粗糙度、公差标注、基准标注、导入图框。

【绘图思路】

打开制图模块设置制图参数，生成视图，制作剖面视图和局部视图，尺寸标注，注释标记，实用符号，关闭视图边界显示，表面粗糙度，公差标注，标注基准，导入图框。

【操作步骤】

(1) “新建”工程图文件。打开制图模块设置格式，如图 7-2 所示。

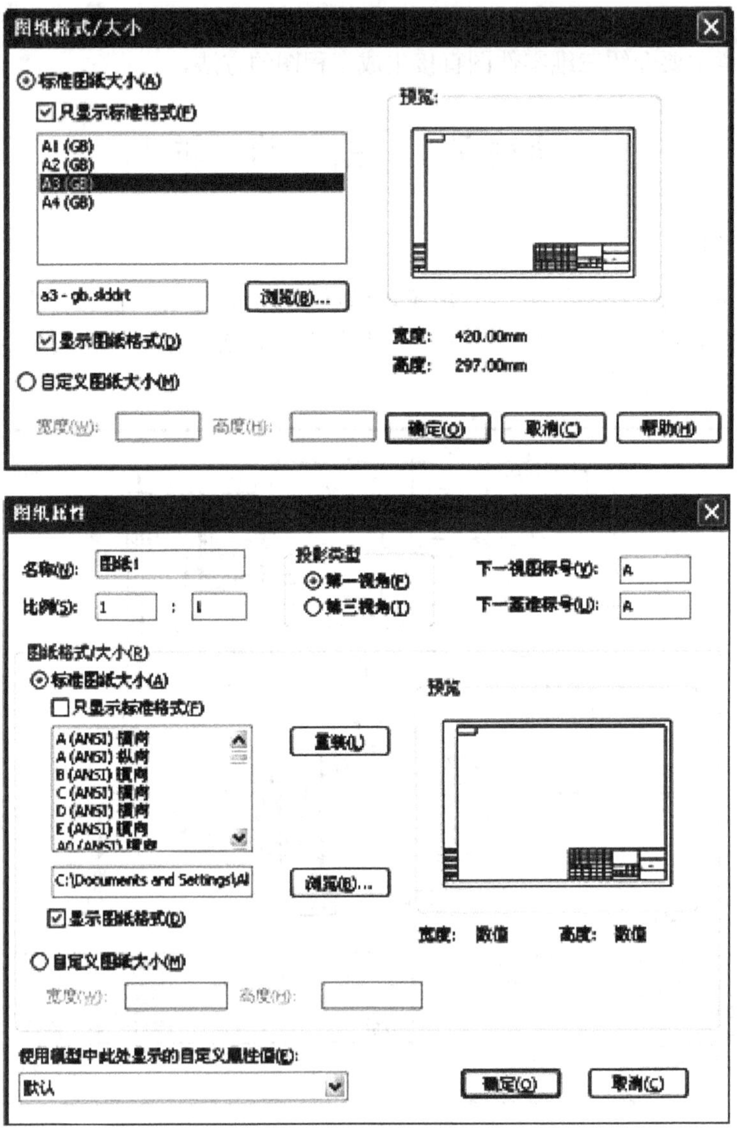

图 7-2　制图模块设置对话框

提示：

① 在图纸的绘图区单击右键，在弹出的快捷菜单中选择 属性... (K) 命令，在弹出的“图纸属性”对话框中设置投影类型、图纸大小、绘图比例等参数，如图 7-2 所示。

② 在图纸的绘图区单击右键，在弹出的快捷菜单中选择“编辑图纸格式”命令可以更改标题栏等图纸的格式和内容。

③ 通过“工具”→“选项”菜单命令来设置工程图和出详图的各种参数。

(2) 生成视图。采用“模型视图”命令，按比例 1∶1 放置前视图，如图 7-3 所示。当模型视图放置完毕，系统会自动弹出“投影视图”命令，若需要生成投影视图，可移动鼠标到适当位置，单击“确定”按钮，完成操作。

图 7-3　制图模块设置对话框

(3) 制作剖面视图。

在“视图布局”工具栏上选择“剖面视图”命令，按照提示在工程图视图上绘出一条直线作为剖切线，然后移动剖面图形到合适位置，单击放置，结果如图 7-4 所示。

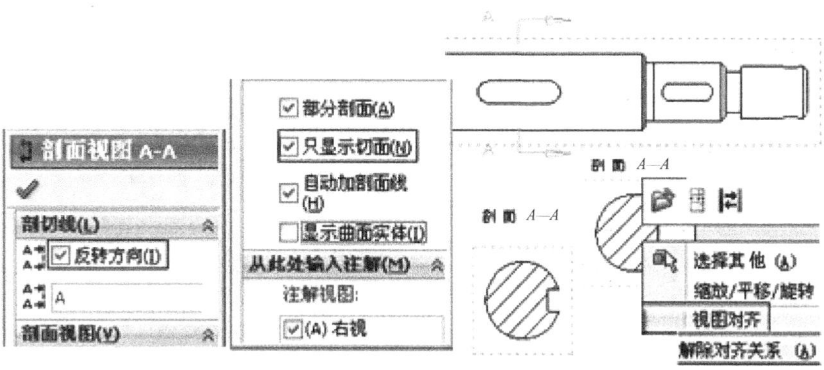

图 7-4　剖面视图对话框

再次应用“剖面视图”命令，作出 *B-B* 处的剖面视图，如图 7-5 所示。

(4) 制作断开的剖视图。单击工具栏上的“断开的剖视图”命令，在要剖切的位置绘一闭合的样条曲线，单击“确定”按钮后打开“断开的剖视图”对话框，设置剖切深度，单击“确定” 按钮完成，如图 7-6 所示。

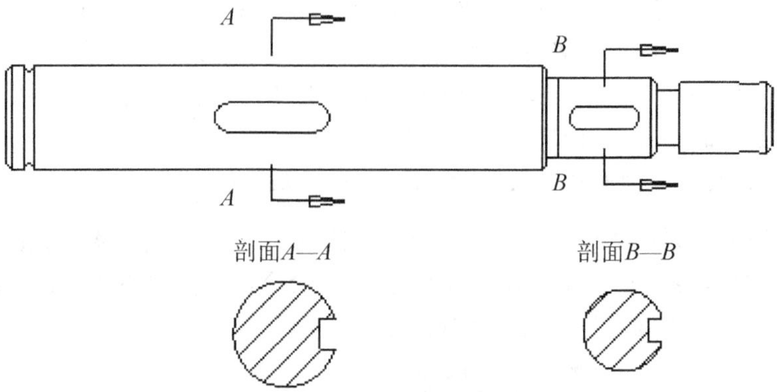

图 7-5　剖面视图

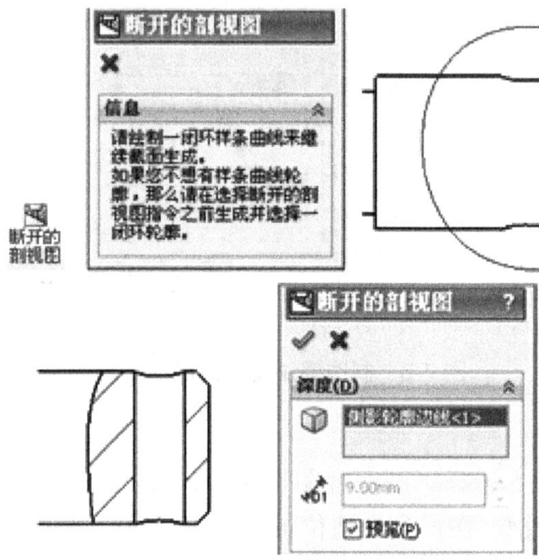

图 7-6　制作断开的剖视图

(5) 绘制中心符号线与中心线。

① 制作中心线，如图 7-7 所示。

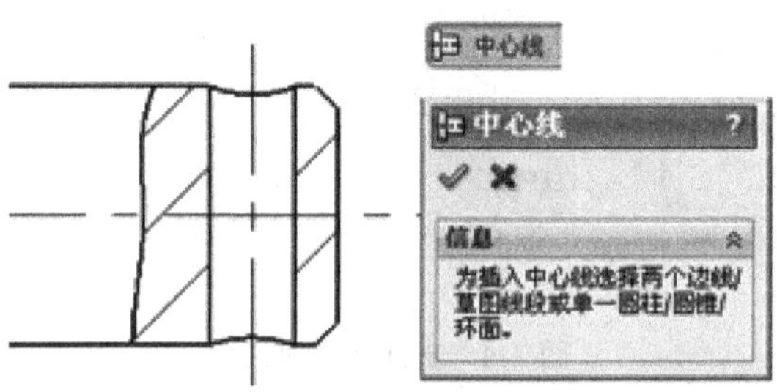

图 7-7　制作中心线

② 制作中心符号线，如图 7-8 所示。

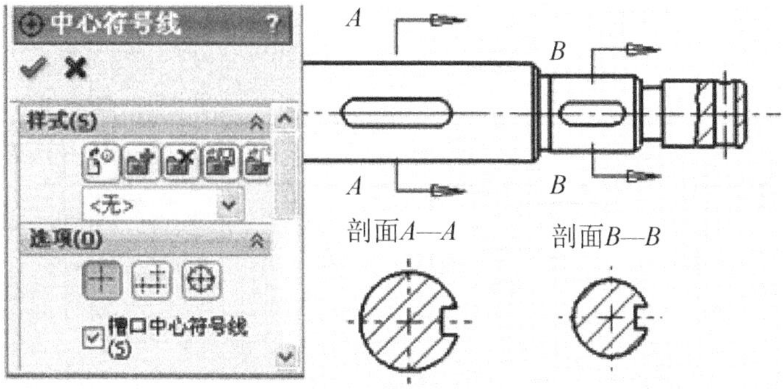

图 7-8　制作中心符号线

(6) 局部放大视图。

① 单击工具栏上的“局部视图”命令，在放大处绘制圆，单击“确定”按钮后打开“局部视图”对话框，设置放大比例及标注文字等，单击“确定”按钮后完成，如图 7-9 所示。

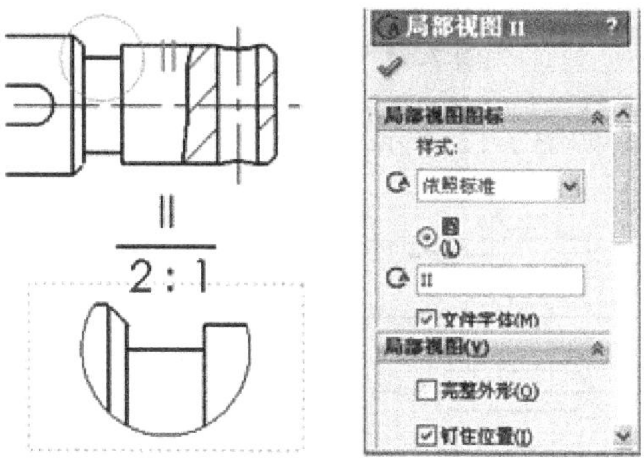

图 7-9　局部放大处的视图

② 同理，作出另一处放大的局部视图，结果如图 7-10 所示。

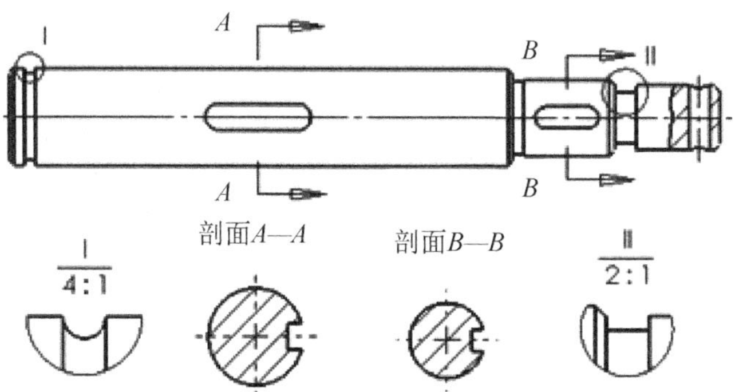

图 7-10　处的局部放大视图

(7) 几何标注。包括基本尺寸标注、表面粗糙度标注、几何公差标注和技术要求。

① 基本尺寸标注，如图 7-11 所示。

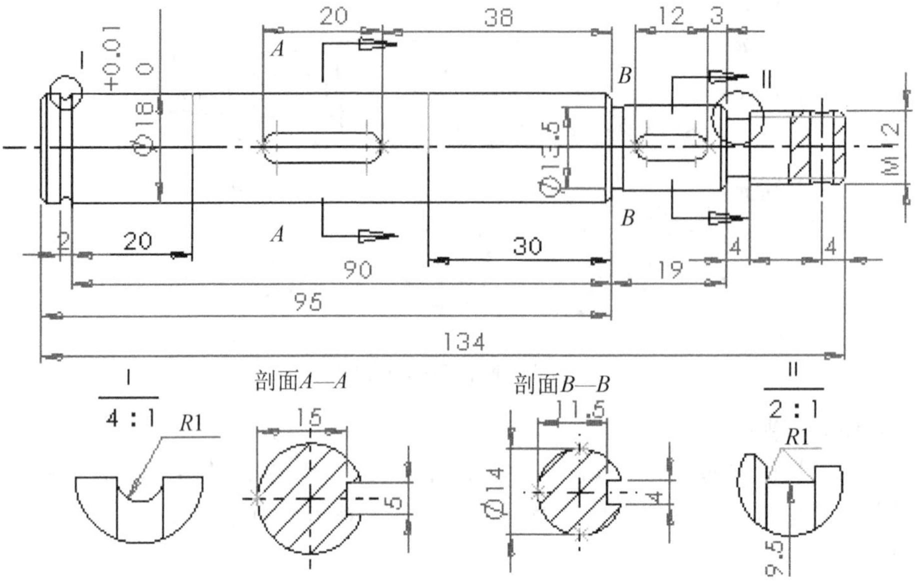

图 7-11　基本尺寸标注

② 表面粗糙度标注，如图 7-12 所示。

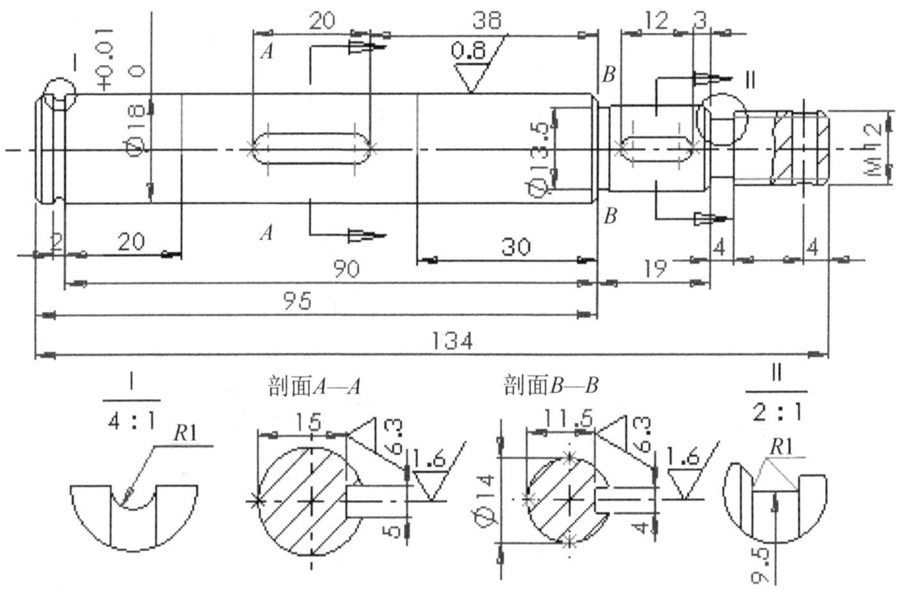

图 7-12　表面粗糙度标注

③ 几何公差标注，如图 7-13 所示。

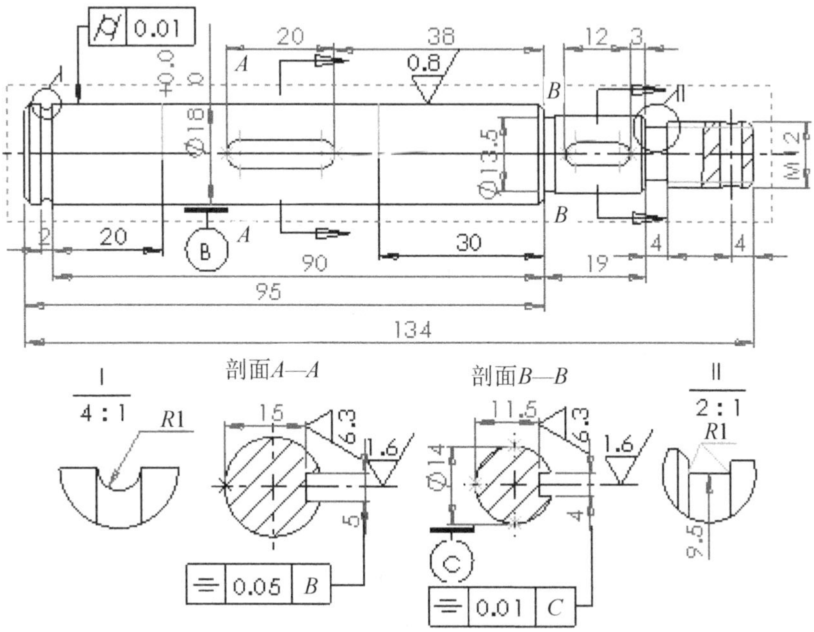

图 7-13 几何公差标注

④ 技术要求，如图 7-14 所示。

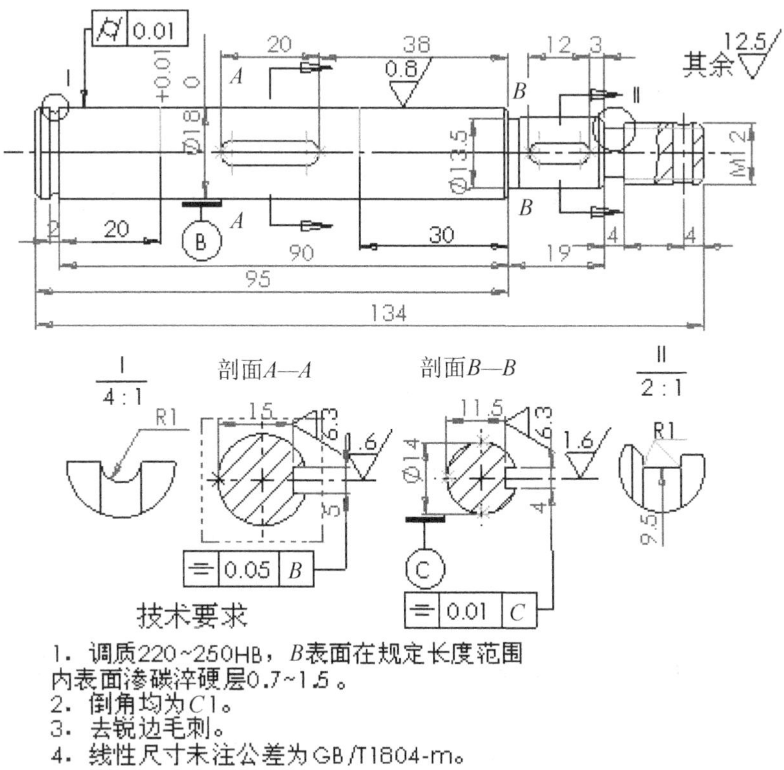

图 7-14 技术要求

(8) 图框示例如图 7-15 所示。

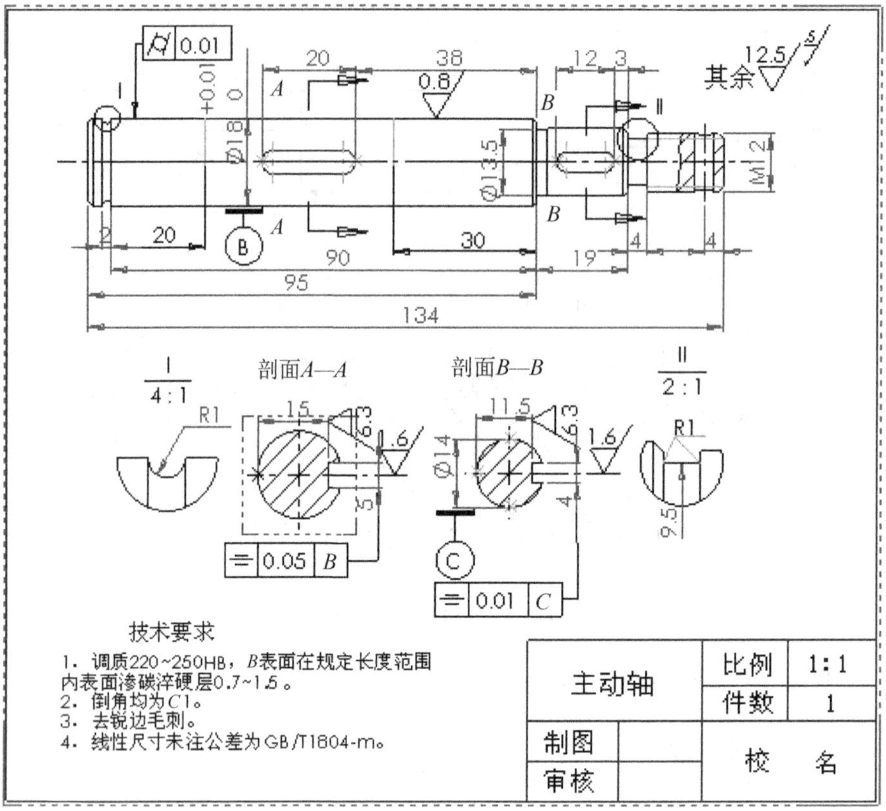

图 7-15　图框

提示：本项目对各步骤的操作只给出简要提示,具体操作过程可参看“资料引入”及软件的帮助文件。

【资料引入】

1. 工程图概述

(1) 工程图概述。

可以为 3D 实体零件和装配体创建 2D 工程图。零件、装配体和工程图是互相链接的文件；对零件或装配体所作的任何更改会导致工程图文件的相应变更。

一般来说，工程图包含几个由模型建立的视图，也可以由现有的视图建立视图。例如，剖面视图是由现有的工程视图所生成的。

(2) 图纸格式/大小。

可在打开新工程图时选取图纸格式。标准图纸格式包括至系统属性和自定义属性的链接。

欲选择图纸格式：单击“新建”图标；选择“工程图”图标，然后单击“确定”按钮；从下列选择，然后再单击“确定”按钮。

图纸宽度、高度及格式进行显示。

图纸大小：

选择下列选项之一：

标准图纸大小。选择一标准图纸大小，或单击浏览找出自定义图纸格式文件。选取只显示标准格式，只为当前的绘图标准显示图纸格式，否则，会列举所有标准的所有格式。

自定义图纸大小。指定一宽度和高度。

图纸格式：

选取显示图纸格式(可为标准图纸大小使用)。如果单击取消，将不使用图纸格式。

(3) 保存图纸格式。

要保存图纸格式：

选择“文件”→“保存图纸格式”命令。

(4) 编辑文件名。

可覆写标准的格式或生成自定义格式。图纸格式文件有扩展名 .slddrt，位于<安装目录>\solidworks\data 中。

(5) 单击“保存”按钮。

2. 第一视角和第三视角投影法

标准三视图由第三视角投影和第一视角投影组成，根据需要选择，如图 7-16 所示。在第三视角投影法视图中，零件或装配体的默认主视图显示在左下方，其他两个视图显示在上视图和右视图中。在第一视角投影法视图中，主视图显示在左上方，其他两个视图显示在上视图和左视图中。

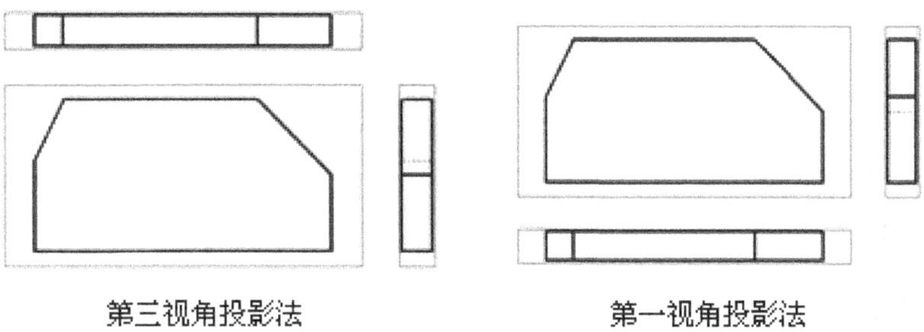

图 7-16　视角投影

3. 生成形位公差符号或是插入表面粗糙度符号

多引线：在拖动符号时(放置之前)按住 Ctrl 键。注释停止移动，第二条引线被添加。在按住 Ctrl 键的同时，单击以放置引线。根据需要单击多次以放置额外引线。释放 Ctrl 键并单击以放置符号。

项目 7.2　端　　盖

【学习目标】

本项目要完成的工程图如图 7-17 所示。通过本项目的学习，使读者能够熟练掌握创建工程视图、视图布局、尺寸标注、剖视图、几何公差、实用符号等相关命令的应用。

通过学习了解工程图的创建方法及技巧。

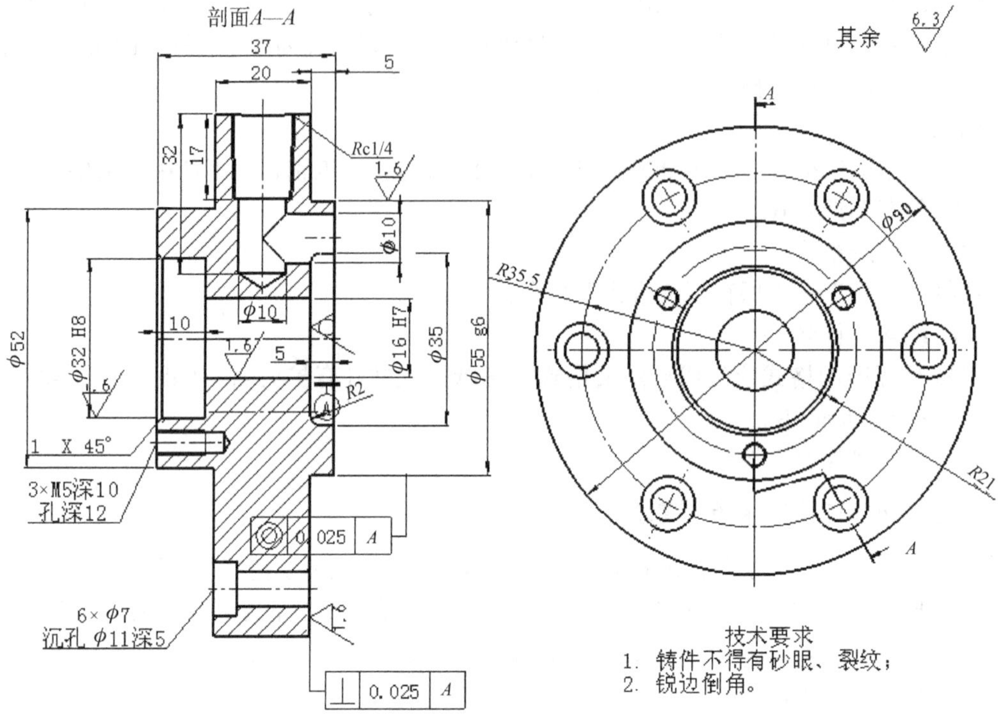

图 7-17 端盖的工程图

【学习要点】

设置参数、生成视图、剖面视图、局剖视图、尺寸标注、注释标记、实用符号、表面粗糙度、公差标注、基准标注、插入轴测图等。

【绘图思路】

旋转端盖零件的等轴测视图；采用“模型视图”命令，放置左视图；根据左视图，采用“旋转剖视图”，生成剖面视图作为主视图；添加中心线、标注尺寸、公差、表面粗糙度等。

【操作步骤】

(1) 建立新零件。单击“新建”按钮，选择工程图选项，单击确定按钮，选择图纸大小，出现模型视图选项，关闭此对话框，进入工程图环境。

(2) 打开制图模块设置制图参数(请参照前例)。设置比例为 1∶1，放置左视图，如图 7-18 所示。

(3) 利用旋转剖视图命令创建主视图。

① 应用“草图”直线命令，绘制 3 条相连的直线，如图 7-19 所示。

② 按住 Ctrl 键自下而上选中 3 条直线，然后选中 旋转剖视图 命令，将剖视图放置到合适的位置，单击“确定”按钮后完成操作，结果如图 7-20 所示。

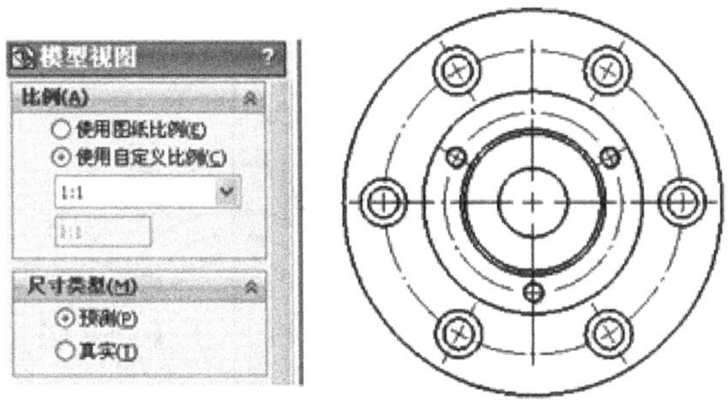

图 7-18　设置制图参数

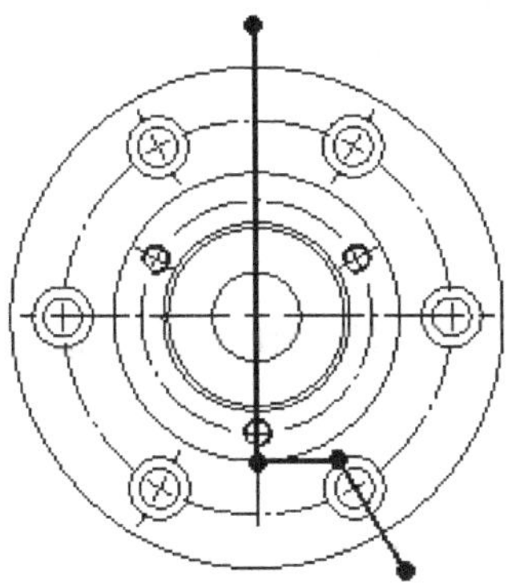

图 7-19　绘制 3 条相连的直线

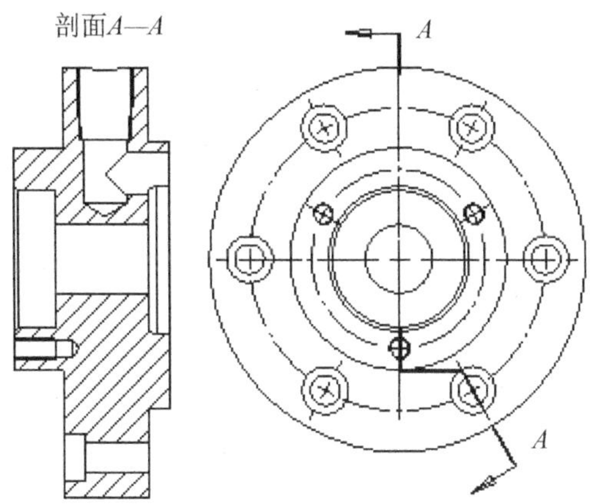

图 7-20　旋转剖结果

注意：选择 3 条直线时要注意顺序，否则创建的剖视图会是不同的结果。

(3) 隐藏切边。

将鼠标指针移动到剖视图截面分界线处，单击选中，然后右击，在弹出的快捷菜单中选择“切边不可见”命令，完成对截面分界线的隐藏，如图 7-21 所示。

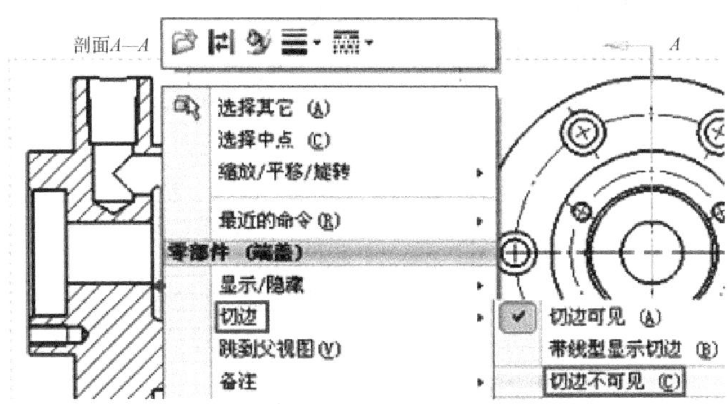

图 7-21　隐藏切边

(4) 添加中心线。

单击“注解”工具栏上的 中心线 命令，添加圆柱面、圆锥面和螺纹孔的中心线，如图 7-22 所示。拖动中心线端点，可以延长中心线到适当位置。

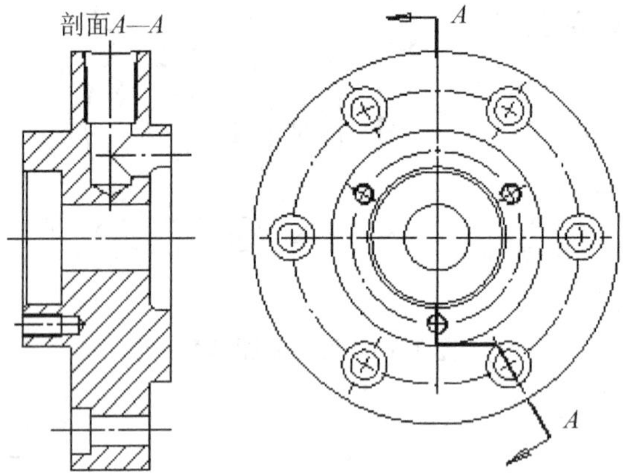

图 7-22 添加中心线

(5) 添加几何条件。

① 应用智能尺寸、表面粗糙度符号、形位公差、基准特征、注释等命令完成对工程图的标注。

② 插入图框及标题栏，结果如图 7-23 所示。

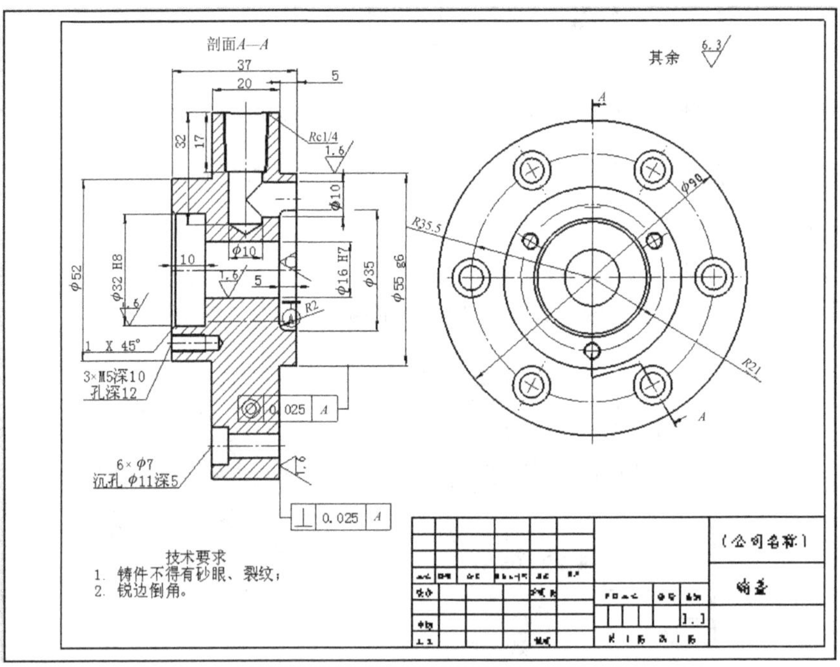

图 7-23 插入图框及标题栏

零件工程图创建完毕，可能有诸多地方，如尺寸、图形显示比例、注解字体等不符合要求，此时可通过右键快捷菜单或是利用“工具”→“选项”菜单命令里的相关设置来修改。

总之，工程图中的绝大多数项目是可以编辑的。

项目 7.3　技 能 实 战

本项目作为本章技能实战，要完成如下所示的各个工程图。

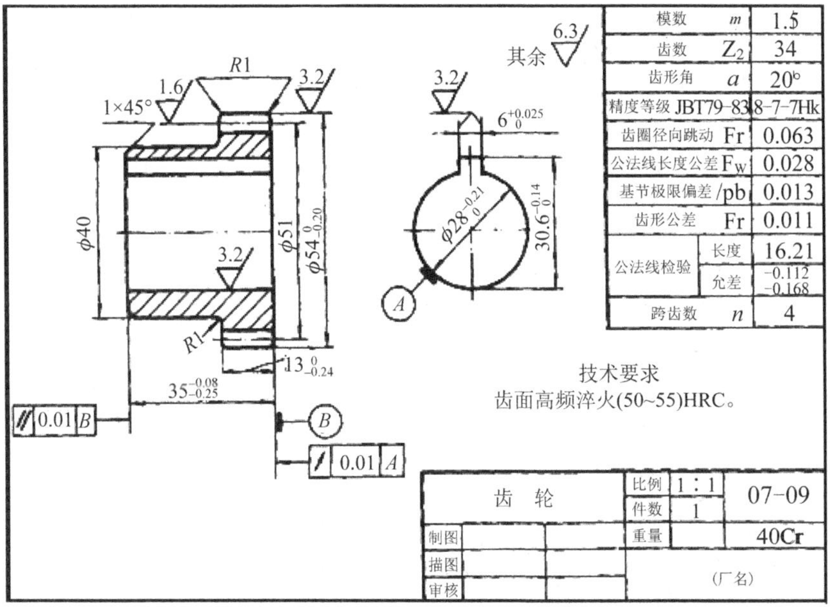

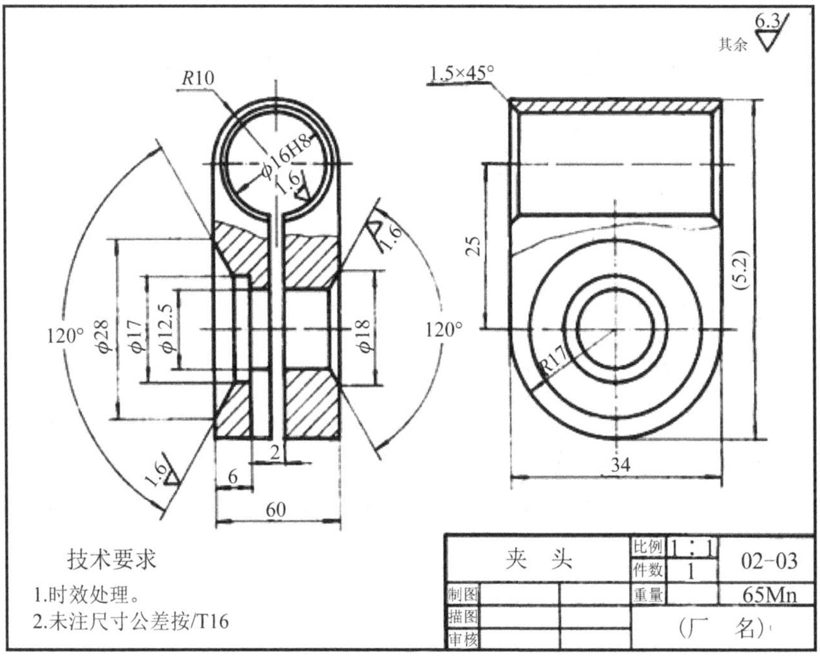

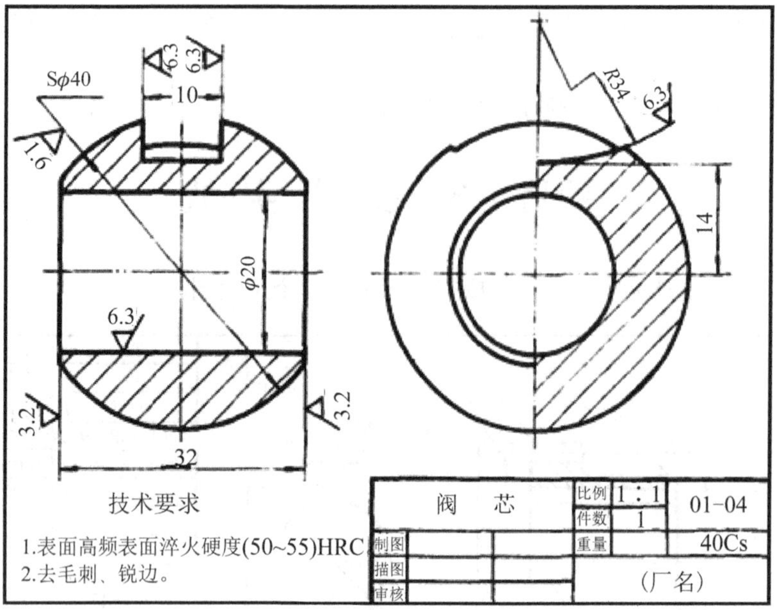
Sφ40
10
R34
14
φ20
32
技术要求
1.表面高频表面淬火硬度(50~55)HRC
2.去毛刺、锐边。
阀　芯
比例 1∶1
件数 1
01-04
重量
40Cs
制图
描图
审核
(厂名)

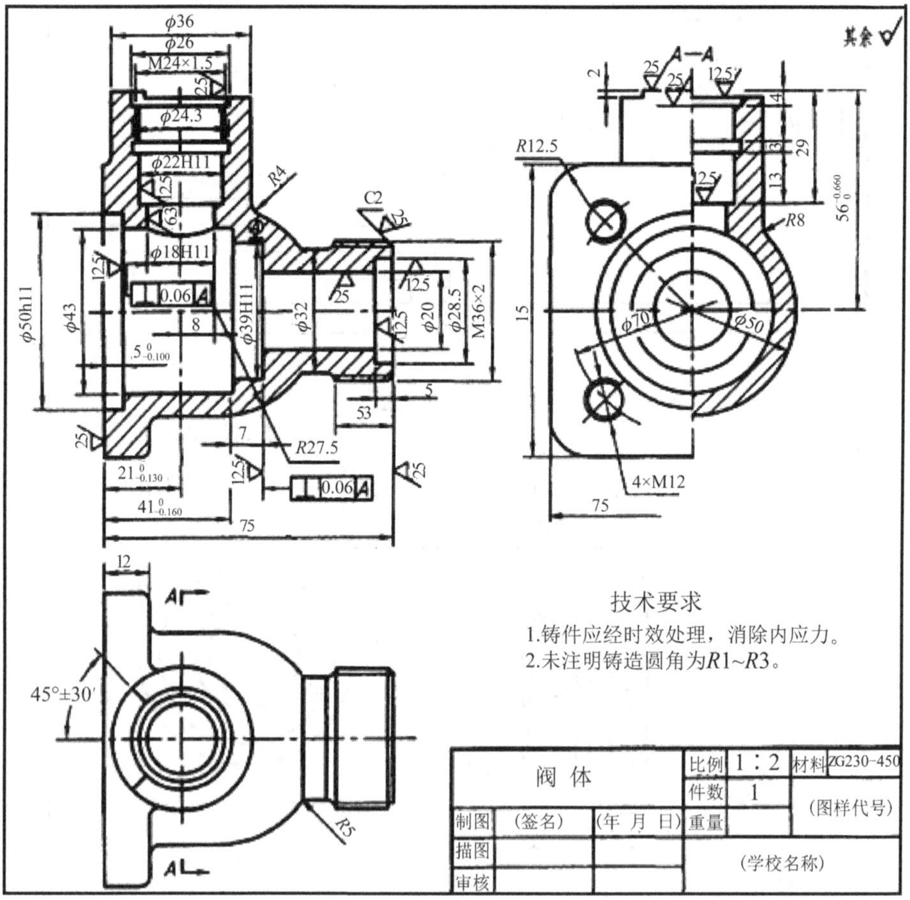
其余
A—A
φ36
φ26
M24×1.5
φ24.3
φ22H11
φ18H11
φ50h11
φ43
φ39H11
φ32
φ20
φ28.5
M36×2
R4
C2
R27.5
R12.5
R8
φ70
φ50
4×M12
75
12
45°±30′
R5
技术要求
1.铸件应经时效处理，消除内应力。
2.未注明铸造圆角为R1~R3。
阀 体
比例 1∶2
材料 ZG230-450
件数 1
(图样代号)
制图 (签名) (年 月 日) 重量
描图
审核
(学校名称)

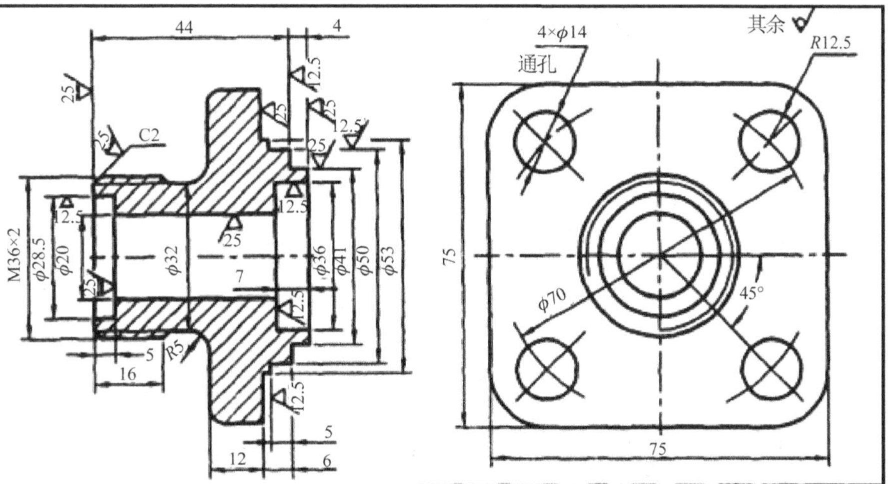

技术要求

1.铸件应经时效处理，清除内应力。
2.未注明铸造圆角为R1~R3。

阀　盖			比例	1∶1	材料	ZG230-450
			件数	1	（图样代号）	
制图	（签名）	（年月日）	重量			
描图			（学校名称）			
审核						

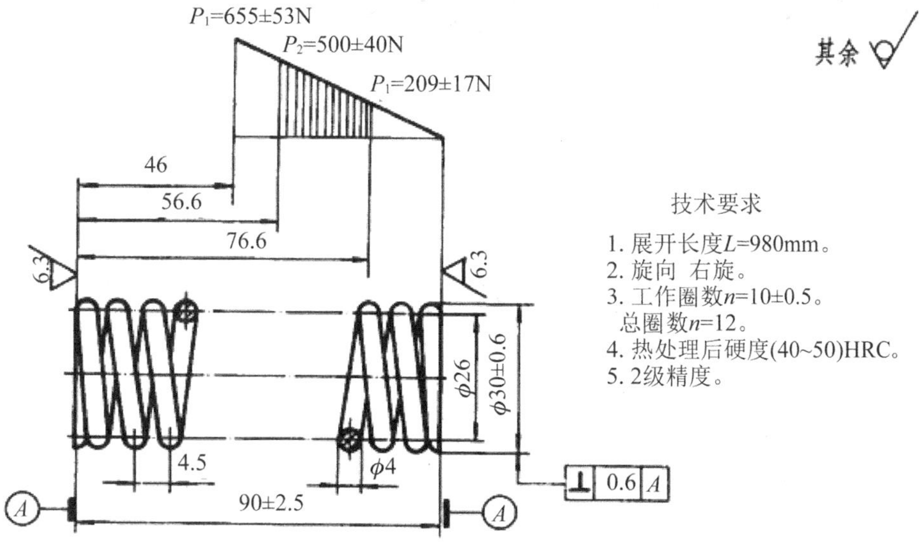

技术要求

1. 展开长度L=980mm。
2. 旋向　右旋。
3. 工作圈数n=10±0.5。
   总圈数n=12。
4. 热处理后硬度(40~50)HRC。
5. 2级精度。

弹　簧			比例	1∶1	07-11
			件数	1	
制图			重量		65Mn
描图			（厂名）		
审核					

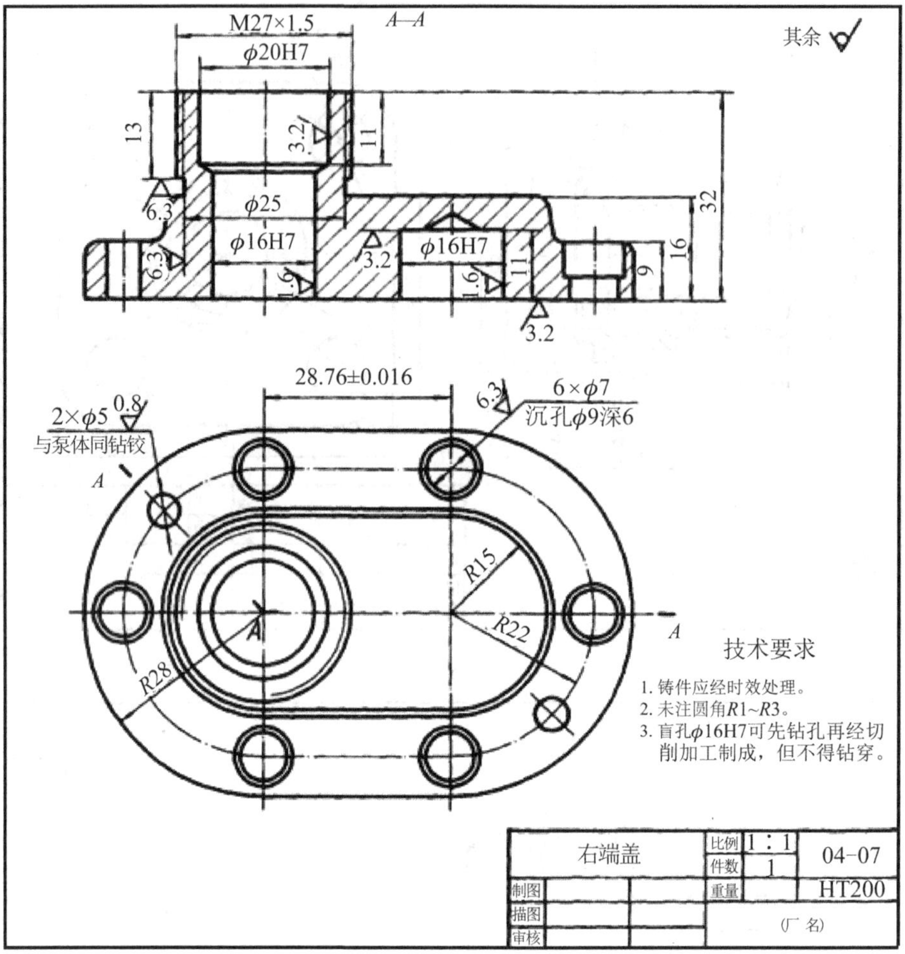

本 章 小 结

通过本章的学习，应掌握以下内容：

(1) 建立和编辑图纸。

(2) 在图纸中添加模型视图和其他视图。

(3) 调整视图布局，修改视图显示。

(4) 剖视图的应用。

(5) 视图标注功能。

(6) 建立标题栏和明细表。

学会综合应用这些命令完成产品的工程图，熟练掌握工程图制作过程与软件的应用技巧。

参 考 文 献

[1] 孙梅，李波，陈乃峰. SolidWorks 三维造型经典范例. 北京：清华大学出版社，2008

[2] 实威科技. SolidWorks 2006 原厂教育训练手册. 北京：铁道出版社，2006

[3] 江洪等. SolidWorks 建模实例解析. 北京：机械工业出版社，2005

[4] 邢启恩，宋成芳. 三维设计基础与典型范例. 北京：电子工业出版社，2008

[5] 中国工程图学学会. 三维数字建模试题集. 北京：中国标准出版社，2008

[6] SolidWorks 公司. SolidWorks 高级装配体建模. 北京：清华大学出版社，2003

[7] 赵秋玲，周克媛，曲小源. SolidWorks 2006 产品设计应用范例. 北京：清华大学出版社，2006

[8] 曹岩等. SolidWorks 2004 产品设计实例精解. 北京：机械工业出版社，2004

[9] iCAx 论坛，www.iCAx.cn

[10] 老虎工作室. 机械设计习题精解. 北京：人民邮电出版社，2003

[11] 刘小年. 机械制图习题集. 北京：机械工业出版社，1999

[12] 袁锋. UG 机械工程设计范例教程. 北京：机械工业出版社，2006

[13] 何满才. MasterCAM 9.0 习题精解. 北京：人民邮电出版社，2003